本书由以下项目资助
- 中国科学院战略性先导科技专项（A 类）"热带西太平洋海洋系统物质能量交换及其影响"子课题"牟平海洋牧场生态安全和环境保障"（XDA11020702）
- 科学技术部科技基础性工作专项"我国典型潮间带沉积物本底及质量调查与图集编研"（2014FY210600）
- 国家海洋局北海分局"渤海中部公共海域沉积物现场微生物修复项目"（QDZC20150420-002）

# 海洋环境分析监测技术

陈令新　王巧宁　孙西艳 等　编著

U0263810

科 学 出 版 社

北 京

# 内 容 简 介

　　本书系统介绍了海洋环境分析监测领域的相关仪器、方法、技术及发展动态。全书主要包括七个部分：对海洋环境监测的定义、对象、类型和发展趋势进行概述；介绍海洋常规环境，包括针对水文气象、营养盐和叶绿素等的监测技术；介绍海洋典型污染物，包括针对典型重金属、有机物、赤潮毒素和油类的分析监测技术；介绍环境总毒性的生物可视化分析与新型污染物分析监测技术；介绍现代海洋环境立体监测体系的构成与平台，包括立体监测集成系统的基本组成，多元化的监测平台及数据与信息服务网络建设等，以及国内外生态环境立体监测系统；介绍海洋环境业务化的分析监测方案；针对我国未来海洋环境分析监测所面临的挑战，给出了相应的解决思路和建议。

　　本书可作为高等院校和科研院所环境科学、海洋科学、环境分析监测等领域的本科生、研究生及科研人员的教学参考书，也可供从事海洋环境分析监测领域管理人员和科技工作者参考。

**图书在版编目（CIP）数据**

海洋环境分析监测技术／陈令新等编著 . —北京：科学出版社，2018.5

　　ISBN 978-7-03-054684-5

　　Ⅰ.①海…　　Ⅱ.①陈…　　Ⅲ.①海洋环境–环境监测　　Ⅳ.①X834

　　中国版本图书馆 CIP 数据核字（2017）第 240236 号

责任编辑：周　杰／责任校对：彭　涛
责任印制：吴兆东／封面设计：铭轩堂

科 学 出 版 社 出版
北京东黄城根北街 16 号
邮政编码：100717
http://www.sciencep.com

**北京凌奇印刷有限责任公司** 印刷
科学出版社发行　各地新华书店经销

*

2018 年 5 月第　一　版　　开本：787×1092　1/16
2022 年 7 月第四次印刷　　印张：28 3/4
字数：700 000

**定价：228.00 元**
（如有印装质量问题，我社负责调换）

# 编委会名单

主　编：陈令新　王巧宁　孙西艳

编　委：(按姓氏拼音排序)

# 前　　言

　　2008 年底，我应聘到中国科学院烟台海岸带研究所工作。该研究所属于资源环境领域的中国科学院系列研究机构。我的这个选择注定要从事环境科学与工程技术领域的研究。根据研究所的学科布局以及自己的学科背景，于 2009 年初组建了 "环境分析监测理论与技术" 研究团队，主要开展海洋环境分析监测理论研究与工程技术研发。近年来，国际环境分析监测开始向高灵敏度、高选择性、简便快速、现场实时分析监测方向发展，海洋环境分析监测以发展低功耗小型化海洋生物/化学传感器，能够实现生态环境现场、原位、实时、快速测量的技术为主流方向，并进一步向集成化立体分析监测/观测系统方向发展。如何适应这一发展态势，把握国家战略需求？如何有针对性的创新，解决分析监测的瓶颈问题？如何抓住机遇，开展基础性、战略性和前瞻性研究，成为本人及研究团队必须思考面对的问题。在中国科学院 "百人计划" 项目、国家自然科学基金项目等的资助下，充分调研现代环境分析监测科技发展态势后，经过思考和探索，我们提出了针对海岸带生态环境分析监测整体思路——利用纳米技术/生物材料和光、电、磁等现代物理的探测技术，发展创新的分析监测原理、方法及仪器装置。在团队同仁的集体努力下，取得了一系列创新性研究成果。可用于实时、在线分析监测仪器和海洋生态环境多参数的在线监测系统就是其中之一。

　　针对河口、海岸带和近海海洋复杂的分析对象，如何简单快速、灵敏度高、选择性好地分析监测环境（水体如淡水、海水，沉积物和土壤等）有毒有害污染物（重金属、持久性有机污染物、石油类污染物、病原体等）以及各类生源要素，我们做了很多前瞻性、基础性和应用性探索。例如，以海水等基质中高毒性、难降解重金属、典型有机污染物等为主要分析对象，借助贵金属纳米粒子、荧光量子点等具有光学特性的功能化纳米材料，研究其纳米界面反应原理及传感调控机制，发展了基于材料界面的分析传感应用，结合光学探测，建立了典型污染物简单快速、灵敏、特异性纳米光学 ［比色、紫外–可见、荧光和表面增强拉曼散射（SERS）等］ 分析检测方法。目前，该类相关研究已结集由科学出版社出版，即《纳米分析方法与技术》一书。对于海洋生态环境分析监测，我们的研发工作尚显肤浅。在海洋领域，多年来我们积极思考，有一些认知，在此梳理出来，与大家分享思路，为真正关心海洋生态环境分析监测的仁人志士提供一定参考。在此，我们结合研究团队一些研发工作及国内外相关研究成果，系统介绍了海洋环境分析监测领域的相关技术及发展动态。

全书主要包括七部分：第一部分，主要对海洋环境监测的定义、对象、类型和发展趋势进行概述；第二部分，主要介绍海洋常规环境，包括针对水文气象、营养盐和叶绿素等的监测技术；第三部分，主要介绍海洋典型污染物，包括针对典型重金属、有机物、赤潮毒素和油类的分析监测技术；第四部分，主要介绍环境总毒性的生物可视化分析与新型污染物分析监测技术；第五部分，重点介绍现代海洋环境立体监测体系的构成与平台，包括立体监测集成系统的基本组成，多元化的监测平台（如天基、海基、岸基等）及数据与信息服务网络建设等以及国内外生态环境立体监测系统；第六部分，主要介绍海洋环境业务化的分析监测方案；第七部分，针对我国未来海洋环境分析监测所面临的挑战，给出了相应的解决思路与建议。本书由我策划、统稿和定稿。作者主要包括：中国科学院烟台海岸带研究所——陈令新、王巧宁、孙西艳、付龙文、吕敏、吴夏青、夏春雷、王欣然、周娜、王刚、吴宜轩、王莎莎和王晓艳等，多数是“环境分析监测理论与技术”团队成员；国家海洋局烟台海洋环境监测中心站——纪灵、姜军成、纪殿盛、吴园园和陈权文；国家海洋局北海环境监测中心——温国义、赵玉慧、王娟。本书内容包括海洋环境监测概况、海洋常规生态环境分析监测、海洋典型污染物分析监测、环境总毒性与新型污染物分析监测、海洋环境立体监测系统、海洋环境业务化分析监测以及展望与挑战七部分共 14 章。各章的分工协作如下：前言，陈令新；第 1 章，吴夏青、王巧宁；第 2～5 章及第 8 章，王巧宁、孙西艳、陈令新；第 6 章，吴夏青、王欣然；第 7 章，王刚，吴夏青、王欣然、陈令新；第 9 章，夏春雷、付龙文；第 10 章，吕敏、王巧宁、周娜；第 11 章及第 12 章，孙西艳、付文龙、温国义、赵玉慧、王娟；第 13 章，纪灵、姜军成、纪殿盛、吴园园、陈权文；第 14 章，陈令新、王巧宁；校对：王晓艳、王巧宁、陈令新。

与国内外已出版的同类书籍比较，本书主要侧重技术介绍，针对海洋环境分析监测的主要对象，分别详细介绍了实验室分析监测方法、原位在线监测方法、自动监测方法，分析不同监测方法的优缺点及其在现代海洋生态环境监测中的应用，既从微观（针对不同分析监测对象）方面，也从宏观方面（海洋立体监测）进行了综述。采用从海洋分析监测的对象、类型、发展等内容递进式合理安排本书结构。因此本书兼具海洋分析监测的工具书和现代海洋分析监测先进技术指导书于一体的海洋环境监测领域书籍。该书对海洋环境监测方法的探索、监测仪器的研制和立体监测系统的构建都具有重要的指导意义，对我国海洋环境监测事业的发展具有推动作用。海洋环境分析监测是国家“海洋强国”建设的重要组成部分。国家对海洋生态环境的高度重视，将促进海洋环境分析监测领域的飞速发展。同时，国外海洋环境分析监测仪器技术与产品的大量涌入，给国内科研人员带来了巨大的压力与冲击。我们寄希望通过本书的出版发行，能够使分析监测人员与科研人员及时了解国内外分析与监测动态，有助于相关研发，也有助于高等院校和科研院所的海洋学院相关专业的建设和发展。

本书得到了中国科学院战略性先导科技专项（A类）"热带西太平洋海洋系统物质能量交换及其影响"子课题"牟平海洋牧场生态安全和环境保障"（XDA11020702）、科学技术部科技基础性工作专项"我国典型潮间带沉积物本底及质量调查与图集编研"（2014FY210600）、国家海洋局北海分局"渤海中部公共海域沉积物现场微生物修复项目"（QDZC20150420-002）等项目资助，集中国科学院烟台海岸带研究所、国家海洋局烟台海洋环境监测中心站、国家海洋局北海环境监测中心相关专家的力量，共同编写，我对他们辛勤的付出表示诚挚的谢意！同时，感谢所有关心本书成书和出版的同事、同学的支持和帮助。限于著者的专业水平和知识范围，疏漏和不妥之处在所难免，恳请广大读者和同仁不吝指正。

陈令新

2018 年春于烟台

# 目　　录

## 第五部分　海洋环境立体监测系统

# 第一部分

## 海洋环境监测概况

# |第1章| 海洋环境监测概况

第三次科技革命以来，科学技术迅猛发展，全球经济飞速提升，人类对各种资源的需求不断增加，经过上百年的过度开发，陆地资源日益匮乏，而不断增长的人口对资源的需求却永无止境。资源危机越来越严重，未来发展唯一的出路便是海洋。海洋约占地球表面积的71%，含有超过 $1.35 \times 10^{18} m^3$ 的水，海洋中蕴含了丰富的矿产资源、能源资源和各种生物资源等。人类经济社会要可持续的发展和增长，唯有从陆地经济向海洋经济转型。20世纪，人们已经对海洋进行了一定程度的探测与开发，但海洋对人类来说仍然是陌生的。目前已探索的海底只有5%，还有95%的海底对人类来说依旧神秘。要想真正了解海洋、利用海洋，必须继续加大海洋科技的研究与发展，当务之急便是加大对海洋的观测、探测力度，以便让巨大的海洋资源能够为人类所用。

目前人类对海洋的开发大部分集中在近岸水体，如水产养殖、石油开采、港口建设等。它们在给人们带来大量资源和巨大经济效益的同时，也带来了一系列的海洋污染问题。加之大量的生活生产废水、固废大量倾倒入海洋，近海海洋生态环境日益恶化，近海富营养化加剧，赤潮频发，石油泄漏时有发生，各种金属污染和水产养殖污染日益严重，海洋的自净能力远不足以净化所有污染物，部分海域生境退化，生物多样性大大降低。这种竭泽而渔的做法严重影响人类社会的可持续发展。人类在开发海洋的同时，更应该注重海洋的保护，而海洋保护离不开海洋环境监测技术。可以说海洋监测是海洋事业的基础，通过海洋环境监测能够全面、及时、准确地掌握海洋环境的变化规律及人类活动对海洋环境的影响，为海洋的开发、管理和保护提供科学依据和技术支撑。海洋环境监测是海洋环境预测预报、减灾防灾的基础工作，是预防和改善海洋环境污染的有效手段，同时也是海洋资源开发的技术支撑。只有做好海洋环境监测工作，切实保护好关乎人类未来的海洋，才能真正做到人类社会的可持续发展。

## 1.1　海洋环境监测的定义

### 1.1.1　环境监测

环境监测（environmental monitoring）是通过对影响环境质量因素的代表值的测定，确定环境质量（或污染程度）及其变化趋势（奚旦立，2004）。环境监测发展初期，主要是针对污染进行监测，但随着工业污染的加重以及监测技术的提高，现代环境监测不仅对环境污染和环境质量进行监测，同时也涉及对生物和生态的监测。

## 1.1.2 海洋观测

海洋观测（marine observation）是指利用各种仪器设备直接或间接地对海洋的物理、化学、生物学、地质学、地貌学、气象学及其他海洋状况进行观测，为海洋环境保护、海洋资源探索、海洋经济发展、防灾减灾、国防安全等提供可靠的数据。海洋观测基本可以分为三类：海洋气象观测、海洋水文水质观测和海底观测。

## 1.1.3 海洋环境监测

我国《海洋监测规范》（GB/T 17378.1—2007）对海洋环境监测（marine monitoring）做了如下定义：在设计好的时间和空间内，使用统一的、可比的采样和检测手段，获取海洋环境质量要素和陆源性入海物质资料，以阐明其时空分布，变化规律及其与海洋开发、利用和保护关系的全过程。国家标准中定义的海洋环境监测主要是针对海洋环境质量及污染物的监测，随着海洋环境污染的加重及人们对环境特别是海洋环境保护重视程度的不断提高，海洋环境监测的定义需要与时俱进，加大海洋生态平衡和海洋灾害等方面的监测力度，以切实保护好海洋环境，使海洋经济能够实现可持续发展。

# 1.2 海洋环境监测的对象

海洋环境监测常规监测主要包括海洋气象观测、海水分析、沉积物分析和生物监测四大部分，目的是对海洋环境质量及污染状况做出准确判断，但随着海洋污染的加重，海洋监测的对象也在不断增加，如赤潮毒素、油污污染和放射性污染的监测受到了越来越多的关注。表1-1所示是现代海洋监测较常见的监测对象。

表1-1　现代海洋环境监测的监测对象

| 参数 | 监测对象 |
| --- | --- |
| 海洋水文气象参数 | 透明度、风速、方向、气压、气温、水温、流速、流向、波浪等 |
| 海洋物理化学参数 | pH、溶解氧、生化耗氧量、重金属、油类、有机污染物、营养盐等 |
| 海洋生物参数 | 叶绿素a、浮游及底栖生物多样性、赤潮毒素等 |
| 海洋放射性参数 | $^3$H、$^{14}$C、$^{90}$Sr、$^{129}$I、$^{137}$Cs 和$^{239}$Pu、$^{240}$Pu、$^{241}$Pu 等 |

## 1.2.1 海洋水文气象参数

海洋水文气象监测是海洋监测中的重要环节。海洋水文气象监测最直观的作用便是进行海洋气候、海洋灾害预报。海洋气候的变化会直接影响海水养殖、海岸工程建设及海上航运的运转情况，2011 年我国海洋灾害造成直接经济损失 62.07 亿元，死亡（含失踪）76 人[①]，直接影响我国海洋经济的发展。加强海洋水文气象监测的强度和准确度，可以通过及时的预报，把灾害损失降到最低。海洋气候监测结合水文监测和陆上气候监测，可以为沿岸和海上港口、航运及生产安全提供预警保障，可以为准确及时地预报各种海洋灾害提供依据，在海洋生产、海洋运输和海洋防灾减灾工作中发挥重要作用。另外，海洋水文条件的变化，对海水及沉积物中的污染物迁移转化（Elmanama et al.，2006）和海洋生物多样性（Cheung et al.，2009）存在一定的影响。海洋水文气象参数主要包括水文参数、海上大气物理信息以及海洋与大气相互作用的一些参数。具体有：透明度、水色、浊度、温度、盐度、电导率、水压、流速、流向、潮位、波高、波向、气压、气温、湿度、降水、风速、风向等。

## 1.2.2 海洋物理化学参数

海洋物理化学参数监测是海洋监测中种类最多、最为复杂的监测，通过物理化学参数的监测可以直接判断海洋的受污染程度和环境质量，为海洋环境保护、海洋资源开发和海洋经济发展提供数据。海洋物理化学参数监测包括海水监测和沉积物监测，二者监测对象有相同的部分，也有不同的参数，监测方法也有很大的差异。表 1-2 为海洋环境监测中常见的海洋物理化学参数。

表 1-2　海洋环境监测中常见的海洋物理化学参数

| | | |
|---|---|---|
| 水质参数 | 重金属和类金属 | 汞、铜、铅、镉、锌、铬、砷、硒等 |
| | 有机污染物 | 油类污染物、多氯联苯、双对氯苯基三氯乙烷、多环芳烃、有机锡、丁基锡、酞酸酯类化合物、酚类、化学耗氧量、生物耗氧量、总有机碳等 |
| | 无机阴离子 | 硫化物、氰化物 |
| | 营养盐 | 氨氮、$NO_2^-$、$NO_3^-$、有机氮、无机磷、有机磷、硅酸盐 |
| | 其他 | 透明度、pH、溶解氧、生化学耗氧量、油类、赤潮毒素等 |
| 沉积物参数 | 重金属和类金属 | 汞、铜、铅、镉、锌、铬、砷、硒等 |
| | 有机污染物 | 油类污染物、多氯联苯、双对氯苯基三氯乙烷、多环芳烃、有机碳等 |
| | 无机阴离子 | 硫化物 |
| | 其他 | 含水量、氧化还原电位 |

## 1.2.3 海洋生物参数

海洋生物是海水和沉积物污染的直接受害者，海洋环境的破坏会直接导致海洋环境敏

---

① 参见《2011 年中国海洋灾害公报》。

感生物数量减少、耐污种数量增多，生物群落结构发生改变，生物多样性降低。通过对海洋生物的种类、数量进行监测，可以直观地了解海洋污染对海洋生态的影响。另外，很多重金属和有机污染物在生物体内都有生物积累和富集作用，使生物体内污染物含量远大于环境中污染物的浓度，人类误食被污染的生物后便有可能中毒，因此，对生物体内污染物含量及生物种类、数量进行监测是十分必要的。表 1-3 为海洋环境监测中常见的海洋生物参数。

表 1-3　海洋环境监测中常见的海洋生物参数

| | | |
|---|---|---|
| 生物参数 | 生物体内污染物 | 汞、铜、铅、锌、石油烃、有机氯农药等 |
| | 浮游生物调查 | 浮游动植物的种类组成、数量、丰度、生物多样性等 |
| | 底栖生物调查 | 生物种类、生物量、个体大小、年龄结构、性别比例、栖息密度、丰度、生物多样性等 |
| | 叶绿素 | 叶绿素 a 等 |
| | 赤潮毒素 | 麻痹性贝类毒素、腹泻性贝类毒素、神经性贝类毒素、记忆缺失性贝类毒素、西加鱼毒等 |

## 1.2.4　海洋放射性参数

海洋中的放射性物质分为两大类：天然放射性物质和人工放射性物质。海洋放射性污染大多是指人类活动产生的放射性物质进入海洋造成的污染。核技术一方面造就了核能发电，为人类提供了清洁能源，但另一方面核电站的核废料填埋和液态流出物又在不断地污染着陆地环境和海洋环境（Bishop and Hollister，1974）。海洋中的放射性污染物主要有：$^{89}Sr$、$^{90}Sr$、$^{95}Zr$、$^{106}Ru$、$^{131}I$、$^{134}Cs$、$^{137}Cs$、$^{141}Ce$、$^{144}Ce$、$^{147}Pm$、$^{3}H$、$^{14}C$、$^{35}Kr$、$^{51}Cr$、$^{54}Mn$、$^{59}Fe$、$^{58}Co$、$^{60}Co$、$^{65}Zn$、$^{110}Ag$、$^{124}Sb$、$^{133}Xe$、$^{235}U$、$^{226}Ra$、$^{239}Pu$、$^{240}Pu$、$^{241}Pu$ 等。海洋中的放射性物质含量甚微，靠近核电站的海域放射性物质含量略高，一旦核电站发生核泄漏事故，其造成的危害是不可估量的。苏联切尔诺贝利重大核事故、美国三里岛事件以及 2011 年的日本福岛核事故对海洋生物和人类健康均造成了巨大的损害，加强海洋放射性污染物监测势在必行。

# 1.3　海洋环境监测的类型

现代海洋环境监测已不仅是对海洋环境质量和污染物的监测，还涵盖了海洋灾害预警、海洋生态系统评价以及为海洋工程建设和资源开采提供数据等多个领域。海洋环境监测按介质、区域、污染源和监测目的的不同产生不同的分类方式：①按介质可分为海面以上大气的监测、海洋水质监测、生物监测及沉积物监测；②按区域可分为河口监测、港口监测、海湾浅水区监测、陆架上覆水域的近海区监测及开阔大洋区的监测；③按污染源则可分为陆源直排口监测、陆源污染物间接排放口监测、船舶污染物排放监测、废弃物海上倾倒监测、海上油气勘探开发监测和养殖水域污染监测；④按监测目的可分为基线调查、常规监测、应急监测及研究性监测。

下面对针对监测目的的分类进行简单介绍。

1）基线调查（baseline investigation）是对特定海区的环境质量基本要素（水文、气象、水质、地质、地貌、海洋生物等）状况的初始调查和为掌握其以后间隔较长时间的趋势变化的重复调查。基线调查又分为初始调查和重复调查两种，初始调查是对特定海域的第一次全方面调查，已获得该海域海洋环境基本要素的背景值；重复调查则是初始调查后进行的重复性且相同性质的调查，对研究区域海洋环境要素的时空分布和随时间差异具有重要意义。海洋基线调查是海洋环境保护各项工作的基本依据之一，我国在 20 世纪70 年代初进行过第一次全国海洋污染基线调查，时隔 20 多年后，1994 年开始了第二次全国海洋污染基线调查，这 20 多年中，我国沿海地区经济飞速发展，污染物入海量和种类明显增多，第二次基线调查对了解我国海洋环境变化、协调沿海经济发展布局、改善海洋环境具有重要意义。

2）常规监测（ordinary monitoring）是在基线调查基础上，经优化选择若干代表性监测站和项目进行的以求得空间分布为主要目的，长期逐年相对固定时期的观测。常规监测的布点要具有环境代表性，避开排污口和围垦养殖的排水口区，不同监测航次的监测站位应保持不变。常规监测布点的环境代表性使其能够准确地反映区域海洋的环境质量，并能据此做出环境评估，分析污染物产生原因及污染途径，为海洋环境管理工作提供数据支撑。

3）应急监测（emergency monitoring）又被称为污染事故监测，是指在海上发生有毒有害物质泄放或赤潮等灾害紧急事件时，组织反应快速的现场观测，或在其附近固定站临时增加的针对性观测。常见的海上污染事故有溢油、赤潮、核污染、有毒农药和化学品的泄漏等，这些海上突发污染事故往往可以在短时间内对区域海洋环境造成严重甚至毁灭性的危害。应急监测的主要目的是在污染事故发生后，迅速确定波及范围和污染程度，为指定快速处置措施提供必要的信息和资料，为环境污染事故发生后海洋环境的恢复计划提供信息和数据，以减少和控制污染事故造成的损害，并为界定污染事故的等级和污染事故责任仲裁及民事纠纷提供资料和依据。

4）研究性监测（research monitoring）是指针对海洋污染对环境的污染范围、污染强度及迁移转化规律而进行的专项、深入的研究的监测。研究性监测大多由科研单位组织，其主要任务包括：研究生态环境质量，如环境背景值；研究污染物在海洋中的迁移转化，在生物体内的蓄积、传递和浓缩过程；研究海洋污染对海洋生态系统的影响，为海洋环境保护研究提供方向，为预测预报环境质量提供服务；研发海洋环境分析监测方法、监测数据处理方法和监测手段，实现监测方法的标准化和规范化；研究验证环境监测管理方法以及建立立体化的环境监测网。

## 1.4　海洋环境监测的发展

### 1.4.1　国际海洋环境监测发展简介

20 世纪 60 年代末，国外的科学家已意识到海洋污染的严重性，并着手开始开发海洋环境监测技术。70 年代末，国际上已经进行过多项海洋污染调查和监测计划，相继研制了用于现场污染监测的温度、盐度、pH、溶解氧、浊度等传感器以及监测海洋污染其他参数（如叶绿素 a、营养盐、放射性、有机物、重金属等）的传感器，污染传感技术和污染监测技术有较大进展。1971 年联合国政府间海事协商组织正式提出了"全球海洋环境污染调查计划"，将其列为"国际海洋考察十年"计划的一项重要内容。1976 年联合国教育、科学及文化组织政府间海洋学委员会执行理事会通过了"全球海洋环境污染研究综合计划"，对基础调查、质量平衡、迁移过程和污染物的生物效应等调查研究都进行了原则规定，要求各成员国或区域性研究组织共同遵守，通过全球性海水、沉积物、生物的受污状况调查，为评价和控制海洋污染提供科学依据。随着海洋观测技术和电子技术、卫星通信和微处理技术的发展和应用，海洋环境监测技术也逐步迈入自动化监测时代。1978 年美国国家航空航天局成功发射第一颗海洋卫星"Sea Sat A"，成为海洋观测进入空间遥感时代的主要标志及海洋环境监测进入立体监测时代的里程碑。按用途分，海洋卫星可分为海洋水色卫星、海洋动力环境卫星和海洋综合探测卫星。直至今日，世界各国已经发射了超过 50 颗海洋卫星（石汉青和王毅，2009），海洋卫星和卫星遥感海洋应用已成为现代海洋观测的重要手段。

卫星遥感技术的应用，使海洋自动监测系统得以连续、长时序地发送观测资料。其中，海洋浮标和水下移动观测平台是两种主要的海洋环境自动监测手段。海洋浮标的研制始于 20 世纪 40 年代末 50 年代初，70 年代中期，电子技术、卫星通信和微处理技术的发展促使海洋浮标技术进入实用阶段。海洋浮标由于受环境影响小，造价低等优点，在现代海洋环境监测中得到了广泛的应用。例如，全球海洋剖面浮标观测网（array for real-time geostrophic oceanography，Argo）计划由美国大气、海洋科学家于 1998 年推出，有 23 个国家和团体共同参与，已在太平洋、印度洋、大西洋等海域连续投放了 3000 多个 Argo 浮标。这些浮标组成了一个全球范围的海洋环境自动观测系统，旨在快速、准确、大范围地收集海洋中上层水体（2000m 水深内）的水温、盐度及海流资料，以提高气候预报的准确性，减少日益严重的气候灾害给人类带来的危害。

水下移动观测平台主要包括无人遥控潜水器（remotely operated vehicles，ROV）、自主水下航行器（autonomous underwater vehicle，AUV）、无人水下滑翔机（autonomous underwater glider，AUG）等（李颖红等，2010）。水下自动观测平台可以在人类无法达到的大洋深度或危险环境进行长时间的自动观测，日本海洋科学与技术中心研制的"海沟号"（Kaiko），是世界上下潜深度最大的 ROV，下潜深度可达 11 000 m。我国首台自主集成研制的作业型深海载人潜水器——"蛟龙"号是目前世界上下潜能力最深的作业型载人潜水器，2012 年 6 月"蛟龙"号 7000 米级海试最大下潜深度达 7062m。AUV 由于没有电缆的限制，可在水底进行大范围观测，并持续更长的时间。AUG 是将浮标、潜标与传统水下机器人技术相结合的一种新型水下机器人，其最大优点是无外挂推进系统，能够依靠自身浮力、波浪及海水热差驱动，沿锯齿形航迹航行。相对于 ROV 和 AUV，AUG 下潜深度较低，最大下潜深度一般在 2000m 以内，但其制造成本低、能源消耗少、续航能力强、能在广阔的海域运动，因此在现代海洋环境立体监测中被广泛应用。美国华盛顿大学研制的 Seaglider 水下滑翔机器人能够在海中航行数千千米，连续航行 6 个月，最大下潜深度可达 1000m（Eriksen et al.，2001），能够在目标位置进行垂直采样和测量。能源和数据传输问题是海洋浮标和水下移动平台技术开发中共同面临的问题，如对电池进行改进或寻求其他能源以提高续航能力，改进通信方式以增强通信距离及信号强度，改进内部程序以增强运行时的自主性和外界的操控性等（聂炳林，2005）。

海洋环境监测污染监测的自动化技术至今已发展到较高水平，现场污染监测技术已经进入实用阶段。例如，美、日、德、法等国家的综合水质仪、水质自动监测浮标、海上油污监视监测系统等。海洋环境监测技术不仅在监测项目和监测技术上不断提高，更逐渐形成了以传感器技术，高可靠、多功能、全自动的数据采集控制单元，功能很强的软件包，系统可靠性设计技术，系统抗干扰技术及水下仪器的防护技术等为一体的自动监测系统，实现了高效、快捷的在线自动监测。先进的在线自动监测技术能够快速高效地提供大量海洋物理、化学数据，为治理海洋污染和发展海洋技术提供数据支持。目前，各沿海国家都在积极发展现代海洋监测高新技术，形成了以遥感卫星组成的天基海洋环境监测平台；以海洋巡航飞机，有人、无人航空遥感飞机组成的空基海洋环境监测平台；以固定海洋环境监测站和高频地波雷达站组成的岸基海洋环境监测平台；以浮标、潜标、漂流浮标、水下移动潜器、船舶等组成的海基海洋环境监测平台；以水下固定监测站、水下水声探测阵等组成的海底基海洋环境监测平台等构成的多平台长时序的海洋环境立体监测系统（罗续业等，2006）。表 1-4 为海洋环境监测发展的总结。

**表 1-4　海洋环境监测发展**

| 时期 | 20 世纪 70 年代前 | 70 年代 | 80 年代 | 90 年代至今 |
|---|---|---|---|---|
| 监测内容 | 单项海洋污染调查 | 多项海洋污染调查 | 海洋遥感起步 | 海洋遥感的发展 |
| | 海洋监测技术研究 | 传感器的应用 | 资料浮标的应用 | 海洋环境立体监测 |
| | 海洋化学全面调查 | 综合水质仪 | 自动在线监测技术研究 | |

海洋环境立体监测从 20 世纪 80 年代后期发展至今，已经形成了多个覆盖全球或部分区域的海洋观测、监测系统和研究计划。表 1-5 所示为全球范围的海洋环境（科学）观（监）测计划及有代表性的区域海洋环境监测计划简介（部分引自李颖红等，2010）。覆盖全球范围的海洋环境、气候及其他环境因子的观测计划为各国、各科研组织之间的信息交流和资料共享提供了良好的平台，对海洋大环境及全球气候变化的研究具有重要意义。例如，全球海洋观测系统（the globle ocean observing system，GOOS）是全球范围的大尺度、长时间的海洋环境观测系统，其于 1990 年由联合国教育、科学及文化组织政府间海洋学委员会、世界气象组织、国际科学联合会理事会和联合国环境规划署共同发起。GOOS 由气候模块、海洋健康模块、生物资源模块、沿岸模块和服务模块五大部分组成，综合运用卫星遥感、地波雷达、飞机遥感、浮标潜标、水下移动监测平台、船舶监测、岸站监测等监测手段，形成了覆盖全球的海洋环境立体监测网络。其主要监测内容包括海平面变化、洋流的地点和强度，异常高浪的发生，海冰的范围，有害海藻的发生，干旱地区雨量预测，鱼类越冬期长度和寒冷状况，疾病暴发的可能性等，其所监测到的海洋资料和信息可

全球共享，对于海洋大尺度环境变化和中小国家对海洋的研究和开发具有重要意义。

表 1-5　全球范围及区域海洋环境（科学）观（监）测计划简介

| 计划名称 | 组织单位 | 实施时间 | 主要目标 | 特点和意义 |
|---|---|---|---|---|
| 国际热带海洋与全球大气研究计划（TOGA） | 联合国教育、科学及文化组织政府间海洋学委员会、世界气象组织 | 1985～1994 年 | 通过对热带太平洋上层海洋热力动力要素的调查研究，了解 ENSO（厄尔尼诺现象）事件产生的过程与机理，力求在月到年的时间尺度上预报 ENSO | 建立了 TAO/TRITON、PIRATA 浮标阵列，已提供了十多年的热带海洋海水温盐度、风速风向、海流以及其他参数的连续记录，提高了对 ENSO 过程和机理的认识和预报能力 |
| 世界大洋环流试验（WOCE） | 联合科学委员会、气候变化与海洋联合委员会 | 1990～2002 年 | 在全球海洋全深度尺度上调查研究海洋在全球气候系统变化中的作用，提高预报海洋环境和气候变化的能力，了解全球海洋温度和盐度的分布、变化 | 使用卫星遥感、各种锚碇和漂流浮标、示踪物质及调查船等观测手段，开展全球大洋考察，涉及 30 多个国家，取得了大量海洋水文数据，为年代际和更长时间尺度气候变化的研究和预报提供了坚实的海洋学基础 |
| 全球海洋观测系统（GOOS） | 联合国教育、科学及文化组织政府间海洋学委员会、世界气象组织、国际科学联合会 | 1990 年至今 | 应用遥感、海表层和次表层观测等多种技术手段，长期、连续地收集和处理沿海、陆架水域和世界大洋数据，将观测数据及有关数据产品对世界各国开放 | GOOS 本质上是一个全球性的海洋环境数据采集、处理、产品制作和产品分发服务体综合应用 |
| CLIVAR 气候变率及其可预报性研究项目 | 国际地圈生物圈计划、世界气候研究计划气候变化和预测项目 | 1995 年至今 | 关注气候系统的自然变率以及人类活动对气候变化的影响，探讨在季节、年际、年代际和世纪际，甚至更长时间尺度上气候的变异和预测 | CLIVAR 是在热带海洋和全球大气计划（TOGA）、世界大洋环流试验（WOCE）等多个大型研究计划完成的基础上建立起来的 |
| 全球海洋剖面浮标观测网（Argo） | 由联合国教育、科学及文化组织政府间海洋学委员会倡导，美国、德国、日本、澳大利亚 4 国发起 | 2000 年 | 以深海为对象，主要观测与气候变化相关的海洋信息（温度、盐度和海流等）。工作的浮标达 3000 多个，对全球海洋 2000m 以内的温盐垂直剖面分布及流速剖面分布有实时的观测数据，为海洋环境预报和气候变化提供可靠的基础 | Argo 是"全球海洋观测业务系统计划"中的一个子计划。目前，世界上已有 23 个国家和团体参与了 Argo 计划。中国也参与了 Argo 计划，至今布放了 35 个剖面浮标 |
| 海岸带陆海相互作用研究计划（LOICZ） | 海洋科学研究委员会 | 1995～2005 年 | 海岸系统的脆弱性及对社会危害，全球变化与海岸生态系统和可持续发展的关系，人类活动对河流盆地-海岸带相互作用的影响，海岸和陆架水域的生物地球化学循环，通过管理海陆相互作用来实现海岸系统的可持续发展 | 国际地圈生物圈计划（IGBP）的核心科学计划 |

续表

| 计划名称 | 组织单位 | 实施时间 | 主要目标 | 特点和意义 |
|---|---|---|---|---|
| 全球海洋通量联合研究计划（JGOFS） | 海洋科学研究委员会 | 1990～2004 年 | 旨在理解并预测海洋在全球碳循环中的作用，测定控制海洋碳通量以及相关生源要素的生物地球化学过程，评估其与大气、海底、大陆边界的相互交换，预测全球海洋对人为 $CO_2$ 扰动的响应 | 国际地圈生物圈计划（IGBP）的核心计划之一 |
| 全球有害藻华的生态学与海洋学研究计划（GEOHAB） | 联合国教育、科学及文化组织政府间海洋学委员会、海洋科学研究委员会 | 1998 年至今 | 通过对有害赤潮生态学和海洋学机制的认识，提升对有害赤潮发生发展的预测能力 | GEOHAB 确定了 5 个关键研究领域：生物多样性和生物地理分布；赤潮与富营养化；赤潮的生态学过程；赤潮藻的适应策略；赤潮的观测、建模和预测 |
| 国际海洋生物普查计划（COML） | 美国国家科学基金会 | 2000～2010 年 | 评估和解释海洋物种不断变化的多样性、分布和丰度，从而了解海洋生命的过去和现在，并预测未来的发展趋势 | 记录全球海洋生物种类、数量及分布，可通过图像了解某些海洋生物过去、现在栖息地，并预计未来它们可能出现的地方 |
| 上层海洋 - 低层大气科学研究计划（SO-LAS） | 海洋科学研究委员会、国际大气化学与全球污染委员会 | 2000 年至今 | 取得对海洋与大气之间生物地球化学和物理过程相互作用的定量理解，以阐明该系统如何影响环境和气候以及它如何受气候和环境变化的影响 | 国际地圈生物圈计划（IGBP）第二阶段的新计划之一，核心科学计划 |
| 综合大洋钻探计划（IODP） | 美国国家科学基金会 | 2003 年至今 | 聚集三大科学主题：深部生物圈和洋底海洋；环境的变化、过程和影响；固体地球循环和地球动力学类型等 | 该计划由国际"大洋钻探计划"（ODP，1985～2003 年）及其前身"深海钻探计划"（DSDP，1968～1983 年）发展而来 |
| 海洋生物地球化学和海洋生态系统综合研究计划（IM-BER） | 海洋科学研究委员会 | 2003 年至今 | 研究与地球系统和全球变化紧密联系的海洋生物地球化学循环和海洋食物网点相互作用，寻求气候和人类驱动的海洋生物地球化学过程对海洋生态系统影响的全面了解 | IMBER 是 IGBP 第二阶段的海洋研究新计划，在研究内容上强调跨学科和相互作用，在研究方法上强调集成与整合，有望成为今后 10 年大型核心研究计划 |
| 全球大洋中脊研究计划（InterRidge） | 主要成员国为美国、英国、法国、日本、德国 | 2004 年至今 | 重点关注超低速扩张脊、洋中脊-地幔热点相互作用、弧后扩张系统与弧后盆地、洋中脊生态系统及其深海底生命特征、连续海底监测和观察、海底深部取样和全球洋中脊考察 7 个科学主题 | 宗旨是促进学科间交流，共享技术、设备，尤其鼓励非成员国加入此项国际计划，研究和保护大洋扩张中心的地质与生态环境，以及推动各国科学家和政府之间知识成果的共享 |

| 计划名称 | 组织单位 | 实施时间 | 主要目标 | 特点和意义 |
|---|---|---|---|---|
| 地球系统的协同观测与预报体系（COPES） | 世界气候研究计划（WCRP） | 2005 年至今 | 开展观测、模拟和研究，已在预测未来气候、可持续发展、减灾防灾、改善季节气候预测、确定海平面上升的速度和预测季风雨等方面取得新进展 | COPES 强调重点是对气候系统的结构和变率的描述与分析，耦合气候系统的预测，以及气候信息和预测对社会服务与应用的实用性 |
| 大洋观测计划（OOI） | 美国基金委员会 | 2000 年至今 | 三部分：区域网、近海网和全球网，共有 796 个传感器中，OOI 采用海底建网，其蓝线联网可至 3000m 深海，形成了包含海中和海面的海底物联网 | 为美国海洋研究提供近岸海洋实时的有用信息，用于安全海洋作业，提高国家安全保障能力，减缓自然灾害，预测气候变化，确保公众安全等 |
| 美国综合海洋观测系统（IOOS） | 美国国家海洋和大气管理局 | 2000 年至今 | 主要分为四大方面：有害赤潮暴发预警、整合生态系统评价、海岸带淹没预测和表层洋流监测，主要局限于海水上层，并不涉及深海和海底观测 | IOOS 更倾向于"业务化"，主要为经济发展和环境安全服务 |
| 欧洲海底观测网计划（ES-ONET） | 欧洲 14 国 | 2004 年 | 对环绕欧洲 14 个国家的 11 个深海观测点和 1 个近海岸站点进行长期海洋监测，集结了 50 个合作单位的 300 多位科学家和工程师参与 | 探索在大西洋与地中海沿岸兴建海底网络系统的可能性，包括评估挪威海海冰的变化对深水循环的影响以及监视北大西洋地区的生物多样性和地中海的地震活动等 |
| "海王星"计划（NEPTUNE） | 加拿大、美国 | 1998 年至今 | 由铺设在海底长约 3200km 的光纤电缆构成，并在 30 个联结点上配置了各种各样的观测仪器（包括雷达、声呐、锚碇在海底的海流计和可以自由漂浮的遥感浮标等各种装置），用来实时收集从海面到海底的各种海洋信息资料 | 海王星计划的主要科学研究内容包括：气候变化规律、温室气体吸收、地震及板块漂移、区域主要渔业资源、海底火山极端环境生命、海底矿产资源等 |

## 1.4.2 传感器技术在海洋环境监测中的应用

传感器技术能感受到被测量的信息，并能将检测感受到的信息，按一定规律变换成为电信号或其他所需形式的信息输出，以满足信息的传输、处理、存储、显示、记录和控制等要求，是实现海洋环境自动监测的首要环节。遥感、自动监测和一些自动监测仪器都需要传感器技术的支持。传感器按工作原理可分为：光纤化学传感器、生物传感器、无线传感器等。一些传感器技术已经在海洋环境监测中得到了广泛的应用。

### 1.4.2.1 光纤化学传感器

光纤化学传感器（optical fiber chemical sensor，OFCS）是通过光纤探头固定或涂敷的指示剂与分析物相互作用使其光学性质发生改变，检测器将光信号转化为电信号，以实现待测物含量分析的装置。光纤化学传感器根据检测方法的不同，可分为光吸收型传感器、荧光传感器、消逝波传感器、量子点传感器、拉曼散射光谱传感器等（范世福等，1999）。光纤化学传感器自 20 世纪 70 年代末问世以来，因其光纤探头体积小、生物兼容性好、抗电磁干扰、检测物质种类多样、灵敏度高、便于利用光通信技术组成遥测网等优点，受到广泛关注（Wolfbeis，2004），随着光纤化学传感器技术的发展，其在海洋监测领域的应用也日益广泛。pH、溶解氧、$NO_3^-$、氰化物、碘离子、一氧化碳、有机氯、浮游植物量、有机物浓度和沉积物中的二氧化碳等都可以通过光纤化学传感器进行测定。表 1-6 为常见光纤化学传感器种类及其监测对象。

**表 1-6　常见光纤化学传感器种类及其监测对象**

| 传感器名称 | 传感器种类 | 测定参数 |
| --- | --- | --- |
| 光吸收型传感器 | 单波长双光路法差分吸收型 | $CH_4$、水色、pH、石油污染物、重金属等 |
| | 二次谐波检测型 | |
| | 红外光吸收法光纤传感 | |
| 荧光传感器 | 荧光化学传感器 | pH、溶解氧、含氮化合物、重金属（$Cd^{2+}$，$Zn^{2+}$，$Hg^{2+}$ 等）、$NH_4^+$、有机污染物（硝基芳香类化合物、多环芳烃等） |
| 消逝场型光纤化学传感器 | 直线型光纤 | 氢气、氧气、石油污染物、有机污染物、无机盐 |
| | D 型光纤 | |
| | 空心光纤 | |
| | 金属、气体、液体光纤 | |
| 量子点光学传感器 | 荧光转换传感器 | 有机污染物、金属离子（铜离子、锌离子、银离子等）、氰化物等 |
| | 荧光共振能量传感器 | |
| | 磷光转换传感器 | |
| | 定位传感器 | |

### 1.4.2.2　生物传感器

除了在线监测和化学分析监测外，海洋生物监测也在不断发展。20 世纪初，苏联科学家提出用鱼的存活率来监测海洋环境污染（鱼体测试法），并得到了广泛应用，此后逐步发展出以鱼类的生长繁殖代谢为指标的生物监测方法。随着科技方法的出现，生物监测的指示生物种类不断增加，贻贝监测于 1975 年由美国科学家提出（白树猛等，2008），受到许多相关领域科学家的重视并广为应用。该方法以贻贝、牡蛎（杨小玲等，2006）作为主要的指示生物，深入研究其对重金属、有机污染的响应，如双壳类软体动物的胚胎发育（Israel and Tsiban，1981）、贻贝酶活性（陈琳琳等，2011）等。80 年代，苏联科学技术委员会提出用微藻荧光来监测海水水质（Segner H，Hawliczek A，2012；姜恒等，2012）。近来人们又开始关注基于发光菌、真菌的生物传感器（张悦和王建龙，2001），生物在线监测技术也在逐步发展（王海洲等，2007）。生物监测技术的灵敏度高、费用低、能够综合反映水质变化等优点使其得到了越来越多的关注。

生物传感器（biosensor）起源于20世纪60年代（Updike and Hicks，1967）。90年代，细胞生物学和分子生物学的迅速发展加上信息科学技术的突飞猛进，使生物传感器技术进入了一个新的发展时期。生物传感器因其检测快速、选择性高、灵敏度高、操作简便且成本低等诸多优点而受到广泛关注，经过几十年的研究改进，生物传感器与其他技术融合发展，在海洋环境监测领域的应用正日趋成熟。

生物传感器是将敏感材料与化学换能器相结合，通过化学换能器捕捉待测物质与敏感材料之间的反应，将生物信号转变成电信号，检测电信号来判断待测物质的多少。敏感材料主要是固定化的生物成分（酶、蛋白质、DNA抗体、抗原、生物膜等）或生物体本身（细胞、微生物、组织等）。生物传感器根据生物学识别元件的构成材料可分为：微生物传感器、免疫传感器、组织传感器、细胞传感器、酶传感器和DNA传感器等（Baeumner，2003）（表1-7）。生物传感器能够监测环境中微量的有机污染物、重金属、有毒污染物、藻毒素等污染物，并且能够监测赤潮微藻的数量和种类，与传统的人工计数相比，节省了人力和时间，在环境毒素和赤潮监测方面具有尤为突出的意义。

表1-7　常见生物传感器种类及其监测对象

| 传感器种类 | 测定参数 |
| --- | --- |
| 微生物传感器 | 生化耗氧量、硫化物、氨氮等 |
| 免疫传感器 | 赤潮毒素 |
| 组织传感器 | 苯等有机污染物 |
| 细胞传感器 | 重金属（汞、铬、铅、锌、铜、镉等）、有机污染物（萘、水杨酸、苯类等）、营养盐 |
| 酶传感器 | 有机污染物（酚类、农药等）、氰化物、砷化物、藻毒素 |
| DNA传感器 | 有机污染物、微藻和赤潮藻 |

### 1.4.2.3　无线传感器网络

现代海洋环境监测正逐步朝着高集成、高时效、多平台、智能化和网络化的方向发展，立体化的海洋环境监测网络需要准确及时地传输、接收数据，这些都离不开无线传感器网络。无线传感器网络是新兴的网络技术，是传感器在海洋监测中的其他方面重要应用，其针对海洋监测的各种仪器和具体应用，结合无线通信技术、网络技术和信息处理技术，实现对海洋风向、波高、潮汐、水温、水质污染等海洋环境因子的实时监测。海洋环境监测传感器网络能够为海洋环境保护、资源管理、灾害监控、海洋和海岸工程、海上作业及海洋军事活动等提供实时数据和信息平台，对充分发挥海洋环境监视监测在农业、工业、军事及科研方面的重要作用具有极大的意义。

海洋环境传感器网络是由传感器节点、汇聚节点和管理节点组成的，大量微型的传感器节点以无线自组织的方式连接起来，通过部署在监测区域内的网络中的节点，利用传感器实时监测、采集网络分布区域内的各种监测信息，经数据转化、融合等处理后，通过具有远距离传输能力的水下、水面节点将实时监测信息送到水面基站，然后通过近岸基站或卫星将实时信息传递给用户。水下传感器网络通信技术主要有无线电、激光和水声通信3种方式，无线电波在水中衰减严重，激光在水中的衰减小于无线电波，但其需要直线对准传输，对海水的清澈度要求较高。目前水下传感器网络主要是利用声波进行通信和组网。海洋水下传感器网络主要是利用水声进行通信，其通信方法和协议与陆地无线传输网络协议存在很大差异，必须针对复杂多变的海洋环境条件，考虑海水盐度、压力、洋流运动、海洋生物、声波衰减等对传感器网络的影响，制订适应海洋通信、组网和应用的新协议。

最早的水下无线传感器网络是20世纪美国在大西洋和太平洋建立的水声监视系统（sound surveillance system，SOSUS），最初用以侦测潜艇和舰只，后来随着无线传感器网络的日渐成熟，也被用在海洋科学研究和海洋工程建设等方面（Chong，2003）。90年代出现了数字信号处理和数字通信技术，把水下无线传感网络的研究与发展推向了一个新的高潮。经过数十年的发展，现代海洋环境监测传感器网络已经形成了一个将水下无线传感器网络（水下机器人网络、潜标传感器网络、海底传感器网络等）、海面无线传感器网络（海面漂移网络、海面无人航行器、船只、海面固定平台网络等）、陆基海洋近岸网络和空基网络（舰载飞机、卫星等）等各个网络部分连接为一个整体的水、陆、空多位立体监测传感网络。一个或多个高性能的海面基站，负责收集处理将安装在浮标、潜标和海底基站上的具有水声通信功能的传感器节点发射的数据信息，并通过无线电或其他方式向船舶、岸上基站及卫星发射信息，使观测者能够随时监测到海水和海底的实时信息，同时，海面基站还能够接受用户的指令，并传送到水下传感器进行模式调整，以满足不同的需求。部署在海底、海中和海面上的传感器节点可以是固定的，也可以是移动的，固定的传感器节点通常部署在海底观测平台或锚定在海底的底层浮标上，移动的传感器节点通常部署在移动的AUV、ROV、水下滑翔机和漂移浮标潜标上。可以说，立体海洋无线传感器网络支撑起了海洋立体监测网络。目前国际上已经有很多综合性的海洋环境无线传感器立体网络，如由美国海军研究局和空海战系统中心组织的海网水下声学网络，1999～2004年已基本完成，物理节点包括定位传感器和装载在潜艇和水下机器人上的移动传感器，声呐信号通过声学调制解调器进行转换，可进行误差校正、信号交换、自动重复请求，多采用固定节点，监测范围为几千米，主要用于军事侦察、目标定位、水下导航等（Rice and Green，2008）。2005年，美国宾夕法尼亚州立大学在美国政府的支持下开始进行近海水下持续监视网（the persistent littoral undersea surveillance network，PLUSNet）的研究和组建，PLUSNet更注重移动节点的试验和应用，大量运用水下自主无人航行器和水下滑翔机，海面节点采用太阳能电池板，水下滑翔机等采用温差驱动等手段，大大增加了电池的使用寿命。由于水下和水面移动节点可以根据信号控制或跟随海流移动，使其监测范围大幅增大，可达数百千米（Grund et al.，2006）。Argo系统由多种自持式剖面循环探测浮标组成，其中PALACE浮标可以每隔10天发送一组剖面实时感测资料，通过海洋无线传感器网络，能够准确传输资料稀少的远海信息，经卫星地面站接受、处理后，送达观测者手中，从而形成了卫星遥感、海洋浮标相结合的一个现代化立体海洋监测系统（罗汉江，2010）。美国的有害藻华监测信息系统是一个以管理有害藻华数据、事件，分析、预测其影响等为目标，集成的、综合的信息通信系统，最初在墨西哥湾使用，现已逐步应用于全美沿海地区。该系统通过海洋无线传感器网络将卫星、海岸基自动观测站、浮标等现场监测系统结合，形成了一个水、岸、空三位一体的海洋环境立体监测系统（Malone and Horn，1999）。

随着水下无线传感器网络技术的发展，水下无线传感器网络的节点概念已经由传统的传感器扩大到包括 AUV、蛙人、舰艇、潜艇、鱼雷、水雷和水面浮标等在内的新概念节点形式。现代海洋线传感器网络克服了传统无线传感器网络的性能单一、时效差、造价高和布设困难的缺点，布防更灵活、适应环境的能力更强、搜集信息更快捷。可以说，水下传感器网络在近 20 年中得到了跨越式的发展，但海洋无线传感网络在发展过程中也面临着许多问题和挑战，硬件和软件技术皆存在一些问题，主要体现在以下几个方面：①适应海洋特征的新的可靠的通信协议。水声信号在海水中衰减大，通信带宽低，具有高时延性、动态时延变化、多径效应严重、传输误码率高等特点，且水下节点分散稀疏，移动性强，电池充电量较低，这些特点要求海洋传感器网络设计不同于陆地传感器网络的新的可靠的通信协议。②系统能源问题。海洋的广袤和复杂使海洋无线传感网络水下节点的能源更换十分困难，且无法利用太阳能电池板，因此，能源和能耗问题一直是海洋无线传感网络研发所关注的焦点。水下滑翔机利用海洋温差（海洋热能）等辅助驱动手段，大大减少了传感器移动所消耗的能量，但传感器在传输、接收信息和数据处理过程仍旧需要消耗大量能源。低耗能的传感器节点需要从硬件和软件两方面进行优化，硬件上主要通过传感器结构的简化、采用低耗能的芯片和改进电池性能等方面实现，软件上主要从优化算法、通信协议和路由协议等方面减少能量消耗，如传感器节点无线通信模块通常采用"侦听/睡眠"交替的无线信道使用策略（王静等，2009）。③定位与跟踪问题。传感器网络界节点自定位问题是水下传感器网络的关键技术之一。在传感器网络中既有固定位置的锚节点，又有随波浪漂浮移动的位置的未知节点，节点定位方法有绝对定位和相对定位、集中式定位和分布式定位、基于测距的定位和无需测距的定位，目前已有许多移动节点的定位方法（Ogren et al.，2004），定位方法的性能会直接影响节点的可用性，故需要进一步研发定位精度高、定位规模大、覆盖率高、自适应性强、能耗低、操作简便的定位算法。水下目标跟踪则需要将多个传感器的信息进行综合处理，通过探测、分类、定位、预测，跟踪环境目标综合分析，以增加结论的可信性。另外，海洋传感器网络的安全性、实时性以及传感节点的最优布设都需要进一步研究和开发。

2006 年国家自然科学基金委员会将水下移动传感器网络的关键技术列为重点研究方向。中国科学技术大学、中国科学院沈阳自动化研究所、中国科学院计算技术研究所等多家高校和研究单位均已开展了无线传感器网络相关领域的研究。2007 年由中国科学院上海微系统与信息技术研究所等单位联合承担的"无线传感器网络关键技术攻关及其在道路交通中的应用示范研究"项目通过验收。

## 1.4.3　我国海洋环境监测发展简介

我国的海洋环境问题于 20 世纪 50 年代开始萌发，60 年代后污染明显加重，沿岸及近海水域不断发生污染事件，资源受损、生态恶化，危及人们的身体健康。我国海洋环境监测从 70 年代开始正式起步，从 1972 年起我国先后对渤海、黄海、东海和南海进行污染调查，调查面积达 38 万 km²，累计测站 47 000 多个，并针对陆源污染进行了深入调查，初步查明了我国海洋污染的总体状况。为了提高海洋污染调查的水平，确保调查结果的科学性和可比性，在国家海洋局的领导下，1978 年制定了统一的《海洋污染调查规范》，并于同年成立了"渤海黄海环境污染监测网"，首次对我国的渤海、黄海进行水质、底质等 30 多个项目的例行监测，揭开了我国海洋环境监测的序幕（范志杰，1995）。

20 世纪 90 年代后我国海洋环境监测事业快速发展，海洋环境监测技术也被列为国家高技术研究发展计划（863 计划）资源环境领域的四个主题之一，旨在提高我国海洋环境监测能力，并支持海洋资源开发和海上工程建设。1996 年将发展海洋高科技作为第八个领域列入了 863 计划，其中专门设立了发展海洋监测技术主题。在国家海洋 863 计划的支持下我国分别在上海和台湾海峡及毗邻海域建立了两个区域性海洋环境立体监测示范系统，从整体上提高了我国海洋的环境监测、预测和预报能力。

2002 年，我国发射了第一颗海洋卫星——"海洋一号 A"卫星，主要用于探测海洋水色要素（包括叶绿素浓度、悬浮泥沙含量、可溶性有机物）、水温、污染物及浅海水深和水下地形等，对渤海、黄海、东海、南海、日本海、各大洋和南北极区利用遥感观测全球海洋环境，并对我国近海的包括赤潮在内的海洋灾害进行监测。"海洋一号 A"卫星的交付使用，标志着我国海洋环境监测进入立体监测时代，是我国海洋发展历史上的一个里程碑。2007 年装备更为精良的"海洋一号 B"卫星成功发射升空，相比"海洋一号 A"卫星，其寿命延长、性能提高，整星提供的信息量增加了 3 倍以上，其主要任务是监测我国近海及全球海洋水色、水温环境，为我国海洋资源开发、海洋环境保护、重要海洋灾害监测和预报提供支撑。"海洋一号 B"卫星的成功发射和在轨稳定运行，进一步完善了我国的海洋立体监测系统。"海洋一号 B"卫星开创了我国海洋卫星业务应用的新局面，推动了我国海洋卫星从应用型向业务服务型的转化。

"九五"期间我国制定了加快海洋经济发展的产业政策，并加大在海洋环境监测高技术研究方面的经费投入，先后研制了 XHZOI 型军用海洋浮标、卫星遥感地面定标应用的青海湖水文气象自动观测浮标、水质监测浮标、多功能波浪浮标、声学浮标等几种监测浮标，并都投入了应用或试用（李林奇等，2004）。"十五"期间，我国便将"海洋环境预测与减灾技术"列入攻关计划之中，国内首套赤潮监测浮标为 2008 年奥林匹克运动会帆船比赛提供赤潮预警预报服务。"十一五"期间的 863 计划将"区域性海洋监测系统技术"列为海洋重大技术领域之一，经过多年攻关，攻克了变频多功能高频地波雷达、下放式声学多普勒流速剖面仪、拖曳式温盐深剖面测量系统、多参数拖曳系统、定点垂直升降剖面测量系统、光学浮标等一系列关键技术，在"十五"技术成果的基础上改进并完善了浮标、潜标、海床基等海洋监测系统，实现了声学多普勒流速剖面仪、多参数拖曳系统、高频地波雷达等仪器设备的定型，集成自主研发仪器设备构建的区域性海洋立体监测网于 2008 年投入准业务化运行，基本具备了近海区域海洋环境监测能力，所获取的数据通过海洋环境信息服务系统开始为地方经济发展、海洋防灾减灾发挥作用。2001 年，"十一五" 863 计划启动"台湾海峡海洋动力环境立体监测示范系统"重大项目，经过 10 年的努力，已在台湾海峡附近海域初步建立了由岸站、浮标、潜标、海床基、地波雷达及卫星遥感组成的区域性海洋环境实时立体监测网，并投入业务化运行。目前该网在位运行的有 5 套大浮标、14 套生态浮标、1 对中程高频地波雷达、1 套海床基、1 套实时传输潜标、1 套卫星遥感监测系统、8 个沿海岸基台站，获取了大量海洋环境监测数据，此外还建立了数据处理与辅助决策系统，并投入业务化运行，结合 863 计划支持研发的风暴潮漫堤预警辅助决策、赤潮灾害预警、海上突发事件应急辅助决策、信息集成服务等，为海洋防灾减灾应用提供数据支撑，我国海洋灾害的监测预警能力也显著提升。

我国不断加大海洋环境监测的力度，经过几十年的努力，在相关政策的支持下我国海洋环境监测技术研究与应用已经取得了巨大进步，涌现了一大批科技成果和产品，实现了海洋环境监测的跨越式发展，一定程度地缓解了我国海洋监测方面的需求。我国正逐步建立起由海洋监测平台、多参数浮标、调查船、卫星遥感等组成的海洋环境立体监测网络，2000 年基本建成的"海洋环境立体监测和信息服务系统"上海示范区是我国第一套自行研发的海洋环境立体监测系统。该系统包括海岸基海洋环境自动监测系统、高频地波雷达海洋环境监测系统、平台基海洋环境自动监测系统、海床基悬浮泥沙及其运移监测系统、综合水质监测系统、卫星遥感海洋环境监测应用系统和数据集成处理服务系统等，为上海地区发展海洋经济、保护海洋环境、减轻海洋灾害损失提供海洋环境信息服务，大大提高了以上海为中心的长江三角洲经济区的防灾减灾能力，对赤潮多发区——东海进行赤潮预警预报具有重要意义。此后我国先后在台湾海峡、渤海和南海建立了环境立体监测系统。"台湾海峡海洋动力环境立体监测示范系统"是我国首个离岸区域性海洋动力环境的立体综合监测系统，可实现海洋动力环境的多平台、多层次、多要素实时采集、连续监测和数据产品综合服务。渤海海洋生态环境海空准实时综合监测示范系统除了进行渤海环境的常规监测外，还集成了船载快速监测系统、航空遥感监测系统、水下无人自动监测站、生态浮标系统、无人机遥感应用系统、卫星遥感应用系统，针对渤海赤潮和溢油漂移扩散进行预警，在渤海海洋生态环境治理与管理服务方面具有重要意义。南海深水区海洋动力环境立体监测系统是我国第一个综合性的深水海洋观测系统，对南海深水区的海洋动力环境实现系统的实时监测，填补了深海观测的空白，提高了南海油气的资源开发能力，对我国海洋动力环境信息共享和提高我国海洋防灾减灾能力具有深远意义。表 1-8 总结了我国已有的海洋环境立体监测系统。

表 1-8　我国已有的海洋环境立体监测系统

| 名称 | 建立日期 | 建设内容 | 科学意义 |
| --- | --- | --- | --- |
| "海洋环境立体监测和信息服务系统"上海示范区 | 2000 年基本建成 | 海岸基海洋环境自动监测、高频地波雷达海洋环境监测、平台基海洋环境自动监测、海床基悬浮泥沙及其运移监测、综合水质监测、卫星遥感海洋环境监测应用和数据集成处理服务 | 该系统是我国第一套自行研发的海洋环境立体监测系统，为上海地区发展海洋经济、保护海洋环境、减轻海洋灾害损失提供海洋环境信息服务，提高以上海为中心的长江三角洲经济区的防灾减灾能力，对赤潮多发区——东海进行赤潮预警预报 |

续表

| 名称 | 建立日期 | 建设内容 | 科学意义 |
|------|---------|---------|---------|
| 新一代海洋实时观测系统（Argo）——大洋观测网试验 | 2002~2003年 | 在临近我国的西北太平洋海域布放16个Argo浮标，创建我国的Argo信息网页，建立Argo浮标管理与网络系统 | 加入国际Argo计划，共享全球海洋中的3000多个浮标资料，为我国西北太平洋地区的海洋环境和气候研究提供依据并承担部分海洋灾害预报工作 |
| 台湾海峡海洋动力环境立体监测示范系统 | 2005年基本建成 | 重点研发海洋动力环境现场连续长期监测技术、船载剖面探测技术、卫星海洋遥感监测技术、数据与信息服务技术等关键高新技术与装备 | 是各类海洋监测仪器集成构建以载体为平台的综合技术系统，通过数据、各类平台集成实现立体监测，在福建海域建立了我国首个离岸区域性海洋动力环境立体综合监测系统，实现海洋动力环境的多平台、多层次、多要素实时采集、连续监测和数据产品综合服务，进一步加强对台湾海峡附近海域台风、风暴潮的预报能力 |
| 渤海海洋生态环境海空准实时综合监测示范系统 | 2005年 | 系统集成了船载快速监测系统、航空遥感监测系统、水下无人自动监测站、生态浮标系统、无人机遥感应用系统、卫星遥感应用系统和常规监测等手段 | 能够实时地获取海洋生态环境监测数据，对监测数据进行实时存储、分析，对海洋环境污染进行分析与评价，并可进行赤潮预警、溢油漂移扩散预警、生态环境评价等，在海洋生态环境治理与管理服务方面具有重要意义 |
| 南海深水区海洋动力环境立体监测系统 | 2009年 | 包括南海深水区内波观测技术及试验系统开发和南海海洋动力环境数据集成与应用系统开发，目前已经完成南海深水区内波观测试验网为期一年的试运行检验 | 对南海进行可靠、稳定、覆盖范围广、长时序的观测，对南海深水区的海洋动力环境实现系统的实时监测，可填补南海内波观测的空白，提高南海油气资源开发能力，提高我国深海海洋观测的能力，对我国海洋动力环境信息共享和提高我国海洋防灾减灾能力具有深远意义 |
| 中国海洋环境监测系统——海洋站和志愿船观测系统 | 2002年 | 包括海洋站监测系统、志愿船观测系统和数据通信网的建设，共有72个海洋站与120艘志愿船遍布我国沿海 | 海洋站分布基本覆盖我国沿海的所有海域，实现了对我国滨海、近海和邻近大洋海域的海洋环境进行有效地监测，同时为实现我国海洋环境监测体系的建设奠定基础 |

进入21世纪后，我国积极加强国际间的合作，投入全球海洋环境监测事业，在全球海洋观测中担任了重要职能。2002年我国正式加入全球海洋剖面浮标观测网（Argo）计划，建成了我国新一代的海洋实时观测系统中的大洋观测网，使中国成为国际Argo计划的重要成员，能够共享遍布全球的3000多个Argo浮标的资料。目前我国已与60多个国家近100个机构建立了信息共享机制，并已经加入了全球海洋观测系统（GOOS）中的东北亚地区的NEAR-GOOS计划，建立了NEAR-GOOS延时数据库网站，为我国海洋环境监测

网的建设与发展提供支持。

　　21 世纪初，中国科学院提出建设近海海洋观测研究网络的目标，重点对我国东海、黄海和南海北部海域进行长期定点的综合观测。近海海洋观测研究网络计划在黄海冷水团（长山群岛）、长江口附近（浙江舟山）、西沙永兴岛和南沙永暑礁各建一个海上观测平台或浮标站，与现有的 3 个国家近海生态环境监测站（中国科学院海洋研究所胶州湾海洋生态系统研究站、中国科学院南海海洋研究所大亚湾海洋生物综合实验站、中国科学院南海海洋研究所海南热带海洋生物实验）及"科学一号""科学三号""实验一号""实验二号""实验三号"等海洋科考船的断面观测相结合，共同构建点、线、面结合，空间、水面、水体、海底一体化的中国科学院近海海洋观测研究网络（表 1-9）。目前近海海洋观测研究网络正在筹建，建成后该网络将长期提供我国沿海的综合性基础资料，成为近海生态过程、海洋环境过程研究的观测平台和海洋环境与声学监测高技术实验平台，为阐明我国近海的长期变化规律以及海洋环境预测、灾害预警提供实时监测数据，大大提升我国的海洋科技自主创新能力（李颖红等，2008）。

表 1-9　中国科学院近海海洋观测研究网络

| 组成部分 | 观测海域 | 主要观测内容 | 建设情况 |
|---|---|---|---|
| 黄海海洋观测研究站 | 黄海冷水团附近海域 | 海洋水文气象、地质、化学、生物等参数和重大海洋现象进行长期观测和实时监测 | 浮标系统已于 2010 年建成，并验收 |
| 牟平海岸带环境综合试验站 | 海岸带 | 以海岸带生态环境过程研究为核心，开展长期综合观测和研究实验的综合试验站 | 2014 年建成 |
| 胶州湾海洋生态系统国家野外研究站 | 胶州湾 | 胶州湾生态环境动态变化趋势 | 建于 1978 年，2005 年成为国家野外站 |
| 东海海洋观测研究站 | 东海长江口附近海域 | 长江口高生产力区域海洋环境长期多参数的连续观测 | 浮标系统已于 2010 年建成，并验收 |
| 小良热带海岸带退化生态系统恢复与重建定位研究站 | 海南、广东、广西和福建的热带亚热带沿海区域 | 主要目标是热带海岸台地退化土地的恢复与利用 | 1959 年 |
| 大亚湾海洋生物综合实验站 | 大亚湾 | 大亚湾沿海工业化进程影响下的近海生态环境变化 | 建于 1984 年，2005 年成为国家野外站 |
| 海南热带海洋生物实验站 | 三亚湾 | 热带海湾生态环境 | 建于 1979 年，2006 年成为国家野外站 |
| 西沙海洋观测研究站 | 南沙群岛海域 | 南海南部深水海域物理海洋、海洋气象学、海洋化学和海洋地质的长期观察 | 1988 年 |
| 南沙海洋观测研究站 | 西沙群岛海域 | 南海西北部海域物理海洋、海洋气象学、海洋化学和海洋地质的长期观测 | 2009 年正式投入使用 |

　　但相比海洋环境监测起步较早的美国、欧洲等，我国的海洋自动监测、立体监测水平

还较低，国内高档海洋监测仪器市场的95%被国外产品所占据，自主研发的监测仪器由于缺乏成果的标准化鉴定，在市场流通中受到了很大阻力。我国的海洋环境监测技术还有很大的发展空间，科研工作者及相关企事业单位应在十八大发展海洋环境保护事业政策的支持下，积极发展我国海洋环境监测事业，提高台风、风暴潮、赤潮等海洋灾害的预报预警能力，最大限度地减少灾害给海洋经济、沿海经济及人民生命财产带来的损失；提高海洋污染和生态环境监测能力，保护海洋环境，确保海洋经济的可持续发展；提高海洋勘测技术水平，发展海洋资源开发事业，支持沿海和海洋经济发展和科技兴海战略；提高海洋安全监测力度，加强海上国防建设；建立覆盖全国范围的海洋环境立体监测网络，加强实时监测能力，建立海洋环境服务平台，推进我国海洋事业的发展。

## 1.4.4　海洋环境监测发展趋势

随着科学技术的进步，在光学、电学、机械学、材料学飞速进步的带动下，海洋环境监测技术不断更新完善，监测仪器性能已有大幅提高。传感器技术的发展使海洋环境监测真正进入实时化和立体化时代。20 世纪 80 年代以来，海洋环境监测呈现"多元化、实时化、长时序、立体化"的发展趋势，一方面国家和区域的海洋环境监测系统在关键海域发挥着重要作用，另一方面海洋环境监测资源共享与全球化监测网络成为一种趋势。

### 1.4.4.1　监测仪器向微型化、多参数化方向发展

海洋环境的复杂性，要求海洋环境监测仪器能够进行现场、原位、在线监测，并且兼具小型、灵敏、快速、自动化等特点。由于微电子、微型传感器、计算机技术、新材料技术、遥感卫星技术及各种高新技术的应用，海洋环境分析监测仪器的设计发生了根本性改变，很多仪器正在向小型化、微型化、多参数化的方向发展。微生物技术、光电技术、生物芯片技术、分子生物学技术以及其他多种新技术不断被吸收应用于传感元件，新一代新型监测仪器正推动着海洋环境监测仪器的发展。目前已有多家仪器公司生产便携式多参数水质监测仪，这些监测仪器大多由多个单功能或多功能的微型探头组合而成，如美国哈希公司生产的 Hach Hydrolab 多参数水质监测仪，最小外径不足 5 cm，可以监测溶解氧、pH、氧化还原电位、电导率（盐度、总溶解固体、电阻）、温度、深度、浊度、叶绿素 a、蓝绿藻、罗丹明 WT、铵/氨离子、硝酸根离子、氯离子、环境光、总溶解气体共 15 种参数。此外，色谱仪、分光光度仪、X 射线荧光光谱仪热分析仪等仪器的体积大大缩小，目前已有便携式的气相色谱仪、光谱仪、近红外光谱仪、X 射线分析等便携式分析仪器面世。

由于海洋高盐、高复杂性、辖区面积广阔等特点，海洋环境监测仪器与淡水水质监测仪在设计方面存在一定差异。一些海洋浮标、潜标和海底监测平台位于远离陆地的远海或深海，不能像岸基监测平台一样频繁地更换仪器试剂、能源，故海洋环境监测仪器除了向小型化、多参数化方面发展外，低耗能、溶剂消耗少也是未来海洋环境监测仪器发展的一个方向。目前已有一些厂家推出无溶剂监测仪器，如美国特纳的 TD-1000C 是一种连续型、在线式、无溶剂的紫外荧光油类监测仪。另外，海洋微生物丰富，长期在水下工作的监测

仪器不可避免地会遭到海洋生物的附着和损坏，导致仪器性能下降，使用寿命缩短，特别是一些敏感元件表面发生少量的腐蚀和生物附着就能够使器件的工作性能受到损坏，进而使整个仪器系统的测量准确度和可靠性下降（董大圣等，2012）。又由于海洋中的许多极端环境，诸如海底高压、海底热液喷口等，海洋环境监测仪器在未来的发展过程中，必定要发展新型的对极端环境耐受力较强的传感探头或监测方法，并与材料防腐和防生物附着技术结合，以研制出体积小、溶剂用量少或无溶剂、抗干扰能力强、防生物附着、防腐蚀的高效敏感的多参数海洋监测仪器。

我国的海洋监测仪器产业在高端产品、创新研究方面，遭遇国外垄断、技术封锁，在中低端产品方面有自己的产品，但仍缺乏关键的核心技术，缺乏对工艺和关键材料的深入研究，关键技术仍然依靠进口。另外，用户对国产仪器缺乏信任也是造成我国监测仪器相对落后、裹足不前的一个重要原因。目前，我国除了温盐深测定仪器外，其他理化监测仪器的成型产品还很少，海洋仪器研发和生产厂家较少。国内的海洋监测仪器生产厂家的规模均不大，且缺乏自主创新产品。

### 1.4.4.2 海洋环境自动监测系统集成

海洋环境自动监测系统主要有两方面优势：一是采用原位监测的手段能够实时在线反映海洋环境的变化情况；二是采用自动监测，大大减少了人力投入，方便获得连续、稳定、长期的监测数据。

原位监测是指对原位测试对象采用安装传感器、采集器、通信器等方式，进行自动化、电子化、数字化、联网化的连续、动态、实时更新数据的原位测试。原位监测是很多科学家大力推崇的用于海洋环境监测的方法，早期海洋环境监测部分环境要素是通过海上样品采集，带回实验室分析检测的方法，这种方法是将待监测的环境要素与海洋环境脱离，不能真实地反映海洋环境状况，也不能获取连续实时的数据。而原位探测能够监测海洋区域的空间和瞬间连续变化的信息，真实反映海洋环境活动演化的动态体系，且操作简便、灵敏度高和反应速率高。特别是在海洋极端环境条件下，如深海高压、海底热液喷口、极区海洋等，样品的采集和保存面临很大的挑战，原位监测则能深入这些区域，获得全面准确的海洋环境信息。原位监测技术是对传统海洋学研究方法的一次重大突破，它的应用对促进海洋资源的探测、海洋环境的监测与保护和海洋科学的研究有重要的意义。

随着传感技术和通信技术的发展，海洋自动监测技术迅速崛起，目前各海洋强国都组建了适用于海洋动力学要素和海洋环境污染物的同步自动观测网络，包括岸基海洋环境自动监测平台、自动监测浮标、潜标和海床基固定及移动自动监测平台。如何研制体积小、耗能低、数据实时传输、适应海洋复杂环境、多功能多参数、可长时间连续稳定工作的自动监测系统，仍是未来海洋环境监测发展的重点方向。

### 1.4.4.3 深海观测技术

深海蕴藏着丰富的油气资源、矿产资源、生物及基因资源，近年来，各国在深海的竞争日益激烈，深海成为继海面/地面观测、空中遥测遥感之后地球科学的第三个观测平台，深海观测系统正逐步成为海洋技术领域的研究热点。可视化的、实时的、长时序的深海环境监测,对海洋矿产资源的成矿机理、开发环境、环境影响评价等研究,对深海生物及其基因研究,都有重要意义。由于深海高压等特点,几乎所有的浅海监测仪器都不能直接应用于深海,必须通过采用特殊材料、构建新型微型化电极或光学元件、采用光电机一体化等手段,研制耐高压、耐海水腐蚀、低耗能的观测仪器。发展适用于深海环境(如高压、高温、高盐等)监测的传感器或仪器,发展适于深海环境观测的移动或固定平台,发展水下观测系统的供电、数据通信和组网技术,发展空间、水面、水下、海底多平台立体观测技术,建立长期的水下或海底观测网,是深海海洋环境监测技术发展的基本趋势。

### 1.4.4.4 区域海洋环境立体监测网络与信息服务

国际先进区域立体实时监测体系通过"实时观测—模式模拟—数据同化—业务应用"形成一个完整链条,通过互联网为科研、经济以及军事应用提供服务。区域海洋环境立体监测更强调整体性、系统性的观测,根据区域环境特点,通过岸基、船基、海基、海床基、空基、天基相结合,形成空-天-海一体化监测,向人们提供立体、连续、实时、长期的海洋数据。

随着社会的发展,环保理念已被越来越多的人接受,海洋开发产业得到了长足发展,海洋环境监测不仅是为了满足科研和国家的需要,越来越多的企业和个人也希望了解海洋环境信息。已有很多国家将信息服务纳入区域海洋环境立体监测网络,通过互联网与政府相关部门、科研单位甚至是个人共享监测网络的数据信息。今后,发展以社会需求为导向,以服务经济、社会发展和国家利益为目标的区域海洋环境立体监测网络及信息服务将成为海洋环境监测发展的一个重要方向。

### 1.4.4.5 海洋环境监测全球化网络

海洋是一个连通的整体,要想真正了解海洋,必须从全球大尺度上进行研究,目前国际上正在积极展开各地区、各个国家观测系统的联合运作,以实现在各国现有观测网络基础上进行联合观测和数据共享,提高全球性海洋观测能力。由联合国教育、科学及文化组织政府间海洋学委员会和世界气象组织合作,联合发起的全球海洋观测系统(GOOS)便是基于海洋监测全球化思想提出的,通过联合各个国家、单位,全球布点,研究大尺度海洋气候循环及其演化规律。

国际海洋资料与情报交换系统(international oceanographic data exchange,IODE)是开展海洋资料与情报交换系统的联合国成员国海洋资料中心和组织的总成,目的是以最低可能成本向各国研究人员提供国际交换资料,它全球海洋数据搜集、数据应用和资料共享等方面发挥了积极作用。我国也于 1981 年加入 IODE,与世界主要海洋国家建立了良好的合作关系。但我国海洋环境监测技术与美、日和部分欧洲国家相比还比较落后,只有加大国际间合作,积极参与全球化的海洋观测计划,共享监测信息,才能更快、更好地提高我国海洋环境监测的能力。

# 参 考 文 献

白树猛，时全义，崔志松，等．2008.微生物在海洋监测中的应用．上海：全国水体污染控制、生态修复技术与水环境保护的生态补偿建设交流研讨会．

陈琳琳，张高生，陈静，等．2011.汞硒暴露对紫贻贝（*Mytilusedulis*）抗氧化酶系统的影响．生态毒理学报，6（4）：383-388.

董大圣，刘海丰，张国华，等．2012.一种新型海洋环境长期连续监测系统及其防生物附着装置的设计．海洋技术，(1)：27-30.

范世福，陈莉，肖松山，等．1999.光纤化学传感器及其发展现状．光学仪器，(1)：37-44.

范志杰．1995.海洋环境监测设计理论的探讨．海洋环境科学，14（3）：1-106.

姜恒，吴斌，阎冰，等．2012.微藻叶绿素荧光技术在环境监测中的应用．环境工程技术学报，2（2）：172-178.

李林奇，熊焰，张文泉．2004.海洋环境自动监测的重要手段——小型多参数海洋环境监测浮标．气象水文海洋仪器，(4)：20-25.

李颖红，王凡，任小波．2010.海洋观测能力建设的现状趋势与对策思考．地球科学进展，25（7）：715-722.

李颖红，王凡，王东晓．2008.中国科学院近海海洋观测研究网络建设概况与展望．中国科学院院刊，23（3）：274-279.

刘燕德，施宇，蔡丽君．2012.拉曼光谱在重金属分析中的研究进展．食品与机械，(4)：1-4.

罗汉江．2010.海洋监测传感器网络关键技术研究．青岛：中国海洋大学博士学位论文．

罗绂业，周智海，曹东，等．2006.海洋环境立体监测系统的设计方法．海洋通报，25（4）：69-77.

聂炳林．2005.国内外水下检测与监测技术的新进展．中国海洋平台，(6)：43-45.

石汉青，王毅．2009.海洋卫星研究进展．遥感技术与应用，(3)：274-283.

王海洲，刘文华，侯福林．2007.在线生物监测技术及其应用研究．生物学通报，42（1）：15-16.

王静，陈建峰，张立杰，等．2009.水下无线传感器网络．声学技术，(1)：89-95.

奚旦立．2004.环境监测．北京：高等教育出版社．

杨小玲，杨瑞强，江桂斌．2006.用贻贝、牡蛎作为生物指示物监测渤海近岸水体中的丁基锡污染物．环境化学，25（1）：88-91.

张悦，王建龙．2001.生物传感器快速测定BOD在海洋监测中的应用．海洋环境科学，20（1）：51-54.

Baeumner A J．2003. Biosensors for environmental pollutants and food contaminants. Analytical and Bioanalytical Chemistry，377（3）：434-445.

Bishop W P，Hollister C D．1974. Seabed disposal -where to look. Nuclear Technol，24（1）：425-443.

Cheung W W L，Lam V W Y，Sarmiento J L，et al．2009. Projecting global marine biodiversity impacts under climate change scenarios. Fish and Fisheries，10（3）：235-251.

Chong C．2003. Sensor networks evolution：opportunities，and challenges. Proceedings of the IEEE，91（8）：1247-1256.

Cooper J B，Wise K L，Welch W T，et al．1997. Comparison of Near-IR，Raman，and Mid-IR spectroscopies for the determination of BTEX in petroleum fuels. Applied Spectroscopy，51（11）：1613-1620.

Elmanama A A，Afifi S，Bahr S．2006. Seasonal and spatial variation in the monitoring parameters of Gaza Beach during 2002-2003. Environmental Research，101（1）：25-33.

Eriksen C C，Osse T J，Light R D，et al．2001. Seaglider：A long-range autonomous underwater vehicle for oceanographic research. IEEE Journal of Oceanic Engineering, 26 (4): 424-436.

Grund M, Freitag L, Preisig J, et al. 2006. The PLUSNetunderwater communications system: Acoustic telemetry for undersea surveillance. Oceans, 21 (18): 1-5.

Israel Y A, Tsiban A V. 1981. Problem of monitoring the ecological consequences of ocean pollution. Journal of Oceanography, 36 (6): 293-314.

Malone T, Horn C. 1999. HABSOS: A pilot project of the US Global Ocean Observing System and the National Association of Marine Laboratories. Journal of Shellfish Research, 18 (2): 721.

Mitsui K, Handa Y, Kajikawa K. 2004. Optical fiber affinity biosensor based on localized surface plasmon resonance. Applied Physics Letters, 85 (18): 4231-4233.

Ogren P, Fiorelli E, Leonard N E. 2004. Cooperative control of mobile sensor networks: Adaptive gradient climbing in a distributed environment. Automatic Control, 49 (8): 1292-1302.

Pasteris J, Wopenka B, Freeman J J, et al. 2004. Raman spectroscopy in the deep ocean: Successes and challenges. Applied Spectroscopy, 58 (7): 195A-208A.

Rice J, Green D. 2008. Underwater acoustic communications and networks for the US Navy's Seaweb Program. Technologies and Applications, SENSORCOMM'08. Second International Conference on Sensor Technologies and Applications, 09: 715-722.

Segner H, Hawliczek A. 2012. Research process in aquatic biomonitoring. 沈阳化工大学学报, 02: 178-192.

Updike S, Hicks G. 1967. The enzyme electrode. Nature, 241: 986-988.

Wolfbeis O. 2004. Fiber-optic chemical sensors and biosensors. Analytical Chemistry- Columbus, 76 (1): 3269-3284.

第二部分

海洋常规生态环境分析监测

# 第 2 章 | 海洋水文气象监测

海洋水文气象是海洋环境监测中必须监测的项目，是海洋基础信息的一部分。海洋水文气象监测是指对海洋上的天气条件和海洋水文环境进行观察与监测，并记录相关数据，监测范围主要集中在近海和海岸附近。随着现代海洋环境监测技术的发展，其监测范围正在向大洋扩展。海洋水文气象监测是人类认识海洋、掌握海洋环境变化规律的重要手段，在海洋环境监测方面占有重要的地位，能够为海洋科学研究、海洋工程建设、海洋资源开发、海洋安全保证和海洋灾害预报等方面提供基础资料和科学依据。

海洋水文气象监测的主要对象如下：水文要素，包括海水温度、潮汐、海浪、海流、海冰、海水盐度、海面能见度和海水透明度等；气象要素，包括气温、气压、湿度、风、云、雾、能见度等。

这些监测对象是表征海洋环境状况的重要因素，与沿海地区的生产和生活息息相关。最初展开海洋水文气象监测的主要目的是沿海气候预报、海洋灾害预警和气候变化研究。沿海地区往往是一个国家中经济较为发达和集中的地区，同时也是受海洋环境变化影响最大的地区，全球每年由于海洋灾害造成的经济损失和人员伤亡无法估量，仅我国 2005 年海洋灾害（主要是风暴潮）造成的直接经济损失就有 300 多亿元，死亡人数超过 300 人（昌彦君等，2001）。1989~2009 年，海洋灾害（风暴潮、海浪、海冰、赤潮及其他海洋灾害）给我国造成的直接经济损失总计达 2632 亿元，因灾害死亡（含失踪）人数达 6521 人，特别是台风灾害对我国沿海地区带来很大威胁。通过海洋水文气象监测可以实时监测海洋气象和水文环境变化，为水文预报和气象预报提供及时准确的数据，提高预报的及时性和准确性，为防灾减灾工作争取更多的准备时间，从而减少海洋灾害带来的经济损失和人员伤亡。近年来气候变化及其带来的问题已经引起了世界各国的密切关注，并开展了相关研究。由于海洋对气候的重要影响，海洋水文气象观测获得的数据对于气候变化研究具有重大价值。海洋水文气象资料，特别是潮汐、海流、海浪、风等是海上作业（包括海洋工程建设和海上航运等）的基础资料，对海洋工程建设、运行及维护具有重要的意义。

## 2.1 海洋气象监测

海洋气象监测所涵盖的范围很广，包括海洋气象的观测（风速、风向等）和试验、海洋天气分析和预报（研究海上的天气和天气系统及与其密切相关的海洋现象，包括海雾、海冰、海浪、风暴潮、海上龙卷风、热带风暴、温带气旋等的机理分析及其预报方法）、海洋和大气的相互作用 [主要是海洋和大气之间各种物理量，包括热量、动量（或动能）、水分、气体和电荷等的输送与交换的过程及其时空变异，海-气边界层的观测和理论以及大尺度海-气相互作用］等。海洋是一个开放且不断变化的环境，为分析海洋环境的季节变化、年际变化，通常会在典型海域选取不同断面，在不同断面上选择不同的监测位点，在不同时间进行重复监测。但由于海洋的开放性和变化性，在不同时间点采集的海水、沉积物及生物样品会受多种因素的影响，在分析海洋环境季节/年际变化时，要充分考虑其他环境因子对目标环境因子的影响。其中，海洋气象的改变，是在分析海洋环境变化时，必须要考虑的一个影响因子。在海洋环境调查中，主要的海洋气象监测对象根据风速、风向和天气情况判断。

空气运动产生的气流，称为风。海洋气象观测中测量的风是二维矢量（水平运动），用风向和风速表示。风向是指风的来向，最多风向是指在规定时间段内出现频数最多的风向。人工观测，风向用十六方位法（图2-1）确定；自动观测，风向以度（°）为单位。风速是指单位时间内空气移动的水平距离。风速以 m/s 或 kn 为单位，取一位小数。最大风速是指在某个时段内出现的最大 10min 平均风速值。极大风速（阵风）是指某个时段内出现的最大瞬时风速值。瞬时风速是指 3s 的平均风速。风的平均量是指在规定时间段的平均值，有 3s、2min、10min 的平均值。人工观测时，测量平均风速和最多风向。配有自记仪器的要进行风向风速的连续记录并进行整理。自动观测时，测量平均风速、平均风向、最大风速、极大风速。国际上通用的蒲福风级表将风速分为 13 个风级，见表2-1。

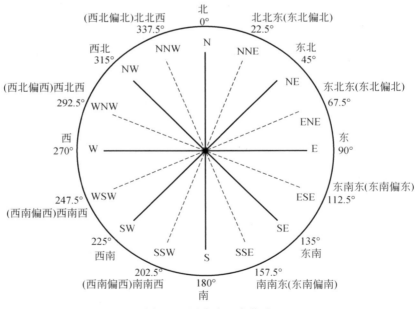

图 2-1　风向十六方位法

表 2-1　蒲福风级表

| 风级 | 风名 | 海面最大浪高/m | 海面状况 | 相应风速* | |
|---|---|---|---|---|---|
| | | | | /(km/h) | /(m/s) |
| 0 | 无 | — | 平如镜 | <1 | 0～0.2 |
| 1 | 软风 | 0.1 | 微波 | 1～5 | 0.3～1.5 |
| 2 | 轻风 | 0.3 | 小波 | 6～11 | 1.6～3.2 |
| 3 | 微风 | 1.0 | | 12～19 | 3.3～5.4 |
| 4 | 和风 | 1.5 | 轻浪 | 20～28 | 5.5～7.9 |
| 5 | 劲风 | 2.5 | 中浪 | 29～38 | 8.0～10.7 |
| 6 | 强风 | 4.0 | 大浪 | 39～49 | 10.8～13.8 |
| 7 | 疾风 | 5.5 | 巨浪 | 50～61 | 13.9～17.1 |
| 8 | 大风 | 7.5 | 狂浪 | 62～74 | 17.2～20.7 |
| 9 | 烈风 | 10.0 | | 75～88 | 20.8～24.4 |
| 10 | 狂风 | 12.5 | 狂涛 | 89～102 | 24.5～28.4 |
| 11 | 暴风 | 16.0 | 非凡现象 | 103～117 | 28.5～32.6 |
| 12 | 飓风 | — | | 118～132 | 32.7～36.9 |

\* 相应风速即相当于空旷平地上离地 10m 处的风速值。

目前海洋气象监测/观测已经基本实现业务化,在《海洋监测规范 第3部分:海洋气象观测》(GB/T 12763.3—2007)中对海洋气象观测进行了明确的规定。常规海洋监测大多采用上述规范中的监测方法,除此之外,还可以通过浮标、卫星等对海洋气象进行监测。

## 2.1.1　常规监测方法

在现代海洋气象环境监测中,已经很少用到人工监测方法。在海洋环境自动监测站、海洋调查船只和浮标上均会配备海洋风速风向仪或风速风向传感器,均具备自动监测、实时显示、超限报警控制等功能。

船舶上装载的风速传感器的感应组件大多为三杯式风杯组件,当风速大于 0.4m/s,在水平风力驱动下风杯组旋转,通过主轴带动磁棒盘旋转,其上的数十只小磁体形成若干个旋转的磁场,通过霍尔磁敏元件感应出脉冲信号,其频率随风速的增大而线性增加。风向传感器的感应组件为前端装有辅助标板的单板式风向标。角度变换采用七位格雷码光电码盘,当风向标随风旋转时,通过主轴带动码盘旋转,每转动 2.8125°,位于码盘上下两侧的七组发光与接收光电器件就会产生一组新的七位并行格雷码,经过整形、倒相后输出。海上用风速风向传感器需要动态性能好、线性精度高、灵敏度高、测量范围宽、互换性好、抗风强度大、存储数据大等。

除了三杯式测风仪以外,船舶和近岸台站上搭载的测风仪的种类还有很多种,包括螺旋桨式测风仪、超声波测风仪、热球式测风仪等。螺旋桨式测风仪与前面提到的三杯式测风仪原理基本相同，是利用风吹动叶轮转动，产生电磁信号进行测量；超声波测风仪是利用超声波在空气中传播速度受空气流动（风）的影响来测量风速，整个测风系统没有任何机械转动部件，抗狂风能力比较强，比较适合远海风速监测。

## 2.1.2 浮标/潜标风速风向监测

近岸浮标和海上浮标大多为综合性的自动监测系统，其中风速风向也是必须监测的对象。浮标风速风向监测与船舶和近岸台站监测的最大区别就是，浮标易受海浪、风浪、潮汐流等的影响，产生前后左右摇摆、倾斜、晃动和旋转的现象，这些都会给风速风向的监测带来误差。海上漂浮浮标会随海流移动，在测定风速时，由于浮标摇摆、倾斜、晃动和旋转所产生的空间变化，需要结合浮标的移动速度和移动方向进行矢量合成计算得到真风速风向（赵杰等，2015）。

海洋漂流浮标和锚钉浮标所搭载的风速传感器大多是声学风速传感器，即超声波风速传感器。美国国家浮标数据中心在1994年于北太平洋投放了风速风向（wind speed and direction，WSD）漂流浮标，该浮标是一种小型的气象漂流浮标，用于监测和观测北太平洋的偶发天气事件，并于1995年被投放于飓风途径中用作飓风预报。最初WSD采用的是Saronious风速转子、KVH罗盘和尾翼监测风速风向，后采用Climatronics声学测风仪，可同时监测风速风向，取消了KVH罗盘和尾翼部分，增加了恶劣天气中浮标的稳定性（Earle，1996）。

海洋环境噪声是影响水声远程目标探测和定位的重要参数，同时海洋环境噪声级与海况有直接的关系，与测量水听器所在地的风速直接相关（Urick，1975）。很多研究结果表明，海洋环境噪声与对数风速具有很好的线性关系（Burgess and Kewley，1983），研究中以海洋环境噪声作为研究对象，通过对数据处理方式的研究，得到不同频率的海洋环境噪声（包括垂直方向噪声、水平方向噪声和全方向噪声）与对数风速的相关性，最终根据环境特点，选择合适的噪声频率，通过海洋环境噪声反演海上风速。

## 2.1.3 卫星风速风向监测

1.4节中提到目前已经发射的海洋卫星大部分都配备有雷达高度计、微波散射计、扫描微波辐射计等，这些仪器均可以进行海面风速的监测。不同仪器所监测的风速存在区别，如雷达高度计只能测量星下点风速，微波散射计可以得到宽刈幅的风场（包括风向和风速），扫描微波辐射计可获得宽刈幅的风速（贾永君等，2014）。但这些设备无法直接给出风速数据，需要对设备采集数据进行反演，得到海面风速。许多学者在利用雷达高度计、微波散射计、扫描微波辐射计等的数据反演海面风速方面做了很多努力，并取得了一定成果。Chelton和Wentz（1986）开发了针对Seasat高度计的风速反演算法。Witter和Chelton（1991）在此基础上通过反演算法改进，取消了不同高度计（Seasat高度计和Geosat高度计）之间的系统误差，建立了MCW反演模型。此后，Gourrion等（2002）将海洋中波浪的成长状态考虑到反演过程中，在风速反演函数中引入有效波高，在 MCW 反演模型基础上发展了双参数模型，既考虑了海面风速同后向散射截面之间的近似反比关系，同时引入了有效波高对风速的影响。微波散射计风矢量反演算法主要是通过地球物理模型函数以及海面风矢量单元不同方位角的观测获得海面的风矢量解。自 1978 年美国 Seasat 卫星装载的微波散射计成功运作以来，经过 20 多年的研究，雷达后向散射截面 $\sigma_0$ 与风矢量关系的地球物理模型已逐渐完善，建立了许多地球物理模型，包括 SASS-1、SASS-2 及 ERS-1 的 CMOD 系列模型（贾永君等，2014）。星载微波辐射计是利用多个通道观测亮温的线性组合或变相的线性组合反演海–气参量。通过假定海面温度、风速等参数与辐射计各通道观测的亮温之间存在一定的线性关系，并将时空匹配的辐射计测量数据与浮标数据、再分析数据等进行统计回归，得到一组或多组系数，从而进行海洋参数的反演。

我国的海洋二号卫星搭载了 3 个主要的风速测量设备——雷达高度计、微波散射计和扫描微波辐射计，从探测原理上比较，雷达高度计和微波散射计较为接近，都是通过后向散射系数计算得到风速；扫描微波辐射计是通过亮温反演得到海面风速。通过卫星测量结果和海面实际对比发现，在小于 20m/s 风速范围内，雷达高度计和微波散射计探测到的风速非常接近，标准偏差小于 2m/s，而扫描微波辐射计测量的风速比另外两个载荷测量的风速大；在 20~35m/s 风速范围内，雷达高度计和扫描微波辐射计风速较为接近；在大于 35m/s 的高风速区，只有扫描微波辐射计可以探测出风速。

## 2.2    海洋水文监测

海洋水文研究的对象有海水温度、盐度、海流、潮汐、海浪、透明度、海面能见度、海冰等。这些环境条件和自然现象是表征海洋环境的重要因素，与人类的生产和生活相关。海洋水文监测包括岸站、平台、浮标、潜标、船舶、飞机遥感和卫星遥感等不同观测平台，一般是由国家或地方的海洋预报服务机构或气象业务系统的海洋服务部门承担，部分科研单位也会搜集海洋水文资料作为科研资料。目前国家已经出台各种标准，以实现海洋水文监测数据的统一，包括《海滨观测规范》（GB/T 14914—2006）、《船舶海洋水文气象辅助测报规范》（GB/T 17838—1999）、《海洋监测规范 第 4 部分：海水分析》（GB 17378.4—2007）等。

### 2.2.1    温、盐、深监测

海水的温、盐、深监测是指监测海水的温度、盐度和深度三个因子。

#### 2.2.1.1    海水温度

海水温度是反映海水热状况的一个物理量，具有日、月、年、多年等周期性变化和不规则变化，它主要取决于海洋热收支状况及其时间变化。海水温度监测包括表层海水温度

和海水垂直温度监测。随着人类社会的发展，环境（包括海洋环境）发生了明显变化，全球气候变暖、海平面上升、赤潮频发、厄尔尼诺现象等对人类社会已经产生了显著影响。而这些现象均与表层海水温度有密切的相关性。例如，厄尔尼诺现象发生时，东太平洋秘鲁海域大量海洋生物因表层海水温度异常升高而大量死亡；拉尼娜年，西太平洋台风区域因表层海水温度偏高而致台风生成偏多；全球气候变暖使表层海水温度上升，导致海水膨胀，形成海平面上升等（侯查伟，2008）。表层海水温度不仅对气候、海-气相互作用等的研究具有重要意义，还直接影响海洋资源的开发和利用以及对海洋表层温度的研究，为发展海洋渔业生产和开发海洋生物资源提供极为重要的支撑。

表层海水温度可通过将装配有铜或其他金属外壳的温度计置于 $0 \sim 1m$ 的表层海水中进行直接测量，在海上风浪较大时，也可以用水桶对表层海水进行取样，并用温度计立即感温测量。除了传统取样监测，搭载于浮标、潜标和其他海面/水下海水监测设备上的温度传感器外，卫星遥感法进行表层海水温度反演也是目前研究比较多的一种表层海水温度监测方式。

卫星遥感法进行表层海水温度监测主要是通过热红外波段进行反演，但是由于海洋上空常年存在着云雾覆盖及薄云检测算法不够理想等因素，通过海洋遥感资料反演表层海水温度的过程中，反演结果缺失比率比较高。有统计结果表明，中国海区的先进型甚高分辨辐射仪 Pathfinder SST v5 五天平均的多源融合海表温度数据的缺失率在 40% 左右。对于遥感数据的数据缺失和数据异常现象，需要对表层海水温度图像进行重构，希望能够获得完整时间序列、保持原始精度和无云覆盖的遥感图像。目前国内外已经发展了许多方法来解决缺失数据的填充问题，如最优插值法（optimal interpolation，OI）、经验正交函数分解法（empirical orthogonal function，EOF）、自组织映射法（self-organization mapping，SOM）、本征模态分解法（proper orthogonal decomposition，POD）、期望最大化法（expectation maximuzation，EM）、奇异谱分析法（singular spectrum analysis，SSA）等。Alvera-Azcárate 等（2009）把 DINEOF 算法成功地应用于单变量的海表温度重构中，DINEOF 算法不仅适合于数据库的缺失数据，能够有效地去除信号的噪声，还适用于产生一个系统（由截断的几个最主要的模态插值出来的）的或者长期发展趋势（被其时间识别标志捕捉到的）的动态拟合图像。未来卫星遥感法进行表层海水温度监测的主要发展方向还是集中在缺失数据的图像重构上，通过数据反演能够快速有效地重构缺失的遥感数据，获得能保持原始精度且空间全覆盖的再分析遥感数据集，确定重构的误差定量。

### 2.2.1.2 盐度

盐度是指单位体积中所含盐分的数量，海水的盐度涉及海洋渔业、水产养殖、海水发电、海水化工、海上工程等各个方面，是海水分析中一个重要的物理化学参数。根据不同科研或应用目的，采用的盐度定义和标准也不尽相同。海水绝对盐度是指单位体积中所含盐分的数量，即 1L 海水中所含溶解物质的总量。海水盐度一般在 32‰ ~ 37.5‰，世界海洋的平均盐度为 35‰。实用盐度是在温度为 15℃ 时，一个标准大气压下的海水样品的电导率，与相同温度和压力下，由质量比为 $32.4356×10^{-3}$ 的氯化钾溶液

的电导率的比值 $K_{15}$ 来确定。当 $K_{15}$ 值等于 1 时，实用盐度等于 35。这个定义是为了实际应用而提出，摆脱了与氯度的关系，只存在盐度–电导率之间的关系。实用盐度（$S$）由 $K_{15}$ 通过下列方程确定

$$S = a_0 + a_1 K_{15}^{1/2} + a_2 K_{15} + a_3 K_{15}^{3/2} + a_4 K_{15}^2 + a_5 K_{15}^{5/2} \tag{2-1}$$

式中，$a_0 = 0.0080$；$a_1 = -0.1692$；$a_2 = 25.3851$；$a_3 = 14.0941$；$a_4 = -7.0261$；$a_5 = 2.7081$。适用盐度范围为 $2 \leq S \leq 42$。

在实际监测中，若海水温度不是15℃时，则需要使用温度修正公式，具体如下

$$\Delta S = \frac{t-15}{1+K(t-15)}(b_0 + b_1 R_1^{1/2} + b_2 R_1 + b_3 R_1^{3/2} + b_4 R_1^2 + b_5 R_1^{5/2}) \tag{2-2}$$

式中，$K = 0.0162$；$b_0 = 0.0005$；$b_1 = -0.0056$；$b_2 = -0.0066$；$b_3 = -0.0375$；$b_4 = 0.0636$；$b_5 = -0.0144$；$R_1$ 为实用盐度定义的相对电导率，其值可用盐度计或相对电导率测定；$t$ 为温度（℃）。20 世纪初，Knudsen 等开创了"克纽森盐度公式"，用统一的硝酸银滴定法来测量海水的盐度；60 年代初，英国国立海洋研究所（现为英国海洋科学研究所）Cox 等应用标准海水，准确测定了水样的氯度值，然后测定具有不同盐度的水样与盐度为35‰、温度为15℃的标准海水在一个标准大气压下的电导比，从而得到了盐度与温度、压强等相对电导率的关系式，又称为 1969 年电导盐度定义。之后，海水盐度的检测方法和测量仪器得到了快速的发展，20 世纪末期，各种海水盐度测量仪器大量涌现，用各种精度等级测量海水的盐度，以满足不同层次的需要，目前对于海水盐度的精度测量最高可以超过 $10^{-5}$。

早期海水盐度的分析检测是用直接检测法，即通过化学分析法（如硝酸银滴定法）或者蒸发结晶法进行海水中盐度的分析检测，但该方法操作复杂，耗时较长，且无法对海水盐度进行精确检测。后期多采用间接检测法进行海水中盐度的分析检测。目前常用的海水分析检测方法有电导率法、光学分析法、声学法和遥感法。

电导率法是利用溶液的成分和电导率之间具有一定关系的特性来分析介质溶液的导电现象及其规律的分析检测方法，电导率法检测海水盐度是《海洋监测规范》中的指定方法。电导率法具有检测精度高、分析速度快、能够实现原位在线快速分析检测等优点，现在市面上出售的盐度计，普遍都是基于电导率法研制的。但电导率盐度传感器也存在一定缺陷，如电极脆弱、易损坏，电极易受水质污染的影响和电磁干扰。

海水盐度的光学分析法是利用光的折射原理测定的。海水的盐度变化会引起海水对光折射率的改变，两者有很好的线性对应关系，但光的折射率同时还受压强、温度、光波长的影响，所以在利用光学分析法对海水盐度进行分析时，一般需要通过标定来排除压强、温度、光波长的影响。常用的光学分析法检测海水盐度分为裸露光纤盐度检测法、表面等离子共振盐度检测法、盐度敏感材料间接测量法等。①裸露光纤盐度检测法：将多模光纤剥去保护层和包层，直接浸入溶液中，当流体折射率发生变化时，纤芯的光强会随之发生变化，通过光强的变化可以判断溶液的盐度。该方法易受温度的影响，在检测时需要保持温度恒定，否则需要进行温度矫正。②表面等离子共振盐度检测法：表面等离子共振（surface plasmon resonance，SPR）是指在光波的作用下，金属和电介质的交界面上会形成

改变光波传输的谐振波。当光以大于全反射角入射到交界面上时，有一部分光被反射，另一部分光被耦合进入等离子体内，因此，表面等离子中会存在光的消失波，如果入射光的波矢量平行于界面的分量和表面等离子波的波矢量相等，那么表面等离子在光的作用下会发生谐振，光波在传输过程中发生能量的损失，在宏观上表现为光波被强烈吸收。基于这种 SPR 原理进行盐度检测时，需要复色光以固定入射角入射，记录反射光谱，得到反射率与入射光波长的关系，找出共振波波长，而共振波波长与海水盐度密切相关，同时共振波波长也与海水温度密切相关。一些研究者通过分别装有海水和蒸馏水的样品池的共振波波长差计算盐度，可以大大降低温度对盐度的测量影响。③盐度敏感材料间接测量法：近几年出现了一种高分子水凝胶，能够对环境的微小变化（如温度、pH、光、电、压力等）或刺激产生响应，并能产生物理结构或者化学性质的变化（唐军武，1999）。水凝胶盐度传感器利用水凝胶在离子环境中会随着离子浓度变化而产生体积的变化来进行传感分析，随着溶液盐度的增大，水凝胶会释放体内水分从而使体积变小，反之亦然。

遥感法进行海水盐度的反演主要是针对海表面盐度的检测。目前对海面盐度遥感反演的研究主要可分为两大类：微波遥感海面盐度与光学遥感海面盐度。针对微波遥感，采用的模型多为海水介电常数模型、海面亮温模型、布里渊散射模型等。光学遥感反演海面盐度可以利用多光谱遥感数据反演海面盐度、利用黄色物质浓度作为中介物反演海面盐度等。

### 2.2.1.3　深度

海水深度的探测，是探测、描述海底地形、地貌的最主要途径之一，同时海水深度也是海洋资源和海洋科学中重要的参数。20 世纪 20 年代出现了回声探测仪，通过声学手段进行海水深度的测量。早期的声学测量属于单波束断面式测量，仅能完成航迹线上的水深测量，是一种非全覆盖的测量方法，后来又发展出机械式拖底扫海、侧扫声呐、多波束乃至机载激光等水深探测方式。目前，海水深度探测的三种主要方式为船载水深探测、空中机载/星载遥感探测和潜水器测量。

船载水深探测以往主要采用测深杆、测深锤、回声探深仪等，现在则主要采用多波束声呐。初期的回声探测仪是利用水声换能器垂直向水下发射声波并接收海底回波，根据回波的时间确定被测点的水深。随后又发展出换能器阵列发出的多波束回声仪，可以数字化地将海底剖面深度反映到仪器上。目前大部分的船载水深探测仪都属于多波束水深探测仪。

空中机载/星载遥感探测主要有航空摄影测量、机载激光探测、卫星高数据反演和星载合成孔径雷达图像反演等。遥感探测方法主要分为主动式和被动式两种，主动式遥感探测是通过传感器发射特定的电磁辐射信号（微波或激光）照射研究区，再根据接收目标反射的电磁波来识别目标特征；被动式遥感探测主要利用自然辐射源（太阳光、宇宙辐射、探测物体自身）发出的电磁辐射照射目标，根据探测物体反射的电磁辐射识别目标特征。

1972 年，第一颗多光谱卫星——陆地卫星正常运行后，利用多光谱遥感数据反演浅水水深迅速发展起来，随后出现了各种遥感反演水深模型，目前大部分遥感水深反演模型是针对水质较清、水动力较小的浅水水域，对于水质浑浊、水动力较大的河口区和近岸水体并不适合。目前水深遥感研究的重点是去除或削弱环境因素的影响，特别是水体底质的影响，借以提高水深遥感的定量化水平。但由于海洋各种悬浮物的浓度、海底地质的影响，目前尚没有统一的定量模式或可靠的反演模型，大多数研究者的反演模型都是针对特定海域的经验或半经验模型。此外，由于遥感法测量水深的基本原理是光线或其他辐射源对水体的投射作用，光能或其他辐射源会在水体中不断衰减，所以该方法只适用于沿海浅水区的水深探测，探测的水深在 30m 以内。

## 2.2.2 溶解氧/pH/浊度监测

海水中的溶解氧（dissolved oxygen，DO）、氢离子浓度指数（pH）、浊度对海洋生物的生长繁殖、海洋物质循环和能量转化过程有重要影响。目前针对这三个海洋物理化学参数已经有了比较统一的检测方法，相对这些海洋物理化学参数，原位监测方法也有较好的发展。

### 2.2.2.1 溶解氧

海水中的 DO 主要源自海洋浮游植物的呼吸释放和海洋表层的大气复氧，主要消耗是海水中的耗氧生物和各种元素的物理化学循环。海水中 DO 的浓度是衡量海水质量、判断海水自净能力的重要指标，《海水水质标准》（GB 3097—1997）中规定第 Ⅰ、Ⅱ、Ⅲ、Ⅳ 类海水中溶解氧的含量需要分别高于 6mg/L、5mg/L、4mg/L、3mg/L。当海水 DO 低于 4mg/L 时，部分游泳动物（鱼类）便会产生低氧回避行为，如果出现大面积、长时间、高强度海水低氧，甚至会出现好氧生物大面积死亡的现象。所以海水 DO 的监测对于水产养殖业至关重要。

DO 的离线检测主要为碘量法，检测范围在 0.2 ~ 20mg/L，也是我国《海洋监测规范》中的指定方法[①]。但该方法易受 $NO_2^-$、$Cl^-$、$Fe^{3+}$、氧化型有机物的干扰，且操作复杂、耗时长。经过多年的发展，海水 DO 的监测已经发展出电化学法、光学法等原位监测方法。

海水中 DO 的电化学检测方法采用的是 Clark 电极法，基于电极上发生氧化还原反应产生电流的原理，电极上采用透气但不透水的薄膜将待测水样和电解液隔离开来，氧气和一定数量其他气体能够透过薄膜，而水和可溶解离子无法透过这层薄膜，电极发生如下反应

$$阴极反应：O_2 + 2H_2O + 4e^- \Longrightarrow 4OH^- \tag{2-3}$$

$$阳极反应：4Ag + 4Cl^- \Longrightarrow 4AgCl + 4e^- \tag{2-4}$$

随着流动注射和连续注射技术的发展，通过电化学法与注射技术的联合，已经实现了对 DO 的电化学法原位监测。但电化学电极的敏感膜十分脆弱，且易受其他气体的干扰，存在监测过程中需要不断搅拌水样和需要定期更换敏感膜与电解液等缺点。

---

① 参见《海洋监测规范 第 4 部分：海水分析》（GB/T 17378.4—2007）。

光学法进行海水 DO 分析检测主要是利用荧光猝灭原理，即氧气是许多荧光敏感物质的良性猝灭剂，且氧气的浓度和荧光指示剂的一些本征参数具有一定的定量关系，满足 Stern-Volmer 方程，通过荧光剂的荧光强度或荧光寿命的改变，可以计算水体中 DO 的浓度。前者是比较传统的荧光检测手段，但易受海水中复杂基质的干扰，会造成 DO 检测的精密度和准确度都不高；后者可以较好地克服基质的干扰。DO 的荧光分析仪器不需要频繁更换敏感膜和电解液，检测过程中不需要搅拌，抗干扰能力也比较强。目前市面上已经有比较成熟的基于荧光猝灭原理的海水 DO 分析仪，如美国哈希公司的 G1100 荧光法 DO 检测仪、瑞士 DMP 公司的 MICROX I 型 DO 检测仪、挪威 AANDERAA 公司的海洋溶解氧检测仪等。总体来说，电化学型 DO 分析仪仍旧是市场上主要的 DO 检测仪器，但海洋 DO 原位在线监测中，光学型的 DO 传感器应用较多。

### 2.2.2.2 pH

溶液的 pH 是溶液酸性大小的标度，其定义为氢离子活度的负对数，用以下公式表示

$$pH = -lg\left[H^+\right] \tag{2-5}$$

pH 是海水中重要的物理化学参数之一，对海水的物理化学性质、化学反应速率、生成物的成分、性质及微生物的生长和新陈代谢等都有很大的影响。目前 pH 的主要检测方法有试纸法和 pH 法。海水 pH 的检测通常采用 pH 计。

目前常用的 pH 计大多基于电位测量的电化学电极，较常见的有玻璃电极、锑电极和离子敏感场效应晶体管 pH 电极。锑电极一般用于 pH<4 的化工产品的检测；相比锑电极或玻璃电极，离子敏感场效应晶体管 pH 电极不易受到化学腐蚀。海水 pH 检测通常选用玻璃电极。

### 2.2.2.3 浊度

海水浊度是指悬浮或均匀分布于海水中的溶性微小颗粒物质或可溶性有机与无机化合物等对海水中入射光线的散射、吸收导致光线的衰减程度，是表征海水光学现象的物理特征指标，不能完全代表悬浮物的实际浓度，但能一定程度上反映水体中杂质含量和颗粒大小分布。不同的标准中对浊度规定的单位也不尽相同。在我国《海洋监测规范》中，浊度以度（°）为单位，其定义是 1L 纯水中含 1mg 高岭土的浊度为 1°。水样中具有迅速下沉的碎屑及粗大沉淀物都可以被测定为浊度。

浊度是一种光学效应，是由水体中的悬浮颗粒对光线的散射、反射和吸收作用引起的，所以大部分的浊度仪和浊度传感器都是基于光学原理设计的。在海水浊度分析监测中常用的方法有目视比浊法、透射检测法和散射检测法。

目视比浊法是最传统的海水浊度计算方法，主要根据浊度定义，用 1L 纯净水加入不等量的高岭土，配制成不同高岭土浓度的标准溶液，通过目测的方式选择与水样浊度最相近的标准溶液，即为海水样品的浊度。这种方法很大程度上依赖于不同检测人员的主观判断，准确度和重现性低，一般只有在仪器缺乏时才会使用。

透射检测法是利用投射水样的光束能够被悬浊颗粒散射和吸收而消减的原理，光的消减

量与浊度成正比，且符合朗伯-比尔定律（Lambert- Beer Law），与标准系列相比较而定值。分光光度法实际上是一种透射检测方法，这种方法不需要专门的浊度仪，同时避免了目视比浊法中由于人的主观判断而产生的误差，是较常用的海水浊度检测方法。透射检测法对光源和光路的稳定性要求较高，在水体浊度较小时，浊度大小的变化对透射光的影响不明显，检测精度较低，所以透射检测法只适用于中等或较高浊度水体的测量（张恺等，2011）。

散射检测法是利用悬浮颗粒物对光的散射原理而进行测量的，也是常见的浊度检测法。浊度仪的主要组成部分必定包括光源部分和光检测部分。根据这两大组成部件的不同，可以对浊度仪进行分类。

首先是光源部分，传统浊度仪的光源为普通白光，后来又发展出以 LED（发光二极管）光源和激光作为光源的浊度仪。三种光源各有优势，采用白光光源时，选取 400 ~ 600nm 光波段，使得杂质微粒对光的散射更充分，有利于浊度的测量；采用 LED 光源时，选取 830 ~ 890nm 的红外波段，可减少色度的干扰；采用波段处于 400 ~ 700nm 的激光光源时，能够检测极低浊度及其微小变化，可用于饮用水的监测和实时预警（吴刚，2014）。

光的散射是光进入不均匀介质后产生的一种现象，这种不均匀介质可以是由于介质本身不均匀结构（如密度差别）造成的，也可以是由于介质中折射率与介质本身不同的颗粒物质造成的。海水中的颗粒物大小、性质各不相同，光线进入海水中可以产生瑞利散射 [散射粒子线度（$a$）远小于入射光波长（$\lambda$），即 $a/\lambda<0.1$ 时]、米氏散射（$0.1<a/\lambda<10$ 时）和大粒子散射（$a/\lambda>10$）等不同类型与特点的散射，根据不同散射的特点，浊度计在测量散射光时，通常有测量前向散射、90°散射和后向散射三种。故浊度仪的光检测部分，根据光散射方向的不同，检测器的种类、个数、量程也存在差异，利用多检测器同时检测透射光和多角度的散射光，可以提高传感器的精度和量程，如图 2-2 所示。

在散射检测法中，既有前面提到的直接对散射光线进行检测的方法，又有后来提出的比值检测法和表面散射检测法。在理想情况下，散射光强与浊度呈线性关系，但散射光被检测器接收前，要穿过一定光程的水体，这就会造成散射光强衰减，如式（2-6）所示

$$I_s = K_s I_0 T \exp\left(-kTL\right) \qquad (2-6)$$

式中，$I_0$ 为入射光强；$I_s$ 为散射光强；$K_s$、$k$ 为常数；$T$ 为浊度；$L$ 为散射光程。

比值检测法是通过透射光光强和散射光光强的比值计算出浊度，具体公式如下，示意图如图 2-3 所示。

$$\frac{I_S}{I_T} = \frac{K_s I_0 T \exp(-kT L_s)}{K_1 I_0 \exp(-kT L_1)} \qquad (2-7)$$

如果设计中将透射光程 $L_1$ 和散射光程 $L_s$ 设置为相同，则公式可简化为

$$I_r = K_r T \qquad (2-8)$$

式中，$I_T$ 为透射光强；$L_1$ 为透射光程；$K_1$ 为常数；$I_r$ 为 $I_s$ 和 $I_t$ 的比值；$K_r$ 为 $K_s$ 和 $K_1$ 的比值，此时，浊度与光强比值呈线性关系。当透射光程与散射光程一致时，浊度只与 $I_r$ 有关，这既减少了光源波动和探测器差异对浊度测量结果的影响，也减少了水体色度等因素的干扰，可提高浊度测量精度。

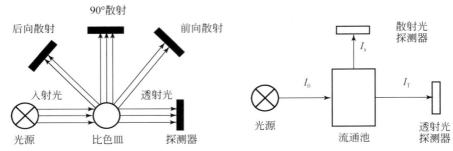

图 2-2　多检测器浊度散射检测法原理示意图　　　图 2-3　比值法浊度测量示意图

　　表面散射检测法是通过探测照射于水体表面的入射光在水体中的透射光所产生的散射光强度来测量浊度，即光源照射水样表面时，一部分光透射到液体中，液体中的透射光再发生散射，此时，用接收器接收与液体表面垂直方向上的散射光，可以判断水体浊度。表面散射检测法原理图如图 2-4 所示。

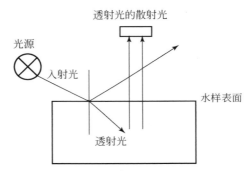

图 2-4　表面散射检测法原理

　　散射检测法检测水体浊度的过程中，会受到水体气泡和晃动的影响，所以在检测时必须对散射光信号进行处理，以得到稳定、准确的浊度值。透射检测法和散射检测法是目前常见的浊度传感器检测方法，散射检测法相对于透射检测法，在低浊度水体具有较高的灵敏度和精确度。但当水体浊度超出一定界限时，光线会发生多次散射现象，使散射光强度迅速降低，导致散射光无法准确反映水体的浊度。因此，散射检测法只适用于低、中浊度的水体，透射检测法适用于高浊度的水体。具体比较见表 2-2。

表 2-2　散射检测法和透射检测法检测水体浊度的比较

| 检测方法 | 测量范围 | 测量精度 | 对光路、光源的要求 | 灵敏度 | 浊度和电信号的关系 |
| --- | --- | --- | --- | --- | --- |
| 散射检测法 | 低、中浊度 | 低浊度时较高 | 较低 | 低浊度时较高 | 低浊度时近似线性关系 |
| 透射检测法 | 高浊度 | 偏低 | 较高 | 偏低 | 对数关系 |

　　资料来源：杨健，2007。

　　在所有海洋监测参数中，浊度的监测是发展比较快速和成熟的。目前很多海洋监测仪器和化学分析厂家都推出了精准耐用的浊度仪,如美国的 Hach、Rosemount、YSI,英国的 Kent,德国的 E+H,瑞士的 Zullig 等。我国浊度仪的发展虽然起步较晚,但目前也有许多厂家生产海洋专用浊度仪,并有较好的准确度。随着科技的不断发展,浊度仪和浊度传感器正不断从光源、检测器等多角度进行改进,光纤传感技术的发展,让浊度传感器体积不断减小,在线原位监测时间不断增长。随着图像识别技术的发展,利用视频监视水体的浊度,通过图像反演浊度也成为一种可能。

## 2.2.3 潮汐/波浪/海流监测

潮汐、波浪、海流是海洋动力的三个主要要素,是长时序海洋观测必测的海洋环境因子。

### 2.2.3.1 潮汐

海洋潮汐是由于日、月和近地行星对地球的引力变化所导致的海水周期性波动现象,习惯上海面在铅直方向的涨落称为潮汐,在水平方向的流动称为潮流。潮汐潮流现象是沿海地区最常见的一种自然现象,与人类的生产和生活有着密切的联系,在国防建设、交通航运、海洋资源开发、能源利用、环境保护、海港建设和海岸防护等诸多方面起着重要的作用。

传统的潮汐观测手段主要是通过在沿岸和岛屿间建立的验潮站,或是通过在开阔海域布设的仪器记录计算潮汐。目前比较常见的潮汐观测手段有浮子式验潮仪、压力式验潮仪、声学验潮仪、GPS（全球定位系统）单点验潮和卫星遥感测潮等。

浮子式验潮仪是利用一漂浮于海面的浮子,该浮子随海面升高降低而上下浮动,随动机构将浮子的上下运动转换为记录纸滚轴的旋转,记录笔则在记录纸上留下潮汐变化的曲线。目前我国已经发布了浮子式验潮仪的计量检定规程[①]。浮子式验潮仪的优点是结构简单、操作简便,缺点是海洋高盐环境会加速金属腐蚀,金属码盘腐蚀后很容易引起电气接触不良,造成测量误差。压力式验潮仪是利用水的静压力与水位变化成比例的原理测定潮高的仪器。压力验潮仪的核心部件是压力传感器,用于验潮仪的压力传感器分为表压型和绝压型,前者是直接检测海水的降压,后者则是检测海水与大气的合成压力。现在的压力式验潮仪可以适应水下数百米的水压,并且可以通过无线传输的方式,实时发送潮高数据,是现在验潮站和部分海上施工都会用到的一种验潮仪器。声学验潮仪是利用固定在海底或者在海面上方固定位置安装声学验潮仪,并超声脉冲,声波通过海水或空气到达海面并经海面反射返回到声学探头中,通过检测声波发射与海面回波返回到声探头的历时来计算探头至海面的距离,从而得到海面随时间的变化。声学验潮仪的精确度较高,但在测量中会受海水浊度及温盐的影响,并且不适用于冬季结冰的海域。卫星遥感测潮则是利用卫星上搭载的雷达高度计,通过监测海面的起伏变化来判断潮高。雷达高度计可以向海面发送极短的雷达脉冲,通过计算雷达脉冲发出后到其从海面反射回来被接收的时间,通过

---

① 本部分内容参见《浮子式验潮仪检定规程》(JJG 587—1997)。

模型计算和修正，可以判断卫星到海面的距离，即可判断潮高。

### 2.2.3.2 波浪

波浪是海水运动的主要方式，本质上是在外力的作用下，水质点离开其平衡位置做周期性或准周期性的运动。海洋中的波浪十分复杂，一般不能认为是简单的周期性变化，波浪可以被简化成简单波动或简单波动的叠加。波浪的主要观测参数包括：最大波高（$H_{max}$）、平均波高（$H_{mean}$）、有效波高（$H_{1/3}$）、十分之一大波波高（$H_{1/10}$）以及各自对应的周期值，最大波周期（$T_{max}$）、平均周期（$T_{mean}$）、有效波周期（$T_{1/3}$）和十分之一大波周期（$T_{1/10}$）。

一般海洋波浪监测可以分为表面监测和水下监测两种。表面监测一般都是将传感器或监测仪器固定于波浪浮标上完成的；水下监测仪器通常是运用压力配合流速反演海表面方向谱的方法进行监测的。目前国内外已经研制出多种波浪浮标，并且可以实时监控海上波浪的情况，并通过高频无线通信、全球移动通信系统、通用分组无线业务等多种通信方式向陆地岸站发送波浪信息。国外比较成功的波浪浮标有荷兰 Datawell 公司的波浪骑士、美国 Endeco/YSI 公司的 1156 波浪方向轨迹浮标、挪威 FugroOceanor AS 公司的 Wavescan 浮标，这些波浪浮标大多是基于 Longuet-Higgins 提出的方向谱有限傅里叶基数展开的，包括单轴加速度传感器、双轴倾角传感器、电子罗盘等核心部件。海洋波浪浮标需要改进的地方是其稳定性、工艺、标体质量、续航能力、测量准确度和信号传输问题等方面。

波浪水下监测仪器的原理与验潮仪相似，常采用声学技术和压力学技术进行监测。压力式波浪传感器最常用的是美国 Inter Ocean 公司生产的 S4Adw 压力式波浪仪，我国也已经研发出可以用于海洋波浪监测的直读式压力波浪仪、自容式压力波潮仪等。但是压力波和表面波之间的关系仍存在一些争议，用压力仪器反映表面波的精准度还需要进一步探索。

### 2.2.3.3 海流

海流是海水因热辐射、蒸发、降水、冷缩等而形成密度不同的水团，再加上风应力、地转偏向力、引潮力等作用而大规模相对稳定的流动，它是海水的普遍运动形式之一。任何海上操作和施工都需要考虑海流的影响，并且大尺度的洋流是影响全球气候变化的重要因素。海流是一个矢量，包括流速和流向，常见的海流观测设备包括海流计和声学海流剖面仪。海流计根据监测原理不同，又可以分为机械桨式海流计、电磁式海流计和声学海流计。声学海流计根据机理的不同，一般分为多普勒式声学海流计、时差式声学海流计和聚焦式声学海流计等。

机械桨式海流计结构比较简单，采用螺旋桨叶片受水流推动的转数作为流速，用磁罗盘确定流向，目前的机械桨式海流计多通过电缆将流速流向信号传递到显示器上，是直读式的海流计。电磁式海流计运用法拉第电磁感应原理，通过测量海水流过磁场时所产生的感应电动势来判断海流，电磁式海流计根据磁场类型不同，可以分为地磁场海流计和人造磁场海流计。地磁场海流计能够连续监测表层流，精度较高，并且可以自动记录流速和流向，但是易受地磁纬度影响，浅海和赤道附近不适用。人造磁场海流计则基本不受深度和纬度的影响。

随着声学探测技术的发展，声学设备在海洋中的应用逐渐增多，在海流监测中，声学海流计已经占据了很大的比重。时差式声学海流计是由两对正交的换能器构成仪器坐标系，通过测量海流在仪器坐标系上的投影分量，使用矢量合成的方法计算出海流的流速和流向，通过电子罗盘测量仪器坐标系与大地坐标系的夹角最终得到在大地坐标系中的海流流速和流向（滑志龙，2013）。聚焦式声学海流计是采用垂直于仪器坐标系的换能器发射窄波的高频段脉冲信号，经水体散射后，由 3 个不同方向的换能器接受信号，通过解算 3 个接收信号的多普勒频偏来计算海流的流速和流向。聚焦式声学海流计能够监测近海海底的海流，是研究海洋近海异重流的重要工具。多普勒式声学海流计是将水体中漂浮的微小浮游生物和颗粒物与海流融为一体，即它们的速度和方向可代表海流的速度与方向，以此为基础而进行海流监测。首先，换能器发出声波，声波遇到颗粒物会发生能量透射和散射，当颗粒物和换能器存在相对运动时，换能器接收到的回波信号的频率将和发射时的声波频率不同，它们之间的差即为多普勒频移，根据多普勒频移可以计算出颗粒物的速度，即海流速度。多普勒式声学海流计属于非接触测量方式，而超声波是一种弹性振动波，能在各种弹性物质中渗透与传播，因此，当传感器外面缠有其他异物或海面结冰时，仍可以对海流进行监测。

## 2.3  海洋水文气象监测发展趋势

海洋水文气象监测除了在海洋环境调查中起到背景资料的作用外，另外一个至关重要的作用是海洋气象预报。

海洋水文气象监测是海洋环境监测中最先发展起来的部分，已基本形成了遥感、遥测自动化的现代海洋水文气象自动监测系统，如美国的自动地面观测系统、日本的气象资料自动收集系统、法国的基本站网自动化观测系统等。随着信息技术的发展，海洋观测技术呈现自动观测、综合观测、组网观测、数据资源共享、观测和服务一体化的特点。现代海洋水文气象自动监测系统一般包括安装在现场监测点的自动监测终端和安装在海洋岸基平台的上位机两部分，自动监测终端负责采集数据，并通过通信线路将其传输到台站的上位机，再通过数据整编，将结果发送到需要海洋水文气象资料的单位。目前国内海洋水文气象自动化监测主要采用国家海洋技术中心开发的自动水文气象监测系统，主要监测气压、气温、湿度、风向、风速、降水、潮汐、水温、盐度等要素，有部分国家和地区的海洋水文气象站能够进行连续观测。

海洋水文气象监测是目前发展最成熟的海洋环境监测项目。美国早在 20 世纪 80 年代初就建立起了海岸海洋自动观测网，采用自动数据采集遥测系统，观测项目包括海洋气象要素和水文要素。20 世纪 80 年代末，挪威和德国分别开发了 SEAWATCH 系统和 MERMAID 系统。SEAWATCH 系统观测风速、风向、气温、气压、波浪、海流、水温、盐度等参数，可进行数据质量检查、环境数值预报及信息分发。MERMAID 系统测量参数多达 27 个，采用模块化结构，可以通过拼装，集成为适用于岸站、平台、浮标、船舶等不同观测平台和不同观测目的的观测系统。经过多年发展，海洋水文气象监测已经发展到一个相对成熟的阶段，基本能够满足海洋气候、水文和灾害预报的要求，但对于世界范围的海洋环境的研究，目前的技术还是远远不够的。

目前海洋水文气象监测的发展重点主要包括以下几个方面。

第一，高灵敏度、高耐久的监测传感器的开发。海洋水文气象传感器经过数十年的发展，已经进入比较成熟的阶段，包括海流、水温、盐度、气压、溶解氧传感器等。

第二，集成监测。集成监测包括两个方面，一是监测对象的集成，包括海洋水文、海洋气象、海洋水质环境甚至是海洋沉积物环境的监测；二是监测方式的集成，将海岸基站、海上浮标、海底潜标、飞机遥感和卫星遥感等观测方式综合在一起，形成所谓的海洋环境立体监测。美国的综合海洋观测系统（IOOS）是目前最成功的海洋环境观测集成系统之一。IOOS系统由6个子系统组成，分别是管理和通信、观测、模型分析、监管、研发、培训与教育子系统。观测子系统主要负责对从水体、陆地、航空和卫星平台收集到的数据进行管理，数据设计范围既包括全球海洋环境，也包括美国海岸带及五大湖环境。其中，全球层面的工作主要是提供海洋气候分析、气象研究与预测以及长期气象变化的探测及分析等方面的数据。国家层面的观测系统的基础设施建设主要集成了多种监测平台，包括以卫星和飞机为基础的天基监测平台、以岸站和地波雷达站为基础的岸基监测平台、以浮标和船舶为基础的海面监测平台及以水下监测站和水声探测阵为基础的海底监测平台，可提供准确、实时的海洋相关观测值。在此基础之上，观测子系统近期的重点领域包括波浪观测、高频雷达系统建设、水下滑翔机研发、数据搜集传感器研发及其认证等。

第三，全球组网和资源共享。全球组网的前提是进行国家范围内的组网观测，组网观测主要是指在一国范围内，依靠网络通信和数据融合等技术将各个海域海洋观测网相互连接，组成全国范围的观测网络，并设立国家级监控及数据中心，管理各个观测子网和数据。全球组网是指各国海洋观测组网联合运作，通过观测资源共享，提高全球性海洋观测的能力。地球上的海洋是相互联通的，每个国家对海洋实时监测/观测的范围是有限的，海洋环境观测组网的建设和完善，是真正了解海洋、了解全球气候变化的基础。全球海洋观测系统（GOOS）就是基于海洋环境观测组网和资源共享这一概念提出的。此外，有关国家建立了国际海洋数据和信息交换系统，在海洋数据搜集、海洋数据应用等方面发挥了积极作用（俞永庆，2006）。

由于其他海洋环境监测对象的监测方法、仪器的限制，目前国际上比较成熟的海洋环境立体监测/观测系统的监测对象基本都局限在海洋水文气象上。李颖虹等（2010）总结了从20世纪80年代至今针对同社会经济发展和国防建设密切相关的海洋现象或特定的海洋科学问题，组织实施阶段性或长期的海洋科学观测研究计划，建立和完善为科学研究和业务应用进行长期基础数据积累的全球或区域性海洋观测系统。国际先进的区域立体实时监测体系通过"实时观测—模式模拟—数据同化—业务应用"形成一个完整链条，通过互联网为科研、经济以及军事应用提供信息服务。其中，观测系统由沿岸水文气象台站、海上浮标、潜标、海床基以及遥感卫星等空间布局合理、密集的多种平台组成，综合运用各种先进的传感器和观测仪器，使得点、线、面结合更为紧密，对海洋环境进行实时有效的观测和监测，加大重要现象与过程机理的强化观测力度，并进行长期的数据积累，服务于科学研究和实际应用。海洋环境立体监测/观测的相关内容，会在本书第五部分进行详细介绍。

海洋水文气象观测仪器已经有成熟稳定的产品出售，并且在不断地完善和改进中。我国海洋水文气象观测仪器也有较成熟的产品，但基本上属于对国际成熟产品的跟踪和国产化，缺乏与国际观测仪器发展同步甚至超前的思想、技术和工艺；许多研制仪器需要二次开发，缺乏市场竞争力；我国海洋水文气象监测力度不够，监测仪器需求量较少，缺乏利润空间，难以吸引企业投入。另外，我国海洋观测仪器受国际市场挤压严重，没有超前的技术很难开拓出新局面。自"九五"期间海洋 863 计划实施以来，我国加大了对自主研发的海洋观测仪器的重视，我国海洋技术出现了一批具有国际水平的高科技成果，初步具备了与先进国家竞争的能力，但要改变我国海洋观测仪器基本依赖进口的局面，仍然是一个艰苦而漫长的过程。

## 参 考 文 献

昌彦君，彭复员，朱光喜，等. 2001. 海洋激光测深技术介绍. 地质科技情报，20 (3)：91-94.

侯查伟. 2008. 我国海洋台站水温资料代表性分析. 青岛：中国海洋大学硕士学位论文.

滑志龙. 2013. 海流传感器微弱信号检测系统的研究. 合肥：合肥工业大学硕士学位论文.

贾永君，刘建强，林明森，等. 2014. 海洋二号卫星 3 个主要载荷风速测量比较. 中国工程科学，16 (6)：27-32.

李颖虹，王凡，任小波. 2010. 海洋观测能力建设的现状，趋势与对策思考. 地球科学进展，25 (7)：715-722.

唐军武. 1999. 海洋光学特性模拟与遥感模型. 北京：中国科学院遥感应用研究所博士学位论文.

吴刚. 2014. 光纤浊度传感器的研究与设计. 杭州：中国计量学院硕士学位论文.

杨健. 2007. 散射光式水下在线浊度仪的研究与设计. 上海：上海交通大学硕士学位论文.

俞永庆. 2006. 自动海洋气象监测数据库及其 WEB 开发应用. 海洋预报，23 (1)：81-84.

张恺，张玉钧，殷高方，等. 2011. 综合散射法与透射法测量水浊度的研究. 大气与环境光学学报，6 (2)：100-105.

赵杰，朱红海，盖志刚，等. 2015. 海洋浮标风速风向测量及摇摆状态下的误差补偿. 仪表技术，7：20-24.

Alvera-Azcárate A，Barth A，Sirjacobs D，et al. 2009. Enhancing temporal correlations in EOF expansions for the reconstruction of missing data using DINEOF. Ocean Science，5 (4)：475-485.

Burgess A，Kewley D. 1983. Wind-generated surface noise source levels in deep water east of Australia. The Journal of the Acoustical Society of America，73 (1)：201-210.

Chelton D B，Wentz F J. 1986. Further development of an improved altimeter wind speed algorithm. Journal of Geophysical Research：Oceans (1978-2012)，91 (C12)：14250-14260.

Earle M D. 1996. Nondirectional and directional wave data analysis procedures. NDBC Tech. Doc. 96-101.

Gourrion J，Vandemark D，Bailey S，et al. 2002. A two-parameter wind speed algorithm for Ku-band altimeters. Journal of Atmospheric and Oceanic Technology，19 (12)：2030-2048.

Morel A，Barale V，Bricaud A，et al. 1997. Minimum requirements for an operational, ocean-colour sensor for the open ocean. International Ocean-Color Coordinating Group，Dartmouth，Nova Scotia，Canada.

Urick R J. 1975. Principle of Underwater Sound for Engineers. New York：McGraw-Hill Book Co.

Witter D L，Chelton D B. 1991. A Geosat altimeter wind speed algorithm and a method for altimeter wind speed algorithm development. Journal of Geophysical Research Oceans，96 (C5)：8853-8860.

# 第3章 营养盐分析监测

营养盐又称为营养素，是与生物生长密切相关的物质或元素，在海洋监测中所说的营养盐大多是指氮（N）、磷（P）、硅（Si）元素的无机盐类。另外，海洋中的一些微量金属和其他成分也属于营养盐的检测范畴，特别是海洋植物生长的营养元素，但在监测中如果没有特殊说明，很少对其进行检测。

氮是所有生命体生长、代谢和繁殖所必需的营养元素，是合成氨基酸、核酸和其他细胞组织的必要物质，它广泛存在于海水之中。除了生物体内的有机、无机氮以外，$NO_3^-$ 是最主要的无机氮，并能被生物体利用，少数生物可以利用氨氮甚至是溶解的分子态氮。海水中的总氮包括氨氮、$NO_3^-$、$NO_2^-$ 及有机氮，在营养盐的检测中，通常只检测氨氮、$NO_3^-$、$NO_2^-$ 这三种无机氮。

磷也是所有生命体生长所必需的营养元素，是合成核酸、磷脂质和三磷酸腺苷（ATP）必不可少的物质。它在海洋中除了存在于活体生物体内，还以溶解态无机磷、溶解态有机磷、颗粒态无机磷和颗粒态有机磷的形式存在。无机磷形态有正磷酸盐（orthophosphate）、焦磷酸盐（pyrophosphate）、偏磷酸盐（pyrophosphate）和多磷酸盐（polyphosphates），后三者统称为缩聚磷酸盐（condensed phosphates），在一定温度和 pH 条件下可以水解为正磷酸盐。有机磷种类繁多，包括磷酸糖类、磷脂、磷蛋白和磷胺等。其中，在检测过程中，未经预先水解或者消解，能够直接被磷钼蓝分光光度法检测的那部分磷，被称为可溶解性活性磷，该类磷绝大部分是正磷酸盐（海水中的主要形式是 $HPO_4^{2-}$），还有极少量的易水解有机磷和缩聚磷酸盐。活性磷是海洋浮游植物和微生物生长的关键物质，在某些海域，特别是贫营养海域，是初级生产力的限制因素和生物地球化学过程的关键。

海水中溶解态硅酸根的形态比较单一，以单体正硅酸盐 Si（OH）$_4$ 形式存在，是海洋浮游植物特别是硅藻类所必需的营养成分，一般将能被浮游植物利用的溶解态硅酸盐成为活性硅酸盐。硅酸盐在海水中含量比较丰富，大部分时间可以满足浮游植物的生长，一般只有在硅藻赤潮暴发后，由于硅藻大量吸收水体中的溶解态硅酸盐，死亡的硅藻沉积率高，会大量、快速地沉积到海水底层，导致后期海水中硅酸盐浓度低于硅藻生长所必需的硅酸盐阈值，成为硅藻生长的限制性因素。持续缺硅抑制了硅藻的生长，使硅藻生长的海域被甲藻等其他藻类所代替，导致浮游植物的群落结构发生巨大的变化。研究表明，营养盐硅是浮游植物生长和菌落结构改变的主要控制因子（杨东方等，2006）。

海洋营养盐是海洋浮游生物生长繁衍所必需的物质，是海洋初级生产力和食物链的基础。营养盐监测是海洋环境监测中的主要内容之一。营养盐的时空变化，对研究海洋生态系统至关重要。海水中适量的营养盐会促进海洋植物和微生物的生长，但若营养盐过分富集，往往会伴随藻类异常增殖，使水质恶化。近年来，随着沿海经济的迅速发展，环境污染问题逐渐加重，特别是大量含 N、P 的污染物入海，近海富营养化现象日益严重，这已经成为我国近海环境污染的重要问题之一。河口和近岸的营养盐过剩所造成的最直观后果便是有害藻华和赤潮。大规模的海洋赤潮加剧了我国近岸生态系统的退化，给海水养殖和旅游业都带来了巨大的损失。近几年我国近海和内海海域由于环境污染，赤潮灾害频发。20 世纪 80 年代时，平均每年有 10 次左右的赤潮，到了 90 年代，上升至每年 20 次左右，2000~2010 年平均每年发生赤潮 80 余次。虽然 2005 年以后赤潮频率有所控制和下降，但总体来说我国沿海的赤潮呈现规模越来越大、持续时间越来越长的趋势。

营养盐监测的目的基本可以分为两类，一类是针对富营养化海域（近海、河口等），实时监测营养盐的含量及种类可以一定程度地反映海域污染状况，并对初级生产者的生长及暴发情况做出预判；另一类是针对贫营养海域（外海），营养盐往往是影响初级生产力的限制因子，分析营养盐种类、含量及垂直分布，可以对海洋初级生产力及其限制因子进行判断，对研究海域的物质循环及短期或长期生态变化具有重要意义。

海洋营养盐检测的常规方法是显色法，经过多年发展，显色反应法检测海水营养盐已经形成了一套完整、严格的规范，在《海洋监测规范》和《海洋调查规范 第 7 部分：海洋调查资料交换》（GB/T 12763.7—2007）中对 $NO_3^-$、$NO_2^-$、铵盐、磷酸盐、硅酸盐的检测方法进行了明确规定，如靛酚蓝分光光度法测定铵盐、萘乙二胺分光光度法检测 $NO_2^-$、磷钼蓝分光光度法检测等。这些方法经过多年的修改和改进，已经成为营养盐的可靠检测方法。但随着人们对海洋环境的日益关注，海洋环境监测和灾害预警对海水中各种物质的监测有了更高的要求，除了在精确度上的要求外，快速检测和实时响应也成为海洋监测的重点之一。传统的实验室分析法虽然检测精度高，但耗时太长，很难做到实时响应，并且在外作业准备物品量大，无法满足现代海洋环境监测的要求。因此，方便、快捷、实时的检测方法成为海洋环境监测系统发展的当务之急。

# 3.1　氮的分析检测

氮在海水中有很多存在形态，主要有硝态氮、亚硝态氮、氨氮、有机氮和颗粒态氮，其中溶解无机氮包括硝酸盐（$NO_3^-$）、亚硝酸盐（$NO_2^-$）和氨氮（$NH_4^+$）。$NO_3^-$ 较为稳定，可以在富氧条件下存在，且含量较大；$NO_2^-$ 是 $NH_4^+$ 和 $NO_3^-$ 相互转化的中间产物，稳定性差，因此在海水中的含量较低；有机氮大多是溶解态的氨基酸，其主要来源是动植物代谢和分解的产物及人为排放的有机废物/废水中。海水中无机氮的分布浓度差距很大，从贫营养外海的亚纳摩尔级别到富营养化河口、海岸的微摩尔级。一般 $NO_3^-$ 的浓度要比 $NO_2^-$ 高两个数量级。

$NO_2^-$ 和 $NH_4^+$ 是诱发鱼病的环境因子，因此在海水养殖中颇受重视，海水中 $NH_4^+$ 含量一般在 0.35~4μmol/L，很少超过 4μmol/L，但在封闭海区的深层缺氧水中，其 $NH_4^+$ 含量可高达 100μmol/L。在海水氮的监测中，除了分别监测无机氮的三种形态外，往往还需要检测环境中的总氮，包括环境中的各种形式的氮，即三种无机氮和有机氮的总和。三种无机形态中，$NO_2^-$ 毒性最大，当生物血液中 $NO_2^-$ 浓度高于 0.4mg/kg 时便会中毒，当浓度升到 1g/kg

时便可能产生致命毒性。NH$_4^+$的分析方法不同于前两种，NO$_3^-$多还原成 NO$_2^-$或 NO 气体后再进行分析检测。

## 3.1.1　比色法

比色法是通过比较或测量有色物质溶液颜色深度来确定待测组分含量的方法，它以朗伯-比尔（Lambert-Beer）定律为基础，严格来说，也属于 3.1.2 节中提到的分光光度法。比色法有目视比色法和光电比色法两种，常用的目视比色法是标准系列法，即用不同量的待测物标准溶液在完全相同的一组比色管中，先按分析步骤显色，配成颜色逐渐递变的标准色阶。试样溶液也在完全相同条件下显色，和标准色阶进行比较，目视找出色泽最相近的标准溶液，由其中所含标准溶液的量计算出试样中待测组分的含量。

与目视比色法相比，光电比色法可以有效消除主观误差，提高测量准确度，而且可以通过选择滤光片来消除干扰，提高选择性。但光电比色计采用钨灯光源和滤光片，只适用于可见光谱区，仅能得到一定波长范围的复合光，而不是单色光束。另外，其他一些局限也使得它在测量的准确度、灵敏度和应用范围上都低于紫外-可见分光光度法。20 世纪 30～60 年代是比色法发展的旺盛时期，此后便逐渐被分光光度法代替。

目视比色法由于能够快速判断环境中的目标物质的大致浓度范围，且不需要任何检测仪器，操作方便快捷，在检测试纸和试剂盒等方面应用较多。Daniel 等（2009）利用 NO$_2^-$对苯胺和萘修饰的金纳米颗粒的表面等离子体共振波发生的改变，可以肉眼观察到 308μg/L-N。Chen 等（2012）利用 NO$_2^-$能够对金纳米颗粒进行刻蚀，使其长宽比发生改变，从而导致表面等离子体共振波长改变，使溶液颜色发生变化，可以肉眼观察到低至 64.0μg/L 的 NO$_2^-$引起的颜色改变。但海水中的 NO$_2^-$含量较低，且干扰离子较多，目前，很少有关于目视比色法直接用于海水样品中氮分析检测的研究。

## 3.1.2　分光光度法

分光光度法（spectrophotometry）是以物质对特定波长的光的选择性吸收为基础的分析方法，根据吸收光的波长不同，可以分为紫外分光光度法和红外分光光度法。当一束平行单色光垂直照射到均匀、非散射的吸光物质（固态、液态、气态，需要均匀非分散）时，特定波长或波长范围内被待测物质吸收的量与该物质的浓度和液层厚度（即光路长度）成正比，并符合朗伯-比尔定律，其化学表达式为

$$A = \lg I_0 / I_1 = \lg 1/T = \varepsilon bc \tag{3-1}$$

式中，$I_0$ 为每秒入射到浓度为 $c$ 的溶液上的光子数，即入射光强度；$I_1$ 为从溶液中透射出的光子数，即透射光强度；$A$ 为吸光度；$T$ 为透射率；$\varepsilon$ 为摩尔吸光系数［即当待测溶液浓度为 1mol/L，液层厚度为 1cm 时溶液的吸光度，其单位为 L/（mol·cm）］，$\varepsilon$ 能够反映吸光物质对光的吸收能力，可以表征该物质用分光光度法检测的灵敏度，一般认为 $\varepsilon \geq 10^4$ 为灵敏，$\varepsilon \leq 10^3$ 为不灵敏；$b$ 为液层厚度；$c$ 为待测物质浓度。

分光光度计一般包括光源、单色器、吸收池、检测器和显示器五部分。光源要求光强稳定并且能够连续发光，分光光度计常用的光源有钨丝灯（6～12V，波长范围 360～800nm）、碘钨灯（波长范围 320～2500nm）、氢灯和氘灯（波长范围 160～375nm）等。单色器的作用是将光源发出的连续光谱分解成单色光，常用棱镜+狭缝、光栅+狭缝、滤光片等。吸收池又称比色皿，用于盛放待测样品，一般由透明度高、耐腐蚀、质地均匀的玻璃或石英制成，由于玻璃对紫外光有很强的吸收能力，故玻璃比色皿只适用于可见光区测量，石英比色皿既可用于可见光区测量又可用于紫外光区测量。检测器可以接收从吸收池透过的透射光，并将其转化为电信号，常用的有光电管、光电倍增管、光电二级阵列管等，光电管根据敏感波长的不同又可以分为红敏和紫敏两种，红敏是在光电管的阴极表面涂布银和氧化铯，检测波长范围为 625～1000nm；紫敏是在光电管阴极表面涂布锑和铯，检测波长范围为 200～625nm；光电倍增管是光电管的改进，在管中加入数千个倍增极的附加电极，使电流得以放大，其灵敏度一般比光电管高 200 多倍，能够检测 160～700nm 波长的光。

由于分光光度法对检测仪器的要求较低，设备简单、准确度高、重复性强、实验费用少、易于普及等优势，在环境分析监测中得到了广泛应用。为提高分光光度法的灵敏度和检出限，在后期发展中，分光光度法发展出一些新的分析方法，如光度法与化学计量法相结合［如导数光谱法、因子分析法、双波长法、三波长法、示差光度法、人工神经网络法、动力学分光光度法（速差动力学光度法、胶束介质动力学光度法、催化动力学光度法、酶促动力学光度法）、胶束溶胶分光光度法及流动注射–分光光度法等］。

大部分情况下，$NO_2^-$ 易与各种物质发生颜色反应，从而可以通过分光光度法进行检测，$NO_3^-$ 不易发生颜色反应，通常是将 $NO_3^-$ 还原为 $NO_2^-$，所以样品分析时一般将水样分成两部分，一部分利用各种还原方法将 $NO_3^-$ 还原成 $NO_2^-$，通过测定还原的 $NO_2^-$ 和原溶液中 $NO_2^-$ 的总浓度来检测，另一部分直接检测水样中 $NO_2^-$ 的浓度，前者减去后者即为 $NO_3^-$ 的量。$NO_3^-$ 还原为 $NO_2^-$ 的主要方法有酰肼还原法、酸性钒（Ⅲ）溶液（Schnetgerand Lehners，2014）、硝酸还原酶法、铜镉还原法、锌还原法、光还原法等。其中，酰肼还原法、硝酸还原酶法、光还原发法还原 $NO_3^-$ 的耗时较长，锌还原法在河口营养盐检测时需要经常更换还原柱，镉柱还原速率较快，但其毒性较大，一般用镀铜的镉柱代替，但环境中羟胺和氨含量较高时会对检测结果产生一定影响。

重氮化合物（磺胺酸、硝基苯胺、p-氨基乙酰苯等）在酸性条件下与 $NO_2^-$ 反应生成含氮发色团，可根据该原理对 $NO_2^-$ 进行检测，此反应被称为格瑞斯（Griess）反应，反应物能够在 540nm 波长下被检测到，检测范围为 0.28～28μg/L-N，但该方法不适合复杂培养基，容易受到抗氧化物的干扰。在我国《海洋监测规范 第 4 部分：海水分析》中规定的 $NO_2^-$ 的检测方法为萘乙二胺分光光度法，酸性条件下 $NO_2^-$ 与磺胺反应生成重氮化合物，该重氮化合物与芳香胺 α-萘乙二胺耦联生成一种紫红色化合物，在 543nm 波长处用分光光度法测定。$NO_3^-$ 的检测方法有三种：一是利用镉柱还原法、锌镉还原法或紫外光解作用，将 $NO_3^-$ 还原成 $NO_2^-$，并利用分光光度法进行检测。$NO_2^-$ 和 $NO_3^-$ 的检出限分别为 0.28μg/L 和 1.4μg/L（Grasshoff et al.，2009）。在我国《海洋监测规范》中，只对镉柱还原 $NO_3^-$ 的方法进行了详细介绍，未提到紫外光解法。由于 $NO_3^-$ 在波长为 201nm 和 302nm 的紫外光分别有较强和较弱的吸收，在这两个波长下可以发生光解，$NO_3^-$ 易被还原成 $NO_2^-$。二是将 $NO_3^-$ 还原成 NO 气体后，运用臭氧化学发光法等方法进行检测。但是该方法中用到的试剂具有环境毒性，在线环境监测中需要谨慎使用。三是可以将 $NO_3^-$、$NO_2^-$ 转化成 $NH_4^+$，采用 $NH_4^+$ 的检测方法。

$NH_4^+$ 的检测方法与 $NO_3^-$、$NO_2^-$ 的检测有所不同，在我国《海洋监测规范 第4部分：海水分析》中规定的 $NH_4^+$ 的检测方法有两种，即靛酚蓝分光光度法和次溴酸盐氧化法。靛酚蓝分光光度法是根据弱碱性介质中以亚硝酰胺铁氰化钠为催化剂，通过氨离子与次氯酸盐的反应，生成一氯胺，接着加入苯酚，与一氯胺反应生成靛酚蓝衍生物，在 640nm 处有吸光度，氨的检测范围为 0～0.15mg/L-N。次溴酸盐氧化法是在碱性溶液中，次溴酸盐将氨氧化成 $NO_2^-$，然后再用重氮–偶氮分光光度法测 $NO_2^-$，测得结果扣除原有 $NO_2^-$ 浓度即可，检测范围为 0～0.16mg/L-N。由于苯酚和亚硝酰铁氰化钠的毒性很强，后期又发展出多种其他低毒试剂替代苯酚和亚硝酰铁氰化钠的方法，如用水杨酸、百里香酚等代替苯酚，但亚硝酰铁氰化钠无法替代，用萘酚代替苯酚，反应过程不需要亚硝酰铁氰化钠，但该方法的检出限较高，很难检测微克以下的 $NH_4^+$。后期发展起来的固相萃取技术，可以富集生成的靛酚蓝，提高检出限，同时反应不需要亚硝酰铁氰化钠催化，但反应时间较长。

$NO_3^-$ 除了还原成 $NO_2^-$ 进行检测外，也有可以直接检测 $NO_3^-$ 的分光光度方法，如国家标准中的 $NO_3^-$ 测定：酚二磺酸分光光度法[①]、番木鳖碱法、二苯胺法、二苯基联胺法等。表 3-1 所示为一些分光光度法检测 $NO_3^-$ 和 $NO_2^-$ 的其他方法。

表 3-1　几种传统分光光度法检测水体中 $NO_3^-$、$NO_2^-$ 和 $NH_4^+$ 的方法

| 反应体系 | 检测波长 /nm | 线性范围 /(μg/L) | 检出限 /(μg/L) | 应用 | 参考文献 |
|---|---|---|---|---|---|
| $NO_2^-$-酸性-磺胺-α-萘乙二胺 | 540 | 0.28～28 | 0.28 | 各种环境 | Grasshoff et al. , 2009 |
| $NO_3^-$-酸性-酚二磺酸-碱性条件显色 | 410 | 20～2000 | 20 | 海水除氯 | ① |
| $NO_3^-$-酸性-间苯二酚 | 505 | 7～5600 | 7 | 海水 | Zhang and Fischer, 2006 |
| $NO_2^-$-巴比妥酸-紫脲酸 | 310 | 0～3220 | 9.5 | 自然水体 | Aydın et al. , 2005 |
| $NO_2^-$-酸性-番红 O 染料 | 520 | 20～500 | 20 | 环境水样 | 王广健，1998 |
| $NO_2^-$-酸性-硝基苯胺、二苯胺 | 500 | 2～40 | 0.87 | 环境水样、废水 | Afkhami et al. , 2005 |
| $NO_2^-$-pH7.5-4-氨基-5-萘酚-2,7-二磺酸钠 | 560 | 100～1600 | 7.5 | 湖泊、海水 | Nagaraja et al. , 2010 |

---

①　参见《水质 硝酸盐氮的测定 酚二磺酸分光光度法》(GB/T 7480—1987)。

续表

| 反应体系 | 检测波长/nm | 线性范围/(μg/L) | 检出限/(μg/L) | 应用 | 参考文献 |
|---|---|---|---|---|---|
| $NO_2^-$-抑制磷钼蓝 | 814 | 500~2000 | 200 | 环境水样 | Zatar et al. , 1999 |
| $NO_2^-$，$NO_3^-$-芬那酸 | 410 | — | $NO_2^-$: 2.38 $NO_3^-$: 12.04 | 环境水样 | Chen et al. , 2000 |
| $NH_4^+$-Nessler's reagent | 410 | 0~2000 | 40 | 环境水样 | 梁作光和李莹，2008 |

用传统的分光光度法检测海水中的 $NO_2^-$，操作比较简单，检出限大多在 0.1μg/L 以上，是现在很多 $NO_3^-$、$NO_2^-$在线自动监测仪器的常用方法，但该方法所用试剂大多具有毒性，检测完毕后，反应液需要回收，不能排入环境中，且易变质，适合沿岸台站或近岸 $NO_3^-$、$NO_2^-$的监测，不适用于长时间的自动监测，易受 $Bi^{3+}$、$Sb^{3+}$、$Fe^{3+}$、$Ag^+$、$Cu^{2+}$等的干扰。近年来，对于海水中营养盐的垂直分布和贫营养海域浮游植物生长繁殖机理较为关注，对海水表层营养盐的检测已远远不能满足研究的要求，为了实时、准确地分析较深水层（100m 以下）、较低营养盐浓度（无机氮浓度小于 0.1μg/L）的营养盐浓度，需要对传统分光光度法进行改进，因此出现了多种改进的分光光度法。

## 3.1.3　改进的分光光度法

海洋中氮磷的含量随着地域或水层的变化会产生很大差异，在水域分层的外海，氮磷的含量在不同水层能够达到 5 个数量级的差异，从表层的纳摩尔级到深层的微摩尔级。对于 1μg/L 以下的 $NO_3^-$ 和 $NO_2^-$（特别是外海透光层的海水），采用国标法进行检测时准确度较低，因此一些学者研发了许多改进的分光光度法，以提高测量的检出限和准确度，如催化分光光度法、富集分光光度法、液芯波导分光光度法等。

### 3.1.3.1　催化分光光度法

催化分光光度法又称催化动力学分光光度法，它不是以待测物质或待测物质反应的生成物为检测对象，而是以待测物质为催化剂，对有色有机染料的催化反应，根据在一定时间内有色染料吸光度的变化判断催化剂即待测物质的浓度。其基本依据是有机染料吸光度的变化与被测离子的浓度成正比。在催化分光光度法中，大多是基于氧化还原反应的催化体系，催化褪色反应占主导，而催化显色反应的研究和应用较少。Ensafi 和 Amini（2010）将亮甲酚蓝固定在三乙酰纤维素膜上，在 $NO_2^-$的催化作用下亮甲酚蓝在酸性介质中能够被溴酸氧化，生成无色物质，一定温度下亮甲酚蓝的褪色速度与 $NO_2^-$的浓度直接相关，在 570nm 处检测吸光度，检出限为 0.08μg/L-N。柏林洋和蔡照胜（2014）根据硫酸介质中，$NO_2^-$对溴酸钾氧化苯胺蓝褪色反应有明显的催化作用检测 $NO_2^-$，线性范围为10~200μg/L-N，检出限为 4.6μg/L-N。Gray 等（2006）利用气体扩散–流动注射技术进行河口 $NH_4^+$的原位监测，该方法适用于盐度为 0~36‰的水体。气体扩散技术在流动注射中的应用，主要是

考虑到与 $NH_4^+$ 共存的一些气态碳氧化合物可能会对 $NH_4^+$ 的检测产生干扰，Gray（2006）通过在样品与气体扩散与样品接触之间，在线调节样品 pH 到 8.4，以减少氧化型扩散气体对样品中 $NH_4^+$ 的影响。气体扩散中采用的疏水膜孔径由泡点测试法确定，该方法每小时可以测定 135 个样品，$NH_4^+$ 的检出限为 $9\mu g/L\text{-}N$，若改为每小时测定 60 个样品，检出限可降至 $3.9\mu g/L\text{-}N$。

### 3.1.3.2　富集分光光度法

富集分光光度法是通过对水样进行预处理，富集样品中的氮或反应生成的待检测物质，从而提高氮的检出限。预浓缩的方法包括使用吸附剂、共沉淀、有机萃取等方法，在海水无机氮检测中，通常是对 $NO_3^-$、$NO_2^-$、$NH_4^+$ 与试剂反应生成的显色物质进行浓缩富集。丁宗庆和李小玲（2014）发现高浓度的酚酞乙醇溶液滴入水中后，酚酞会析出大量微晶，对疏水性物质具有很强的吸附萃取能力，$NO_2^-$ 和对硝基苯胺及二苯胺可在酸性环境下发生亚硝基化反应，生成疏水性红色物质，易被微晶酚酞富集萃取，据此建立了微晶酚酞分散固相萃取–分光光度法测定痕量 $NO_2^-$ 的方法，线性检测范围为 $1\sim160\mu g/L\text{-}N$，检出限为 $0.29\mu g/L\text{-}N$。Filik 等（2011）利用 $NO_2^-$ 在酸性条件下与番茄红反应生成的重氮化番红，能在碱性环境下与焦倍酸反应形成具有极高稳定性的偶氮染料，再通过由非离子表面活性剂、Triton X-114、阴离子表面活性剂、SDS 等组成的混合胶束对偶氮染料进行浊点萃取，该方法对 $NO_2^-$ 的检测范围为 $0\sim230\ \mu g/L\text{-}N$，检出限为 $0.5\mu g/L\text{-}N$。

靛酚蓝衍生物与阳离子表面活性剂生成离子对，生成的离子对具有很高的疏水性，可以被滤膜或与十八烷基键合硅胶构成的固相富集，但该方法反应时间较长（长达 60min），加入高毒性的亚硝酰铁氰化钠可以减少反应时间。Chen 等（2011）结合流动注射技术，利用氨与次氯酸钠和苯酚生成靛酚蓝，将次氯酸钠和苯酚直接注入海水样品中，40℃加热 10min 生成靛酚蓝，并利用亲水亲脂的浓缩柱进行在线浓缩，浓缩至一定体积后洗脱，于 640nm 下测定吸光度，该方法 $NO_2^-$ 的检出限为 49ng/L-N，线性范围为 $0.73\sim4.0\mu g/L\text{-}N$，每小时可以检测 3 个样品。Shoji 和 Nakamura（2010）用 1-萘酚二氯异氰尿酸盐代替高毒性的苯酚和硝基氢氰酸盐，生成的靛酚蓝与氯化十四烷基二甲基苄胺形成离子对，由膜滤器富集后，用少量的有机溶剂洗脱，再进行分光光度分析，最大吸收波长为 725nm，$NH_4^+$ 的检出限为 $2.5\mu g/L\text{-}N$。Senra-Ferreiro 等（2010）利用单液滴微萃取技术，将顶部液滴中包含格瑞斯试剂作为直接加入酸化水样后形成的挥发性氮氧化合物的萃取剂，检出限为 $1.5\mu g/L\text{-}N$。

### 3.1.3.3　液芯波导分光光度法

液芯波导分光光度法是将液芯波导技术与分光光度法相结合的一种新型分析技术。液芯波导（liquid core waveguide，LCW）的概念是 20 世纪 70 年代提出的，是由折射率较低的微型波导管（如折射率为 1.51 的硼硅酸盐玻璃或折射率为 1.45 的石英玻璃毛细管）内部充满折射率较大的液体（待测样品），波导管一般直径为五十至数百微米，长度为一至数米，当入射光进入导管后，内部填充的液体折射率高于导管管壁的折射率，会使入射光在液体和波导管界面上发生全反射，此时该液芯波导管实际上已成为一根液芯波导光纤，入射光能在液芯波导管内经多次反射一直沿波导管向前传输，在多次通过波导管中的液体样品后从波导管的另一端输出（朱炳德等，2007）。入射光在通过波导管时可以进行多次全反射，能够在较小的体积内大大增加入射光的有效光程，从而显著提高光谱信号的强度，能够有效降低样品的检出限，使检测灵敏度提高几个数量级，从而实现样品的痕量分析，并大大减少样品的用量。目前常见的液芯波导芯料液体有无机的含水离子溶液（如盐溶液）和有机吸湿液体（如醇类）；薄层材料有含 C、F 的聚合物，聚四氟乙烯共聚物等光化学性能稳定的非晶态含氟高聚物材料，折射率低的氟代芳烃聚合物和透明的硅橡胶材料等。1989 年，DuPont 公司发明了折射率低于水的材料 Teflon AF（氟树脂），该物质是一种四氟乙烯的无定形聚合物，目前有 Teflon AF 1600 和 Teflon AF 2400 两种，折射率分别为 1.31 和 1.29，均低于水的折射率 1.33，其中 Teflon AF 1600 虽然折射率较高，但比 Teflon AF 2400 韧性强。

由于液芯波导内部是流动性的液体，具有良好的导热性，当大功率光源入射时，可以有效分散热量，不至于像其他有机物光学包层那样在大功率光源照射下致使烧毁，更适用于大功率的光源。总之，液芯波导在实际应用中具有光谱传输范围广、光谱传输效率高、样品检出限低、使用寿命长等优点。根据分光光度法遵循的比尔定律，增大吸光池的长度可以提高检测的灵敏度，液芯波导实际上是通过增大吸光池的长度来提高灵敏度的。目前液芯波导技术已经与多种光谱测量方法相结合，如长光程吸收分析法、荧光法、拉曼光谱法等，用于环境中痕量物质的分析。Steimle 等（2002）研制了一种便携式的分光光度分析系统来原位检测海水中的 $NO_2^-$，应用深度可达 500m，并且能够实时采集和记录数据以及将数据上传到云端。该系统包含了长达 5m 的液芯波导管，$NO_2^-$ 的检测范围为 16.8～35ng/L，每 3～5min 可以检测一个数据。Feng 等（2013）将反相流动注射技术与液芯波导管技术相结合，采用双流路，分别检测 $NO_2^-$ 和 $NO_3^-$，达到同时检测海洋中痕量的 $NO_3^-$、$NO_2^-$ 的目的，检出限均为 8.4ng/L-N，线性范围为 28～7000ng/L-N。

### 3.1.3.4 流动注射与其他分析方法的结合

流动注射分析（flow injection analysis，FIA）分为顺序注射、连续流动分析、反向流动注射以及近几年发展起来的微流体注射等，是 1975 年由丹麦化学家 Ružicka 和 Hansen 提出的一种新型的连续流动液处理技术。Ružicka 和 Hansen（1988）在其专著《流动注射分析（第二版）》中对流动注射分析作的定义为：向流路中注入一个明确的流体带，在连续非隔断载流中分散而形成浓度梯度，从此浓度梯度中获得信息的技术。流动注射分析按照通道的多少可以分为单道流动注射分析体系和多道流动注射分析体系。系统一般由泵、进样阀、反应盘、检测器、记录仪五部分组成，基本工作原理是把试样溶液直接以试样塞的形式注入一个无气泡间隔的连续液流中，然后被载流推动进入反应管道，试样塞在向前运动过程中通过对流和扩散作用被分散成一个具有浓度梯度的试样带，试样带与载流中某些组分发生化学反应形成某种可以检测的物质，检测器连续地记录样品通过流通池而引起吸光度、电极电位或其他物理量的变化，从而达到对未知组分的定性及定量检测。反向流动注射则是由泵连续地泵入样品，反应试剂则被后期注入，当多种反应试剂需要按顺序注入时，则需要采用多个电磁阀、电磁泵或注射泵。

注射的样品可以精确地在轴向和径向上进行散布，当样品经过流动系统（多孔阀）时进一步与反应试剂混合，注射和液相传输过程都非常精确，使最终的测量结果具有很高的再现性。另外，FIA 所需的样品量很少，且样品快速注射，传输和过程中需要的反应试剂也较少，能够大幅减少反应试剂的量（低至数微升），从而减少环境的二次污染。FIA 具有实验设备简单、操作简便、价格便宜、准确度和进度高、分析速度快、样品和试剂用量少、易于自动连续分析等优点，能够与多种检测手段相结合，可广泛应用于水质检测、土壤样品分析、农业和环境监测、发酵过程监测、药物分析、血液分析、食品饮料分析等各个领域，对金属离子、非金属离子、有机物及某些放射性元素等具有很好的检测效果。

近年来，为了延长海洋环境监测仪器离线监测的使用周期，越来越多的监测设备追求小型化、节能化，一种被称为微流体芯片实验室、微阀系统、微全分析系统等利用微型流动折射技术的研究应运而生。目前，微流体技术已经得到了很好的发展，但无人值守的仪器采样界面及样品预处理技术还有待改进。在运用流动注射进行样品分析时需要注意以下几点：首先，样品进样前需要先经过 $0.2\mu m$ 或 $0.45\mu m$ 的醋酸纤维素膜或聚碳酸酯膜过滤，以减少颗粒物干扰，防止管道阻塞；其次，需要准备单一标准样品进行结果的标定，以提高分析的准确性；最后，水体盐度、折射率、纹影效应等都会影响流动注射检测的结果，针对这些环境因子的影响需要建立样品分析模型。

FIA 需要与其他分析检测技术联用才能对环境因子进行检测，目前，与 FIA 联用的分析检测技术有：①分光光度法。分光光度法是最早与 FIA 联用的检测方法，其优点是方法简便，仪器设备价格低廉，结构简单，至今仍是应用最广泛的检测方法之一。②电化学法。FIA 与电化学技术联用，可以有效地避免光度法检测中可能存在的折射光干扰，能够更准确地对样品进行分析；③荧光法。FIA 与荧光分析法联用，可以克服荧光分析法反应条件要求苛刻，分析耗时长的缺点，避免出现荧光猝灭，提高了荧光分析的准确性和分析速度；④化学发光法。FIA 与化学发光法联用，能够通过控制试剂流速使其在检测器前发生反应，产生最强的发光信号，使检测器能够捕捉到高强度的光信号；⑤原子光谱法。FIA 最初只是作为原子光谱仪的进样系统，后来研究发现二者联用能够大大节省试剂，并能在进样前对样品进行分离、富集等预处理，能够大大提高仪器的选择性和灵敏度；⑥与其他方法联用。FIA 还可以与高效液相色谱法、酶法、免疫分析法、电感耦合等离子体、毛细管电泳法及微波等离子发射光谱法等方法联用。

目前，大部分基于分光光度法的在线营养盐检测系统都要用到 FIA。Zhang 等（2009）将流动注射、在线固相萃取、液芯波导技术相结合，基于 Griess 反应产生的偶氮化合物可以被固相萃取柱浓缩，洗脱后进入液芯波导管进行后续检测，$NO_3^-$ 则在另一流路中被 Cu-Cd 还原柱还原成 $NO_2^-$，进行检测。$NO_2^-$ 和 $NO_3^-$ 的检出限分别为 $4.2ng/L$-N 和 $21ng/L$-N。Pasquali 等（2007）将 $0.08mol/L$ 的 NaClO 氧化氨形成 $NO_2^-$，用镀铜镉柱还原 $NO_3^-$，结合 FIA，对海水中的 $NO_2^-$、$NO_3^-$、氨盐进行同时在线监测，三者的检测范围分别为 19.6 ~

1596μg/L- N、19.6 ~ 1596μg/L- N、50.4 ~ 1400μg/L-N，检出限分别为 14μg/L-N、46.2μg/L- N、47.6μg/L- N，反应试剂储存于–20℃环境中，可在 6 个月内保持稳定。Chen 等（2008）结合顺序注射和在线固相萃取技术，用 Sep-Pak C18 柱浓缩 $NO_2^-$ 与显色剂反应生成的偶氮染料，以 26.6% 的乙醇和 0.108mol/L 的 $H_2SO_4$ 洗脱，浓缩的偶氮染料再经检测池进行检测，当进样量为 150ml 时，检测范围为 9.94 ~ 600.6ng/L-N，检出限为 1.4ng/L-N；当进样量为 15ml 时,检测范围为 36 ~ 428nmol/L，检出限为 14nmol/L。通过调节进样量，可以检测不同浓度范围的 $NO_2^-$。

表 3-2 所示是改进的分光光度法在海洋 $NO_3^-$、$NO_2^-$、氨的监测中的应用，从表中可以看出，改进的分光光度法检测海水中的无机氮，基本上检出限都能达到微克以下，其中液芯波导管、固相萃取等技术在检测中的应用，大大地提高了检测仪器的灵敏度，通过加长液芯波导管的长度和加大进样量，可以检测纳克级别的无机氮。流动注射技术的发展，使海水无机氮的在线连续监测成为可能，固相萃取、液芯波导技术等与流动注射技术的结合，使外海贫营养海域和深层海水中 $NH_4^+$ 的在线监测成为可能。

表 3-2　改进的分光光度法分析检测水体中 $NO_3^-$、$NO_2^-$ 和 $NH_4^+$ 的方法

| 反应体系 | 检测波长 /nm | 线性范围 /(μmol/L) | 检出限 /(μmol/L) | 应用 | 参考文献 |
|---|---|---|---|---|---|
| $NO_2^-$-亮甲酚蓝和溴酸-催化褪色 | 570 | — | 0.006 | 环境水样 | Ensafi and Amini, 2010 |
| $NO_2^-$-苯胺蓝-溴酸钾-催化褪色 | 597 | 0.7 ~ 14.3 | 0.33 | 环境水样 | 柏林洋和蔡照胜, 2014 |
| $NO_2^-$-甲基红-过硫酸钾-催化褪色 | 518 | 0.7 ~ 57.1 | 0.5 | 环境水样 | Zhang, 2014 |
| $NO_2^-$-1, 3, 5-三羟基苯-FIA<br>$NO_3^-$-镀铜镉柱还原 | 312 | 2.1 ~ 21.4<br>7.1 ~ 71 | 0.02<br>0.16 | 20 样品/min 环境水样 | Burakham et al., 2004 |
| $NO_2^-$-硝基苯胺及二苯胺-微晶酚酞固相萃取 | 475 | 0.071 ~ 11.4 | 0.021 | 环境水样 | 丁宗庆和李小玲, 2014 |
| $NO_2^-$-番茄红-偶氮染料-浊点萃取 | 592 | 0 ~ 16.4 | 0.036 | 环境水样 | Filik et al., 2011 |
| $NH_4^+$-1-萘酚二氯异氰尿酸盐-靛酚蓝-SPE | 725 | — | 0.18 | 海水 | Shoji and Nakamura, 2010 |
| $NH_4^+$-1-次氯酸钠、苯酚-靛酚蓝-SPE | 640 | 0.05 ~ 0.28 | 0.0035 | 海水 | Chen et al., 2011 |
| $NO_2^-$-磺胺和 α-萘乙二胺盐酸盐-5ml CWC<br>$NO_3^-$-镉柱还原 | 540 | 0.0005 ~ 0.03<br>0.0005 ~ 0.03 | 0.0005<br>0.0015 | 海水 | Steimle et al., 2002 |
| $NO_2^-$-磺胺和 α-萘乙二胺盐酸盐-rFIA-1.5ml CWC<br>$NO_3^-$-镀铜镉柱还原 | 540 | 0.002 ~ 0.5<br>0.002 ~ 0.5 | 0.0006<br>0.0006 | 海水 | Feng et al., 2013 |
| $NH_4^+$-1-次氯酸钠、苯酚-靛酚蓝-2ml CWC | 640 | 0.01 ~ 0.1 | 0.005 | 海水 | Li et al., 2005 |

| 反应体系 | 检测波长/nm | 线性范围/(μmol/L) | 检出限/(μmol/L) | 应用 | 参考文献 |
|---|---|---|---|---|---|
| $NO_2^-$-磺胺和 $\alpha$-萘乙二胺盐酸盐-FIA | 543 | 1.4~114.3 | 0.93 | 海水 | Pasquali et al.，2007 |
| $NO_3^-$-镀铜镉柱还原 | | 1.4~114.3 | 3.3 | | |
| $NH_4^+$-NaClO 氧化 | | 3.6~100.0 | 3.4 | | |
| $NO_2^-$-磺胺和 $\alpha$-萘乙二胺盐酸盐-SI-SPE | 543 | 0.0007~0.043 | 0.0001 | 海水 | Chen et al.，2008 |
| $NH_4^+$-1-次氯酸钠、苯酚-靛酚蓝-SI | 640 | 0~1071.1 | 1.43 | 海水 | 孙西艳等，2012 |

注：FIA 为流动注射；rFIA 为反相流动注射；SI 为顺序注射；SPE 为固相萃取；LCWC 为液芯波导管。

## 3.1.4 紫外光谱法

很多溶解态的无机化合物在小于 280nm 的紫外波长内具有吸光度，包括 $NO_2^-$、$NO_3^-$、$HS^-$、溴化物等。$NO_3^-$ 在紫外波段 200~400nm 范围内具有强烈紫外吸收，在不同波长处测定样品吸光度，通过公式、模型等校正水体中其他干扰物质的影响，可以得到海水中 $NO_3^-$ 的浓度值。该方法最突出的优点是无需化学试剂参与，而直接进行光学测量，检测速度快，同时避免了对海洋环境的二次污染，特别适用于海水 $NO_3^-$ 的原位在线长时序自动监测。

紫外光谱法对 $NO_3^-$ 的检测，大多用于地下水、饮用水等杂质较少的水域的检测。在我国《生活饮用水卫生标准检验方法（无机非金属指标）》《地下水质检验方法》《水质 $NO_3^-$ 氮的测定紫外分光光度法（试行）》等国家和行业标准中，将紫外作为检测饮用水、地表水、江河湖泊水中 $NO_3^-$ 含量的标准方法之一。$NO_3^-$ 和有机物在 220nm 处具有很强的紫外吸收，有机物在 275nm 处也有紫外吸收，而 $NO_3^-$ 在 275nm 处无紫外吸收，故可以在 220nm 和 275nm 处检测吸光度，通过校正公式（$A_{校} = A_{220} - 2A_{275}$）得出 $NO_3^-$ 的含量。除了有机物干扰外，水体中的表面活性剂、$NO_2^-$、六价铬、溴化物、碳酸氢盐、碳酸盐等都会对 $NO_3^-$ 的检测造成干扰，一般通过加入盐酸、氨基磺酸，并用絮凝共沉淀、大孔中性吸附树脂对水样进行处理，以减少或排除有机物、阴离子等带来的干扰。在《水质 $NO_3^-$ 氮的测定紫外分光光度法（试行）》标准中，紫外光谱法检测 $NO_3^-$ 的检出限为 79.8μg/L-N，线性范围为 319.2~3999.8μg/L-N。对于基质复杂的海水，用紫外光谱法直接检测 $NO_3^-$ 难度较大。

最早应用紫外光谱法检测海水中 $NO_3^-$ 的方法最早出现于 20 世纪 60 年代，Ogura 于 1966 年提出了用紫外光谱高频率测量 $NO_3^-$ 的潜在可行性，但该方法并未得到广泛应用，部分原因是分析方法是基于一个或少数几个波长测量的，不能很好地分离重叠光谱，对 $NO_3^-$ 的检测灵敏度和准确度都不高。近年来光谱分析技术的提高和各种回归方程、校正模型的建立，推动了紫外光谱法在海水 $NO_3^-$ 检测中的应用。Zielinski 等（2011）利用紫外光谱仪（ProPS）对海水 200~260nm 波长的吸光度进行波谱扫描，并将海水的总吸光度定义为

$A_{sum}=A_W+A_{Br}+A_{NO_3}+A_R$，其中，W、Br 和 NO$_3$ 分别代表海水基体、溴离子和 NO$_3^-$ 的紫外吸收；R 代表其余物质的吸收，包括溶解有机物、氧气和颗粒物等，通过对海水总的吸收光谱进行阶梯式的简化，减少自由度来计算 NO$_3^-$ 浓度，同时，作者认为温度会影响溴离子的吸收光谱，盐度和温度产生的影响可以通过线性变换进行校正。作者将紫外光谱法连续监测的结果与湿法化学所得结果进行比较，标准偏差为 23.8μg/L-N。Sakamoto 等（2009）利用在线紫外光谱与实验室湿法化学所得的结果进行比较，提出了一种改进的紫外吸收光谱测量 NO$_3^-$ 的算法，改善了数据处理算法和标定过程，并发现温度变化对 NO$_3^-$ 吸光度的影响较小，对溴离子的吸光度影响较大，因此增加了温度变化对溴离子光谱吸收的校正，并且在计算 NO$_3^-$ 浓度时通过单独测量得到的温度和盐度值来校正溴离子的吸收，使测量精度到了显著改善（标准偏差为 8.96μg/L-N）。

目前已经有成熟的基于紫外光谱法在线监测海洋 NO$_3^-$ 的方法。第一代紫外光谱 NO$_3^-$ 传感器，考虑到卤化物、有机物对 NO$_3^-$ 检测的影响，该传感器吸收 220nm、240nm、305nm 3 个波长的紫外并进行检测，220nm 处，NO$_3^-$、卤化物有明显紫外吸收，240nm 处卤化物的紫外吸收非常少，305nm 则作为参照通道以消除颗粒物散射以及光源强度改变带来的影响。为了减少误差，Pidcock 等（2010）在此基础上采用了 205nm、220nm、235nm、250nm、265nm、280nm 6 个波长对海水进行扫描，以减少溴化物、有机物和颗粒物散射带来的误差，并采用标准加入法，与自动分析仪进行比较，检出限可达到 1.4μg/L-N。

紫外光谱 NO$_3^-$ 传感器的研究重点一方面是提高传感器的灵敏度、准确度和分辨率，另一方面是降低传感器的能耗、增大其抗压能力，使其能适用于深海长时序的 NO$_3^-$ 监测。紫外光谱法检测海水中的 NO$_3^-$，虽然具有响应速度快、在线监测时间长等优点，但其准确度和灵敏度远低于改进的分光光度法。目前，紫外光谱法在海水 NO$_3^-$ 检测的应用还处于实验阶段，在实际应用中，盐度、温度、颗粒物等的影响直接应用紫外光谱法进行检测，其结果与实际结果偏差较大，需要对水样进行复杂的前处理，如加入盐酸消除碳酸盐、碳酸氢盐等阴离子的干扰，加入氨基磺酸消除 NO$_2^-$ 的影响，通过沉淀、吸附等消除有机物的干扰等。但该方法不存在湿法化学中试剂的保存、储藏、顺序注射等问题，基本不会对环境产生二次污染，且能够快速监测，在未来海洋 NO$_3^-$ 监测中有很好的发展前景。

## 3.1.5　发光分析法

发光分析法包括荧光法、化学发光法和生物发光法，该方法具有很好的选择性，灵敏度高，抗干扰能力强，特别是化学和生物发光法，不需要外来光源刺激，仪器更加简单，分析速度更快，但同时也存在抗干扰能力差的缺点。

### 3.1.5.1　荧光法

荧光是一种光致发光的冷发光现象，当某种常温物质经某种波长的入射光（通常是紫外线或 X 射线）照射时，原子吸收光能使原子核周围的一些电子由原来的轨道跃迁到了能量更高的轨道即从基态跃迁到第一激发单线态或第二激发单线态，但第一激发单线态或第二激发单线态等并不稳定，激发态会立即退激发恢复到基态，当电子由第一激发单线态恢复到基态时，能量会以光的形式释放，产生荧光，一旦停止入射光，发光现象也立即随之消失。具有这种性质的发射光就被称为荧光。通常情况下发射光比入射光的能量更低，波长更长（通常波长在可见光波段），但当吸收强度较大时，可能发生双光子吸收现象，导致辐射波长短于吸收波长。当辐射波长与吸收波长相等时，既为共振荧光。

荧光检测（fluorescence detection）技术主要包括荧光猝灭型检测、荧光增强型检测和荧光比率型检测三种模式。物质的荧光强度受到待测物质的分子结构、溶剂极性强弱、表面活性剂、分子氧、紫外线照射、温度等诸多因素的影响，有些本身具有较强荧光强度的物质在不同的溶剂中或者遇到其他物质的分子、离子时，荧光强度会迅速减弱甚至完全失去荧光，这种现象被称为荧光猝灭。荧光猝灭分析法是利用本身不发荧光的被分析物质所具有的使某种荧光化合物荧光猝灭的能力，通过测量荧光化合物荧光强度的下降，间接的测定该物质的浓度。但荧光猝灭型检测在应用中受检测环境的干扰较大，会导致猝灭荧光的检测不灵敏，在环境样品的检测中应用较少。

荧光增强型检测是在外界环境变化的刺激下，使无荧光或微弱荧光物质产生（强）荧光，或反应生成新的荧光物质。例如，化学引导荧光检测、敏化荧光检测、胶束增溶增敏荧光检测等。化学引导荧光检测是指通过化学反应将非荧光或弱荧光物质转化成能够被检测的荧光或强荧光物质，最常见的是有机试剂直接与荧光较弱或不显荧光的物质共价或非共价结合，形成具有荧光现象的配合物，通过对配合物的测定，判断待测物质的浓度。敏化荧光检测是对于浓度较低的待测物质而言，若用一般荧光检测方法，其荧光信号太弱而无法检测，此时可以加入敏化剂，敏化剂原子受特征辐射波长激发，处于激发态，通过粒子相互碰撞，将激发能传递给待测物质的原子，待测元素通过辐射去活化，发射出强度较大的荧光。目前研究较多的有稀土敏化荧光检测。稀土离子具有惰性气体的外层电子结构和抗磁性，但其次外电子层，除 $La^{3+}$ 和 $Lu^{3+}$ 的 4f 亚层为全满或全空外，其他均为未充满电子的 4f 层，因 f 能级具有 1~13 个电子时，其稀土离子结构具有不稳定性，电子可以在7 个轨道上重新排布，从而产生了各种光谱项和电子能级。它们可以吸收或发射从紫外、可见到红外光区的各种波长的电磁辐射。$Sm^{3+}$、$Eu^{3+}$、$Th^{3+}$、$Dy^{3+}$ 受紫外可见光激发时，容易产生荧光，其中 $Eu^{3+}$ 和 $Tb^{3+}$ 经常作为中心原子，与有机配体形成有机配合物，在特定波长入射光照射下，受激发配体通过无辐射分子内能量传递将受激能量传递给中心离子（稀土离子），致使中心离子（稀土离子）发射特征荧光，稀土离子的这种发光现象称为稀土敏化荧光。稀土敏化荧光具有光谱谱线窄、激发态寿命长、所需激发能低、荧光效率高、Stocks 位移大等优点。同种物质的荧光光谱受温度、溶剂、表面活性剂、光源等多种因素的影响，其中溶剂的性质对荧光光谱具有很大影响，同种物质在不同溶剂中产生荧光的位置、强度都会有所不同，若溶剂与荧光物质形成配合物或使荧光物质的电离状态发生改变，则产生的荧光光谱也会随之变化。一般认为，加入一定量的表面活性剂可以在溶液中生成胶束，荧光物质与溶剂的碰撞，从而减少非辐射能量的损失，增强荧光强度，增加荧光寿命。这种现象称为胶束增溶增敏荧光检测。

荧光比率型检测是利用体系中的两种荧光团（识别荧光团和参比荧光团）或具有双通

道功能的单个荧光团发射的不同激发光谱，通过荧光强度的比值来判断待测物质浓度。荧光比率型检测经常在荧光分子探针中使用。荧光分子探针是一种利用探针化合物的光物理以及光化学特征，在分子水平上研究探针化合物以及待测物体系间的物理、化学过程，将其应用在某种特殊环境下，通过物质的结构及物理性质而进行检测的方法。比率型荧光检测大多是基于荧光共振能量转移（fluorescence resonance energy transfer，FRET）和分子内电荷转移（intramolecularcharge transfer，ICT）来实现的。

FRET 是指在两个不同的荧光团中，如果一个荧光团（供体）的发射光谱和另一个荧光团（受体）的吸收光谱有一定的重叠，当这两个荧光团间的距离合适时，供体的激发状态由一对偶极子介导的能量从供体向受体转移，即用供体的激发波长激发时，可观察到受体的荧光发射。这个过程没有光子的参与，是非辐射性的。供体分子被激发后，当受体分子与供体分子距离合适，且供体和受体的基态与第一电子激发态的振动能级间的能量差相互适应时，处于激发态的供体将把一部分或全部能量转移给受体，使受体被激发。如果受体荧光量子产率为零，则发生能量转移荧光猝灭；如果受体也是一种荧光发射体，则呈现出受体的荧光。由于受体的荧光波长要长于供体的荧光波长，FRET 可以观察到双发射波长，从而满足双信息通道的要求。FRET 严格受到供体和受体距离的影响，如果识别事件能够改变供体和受体之间的距离，那么两个波长的荧光强度就会发生变化，从而可以用它们的比值来表达识别事件。ICT 的荧光团通常是一个强电子推拉共轭体系，共轭体系的拉电子部分或供电子部分是受体的一部分，受到光源激发后，电荷会从电子供体转移到电子受体中，当受体与待测物质结合后（或在受体与待测物质结合时不发生反应，当受入射光照射，受体处于激发态之后与待测物质发生作用），作为受体的拉电子部分或供电子部分的共拉电子能力发生改变，整个发色体系中的 π 电子结构会重新分布，从而前后形成不同的基态，导致吸收光谱、激发光谱、荧光光谱发生移动。

海水无机氮的各种形态中，$NO_2^-$、$NH_4^+$ 能够作为反应剂或催化剂参与反应，其产物能够产生荧光、产生增强荧光强度的效果或者使荧光剂反应致使荧光猝灭，根据荧光强度可以反映环境中 $NO_2^-$、$NH_4^+$ 的量。海洋无机氮的检测中荧光增强的研究较多，荧光猝灭的研究较少。利用荧光染料与 $NO_2^-$ 发生重氮偶合反应，如 2，6-二氨基吡啶、5-氨基荧光素、3-氨基-萘-1，5-二磺酸等，此外还有一些非荧光有机物能够与 $NO_2^-$ 反应生成荧光物质，如 3-氨基-4-羟基香豆素、$N$-甲基-4-氨基-7-硝基苯并呋喃等。但海水中的复杂基质和有机物会对大部分反应产生干扰，因此适用于海水的 $NO_2^-$ 荧光检测方法并不多。Masserini 和 Fanning（2000）利用酸性条件下 $NO_2^-$ 能够与苯胺反应生成重氮离子，重氮离子在两个氮原子间形成 π 键，使得荧光信号大幅增强，$\lambda_{ex/em} = 220nm/295nm$，$NO_3^-$ 则通过镀铜镉柱还原为 $NO_2^-$ 再进行检测，二者的检出限分别为 0.0644μg/L-N 和 0.0966μg/L-N，线性范围为 0.07~350μg/L-N，每小时可以检测 18 个样本。海水中的溶解有机物也会在苯重氮盐的发射波长（220nm）产生荧光，故实际检测到的 $NO_2^-$ 也包含了海水中的溶解有机物，为解决这个问题，Masserini 和 Fanning（2000）结合反向流动注射技术校正了海水背景值和部分溶解有机物的干扰。

而许多荧光检测海水中的 $NH_4^+$ 都是基于氨（$NH_4^+$ 和小分子胺）能够与邻苯二醛反应生

成强荧光性物质（$\lambda_{ex/em}=362.5nm/423.0nm$）的原理。Amornthammarong 和 Zhang（2008）根据邻苯二醛能够与氨基酸、氨离子反应，生成强荧光物质（$\lambda_{ex/em}=362.5nm/423.0nm$），研制了一种船载海水 $NH_4^+$ 在线分析系统，通过加入亚硫酸盐和甲醛，减少了杂质的干扰，该方法不受海水折射指数和盐度的影响，检出限为 15.4ng/L-N，每小时可以采集 3600 个数据。Watson 等（2005）结合流动注射、气相扩散和荧光检测技术，研制了一种在线监测海水中氨的方法，该方法通过气体扩散技术，排除了海水中小分子胺的影响，对 $NH_4^+$ 的检出限为 0.098μg/L-N，每小时可以检测 30 个水样。

Han 等（2014）研制了一种高选择性的稀土上转换比率型荧光探针，可以高效检测环境中的 $NO_2^-$。该方法利用 $NaYF_4：Er^{3+}$，$Yb^{3+}$（UCNPs）纳米粒子在 539nm 和 654nm 处有发射光，而一种中性红色染料在 539nm 处具有很高的吸光度，因此，吸收光谱和发射光谱重叠，该纳米粒子的荧光（539nm）可以被中性红色染料猝灭，654nm 处的发射光保持不变，环境中的 $NO_2^-$ 能够与红色染料反应，生成偶氮物质，导致 539nm 处的吸光度大幅降低，539nm 处的荧光得以恢复，539nm/654nm 的比率与环境中的 $NO_3^-$ 浓度直接相关，根据该方法可以对样品中的 $NO_2^-$ 进行检测。该方法可以用于天然水体和肉类中 $NO_2^-$ 的检测，但并未应用到海水中。利用纳米探针法检测氨具有很高的灵敏度，但易受复杂基质的影响，目前在海水 $NH_4^+$ 检测中的应用并不多。

荧光法检测海水中的无机氮，具有很高的灵敏度和检出限，检出限可低至每升几十甚至几纳克。其中，荧光增强型（化学引导型）的检测方法是目前最常用的，一些基于船载的在线荧光检测海水无机氮的仪器方法，大多准确度较低，易受海水中的其他离子、溶解有机质等的影响，限制了该方法对海水中无机氮的检测，需要仪器自身配备校正系统或进行实验室校正。

### 3.1.5.2 化学发光法

化学发光（chemiluminescence，CL）是指化学反应体系中的某些组分分子（反应物、产物、中间体或共存的荧光物质）吸收了反应过程中释放的能量，从基态跃迁至激发态，由于高能状态不稳定又很快弛豫到较低能量状态，在此过程中释放出的能量转化为光电子能从而产生化学发光。随着高灵敏度光学设备的发展，如光电倍增管等的发展，使化学发光技术逐渐在环境监测中得以应用。化学发光可以分为直接发光和间接发光两种，直接发光是最简单的化学发光反应，有两个关键步骤组成，即激发和辐射。如 A、B 两种物质发生化学反应生成 C 物质和 D 物质，反应释放的能量被 C 物质的分子吸收并跃迁至激发态 $C^*$，处于激发态的 $C^*$ 在回到基态的过程中产生光辐射（$hv$）。这里 $C^*$ 是发光体，此过程中由于 C 直接参与反应，故称直接化学发光 [反应用式（3-2）和式（3-3）表示]。间接发光又称能量转移化学发光，它主要由 3 个步骤组成：①反应物 A 和 B 反应生成激发态中间体 $C^*$（能量给予体）；②当 $C^*$ 分解时释放出能量转移给 F（能量接受体），使 F 被激发而跃迁至激发态 $F^*$；③当 $F^*$ 跃迁回基态时，产生发光 [反应用式（3-4）~式（3-5）表示]。图 3-1 所示为化学发光的基本能过程。根据化学发光反应某一时刻的发光强度或反应的发光总量可以确定待测物质的含量。

$$A+B \longrightarrow C^* +D \qquad (3\text{-}2)$$

$$C^* \longrightarrow C+hv \qquad (3\text{-}3)$$

$$A+B \longrightarrow C^* \qquad (3\text{-}4)$$

$$C^* +F \longrightarrow C+F^* \qquad (3\text{-}5)$$

$$F^* \longrightarrow F+hv \qquad (3\text{-}6)$$

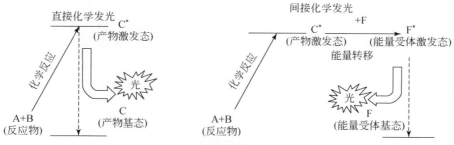

图 3-1　化学发光反应示意图

　　化学发光法与分光光度法和荧光法最大的不同是，化学发光现象是在化学发光反应过程中利用反应产生的能量激发组分分子，不需要额外的光源。化学发光法检测海水中的 $NO_2^-$ 和 $NO_3^-$ 大致可分为两种类型：一种是 $NO_2^-$ 直接与试剂反应发生化学发光；另一种是将 $NO_2^-$ 转化为 NO，在气相中测定 NO 与臭氧反应的化学发光，该方法常被称为臭氧化学发光法或气相化学光检测法，后者对仪器设备的要求较高。

　　鲁米诺化学发光法。在酸性条件下，鲁米诺与 $NO_2^-$ 能发生重氮化反应，生成重氮鲁米诺，该产物与 $H_2O_2$ 反应可产生增敏的化学发光信号，光信号的强弱与 $NO_2^-$ 的浓度成正比，可以实现对 $NO_2^-$ 的检测，$NO_3^-$ 则通过在碱性条件下紫外光解将其还原成 $NO_2^-$，再进行后续检测。但是该方法会受到海水中金属离子和部分阴离子的干扰，在应用时必须通过阴阳离子树脂去除海水中的离子干扰，所以该方法并不常用于海水中 $NO_2^-$ 和 $NO_3^-$ 的检测。Mikuška 和 Večeřa（2003）研制了一套全自动高灵敏度的利用化学发光法同时检测 $NO_3^-$ 和 $NO_2^-$ 的流动注射系统。该系统包含两个流路，一个流路直接利用鲁米诺与酸化水样中的 $NO_2^-$ 的发光反应对水样中的 $NO_2^-$ 进行检测，另一个流路将水样在石英毛细管内通过紫外辐射，将 $NO_3^-$ 光解为 $NO_2^-$，再进入发光检测系统。$NO_2^-$ 和 $NO_3^-$ 的检出限分别为 28ng/L-N 和 56ng/L-N，线性范围均为 0.112~140μg/L-N。样品中的干扰，通过阳离子交换树脂进行排除，每小时可以检测 24 个样品。Kodamatani 等（2011）用十八烷基硅烷短柱（5μm，20mm×4.6mm）富集，10mmol/L 的硼酸盐缓冲剂（pH=10，含有 5mmol/L 的十二烷基三甲基氯化铵和 50mmol/L 的溴化钠）和甲醇按 99.5∶0.5 的比例的流动相洗脱，富集后的 $NO_3^-$、$NO_2^-$ 经过紫外辐射生成 NO，同时洗脱液反应生成超氧化物阴离子自由基，NO 与超氧化物阴离子自由基反应生成过氧 $NO_2^-$，与鲁米诺试剂反应生成强化学发光，$NO_3^-$、$NO_2^-$ 的检出限分别为 2.8μg/L-N 和 0.35μg/L-N，线性范围分别为 7~140μg/L-N 和 0.7~14μg/L-N，可以在 2min 内完成一个样品的检测，系统压力仅为 2.1MPa，并且成功进行了海水样品的检测。

臭氧化学发光法，又称气相化学发光法。$NO_2^-$能够与酸性 KI 反应，被还原成 NO 气体，NO 与臭氧反应生成激活状态的 $NO_2$ 和 $O_2$，激活状态的 $NO_2$ 能够产生红外线化学发光。根据检测到的光子数可以测定 $NO_2^-$ 和 $NO_3^-$ 的浓度，一般该方法用于检测低浓度的 $NO_2^-$。常用的还原剂有（$NH_4$）$_2$Fe（$SO_4$）$_2$ 和（$NH_4$）$_2MoO_4$ 的混合试剂、$VCl_3$、$TiCl_3$ 等。由于还原 $NO_2^-$ 的反应条件比 $NO_3^-$ 更温和，可以使用还原性较弱的还原剂，如 NaI、Vc-HAc 等单独还原 $NO_2^-$，从而实现 $NO_2^-$ 的检测。由于反应是气态的 NO 与臭氧反应，有效地避免了海水中其他离子的干扰，但该方法技术复杂，且需要高温（600℃）来维持 NO 与臭氧反应前的浓度，此外由于 $NO_3^-$ 不易被直接还原成 NO，故该方法对准确检测低浓度的 $NO_3^-$ 具有一定难度。

化学发光法对海水中的无机氮进行检测时，同样受到海水中其他离子的干扰，部分学者利用离子交换法将 $NO_3^-$、$NO_2^-$ 富集后再进行后续发光反应（Kodamatani et al.，2009）。此外，部分学者利用 $NO_2^-$ 的化学发光特性制作荧光探针，对水体中的 $NO_2^-$ 进行检测，但目前仅有荧光探针在淡水中的应用（Lin et al.，2011），海水中受离子的干扰，准确度较差。

# 3.1.6 色谱法

色谱法（chromatography）又称"色谱分析法""层析法"，其将分离与分析方法相结合，利用不同物质在不同相态间进行选择性分配，因而，用流动相对固定相中的混合物进行洗脱，混合物中不同的物质会以不同的速度沿固定相移动，最终达到组分分离的效果。根据色谱两相状态的不同，可以分为气相色谱法、气固色谱法、气液色谱法、液相色谱法、液固色谱法、液液色谱法；按色谱的分离原理，可以分为吸附色谱法、分配色谱法、离子交换色谱法、尺寸排阻色谱法、亲和色谱法；按固定相的形式，又可分为柱色谱法、纸色谱法、薄层色谱法。色谱法在分析化学、有机化学、生物化学等领域有着非常广泛的应用，在现代化学、生物、药物检测中占据重要的地位。

## 3.1.6.1 高效液相色谱法

高效液相色谱（high performance liquid chromatography，HPLC）是 20 世纪 70 年代发展起来的一种以液体为流动相的分离分析技术。它是在经典液相色谱的基础上引入气相色谱的理论，在技术上采用高效微粒固定相、新型高压输液泵和高灵敏度检测器等方法，从而具有分离效能高、分析速度快、灵敏度高的特点。基本结构由储液器、泵、进样器、色谱柱、检测器和记录仪等几部分组成。基本原理是流动相在高压驱动下，将混合样品溶液载入色谱柱的固定相内，根据不同性质的物质在两相中的分配系数不同而实现分离，其中，分配系数大的物质流动慢，分配系数小的物质流动快，这时，样品会经过多次反复吸附-解吸的分配过程，因此，不同性质物质的移动速度产生差异，经过足够的柱长移动后便进行了分离，顺序地离开色谱柱进入检测器检测。高效液相色谱常用的检测器有紫外检测器、光电二极管检测器、荧光检测器、示差折光检测器、化学检测器、蒸发光散射检测器、质谱检测器等。根据被测物质所表现出的不同响应信号，采用相应的检测器进行检测。

海水中的 $NO_3^-$、$NO_2^-$ 一般不能使用 HPLC 进行直接检测，但是可以根据能够与特定物质发生特异性反应，生成有机物，通过对生成物的检测判断 $NO_3^-$、$NO_2^-$ 的浓度。Kieber 和 Seaton（1995）研究发现，$NO_2^-$ 与 2，4-二硝基苯肼可以迅速反应生成一种叠氮化合物，之后，通过 HPLC 进行检测，该方法可以在 5min 内完成检测，分析速度快，空白干扰小，检出限为 1.4ng/L-N，线性检测范围为 7 ~ 14ng/L-N。由于该反应十分迅速，可以在海上现场采样后加入 2，4-二硝基苯肼，将 $NO_2^-$ 进行固定，产生的叠氮化合物可以低温下储存一个月左右。但由于 HPLC 仪器设备比较复杂，高效液相色谱法多用于实验室的精密分析，很难用于营养盐的在线监测。

### 3.1.6.2　离子色谱法

离子色谱法（ion chromatography，IC）是利用被测物质的离子性进行分离和检测的一种液相色谱技术，是 HPLC 的一个分支。IC 是基于离子性化合物与固定相表面离子性功能基团之间的电荷相互作用来实现离子性物质分离和分析的色谱方法，适用于无机阴、阳离子及部分能够解离为离子的有机化合物的分析。

离子色谱根据被测组分与固定相的作用机理可以分为三种类型：离子交换色谱（ion-exchange chromatography）、离子对色谱（ion-pair chromatography）和离子排斥色谱（ion-exclusion chromatography）。①离子交换色谱是最为常见的 IC，利用流动相中的离子与离子交换树脂（固定相）中具有相同电荷的离子之间进行交换，根据交换树脂上的离子与溶液中离子对交换树脂的亲和力的差异，使流动相中的离子得以分离。②离子对色谱的作用机理是基于物理吸附作用，在流动相中加入一种或多种与被测离子带相反电荷的离子，与被测离子结合形成疏水性离子对化合物，在两相之间进行反复多次分配从而达到分离的目的，适用于离解较弱的有机离子或大分子的分离。③离子排斥色谱的作用机理为唐南排斥（Donnan exclusion）作用、吸附作用和空间排阻作用。唐南排斥作用是指流动相中的离子与固定相树脂中带相同电荷的功能基之间具有排斥作用，不被固定相吸附，而非离子型化合物能够进入树脂被固定相吸附，由于非离子型化合物在固定相与流动相之间的分配存在差异从而使不同物质的分离得以实现。离子排斥色谱主要用于有机酸的分离，如柠檬酸、苹果酸、酒石酸、琥珀酸、丙酸、乙酸、抗坏血酸、乳酸、草酸、莠草酸等。

IC 作为专门检测离子的方法，相较于 HPLC，对 $NO_3^-$、$NO_2^-$ 有更好的检出限和灵敏度，但利用 IC 对海水中的 $NO_3^-$、$NO_2^-$ 进行检测时，需要注意海水中阴离子，如 $Cl^-$、$SO_4^{2-}$、$Br^-$ 的干扰。现在研究较多的是利用 IC 检测海水中的阴阳离子，并且分离柱并不局限于柱形，越来越多的矩形分离柱被开发出来，矩形分离柱可以使流动相快速通过柱体，以达到快速分离海水中的阴离子的目的。Ito 等（2005）利用 IC 检测海水中的阴离子，包括 $NO_2^-$、$NO_3^-$、$Br^-$ 和 $I^-$。用二月桂基二甲基溴化铵包覆的矩阵式硅胶柱进行阴离子的分离，以含有 NaCl 的磷酸缓冲液（pH = 5）作为洗脱液，紫外检测器 225nm 处进行检测，$NO_2^-$、$NO_3^-$、

Br⁻可以在 3min 内完全分离，I⁻需要 16min，水样进样量 200μl 时，$NO_2^-$ 和 $NO_3^-$ 的检出限分别为 0.6μg/L-N 和 1.1μg/L-N。该方法可以应用于实际海水水样的检测，而且 Cl⁻ 和 $SO_4^{2-}$ 不会对检测造成干扰。很多学者尝试利用修饰过的硅胶柱进行海水中的阴离子分离，再通过紫外检测器进行检测，也取得了很好的效果，目前用这种方法进行海水中 $NO_3^-$、$NO_2^-$ 的检测主要需要提高检出限和缩短分离时间。亲水性的 $NO_2^-$、$NO_3^-$、Br⁻ 和疏水性的 I⁻ 通常需要不同的分离条件，同一条件进行分离时，亲水离子和疏水离子分离时间会相差较大。对于亲水阴离子，分离柱通常选用具有较高阴离子交换能力的分离柱，如十六烷基三甲基铵 $NO_3^-$ 包覆的硅胶柱、二氧化硅或其他聚合物填充的阴离子交换柱，以高浓度的无机盐作为洗脱液（NaCl、LiCl、KCl 等）（Schwehr and Santschi，2003）；对于疏水阴离子（I⁻）则可以选用较低阴离子交换能力的分离柱，并用高浓度的 NaCl 进行洗脱；或者选用较高阴离子交换能力的分离柱，并用高浓度的高铝酸钠溶液进行洗脱（Ito et al.，2003）。Niedzielski 等（2006）利用离子色谱法同时检测 $NO_2^-$、$NO_3^-$ 和 $NH_4^+$，$NO_2^-$、$NO_3^-$ 经离子色谱分离后直接用紫外检测器，于 208nm 和 205nm 处进行检测，$NH_4^+$ 则在分离后与奈斯勒试剂发生衍生反应，生成物于 425nm 处进行检测，整个分离检测过程可以在 8min 内完成，但该方法的检出限不高，分别为 0.1mg/L、0.05mg/L 和 1mg/L。

由于海水中无机盐成分复杂，为提高海水中无机盐检测的灵敏度和检出限，因而发展了柱切换离子色谱。柱切换离子色谱由切换阀控制，使待测样品通过色谱柱后通过切换阀的调配，将感兴趣的组分切换到第二个色谱柱中，这个色谱柱可以是重复第一个色谱柱，也可以是根据需要配制新的色谱柱，确保待测组分完全分离。Wang 等（2012）利用循环柱切换离子色谱系统，同时检测海水中的氟化物、$NO_3^-$、$NO_2^-$、溴化物和磷酸盐。该系统包含一个泵、一个二通阀、一个浓缩柱、一个分析柱，样品可以在分析柱和浓缩柱中进行循环，从而达到完全分离海水中无机盐的效果，在海水中，几种无机盐的检出限分别为 5.5μg/L、4.8μg/L、1.9μg/L、3.8μg/L 和 14.3μg/L。

利用 IC 法对铵盐进行检测时，通常先需要将铵离子分离，分离后与一些有机物发生柱后衍生作用，产生荧光物质，通过荧光检测水体中的铵离子。Kuo 等（2005）利用强阳离子色谱柱，以 30mmol/L 的甲基磺酸作为流动相对铵离子进行了分离，分离后铵离子与酞二醛和亚硫酸盐反应生成荧光物质，激发波长和发射波长分别为 364nm 和 425nm，铵离子的检出限为 12.74μg/L-N，该方法可以排除钠离子的干扰，适用于海水样品的检测。

## 3.1.7 电化学法

电位分析法（potentiometric analysis）是一种利用电极电位与化学电池电解质溶液中的某种组分浓度的对应关系而实现定量测量的电化学分析法。具体而言，它是通过测量化学反应体系的电流、电量、电导、电位与被测物含量间的关系来研究电极表面化学反应机理、检测电极表面痕量物或分析各种其他成分的重要手段。常用的表征方法有循环伏安法、脉冲伏安法、计时电位法、计时电流法、计时库仑法、电化学阻抗谱等。电化学法常用于淡水中各种离子及其他物质的检测，但是由于海水中高盐以及复杂基质的影响，电化学法对海水中离子的检测还需要进一步改善。目前电化学检测 $NO_3^-$、$NO_2^-$ 和铵盐的主要方法是离子选择电极法。

离子选择电极（ion-selective electrode）是利用膜电位测定溶液中离子活度或浓度的电化学传感器，能够将溶液中某种特定离子的活度转化成一定电位的能力，其电位与溶液中给定离子活度的对数呈线性关系，符合能斯特方程，其结构属于电位法中的一种，测定的是溶液中待测离子的活度，而不是离子浓度，检测过程中不受溶液颜色和浊度的影响，适用于环境中碱土金属和 $NO_3^-$ 的检测，常被用于水质连续自动监测系统。

离子选择性电极的基本构造有：敏感膜、内参比溶液、参比电极、电极管及导线等（图 3-2），其电极结构为：（−）参比电极｜测试液｜敏感膜｜内部液｜内电极（+）。当含有敏感膜的膜电极浸入到含有待测离子的溶液中时，由于离子扩散，会在两相界面上产生相间电位。在膜内部，膜内外的表面和膜本体的两个界面上有扩散电位产生，但大小相同。离子选择性电极的电位为内参比电极的电位和膜电位之和。现代离子选择性电极已经实现了小型化，电极探头的直径大多在 2cm 以内，主要组成部分为敏感膜、内参比电极和内参比溶液（图 3-3）。

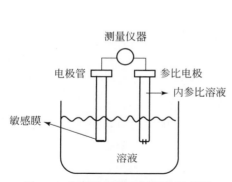

图 3-2　离子选择性电极结构示意图

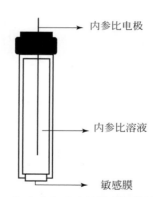

图 3-3　探头式离子选择性电极结构示意图

离子选择电极在检测海水中的 $NO_3^-$ 时，由于海水基质的复杂性、$NO_3^-$ 的高还原电位等，使离子选择电极在直接检测海水中的 $NO_3^-$ 时出现了一些问题，针对这些问题，离子选择电极也在不断改进。例如：①对于裸金属（Pt、Pd、Ru、Rh、Ir、Cu、Ag、Au 等）表面电极的应用一般受缓慢的异构电子转移动力学限制；②一些双金属或者合金电极被发展出来，以提高还原速率和电极的灵敏度；③通过机械或者电化学方法激活电极表面，如活化的铜电极，这种电极的灵敏度和重复性都得到了很大提高，但是需要在酸性条件下（pH=2）进行检测，而且必须进行样品预处理；④聚吡咯或铯吸附原子修饰的金电极，聚吡咯纳米线修饰能够提高电极对磷酸盐的灵敏度，铯原子则可以增加电极对 $NO_3^-$ 的吸附，从而降低 $NO_3^-$ 的还原电位。

$NO_2^-$ 在采用离子选择电极进行检测时，也存在还原电位太负的问题，直接检测存在困难，一般采用三种方式间接检测水体中的 $NO_2^-$：①利用 $NO_2^-$ 与变价金属离子形成配合物，催化变价金属离子电还原产生极谱催化波来测定 $NO_2^-$；②利用 $NO_2^-$ 与某些有机物形成电活性的亚硝基化合物来间接测定 $NO_2^-$；③利用 $NO_2^-$ 与某些有机物形成重氮化合物或偶氮化合物来间接测定 $NO_2^-$。

### 3.1.7.1　化学修饰电极

为了增加离子选择电极的灵敏性和特异性，通常对电极表面进行修饰，通过共价键合、吸附、聚合等手段有目的地将具有功能性的分子、离子、聚合物或者其他物质固定在电极表面，以提高电极的选择性。这种电极被称为化学修饰电极。

化学修饰电极是导体或半导体制作的电极，在电极的表面涂敷了单分子的、多分子的、离子的或聚合物的化学物薄膜，借电荷消耗反应而呈现出此修饰薄膜的化学的、电化学的以及光学的性质。与电化学中其他电极的概念相比，化学修饰电极最突出的特性是在电极的表面键合或涂敷了一层具有选择性的化学基团的薄膜（从单分子到几微米）可以赋予电极某种预定的性质，如化学的、电化学的、光学的、电学的和传输性等。目前电化学修饰电极已经从单分子层（包括亚单分子层）发展到多分子层（以聚合物薄膜为主）和组合型等微结构。化学修饰电极的制备方法主要有共价键合法、吸附法、聚合物薄膜法、气相沉积法等（张秀玲和田昀，2006）。

近几年采用电极修饰的方式提高 $NO_3^-$ 检出限和特异性的研究有很多，主要包括金属修饰电极、导电聚合物修饰电极等。

### 3.1.7.2　金属修饰电极

由于 $NO_3^-$ 的还原电位太负，在裸电极上进行 $NO_3^-$ 的测定时，选择性、灵敏度和重复性都不够理想，需要把一些重金属，如金、银、铜、锡等通过共价键合、吸附、电化学沉积和电化学聚合、滴涂法等方式修饰在裸电极表面，加快电子转移的动力学反应，以增大 $NO_3^-$ 的还原电流，再根据电化学的表征方法将电流或者是电位与离子的浓度取得关系，根据电流或电位的大小换算出 $NO_3^-$ 的浓度。李洋等（2011）基于循环伏安扫描的电化学沉积方法制备出多孔性纳米簇状结构铜膜，结合采用微机电系统技术制备的微电极芯片，研制出用于 $NO_3^-$ 检测的安培型微传感器。该传感器对 $NO_3^-$ 的检测范围为 $87.5 \sim 4200$mg/L-N，能够很好地排除 $NO_2^-$、$Cl^-$、$HPO_4^{2-}/PO_4^{3-}$、$SO_4^{2-}$、$HCO_3^-/CO_3^{2-}$、$Na^+$、$K^+$ 等离子的干扰。Gamboa 等（2009）在铜电极还原基础之上提出结合流动注射法，在电位 $E=-0.48$ V 处，测定相应的还原电流得出 $NO_3^-$ 的浓度，并将其成功用于矿泉水和软性饮料的测定中，$NO_3^-$ 浓度可测范围为 $1.4 \sim 35$mg/L-N，检出限为 $58\mu$g/L-N。Fajerwerg 等（2010）采用循环伏安法在金电极上电镀银纳米层，对海水中 $NO_3^-$ 进行电还原，测量范围为 $0.14 \sim 140$mg/L-N。

$NO_2^-$ 可以通过氧化或还原法来改变溶液的电位或产生电流而进行检测。但是，在实际应用中更倾向于通过氧化 $NO_2^-$ 进行电化学的检测，因为还原 $NO_2^-$ 时容易受一些还原物质的干扰，如 $NO_3^-$ 和分子态的氧。裸电极在进行 $NO_2^-$ 的氧化时会形成超电势，从而影响电极的灵敏度和准确度。所以在对水体中的 $NO_2^-$ 进行检测时，通常用修饰电极。Li 等（2013）通过将带正电荷的金纳米粒子定期地自组装在带负电荷的矿化石墨烯表面，研制了一种金纳米粒子/矿化石墨烯电极，该电极具有很高的比表面积，对 $NO_2^-$ 的催化氧化效率较高，具有较高的生物兼容性和化学稳定性，$NO_2^-$ 的检测范围为 $0.14 \sim 55.66mg/L$-N，检出限低至 $7\mu g/L$-N，这在电化学法检测亚硝酸中算是比较低的检出限了。

### 3.1.7.3 导电聚合物修饰电极

导电聚合物是一种通过掺杂等手段使电导率处于半导体和导体范围内的高聚物。它不仅具有高的电导率、光导电和非线性光学等性质，而且柔韧性好，生产成本低，能效高，因此可作为传感器的感应材料。将导电聚合物材料应用于传感器的研究始于 1986 年，因导电聚合物具有良好的导电性能、掺杂/脱掺杂的性能，易于合成和改性。在合成过程中掺杂不同的阴离子，可以用于检测不同的分析对象。导电聚合物还可以通过化学修饰改善其性能，使它们可以直接和酶等试剂进行共价结合并进一步扩大分析对象。其具有可在常温或低温中使用，以及可以方便地沉积在各种基片上和与其他功能材料共聚或复合等优点。因此，受到传感器研究者的重视。目前常见的导电聚合物可以分为离子导电聚合物和电子导电聚合物。前者带有（或者含有）可离解基团（或者是离子）；后者则包括聚合物与各种导电性物质通过分散复合、层积复合或形成表面导电膜等的复合型导电聚合物和通过化学或者电化学聚合等方法合成的，以共轭双键为主链的结构型导电聚合物，一般用于传感器制备的导电聚合物大多是后者。

目前，用于 $NO_3^-$ 修饰电极较多的导电聚合物有聚吡咯、聚苯胺及其衍生物等。张秀玲和田昀（2006）在水溶液体系中，采用无模板法在石墨电极表面合成了多孔聚吡咯纳米线，通过双电位阶跃固相微萃取电流法建立了催化还原电流与 $NO_3^-$ 含量的关系。在溶液酸度及温度等条件满足的情况下，$NO_3^-$ 的还原电流与其浓度呈良好的线性关系，且电极的稳定性好，灵敏度高，检测限低达 $0.59mg/L$-N（张秀玲和田昀，2006）。Aravamudhan 和 Bhansali（2008）将微流控技术与聚吡咯纳米线 $NO_3^-$ 传感器相结合，检测了海水中 $NO_3^-$ 的含量，该传感器基本不受氯离子、硫酸根、磷酸根、高氯酸根等离子的干扰，传感器的线性响应范围在 $0.14 \sim 14mg/L$-N，检出限为 $0.014mg/L$-N。Atmeh 和 Alcock-Earley（2011）将聚合吡咯键合到玻碳电极上，再在聚合吡咯上通过电沉积法将银纳米颗粒沉积到电极表面，形成了对 $NO_3^-$ 具有很强电催化还原能力的电化学电极，对 $NO_3^-$ 的检出限可低至 $5\mu mol/L$。目前已经有利用聚萘二胺修饰电极与连续流动注射相结合，进行 $NO_2^-$ 和 $NO_3^-$ 的同时在线检测。该系统增加了一条流通支路，将 $NO_3^-$ 还原成 $NO_2^-$，通过测定水样中原 $NO_2^-$ 浓度和把 $NO_3^-$ 还原为 $NO_2^-$ 的处理水样中 $NO_2^-$ 的浓度，间接检测 $NO_3^-$ 的浓度，从而实现对二者的同时检测。$Cl^-$、$SO_4^{2-}$、$Ca^{2+}$、$Mg^{2+}$、$Na^+$、$K^+$、$Al^{3+}$、$CO_3^{2-}$、$Mn^{2+}$、$PO_4^{3-}$ 等均不会对 $NO_3^-$ 和 $NO_2^-$ 的检测产生影响，故该系统可以用于海洋中 $NO_3^-$ 和 $NO_2^-$ 的检测。

### 3.1.7.4 其他修饰电极

Kalimuthu 和 Abraham（2009）把 5-氨基-1，3，4-噻重氮-3-硫醇修饰的电聚合膜装载在玻璃碳电极上，对 $NO_2^-$ 的检测范围为 $0.7 \sim 224\mu g/L$-N，检出限为 $0.0467\mu g/L$-N，能够

有效排除 $Na^+$、$F^-$、$Ca^{2+}$、$Cl^-$、$Mg^{2+}$、$SO_4^{2-}$、$NH_4^+$、$K^+$、$CO_3^{2-}$、$NO_3^-$、葡萄糖、尿素、草酸等的干扰。Mani 等（2012）报道了一种检测 $NO_2^-$ 的高效安培化学氧化石墨烯还原修饰的玻璃碳电极传感器，$NO_2^-$ 的氧化峰值电流分别比电化学还原的石墨烯氧化电极和未修饰的玻璃碳电极高 1.3 倍和 2.2 倍，此外该电极对 $NO_2^-$ 的氧化发生在 +0.8V，分别比电化学还原的石墨烯氧化电极和未修饰的玻璃碳电极低 80mV 和 130mV，用该电极检测 $NO_2^-$ 的线性范围为 124.6 ~ 2338μg/L-N，检出限为 14μg/L-N，该传感器能够在 1000 倍的其他离子和 250 倍的生物干扰物存在下准确地检测 $NO_2^-$ 浓度。

与前面的光学发光检测对比可以发现，电化学法检测水体中的 $NO_3^-$ 灵敏度和检出限远远不如光学法，基本上检出限要比光学法高出 3 个数量级，并且电化学法易受海水中其他离子的干扰，但电化学法也具有独特的优点：首先，电化学法不需要不断添加试剂，在电极和参比溶液确定以后，基本上不需要其他化学物质的添加；其次电化学法仪器简单且体积较小；最后，电化学法的反应时间一般都比光学法短。由于海洋特别是海底的高压环境，用于海水环境参数检测的电化学电极正在向小型化、微型化方向发展。目前电化学传感器已经在海洋 pH 和溶解氧监测方面得到了广泛应用，但在营养盐的在线监测方面应用仍较少，需要进一步研究优化。开发和研究适用于海洋营养盐检测的电化学传感器系统，实现环境多参数定点、在线、连续长时间监测，这已成为海洋环境监测工作者面临的挑战。

## 3.1.8 生物传感器

生物传感器是以生物活性物质如酶、抗体、核酸、细胞器等为敏感元件的传感器。通过各种物理型或化学型信号转换器捕捉目标物与敏感元件间的反应，然后将这一反应的程度用电信号表达出来，从而得出被测物的浓度。生物传感器一般有两个组成部分：一是分子识别元件（感受器），由具有分子识别能力的生物活性物质构成，能够与待测物质发生特异性反应，或者加速待测物质的转换；二是信号转换器（换能器），主要是电化学或光学检测元件，将感受器与待测物质发生的反应转化成可识别的信号。

生物传感器根据不同标准可以进行不同的分类，生物传感器基本上都是基于光学或者电化学传感器的原理之上，将敏感元件换成生物活性物质。根据其反应机理可分为光学生物传感器和电化学生物传感器；根据生物活性材料与待测物反应的输出信号产生方式可分为生物亲和型、代谢型和催化型生物传感器；根据信号转换类型可分为生物电极式传感器、生物热敏电阻式传感器、生物离子场效应晶体管式传感器、生物压电晶体式传感器、生物表面声波式传感器和生物光纤式传感器；根据传感器生物活性材料（敏感材料）可分为酶传感器、微生物传感器、组织传感器、基因传感器和免疫传感器等。生物敏感材料是生物传感器中最核心的组件，酶传感器是利用酶在生化反应中特殊的催化作用，反应过程中消耗或产生的化学物质即可用转换器转变为电信号。

酶传感器是最早出现的生物传感器，用来检测水体中的溶解氧。酶是生物催化中最常用的生物识别分子，其许多品种是商品化的，具有纯度高、已知性质和寿命、快速可得等优点。但也有一些缺点，如常需要辅助因子、部分酶稳定性较低、需要比较高的固定化技术等。目前，国际上已经研制成功的酶传感器有几十种，如葡萄糖、乳酸、胆固醇、氨基酸等传感器。

微生物传感器根据工作原理不同可分为两种：一种是利用微生物在不同环境条件下底物消耗或者新陈代谢的不同（如溶解氧的消耗、菌的发光性等）；另一种是利用不同的微生物含有不同的酶，把它作为酶源，酶对不同环境进行不同的响应。在各种生物传感器中，微生物传感器最大的优点是成本低、操作简便，因此具有巨大的市场前景。但微生物传感器也有其自身的缺点，如选择性不够好，这是由于在微生物细胞中含有多种酶引起的，可以通过加入专门抑制剂以解决其选择性问题；需要进一步完善微生物的固定化方法，尽可能地保证细胞的活性，使细胞与基础膜结合紧密，以避免细胞的流失；微生物膜的长期保存问题也有待改进，否则难于实现大规模的商品化。

组织传感器是以动植物组织薄片作为生物敏感膜的传感器，利用动植物中的酶特异性催化底物，产生生物活性物质或产生电化学信号，其工作原理与酶传感器类似，是酶传感器的衍生。由于组织传感器保留了酶的原生环境，所以组织传感器中酶的活性比单独提纯的酶活性要高，同时也增强了酶的稳定性，使传感器使用寿命延长，并且组织的提取比纯化的酶提取工艺要简单，便于大规模推广。

基因传感器是以 DNA 为敏感元件，通过换能器将 DNA 与 DNA、DNA 与 RNA 以及 DNA 与其他有机无机离子之间的作用的生物学信号转变为可检测的光、电、声波等物理信号。基因传感器目前大多还停留在实验室阶段，在进入实际应用过程中还应注意 DNA 的固定化问题、提高特异性、防止假阳性等问题。

免疫传感器是利用抗原（抗体）对抗体（抗原）的识别功能而研制成的生物传感器，抗原和抗体结合发生免疫反应，其特异性很高，即具有极高的选择性和灵敏度。随着抗体制备技术的进步、光导技术和信号放大技术的改进、免疫传感器与微流控或分离等技术联用，以及纳米材料在免疫传感器中的应用，为各种新型免疫传感器的研究开辟了广阔的探索空间，免疫传感器正朝着集成化、智能化和商品化的发展，同时也向微型化、阵列化方向发展。多通道实时检测是未来免疫传感器的发展方向。目前生物传感器发展的主要方向是：①特异性敏感材料的开发；②高效保持生物活性的固定化方法。

运用生物方法检测海水中的 $NO_3^-$，基本上都不能成为纯粹的生物方法，往往是生物法与光化学或者电化学法进行结合，属于学科结合的检测方法，因此也有单一化学法检测所没有的优点。①生物传感器的敏感元件大多是采用特异性较强、选择性好的生物材料制作分子识别元件，在检测时一般不需要复杂的预处理，能够同时完成样品中待测组分的分离和检测，且不需要加入其他试剂。②生物传感器大多体积较小，适合在线连续监测。③检测所需样品量较少，响应快，可反复使用。④成本比大型分析仪器低。由于这些优点，生物传感器已经在生物医学、发酵工艺、环境监测、临床医学、食品医药工业及军事医学领域得到了广泛应用。

### 3.1.8.1　电化学型生物传感器

电化学型生物传感器是指将生物活性材料作为敏感元件，通过电化学方法进行信号检测。生物酶电极就是一种典型的电化学型生物传感器。生物酶修饰电极是一种将能催化待测底物反应的蛋白质酶层固定在电极表面上而制得的高选择性传感器，根据电极对催化产物的响应就可间接测得待测底物浓度。自然界中存在很多能够快速催化还原 $NO_3^-$ 的酶，利用生物酶进行电极制备，既能够使电极与待测物质快速反应，缩短检测时间，同时，大多数生物酶都是环境无害的物质，在制备过程或使用过程中可以一定程度地减少二次污染。

硝酸还原酶分子量巨大，且其反应中心深埋于酶分子的内部，使酶与电子表面很难发生直接电子传递，一般都是通过小分子媒介实现硝酸还原酶的活性中心与电子表面的电子传递。天青 A、番红 T、中性红、溴酚蓝、汽巴弄蓝、甲基紫精等物质都是硝酸还原酶的良好的电子媒介体。基本上所有的生物传感器在进行目标物的检测时都会产生或者消耗带电物质，导致溶液离子发生变化，从而进行目标物的检测。Dinçkaya 等（2010）制备了一种酶传感器，通过在碱性甲基紫罗兰介质中，硝酸还原酶对 $NO_3^-$ 的还原作用所形成的氧化峰的强度，检测了水体中的 $NO_3^-$，线性范围为 70～1260ng/L-N，响应时间为 10s，检出限为 30.8ng/L-N。Tan 等（2011）也利用固定于聚甲基丙酸烯膜的丙氨酸脱氢酶进行水体中铵盐的检测，该方法应用于水样时，无需预处理，检出限可低至 8.54μg/L-N。Revsbech 和 Glud（2009）利用一种能够与无机态氮反应生成气态 $N_2O$ 的细菌，制备了一种能够在线监测海底沉积中 $NO_3^-$ 和 $NO_2^-$ 含量的微生物传感器，该细菌在较低温度（2.5℃）下仍有活性，并且能够适应高盐环境，能够在线监测 1500m 深的海水及沉积物中的 $NO_3^-$ 和 $NO_2^-$。这种微生物传感器需要筛选到能够适应海洋高压、低温、高盐度的微生物，并需要保持微生物的活性。

### 3.1.8.2 光学型生物传感器

光学型生物传感器是指利用生物活性材料作为敏感元件，通过光学方法进行信号检测。Aylott 等（1997）从硝化细菌（泛养硫球菌，*Thiosphaera pantotropha*）中提取的周质 $NO_3^-$ 还原酶，这种酶会随着 $NO_3^-$ 含量的变化，其紫外/可见光谱会发生改变，通过对周质 $NO_3^-$ 还原酶紫外/可见光谱的检测，可以判断水体中 $NO_3^-$ 的含量，将周质 $NO_3^-$ 还原酶封装在溶胶-凝胶结构上，形成检测水体 $NO_3^-$ 的光学型酶传感器，检出限可低至 μmol/L 级。Mbeunkui 等（2002）利用一株重组后能够产生荧光的集胞藻属（*Synechocystis*），$NO_3^-$ 的含量可以影响微藻的荧光特性，该微生物传感器的最适工作温度为 29℃，4℃保存可以维持一个月以上的活度，$NO_3^-$ 的线性检测范围为 56～1400μg/L-N，但是该传感器在使用前需要连续光照 10h。光学型生物传感器在海洋无机氮的检测方面应用还较少，需要进一步研究。

目前人们对硝酸还原酶的结构和功能并未完全研究透彻，利用硝酸还原酶进行 $NO_3^-$ 的检测技术还未发展成熟，商品化产品较少。最早实现硝酸还原酶检测 $NO_3^-$ 的是美国的 NECi 公司，1989 年，美国的 NECi 公司应用单克隆抗体技术从植物中提取出了硝酸还原酶，现在又从酵母中提取了硝酸还原酶 YNaR1，实现了硝酸还原酶的商品化，促进了 $NO_3^-$ 还原酶电极研究的发展。

# 3.2 磷的分析监测

## 3.2.1 分光光度法

我国《海洋监测规范 第 4 部分：海水分析》中规定的磷检测方法为磷钼蓝分光光度法和磷钼蓝萃取分光光度法。前者原理是在酸性介质和酒石酸锑钾存在下，活性磷酸盐与钼酸铵反应生成磷钼黄，用抗坏血酸还原为磷钼蓝后，于 882nm 波长处测定吸光度，该方法的检出限为 0.3 μmol/L。后者原理是在酸性介质中，活性磷酸盐与钼酸铵反应生成磷钼黄，用抗坏血酸还原为磷钼蓝，用醇类有机溶剂萃取，于 700nm 波长处测定吸光度。其中，水样不经过过滤，直接检测，测得的是水样中总活性磷含量，加入硫酸水解后，测定的是总活性磷和总可酸解磷，消解后测得的是总磷，总磷扣除总活性磷和总可酸解磷后所得的磷为水样中的总有机磷。水样经过滤后通过不同方法处理，可以得到水样中可溶性活性磷、可溶性可酸解磷、总可溶性磷和可溶性有机磷。同理可以检测总颗粒磷、颗粒活性磷、颗粒可酸解磷和颗粒有机磷。其中，可溶性活性磷（soluble reactive phosphorus，SRP）近似等于可溶性无机磷（dissolved inorganic phosphorus，DIP）。不同形态磷的常规检测方法如图 3-4 所示（梁英，2006）。

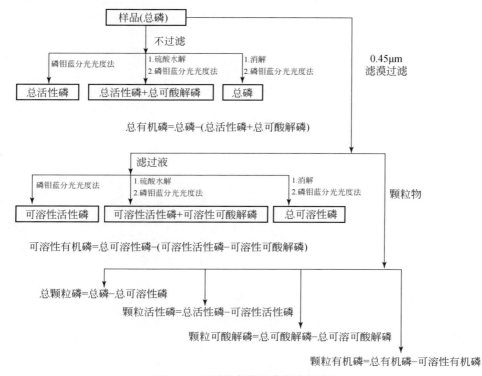

图 3-4 不同形态磷的常规检测方法

## 3.2.2    改进的分光光度法

经过多年研究，许多科学家对该方法进行了不断的改进和优化，包括对还原剂的选择、反应温度、溶液酸度、[H]/[Mo] 比值等。磷钼蓝法检测活性磷的还原剂除了抗坏血酸外，还可以使用二氯亚锡、亚硫酸钠、硫酸肼、1-氨基-3-萘酚-4-磺酸、孔雀绿等。反应温度、酸度、[H]/[Mo] 比值的优化属于反应条件的优化，反应温度升高，适宜的酸度（0.57～0.88）和 [H]/[Mo] 比值会缩短显色反应的时间，并且使显色更加稳定。需要注意的是，海水中的硅酸盐和砷酸盐也可以与磷钼蓝试剂反应生成蓝色物质，对活性磷的测定产生干扰，特别是反应温度超过40℃以后，硅酸盐对磷酸盐的干扰会急剧增加，所以通常将反应温度控制在40℃之内。Drummond 和 Maher（1995）研究发现，当溶液pH=0.78 时，硅酸盐对磷酸盐的干扰最大，在实际操作中应尽量避免这个酸度。Patey 等（2008）总结了多年来利用分光光度法对海水中活性磷酸盐的研究，如表3-3所示，分光光度法灵敏度、精确度较高，但海水中的硅酸盐、浊度及海水折射率等问题会影响光度法的准确性。

表 3-3    利用分光光度法对海水中活性磷酸盐检测的相关研究报道

| 显色试剂 | 联用技术 | 检出限 /（nmol/L） | 检测范围 /（nmol/L） | 注释 | 参考文献 |
|---|---|---|---|---|---|
| 磷钼蓝 | 分段连续流动注射 | 0.8 | 0.8～600 | 自动分析，无需前处理；可同时检测 $NO_2^-$ 和 $NO_3^-$；4min 完成检测 | Patey et al.，2008 |
| 磷钼蓝 | 样品预处理；$Mg(OH)_2$ 共沉淀 | 0.8 | 0.8～200 | 改进共沉淀方法；60min 完成检测 | Rimmelin and Moutin，2005 |
| 磷钼蓝 | 高效液相色谱法分析 | 1 | 3～300 | 10nmol/L 以下的样品需要预处理；15min 完成检测 | Haberer and Brandes，2003 |
| 磷钼蓝 | 分段连续流动注射；2m 的液芯波导管作流通池 | 0.5 | 0.5～200 | 自动检测；无需预处理；2min 完成检测 | Zhang and Chi，2002 |
| 磷钼蓝 | 正乙醇液液萃取 | 4 | 0～300 | 反应步骤多；20min 完成检测 | Grasshoff et al.，2009 |
| 磷钼蓝 | 60cm 毛细管；发光二极管–光电二极管检测 | 1 | 1～500 | 发光二极管–光电二极管检测；40min 完成检测 | Miró et al.，2006 |
| 磷钼蓝 | 顺序注射；多反射单元耦合的光电二极管检测 | 0.3 | 0.3～1.1 | 纹影效果最小化；2min 完成检测 | Mesquita et al.，2012 |
| 钼酸盐-孔雀绿 | MP-MG；硝化纤维萃取 | 2 | 2～600 | 25min 完成检测 | Susanto et al.，1995 |
| 磷钼蓝-十二烷基三甲基 $NO_3^-$ 溴化物 | 流动注射；离子对缔合体系；$C_{18}$ 柱固相萃取 | 1.6 | 3.2～48.5 | 自动检测；需要大量样品；30min 完成检测 | Liang et al.，2007 |

### 3.2.3　发光分析法–荧光法

　　磷酸盐可以是某些荧光物质产生荧光猝灭或使不具荧光特性的基团产生荧光特性，从而通过荧光法进行磷酸盐的检测。刘保生等（2001）发现，$\lambda_{ex/em}$ = 450/556nm 时在十二烷基苯磺酸钠存在下，吖啶橙-罗丹明（R6G）能够发生有效能量转移，使 R6G 荧光大大增强；酸性条件下，正磷酸根与钼酸盐反应生成磷钼酸，磷钼酸与 R6G 形成离子缔合物，使 R6G 的荧光猝灭。利用吖啶橙–罗丹明之间的荧光能量转移法测定痕量磷，磷的线性检出范围为 1.6～22nmol/L，最低检出限为 0.16nmol/L。碳点（CDs）表面有很多羧酸根增加其水溶性，铕离子的存在可以整合 CDs 表面的羧酸根基团，使 CDs 能够聚合到一起，使 CDs 发生荧光猝灭，当环境存在磷酸盐时，铕离子与磷酸盐中的氧的亲和能力远高于羧酸根的亲和能力，会使铕离子从 CDs 的羧酸根上分离下来，与磷酸盐结合，使 CDs 得以释放，重新具有荧光特性。根据这一原理 Zhao 等（2011）设计了一种关–开式的荧光探针，并且能够用于湿地环境中的磷酸盐的检测。Xu 等（2007）合成了一种含有两个蒽基团的咪唑鎓盐受体，研制了一种对 $H_2PO_4^-$ 具有很高且特异性的荧光电化学传感器。

　　分子荧光传感器至少必须具备三方面的条件：第一，必须选择一个在构型上相近的本体分子；第二，本体分子上必须要有荧光发光团；第三，必须具备有效的信号转移机制将分子间的相互作用转变为光信号。前面两点相对容易，可以选取发展成熟的相关待测物的指示剂，而第三点则相对较难，即使某些识别机理如电子转移或能量转移等能够被很好地解释，但是物质的转移过程如电子转移等实际过程却难以控制。同时，就像阳离子的受体一样，阴离子的受体通常必须是穴状的，因为这样的结构能够将待测物有效地包入受体中以获得尽可能多的连接。水体中与磷酸盐能够进行可逆作用的荧光指示剂发展相当缓慢，成熟的指示剂尚未发现，虽有少量的报道，但都仅局限于磷酸盐的受体方面。

　　目前用于水体磷酸盐检测的阴离子受体大多是通过氢键、静电作用或者二者结合的方式而对阴离子产生作用，常见的受体包括氨基类化合物、聚铵阳离子化合物、硫脲和尿素类化合物、胍盐类化合物、吡咯类化合物、咪唑类化合物以及螯合有金属离子的有机化合物等。

　　氨基类磷酸盐受体：氨基-NH 已经被广泛应用于许多的阴离子受体中以改善受体对阴离子的结合能力。Liao 等（2002）合成了一种四面体结构的荧光化合物 N, N'-bispyridine-2, 6-dicarbamide，它的臂上具有多个氨基基团，使得其与磷酸盐能够产生多氢键作用，同时它的四面体构型提供了其对磷酸盐选择性响应的特性，臂上的四个芘环作为荧光信号。可以指示其与磷酸盐的响应情况，形成一种荧光比率型探针，可有效排除 $F^-$、$Cl^-$、$Br^-$、$SCN^-$、$AcO^-$、$NO_3^-$、$ClO_4^-$、$HSO_4^-$ 等离子的干扰。利用 H-NMR 滴定技术求得其对磷酸二氢盐的络合常数达到 186 300±16 200L/mol。

　　聚铵阳离子磷酸盐受体：由于聚铵阳离子磷酸盐受体能够结合氢键和静电作用力而形成两种类型的分子间力，作为阴离子受体具有一定优势。

　　含硫脲和尿素基团的磷酸盐受体：尿素和硫脲基团上特有的酰氨基使其成为很好的氢

键给体，其与阴离子尤其是含氧阴离子能够形成两个氢键，是很好的阴离子受体。

含胍盐基团的磷酸盐受体：胍盐化合物的结构中含有特有的与阴离子结合的模式，即除了静电作用外还有两个平行的氢键作用力，另外胍盐化合物呈强碱性（pH=13.5），使其在很宽的 pH 范围内都能质子化，能与阴离子产生很强的静电作用，即使在极性很强的水溶液中也能与含氧阴离子结合。Nishizawa 等（1999）合成了芘环修饰的单胍盐阴离子受体化合物，其通过静电作用力、氢键力和焦磷酸盐以 2∶1 的比例结合，并通过芘环结合磷酸盐前后荧光强度的显著增强对焦磷酸盐进行了定量测定，所检测的线性范围为 0 ~ 40μmol/L。Tobey 和 Anslyn（2003）合成了一种 $C_{3v}$ 构型的臂上连接胍盐基团的磷酸盐受体，磷酸盐在水体中可通过置换反应将原先与该受体络合的荧光素-5-羧基荧光素置换出来，从而引起 5-羧基荧光素的荧光强度的变化而对磷酸盐进行了准确的定量分析。

含咪唑环的磷酸盐受体：除了常见的氢键和静电力给体基团外，Yoon 等（2004）合成了在蒽环 1,8 位置上连接有咪唑基团的蒽类荧光指示剂，对磷酸盐具有良好的选择性，蒽环作为荧光发光团，在指示剂与磷酸盐通过（C—H）$^+$X$^-$键作用而产生了光诱导电子转移效应后发生荧光猝灭，根据荧光猝灭工作曲线对磷酸盐进行了定量测定。

虽然，荧光法检测磷酸盐目前还处于实验室阶段，然而，不断有新的并且灵敏度更高的磷酸盐受体被研发出来，但这些磷酸盐受体与磷酸盐的作用主要局限在氢键和静电力两种作用力上，水体中水溶剂化效应会削弱指示剂与磷酸盐的作用力，导致二者结合能力下降，从而使得指示剂的灵敏度降低。由于磷酸盐在体积上通常比其他阴离子大，因此，基于相同结合机理的阴离子就很容易对指示剂的响应产生干扰。而且，指示剂在传感膜上结构或性质的变化也会导致其对磷酸盐响应灵敏度的降低甚至失效；指示剂缺乏有效、稳定的响应行为的光信号的转移机制，使得光信号的变化无法准确地表征指示剂的识别行为。由于以上种种原因，目前大部分磷酸盐受体大多不能作为指示剂而直接用于传感器中，更不能直接用于海水中磷酸盐的监测。

## 3.2.4　电化学法

电化学方法可以很好地排除硅酸盐和海水折射率的干扰，并且，相对于其他方法能够更快地检测出水体中的无机磷。

### 3.2.4.1　伏安法

电化学方法在海水营养盐检测中的应用起步较晚，研究力度和应用也远不及分光光度法。$PO_4^{3-}$ 本身没有电活性，不能直接用于电化学法进行测量，但 $PO_4^{3-}$ 与 $MoO_4^{2-}$ 反应形成具有电活性的磷钼酸，磷钼酸和钼蓝可以吸附在玻璃碳电极上，正电位时会产生氧化波，可以用于伏安法法检测磷钼蓝，从而确定磷酸盐的量。表 3-4 所示是利用伏安法对活性磷酸盐检测的相关研究报道，对比表 3-4 可以看出，伏安法检测的灵敏度比分光光度法低大约三个数量级。

表3-4 电化学方法对活性磷酸盐检测的相关研究报道

| 所用技术 | 工作电极 | 检出限/(μmol/L) | 检测范围/(mmol/L) | 参考文献 |
|---|---|---|---|---|
| 反向流动注射–伏安法 | 玻璃碳 | — | 50～5000 | Fogg and Bsebsu，1984 |
| 循环伏安法 | 碳糊 | 1.3 | 13～8300 | Guanghan et al.，1999 |
| 批量注射–伏安法 | 玻璃碳 | 0.3 | 1～20 | Quintana et al.，2004 |
| 流动注射–伏安法–预浓缩 | 玻璃碳 | 0.003 | 0.003～0.3 | Udnan et al.，2005 |

### 3.2.4.2 离子选择电极法

用于磷酸盐检测的离子选择电极的种类很多，包括液膜电极、固体膜电极等。液膜离子选择电极是在两种不混溶电解液界面上的离子转移过程，电极的敏感膜将待测离子的盐类或者螯合物等溶解在不与水混合的有机溶剂中，再使这种有机溶剂渗入到惰性多孔物质中而制成（张军军和杨慧中，2010）。Shkinev等（1985）以二烷基锡有机酯作为萃取剂，用二辛基锡、二壬基锡、二十二烷基锡的二硝基酸酯及磷酸盐水溶液等萃取溶液中的无机离子，形成1:2的$HPO_4^{2-}$金属配合物，制备有机液膜离子选择电极，对磷酸盐的检测范围为$5\times10^{-5}$～0.1mol/L，响应时间为5～15min，但砷（V）和硒（Ⅳ）离子会对检测产生严重干扰。为增强上述电极的选择性，Glazier和Arnold（1989）在有机锡原子上接上$Cl^-$和$Br^-$取代基，并将二苯锡二氯化物、二对甲基苯锡二氯化物和二对氯取代苯锡二氯化物等衍生物包埋在PVC膜上，增加了电极的选择性，但仍无法排除砷（V）离子的干扰。固体膜电极是以固体膜作为敏感膜的电极，它包括将难溶性金属盐的粉末加压形成的膜作为敏感膜的电极和以单晶膜作为敏感膜的电极两种。Petrucel等（1996）研制了一种羟基磷灰石基电极，能够检测浓度范围为$5\times10^{-5}$～0.5mol/L的磷酸盐，响应时间仅需40s，电极寿命为4个月。

离子选择电极无需反应试剂、使用时间长，在淡水营养盐分析特别是废水和地表水营养盐现场检测领域具有广泛的应用，但由于海水中$Cl^-$、$Na^+$及其他离子的干扰，会影响海水营养盐测量的准确性，所以目前离子选择电极法还无法直接用于海洋营养盐的在线分析。

## 3.2.5 色谱法

目前，离子色谱法在淡水阴离子的分析中已得到了广泛应用，但在海水中的应用还存在一定问题：首先，由于海水中$Cl^-$和$SO_4^{2-}$等离子的浓度太高，会使色谱柱超载，对活性磷酸盐等营养盐的检测造成很大干扰；其次，在贫营养盐海域，营养盐特别是磷酸盐的浓度过低时，接近离子色谱的检出限；最后，$Cl^-$的色谱峰与营养盐离子的色谱峰过于接近，这些原因普通的离子色谱法很难准确地对痕量营养盐离子进行检测。离子色谱法检测活性磷酸盐，一般需要比较复杂的样品前处理，如用银柱排除$Cl^-$干扰、用固体氯化银和氢氧化钡排除$Cl^-$和$SO_4^{2-}$的干扰，但复杂的样品前处理过程致使监测无法快速、在线实施，并且前处理费用过高，影响了离子色谱法在磷酸盐检测中的应用。目前最常用的 $Cl^-$ 去除方法是氧化银沉淀法，市面上已经能够买到成熟的 $Ag^+$ 墨盒。殷月芬等（2012）采用氧化银沉淀法，结合免化学试剂离子色谱技术分析海水中的 $NO_3^- $-N 和 $PO_4^{3-}$-P，检出限分别为 $4.48\mu g/L$ 和 $17.1\mu g/L$。但该方法会造成分析物吸附或共沉淀，$AgCl$ 胶体物质的析出还会造成色谱柱堵塞，该方法价格较贵，不适于海水中营养盐的常规分析。为减少样品预处理的时间和费用，一些学者开发了一种直接进样基底消除技术以减少海水中 $Cl^-$ 的干扰。这种技术的关键是用含有样品基底成分的流动相，在检测海水样品中的离子时，常用含有 $Cl^-$ 和 $SO_4^{2-}$ 的流动相。但该方法只适用于 $Cl^-$ 浓度低于 $50mmol/L$ 水样的检测（Novič et al.，1996）。另外一种基底消除技术则是利用一种阀门系统，通常将预先洗脱的 $Cl^-$ 不经色谱柱直接排入废水缸，然后，剩余的目标物质进入色谱柱（Huang et al.，2000）。Bruno 等（2003）利用该方法对高盐水体中的 $NO_2^-$-N、$NO_3^-$-N、$PO_4^{4-}$-P 进行了检测，并成功进行了实际海水样品的检测，他们将预分离系统与分析柱用一个四通阀门连接，能够使 $Cl^-$ 直接排到废液中，而营养盐则被分离出来并通过电导剂或紫外分光光度计进行检测，三者的检出限分别为 $100\mu g/L$、$300\mu g/L$、$1000\mu g/L$，样品检测可以在 $2min$ 内完成，并且能够有效排除浓度为 $20\,000mg/L$ 氯和 $3000mg/L$ 的硫酸根的干扰。林红梅等（2012）采用戴安公司谱睿（Pre）在线样品除氯技术，结合 OnGuard Ba 柱去除硫酸盐，建立了离子色谱法直接测定海水中 $NO_2^-$、$NO_3^-$ 和磷酸盐的方法。当流速为 $1ml/min$、进样量为 $500\mu l$ 时，海水中 $NO_2^-$-N、$NO_3^-$-N、$PO_4^{4-}$-P 的方法检出限分别为 $0.3\mu g/L$、$0.4\mu g/L$、$0.2\mu g/L$，线性范围分别为 $10\sim500\mu g/L$、$14\sim680\mu g/L$、$3.4\sim170\mu g/L$。

离子色谱法能够同步检测海水中的 N、P 等多种形式的营养盐，测量范围大，检测时间短，在先进的除氯和除硫酸技术的配合下，可以对海水中的营养盐进行快速检测，并且价格也比较合理。

## 3.3 硅的分析监测

海洋中的硅主要来源有四部分：河流输入（84%）、风的传输（7%）、海底玄武岩侵蚀（6%）和海底热液喷发（3%），其中，河流输入是海洋中硅的主要来源（吴涛等，2007）。在海水营养盐对海洋生态系统影响研究的最初阶段，大部分关注的重点在氮和磷的研究上，海水中溶解态的硅酸盐，由于其含量相对丰富，很少成为限制浮游植物生长的限制因子，所以对硅酸盐的研究并不多。但随着世界沿海地区赤潮、藻华的频繁爆发以及一些河流工程建设和全球气候变化，一方面大量硅藻赤潮爆发消耗大量海水中的溶解态硅酸盐，另一方面部分海域河流河水入海量大量减少，使得部分海域出现活性硅酸盐含量过低，成为浮游植物生长的限制性因子。沈志良（2002）通过研究发现，胶州湾的入海河流径流量逐渐年少，胶州湾中 $SiO_3$-Si 的含量在过去 40 年中逐年降低，使得胶州湾浮游植物群落发生改变，甲藻赤潮逐渐替代硅藻赤潮，并且出现硅藻小型化的现象，其他种群（鞭毛藻、甲藻等）逐渐替代硅藻成为胶州湾的优势种。这种由于海域硅酸盐含量减少导致的浮游植物群落发生改变的问题，在埃及的尼罗河、美国密西西比河、欧洲的多瑙河等多个国家的多个海域也出现了相同的浮游植物群落改变的现象。

在意识到海水中的活性硅酸盐硅酸盐对海洋浮游植物菌落结构的影响，并间接影响海洋生态结构后，人们逐渐加大了对海水中硅酸盐的分析监测力度。但是相比海水中氮、磷的分析监测，硅酸盐的分析监测方法和分析仪器还是相对较少。

## 3.3.1 分光光度法

我国《海洋监测规范 第4部分：海水分析》中规定的活性硅酸盐检测方法是硅钼黄法和硅钼蓝法，前者是利用活性硅酸盐与钼酸铵-硫酸混合试剂反应，生成黄色物质（硅钼黄），于380nm波长下检测吸光度，通过吸光度判断活性硅酸盐浓度；后者是在生成硅钼黄后加入含有草酸的对甲替氨基苯酚-亚硫酸钠还原剂，硅钼黄被还原为硅钼蓝，通过还原剂的加入，可以消除磷和砷的干扰，于812nm波长下检测吸光度。后期发展出的流动注射/顺序注射-分光光度法检测海水中的活性硅酸盐，大多都是基于硅钼黄/硅钼蓝方法检测的。桂景川等（2014）基于顺序注射原理研制了海水硅酸盐原位检测仪，通过改进《海洋监测规范》中硅酸盐的硅钼蓝标准分析方法，优化了进样方式及显色反应时间，压缩了样品与试剂进样之间的时间间隔，在保证硅酸盐测量准确性及精度的前提下，将显色反应时间缩短至50s，将单次样品分析时间缩短至2min，该硅酸盐原位检测仪在盐度为28‰~35‰的海水中结果不受盐度影响，并装配了10cm液芯波导比色管，对硅酸盐的检出限可低至5.8nmol/L。

目前市面上出售的硅酸盐分析仪大多是基于硅钼蓝比色法研制而成的。Thouron等在2003年设计了一款用于深海（1000m）营养盐检测的原位在线分析仪，对硝酸/$NO_2^-$、磷酸盐、活性硅酸盐进行检测，三种营养盐均基于湿法化学分光光度法进行检测，其中硅酸盐的检出限为150μmol/L，能够在水下连续运行15天（Thouron et al.，2003）。运用湿法化学分光光度法进行海水中硅酸盐的检测的一个主要问题就是仪器体型较大，需要大量能量和试剂供给，使得原位在线监测时间短，无法实现海水的长时间自动监测。

## 3.3.2 离子色谱法

活性硅酸盐与磷酸盐化学性质十分相似，在使用硅钼蓝法进行显色或者化学发光反应时，很容易受到水体中磷酸盐的干扰，造成误差。为减少检测过程中磷酸盐对硅酸盐的干扰，一些学者将离子色谱法用于硅酸盐的分析中，利用离子排斥色谱将硅酸盐和磷酸盐及其他干扰离子分离后，通过分光光度法、化学发光检测法、电导检测法等进行硅酸盐的检测。

Nakatani等（2008）利用离子排斥柱实现水体中磷酸盐和硅酸盐的分离，再结合硫酸、钼酸钠和抗坏血酸与二者反应生成的显色体系应用分光光度法实现水体中硅磷的同时检测，硅酸盐的检测范围为50~2000μg/L。Ikedo等（2006）建立的离子排斥色谱-紫外检测硅酸盐检测方法，能够有效消除水体中$PO_4^{3-}$、$NO_3^-$、$SO_4^{2-}$、$Cl^-$、$CO_3^{2-}$的干扰，对活性硅酸盐的检出限可低至 8.7μg/L，线性范围为 0.25~10mg/L。硅酸盐与钼酸铵在酸性条件下能够生成杂多酸，同时伴随化学发光反应，基于这一原理 Yaqoob 等（2004）研发了一种流动注射与化学发光相结合的硅酸盐分析方法，线性检测范围为 0.35~140μg/L，检出限为 0.35μg/L，但该方法只适用于淡水中硅酸盐的检测。电导检测器是离子色谱中最常见的检测器之一，电导检测的信号响应值为被测物阴阳离子摩尔电导率的总和，通过样品硅酸盐经过电导池时，溶液电导率发生变化，可以判断溶液硅酸盐的浓度。Li 和 Chen（2000）将离子排斥色谱与电导检测法相结合，进行水体中硅酸盐的检测，检测范围为 0.1~1000μmol/L，检出限为 0.02μmol/L，该方法能够做到快速、便捷地检测水体中的硅酸盐。

### 3.3.3　电化学法

硅酸盐的电化学检测方法最初是依据硅钼蓝法生成的杂多酸，再通过伏安法进行检测，检测范围在 0.1~10μmol/L（Er-Kang and Meng-Xia，1982）。同样，该方法难以准确区分硅酸盐和磷酸盐，故在检测过程中大多将二者同时检测。Carpenter 等（1997）利用伏安微电极检测硅酸盐和磷酸盐，二者的检测范围均在 1~1000μmol/L。这种方法用于活性硅酸盐的原位监测时仍旧需要添加反应试剂，与湿法化学分光光度法一样，很难实现长时间的自动监测。为了解决这一问题，海洋活性硅酸盐的电化学发展方向逐渐向着无反应试剂的方向发展。Lacombe 等（2007，2008）先后设计了半自动和全自动无试剂添加的电化学传感器，用于海洋活性硅酸盐的检测，半自动法的玻璃电极为参比电极，金电极为工作电极，在阳极氧化过程中生成钼酸盐，生成的钼酸盐在酸性介质中与样品的活性硅酸盐反应，再通过循环伏安法进行检测；全自动无试剂添加传感器是用多孔聚乙烯膜将反应池隔成两个 3ml 的反应腔，在不同的腔内同时生成钼酸盐和 $H^+$，再通过伏安法进行检测。这种微型的、无试剂添加的方法将会是海水活性硅酸盐分析监测发展的一个重要方向。

在海水分析中，活性硅酸盐的关注度远没有氮、磷营养盐的关注度高，所以在检测方法上也落后于氮磷检测。另外，由于硅酸盐的一些化学性质与磷酸盐十分相似，导致一些分析方法很难将二者分开，在单独检测的时候需要对干扰成分进行掩蔽。目前看来，能够有效掩蔽磷酸盐对硅酸盐检查影响的方法并不多，大多是基于离子色谱法进行样品预处理，使二者分离，另外便是利用电化学方法进行检测。但电化学法受环境影响严重，在海水分析中的应用效果并不好，目前已有部分针对海水中硅酸盐的电化学传感器的研发，然而大多处于实验室阶段，需要进行不断改进才能真正投放市场。

## 3.4　营养盐同时在线分析监测

营养盐种类较多，且分析方法有很大差异，不同海域不同水层各营养盐的含量也有很大的差异，要做到实时在线同时监测海水中的营养盐难度较高。前文提到同时检测海水中无机氮和无机磷的方法，但海洋是个开阔水域，频繁采样进行检测并不现实，流动注射分析方法的出现则为海洋营养盐的在线原位检测提供了可能性。另外，对于海底的高压环境，大型监测仪器很难抵御海底的高压，为解决这个问题，海洋环境监测仪器开始向小型化、微型化方向发展，微型化监测在抵御海底高压的同时，也可以减少能量消耗，使仪器能够在海底运行的时间更长。

营养盐自动分析仪是 20 世纪 60 年代提出的概念，目前较成熟的海水营养盐快速检测方法大多采用流动注射-光度法。早在二十几年前，日本、荷兰、美国等国家便有成熟的产品出售，如美国 LACHAT 公司的 QC8500 型流动注射分析仪、美国 OI 公司的 3100 型流动注射分析仪、福斯公司的流动注射分析仪、英国 SEAL 公司的流动注射分析仪和荷兰SCALAR 公司的流动注射分析仪等。

近岸、河口和海水的含盐量都比较高，成分复杂，营养盐的监测容易受到盐效应的干扰。通常盐效应表现为三种形式：①光学信号上，主要是由于样品折射率不同引起的纹影效应（峰变形），使检测的准确度降低；②分析速度和反应终点或动力学上，这是狭义上的盐效应，检测结果会很大程度地受到样品盐度的影响；③基体上，由于样品的颜色、荧光等特性不同导致检测结果受到干扰。在海水营养盐检测分析过程中应该特别注意以上三点。

## 3.4.1 流动注射分析

流动注射分析的基本原理和运行机制已经在 3.1.3.4 小节中简单介绍过。

流动注射仪器和技术经过了三十多年的发展，不论是流动注射理论，还是流动注射与其他检测技术的联用，以及在各个领域的研究都发展迅速，流动注射表现出如下主要特点。

1）全自动分析技术的反应在封闭系统中完成测定，可以减少环境干扰因素。

2）分析速度快，检测样品的速度可以达到每小时 100 ~ 200 样。对于复杂的样品前处理，如在线蒸馏也能达到每小时 20 ~ 40 样。

3）准确度高，重现性好，精密度高，精密度可达 1%。

4）设备和操作简单，维护量低。

流动注射-分光光度法检测海水中营养盐的方法已经比较成熟，在国外的应用比较普遍，荷兰、挪威、日本、法国、美国等都有比较成熟的品牌。例如，美国 LACHAT 公司QC8500 型流动注射分析仪、美国 OI 公司 3100 型流动注射分析仪、福斯公司的流动注射分析仪、英国 SEAL 公司的连续流动分析仪和荷兰 SCALAR 公司的连续流动分析仪等，流动注射分析仪测定海水中营养盐的应用已经有了约 20 年的历史。在国内的部分行业监测中也日渐普及，但我国仪器研制方面起步较晚，仪器现在大多以进口为主。

为了摆脱我国环境监测仪器大多依赖进口的局面，国内许多学者也做了很多相关的研究和开发。吕颖等（2013）利用改进的格里斯化学试剂［磷酸体积分数为 11%，磺胺浓度为 45g/L，$N$-(1-萘基)-乙二胺盐酸盐浓度为 50mg/L］研制了顺序注射 $NO_2^-$ 检测仪，$NO_2^-$ 的线性检测范围是 10 ~ 1000μg/L，检出限为 4.14μg/L。

## 3.4.2　微流体技术

微流体技术是指在微观尺寸下控制、操作和检测复杂流体的技术，可以将样品制备、生化反应、结果监测等步骤集成到微小平台上（又称芯片实验室），能够将复杂的化学分析小型化，使大型的高性能环境监测仪器大幅缩小体积，减少耗能，实现原位监测，并且可以通过多功能芯片实验室的组合，搭载在海上浮标和水下机器人上，实现海水不同水层的多种物质的同时检测。

微流体技术在构建过程中，不仅强调减小各个器件的尺寸，还强调复杂流体通道的构建，以实现复杂的流体操纵功能。Beaton 等（2012）在微流体平台的模块上集成了直径为100mm 的聚甲基丙烯酸甲酯，多流的微流通道刻蚀在聚甲基丙烯酸甲酯上，通道宽150μm，深300μm，光学吸收池的宽、深均为300μm；微型集成电路集成在 5mm 厚的树脂玻璃上，通过电磁阀控制流体平台上的微流管路，525nm 的 LED 灯和光电二极管直接安装在微流体平台上，进行吸光度的检测。当对 $NO_2^-$ 进行检测时，水样流过滤光室，与格里斯试剂混合，经过两个相邻的测量池；测量 $NO_3^-$ 时，水样与咪唑缓冲液混合，通过 0.46m 弯曲的混合器后再进入镉柱，还原后与格里斯试剂混合，再进入测量池。该方法对海水中 $NO_3^-$、$NO_2^-$ 的检出限分别为 1.6μg/L、0.92μg/L，$NO_3^-$ 的最大测量值为 21.7mg/L，适用于大部分水体，并且能够根据水样盐度（0~36‰）对 $NO_3^-$、$NO_2^-$ 的浓度进行校正，图 3-5 为 Beaton 等设计的营养盐监测微流控平台。

图 3-5　Beaton 等设计的营养盐监测微流控平台

## 3.4.3　营养盐原位分析仪

现阶段我们所了解的海洋中特别是远海的营养盐分布，主要是通过科考船采样测量所得，这种方法费时费力，且价格昂贵。近年来，传感器技术被广泛地应用于海水溶解氧、叶绿素和营养盐的监测中，这些传感器搭载在浮标和水下滑翔机上，对海水中的目标物进行长时间的原位监测。流动注射分析（FIA）和顺序注射分析（SIA）技术及液芯波导（LCW）的发展，使海洋营养盐的原位监测技术在 20 世纪 90 年代初开始发展，目前市面上已经有很成熟的海水营养盐原位分析仪出售，他们大多采用分光光度法进行检测，并与

FIA、SIA、LCW 技术结合，可以连续原位监测 3 个月以上，但由于体积、搭载试剂及下潜深度的限制，仍然不能满足一些长期观测浮标的需要。早期的营养盐自动分析仪器一般都采用薄膜和离子选择电极构成的传感器，这种传感器耐污性差，定标周期短，很难解决微生物附着问题、氯离子的干扰和长时间的在线监测问题。澳大利亚 "Greenspan" 技术公司研制出的 $NO_3^-$ 自动分析仪就采用了 $NO_3^-$ 离子选择电极，但是无法解决海洋中 $Cl^-$ 的干扰问题，只能应用于淡水中，而且由于生物附着、腐蚀，工作电极需要 1~2 个月更换一次，并不适用于开阔的海洋。后期海洋营养盐自动分析仪器开始调整方向，与流动注射技术相结合，把传统的采样、过滤、添加试剂的化学法和分光光度法检测等步骤集合，由阀门和芯片控制，形成一个在线的水下微缩实验室。

目前常用的海洋营养盐原位分析仪基本上可以分为基于标准比色法和基于光谱法两种。

### 3.4.3.1 基于标准比色法的营养盐原位分析仪

营养盐原位分析仪基于不同营养盐的标准比色法——$NO_3^-$ 和 $NO_2^-$（镉柱还原为 $NO_2^-$，偶氮染料检测）、磷酸盐和硅酸盐（钼酸盐染料）与连续流动注射系统相结合，主要硬件包括泵、阀门、流体多歧管、比色检测器，需要外接电源。由于微流体技术的发展，营养盐原位分析仪正向小型化、微型化方向发展，微型化以及改良型的渗透采样法使仪器对电源的要求越来越低，原位检测时间越来越长。Chpin 等研制了一种海洋原位检测仪器，可连续检测 1 年，下潜深度达 2000m（Chapin et al.，2002）。WET Labs Cycle-$PO_4$ 可长时间在富营养化及生物丰富的水域进行溶解态磷酸盐的原位监测，该仪器结合光学微流体技术，测量范围为 0~0.95mg/L-P，允许最大下潜深度为 200m，可连续工作三个月，进行1000 个样品检测。Deep-sea Probe Analyzer 是由 Systea 开发的营养盐原位自动监测仪器，可以对海水中溶解态的铵盐、$NO_3^-$、$NO_2^-$、磷酸盐进行监测。该仪器可搭载在沿海浮标上，最大下潜深度为 30m，30min 可以完成 4 种物质的检出。WIZ 是 Systea 的另一款营养盐在线分析仪器，同样可以检测正磷酸盐、$NO_3^-$ 和 $NO_2^-$、$NO_3^-$、$NH_4^+$，前三种采用通用的分光光度湿化学法进行测量，$NH_4^+$ 则采用荧光法进行检测。该仪器采用 1.5ml 的微环流反应器使得试剂及校准液的消耗量降到最低，并配备有光纤式比色探测器结合最新型的荧光计。

### 3.4.3.2 基于光谱法的营养盐原位分析仪

前文已经提到，海水中营养盐的检测大多可以运用光谱法进行检测，不需要试剂和过多的样品前处理，使得光谱法检测相对于比色法快速，特别适合进行长时间的远洋作业或者是船舶走航式监测。

SubChemPak Analyzer 是由 Chemini 公司研发生产的一套快速响应的直读式水下营养盐分析系统，专门设计应用于营养盐及其他重要环境化学物质的高分辨率、现场实时剖面测量。SubChemPak Analyser 也是连续流动光谱分析仪，其主要由三部分组成：①SubChemPak 样品流、试剂及校正标准液输送单元；②WET Labs 生产的多通道吸收光电检测器 "ChemStar"；③试剂和标准溶液存放单元。SubChemPak Analyser 采用最佳的连续流式分析方法能在现场快速测量溶解性 $NO_3^-$、$NO_2^-$、磷酸盐、硅酸盐、铁（Ⅱ）、氨以及其他营养盐。主机软件 ChemView 可遥控仪器自动现场标定，采集数据，营养盐的浓度读数即时显示在主机屏幕上并存储到硬盘。走航中的船体直接拖动载有 SubChemPak Analyser 的拖体装置，该系统可大面积现场测量海洋、河流或湖泊中营养盐的浓度，ChemView 软件将对测量的数据进行处理并实时显示待测营养盐的分布曲线。检出限为纳摩尔级，测量范围纳摩尔级到毫摩尔级，最大下潜深度为 200m，可搭载在 CTD（温盐深仪）和浮标上。孙兆华等（2008）基于液芯波导长光程技术，设计了高灵敏度的痕量海水营养盐光谱分析仪，分析仪以 1.02nm 的光谱分辨率实现 350~900nm 光谱范围水样吸光度的连续光谱测量，并由嵌入式 PC104 微机自动实现了水样采集、吸光度测量和数据分析的功能。针对 $NO_2^-$ 的测试实验结果表明，仪器检出限达到 nmol/L 的量级，比传统分光光度计的检测限提高了三个量级，且显色反应时间可缩短到 3min，可用于对海水营养盐的检测。

我国在营养盐现场自动分析仪研制方面相对起步较晚。我国从 20 世纪 80 年代中期开始建设海洋水文气象浮标网，但在水质污染监测方面，由于研制化学、生物传感器难度大，缺少资金投入，进展缓慢。为了能提高我国营养盐分析仪器的水平，科学技术部于 1996 年对海洋 863 计划进行立项，并大力资助海洋高科技产品的研制。1997 年年底海水营养盐自动分析仪项目正式立项，目前已研制出了适用于浮标平台作业的 $NO_3^-$、$NO_2^-$ 和磷酸盐的自动分析仪。该仪器采用分光光度法工作原理，可自动采样、计量，完成各种试剂的添加和吸光度的测量，对测量数据进行处理和储存，并可将结果输入到计算机，实现自动监测和记录。近年来，我国的海水营养盐自动在线分析监测系统也得到了较好的发展，已经有产业化的仪器投放市场。

韩永辉等（2004）设计了一种海水采样、试剂抽取、化学反应、吸光度测量、管路清洗的全自动海水营养盐分析系统。该工控系统基于 PROFIBUS-DP 现场总线进行网络通信，上位机采用嵌入式 WINCE 操作系统和 MCGS 嵌入式组态软件，下位机采用 PLC 控制，利用模糊控制的方式，大大提高了海水营养盐自动分析仪的测量精度和可靠性，满足海上分布系统现场监测的要求。孙西艳等（2012）结合顺序进样流动注射技术，研发了 $NH_4^+$ 自动在线检测仪，$NH_4^+$ 的在线监测范围为 0~15.00mg/L，检出限为 20μg/L。

李彩等（2009）以长光程液芯波导作为样品池，光信号由光纤收集、光谱仪分光，线阵 CCD[①] 探测器测量样品吸光度，分液泵、注射泵、电磁阀及过滤网等构成了现场自动进样系统，电子学系统由 PC104 工控机、CCD 数据采集卡及自动进样控制电路组成，实现了水样的提取及在线过滤、样品与试剂的精密配比和混合反应以及光谱测量及分析的自动化，可以实现多种营养要素的快速检测。该仪器不仅可用来进行剖面测量，而且也可用于定点长时间序列测量，检出限低至 0.2nmol/L。肖靖泽等（2010）采用平行式四针进样器、恒温试剂仓、24 通道蠕动泵、六通阀作为采样阀组，基于显色法对海水中正磷酸盐、$NH_4^+$、可溶性硅酸盐、$NO_3^-$ 和 $NO_2^-$ 含量进行监测，监测范围分别为：0.32~12.90μmol/L、3.57~142.86μmol/L、1.78~71.43μmol/L、1.42~71.42μmol/L、0.71~35.71μmol/L；检

---

① CCD 即 charge coupled device，中文全称为电荷耦合元件。

出限分别为 0.022μmol/L、0.18μmol/L、0.046μmol/L、0.028μmol/L、0.021μmol/L。

  我国基于比色法设计研发的营养盐原位分析仪已经有了很好的发展，并且逐步开始投放市场，但基于光谱法设计的营养盐原位分析仪、光学探头等大多还是依赖进口，需要进一步开发。

## 参 考 文 献

柏林洋，蔡照胜. 2014. 苯胺蓝-溴酸钾体系催化分光光度法测定水中痕量 $NO_2^-$. 理化检验化学分册，12：1550-1552.

丁宗庆，李小玲. 2014. 微晶酚酞分散固相萃取-分光光度法测定痕量亚硝酸根. 分析科学学报，4：033.

桂景川，李彩，孙兆华，等. 2014. 海水硅酸盐原位快速检测方法研究. 海洋技术学报，33（002）：76-80.

韩永辉，王智丽，杜振辉，等. 2004. 基于 PROFIBUS-DP 现场总线的海水营养盐自动分析系统. 制造业自动化，26（7）：40-42.

李彩，孙兆华，曹文熙，等. 2009. 海水中极低浓度营养盐在线测量仪. 光学技术，04：579-583.

李洋，孙楫舟，边超，等. 2011. 基于铜纳米簇的硝酸根微传感器的研究. 化工环保，04：386-389.

梁英. 2006. 海水中超痕量活性磷的检测方法研究. 厦门：厦门大学博士学位论文.

梁作光，李莹. 2008. 纳氏光度法现场快速测定环境水中的氨氮. 化学分析计量，16（6）：52-53.

林红梅，林奇，张远辉，等. 2012. 在线样品前处理大体积进样离子色谱法直接测定海水中 $NO_2^-$，$NO_3^-$ 和磷酸盐. 色谱，30（4）：374-377.

刘保生，王桂华，孙汉文，等. 2001. 吖啶橙-罗丹明 6G 能量转移荧光法测定痕量磷. 分析化学，01：42-44.

吕颖，陈令新，孙西艳，等. 2013. 顺序注射 $NO_2^-$ 检测仪的研制及应用. 环境化学，10：1950-1955.

沈志良. 2002. 胶州湾营养盐结构的长期变化及其对生态环境的影响. 海洋与湖沼，33（3）：322-331.

孙西艳，付龙文，吕颖，等. 2012. 顺序进样流动注射光度法测定水中氨氮. 化工环保，04：386-389.

孙兆华，曹文熙，赵俊，等. 2008. 基于长光程技术的痕量海水营养盐自动分析仪的设计与测试. 光谱学与光谱分析，28（12）：3000-3003.

王广健. 1998. 亚硝酸根—番红 O 重氮化偶联反应机理研究. 上海环境科学，17（8）：42-45.

吴涛，陈骏，连宾. 2007. 微生物对硅酸盐矿物风化作用研究进展. 矿物岩石地球化学通报，26（3）：263-268.

肖靖泽，赵萍，魏月仙，等. 2010. 五参数全自动营养盐分析仪的研制与应用. 现代科学仪器，01：63-68.

杨东方，高振会，王培刚，等. 2006. 营养盐 Si 和水温影响浮游植物的机制. 海洋环境科学，25（1）：1-6.

殷月芬，于怡，郑立，等. 2012. 离子色谱法测定南海海水中的 $NO_3^-$ 和磷酸盐及其对地球化学意义的初探. 中国无机分析化学，2（3）：15-17.

张军军，杨慧中. 2010. 磷酸根离子选择电极的研究现状. 传感器与微系统，8：1-4.

张秀玲，田昀. 2006. 基于聚吡咯纳米线的硝酸根离子传感器的研究. 传感技术学报，19（2）：309-312.

朱炳德，刘素美，张经，等. 2007. 海水中低浓度 $NO_2^-$ 和 $NO_3^-$ 测定方法综述. 海洋学研究，25（2）：36-46.

Afkhami A, Bahram M, Gholami S, et al. 2005. Micell-mediated extraction for the spectrophotometric determination of nitrite in water and biological samples based on its reaction with p-nitroaniline in the presence of diphenylamine. Analytical Biochemistry, 336（2）：295-299.

Amornthammarong N, Zhang J Z. 2008. Shipboard fluorometric flow analyzer for high-resolution underway measurement of ammonium in seawater. Analytical Chemistry, 80（4）：1019-1026.

Aravamudhan S, Bhansali S. 2008. Development of micro-fluidic nitrate-selective sensor based on dopedpolypyrrole nanowires. Sensors and Actuators B: Chemical, 132 (2): 623-630.

Atmeh M, Alcock-Earley B E. 2011. A conducting polymer/Ag nanoparticle composite as a nitrate sensor. Journal of Applied Electrochemistry, 41 (11): 1341-1347.

Aydın A, ErcanÖ, Taşcıoğlu S. 2005. A novel method for the spectrophotometric determination of nitrite in water. Talanta, 66 (5): 1181-1186.

Aylott J, Richardson D, Russell D. 1997. Optical biosensing of nitrate ions using a sol-gel immobilized nitrate reductase. Analyst, 122 (1): 77-80.

Beaton A D, Cardwell C L, Thomas R S, et al. 2012. Lab-on-chip measurement of nitrate and nitrite for in situ analysis of natural waters. Environmental Science & Technology, 46 (17): 9548-9556.

Bruno P, Caselli M, De Gennaro G, et al. 2003. Determination of nutrients in the presence of high chloride concentrations by column-switching ion chromatography. Journal of Chromatography A, 1003 (1): 133-141.

Burakham R, Oshima M, Grudpan K, et al. 2004. Simple flow-injection system for the simultaneous determination of nitrite and nitrate in water samples. Talanta, 64 (5): 1259-1265.

Carpenter N G, Hodgson A W, Pletcher D. 1997. Microelectrode procedures for the determination of silicate and phosphate in waters-fundamental studies. Electroanalysis, 9 (17): 1311-1317.

Chen G, Yuan D, Huang Y, et al. 2008. In-field determination of nanomolar nitrite in seawater using a sequential injection technique combined with solid phase enrichment and colorimetric detection. Analytica Chimica Acta, 620 (1): 82-88.

Chen G, Zhang M, Zhang Z, et al. 2011. On-line solid phase extraction and spectrophotometric detection with flow technique for the determination of nanomolar level ammonium in seawater samples. Analytical Letters, 44 (1-3): 310-326.

Chen H, Fang Y, An T, et al. 2000. Simultaneous spectrophotometric determination of nitrite and nitrate in water samples by flow-injection analysis. International Journal of Environmental Analytical Chemistry, 76 (2): 89-98.

Chen Z, Zhang Z, Qu C, et al. 2012. Highly sensitive label-free colorimetric sensing of nitrite based on etching of gold nanorods. Analyst, 137 (22): 5197-5200.

Chapin T P, Jannasch H W, Johnson K S, 2002. Determination of Fe in hydrothermal Systems. Analytica Chemica Acta, 463 (2): 265–274.

Daniel W L, Han M S, Lee J S, et al. 2009. Colorimetric nitrite and nitrate detection with gold nanoparticle probes and kinetic end points. Journal of the American Chemical Society, 131 (18): 6362-6363.

Dinckaya E, Akyilmaz E, Sezgintürk M K, et al. 2010. Sensitive nitrate determination in water and meat samples by amperometric biosensor. Preparative Biochemistry & Biotechnology, 40 (2): 119-128.

Drummond L, Maher W. 1995. Determination of phosphorus in aqueous solution via formation of the phosphoantimonylmolybdenum blue complex. Re-examination of optimum conditions for the analysis of phosphate. Analytica Chimica Acta, 302 (1): 69-74.

Ensafi A A, Amini M. 2010. A highly selective optical sensor for catalytic determination of ultra-trace amounts of nitrite in water and foods based on brilliant cresyl blue as a sensing reagent. Sensors and Actuators B: Chemical, 147 (1): 61-66.

Er-Kang W, Meng-Xia W. 1982. Differential pulse voltammetric determination of trace silicon at a glassy carbon electrode. Analytica Chimica Acta, 144: 147-153.

Fajerwerg K, Ynam V, Chaudret B, et al. 2010. An original nitrate sensor based on silver nanoparticles electrodeposited on a gold electrode. Electrochemistry Communications, 12 (10): 1439-1441.

Feng S, Zhang M, Huang Y, et al. 2013. Simultaneous determination of nanomolar nitrite and nitrate in seawater using reverse flow injection analysis coupled with a long path length liquid waveguide capillary cell. Talanta, 117: 456-462.

Filik H, Giray D, Ceylan B, et al. 2011. A novel fiber optic spectrophotometric determination of nitrite using safranin O and cloud point extraction. Talanta, 85 (4): 1818-1824.

Fogg A G, Bsebsu N K. 1984. Sequential flow injection voltammetric determination of phosphate and nitrite by injection of reagents into a sample stream. Analyst, 109 (1): 19-21.

Gamboa J C, Pena R C, Paixao T R, et al. 2009. A renewable copper electrode as an amperometric flow detector for nitrate determination in mineral water and soft drink samples. Talanta, 80 (2): 581-585.

Glazier S, Arnold M. 1989. Progress in phosphate-selective electrode development. Analytical Letters, 22 (5): 1075-1088.

Grasshoff K, Kremling K, Ehrhardt M. 2009. Methods of Seawater Analysis. New York: John Wiley & Sons.

Gray S M, Ellis P S, Grace M R, et al. 2006. Spectrophotometric determination of ammonia in estuarine waters by hybrid reagent-injection gas-diffusion flow analysis. Spectroscopy Letters, 39 (6): 737-753.

Guanghan L, Xiaogang W, Yanhua L, et al. 1999. Studies on 1:12 phosphomolybdicheteropoly anion film modified carbon paste electrode. Talanta, 49 (3): 511-515.

Haberer J L, Brandes J A. 2003. A high sensitivity, low volume HPLC method to determine soluble reactive phosphate in freshwater and saltwater. Marine Chemistry, 82 (3): 185-196.

Han J, Zhang C, Liu F, et al. 2014. Upconversion nanoparticles for ratiometric fluorescence detection of nitrite. Analyst, 139 (12): 3032-3038.

Huang Y, Mou S F, Liu K N, et al. 2000. Simplified column-switching technology for the determination of traces of anions in the presence of high concentrations of other anions. Journal of Chromatography A, 884 (1): 53-59.

Ikedo M, Mori M, Kurachi K, et al. 2006. Selective and simultaneous determination of phosphate and silicate ions in leaching process waters for ceramics glaze raw materials of natural origin by ion-exclusion chromatography coupled with UV-detection after postcolumnderivatization. Analytical Sciences, 22 (1): 117-121.

Ito K, Ichihara T, Zhuo H, et al. 2003. Determination of trace iodide in seawater by capillary electrophoresis following transient isotachophoretic preconcentration: Comparison with ion chromatography. Analytica Chimica Acta, 497 (1): 67-74.

Ito K, Takayama Y, Makabe N, et al. 2005. Ion chromatography for determination of nitrite and nitrate in seawater using monolithic ODS columns. Journal of Chromatography A, 1083 (1): 63-67.

Kalimuthu P, Abraham John S. 2009. Highly sensitive and selective amperometric determination of nitrite using electropolymerized film of functionalized thiadiazole modified glassy carbon electrode. Electrochemistry Communications, 11 (5): 1065-1068.

Kieber R J, Seaton P J. 1995. Determination of subnanomolar concentrations of nitrite in natural waters. Analytical Chemistry, 67 (18): 3261-3264.

Kodamatani H, Yamazaki S, Saito K, et al. 2009. Selective determination method for measurement of nitrite and nitrate in water samples using high-performance liquid chromatography with post-column photochemical reaction and chemiluminescence detection. Journal of Chromatography A, 1216 (15): 3163-3167.

Kodamatani H, Yamazaki S, Saito K, et al. 2011. Rapid method for simultaneous determination of nitrite and nitrate in water samples using short-column ion-pair chromatographic separation, photochemical reaction, and chemiluminescence detection. Analytical Sciences, 27 (2): 187.

Kuo C T, Wang P Y, Wu C H. 2005. Fluorometric determination of ammonium ion by ion chromatography usingpostcolumn derivatization with o-phthaldialdehyde. Journal of Chromatography A, 1085 (1): 91-97.

Lacombe M, Garçon V, Comtat M, et al. 2007. Silicate determination in sea water: Toward a reagentless electro-chemical method. Marine Chemistry, 106 (3): 489-497.

Lacombe M, Garçon V, Thouron D, et al. 2008. Silicate electrochemical measurements in seawater: Chemical and analytical aspects towards a reagentless sensor. Talanta, 77 (2): 744-750.

Liang Y, Yuan D, Li Q, et al. 2007. Flow injection analysis of nanomolar level orthophosphate in seawater with solid phase enrichment and colorimetric detection. Marine Chemistry, 103 (1): 122-130.

Liao J H, Chen C T, Fang J M. 2002. A novel phosphate chemosensor utilizing anion-induced fluorescence change. Organic Letters, 4 (4): 561-564.

Li H B, Chen F. 2000. Determination of silicate in water by ion exclusion chromatography with conductivity detection. Journal of Chromatography A, 874 (1): 143-147.

Ling Ling T, Ahmad M, Yook Heng L. 2011. An amperometric biosensor based on alanine dehydrogenase for the determination of low level of ammonium ion in water. Journal of Sensors, 2011: 1-10.

Lin Z, Xue W, Chen H, et al. 2011. Peroxynitrous-acid-induced chemiluminescence of fluorescent carbon dots for nitrite sensing. Analytical Chemistry, 83 (21): 8245-8251.

Li Q P, Zhang J Z, Millero F J, et al. 2005. Continuous colorimetric determination of trace ammonium in seawater with a long-path liquid waveguide capillary cell. Marine Chemistry, 96 (1): 73-85.

Li S J, Zhao G Y, Zhang R X, et al. 2013. A sensitive and selective nitrite sensor based on a glassy carbon electrode modified with gold nanoparticles and sulfonated graphene. Microchimica Acta, 180 (9-10): 821-827.

Mani V, Periasamy A P, Chen S M. 2012. Highly selective amperometric nitrite sensor based on chemically reduced graphene oxide modified electrode. Electrochemistry Communications, 17: 75-78.

Masserini Jr R T, Fanning K A. 2000. A sensor package for the simultaneous determination of nanomolar concentrations of nitrite, nitrate, and ammonia in seawater by fluorescence detection. Marine Chemistry, 68 (4): 323-333.

Mbeunkui F, Richaud C, Etienne A L, et al. 2002. Bioavailable nitrate detection in water by an immobilized luminescent cyanobacterial reporter strain. Applied Microbiology and Biotechnology, 60 (3): 306-312.

Mesquita R B R, Santos I C, Bordalo A A, et al. 2012. Sequential injection system exploring the standard addition method for phosphate determination in high salinity samples: interstitial, transitional and coastal waters. Analytical Methods, 4 (5): 1452-1457.

Mikuška P, Večeřa Z. 2003. Simultaneous determination of nitrite and nitrate in water by chemiluminescent flow-injection analysis. Analytica Chimica Acta, 495 (1): 225-232.

Miró M, Hansen E H, Buanuam J. 2006. The potentials of the third generation of flow injection analysis for nutrient monitoring and fractionation analysis. Environmental Chemistry, 3 (1): 26-30.

Nagaraja P, Al-Tayar N G S, Shivakumar A, et al. 2010. A simple and sensitive spectrophotometric method for the determination of trace amounts of nitrite in environmental and biological samples using 4-amino-5-hydroxynaphthalene-2, 7-disulphonic acid monosodium salt. Spectrochimica Acta Part A: Molecular and Biomolecular Spectroscopy, 75 (5): 1411-1416.

Nakatani N, Kozaki D, Masuda W, et al. 2008. Simultaneous spectrophotometric determination of phosphate and silicate ions in river water by using ion-exclusion chromatographic separation and post-column derivatization.

Analytica Chimica Acta, 619 (1): 110-114.

Niedzielski P, Kurzyca I, Siepak J. 2006. A new tool for inorganic nitrogen speciation study: Simultaneous deter-mination of ammonium ion, nitrite and nitrate by ion chromatography with post-column ammonium derivatization by Nessler reagent and diode-array detection in rain water samples. Analytica Chimica Acta, 577 (2): 220-224.

Nishizawa S, Kato Y, Teramae N. 1999. Fluorescence sensing of anions via intramolecular excimer formation in a pyrophosphate-induced self-assembly of a pyrene-functionalized guanidinium receptor. Journal of the American Chemical Society, 121 (40): 9463-9464.

Novič M, Divjak B, Pihlar B, et al. 1996. Influence of the sample matrix composition on the accuracy of the ion chromatographic determination of anions. Journal of Chromatography A, 739 (1): 35-42.

Pasquali C L, Hernando P F, Alegria J D. 2007. Spectrophotometric simultaneous determination of nitrite, nitrate and ammonium in soils by flow injection analysis. Analytica chimica acta, 600 (1): 177-182.

Patey M D, Rijkenberg M J, Statham P J, et al. 2008. Determination of nitrate and phosphate in seawater at nanomolar concentrations. TrAC Trends in Analytical Chemistry, 27 (2): 169-182.

Petrucelli G C, Kawachi E Y, Kubota L T, et al. 1996. Hydroxyapatite-based electrode: A new sensor for phosphate. Anal Commun, 33 (7): 227-229.

Pidcock R, Srokosz M, Allen J, et al. 2010. A novel integration of an ultraviolet nitrate sensor on board a towed vehicle for mapping open-ocean submesoscale nitrate variability. Journal of Atmospheric and Oceanic Technology, 27 (8): 1410-1416.

Quintana J C, Idrissi L, Palleschi G, et al. 2004. Investigation of amperometric detection of phosphate: Application in seawater and cyanobacterialbiofilm samples. Talanta, 63 (3): 567-574.

Revsbech N P, Glud R N. 2009. Biosensor for laboratory and lander-based analysis of benthic nitrate plus nitrite distribution in marine environments. Limnology and Oceanography: Methods, 7 (11): 761-770.

Rimmelin P, Moutin T. 2005. Re-examination of the MAGIC method to determine low orthophosphate concentration in seawater. Analytica Chimica Acta, 548 (1): 174-182.

Ružicka J, Hansen E H. 1988. Flow Injection Analysis. New York: John Wiley & Sons.

Sakamoto C M, Johnson K S, Coletti L J. 2009. Improved algorithm for the computation of nitrate concentrations in seawater using an in situ ultraviolet spectrophotometer. Limnology and Oceanography: Methods, 7 (1): 132-143.

Schnetger B, Lehners C. 2014. Determination of nitrate plus nitrite in small volume marine water samples using vanadium (III) chloride as a reduction agent. Marine Chemistry, 160: 91-98.

Schwehr K A, Santschi P H. 2003. Sensitive determination of iodine species, including organo-iodine, for freshwater and seawater samples using high performance liquid chromatography and spectrophotometric detection. Analytica Chimica Acta, 482 (1): 59-71.

Senra-Ferreiro S, Pena-Pereira F, Lavilla I, et al. 2010. Griess micro-assay for the determination of nitrite by combining fibre optics-based cuvetteless UV-Vis micro-spectrophotometry with liquid-phase microextraction. Analytica Chimica Acta, 668 (2): 195-200.

Shkinev V, Spivakov B Y, Vorob' Eva G, et al. 1985. Dialkyltin salts as extractants in methods for the determination of arsenic and phosphorus. Analytica Chimica Acta, 167: 145-160.

Shoji T, Nakamura E. 2010. Collection ofindonaphthol blue on a membrane filter for the spectrophotometric deter-mination of ammonia with 1-naphthol and dichloroisocyanurate. Analytical Sciences, 26 (7): 779-783.

Steimle E T, Kaltenbacher E A, Byrne R H. 2002. In situ nitrite measurements using a compact spectrophotometric analysis system. Marine Chemistry, 77 (4): 255-262.

Susanto J P, Oshima M, Motomizu S, et al. 1995. Determination of micro amounts of phosphorus with Malachite Green using a filtration-dissolution preconcentration method and flow injection-spectrophotometric detection. Analyst, 120 (1): 187-191.

Thouron D, Vuillemin R, Philippon X, et al. 2003. An autonomous nutrient analyzer for oceanic long-term in situ biogeochemical monitoring. Analytical Chemistry, 75 (11): 2601-2609.

Tobey S L, Anslyn E V. 2003. Determination of inorganic phosphate in serum and saliva using a synthetic receptor. Organic Letters, 5 (12): 2029-2031.

Tan L L, Musa A, Lee Y H. 2011. Determination of ammonium ion using a reagentless amperometric biosensor based on immobilized alanine dehydrogenase. Sensors, 11 (10): 9344-9360.

Udnan Y, McKelvie I, Grace M, et al. 2005. Evaluation of on-line preconcentration and flow-injection amperometry for phosphate determination in fresh and marine waters. Talanta, 66 (2): 461-466.

Wang R, Wang N, Ye M, et al. 2012. Determination of low-level anions in seawater by ion chromatography with cycling-column-switching. Journal of Chromatography A, 1265: 186-190.

Watson R J, Butler E C, Clementson L A, et al. 2005. Flow-injection analysis with fluorescence detection for the determination of trace levels of ammonium in seawater. Journal of Environmental Monitoring, 7 (1): 37-42.

Xu Z, Kim S, Lee K-H, et al. 2007. A highly selective fluorescent chemosensor for dihydrogen phosphate via unique excimer formation and PET mechanism. Tetrahedron Letters, 48 (22): 3797-3800.

Yaqoob M, Nabi A, Worsfold P J. 2004. Determination of silicate in freshwaters using flow injection with luminol chemiluminescence detection. Analytica Chimica Acta, 519 (2): 137-142.

Yoon J, Kim S K, Singh N J, et al. 2004. Highly effective fluorescent sensor for $H_2PO_4$. The Journal of Organic Chemistry, 69 (2): 581-583.

Zatar N A, Abu-Eid M A, Eid A F. 1999. Spectrophotometric determination of nitrite and nitrate using phospho-molybdenum blue complex. Talanta, 50 (4): 819-826.

Zhang H L. 2014. Determination of trace amounts of nitrite and its chemical reaction kinetics. Spectroscopy and Spectral Analysis, 34 (6): 1619-1623.

Zhang J Z, Chi J. 2002. Automated analysis of nanomolar concentrations of phosphate in natural waters with liquid waveguide. Environmental Science & Technology, 36 (5): 1048-1053.

Zhang J Z, Fischer C J. 2006. A simplified resorcinol method for direct spectrophotometric determination of nitrate in seawater. Marine chemistry, 99 (1): 220-226.

Zhang M, Yuan D, Chen G, et al. 2009. Simultaneous determination of nitrite and nitrate atnanomolar level in seawater using on-line solid phase extraction hyphenated with liquid waveguide capillary cell for spectrophotometric detection. Microchimica Acta, 165 (3-4): 427-435.

Zhao H X, Liu L Q, De Liu Z, et al. 2011. Highly selective detection of phosphate in very complicated matrixes with an off-on fluorescent probe of europium-adjusted carbon dots. Chemical Communications, 47 (9): 2604-2606.

Zielinski O, Voß D, Saworski B, et al. 2011. Computation of nitrate concentrations in turbid coastal waters using an in situ ultraviolet spectrophotometer. Journal of Sea Research, 65 (4): 456-460.

# 第 4 章  叶绿素分析监测

叶绿素（chlorophyll）是水生态系统的重要参数，包括叶绿素 a、叶绿素 b、叶绿素 c、叶绿素 d、叶绿素 f 以及原叶绿素和细菌叶绿素等，广泛存在于绿色植物、原核蓝绿藻和真核藻类中。叶绿素能够利用太阳光能把无机物转化为有机物，海洋中 90% 以上的有机物都是由它产生的。由于海洋中的叶绿素含量与光合作用速度和初级生产者生物量有着直接的关系，因此，海洋叶绿素浓度已经成为衡量浮游植物生物量和海洋初级生产力的最基本指标。

叶绿素能够吸收光能，将二氧化碳转变成碳水化合物，它在一定程度上控制着海-气界面二氧化碳的交换，是全球气候变化研究的重要指标，并且根据海洋叶绿素含量可以估算海域的初级生产力。由于海洋中不同浮游藻类含有的叶绿素种类不尽相同，因此，叶绿素及其他色素可作为鉴定不同藻类和估测浮游植物群落组成的特征标示物。此外，海域叶绿素含量在一定程度上还能反映水体的富营养化水平，通过对海洋水体中叶绿素的监测，可反映出海水中浮游植物的时间、空间分布、蕴藏量及其变化规律，对水质环境状况进行评价，实现提前捕捉赤潮发生先兆，进行赤潮早期预报。

## 4.1  实验室分析方法

叶绿素的实验室检测方法一般可以分为两大类，一类为光谱法，另一类为色谱法。光谱法以叶绿素的光学性质为基础，又分为分光光度法、荧光法、发光法、红外光谱法，其中分光光度法和荧光法是海洋调查规范中的通用方法。叶绿素可被多种吸附剂吸附，因此可以进行各种色谱分离和分析，常用的有薄层色谱、液相色谱、气相色谱等。此外，还包括显微镜计数法、黑白瓶法、$^{14}$C 法等。实验室分析方法基本上已发展成熟，是叶绿素监测的常规方法，国家标准中的叶绿素相关监测方法皆是实验室分析方法。但实验室分析法基本上都要经过定点采水、抽滤、萃取、测定等步骤，优点是检测仪器的要求较低，数据结果真实可靠，缺点是取样困难、定位随机性大、缺乏连续性、费时费力等，不能实现在线监测。

### 4.1.1  光谱法

#### 4.1.1.1  分光光度法

吸收光谱法是一种鉴定混合物中主要色素存在的比较简单的方法，对于叶绿素的检测同样适用。1967 年，Lorenzen 提出了通过测量 664nm 波长吸光度计算叶绿素 a 浓度的方程，被称为单色法，该方法只能测定水体中的叶绿素 a 的含量（Lorenzen，1967）。1975 年，Jeffrey 和 Humphrey 推导出了适用于准确计算叶绿素 a、叶绿素 b、叶绿素 $c_1$+叶绿素 $c_2$ 计算公式，通过测量 630nm、647nm 和 664nm 波长处的吸光度计算三种叶绿素的浓度，消除了叶绿素 b 和叶绿素 c 对叶绿素 a 测量的干扰，被称为"三色方程"，该方程是至今仍通用的通过分光光度法测量叶绿素 a 浓度的最佳计算方程（Jeffrey and Humphrey，1975）。

分光光度法测定叶绿素根据提取叶绿素溶剂的不同，分为丙酮法、乙醚法、二甲基亚砜法、二甲基甲酰胺法、无水乙醇法、丙酮乙醇水混合液法和丙酮乙醇混合液法等（Knefelkamp et al.，2007），其中，丙酮法被国际上广泛应用，也是我国环境监测部门测定水体叶绿素浓度的标准方法。《海洋调查规范 第 6 部分：海洋生物调查》（GB/T 12763.6—2007）中对用分光光度法测定海水中的叶绿素有明确规定，过程包括对浮游植物水样的过滤，以丙酮溶液提取浮游植物色素，将溶解叶绿素的有机萃取溶剂在 664nm、647nm、630nm 下测定吸光度，按照 Jeffrey-Humphrey 的方程式计算，可分别得出叶绿素 a、叶绿素 b、叶绿素 c 的含量。分光光度法具有操作简便、准确度高、可同时测定多种色素、便于处理大量样品、要求仪器精密度不高等优点，已有了完善的监测步骤与方法，至今仍被广泛应用。

目前利用分光光度法进行叶绿素 a 分析检测的方法仍然在不断改进，许多研究人员从叶绿素萃取溶剂（Ritchie，2006；金霞等，2010）、提取方法（张宗祥和朱宇芳，2010）、滤膜的选择（Knefelkamp et al.，2007）和分光光度法的改进等方面进行了大量研究，提高了分光光度法对叶绿素的检出限和灵敏度。Lababpour 和 Lee（2006）利用一阶导数分光光度法检测叶绿素，检出限为 0.35mg/L。但分光光度法不能用于现场原位监测，也无法确定浮游植物种类，只能提供水体的总叶绿素 a 浓度，以指示总浮游植物生物量。

应用吸收光谱法进行海洋叶绿素分析检测分为破坏性和非破坏性两种方式，前面提到的通过萃取浮游植物色素后进行分光光度法检测属于破坏性检测。另外一种检测海洋叶绿素的方法是根据浮游植物特有的吸收光谱进行叶绿素含量的判断。Chazottes 等（2006）对浮游植物吸收光谱进行了研究，用神经网络方法对吸收光谱数据集进行预处理，并运用统计学和自组装图像法（self-organizing maps），用图形的方式（即自组装图像）显示出色素浓度之间的关系，尝试利用导数光谱分别获得了各个色素的浓度，并与用回归分析方法在 440nm 波长处得到的总叶绿素 a 浓度的方法相比，前者具有更好的精密度。但是该方法需要收集大量浮游植物光谱数据及色素数据，比较适合大批量样品的叶绿素 a 检测。

### 4.1.1.2 荧光法

叶绿素是一种荧光物质，绿色植物在光合作用的同时还会发射荧光。植物光合作用有两个反应中心：光系统Ⅰ和光系统Ⅱ（photosystem Ⅱ，PS Ⅱ）。光能在植物中的分配有反射、透射和吸收三种主要的去激途径。光被光系统Ⅱ吸收后，大部分能量参与光化学反应（光合作用），一部分以热能的形式耗散掉，还有很小一部分则以荧光的形式释放，如图 4-1 所示。活体叶绿素的荧光信号很弱，一般小于吸收光能的 3%～5%，但其仍被认为是浮游植物光合作用和生理状态最有效的探针之一。

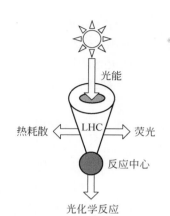

图 4-1　叶绿素产生荧光示意图

注：LHC，捕光色素蛋白复合体。

　　荧光产生的物理机制是斯托克斯（Sotkes）位移，当一定波长的光子碰撞到叶绿素分子时，光子可能被分子吸收，使分子的能量升高。处于较高能态的分子是不稳定的，一般要通过释放吸收的能量而回到稳定的基态即最低能级，其中一部分能量以热辐射的形势耗散，另一部分以荧光的形式释放出来（图 4-2）（沈丽，2009）。分子必须在吸收一定频率范围的激发光后，通过振动弛豫回到第一激发电子态的最低能级，由此向下的辐射跃迁才可能产生荧光，因此荧光的波长一般要比激发的波长要长，二者不会重合（陈国珍，1990）。当植物吸收红光，叶绿素分子中的电子从基态跃迁到最低激发，由于最低激发态电子不稳定，会释放荧光回到基态。当植物吸收蓝光，叶绿素分子中的电子会直接从基态跃迁到较高激发态，电子为维持稳定，先以热辐射的形势耗散能量从较高激发态跃迁到最低激发态，再以荧光的形式耗散能量到达基态。从光能量的角度考虑，蓝色的光诱导荧光会有能量损失，而红色的光诱导荧光则直接变成荧光。但是从图 4-2 可以看出，红光与荧光两个光谱（波长）距离较近，甚至有重叠的部分，而蓝光与荧光两个光谱相距较远，荧光检测受激发光影响较小。荧光分子都有两个特征光谱——激发光谱和发射光谱，通过光谱波长的差别，可以鉴别荧光物质，从而实现物质的定性分析。

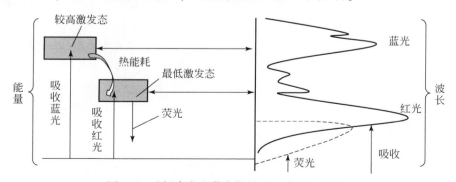

图 4-2　叶绿素产生荧光的过程（沈丽，2009）

叶绿素荧光现象最早发现于 1843 年，David Brewster 发现阳光透过月桂叶子的乙醇提取液时，溶液会变成红色，且颜色随溶液厚度而变化。1852 年，Stokes 用分光计观察到荧光波长比入射光波长稍长，从而引入了荧光的概念。1963 年，Yentsch 和 Menzel 介绍了荧光测量叶绿素浓度的方法——通过蓝光激发的叶绿素荧光量同叶绿素浓度之间可以建立简单的线形关系（Yentsch and Menzel，1963）。

我国《海洋调查规范 第 6 部分：海洋生物调查》8.1 中对荧光法测定进行了明确规定，将海水样品过滤后，以丙酮溶液提取浮游植物色素，再以 440nm 波长激发光激发，测量 685nm 波长下叶绿素 a 及脱镁叶绿素的含量。相比分光光度法，荧光法具有更高的灵敏度，一般分光光度法的灵敏度大多为 mg/L，而荧光法可以达到 μg/L，故荧光法常被用来分析较深海水和大洋等叶绿素含量较少的海水样品。但荧光光度计等仪器较精密，成本较分光光度法高。

为了增强光合作用能力，大多数浮游植物都含有多种色素，它们把吸收的光能传给叶绿 a，这些色素被称为辅助色素。光合色素的种类多达数百种，根据辅助色素的组成和相对量可一定程度地判断浮游植物的类型，这些辅助色素受到激发光的照射也会发出荧光，虽然没有很强的荧光特性，但仍可以利用激发的荧光光谱获得更多的浮游植物种类和浓度的信息。随着人们对叶绿素发射荧光现象的进一步了解，一些科学家根据浮游植物体内色素种类的差别，通过测定水样的荧光强度和荧光谱，可以分析水样的色素组成，从而确定浮游植物种类。

荧光光谱法要求对不同种类及浓度浮游植物溶液的吸收光谱、激发光谱、荧光光谱进行大量实验，得出不同浮游植物的荧光光谱数据库，以便日后用所得光谱与数据库进行比对，以此判断浮游植物种类。此方法是一种新型的海洋浮游植物监测手段，目前已有利用荧光光谱原理进行浮游植物色素分类和浮游植物分类的仪器，而且这类监测仪器正向小型化和原位监测方向发展。德国 Wlaz 公司推出的多激发波长调制叶绿素荧光仪 Multi-Color-PAM，该仪器有高灵敏度的测量光、可变的测量光频、不同波段的激发光和超高的时间分辨率，可以对不同种类浮游植物进行叶绿素荧光分析。1995 年德国科学家 Schreiber 教授和 Kolbowaki 共同研制了世界上第一台对浮游植物进行自动分类的调制叶绿素荧光仪 Phyto-PAM，该仪器采用调制技术，利用四种不同波长的 LED 灯作为光源，光电倍增管作为检测器，可对水体中的蓝藻、绿藻、硅藻、甲藻进行自动监测，并测定其叶绿素含量和光合活性，叶绿素检测限可达 0.1μg/L，也用于多种水环境（淡水、海水）的分析，对了解水体中浮游植物种群动态变化、水华/赤潮预警、水体光合作用时空变化和校正初级生产力计算具有很大的帮助。

## 4.1.2 色谱法

伴随着国民经济的高速发展，沿海城市化进程加快和人类活动影响，溶解性氮、磷等营养元素经过大气沉降和地表径流途径进入近海海岸带水体后，作为营养物质直接影响海水水质状态，导致明显的水体富营养化（Freedman，1994），引起水生生物特别是包括微

型浮游藻类的大量繁殖，使浮游藻类种群数量发生改变，破坏了水体的生态平衡，并导致
"赤潮""水华"等现象，给海岸带生态系统平衡造成很大危害。特别是一些有毒赤潮
（harmful algal blooms，HABs）会释放赤潮毒素，对赤潮海域生态造成毁灭性打击，直接对
沿岸水产养殖产业造成巨大的经济损失。海洋环境监测不仅要求对叶绿素 a 进行监测以获
得浮游植物总量和初级生产力数据，在赤潮多发海域和部分敏感海域，对浮游植物群落组
成进行监测也是必要的。海洋浮游植物的种类组成、群落结构和丰度变化，直接影响海水
水质、系统内流量流动、物质循环以及生物资源的变动，一些赤潮多发海域的浮游植物分
类对赤潮预警具有重要意义。实验室光谱法中较成熟的分光光度法和传统荧光法只能测定
浮游植物中叶绿素 a、叶绿素 b、叶绿素 c 的含量，无法测得其他色素；荧光光谱法可以
对浮游植物色素进行定性检测，但该技术才刚刚起步，没有完整的数据信息。传统的浮游
植物分类方法是靠显微镜技术，这要求实验人员有多年、较强的专业技术能力，且耗时耗
力，容易漏检和误检，无法完成在线监测，不能完全满足海洋环境监测的要求。

　　叶绿素 a 含量可以反映海水中浮游植物总量；叶绿素 b、叶绿素 c、类胡萝卜素等辅
助叶绿素的含量和存在与否则能反映浮游植物群落分布特征，部分海洋藻类拥有特征色
素，可以通过特征色素的检测判断藻类的种类。表 4-1 所示为主要特征色素及其对应的浮
游植物种类。这一发现，使得色谱法不仅能够分析检测海水或海洋生物中的叶绿素含量，
同时在浮游植物种类鉴定方面也得到了广泛应用。

**表 4-1　主要特征色素及其对应的浮游植物种类**

| 中文名称 | 英文名称 | 简称 | 对应藻类类群 |
|---|---|---|---|
| 叶绿素 a | chlorophyll a | chla | 除原绿球藻的所有类群 |
| 叶绿素 b | chlorophyll b | chlb | 绿藻、原绿球藻、青绿藻 |
| 叶绿素 c | chlorophyll c | chlc | 褐藻 |
| 叶绿素 d | chlorophyll d | chld | 红藻 |
| 类胡萝卜素 | carotenoid | — | 绿藻、金藻 |
| 藻红蛋白 | phycoerythrin | — | 红藻 |
| 藻蓝蛋白 | phycocyanin | — | 蓝藻 |
| 别藻蓝蛋白 | allophycocyanin | — | — |
| 二乙烯基叶绿素 a | divinyl Chlorophyll a | DVchla | 原绿球藻 |
| 二乙烯基叶绿素 b | divinyl chlorophyll b | DVchlb | 原绿球藻 |
| 岩藻黄素 | fucoxanthin | fuco | 硅藻、金藻 |
| 多甲藻素 | peridinin | perid | 甲藻 |
| 19′-乙酰基氧化岩藻黄素 | 19′-hexanoyloxyfucoxanthin | 19′hex | 定鞭藻 |
| 别藻黄素 | alloxanthin | allo | 隐藻 |
| 青绿素 | prasinoxanthin | pras | 青绿藻 |
| 叶黄素 | lutein | lut | 绿藻、青绿藻 |
| 硅甲藻黄素 | diadinoxanthin | diadino | 硅藻、金藻、甲藻、定鞭藻 |
| 新黄素 | neoxanthin | neox | 绿藻、青绿藻 |
| 紫黄素 | violaxanthin | viola | 绿藻、青绿藻 |

#### 4.1.2.1 薄层色谱法

薄层色谱法（thinlayer chromatography，TLC）是将固定相（如硅胶）薄薄地均匀涂敷在底板（或棒）上，试样点在薄层一端，在展开罐内展开，由于各组分在薄层上的移动距离不同，形成互相分离的斑点，测定各斑点的位置及其密度就可以完成对试样的定性、定量分析的色谱法。薄层色谱法是一种快速、微量、操作简便的分离技术，辅之其他手段，薄层色谱就能够对浮游植物叶绿素、类胡萝卜素及其降解产物进行分离与定量。薄层色谱法在用硅胶板或者是硅胶柱分离胡萝卜素和叶绿素时，应先将硅胶洗为中性后再用以防止叶绿素脱镁形成脱镁叶绿素，而且薄层色谱法多用于定性分析。从 1952 年 Mottier 等采用氧化铝薄层分离胡萝卜素以来，科学家在选择吸附剂及展层溶剂方面做了大量工作。1968 年，Jeffrey 通过薄层色谱对浮游植物样品的处理，共分离出 25 种叶绿素、类胡萝卜素和叶绿素降解产物。薄层色谱法用于浮游植物色素分离与鉴定，使显微镜镜检技术不再是对浮游植物进行分类的唯一方法，它对 nano 级，特别是 pico 级浮游植物的分类具有重要意义。此后，依据色素种类对不同类群进行分类以确定浮游植物群落结构的研究逐渐开展起来（Hallegraeff，1981；Jeffrey and Hallegraeff，1987；Wright et al.，2005）。薄层色谱法快速、有效而且成本低，但对很多特征色素无法分辨，且薄层色谱法多用于定性分析。

#### 4.1.2.2 高效液相色谱法

高效液相色谱法（HPLC），是在海洋环境分析监测中普遍使用的一种分析检测方法。叶绿素的结构为一个镁与四个吡咯环上的氮结合以卟啉为骨架的绿色色素，不溶于水，微溶于醇，易溶于丙酮和乙醚等有机溶剂和油脂类，是典型的亲脂类化合物，可以用 HPLC 法进行分离检测，而由于叶绿素的疏水特性一般采用 $C_{18}$ 反相柱来进行分离。

1977 年 Eskins 首次将 HPLC 用于高等植物的色素研究中，随后便被用于海洋浮游植物叶绿素和类胡萝卜素的分析（Eskins et al.，1977）。此后 HPLC 获得了高速发展，实现了叶绿素准确定量分析（Yacobi et al.，1996）。反相色谱技术的发展，尤其是聚合 $C_{18}$ 柱和单体 $C_8$ 柱及含吡啶的流动相的应用，使 HPLC 法对浮游植物色素的检测能力得到了极大的提高，可以同时分析超过 50 种的色素（Zapata et al.，2000）。二极管阵列检测器的应用则进一步提高了色素测量的准确性。从 HPLC 用于水体色素的研究开始，研究重点就集中在不同种类色素的分离上，科学家不断研究柱温、流动相及固定相对分离分析的影响，以期能够检测出更多的色素。例如，Gieskes 和 Kraay（1983a）就曾利用正相色谱系统检测到了一种类似 chla 的色素，这种色素在后来的反相色谱系统检测中被证明是二乙烯基叶绿素 a。Wright（1991）采用 $C_{18}$ 实现了 40 种类胡萝卜素和 12 种叶绿素及其衍生物的分离，现已成为联合国教育、科学及文化组织国际海洋学会推荐的方法。但该方法对一些重要的特征色素，如单乙烯基叶绿素（chlorophyll a/b）和二乙烯基叶绿素（DV chlorophyll a/b），以及叶绿素 $c_1$ 和叶绿素 $c_2$ 不能进行分离。2000 年，Zapata 等（2000）使用 $C_8$ 柱、二元梯度流动相，并在流动相中加入了吡啶修饰剂来改善峰形，对极性叶绿素、二乙烯基叶绿素、类胡萝卜素均能实现很好地分离，但是该方法成功分离了叶绿素 a 但不能分离叶绿素 b 和二乙烯基叶绿素 b。近年来反相 C$_{30}$ 色谱柱因在类胡萝卜素分析上的优异能力而受到关注（惠伯棣等，2005），但这一方法却未见诸浮游植物群落结构研究中。对于不同的监测对象，色谱条件（如色谱柱载体材料、流动相溶剂的极性和黏度、柱温以及洗脱速度等）都有所差异，故 HPLC 测定浮游植物色素仍需不断改进和发展。

通过 HPLC 方法确定海水中浮游植物色素种类与含量并不是研究的终点，更具意义的是将这些色素信息转换成浮游植物种类与数量信息。一般同一种色素可能存在于多种浮游植物种类中，除某些特征色素（二乙烯基叶绿素仅存在于原绿球藻中）外，大多数依据色素对浮游植物进行的分类主要是建立在各种色素在不同浮游植物类群中构成模式和比例的差别上，在已知不同藻类色素组成的基础上，利用 HPLC 法检测得到的各种色素浓度，结合化学计量学方法可以实现对浮游植物的分类检测。多元线性回归、反联立方程以及矩阵因子分析都可应用于浮游植物丰度的推算。Gieskes 和 Kraay（1983b）把 HPLC 分析出来的最重要的色素标志物的数据结合叶绿素数据进行多元回归分析，得到叶绿素 a/标志色素的比率，并用它来估计浮游植物的丰度。Everitt 等（1990）把浮游植物根据标志色素类型分成几个类群，结合测得的色素丰度和从文献中估计得来的叶绿素 a 对标志性色素比值来决定样品中每类浮游植物对总叶绿素 a 的贡献。Wright 等（2005）从 32 类浮游植物中分离出 56 种不同的色素构成模式，通过不同浮游植物在色素构成模式上的差别可以在一定分类水平上将浮游植物区分开来。

1996 年，Maekey 等发展出"矩阵因子化"算法，该算法根据每种浮游植物色素的比值矩阵计算出不同浮游植物的叶绿素 a 浓度，该方法是目前处理海水色素数据最实用的方法，它克服了多元线性回归算法不能区分一种色素被两种以上浮游植物共同作为标志色素的情况，对色素的特征与否没有明确要求，同时又限定了色素比值的变化范围而不致得到不合理结果（Mackey et al.，1996）。同年，澳大利亚联邦科学与工业研究组织根据该方法研制出了以 Matlab 为操作平台的从 HPLC 数据来估计浮游藻群落组成和丰度的程序——CHEMTAX。CHEMTAX 分析是通过构建矩阵来分析数据的，一个矩阵由样品中藻类的色素组成及各色素的含量构成，另一个矩阵则是标志色素的出示比率，通过对色素比率矩阵的反复优化，最终定量地确定样品中浮游藻类种群的组成和丰度。目前分析群落色素数据的研究中大多采用 CHEMTAX 作为统计分析工具。但 CHEMTAX 得出的结果是一个最优化结果，其结果（特别是在初始色素比率信息存在较大偏差的情况下）可能并不能代表环境中浮游植物结构的真实情况，需要显微镜计数法进行配合校正。后来，Latasa 通过使用迭代方法多次运行程序部分解决了这一问题，但该方法并不适用所有情况（Latasa，2007；Miki et al.，2008）。

随着计算技术的发展，分析浮游植物色素数据的软件有了进一步发展。2005 年，Meersche 等开发了基于 R 环境的 BCE 程序。此程序利用已知的标志色素比率和样品数据的先验概率分布去估算样品组成的概率分布。该程序不仅在群落组成上可以获得与 CHEMTAX 相近的精度，还可以将色素数据和脂质等不同数据结合在一起使用，将其与同位素标记计数相结合，用以计算浮游植物的生长率。

HPLC 不仅能分析分离浮游植物的不同色素，与分光光度法相比，其分辨率更高，检出限更低，是一种更准确可靠的叶绿素 a 检测方法。更重要的是，根据 HPLC 所得的浮游植物色素数据，利用不同浮游植物体内的标志色素及其组成，运用专门的软件，几乎能够对所有的浮游植物进行分类检测，是目前海洋研究中分析浮游植物群落结构的常用方法。但 HPLC 测量叶绿素 a 浓度同样需要先取水样，并在实验室利用有机溶剂对色素进行萃取。HPLC 测量过程步骤繁琐、耗时，同时测量仪器造价昂贵，且 HPLC 要求使用环境稳定，不适合在一般调查船上使用，所以无法实现浮游植物的现场快速自动监测。

## 4.2　现场连续监测

由于海洋环境的复杂性，现代海洋环境监测更强调污染物或环境因子的原位和实时监测，而目前大部分实验室分析法无法实现叶绿素的在线监测，这迫使人们研究能够在现场直接监测的仪器。其中荧光检测法因其灵敏度高、操作简便、鉴别性高、不易受其他物质干扰且样品不需任何前处理等优点，被广泛应用于叶绿素的现场连续监测（Turner，1979；Schimanski et al.，2006）。4.1.1.2 小节中提到的荧光法测定浮游植物叶绿素是一种破坏式的体外检测法，即是将浮游植物叶绿素经有机溶剂萃取后，在 440nm 波长激发光激发后，测量 685nm 波长的荧光。此方法需要样品的预处理，不能用于叶绿素的现场连续监测。1966 年，Lorenzen 提出利用浮游植物的活体荧光测量其体内的叶绿素浓度，即在浮游植物的正常生理状态下，利用其受激辐射出的叶绿素 a 荧光强度测量其浓度，该方法无需取样和样品预处理，第一次实现了叶绿素的实时在线原位监测（Lorenzen，1966）。并根据该方法研制了一种荧光计，实现了 21 天的海上连续走航，奠定了海水叶绿素含量的走航连续观测技术基础，但活体荧光会受到浮游植物种类以及温度、光照、水体营养盐等多种环境因素的影响，因此测量结果偏差相对较大。虽然该方法不能精确地测定海水中的叶绿素含量，但却开辟了叶绿素在线监测的新方法，对后来的浮游植物在线监测方法和监测仪器的研制具有重要意义。

在海水叶绿素现场监测仪器的研制中，激发光源的研究和改进是仪器开发的一个重点。激光（laser）是 20 世纪 60 年代发明的一种光源，由于其具有单频光且高度集中的特点，被广泛应用于各个领域。在荧光分析中，为了提高检测灵敏度，对激发光的要求很高，利用激光作为激发光能够大大提高荧光分析的灵敏度。1973 年，Kim 首次利用机载激光荧光计实现了浮游植物浓度及其分布的现场测量（Kim，1973）。系统采用脉冲燃料激光器作为激发光源，通过测量海水表层叶绿素 a 所发出的荧光强度，获得浮游植物分布的信息，该系统能够探测到 mg/m³ 量级的叶绿素 a 含量。同时，通过基于激光诱导荧光（LIF）和拉曼（Raman）散射机理的机载和船载激光雷达遥测系统实现了浮游植物浓度及其分布的现场测量（Chappelle et al.，1991；Günther et al.，1994）。70 年代中期，苏联海洋科学家采用窄带滤光片、脉冲氨灯光源和脉冲检测技术研制了脉冲式水下荧光计。

光纤技术是 20 世纪后期的重大发明之一，自 1970 年美国康宁玻璃公司制成 20dB/km 的光纤以来，光纤技术得到了广泛的重视和发展。1977 年，美国海军研究实验室（NRL）开始执行光纤传感器系统（FOSS）计划，光纤传感器由设想的概念变成了实验事实并走向了快速发展的轨道。光纤技术与激光诱导荧光技术的集合，使叶绿素监测进入小型原位连续监测的时代。1991 年，Mazzunghi 研制了一种用电池供电的便携式光纤荧光计，以低功率的 He-Ne 激光器作为激发光源，通过一根光纤同时传输激发光和荧光，用于测量植物体内叶绿素的荧光强度（Mazzinghi，1991）。Gorbunov 和 Chekalyuk（1993）利用船载激光雷达系统现场研究太阳光对海藻光合作用和叶绿素荧光反应的影响。该系统采用 Nd YAG 激光器作为激发光源，激光通过反射镜照射海水中的叶绿素产生荧光，再经过反射镜到达荧光探测系统进行测量，该系统采用的是遥测手段。同年，他们引入了光纤，设计了用于海洋叶绿素浓度检测的传感器。Barbini 等（1995）报道了一种雷达激光荧光计，通过收集探测水上散布的油、悬浮物质及叶绿素的拉曼背向散射光和激光诱导荧光来实现海水质量状况的遥测。该仪器已用于亚得里亚海的航海作业，利用雷达分析在实验室和海上现场进行了广泛的标定测量工作，海水样品采自意大利沿海的不同区域；利用标准的物理化学方法校准雷达数据，从而得到有机物叶绿素浓度的绝对值。Cullen 等（1997）利用安装在浮标上的辐射计现场测量由太阳光激发的叶绿素荧光辐射，研究海水表面附近叶绿素、荧光、光合作用及辐射之间的关系。

1998 年，Brechet 等报道了一种用于现场监测石头表面藻类生长的手持式荧光计。系统采用调制型高亮度蓝光发光二极管（LED）激发藻类中的叶绿素 a 及附属色素的荧光，能实时测量固体表面上的藻类数量的分布。系统输出与藻类浓度之间呈线性，具有较高的测量灵敏度，适用于藻类生长的在线监测。该仪器受背景杂散光的影响小，因而可以在各种日光条件下工作。实验结果表明，测量沙土和藻类混合物中的藻类浓度范围达到 10 ~ $10^4$cells/g（Brechet et al.，1998）。1999 年，美国 YSI 公司成功地把叶绿素现场荧光仪缩小至一个探头大小，实现了轻便而经济的活体叶绿素在线监测。2000 年，日本 Alec 株式会社也研制出灵敏度高、体积小、操作方便的叶绿素、浊度和温度自动监测仪。目前国际上已经有很多生产叶绿素荧光检测仪的公司，如美国 YSI 公司、Welabs 公司、Seapoint 公司、Turner Designs 公司，日本 Alec 株式会社，德国 Walz 公司等都已有操作简便、性能优良的叶绿素荧光检测商品出售，包括便携式叶绿素检测仪和用于组装在监测平台的叶绿素检测探头。美国 Turner Designs 公司推出的现场叶绿素荧光测定仪，配备四档连续进样系统，可在海水中连续工作数周。前文提到的浮游植物分类荧光仪 Phyto-PAM 在后期也发展出光纤版，也可用于现场原位监测，但只能检测附着藻类、底栖藻类、浮游藻类和大型藻类的叶绿素。

海洋叶绿素的监测，一方面是为了判断初级生产力水平，另一方面则是通过叶绿素分布判断初级生产者群落结构和状态，同时对海洋赤潮灾害进行预警。目前叶绿素监测的另一个重要发展方向就是通过叶绿素及各种浮游植物色素的在线监测，进行浮游植物分类及群落结构、分布的监测，以期能够通过该方法随时监控海洋生态结构，并对赤潮等灾害进行预警（吕鹏翼，2014）。Richardson 等（2010）使用一种藻类在线荧光分析仪（algae online analyser，AOA）在美国东南部的两个河口区域研究了浮游藻类的组成，并与 HPLC 法进行了对比，结果表明实验所得数据在可接受范围内，同时指出光强度和营养物质会对荧光测定产生一定影响，建议测定不同区域的浮游藻类时进行仪器校正。Chang 等

(2012) 用荧光法对活体蓝藻中的藻蓝蛋白进行测定时发现叶绿素 a 浓度、浊度计蓝藻群落的大小会对测量结果产生一定干扰，并建立了模型以弥补叶绿素 a、浊度和群落大小对测量的影响。Catherine 等（2012）使用德国 BBE 叶绿素在线分析仪/荧光探针（fluoro probe，FP）对法国境内的大量湖泊、水库进行了大规模的测量，结果表明通过对水体中叶绿素 a 的测定，FP 能够很好地估算浮游植物的生物量并对浮游植物群落进行简单的分类，但同时指出以下问题：①环境因素会对叶绿素荧光产生怎样的影响；②何种强度的荧光光谱强度会受环境条件影响，仍需要进行深入的研究。

国外研制的海洋叶绿素荧光传感器已经广泛应用于海洋生物研究、海洋环境监测等领域，目前国际市场上主要生产荧光检测仪的公司有美国 YSI 公司、日本 Alec 株式会社、美国 Wetlabs 公司、美国 Seapoint 公司、美国 Turner Designs 公司，德国 Walz 公司等。这些公司均有成熟的叶绿素荧光检测产品，操作方便、性能优良。例如，美国 YSI 公司生产的叶绿素 a 检测仪对叶绿素 a 的检出限可低至 0.1μg/L，测量范围为 0～30μg/L，功耗电流为 65mA，耐压深度为 6000m；日本 Alec 株式会社生产的叶绿素 a 检测仪对叶绿素 a 的检出限可低至 0.02μg/L，测量范围为 0～100μg/L，功耗电流为 90mA，耐压深度为 200m；美国 Seapoint 公司生产的叶绿素 a 检测仪对叶绿素 a 的检出限可低至 0.02μg/L，测量范围为 0～100μg/L，功耗电流为 15mA，耐压深度为 6000m。

与国外相比，国内海洋叶绿素浓度测量方面的研究起步比较晚。1984 年，国家海洋局第一海洋研究所研制了国内第一台水下荧光计，并在 1990 年首次研制成功了海水叶绿素 a 在线测量仪（赵友全等，2010）。该仪器能在海洋中实时、快速地测定浮游植物活体叶绿素浓度，进而计算浮游植物的时空分布，以及一定时期内叶绿素浓度的变化规律，并且可以与空中或船上的卫星遥感测量系统同步。1996 年，中国科学院海洋研究所研制了一种需要用水泵从船底汲取海水进入荧光光度计样品室，从而测定海水中叶绿素 a 浓度的实时自动测量系统。国内的叶绿素 a 检测仪对叶绿素 a 的检出限可低至 0.01μg/L，测量范围为 0～100μg/L，功耗电流为 40mA，耐压深度为 2000m。

近几年我国自行研发的用于叶绿素 a 检测的荧光检测仪已经有了很大进步，但是与其他国外成熟品牌产品相比还存在一定差距，大多数叶绿素检测仪器系统设计复杂，功能不够完善，不能满足海洋复杂环境的原位监测要求；光源设计需要改进，使用寿命较短，系统耗能较大，难以实现水中长期原位监测；仪器检测精度、检测范围、线性度等与国外产品相比较低。因此，研制一种能够满足长期海洋环境实时检测要求的高精度、低功耗、自容式的叶绿素浓度自动检测系统对于我国进行海洋叶绿素监测、赤潮的提前预报等具有极其重要的意义。

# 4.3 遥 感 法

遥感（remote sensing）是指非接触的远距离的探测技术，是 20 世纪 60 年代初发展起来的一门新兴技术，是根据电磁波的理论，应用各种传感仪器对远距离目标所辐射和反射的电磁波信息，进行收集、处理并最后成像，从而对地面各种景物进行探测和识别的一种综合技术。根据工作平台的区别可分为地面遥感（陆地、船载）、航空遥感（机载）、航天遥感（人造卫星、飞船、空间站）等。遥感按其探测方式可分为主动遥感和被动遥感两种，前者是由传感器主动地向被探测的目标物发射一定波长的电磁波，然后接受并记录从目标物反射回来的电磁波；后者则是传感器不向被探测的目标物发射电磁波，而是直接接受并记录目标物反射太阳辐射或目标物自身发射的电磁波。

传统岸站、浮标或走航原位监测方法，不仅费时费力，效率低下，只能获得有限站位和有限路径的数据，不能反映整个水体的叶绿素浓度分布状况，无法进行大范围的研究。而遥感技术的出现，正弥补了叶绿素传统监测方法的不足，海洋环境监测具有重要意义。首先遥感技术实现了对地和对海的大规模同步观测，能够在较短时间内对大范围海域进行观测，一张卫星图像其覆盖面积可达三万多平方千米，这种宏观数据对研究海洋大尺环境分析和度物理化学变化十分必要。其次、遥感具有很强的时效性，随着无线传播技术的发展，一些船载、机载遥感技术可以与陆地接收点进行实时数据传输，目前利用人造卫星每隔 18 天就可送回一套全球的图像资料，美国国家海洋和大气管理局气象卫星每天能收到两次图像。欧洲 Meteosat 气象卫星每 30min 可获得同一地区的图像。最后，遥感技术的数据具有综合可比性，遥感探测对同一地区/海域进行周期性的重复观测，并获得同一时段、覆盖大范围地区/海域的实时遥感数据，能够综合反映该地区/海域的动态变化情况。并且遥感技术可以根据观测对象和任务的不同，选用不同波段和遥感仪器来获取数据，如根据不同波段对物体的穿透性不同，可用可见光、紫外线、红外线、微波等探测物体，以获取更多信息。随着传感器技术、航空航天技术、人造卫星技术和数据通信技术的不断发展，现代遥感技术已经进入一个能动态、快速、多平台、多时相、高分辨率地提供对地观测数据的新阶段。

## 4.3.1 叶绿素机载激光荧光雷达监测系统

合成孔径雷达（synthetic aperture radar，SAR）是一种高分辨率有源微波遥感成像系统，能够全天时、全天候的对目标大面积成像，20 世纪 60 年代问世，经历了单波段、单极化雷达、多波段多极化雷达、干涉雷达、极化雷达等发展阶段（华东，2000），已经逐步发展成为一项重要的遥感工具。SAR 技术又称星载雷达，是利用多普勒效应原理，依靠短天线达到高空间分辨率的目的。SAR 的激光雷达发射系统向海水中发射大功率的激光可激发出海水中浮游植物的叶绿素荧光，通过探测荧光信号的强度可以反演海水中的叶绿素浓度。海洋荧光激光雷达按载体平台可分为船载、机载、水下以及近年来发展起来的星载激光雷达。

由于激光荧光雷达是从远距离接收叶绿素荧光信号，在此过程中会受到激光能量波动、大气的非均匀性和海水衰减系数随深度变化等不稳定性因素的影响，因此直接利用探测到的叶绿素荧光强度反演海水叶绿素浓度的准确性会大大降低。为此 1978 年 Fadeev 提出了利用海水拉曼散射信号校正叶绿素荧光信号的理论（Fadeev，1987），并被 Klyshko 和 Fadeev 校正，建立了完善的拉曼校正荧光信号测量叶绿素的理论（*Klyshko and Fadeev*，

1987）。早在20世纪70年代初，美国国家航空航天局（NASA）便开始研制用于测量海水中浮游植物的机载海洋激光雷达，70年代中期NASA和NOAA联合研制了机载海洋激光雷达系统，用于对海洋油污染、叶绿素浓度、海岸带地形和多种海中物质受激发射荧光光谱进行探测（Poole and Esaias，1982）。此后，他们又多次对AOL系统进行了升级改进，目前已研制出性能先进的AOL-Ⅲ系统，该系统采取主被动同时测量技术，不仅能够对海水中的叶绿素浓度进行探测，还能反演出浮游植物藻胆红素和藻红蛋白浓度（Hoge et al.，2001）。90年代，日本海洋科学技术中心研制了一套船载激光雷达，用于测量海水中的浮游植物和悬移质等。该系统的光电探测器采用响应速度更快的微通道板光电倍增管，没有使用常见的空间滤波器，而选用高灵敏度（纳秒级）的门控器，以实现测量悬移质、叶绿素浓度的信号在深度上的高分辨率，从而提高了滤波的效率。

机载海洋激光雷达是利用机载的蓝绿激光发射和接收设备，通过发射大功率窄脉冲激光，并与现代光电探测技术相结合的主动遥感技术。从1968年第一个激光雷达探测系统研制成功以来（Hickman and Hogg，1969），由于其高效、实时、测量准确、覆盖范围广等优点，被广泛地应用于海水水文勘测（包括浅海水深、海底地貌测绘、海水光学参数的遥测等）、水下潜艇探测、水雷探测、鱼群探测、海洋生态环境监测和水色卫星印证等方面（Billard and Wilsen，1986；Fiorani et al.，2004）。机载海洋激光荧光雷达是利用叶绿素受激发后的荧光效应来反演叶绿素浓度的海洋探测技术，与船载激光雷达相比，能够经济有效地在大尺度范围内，迅速、实时地获取叶绿素数据（Hoge and Swift，1981）。"七五"期间，中国海洋大学研制了海洋荧光船载激光雷达系统，并在东海、黄海、渤海进行了大量实验。中国海洋大学海洋遥感研究所于1990年研制了我国第一台海洋激光雷达用于测量海温，随后，相继研制成了可以测深、表层叶绿素浓度和悬移质浓度的蓝绿光海洋激光雷达（BLOL）系统，BLOL系统采用波长为532nm的YAG激光器，激光脉冲能量为100mJ，频率为10Hz。接收器选用两个Cassgearin望远镜，其直径为120nm，视场角为30°，光电探测器件选用国产的GDB54型光电倍增管，利用分辨率为1nm的光栅单色仪进行选光和滤除部分背景光。数字化仪采用瞬态纪录仪，其采样频率为40MHz，分辨率为12bit（陈卫标和吴东，1998）。马森（2007）于1998年成功研制了一套机载海洋荧光激光雷达用来测量海表层的叶绿素浓度，该机载海洋荧光激光雷达的激发波长为355nm，单脉冲能量为80mJ，重复频率1Hz、3Hz、5Hz可选，脉冲宽度为8～10ns，望远镜口径为200mm，采用双通道光电倍增管接收光谱仪收集的404nm海水拉曼荧光和685nm叶绿素荧光，工作时，飞机飞行高度为150～300m（马森，2007）。中国海洋大学研制的机载海洋荧光激光雷达系统，采用了叶绿素荧光和海水拉曼光峰值比法以及叶绿素荧光和海水拉曼光峰值积分比法两种方案对回波信号进行处理，反演海水中的叶绿素含量。

机载海洋荧光激光雷达与传统叶绿素监测方法相比，有其不可替代的优越性。传统岸站、浮标或走航原位监测方法，只能获得有限站位和有限路径的数据，且费时费力，效率低下，机载雷达系统怎可以在短时间内获取大面积海域的叶绿素变化情况，虽然其在准确度方面差于传统方法，但能够了解大尺度的海洋浮游植物总量变化，对赤潮预警具有重要意义。与卫星遥感相比，机载海洋荧光激光雷达是采取主动式传感方法，灵活性干扰性更强，且其探测海面的水平分辨率远大于卫星遥感，其地面分辨率高达 1 ~ 20m。除了叶绿素监测外，机载海洋荧光激光雷达在海洋勘探、海洋环境其他要素的监测也有广泛的应用。在未来的发展中，机载海洋荧光激光雷达还需要在以下几方面作出工作的突破：①应用小型化和高重复频率的微脉冲激光器；②采用更先进的高速信号处理硬件和 PC（个人电脑）机；③与小型化、多通道的探测元件相结合；④研制带宽更窄的滤波器，通过空间滤波、偏振滤波等提高仪器的信噪比；⑤与高性能成像探测技术相结合；⑥尽快实现业务化飞行，迎合市场需要，提供更多的海洋数据。

## 4.3.2 叶绿素卫星遥感监测系统

1972 年，美国发射了第一颗陆地卫星后，使人类进入了卫星遥感时代。最近几十年，随着空间技术、计算机技术、传感器技术等技术的飞速发展，传感器空间分辨率与光谱分辨率的提高以及多角度遥感探测技术的发展，卫星遥感正在进入一个以高光谱遥感技术、微波遥感技术为主要标志的时代。卫星遥感法监测叶绿素基本上都是利用搭载在卫星上的水色扫描仪，根据水色数据，通过建立模型和反演海水中的叶绿素的。水色遥感是一种被动检测方法，是利用紫外、可见、近红外光谱范围的多个波段探测水体光学特征以及水色要素的技术，其利用星载或机载可见光、红外扫描辐射计接收到的海面上行光谱辐射，经大气校正，根据相应的生物光学特性，来获取海中叶绿素、悬浮颗粒物和黄色物质等海洋环境要素信息，如图 4-3 所示。美国 1978 年发射的 Nimbus-7 卫星上装载了海岸带水色扫描仪和多波段微波扫描辐射计，开启了利用光学遥感监测全球海洋变化的时代。该卫星成功地获取了全球的海洋水色分布，反演出世界各大洋金表层浮游植物色素资料，首次提供了全球的生产力估算图，受到世界各国的关注。随着对水色信息的深入研究，人们发现利用水色数据可以反演更多物质的信息，而不仅仅是浮游植物，甚至可以区别一些浮游植物

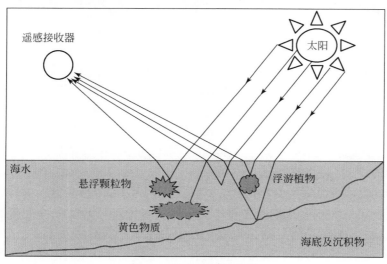

图 4-3　水色遥感示意图

的种类。而为了达到这些目的，则要求传感器有更高的光谱分辨率、更好的校准，以及更高的信噪比。随后欧洲空间局、日本、俄国、法国、加拿大等国相继发射了一系列水色卫星，如美国的 EOS-AM/PM，欧洲空间局的 Envisat，日本的 MOS-1、ADEOS 等。利用海洋遥感数据进行浮游植物色素浓度估算可行性的证实，大大推动了新型海洋水色传感器的发展，世界各国纷纷研制并发射了业务化运行的新型海洋水色传感器，如 MOS、OCTS、PLODER、SeaWiFS、MODIS、MISR、MERIS 等（Morel et al.，1997；曲利芹等，2006），这些传感器的运行为海洋叶绿素大尺度同步实时观测提供了有利的工具。

我国分别于 2002 年和 2007 年发射了"海洋一号 A"和"海洋一号 B"两颗海洋卫星。"海洋一号 A"卫星是我国第一颗用于海洋水色探测的试验性业务卫星，搭载了一台十波段的海洋水色扫描仪和一台四波段的 CCD 成像仪，主要用于观测海水光学特征、叶绿素浓度、悬浮泥沙含量、可溶有机物、海表面温度和海洋污染物质以及探测浅海地形、海流特征、海面上空大气气溶胶等要素，是我国首次利用自己的卫星获得了我国海区较高质量的叶绿素浓度和悬浮泥沙浓度的分布图。"海洋一号 B"则是"海洋一号 A"卫星的后续星，其观测周期由"海洋一号 A"的 3 天缩短为 1 天，成像由每天 2~3 轨增加到每天 7~8 轨，成像仪谱段的分辨率更窄，特定水体发出的颜色分辨得更清楚，从而对海洋泥沙和叶绿素的观测更精确。

遥感法测定叶绿素的一个重要的工作就是对叶绿素浓度进行反演。主要方法是对遥感卫星影像进行大气校正、几何校正后计算离水辐射率，根据离水辐射率，利用不同的反演模式反演出海水中的叶绿素浓度。1970 年，Clarke 等利用航空光谱遥感水体表层叶绿素浓度，成功验证了通过传感器接收的光谱信号反演水体中主要成分浓度的可行性（Clarke et al.，1970），为以后的卫星水色遥感技术发展奠定了坚实的基础。其反演算法大致可以分为两类：即经验算法（empirical approach）和基于模型的算法（model-based pproaches）。

经验算法主要是以实测数据（包括遥感图像）为基础，建立水体光谱特征数据与叶绿素浓度之间的定量关系而建立的算法，需要大量的现场实测数据。其表达式为

$$C = a\left[\frac{L_w(\gamma_1)}{L_w(\gamma_2)}\right]^b + c \qquad (4-1)$$

式中，$C$ 为叶绿素 a 浓度；$a$、$b$、$c$ 为统计回归系数；$L_w$ 为离水辐射率，也可以用遥感反射率代替。研究发现蓝绿光比值法可以大大减少海洋反射率二向反射特征的问题，因此常用的经验算法主要是基于两个或多个波段遥感反射率与叶绿素浓度之间的回归分析为基础的算法。如 SeaWiFS 的叶绿素算法和 MODIS 的叶绿素算法等（Esaias et al.，1998；O'Reilly et al.，1998；Carder et al.，2004）。实际应用中经常会依据回归方程进行对数的转换，变换后的模型一般为双曲函数、幂函数、三次方函数和多元函数等。

基于模型的算法则是利用生物光学模型描述水体组分和水体光谱辐射特征之间的相关性，根据反射光谱与水体组分浓度之间的关系反演水体组分的各种特征参数，包括代数法、神经网络法、非线性最优化法、主成分分析方法等（Neumann et al.，1995；唐军武，1999；Buckton et al.，1999）。目前关于对海洋遥感信息中叶绿素信息提取还有没有统一的算法和模型，但一些学者出于研究和实际应用的需要，针对研究海域建立了不同的区域模型

或各自的经验模型，主要有 SeaWiFS OC2 模型、SeaWiFS OC4V4 模型、Polder 模型、Carder 模型、Clark 三波段模型、CZCS 模型、MODIS OC3M 模型、Aiken 模型、Morel 模型等。

根据海水水体光学性质的不同，通常将水体分为Ⅰ类水体和Ⅱ类水体（case Ⅰ和 case Ⅱ），世界上大部分的海水都属于Ⅰ类水体，占全球海水面积的90%以上，影响光学特性的物质组成比较简单，主要是浮游植物色素（叶绿素）（Gordon and Morel，2012），自CZCS 运行以来，以"比值波段组合"为基础的经验统计算法在Ⅰ类水体中已经得到了较高的反演精度，成为业务上的主要算法，对Ⅰ类水体的水色遥感从试验观测到算法研究都形成了一套较为成熟的标准规范（Mueller et al.，2002）。目前利用卫星遥感估算海水中叶绿素的含量的精度还不高，平均误差为20%~30%（英时，2003）。

但随着经济的发展，沿海海水受人类影响日益严重，富营养化加剧。近岸海域大多是Ⅱ类海水，一些污染严重的港口、河口地区甚至为Ⅲ类、Ⅳ类或劣Ⅳ类水质。Ⅱ类水体物质组成较复杂，受陆源的影响较大，其中的光活性物质包括浮游藻类色素（叶绿素）、非色素悬浮颗粒以及有色溶解有机物（colored dissolved organic matter，CDOM）等，对于近岸Ⅱ类水体，由于悬浮泥沙和黄色物质的增多，悬浮泥沙的后向散射和黄色物质的强烈吸收直接影响了海水的光学性质，导致反演水色信息的工作变得十分复杂，用于开阔大洋的叶绿素传感器和反演算法不再完全适用。

针对Ⅱ类水体的特点，首先需要改善水色传感器性能，在满足Ⅰ类水体的所有要求外，还应满足Ⅱ类水体的特殊要求，包括：①增加可见光光谱通道。由于Ⅱ类水体叶绿素含量较高，而叶绿素会在685nm附近出现荧光峰，MODIS、MERIS 和 GLI 增设了中心波长在680nm 和665nm 附近的窄波段测量荧光峰，计算叶绿素浓度，该方法避免了其他物质吸收和散射的影响，适用于Ⅱ类水体叶绿素浓度较高的情况。②增强辐射探测能力。Ⅱ类水体离水辐射率量值跨度较大，这要求水色传感器的灵敏度和信噪比应高于Ⅰ类水体的设计要求，另外为避免或减少海岸带测量或有云天气时传感器不饱和工作，传感器动态范围宽，数据量化精度要高，一般为12~14bit（Sathyendranath，2000），如 SeaWiFS 光学通道的灵敏度约为 CZCS 的十倍，10bit 量化；MODIS 的信噪比又高于 SeaWiFS，12bit 量化。③提高时空分辨率。近岸水域海洋现象的变化周期较大洋要短得多，短则几小时，长则2~10天，因此需要缩短卫星的重复观测间隔时间，这就要求水色传感器能够适应采样频率高的特殊监测，同时Ⅱ类水体水色遥感传感器的地面分辨率要求跨度较大，由几十米到1km。MERIS 的分辨率为0.3km，GLI 的分辨率为0.25km。

除了从水色遥感传感器性能方面进行优化外，针对Ⅱ类水体光学特性的复杂性，发展适合Ⅱ类水体的反演算法也是十分必要的。Chang 和 Gould（2006）利用2001年加拿大中东部的哈德逊湾的浮标数据对 SeaWiFS 和 MOIDS 的叶绿素 a 浓度进行了精度检验，其平均相对误差分别为70.5%和109.5%；孙凌等（2009）利用2003年春季和秋季黄东海航次的实测数据对 MODIS 标准水色产品中的叶绿素 a 浓度进行了真实性检验分析，发现产品值整体偏高，线性关系不明显。建立适合Ⅱ类水体的遥感反演算法成为叶绿素遥感技术的热点和难点。Ⅱ类水体的遥感反演算法的研发方向将是海洋-大气系统当作耦合系统，用水色因子反演的理论模式取代经验算法，并引入新的数据处理方法解决算法中的多变量、非线性问题。水色遥感大气校正是国际公认的难题，传感器接受的总辐射量中来自海面的信号甚微，90% 以上的信号来自大气瑞利散射、气溶胶散射和太阳反射等（Hu et al.，2000），因此大气校正成为水色卫星资料反演模式的关键技术。针对 Ⅱ 类浑浊水体，有两种方法对 Ⅰ 类水体的大气校正方法进行修正，一是在近红外波段建立耦合的水文-大气光学模式，根据水体后向散射在近红外波段之间的关系迭代计算近红外波段的气溶胶特性；二是假设气溶胶类型在小范围内（50~100km）基本不变，借用临近较清洁水体的大气条件来计算浑浊海水的气溶胶辐射率，实现对 Ⅱ 类水体的大气校正（任敬萍和赵进平，2002）。算法方面，逐渐不再单纯地使用经验反演，而是偏向于理论基础；算法中还引入了能够处理多变、非线性体系的更新、更有效的数学统计方法。而这些发展聚焦于改善近岸和其他光学复杂的水体。

　　海洋叶绿素监测发展至今已经取得了长足的进步，根据不同的需求可以采用不同监测方法进行监测，表4-2 为不同叶绿素分析监测方法优缺点的比较。海水中叶绿素的监测在海洋各个环境因子的监测中，无论是实验室分析检测的准确度、灵敏度上，还是在线监测的应用上都发展较早、较成熟，但在实际海水监测应用中，仍存在一些缺陷。叶绿素在线监测荧光计：设计复杂，功能不够完善，不能满足海洋复杂环境自容式原位检测的要求；大多采用氙灯和干涉光栅，体积和功率较大、使用寿命短、易损坏，并且系统整体功耗大，难以实现长期水下自动原位工作；检测精度、检测范围、线性度等无法准确监测海水中叶绿素的浓度；目前的叶绿素荧光在线监测仪器仍无法满足海洋生态监测和赤潮预警预报等方面的需求。叶绿素遥感监测：各种反演算法差距较大，无法准确反映活体叶绿素荧光过程的复杂性和多变性；分辨率低，只适合大范围的叶绿素反演，无法反映细微尺度上叶绿素的变化。

**表4-2　不同叶绿素分析监测方法的优缺点比较**

| 分析监测方法 | | 优势 | 缺点 |
|---|---|---|---|
| 实验室分析方法 | 光谱法 分光光度法 | 方法成熟，操作简单；有标准的样品测量方法；便于大量处理样品；准确度高，灵敏度高，重复性好；可同时测量叶绿素 a、叶绿素 b、叶绿素 c | 需要人工进行样品处理及测量；必须采集样品，无法原位监测；不能确定浮游植物种类 |
| | 常规荧光法 | 方法成熟，操作简单；有标准的样品测量方法；便于大量处理样品；准确度高，灵敏度较分光光度法高 | 需要人工进行样品处理及测量；必须采集样品，无法原位监测；不能确定浮游植物种类；只能测定叶绿素 a |
| | 荧光光谱法 | 可测量多种色素种类；可对蓝藻、绿藻、硅藻、甲藻等进行自动监测；操作较简单；叶绿素检测限低（0.1μg/L） | 无法实现长时间原位监测；浮游植物分类不精确 |
| | 色谱法 薄层色谱法 | 方法较简单，可快速分离色素；成本较低 | 色素分辨率较低；多用于定性分析，无法准确定量 |
| | 高效液相色谱法 | 叶绿素分辨率极高，检出限低；可分离多种叶绿素；可准确定量各种色素含量；可对浮游植物进行分类 | 操作繁琐耗时；仪器造价昂贵，成本较高；要求测量环境稳定，无法现场原位监测 |

续表

| 分析监测方法 | | 优势 | 缺点 |
|---|---|---|---|
| 现场连续监测 | 便携式光纤荧光计 | 体积小、操作简便；无需人工采集水样；可长时间在线原位监测 | 准确度不高；无法进行色素分类；无法进行浮游植物分类；需要定期更换电源 |
| 遥感法 | 机载荧光雷达监测系统 | 可对叶绿素进行大范围、全天候的原位监测；无需人工采集水样；采用主动式传感，灵活度和抗干扰性强 | 较实验室测量方法和便携荧光计，其准确度较低；在浮游植物分类上存在困难 |
| | 卫星遥感监测系统 | 可进行全球范围的叶绿素监测；无需人工采样；可对叶绿素进行全天候原位监测；采用被动传感方式，耗能低 | 分辨率较低（100～1000m）；抗干扰能力低；灵活性低 |

# 参 考 文 献

陈国珍. 1990. 荧光分析法. 北京：科学出版社.

陈卫标, 吴东. 1998. 海洋表层叶绿素浓度的激光雷达测量方法和海上实验. 海洋与湖沼, 29（3）：255-260.

华东. 2000. 雷达对地观测理论与应用. 北京：科学出版社.

惠伯棣, 张西, 文镜. 2005. 反相 C30 柱在 HPLC 分析类胡萝卜素中的应用. 食品科学, 26（1）：264-270.

金霞, 金志芳, 孙光举, 等. 2010. 分光光度法测定海水中叶绿素含量的研究. 广州化工, 38（4）：132-133.

吕鹏翼. 2014. 荧光法测定水体中叶绿素的影响因素研究. 石家庄：河北科技大学硕士学位论文.

马森. 2007. 海表层叶绿素和溢油机载海洋荧光激光雷达实验与方法研究. 青岛：中国海洋大学硕士学位论文.

曲利芹, 管磊, 贺明霞. 2006. Sea WiFS 和 MODIS 叶绿素浓度数据及其融合数据的全球可利用率. 中国海洋大学学报：自然科学版, 36（2）：321-326.

任敬萍, 赵进平. 2002. 二类水体水色遥感的主要进展与发展前景. 地球科学进展, 17（3）：363-371.

沈丽. 2009. 激光诱导叶绿素荧光光谱分析. 长春：吉林大学硕士学位论文.

孙凌, 王晓梅, 郭茂华, 等. 2009. MODIS 水色产品在黄东海域的真实性检验. 湖泊科学, 21（2）：298-306.

唐军武. 1999. 海洋光学特性模拟与遥感模型. 北京：中国科学院遥感应用研究所博士学位论文.

英时. 2003. 遥感应用分析原理与方法. 北京：科学出版社.

张宗祥, 朱宇芳. 2010. 超声提取分光光度法测定地表水浮游植物中的叶绿素 a. 干旱环境监测, 24（2）：121-123.

赵友全, 魏红艳, 李丹, 等. 2010. 叶绿素荧光检测技术及仪器的研究. 仪器仪表学报, 6：1342-1346.

Barbini R, Colao F, Fantoni R, et al. 1995. Remote sea-water quality monitoring by means of a lidar fluorosensor. Proceedings of the Satellite Remote Sensing II, International Society for Optics and Photonics, 46-55.

Billard B, Wilsen P J. 1986. Sea surface and depth detection in the WRELADS airborne depth sounder. Applied Optics, 25（13）：2059-2066.

Brechet E, McStay D, Wakefield R D, et al. 1998. Novel blue LED-based handheld fluorometer for detection of terrestrial algae on solid surfaces. Proceedings of the Lasers and Materials in Industry and Opto- Contact Workshop, International Society for Optics and Photonics, 184-190.

Buckton D, O'mongain E, Danaher S. 1999. The use of neural networks for the estimation of oceanic constituents based on the MERIS instrument. International Journal of Remote Sensing, 20 (9): 1841-1851.

Carder K, Chen F, Cannizzaro J, et al. 2004. Performance of the MODIS semi-analytical ocean color algorithm for chlorophyll-a. Advances in Space Research, 33 (7): 1152-1159.

Catherine A, Escoffier N, Belhocine A, et al. 2012. On the use of the FluoroProbe ®, a phytoplankton quantification method based on fluorescence excitation spectra for large-scale surveys of lakes and reservoirs. Water Tesearch, 46 (6): 1771-1784.

Chang D W, Hobson P, Burch M, et al. 2012. Measurement of cyanobacteria using in-vivo fluoroscopy-Effect of cyanobacterial species, pigments, and colonies. Water Research, 46 (16): 5037-5048.

Chang G C, Gould R W. 2006. Comparisons of optical properties of the coastal ocean derived from satellite ocean color and in situ measurements. Optics Express, 14 (22): 10149-10163.

Chappelle E W, McMurtrey J E, Kim M S. 1991. Identification of the pigment responsible for the blue fluorescence band in the laser induced fluorescence (LIF) spectra of green plants, and the potential use of this band in remotely estimating rates of photosynthesis. Remote Sensing of Environment, 36 (3): 213-218.

Chazottes A, Bricaud A, Crépon M, et al. 2006. Statistical analysis of a database of absorption spectra of phytoplankton and pigment concentrations using self-organizing maps. Applied Optics, 45 (31): 8102-8115.

Clarke G L, Ewing G C, Lorenzen C J. 1970. Spectra of backscattered light from the sea obtained from aircraft as a measure of chlorophyll concentration. Science, 167 (3921): 1119-1121.

Cullen J J, Ciotti A M, Davis R F, et al. 1997. Relationship between near-surface chlorophyll and solar-stimulated fluorescence: Biological effects. Proceedings of the Ocean Optics XIII, International Society for Optics and Photonics, 272-277.

Esaias W E, Abbott M R, Barton I, et al. 1998. An overview of MODIS capabilities for ocean science observations. Geoscience and Remote Sensing, IEEE Transactions on, 36 (4): 1250-1265.

Eskins K, Scholfield C R, Dutton H J. 1977. High-performance liquid chromatography of plant pigments. Journal of Chromatography A, 135 (1): 217-220.

Everitt D, Wright S, Volkman J, et al. 1990. Phytoplankton community compositions in the western equatorial Pacific determined from chlorophyll and carotenoid pigment distributions. Deep Sea Research Part A Oceanographic Research Papers, 37 (6): 975-997.

Fadeev V V. 1978. Remote laser probing of photosynthesizing organisms. Quantum Electronics, 8 (10): 1251-1254.

Fiorani L, Barbini R, Colao F, et al. 2004. Combination of lidar, MODIS and SeaWiFS sensors for simultaneous chlorophyll monitoring. Earsel Eproceedings, 3: 8-17.

Freedman B. 1994. Environmental ecology: The ecological effects of pollution, disturbance, and other stresses. Chicago: Academic Press.

Gieskes W, Kraay G W. 1983a. Unknown chlorophyll a derivatives in the North Sea and the tropical Atlantic Ocean revealed by HPLC analysis. Limnology and Oceanography, 28 (4): 757-766.

Gieskes W, Kraay G. 1983b. Dominance of Cryptophyceae during the phytoplankton spring bloom in the central North Sea detected by HPLC analysis of pigments. Marine Biology, 75 (2-3): 179-185.

Günther K, Dahn H G, Lüdeker W. 1994. Remote sensing vegetation status by laser-induced fluorescence.

Remote Sensing of Environment, 47 (1): 10-17.

Gorbunov M Y, Chekalyuk A M. 1993. Lidar in-situ study of sunlight regulation of phytoplankton photosynthetic activity and chlorophyll fluorescence. Proceedings of the Laser Spectroscopy of Biomolecules: 4th International Conference on Laser Applications in Life Sciences, International Society for Optics and Photonics, 421-427.

Gordon H R, Morel A Y. 2012. Remote assessment of ocean color for interpretation of satellite visible imagery: A review. Springer Science & Business Media.

Hallegraeff G. 1981. Seasonal study of phytoplankton pigments and species at a coastal station off Sydney: Importance of diatoms and the nanoplankton. Marine Biology, 61 (2-3): 107-118.

Hickman G D, Hogg J E. 1969. Application of an airborne pulsed laser for near shore bathymetric measurements. Remote Sensing of Environment, 1 (1): 47-58.

Hoge F E, Swift R N. 1981. Airborne simultaneous spectroscopic detection of laser-induced water Raman backscatter and fluorescence from chlorophyll a and other naturally occurring pigments. Applied Optics, 20 (18): 3197-3205.

Hoge F E, Wright C W, Lyon P E, et al. 2001. Inherent optical properties imagery of the western North Atlantic Ocean: Horizontal spatial variability of the upper mixed layer. Journal of Geophysical Research: Oceans, 106 (C12): 31129-31140.

Hu C, Carder K L, Muller-Karger F E. 2000. Atmospheric correction of SeaWiFS imagery over turbid coastal waters: A practical method. Remote Sensing of Environment, 74 (2): 195-206.

Jeffrey S. 1968. Quantitative thin-layer chromatography of chlorophylls and carotenoids from marine algae. Biochimica et Biophysica Acta (BBA)-Bioenergetics, 162 (2): 271-285.

Jeffrey S, Hallegraeff G. 1987. Chlorophyllase distribution in ten classes of phytoplankton: A problem for chlorophyll analysis. Marine Ecology Progress Series, 35 (3): 293-304.

Jeffrey S W, Humphrey G F. 1975. New spectrophotometric method for determining chlorophyll a, b, cl and c2 in algae, phytoplankton, and higher plants. Biochemie und physiologie der Pflanzen, 167: 191-194.

Kim H H. 1973. New algae mapping technique by the use of an airborne laser fluorosensor. Applied Optics, 12 (7): 1454-1459.

Klyshko D, Fadeev V. 1978. Remote determination of the concentration of impurities in water by the laser spectroscopy method with calibration by Raman scattering. Proceedings of the Soviet Physics Doklady. 23: 55.

Knefelkamp B, Carstens K, Wiltshire K H. 2007. Comparison of different filter types on chlorophyll-a retention and nutrient measurements. Journal of Experimental Marine Biology and Ecology, 345 (1): 61-70.

Lababpour A, Lee C G. 2006. Simultaneous measurement of chlorophyll and astaxanthin in Haematococcuspluvialis cells by first-order derivative ultraviolet-visible spectrophotometry. Journal of Bioscience and Bioengineering, 101 (2): 104-110.

Latasa M. 2007. Improving estimations of phytoplankton class abundances using CHEMTAX. Marine Ecology Progress Series, 329: 13-21.

Lorenzen C J. 1966. A method for the continuous measurement of in vivo chlorophyll concentration. Deep Sea Research and Oceanographic Abstracts. Elsevier, 13 (2): 223-227.

Lorenzen C J. 1967. Determination of chlorophyll and pheo-pigments: spectrophotometric equations. Limnology and oceanography, 12 (2): 343-346.

Lorenzen C J. 1966. A method for the continuous measurement of in vivo chlorophyll concentration. Deep Sea Research and Oceanographic Abstracts, 13 (2): 223-227.

Mackey M, Mackey D, Higgins H, et al. 1996. CHEMTAX- a program for estimating class abundances from chemical markers: Application to HPLC measurements of phytoplankton. Marine Ecology Progress Series, 144: 265-283.

Mazzinghi P. 1991. LEAF: A fiber-optic fluorometer for field measurement of chlorophyll fluorescence. Proceedings of the ECO4. International Society for Optics and Photonics, 187-194.

Meersche V D, Soetaert K, Middelburg J J. 2008. A Bayesian compositional estimator for microbial taxonomy based on biomarkers. Limnology and Oceanography: Methods, 6 (5): 190-199.

Miki M, Ramaiah N, Takeda S, et al. 2008. Phytoplankton dynamics associated with the monsoon in the Sulu Sea as revealed by pigment signature. Journal of Oceanography, 64 (5): 663-673.

Morel A, Barale V, Bricaud A, et al. 1997. Minimum requirements for an operational, ocean-colour sensor for the open ocean. International Ocean-Color Coordinating Group, Dartmouth, Nova Scotia, Canada, 46: 6-7.

Mueller J, Mueller J, Pietras C, et al. 2002. Ocean optics protocols for satellite ocean color sensor validation. British Journal of Surgery, 47 (201): 111-112.

Neumann A, Krawczyk H, Walzel T. 1995. A complex approach to quantitative interpretation of spectral high resolution imagery. Proceedings of the Third Thematic Conference on Remote Sensing for Marine and Coastal Environments, Seattle, USA.

O'Reilly J E, Maritorena S, Mitchell B G, et al. 1998. Ocean color chlorophyll algorithms for SeaWiFS. Journal of Geophysical Research: Oceans (1978-2012), 103 (C11): 24937-24953.

Poole L R, Esaias W E. 1982. Water Raman normalization of airborne laser fluorosensor measurements: A computer model study. Applied Optics, 21 (20): 3756-3761.

Richardson T L, Lawrenz E, Pinckney J L, et al. 2010. Spectral fluorometric characterization of phytoplankton community composition using the Algae Online Analyser®. Water Research, 44 (8): 2461-2472.

Ritchie R J. 2006. Consistent sets of spectrophotometric chlorophyll equations for acetone, methanol and ethanol solvents. Photosynthesis Research, 89 (1): 27-41.

Sathyendranath S. 2000. Reports of the International Ocean-Colour Coordinating Group. IOCCG, Dartmouth, Canada, 3: 140.

Schimanski J, Beutler M, Moldaenke C. 2006. A model for correcting the fluorescence signal from a free-falling depth profiler. Water Research, 40 (8): 1616-1626.

Turner G. 1979. Review of fluorometric techniques and instrumentation. Oceans, 79: 583-585.

Wright S. 1991. Improved HPLC method for the analysis of chlorophylls and carotenoids from marine phytoplankton. Marine Ecology Progress Series, 77: 183-196.

Wright S W, Jeffrey S W, Mantoura R F C. 2005. Phytoplankton pigments in oceanography: Guidelines to modern methods. UNESCO Publishing.

Yacobi Y Z, Pollingher U, Gonen Y, et al. 1996. HPLC analysis of phytoplankton pigments from Lake Kinneret with special reference to the bloom-forming dinoflagellate Peridinium gatunense (Dinophyceae) and chlorophyll degradatio products. Journal of Plankton Research, 18 (10): 1781-1796.

Yentsch C S, Menzel D W. A method for the determination of phytoplankton chlorophyll and phaeophytin by fluorescence. Proceedings of the Deep Sea Research and Oceanographic Abstracts, Elsevier, 1963: 221-231.

Zapata M, Rodriguez F, Garrido J L. 2000. Separation of chlorophylls and carotenoids from marine phytoplankton: A new HPLC method using a reversed phase C8 column and pyridine-containing mobile phases. Marine Ecology Progress Series, 195: 29-45.

# 第三部分

## 海洋典型污染物分析监测

# |第5章| 重金属分析监测

重金属是指原子相对密度在 5g/cm³ 以上的金属元素，按这一标准划分，天然金属元素中，有 45 种属于重金属，不同的重金属在生物体内的功能不同，有些是生命活动所必需的微量元素，如锰、铜、铁、锌、铯等，而大部分重金属并非生命所必需。在所有的重金属元素分类中，一些被划分为稀土金属，一些被划分为难熔金属，然而，最终在工业上真正被划为重金属的有 10 种金属元素：铜、铅、锌、锡、镍、钴、锑、汞、镉和铋。此外，像砷、硒等既有金属的性质也有非金属的性质的类金属元素，因其具有显著的生物毒性，在环境污染角度也被归类为重金属元素。这些重金属及其化合物在超过一定浓度后会对生物体产生危害，特别是汞、镉、铅、铬等常见的环境和工业毒物，具有显著的生物毒性（Rainbow，1995）。

重金属污染是指由重金属或其化合物造成的环境污染。海洋中的重金属主要有两个来源：天然来源和人为来源，如图 5-1 所示。天然来源主要包括地壳岩石风化和海底火山喷发，随着地表径流或大气干湿沉降进入海洋。人为来源主要包括部分化石燃料燃烧、重金属冶炼及其他工业生产排放的废气等通过干湿沉降进入海洋，以及生活废水、工农业污水、矿山废水的排放及重金属农药的流失，通过河流和湖泊进入沿岸海域，再经洋流运动等进入外海（田金，2009）。其中，陆源输入是海洋重金属污染的主要来源。海水中的重金属可通过物理化学过程以颗粒物的形式沉至海底，也可被生物摄入体内，经食物链传递，最终随生物遗骸沉入海底。沉积物中的重金属元素部分经生物矿化、早期成岩等过程脱离地球化学循环过程，部分重金属则经物理化学及生物过程，重新进入上层水体，造成二次污染。

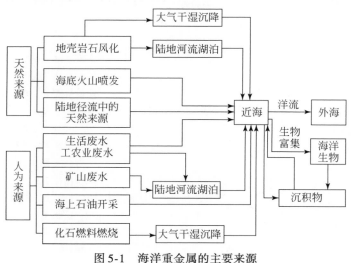

图 5-1 海洋重金属的主要来源

水体中重金属的危害,不仅取决于重金属的种类,还取决于重金属的浓度、价态和存在形态。例如,大部分重金属的有机态比无机态毒性大(有机汞、有机锡、有机铅等);可溶性的重金属比颗粒态的重金属毒性大;六价铬比三价铬毒性大、三价砷比五价砷毒性大等。即使是人体必需的重金属,当浓度超过一定值时也会对生命体造成损害。另外,重金属具有很强的生物富集作用,它们可以在藻类和海水沉积物中累积,被生物摄入体内后不能通过生物降解,只能发生各种形态的相互转化和分散、富集过程(即迁移),并通过食物链逐级地富集到更高营养级生物体内,最终对水生生物甚至人类产生严重损害。近一个世纪以来,由于食用重金属富集的鱼虾蟹贝造成的人类重金属中毒事件屡见不鲜,其最早的报道是 20 世纪 30 年代日本出现的由于矿山废水污染而造成的镉中毒事件(骨痛病)。类似的事件随之发生,50 年代,日本水俣湾附近部分渔民由于食用大量被汞污染的水生生物而患有水俣病;2006 年甘肃陇南儿童血铅超标事故、2008 年广西河池砷中毒事件等,各种食品重金属超标事件更是屡禁不止。近些年,由于人们对海产品营养价值的认知不断提高和海产品的消费不断增大,海洋中的重金属通过重金属富集的鱼虾蟹贝等水产品转移到人体,对人体造成了更大的损害(表 5-1),因此对海洋重金属的监测便显得尤为重要。

**表 5-1　几种常见重金属的应用领域、污染途径和对人体的危害**

| 种类 | 应用领域 | 污染途径 | 对人体的危害 |
|---|---|---|---|
| 汞（Hg） | 水银电解法中作阴极,制造电解氯和苛性钠,各种电器和机械工业,有色金属提炼,化学工业作为熔化极,医药,军工等 | 生产汞的厂矿,有色金属冶炼,使用汞的生产部门所排放的废液、废气、废渣等 | 可经呼吸、皮肤、肠胃进入人体,主要累积在肾,其次在肝、脾、甲状腺;与蛋白质的巯基结合,破坏细胞代谢,影响肝脏解毒功能,使肾衰竭,引起慢性中毒及神经衰弱症候群 |
| 镉（Cd） | 颜料和涂料的生产,聚氯乙烯树脂的盐基稳定剂,阴极射线管和镍镉电池及整流器中的材料,不锈钢、易熔合金、轴承合金的制作,半导体、荧光体、原子反应堆、航空及航海应用 | 采矿、冶炼、燃煤、镉工业、化学工业、废料制造、废物燃烧、尾矿堆、垃圾堆的冲刷和溶解 | 经肝脏随血液至肾脏累积;对肺和肾脏的损伤;阻碍钙的吸收,骨质变软,骨痛病 |
| 铅（Pb） | 40%用于制造蓄电池,20%以烷基铅的形式加入汽油中作防爆剂,12%用于建筑材料,6%用于制作电缆外套,5%用于制造弹药,17%用于其他用途 | 矿山开采,金属冶炼,汽车废气,燃煤,油漆涂料 | 在肝、肾、骨骼中累积;对骨骼造血系统和神经系统损害严重;对心血管和肾脏造成损伤;可通过胎盘对幼儿神经系统造成损伤;铅对水生生物的安全浓度为 0.16mg/L;若含铅量 0.1mg/L 以上的水灌溉农作物后,将引起铅在农作物中的明显堆积,从而会污染环境 |
| 铬（Cr） | 90%用于钢铁生产,此外还用于耐火材料,铸钢造型的铬砂,化学、电镀、皮革、制药、研磨剂、防腐剂、颜料以及合成催化剂等 | 工业生产中含铬的三废排放,废气＞废液＞废渣 | 六价铬毒性大于三价,被血液吸收后与血蛋白结合,抑制酶的活性、干扰蛋白质、核糖核酸的合成,对肾脏、肝脏以及肺的损害严重,对皮肤有过敏和刺激作用;能致癌、致突变 |

| 种类 | 应用领域 | 污染途径 | 对人体的危害 |
|---|---|---|---|
| 镍（Ni） | 钢材生产、零件制造、通信材料、化学、食品、催化、电镀等领域 | 工业生产中的三废排放 | 微量镍有益健康；镍中毒表现为皮肤炎、呼吸器官障碍、呼吸道癌 |
| 砷（As） | 杀虫剂、除锈剂、杀菌剂、杀藻剂和干燥刘、肥料脱硫剂、木材防腐剂、电子仪器材料、医药品 | 化石燃料的燃烧，开采、冶炼含砷矿石的含砷废物，含砷农药的使用 | 经消化道和呼吸道进入人体；头发指甲含量最高；致使酶失活，细胞正常代谢发生障碍；对神经系统和多个器官有损害，能致癌、致畸形、致突变 |
| 铜（Cu） | 电器工业、合金、机械制造、杀虫剂、杀菌剂、颜料、电镀液、原电池、染料的媒染剂和催化剂 | 冶炼、金属加工、机器制造、有机合成及其他工业排放含铜废水、工业粉尘、城市污水以及含铜农药 | 人体微量元素之一，主要存在于肝、脑、肾；浓度过高可使血红蛋白变性；造成呼吸、肝脏、神经系统损伤；威尔逊病；黄铜热 |

# 5.1 光 学 法

## 5.1.1 原子吸收分光光度法

原子吸收分光光度法（atomic absorption spectroscopy，AAS），简称原子吸收法，是检测海洋重金属最主要的方法之一，也是应用最早的重金属检测方法。AAS 的原理基于从光源辐射出待测元素的特征谱线，当其通过待测样品原子化产生的原子蒸汽时会被待测元素的基态原子吸收，可由特征谱线减弱的程度来测定样品中待测元素的含量。

原子吸收光谱仪一般由光源、原子化器、光学系统和检测系统四部分组成。

**（1）光源**

光源一般以待测元素作为阴极的空心阴极灯或无极放电灯，用以发射待测元素的特征光谱。空心阴极灯的要求是能够发射待测元素的共振线，并有较高的纯度，没有阴极材料杂质元素或其他元素、阳极材料、充入的惰性气体等发射谱线的重叠干扰；能够辐射锐线，即光源发射的共振线半宽度要远小于吸收线的半宽度，以保证能够测出峰值吸收；特征谱线两侧的辐射背景低。在一定的光谱通带内，要求大多数空心阴极灯辐射谱线两侧的辐射背景小于或等于特征辐射谱线强度的 1%，某些过渡元素或稀土元素等的背景辐射愈弱愈好；在较低的工作电流条件下，能够辐射强度较大的特征谱线，保证足够的信噪比，且自吸效应小；辐射能量稳定性好，使用寿命长，可以长期存放。而无极放电灯与空心阴极灯的主要区别是将待测元素充填在一椭圆形或圆形石英管内，石英管置于高频线圈中心，二者之间牢靠固定，再安装于一个绝缘套内。置于高频线圈中心部位的石英管呈密封状态，密闭前将少量待分析元素的化合物（通常为卤化物，特别是碘化物）充有几毫米汞柱的惰性气体。在高频电场中，由高频电场能量使石英管内产生气体放电，并将管内惰性气体原子激发。随着放电的进行和石英管温度的升高，使金属卤化物蒸发和解离。待分析元素原子与被激发的惰性气体原子之间发生碰撞而被激发发射特征辐射光谱。其优点是工作频率高，输入功率转换为辐射的效率高，特征辐射强度大，有效使用寿命长，石英管放置在微波谐振腔内，微波电磁场通过波导腔提供激发能量，既能调谐，使腔的工作频率调至微波频率，又能进行耦合调节使腔的负载与发生器相匹配，可在较广泛的范围内调节放电条件。

**（2）原子化器**

原子化器的作用是提供能量将样品中的待测物干燥、气化并转为气态原子，分为火焰原子化器和无火焰原子化器。火焰原子化器由喷雾器、预混合室、燃烧器三部分组成，对应的是火焰原子吸收分光光度法，其火焰分为乙炔-空气火焰、氧化亚氮-乙炔火焰等，可以根据待测金属的性质选择不同的火焰种类及燃气比例，如贫燃性空气-乙炔火焰，助燃比小于 1∶6，火焰燃烧高度较低，温度较高，但还原性差，只适用于不易被氧化的元素，如 Ag、Cu、Co、Pb 等；富燃性空气-乙炔火焰，助燃比大于 1∶3，火焰燃烧高度较高，温度较低，还原性强，适用于测定较易形成难熔氧化物的元素，如 Mn、Ba、Cr 等。氧化亚氮-乙炔火焰的火焰温度高达 3000℃，适用于难解离元素的检测，如 Cr 和 Mo 的氧化物等。该方法经过几十年的发展已经比较成熟，对大多数重金属的检出限可达到 $10^{-9}$ g/L，但仍存在一定的缺陷，如由于雾化效率低及燃气和助燃气的稀释，致使测定灵敏度降低；采用中、低温火焰原子化时化学干扰较大；在使用过程中存在安全隐患等。

非火焰原子化器包括石墨炉原子化器、石英炉原子化器、氢化物发生原子化器等，对应的是冷原子吸收分光光度法。石墨炉原子化器是将样品注入石墨管中，并以石墨管作为电阻发热体，通电后迅速升温，使试样达到原子化目的，它由加热电源、保护气控制系统和石墨管状炉组成。其优点是试样原子化效率高，灵敏度比火焰法平均高出 3 个数量级，样品用量少，可直接固体进样，原子化温度可自由调节；缺点是装置复杂，背景吸收大，测定微量元素时往往存在较严重的集体干扰，噪声大，测定重现性不好，精度差。石英炉原子化器又称冷蒸汽发生原子化器，是将气态样品引入石英炉，在较低温度下实现原子化，常用在汞和其他挥发性化合物的检测中。氢化物发生原子化器是主要是针对 As、Sb、Bi、Ge、Sn、Pb、Se、Te 的测定，由氢化物发生器和原子吸收池组成，这些元素能够在酸性介质中反应生成挥发性共价氢化物，再由载气导入原子吸收池，并在其中加热分解成基态原子。氢化物发生原子化器的优点是灵敏度高，比火焰原子化法要高 100 倍，检测限可达 $10^{-10} \sim 10^{-14}$ g/L，能够对待测元素进行分离和富集，干扰较少，缺点是稳定性较差，只能对特定的元素进行检测。

**（3）光学系统**

光学系统包括外光路系统和分光系统。外光路系统使光源发出的共振线能通过被测试样的原子蒸汽，并投射到单色器的狭缝上。分光系统又称单色器，主要由色散元件（光栅或棱镜）、反射镜、入射和出射狭缝等组成，其作用是将待测元素的共振线和其他谱线分开。

**（4）检测系统**

检测系统包括检测器和信号处理、显示记录部件（电脑）等。检测器通常是光电倍增管，它是一种利用二次电子发射放大光电流来将微弱的光信号转变为电信号的器件。由一个光电发射阴极（光敏阴极）、一个阳极以及若干级倍增级所组成。

最初的原子吸收光谱仪每次只能进行一种元素的分析，为解决多种元素同时检测的问题，后期发展出多通道原子吸收光谱仪，其与普通原子吸收光谱仪的主要区别在于空心阴极灯，多通道原子吸收光谱仪采用多元素复合的空心阴极灯，可以对多种元素同时进行检测，大大缩短了检测分析时间，目前该技术已经趋近成熟，并在现代重金属检测中得到了广泛应用。在《海洋监测规范 第 4 部分：海水分析》中多采用原子吸收光谱法作为海洋重金属检测的标准方法。例如，冷原子吸收分光光度法和金捕集冷原子吸收光度法检测汞；无火焰/火焰原子吸收分光光度法检测铜、铅、镉；火焰原子吸收分光光度法检测锌；无火焰原子吸收分光光度法检测铬。

为解决原子吸收光谱法对重金属检出限过高的问题，许多研究者在将样品进入原子吸收光谱仪进行检测前，会进行富集、浓缩等预处理工作，以提高 AAS 的检出限。这些分离、富集的方法主要有液液萃取法、固相萃取法、共沉淀法、电化学沉积法、膜萃取法、超临界流体萃取法、微波萃取法、浊点萃取法等（Almeida et al.，2012；Valdés et al.，2013）。Komjarova 和 Blust（2006）利用液液萃取、固相萃取和共沉淀法对海水中的 Cd、Cu、Ni、Pt 和 Zn 分别进行了浓缩和检测，并对三种浓缩方法进行了比较，结果显示，液液萃取法具有普遍适用性，但固相萃取法的效果更好。Farajzadeh 等（2008）以 8-羟基喹啉作为螯合剂，对水中的 $Cu^{2+}$ 进行了预处理，并利用分散液液微萃取进行浓缩，浓缩后以乙炔-空气火焰原子吸收光谱法进行检测，测定范围为 50 ~ 2000μg/L，检出限低至 3μg/L。Yang 等（2009）利用重金属与 2-（2-quinolinil-azo）-5-methyl-1，3-dihydroxidobenzene（QAMDHB）反应后，可被 MCI GEL CHP 20Y 固相萃取柱浓缩的原理，以 1mol/L 的 $HNO_3$ 洗脱后，利用石墨炉原子吸收光谱法进行检测，能够分离检测 Cr、Ni、Ag、Co、Cu、Cd、Pb 等 7 种重金属，检出限均在 0.85 ~ 1.4ng/L。Tuzen 等（2008）则利用 Pb 和 Cr 与 copper（Ⅱ）-5-chloro-2-hydroxyaniline 产生共沉淀的原理分离和检查 Pb、Cr，检出限分别为 2.72μg/L 和 1.2μg/L。

膜萃取技术是一种膜分离与液液萃取相结合的新型手性萃取拆分技术，萃取剂与样品并不发生直接接触，而是分别在膜的两侧，通过简单的溶解-扩散过程和化学位差推动使目标物质从低浓度向高浓度传送。在较低温度下，不断增加气体的压力时，气体会转化成液体，当压力增高时，液体的体积增大，对于某一特定的物质而言，总存在一个临界温度（$T_c$）和临界压力（$P_c$），高于临界温度和临界压力，物质不会成为液体或气体，这一点就是临界点。在临界点以上的范围内，物质状态处于气体和液体之间，这个范围之内的流体成为超临界流体（SF）。超临界流体萃取法就是以超临界流体为溶剂，从固体或液体中萃取可溶组分的方法。微波萃取是利用电磁场的作用使固体或半固体物质中的某些有机物成分与基体有效的分离，并能保持分析对象的原本化合物状态的一种分离方法，微波萃取多用于重金属的形态分析中（谢立祥，2010）。浊点萃取法是一种新兴的液液萃取技术，不使用挥发有机溶剂，以中性表面活性剂胶束水溶液的溶解性和浊点现象为基础，改变实验参数引发相分离，从而将疏水性物质与亲水性物质分离。李雪蕾等（2014）列举了一些利用浊点萃取和火焰原子吸收光谱相结合的检测重金属离子的实例，Cu、Co、Ag、Cd、Pb、Zn 的检测均有报道，其中 Co 和 Cd 的检出限可低至 0.22μg/L 和 0.29μg/L。

AAS 经过几十年的发展，现在已经相当成熟，由于其采用特征光源，其他共存元素对待测金属元素的干扰较少，选择性高，一般不需要提前进行共存元素分离。此外，该方法还有灵敏度高、准确性高、测定范围广、操作简便、价格适宜等优点，最低检出限可达 $10^{-10} \sim 10^{-12}$ mol/L，随着萃取技术的发展，大部分金属可以检测到 μg/L 的含量。但由于操作过程中需要高温加热，目前还没有发展出利用原子吸收分光光度法进行原位监测的方法。

## 5.1.2　原子荧光分光光度法

原子荧光分光光度法（atomic fluorescence spectrophotometry，AFS）又称原子荧光光谱法，简称原子荧光法，是根据原子能够吸收光源的辐射能，使外层电子跃迁到较高能级，然后在跃迁返回较低能级或基态时，发射出荧光，被检测器检测到从而进行物质的定性和定量分析。不同于原子吸收法，原子荧光法是一种光致发光、二次发光，是 20 世纪 60 年代中期提出并发展起来的一种优良的痕量分析技术。

原子荧光光谱仪的结构与原子吸收光谱仪相似，包括激发光源、原子化器、光学系统和检测系统四部分。激发光源可以是锐线光源（空心阴极灯、无极放电灯、激光等），也可以是连续光源（氙弧灯）。锐线光源辐射强度高，稳定性好，检出限较低，但每次只能检测一种元素，而连续光源操作简单，使用时间长，能够同时检测多种元素，但检出限较高。其他三部分与 AAS 基本相同。

由于重金属具有生物富集的特点，水体中微量甚至痕量的重金属，经过食物链的层层放大，都可能造成很严重的重金属污染事故。AFS 的出现正好解决了 AAS 检出限较高，无法满足痕量重金属检测的问题。Zhang 等（2011）将电解冷蒸汽发生技术与原子荧光技术联用，测定了长江水中汞的含量，选用磷酸盐缓冲液作为阴极电解液，不仅能够增强 Hg 蒸汽在 Pt 阴极电解发生时的信号强度，还能减少由于阴极腐蚀对信号稳定性的影响，在 0.5mol/L 磷酸盐缓冲溶液作为阴极电解液的条件下，Hg 的检出限为 0.27ng/L，该方法能够有效减低过渡金属 Fe、Co、Cu、Ni 对检测结果的干扰。Yuan 等（2010）利用浊点萃取法对水样中的 $Hg^{2+}$ 与螯合剂双硫腙反应生成的络合物进行萃取，后结合冷蒸汽"发射"原子荧光法对水样中的 Hg 进行了检测，其检出限可低至 5ng/L，检测范围为 50 ~ 5000ng/L。通过对比可以发现，AFS 的检出限低，可达 ng/L 的量级，灵敏度一般要比 AAS 高出 2 ~ 3 个数量级。AFS 除了能够对金属离子进行检测外，也可以进行部分金属的形态分析。Fu 等（2012）利用纳米级的 $TiO_2$ 胶体作为吸附剂，采用氢化物发生原子荧光法对水体中的 $Se^{4+}$ 和 $Se^{6+}$ 进行了检测，检出限分别为 24ng/L 和 42ng/L。Jesus 等（2011）将连续流动注射技术与高效液相–原子荧光联用技术相结合，对海产品提取液中不同砷的形态进行了定量分析，得到 $As^{3+}$、$As^{5+}$、甲基肿酸、二甲基次肿酸的检出限分别为 23ng/L、390ng/L、450ng/L、1000ng/L。

AFS 对光源的要求并不像 AAS 那样严格，可以采用连续光源，激发荧光是向空间各个方向发射的，容易制作多道仪器，因此可以实现多元素的同时检测；AFS 相较 AAS 具有更宽的线性监测范围，光谱干扰较少，多元素检测功能强，操作简便分析快速，但同样不能进行在线同位监测。另外，针对 Hg、Pb、Cd、Sn、As、Sb、Bi 等元素的最佳分析波长都处于近紫外区，无论是在 AAS 还是在 AFS 分析过程中，火焰原子化过程中会出现过高的背景吸收，电热原子化器（石墨炉等）会产生碳粒光散射引起严重的基体干扰，信噪比过高，导致这几种重金属的测定结果误差较大。后来，人们发现这几种元素的氢化物具有挥发性，通过某些能产生初生态的还原剂或化学反应，能够将样品中的这些元素还原成挥发性的共价氢化物，再借助载气进入原子光谱系统进行测量。这种技术被称为氢化物–原子荧光系统，是专门用于高灵敏度的检测 Hg、Pb、Cd、Sn、As、Sb、Bi 等元素的技术（Fu et al.，2012）。通过金属元素转化为气态氢化物过程，能够将待测元素与大多数基体成分分离，这大大减少了基体对其他物质的干扰；气态气化物可以直接导入原子化器中，与溶液直接喷雾进样相比，能够将待测元素进行成分富集，进样率几近 100%；该方法一般与氩氢火焰石英管原子化器相结合，具有极高的原子化效率；不同价态的氢化物的发生条件不同，在特定条件下可以进行价态分析，如三价砷（$As^{3+}$）在 pH 5 以上酸度可形成砷的氢化物，五价砷（$As^{5+}$）在 pH 2 以上酸度可形成砷的氢化物，通过 pH 的设定，可以对 $As^{3+}$、$As^{5+}$ 分别进行测定。

最初的原子荧光光谱仪同原子吸收光谱仪一样，每次只能进行一种重金属元素的分析，后期发展出了双通道和四通道原子荧光光谱仪，可以同时对两种元素或四种元素进行检测。所谓双通道和四通道是指公用一套原子化器和检测设备，但同时搭载两个或四个光源，设定不同光源以测定不同的元素。目前国内已有自主研发的双通道原子荧光光谱仪出售。

原子荧光光谱法具有谱线简单、检出限低、灵敏度高、线性范围宽、可同时进行多元素分析等优点，对于 As、Se、Hg、Sb、Bi、Ge、Sn、Pb 等环境含量较低的重金属，原子吸收光谱法有时无法满足检测需要，原子荧光光谱法则能够更精确地对上述元素进行微量分析。

## 5.1.3　原子发射光谱法

原子发射光谱法（atomic emission spectrometry，AES），首先试样在原子化器中被转变成原子或简单离子，其中部分原子或离子在电能或热能激发下处于较高的电子能级，再弛豫回到基态或较低的电子激发态时，以发射紫外或可见光的形式释放能量。原子发射光谱法就是根据这些特征辐射的波长和强度进行元素的定性和定量分析。原子发射光谱法的组成部分基本与吸收光谱相同，其原子化方法有火焰原子化法、电弧原子化法和电火花原子化法。从 20 世纪 60 年代等离子体的概念出现后，电感耦合等离子体在原子发射光谱中得到了广泛而深入的应用。电感耦合等离子体发射光谱法（ICP-AES）是利用高频等离子体火焰（Inductively coupled plasma，ICP）作为激发光源，通过对样品特征谱线进行分析，从而确定样品中各成分含量的方法。ICP 作为激发光源有效地消除了样品的自吸效应，大大扩展了定量分析的线性范围，与其他样品前处理方法的联用更使得检测的灵敏度大大提高。相比火焰原子化和非火焰原子化吸收光谱，ICP- AES 基本上没有化学干扰，但由于 ICP 激发能力很强，样品中几乎所有的物质都会被激发出丰富的谱线，从而产生大量的光谱干扰。为了消除或减少光谱干扰，研究者做了很多工作。Cui 等（2006）采用 $SiO_2$（$SiO_2$-p-DMABD）作为填料的固相萃取技术对 Cr、Cu、Fe 和 Pb 进行了分离富集，能够检测水样和生物样品中的重金属，检出限分别为 0.79μg/L、1.27μg/L、0.40μg/L 和 1.79μg/L。

## 5.1.4 分光光度法

分光光度法是目前水环境监测中使用最多的仪器分析方法之一（李青山和李怡庭，2003）。按反应体系中所用指示剂的不同，主要有：①偶氮类：偶氮苯、偶氮酚、偶氮磺等；②罗丹明 B 类；③双硫腙类，以双硫腙为螯合剂，能够与金属离子反应生成带色物质，再以分光光度法测定该金属离子浓度，这种方法可以测定铅、镉、锌、汞等，但操作过程中会用到剧毒的氰化钾，在用这种方法检测重金属时需要格外小心；④三苯甲烷类：甲酚红、甲基蓝、甲基紫、吖啶橙等；⑤达旦黄类。其中以偶氮类试剂应用最为广泛，少部分方法中的表观摩尔吸光系数在 $10^4$ 数量级，有待于进一步改善；三苯甲烷类试剂则普遍较高，均在 $10^5$ 数量级。

常规光度法是利用重金属的化学活性，使反应体系中的某种成分发生显色或褪色反应，根据吸光度与重金属的线性关系来测定样品中的重金属含量，这种方法被称为直接显（褪）色法，不同重金属的显色体系各有不同（表5-2）。以下列离子为例。

### 5.1.4.1 铅

能与铅直接进行显色反应的显色剂主要包括双硫腙、卟啉类、苯基荧光酮类、偶氮类等。

**（1）双硫腙**

双硫腙比色法是目前检测微量铅含量最常用的分析方法之一，其原理是在弱碱性条件下，双硫腙与铅离子形成易溶于氯仿、四氯化碳等有机物溶剂的有色络合物，此络合物在530nm 波长处有最大吸收，且吸光度值与铅浓度在一定范围内符合朗伯–比尔定律。传统的双硫腙比色法在测量过程中需要用到剧毒氰化钾，对检测人员和环境都有较大的损害，目前已经很少有人用传统双硫腙法对铅离子进行检测。近年来研究人员已成功研发了不需要氰化钾的检测方法，并通过控制反应介质条件、调整显色液、加入掩蔽剂及增敏剂等措施对传统双硫腙法进行改良，以简化操作，提高双硫腙法的准确度、灵敏度和重复性。例如，龚兰新等（2004）研究了 $Pb^{2+}$-双硫腙（$H_2D_z$）-PAR 三元配合物的显色体系，$Pb^{2+}$、双硫腙（$H_2D_z$）和 PAR 形成 1∶1∶1 橙红色配合物，并以邻二氮菲、$NH_4SCN$、酒石酸钾钠作联合掩蔽剂，消除常见金属离子的干扰，测量范围为 0～3.0μg/ml，可直接用于水样的测定，并避免了使用氰化钾剧毒试剂。Nezio 等（2004）则利用壳聚糖在线自动预富集铅，在 pH 为 9 的介质中，与双硫腙发生络合反应，利用荧光指示剂吸附法检测水环境中的 $Pb^{2+}$，线性范围为 $25 \sim 250\mu g/L$。

**（2）卟啉类**

卟啉是一种以闭合成十六圆环的四个吡咯核结构为基础的复杂的含氮化合物，具有超高的灵敏度，其摩尔吸光系数高达 $1\times10^5 \sim 6\times10^5\ L/(mol\cdot cm)$（丁静等，2008），卟啉易与金属离子形成 1∶1 配合物，且配合物稳定性很高，由于其特殊的光学特性及其化学特性，使其成为一种很有发展前景的重金属有机显色剂。$Pb^{2+}$ 同样能与卟啉生成 1∶1 高稳定性配合物，并用于 $Pb^{2+}$ 的光度法检测。Li 等（2003）建立了一种二溴羟苯基卟啉显色剂，通过预浓缩能够检测到 $0.2\mu g/L$ 的 $Pb^{2+}$。后来该课题组在原有研究基础上，进一步改进显色体系，建立了二溴羟苯基卟啉-$Pb^{2+}$-氚核 X-100（1∶2∶2）三元络合分析检测体系，该体系能够很好地排除其他离子的干扰。Bozkurt 等（2009）则以聚氯乙烯（PVC）薄膜为介质，以 5, 10, 15, 20-四-（3-溴-5-羟苯基）卟啉为显色剂，研制了一种能够快速检测 $Pb^{2+}$ 的传感器，该方法也属于固相分光光度法的范畴，能够在 4min 以内完成对 $Pb^{2+}$ 的检测，检测下限为 $1.64\mu g/L$，适用于环境和生物中痕量 $Pb^{2+}$ 的快速检测。

**（3）苯基荧光酮类**

苯基荧光酮试剂分子是一类具有刚性和平面结构的共轭大 π 键体系的分子，其结构含有 2-位、3-位、7-位 3 个羟基，羟基中氧原子有两个孤对电子，易与金属离子的空轨道形成配位键，因此在表面活性剂作用下可以与高价金属离子生成配合物，发生显色反应，被广泛应用于痕量金属离子含量的测定。利用荧光酮试剂进行 $Pb^{2+}$ 含量测定的条件要求简单，即在碱性介质、室温下就能迅速完成 $Pb^{2+}$ 与苯基荧光酮试剂的络合显色反应，显色体系稳定，且加入表面活性剂对体系有较强的增敏作用，但该方法选择性差，抗干扰能力较弱，在测定时常需加入离子掩蔽剂或通过离子交换树脂去除干扰离子后再进行测定（Jamaluddin et al.，2001）。

**（4）偶氮类**

铅离子能够在强酸性条件下使偶氮类试剂褪色，其吸光度与铅离子浓度在一定范围内呈线性相关。常用的偶氮类试剂有偶氮胂类、偶氮氯磷类、吡啶偶氮类、偶氮氯磺类、偶氮磺类等。袁莉等（2006）利用 3, 6-双（4-溴-2-磺基-苯偶氮）-4, 5-二羟基-2, 7-萘二磺酸（溴代磺酸偶氮Ⅲ）、噻吩甲酰三氟丙酮与 $Pb^{2+}$ 进行显色反应，表观摩尔吸光系数高达 $6.42\times10^5L/(mol\cdot cm)$，检出限为 $5.27\mu g/L$。铅离子的检测比较常用的是偶氮胂类显色剂，但其单独使用时，灵敏度较低，表观摩尔吸光系数一般小于 $1.0\times10^5\ L/(mol\cdot cm)$，检测时需要加入表面活性剂或沸水以提高其灵敏度。由于需要在强酸性环境下进行检测，因此，利用偶氮胂类染色剂对铅离子检测具有较强的选择性，可以用于工业废水中铅离子的检测。

### 5.1.4.2 汞

对水环境中的汞进行分光光度法检测，早期一般采用 0.005% ~ 0.01% 的双硫腙四氯化碳或苯等有机溶剂萃取，以四乙酸二氨基乙烷、硫氰酸铵、醋酸等为掩蔽剂的分光光度法。除了双硫腙法，近几年也常采用三氮烯（R—N =N—NH—RN′）配合物体系、Hg-X-阳离子染料离子缔合物体系、罗丹明衍生物、卟啉（含有卟吩环）配合物体系、其他体系等检测汞。

双硫腙法：双硫腙分光光度法是测定水体中微量汞的国家标准方法[①]，将水样在温度为95℃的酸性介质中用高锰酸钾溶液和过硫酸钾（氧化剂）溶液消解，使无机汞和有机汞转化为二价汞后，用盐酸羟胺溶液还原过剩的氧化剂，加入双硫腙溶液，与汞离子反应生成橙色螯合物，用三氯甲烷或四氯化碳萃取，再加入碱液洗去萃取液中过量的双硫腙，于485nm波长处测其吸光度，并用标准曲线法定量。传统双硫腙方法操作比较繁琐、选择性和灵敏性都较差，检测过程中用到的一些有机溶剂对人体有害，容易造成环境的二次污染。因此，研究人员对该方法进行了很多改进，以求更快更准更环保地检测环境中的汞，主要通过改变反应体系环境、运用表面活性剂增溶增敏等方法。孙旭辉等（2008）在表面活性剂聚乙二醇辛基苯基醚（Triton X-100）和乙醇存在下，研究了双硫腙与水中 $Hg^{2+}$ 的显色反应，在pH<2 时该体系与水中 $Hg^{2+}$ 形成有色络合物，最大吸收波长为495nm，摩尔吸光系数为 $4.7 \times 10^4$ L/(mol·cm)，线性范围为 $5 \sim 60 \mu g/L$。

三氮烯类显色剂：三氮烯类显色剂含有—N =N—NH—功能基，能与第 I B、II B 族金属离子发生高灵敏度的显色反应，是分光光度法测定汞、镉、银、镍等金属离子的高灵敏显色剂。显色过程一般在碱性介质中进行，非离子表面活性剂（OP、Triton X-100 等）具有明显的增敏效果，表观摩尔吸光系数大多大于 $1 \times 10^5$ L/(mol·cm)。Gholivand 等（2010）利用1，3-二（2-甲氧苯基）-三氮烯作为生色离子载体，加载于用三异丙基乙磺酰-(2-乙基己基) 磷酸盐增塑的 PVC 薄膜上，在 pH 为 4 的溶液中进行 $Hg^{2+}$ 的检测，最大吸收波长为 374nm，摩尔吸光系数为 $6.0 \times 10^5$ L/(mol·cm)，检测范围为 $0.18 \sim 50 \mu g/L$，检出限为 $0.04 \mu g/L$，检测时间在 5min 之内，该传感薄膜可以在碘化钠溶液中迅速再生。

Hg-X-阳离子染料（R）离子缔合物体系：X 为 $I^-$、$SCN^-$ 等卤素或拟卤素离子，R 为三苯甲烷类、罗丹明类及醌亚胺类染料阳离子，在引入动物胶、聚乙烯醇等水溶性大分子化合物后，形成了超化学计量的复杂离子缔合物，使灵敏度剧增，某些体系的摩尔吸光系数可超过 $10^6$ L/(mol·cm)，在痕量汞的检测中得到了广泛应用，是目前常用的光度法测定痕量汞最灵敏、最常用的方法之一，常用的体系有：$Hg^{2+}$-KI-乙基紫-动物胶、$Hg^{2+}$-KI-次甲基蓝-聚乙烯醇-吐温-80、$Hg^{2+}$-$NH_4SCN$-罗丹明 B-聚乙烯醇、$Hg^{2+}$-KSCN-罗丹明 B-明胶、$Hg^{2+}$-丁基罗丹明 B-阿拉伯胶-Triton X-100、$Hg^{2+}$-结晶紫-聚乙烯醇-Triton X-100 等（Chen et al.，2003）。

其他试剂：Aksuner 等（2011）利用一种具有荧光增强作用的三嗪-硫铜衍生物（4-甲基-5 羟基-5,6-吡啶-2-4，5-二氢-[1，2，4]-三嗪-3-硫铜）研制了一种检测 $Hg^{2+}$ 的薄膜传感器，检测范围为 $0.1 \sim 10\,000 \mu g/L$，检出限为 $0.036 \mu g/L$，传感膜浸泡在含有5%硫脲的 1.0mol/L 的 HCl 溶液后可以重复使用。陈文宾等（2009a）在十六烷基三甲基溴化铵、正丁醇、正庚烷和水的微乳溶液中，$Hg^{2+}$ 与二溴羟苯基荧光酮（DBHPF）反应形成1：2的

---

① 参见《水质 总汞的测定 高锰酸钾–过硫酸钾消解法双硫腙分光光度法》（GB/T 7469—1987）。

橙色络合物，于 570nm 波长下，表观摩尔吸光系数为 $3.2×10^5$ L/（mol·cm），检出限为 2μg/L，线性范围为 6 ~ 550μg/L，该方法可以测定水样中的汞离子。Gharehbaghi 等 （2009）开发了一种利用液液微萃取技术快速便捷地检测环境中微量 Hg 的方法，该方法以 1-己基-3-甲基咪唑鎓盐三氟醚甲磺酰醯亚氨的离子溶液作为萃取液，$Hg^{2+}$ 与 4-4'-（二甲氨基）二苯甲硫铜络合后，被萃取液萃取，在 575nm 波长下检测，检出限为 3.9μg/L。

### 5.1.4.3 镉

偶氮类：利用偶氮类试剂光度分析镉时，以卤代吡啶偶氮类研究与应用的最多。这类试剂的灵敏度高，但其镉配合物的水溶性较差，常常需要加入表面活性剂进行增溶增敏，以提高灵敏度和选择性。Mohamed 等 （2013）研究表明，2-（2'-羟基萘基偶氮）-苯并噻唑能够在 pH 为 9.0 ~ 10.5 的溶液中与 $Cd^{2+}$ 发生络合，摩尔吸光系数为 $5.0×10^4$ L/（mol·cm），检出限为 0.31μg/L，检测范围为 111 ~ 4800μg/L，适用于水样的检测。邓德华等 （2011）合成了新显色剂 4-（对硝基苯基重氮氨基）-2，4-二硝基偶氮苯，并研究了该试剂在 Triton X-100 存在下与 $Cd^{2+}$ 的显色反应。在 pH 为 8.0 ~ 9.5 缓冲范围内，$Cd^{2+}$ 与试剂形成稳定的 1∶1 红色配合物，最大吸收波长位于 560nm，表观摩尔吸光系数为 $1.30×10^5$ L/（mol·cm），镉的质量浓度在 0 ~ 0.8μg/ml 范围内服从比尔定律。

三氮烯类：麻威武等 （2007）报道了 1-（4-硝基苯基）-3-（5，6-二甲基-1，2，4 三氮唑)-三氮烯的合成及其与镉的显色反应研究。在表面活性剂烷基酚聚氧乙烯醚 （OP）的存在下，pH=11.0 的 $Na_2B_4O_7$-NaOH 缓冲溶液中，该试剂能与镉发生显色反应，形成摩尔比为 1∶3 的黄色配合物，在 455nm 处有一最大正吸收，在 540nm 处有一最大负吸收。以 455nm 为参比波长、540nm 为测量波长进行双波长测定，表观摩尔吸光系数为 $2.84×10^5$ L/（mol·cm），镉的浓度在 0 ~ 520μg/L 符合比尔定律，用拟定方法测定废水中的微量镉，结果与原子吸收光谱法相符。陈文宾等 （2011）合成了一种新的显色剂三氮烯试剂 1-（4-安替比林)-3-（3-硝基苯胺）三氮烯，并研究了该显色剂与 $Cd^{2+}$ 的显色反应。在吐温-80存在下及 pH=10.2 的硼砂-氢氧化钠缓冲溶液中，显色剂与 $Cd^{2+}$ 形成 2∶1 的稳定络合物。其最大吸收波长位于 508nm 处，表观摩尔吸光系数为 $3.4×10^5$ L/（mol·cm）。$Cd^{2+}$ 的质量浓度在 30.0 ~ 450μg/L 范围内符合比尔定律，方法的检出限为 10.0μg/L。

离子缔合体系：王晓玲等 （2011）研究表明，在磷酸介质中，在聚乙烯醇和明胶的共同作用下，$Cd^{2+}$ 能与硫氰酸根和罗丹明 B 形成稳定的蓝紫色离子缔合物，据此建立了光度法测定镉的新方法。缔合物的最大吸收波长为 614nm，在 0 ~ 500μg/L 范围内符合比尔定律，表观摩尔吸光系数为 $1.47×10^6$ L/（mol·cm），检出限 0.18μg/L。大量的常见离子不干扰测定，$Mn^{2+}$、$Hg^{2+}$、$Bi^{2+}$、$Co^{2+}$ 的干扰可采用壳聚糖富集分离和联合掩蔽剂消除。该方法用于环境水样中痕量镉的测定，结果同原子吸收光谱法相一致，相对标准偏差为 1.1% ~ 3.7%，回收率为 97% ~ 103%。

### 5.1.4.4 铬

常规分光光度法大多是利用 $Cr^{6+}$ 的氧化性使某些显色剂显色/褪色，能被 $Cr^{6+}$ 氧化的显色剂主要有二苯碳酰二肼、二安替比林苯基甲烷类、偶氮类、荧光酮类等。

二苯碳酰二肼是显色法检测海水中总铬最常使用的显色剂,其检测方法也是我国海水分析检测总铬的标准方法,但是该法灵敏度不高,并且会受 $Hg^{2+}$ 的干扰,后来人们通过对反应溶液添加稳定剂、调整显色液酸度、改变试剂添加顺序、使用改进的分光光度法等方式降低使用二苯碳酰二肼检测水体中 $Cr^{6+}$ 的检出限。尤铁学和王楠(2006)对显色液酸度进行了调整,将原来加入硝酸和磷酸的混酸改为仅加入磷酸,改进后的二苯碳酰二肼法灵敏度明显提高,检出限下降为 4μg/L。Rajesh 等(2008)将二苯碳酰二肼法与固相萃取技术相结合,二苯碳酰二肼与 $Cr^{6+}$ 的反应产物经 Amberlite XAD-4 树脂柱浓缩后,进行分光光度检测,进样量为 400ml 时,该方法的检出限为 6μg/L。

二安替比林苯基甲烷类是目前 $Cr^{6+}$ 分光光度法检测中较常用的显色剂,具有很好的选择性和抗干扰能力,但检出限较高,通常加入 $Mn^{2+}$ 或吐温类表面活性剂来提高检测体系的灵敏度。黄梅兰和苏艳华(2002)在二安替比林苯基甲烷-$Cr^{6+}$ 显色体系中加入 $Mn^{2+}$ 后,产物的摩尔吸收系数增至 $10^6$ L/(mol·cm),$Cr^{6+}$ 的线性检测范围为 4~36μg/L。

苯基荧光酮类:$Cr^{6+}$ 能在酸性条件下迅速氧化苯基荧光酮类试剂,形成络合物,完成显色反应,加入表面活性剂可以增强体系对 $Cr^{6+}$ 的灵敏度。但该体系抗干扰能力较弱,需要加入掩蔽剂或通过离子交换树脂去除干扰离子。

偶氮类:$Cr^{6+}$ 能够在强酸环境下使偶氮类试剂褪色,或催化其他物质与偶氮试剂发生褪色反应。常用的偶氮试剂有偶氮胂类、偶氮氯磷类、偶氮羧类等,其中以偶氮胂类最为常用。童碧海等(2009)基于乙酸-乙酸钠缓冲介质中,$Cr^{6+}$ 对溴酸钾氧化偶氮胂的催化作用,建立了测定水中微量铬的新方法,方法的检出限 0.48μg/L,线性范围为 4.8~55μg/L。

表 5-2 常见重金属直接显(褪)色试剂及其测量范围

| 重金属 | 显色体系 | 介质条件 | 最大吸收波长 /nm | 线性范围 /(μg/L) | 摩尔吸光系数 $\varepsilon$/[L/(mol·cm)] | 应用 | 文献 |
|---|---|---|---|---|---|---|---|
| 铅 | $Pb^{2+}$-双硫腙-OP | pH=5.0,HAc-NaAc | 500 | 0~1.2 | $4.8×10^4$ | 电镀废水 | 马淞江等,2007 |
| | 预浓缩-$Pb^{2+}$-双硫腙 | pH=9,硼酸-NaOH | 536 | 25~250 | — | 饮用水 | Nezio et al.,2004 |
| | 5,10,15,20-四-(3-溴-5-羟苯基)卟啉-聚氯乙烯 | pH=7 | 666 | 100~6 500 | — | 环境废水 | Bozkurt et al.,2009 |
| | meso-四(4-甲氧基苯基)卟啉 | pH=12,NaOH | 467 | 10~800 | $1.12×10^5$ | 环境水 | 周连文等,2004a |
| | meso-四(4-吡啶)卟啉 | pH=2,NaOH,SDS | 464 | 0~800 | $1.14×10^5$ | 环境水 | 周连文等,2004b |
| | 二溴羟基苯基荧光酮 | pH=9.4~10.0 | 558 | 40~200 | $5.62×10^4$ | 环境水 | 毛蕾蕾等,2006 |
| | 2,5-二巯基-1,3,4-噻重氮 | 0.0015~0.01mol/L HCl | 375 | 100~40 000 | $4.93×10^4$ | 湖水 | Jamaluddin et al.,2001 |

续表

| 重金属 | 显色体系 | 介质条件 | 最大吸收波长/nm | 线性范围/($\mu$g/L) | 摩尔吸光系数 $\varepsilon$/[L/(mol·cm)] | 应用 | 文献 |
|---|---|---|---|---|---|---|---|
| 铅 | 4,5-二溴邻硝基苯基荧光酮 | pH=9.6 溴化十六烷基三甲铵 | 520 | 0.48~800 | $1.6\times10^5$ | 工业废水 | 周君等, 2004 |
| | 三溴偶氮胂 | pH=2.3, 柠檬酸钠 | 620 | 15~ | $7.18\times10^4$ | 废水 | 禹雷和刘琴, 2000 |
| | 偶氮胂 | HCl | 638 | 0~320 | $1.2\times10^5$ | 废水 | 宗烨和胡浩, 1996 |
| 汞 | $Hg^{2+}$-石蜡-双硫腙 | pH=10.0 $NH_3 \cdot H_2O$-$NH_4Cl$ | 560 | 0~667 | — | 污水 | 李满秀和吕艳华, 2006 |
| | $Hg^{2+}$-表面活性剂-双硫腙 | pH<2 TritonX-100, $C_2H_5OH$ | 495 | 5~60 | $4.7\times10^4$ | 环境水 | 孙旭辉等, 2008 |
| | 1,3-二(2-甲氧苯基)-三氮烯-PVC | pH=4 | 374 | 0.18~50 | $6.0\times10^5$ | 环境水 | Gholivand et al., 2010 |
| | 2-羟基-3-羧基-5-磺酸基苯重氮氨基偶氮苯-OP | pH=10~10.5 | 522 | 0~550 | $1.63\times10^5$ | 废水头发 | 郭忠先, 1996 |
| | 对硝基苯基重氮氨基偶氮苯-吐温80 | pH=9.8 $N_2B_4O_7$-NaOH | 484 | 8~25 | $1.4\times10^7$ | 水样, 矿样 | 陈文宾等, 2009b |
| | 邻羧基苯基重氮氨基偶氮苯-Triton X-100 | pH=10.6 | 525 | 0.4~400 | $1.98\times10^5$ | 自来水 | 贾建章等, 2009 |
| | 罗丹明B-聚乙烯醇 | 硫氰酸眼 | 620 | 0~240 | $9.19\times10^5$ | 环境水 | 冯胜和张治芬, 1991 |
| | 二溴羟苯基荧光酮 | pH=9.1 十六烷基三甲基溴化铵、正丁醇、正庚烷和水的微乳溶液中 | 570 | 6~550 | $3.2\times10^5$ | 环境水 | 陈文宾等, 2009a |
| 镉 | 邻硝基苯基荧光酮-CPB-OP | pH=10.4 硼砂、NaOH | 620 | 0~760 | $1.23\times10^5$ | 水样, 污泥 | 寿崇琦等, 2004 |
| | 2-(2′-羟基萘基偶氮)-苯并噻唑 | 9.0~10.5 | 630 | 111~4800 | $5.0\times10^4$ | 水样 | Mohamed et al., 2013 |
| | 4-(对硝基苯基重氮氨基)-2,4-二硝基偶氮苯 | 8.0~9.5 | 560 | 0~800 | $1.30\times10^5$ | 水样 | 邓德华等, 2011 |
| | 1-(4-安替比林)-3-(3-硝基苯胺)三氮烯 | 10.2 | 508 | 30.0~450 | $3.4\times10^5$ | 废水 | 陈文宾等, 2011 |

| 重金属 | 显色体系 | 介质条件 | 最大吸收波长/nm | 线性范围/(μg/L) | 摩尔吸光系数 $\varepsilon$/[L/(mol·cm)] | 应用 | 文献 |
|---|---|---|---|---|---|---|---|
| 镉 | 1-(4-硝基苯基) -3-(5,6-二甲基-1，2，4 三氮唑)-三氮烯 11.0 | | 455 | 0～520 | $2.84\times10^5$ | 废水 | 麻威武等，2007 |
| | KI-吖啶橙 | pH=3.6，NaAc-HAc | 484 | 0～400 | $1.66\times10^5$ | 河水 | 李咏梅等，2010 |
| | 硫氰酸根-罗丹明 B | 磷酸，聚乙烯醇，明胶 | 614 | 0～500 | $1.47\times10^6$ | 环境水 | 王晓玲等，2011 |
| 铬 | $Cr^{6+}$-二苯碳酰二肼 | 磷酸 | 540 | — | — | 环境水 | 尤铁学和王楠，2006 |
| | $Cr^{6+}$-二安替比林苯基甲烷 | 0.4mol/L $Mn^{2+}$ | 480 | 4～36 | $3.72\times10^6$ | 环境水 | 黄梅兰和苏艳华，2002 |
| | $Cr^{6+}$-胡椒基荧光酮 | 弱酸性，$C_6H_6$，$N_2$ | 585 | 0～50 | $6.7\times10^5$ | 工业废水 | 闫永胜等，2004 |
| | $Cr^{6+}$-溴酸钾-偶氮胂Ⅰ | 1.0mol/L HAc-NaAc | 510 | 4.8～88 | — | 湖水 | 童碧海等，2009 |

## 5.1.5 改进的分光光度法

多年的发展中，分光光度法主要致力于开发高灵敏的显色反应，并与流动注射、萃取富集等技术联用，以提高分光光度法检测重金属的灵敏性及检出限，近年来逐渐发展出胶束增溶分光光度法、固相分光光度法、树脂相分光光度法、催化动力学光度法、基于纳米材料的分法光度法阻抑动力学光度法、荧光分光光度法、流动注射分光光度法、双波长分光光度法及共振光散射光度法等高灵敏度的新方法。

### (1) 胶束增溶分光光度法

胶束增溶分光光度法（micelle-solubilized spectrophotometry）是 20 世纪 60 年代后期发展起来的一种新型分光光度分析法，是在显色体系中加入表面活性剂，其胶体质点对一些染料有增溶作用并使染料的吸收光谱发生改变，从而提高了染料与金属离子显色反应的灵敏度。胶束增溶分光光度法与普通分光光度法相比，具有更高的灵敏度，摩尔吸光系数可达 $10^4$～$10^5$ L/(mol·cm)，有的甚至高达 $10^6$ L/(mol·cm)。

不同类型的表面活性剂的增敏作用机理是不同的，一般认为，阳离子表面活性剂的增敏机理主要是由于其亲水性部分的端电荷与显色分子的阴离子相互缔合，使显色分子的 π 电子轨道能量降低，导致 π→π* 跃迁能量显著变小，从而引起最大吸收波长红移，显色反应的对比度增大，而且阳离子表面活性剂的正电场对荷负电的显色剂离子有富集作用，促使金属离子能够与更多的显色剂配位，有利于形成高次络合物，从而增大了显色分子的有效吸光截面积，增加了摩尔吸光系数值，提高了显色反应的灵敏度；阴离子表面活性剂的增敏机理主要是由于表面活性剂分子非极性部分彼此之间因为憎水作用而形成胶束，而显色络合物被拟均相萃取进入胶束内部，使显色络合物的溶解状态得到改善，并在胶束内部浓集，促使和金属配位的显色剂数目增加，即促使生成高次络合物，从而增大了显色分子的有效吸光截面积，增加了摩尔吸光系数值，提高了显色反应的灵敏度；非离子型表面活性剂的增敏机理是由于显色络合物和表面活性剂之间形成氢键，引起了增溶作用；或者是金属离子和显色试剂形成的离子缔合物拟均相萃取进入均匀分散在水相中的非离子型表面活性剂胶束内，促使和金属配位的显色剂数目增加，即促使生成高次络合物，从而增大了显色分子的有效吸光截面积，增加了摩尔吸光系数值，提高了显色反应的灵敏度（陈国和，2006）。肖国拾等（2008）采用溴化十六烷基三甲铵为表面活性剂，与水杨基荧光酮形成胶束，提高水杨基荧光酮与 $Cr^{5+}$ 形成的有色配合物在水溶液中的溶解度。用二乙三氨五乙酸掩蔽 $Fe^{3+}$、$Cr^{3+}$ 等干扰离子，无需分离直接测量水样中的 $Cr^{5+}$。

**（2）固相分光光度法**

固相分光光度法是利用固体载体预富集待测成分，发色后直接测定载体表面的吸光度。固相吸附方式主要有三种（万益群和郭岚，2001）：①将吸附了络合剂的固相载体如离子交换树脂填充在流通池内来富集待测物；②将固相载体填充在流通池内直接富集待测物；③用固相载体来富集待测物生成的络合物。根据载体的不同，分为树脂相分光光度法、泡沫塑料相分光光度法、萘相分光光度法、聚氯乙烯膜相分光光度法、甲壳素相分光光度法、凝胶相分光光度法和石蜡相分光光度法等。

**（3）树脂相分光光度法**

树脂相分光光度法又称为离子交换剂光度法或离子交换树脂光度法。一般要比水相光度法灵敏度高 1~2 个数量级，传统的树脂相光度法，为克服树脂透光性差的问题，大都需特制 1mm 比色皿，而且在比色皿底部需打一小孔，以使树脂装实并防止树脂颗粒包水发生光散射现象，操作繁琐，装皿困难，使其应用受到限制。为解决这一问题，薄层树脂分光光度法应运而生。赵干卿等人利用酸性条件下，$I^-$ 与 $Bi^{2+}$ 形成络合阴离子 $[BiI_4]^-$，该络合阴离子易与 $Cl^-$ 型阴离子交换树脂中的 $Cl^-$ 进行等离子对交换缔合，形成离子对缔合体系（$R^+$（阴离子交换树脂）-$[BiI_4]^-$），该缔合体系在 460nm 处有最大吸收，$\varepsilon = 7.1 \times 10^5 L/(mol \cdot cm)$，据此建立了薄层树脂相分光光度法测定痕量铋的新方法。方法灵敏度高，是水相光度法 18 倍，检出限为 $3 \times 10^{-5}$ g/L（赵干卿等，2006）。曹丽华等（2006）用 $KMnO_4$ 水体中的 $Cr^{3+}$ 氧化为 $Cr^{5+}$，用 200 目阳离子交换树脂交换吸附二苯偶氮碳酰配位化合物，形成树脂（$R^-$）-$Cr^{3+}$-二苯偶氮碳酰三元配位缔合体系，用薄层树脂相光度法测定 $Cr^{5+}$含量。三元体系的形成及树脂富集作用提高了灵敏度，本法灵敏度比水相光度法高 11 倍，线性范围为 0~4000μg/L，检出限为 0.012μg/L。随着环境监测对快速监测和在线监测要求的不断提高，人们研究出更多的固相载体新材料，以满足环境监测的要求。萘相吸光光度法和石蜡相分光光度法便是固相吸光光度新方法。二者都是通过较高温度时，两相液液萃取达到平衡后，低温下有机相凝固，然后通过测定固相体系中待测离子配合物的吸光度来测定被测离子含量，其测定原理与树脂相相似，都属透射固相光度法。由于固体萘相或石蜡相基本是均一稳定的，所以精密度较理想（刘燕等，2004）。

**（4）催化动力学光度法**

由于不同重金属离子的催化反应体系大多不同，因此用催化动力学法对重金属进行检测，具有很好的选择性。目前有报道的铅离子的催化氧化还原体系所使用的氧化剂主要有 $O_2$、$H_2O_2$、$KBrO_3$、$KIO_3$ 等，指示物质主要以有机有色染料和指示剂为主（何家洪等，2010），但 $Fe^{3+}$、$Cu^{2+}$ 等具有氧化性和催化活性的离子会对影响结果的准确性和精确性，可采取加入离子掩蔽剂、萃取、经过离子交换树脂分离等方法消除测定干扰；也可通过加入十六烷基三甲基溴化铵等表面活性剂和乳化剂来提高体系测定灵敏度。汞催化方法的指示反应体系大部分是配位体交换反应体系，而且大部分都是汞催化亚铁氰化钾的配位体交换反应体系。近来也报道了 $KIO_4$ 和 $H_2O_2$ 氧化有机试剂的指示反应体系（郑惠榕等，2003）。

**（5）基于纳米材料的分光光度法**

基于纳米材料的分光光度法是 20 世纪 90 年代发展起来的一种新型分光光度法。由于传统的分光光度法主要是借助一些有机染料分子通过络合作用、氧化还原反应实现待测重金属离子的定性与定量。但由于有机染料的摩尔消光系数不是很大，因而导致检测的灵敏度不高。此外，这类方法的选择性也不是很好。而贵金属纳米材料（特别是金、银纳米颗粒）根据其组分、形貌以及聚集程度的不同在可见光范围内（390～750nm）呈现出丰富的颜色变化并展现出较好的特征吸收峰（Kelly et al.，2003），这就使得贵金属纳米材料可以代替有机染料分子实现重金属的分光光度检测。贵金属纳米材料的另一个优势是其摩尔吸光系数一般高于传统有机染料分子 3～5 个数量级，因此在测定过程中只需要非常低的浓度（nmol/L）就可以实现重金属的检测，并保证检测的灵敏度。目前，基于纳米材料的分光光度法已成功应用于 $Hg^{2+}$、$Pb^{2+}$、$Cu^{2+}$、$Cd^{2+}$、$Cr^{3+}$、$Cr^{5+}$ 等重金属离子的检测中。然而，由于纳米材料自身的稳定性较差，此类方法主要应用于自来水、湖水以及河水中重金属离子的检测。由于海水的盐度很高，会造成纳米材料自身的团聚，因此用于海水中重金属离子检测的报道较少。

Lee 和 Huang（2011）将硝酸纤维素膜浸入牛血清蛋白修饰的纳米金溶液中制备试纸条。在硫代硫酸根和 2-巯基乙醇的存在下，$Pb^{2+}$ 可以催化刻蚀纳米金，导致纳米金在520nm处的特征吸收峰降低，同时试纸条的颜色变浅，由此可以实现 $Pb^{2+}$ 的检测。该方法的检出限为 50pmol/L，同时该试纸条可用于海水样品中 $Pb^{2+}$ 的检测。我们研究组发展了一种基于金纳米棒（Au NRs）形貌变化的 $Cu^{2+}$ 检测方法（Zhang et al.，2014）。在氢溴酸溶液中，溶解氧可以在 CTAB 存在下氧化刻蚀 Au NRs，但是这个氧化过程速率很慢，所以Au NRs 形貌变化很小从而仍然保持蓝色；而 $Cu^{2+}$ 可以催化溶解氧加速氧化刻蚀 Au NRs，导致 Au NRs 的长径比变小，使得 Au NRs 的纵向表面等离子体特征吸收峰发生蓝移，溶液颜色逐渐由蓝色向红色再到无色的转变。借助这一现象可以实现 $Cu^{2+}$ 的灵敏检测，其最低检测限为 0.5nmol/L。此传感方法具有非常好的特异性和抗干扰能力，可应用于海水中$Cu^{2+}$ 的检测。

分光光度计法仍旧是常规检测中常用的重金属检测方法之一，因此，分光光度法对海洋重金属监测的应用将必须以"更准、更快、更绿色"为目标。由于重金属监测分析正逐渐向着痕量乃至超痕量的分析方向发展，为适应现代及未来重金属监测的需要，分光光度法对于准确度的要求也越来越高。另外，值得注意的是，很多显色剂都属于高危、高毒药品，在用分光光度法测定重金属时会产生较大的二次污染，因此，在线监测方面还需要进一步发展新型无毒或低毒的显色体系，以减少监测过程中的环境破坏，真正达到环境监测的意义。

## 5.1.6 化学发光分析法

化学发光（chemiluminescence，CL）是分子发光光谱的一种，指在某些特殊的化学反应中，反应中间体或反应产物吸收了反应释放的化学能（产生蓝光约需 300kJ/mol，产生红光约需 150kJ/mol）而处于激发态，不稳定的激发态返回到基态释放能量时产生的一种光辐射现象，根据化学发光强度或反应的总发光量可以确定反应中相应组分的含量。根据化学发光反应介质的不同，又可将其分为气相化学发光、液相化学发光、固相化学发光和异相化学发光（反应在两个不同介质中进行）。目前，液相化学发光法在痕量和超痕量分析中应用比较广泛。利用化学发光方法对重金属检测，大多是基于重金属离子对发光体系的抑制和催化作用实现的。化学发光法的核心体系是发光体系，常见的发光体系有酰肼类（luminol）、洛粉碱、过氧化草酸酯、光泽精、高锰酸钾等。

**（1）酰肼类**

鲁米诺（luminol，3-氨基邻苯二甲酰肼）是酰肼类的典型代表，是较早用于化学发光分析法的发光剂，它和异鲁米诺（4-氨基邻苯二甲酰肼）由于结构简单、易于合成、水溶性好、稳定性好、发光量子效率较高（可达 1%～5%）等优点，使其成为近年来研究和使用最为广泛的化学发光试剂之一。鲁米诺在碱性条件下，首先被氧化为叠氮醌，然后形成桥式六元环过氧化物中间体，分解后产生化学发光，最大发射波长位于 420～450nm，发光时间可维持 100s 左右。鲁米诺发光体系常用的氧化剂及催化剂有 $H_2O_2$、$KClO_4$、$KMnO_4$、$O_2$、$K_2S_2O_4$、$K_2Cr_2O_7$、$K_3Fe(CN)_6$、$NaClO$、$Fe^{2+}$、$Mn^{2+}$、辣根过氧化物酶等，其在环境监测、临床医学及食品分析中均有广泛的应用。目前已经有了很多研究利用鲁米诺发光体系对 $Hg^{2+}$，$Cu^{2+}$，$Cr^{3+}$，$Ni^{2+}$，$Fe^{2+}$ 等金属离子进行检测。Amini 和 Kolev（2007）将鲁米诺-$H_2O_2$ 体系与流动注射气体扩散技术联用，对 $Hg^{2+}$ 进行了检测，检测范围为 1～100μg/L，检出限为 0.8μg/L，该方法可以用于海水和河水中重金属离子的检测。Li 等（2006）将流动注射和鲁米诺-$H_2O_2$ 体系联用，同时检测水体中的 $Co^{2+}$ 和 $Cr^{3+}$，检测范围分别为 0.8～200μg/L 和 4～4000μg/L。郭小明等（2007）利用铜离子对鲁米诺–铁氰化钾体系有催化化学发光反应的特性，采用毛细管电泳–化学发光法成功实现了对 $Cu^{2+}$ 的分离检测，$Cu^{2+}$ 的检出限为 0.5μg/L。线性范围为 4.68～3175μg/L，迁移时间和峰高的相对标准偏差（$n=5$）分别为 2.9%、4.7%。

**（2）过氧化草酸酯类**

过氧草酸酯类化学发光反应是由多氯代水杨酸酯类化合物与草酰氯反应生成的草酸酯与过氧化氢和某些荧光剂之间的化学发光反应。典型的过氧化草酸酯类发光试剂有双（2，

4-二硝基苯基）草酸酯和双（2，4，6-三氯苯基）草酸酯。芳基草酸酯与过氧化氢发生反应，生成一种双氧基中间体储能物双-(1，2-二氧杂环丁酮），其中荧光试剂作为增敏剂，它的分子结构在反应过程中通常保持不变，只是起能量转移和发射荧光的作用。过氧草酸酯化学发光体系量子发光效率高可达 27%，发光强度大、发光存在时间长、颜色可调，并且溶液允许的 pH 范围比较广（4～10），而且荧光剂的种类很多，不同荧光基团具有不同的发光光谱，使该方法选择性很好。但草酸盐类物质在水溶液中不稳定，易水解释放 $CO_2$，此特性一定程度地抑制了过氧化草酸酯类发光试剂的发展。已有报道指出，过氧草酸酯类化学发光体系能够检测 $Al^{3+}$、$Pb^{2+}$、$Cu^{2+}$、$Fe^{2+}$、$Fe^{3+}$、$Mn^{2+}$、$Ni^{2+}$ 等（Shamsipur et al.，2009）。

**（3）吖啶类**

光泽精（Lucigenin，$N$，$N'$-二甲基二吖啶 $NO_3^-$）是吖啶类的代表，也是使用较早且应用广泛的一类化学发光试剂。它在碱性条件下被过氧化氢、高碘酸钾等氧化剂氧化后形成不稳定的过氧化物中间体，然后分解生成激发态的 $N$-甲基吖啶，激发态发射蓝绿光并回到基态。最大发射波长在 420～500nm，量子产率一般在 1%～2%，但其化学发光持续时间较长，发光信号需要在几分钟后才能达到峰值。其他吖啶类发光试剂反应的最终发光产物同样为激发态的 $N$-甲基吖啶。吖啶类发光试剂对 pH 的要求比较严格，一般要求溶液为 0.1～1mol/L 的强酸溶液，产物 $N$-甲基吖啶不溶于水，在流动注射化学发光分析中很容易沉积在流通管道及监测池壁上，这些原因一定程度上限制了吖啶类发光试剂的发展。Li 和 Lee（2005）根据 $As^{5+}$ 能够增加光泽精和 $H_2O_2$ 体系产生化学发光，$As^{3+}$ 则不能，先测定水样中的 $As^{5+}$，再将 $As^{3+}$ 氧化为 $As^{5+}$，测得水样中 As 的总量，从而获得 $As^{3+}$ 的浓度。$As^{5+}$ 的浓度范围为 10～10 000μg/L，检出限为 5μg/L。Du 等（2007）发现碱性条件下 $Cr^{3+}$ 与光泽精和 $KIO_4$ 反应产生强光信号。用 $H_2SO_3$ 将水样中的 $Cr^{5+}$ 还原成 $Cr^{3+}$，以同样方法测定水样中的总 Cr 量，从而得到了 $Cr^{5+}$ 的含量。该方法检测范围为 0.4～1000μg/L，检出限为 0.1μg/L。

**（4）高锰酸钾化学发光体系**

高锰酸钾能够与多种物质发生氧化还原反应，在酸性条件下氧化能力更强，是一种重要的强氧化剂，其化学发光原理一般被认为是它能直接与多种物质发生氧化还原反应，还原产物为激发态二价锰离子，激发态二价锰离子返回基态时发生光辐射。酸性高锰酸钾化学发光体系的光谱范围一般在 610～750nm。Satienperakul 等（2005）将 $As^{3+}$ 注入 1%（m/V）的六偏磷酸钠和 0.2mol/L 的 $H_2SO_4$ 溶液中，并随溶液注入含有 $5.0×10^{-5}$ 的 $K_2MnO_4$ 的酸性六偏磷酸钠溶液，由光电倍增管采集光信号，$As^{3+}$ 的检测范围为 0.5～5μg/L，检出限为 0.1μg/L。刘杨和黄玉明（2007）根据酸性条件下高锰酸钾氧化 $As^{3+}$ 产生化学发光，并且，六偏磷酸钠与甲醛对该体系有显著的增强作用，据此建立了流动注射化学发光法测定水中砷的新方法。在优化的实验条件下，在 $As^{3+}$ 的浓度为 2～300μg/L 的范围内与发光强度呈良好的线性关系，检出限为 1μg/L。

**（5）电致化学发光**

电致化学发光（electrogeneratedchemiluminescence，ECL）是在化学发光的基础上发展起来的一种新的分析方法，是化学发光与电化学相互结合的产物。ECL 是在电极上施加一定的电压,利用电化学反应来直接或间接地引发化学发光的现象,其原理是利用电极原位产生试剂,这些试剂在溶液中反应,完成较高能量的电子转移而生成激发态的分子,不稳定的激发态分子回到基态过程中以光辐射的形式释放能量。ECL 综合电化学分析和化学发光分析的优点,具有灵敏度高、选择性强、易于实现原位在线分析等特点。三联吡啶钌盐(3-(2,2'-联吡啶)钌(Ⅱ),Ru(byp)$_3^{2+}$)由于具有良好的受激发特性,在 ECL 中应用广泛。其电致化学发光反应的机理一般认为是激发态的 Ru(byp)$_3^{2+}$ * ECL 产生 Ru(byp)$_3^{2+}$ 所致,其发光波长为 610nm,即通过电极对含有化学发光物质的某化学发光体系施加一定的电压或通过一定的电流,导致产生某种新的物质,该物质能与发光物质反应并能提供足够的能量,使发光物质基态电子跃迁到激发态,当返回到基态时发光;或者利用电极提供的能量直接使发光物质进行氧化还原反应,并生成某种不稳定的中间态物质,该物质迅速分解导致发光(王卫,2006)。

常见重金属直接显(褪)色试剂及其测量范围,参见表 5-3。虽然化学发光分析法具有很高的灵敏度,但是在实际应用中(特别是在海洋重金属监测中),共存离子的干扰却比较大,因而需引入分离富集技术以提高分析测定的选择性(Qin et al.,1998)。近年来化学发光法与流动注射、气相色谱、液相色谱、离子交换色谱、薄层色谱、超临界流体色谱、高效毛细管电泳、微流控芯片等分离富集技术联用,使发光分析法得到了广泛的应用。此外,通过与紫外、荧光、电化学等化学分析技术、生物技术、固定化试剂技术、免疫技术、传感器技术等进行联用,化学发光法的灵敏度和选择性也得到了很大的提高,成为一种十分具有发展前景的重金属分析技术。对于基底成分比较复杂的水体、底质和生物体的监测及痕量金属的监测,大多采用光学仪器检测法,但所用仪器本身大多比较昂贵,运行费用高,需要具备熟练的操作经验和相对稳定且较大的工作空间,同时此类方法检测范围比较小,对于重金属含量差别较大的样品,需要消耗大量时间和人力、物力来实现大批量的检测,而且测量时有些方法需要复杂的前处理(萃取、浓缩富集、干扰抑制等),很难实现现场快速实时监测。

**表 5-3 常见重金属直接显(褪)色试剂及其测量范围**

| 金属 | 化学发光体系 | 介质条件 | 线性范围 /(μg/L) | 检出限 /(μg/L) | 应用 | 文献 |
|---|---|---|---|---|---|---|
| Hg(Ⅱ) | 鲁米诺-O$_2$ | Fe(Ⅱ)-DETA | 100~10 000 | 30 | 工业废水 | 李卫华和章竹君,2009 |
| Hg(Ⅱ) | 鲁米诺-H$_2$O$_2$-GDFI | 3.0mol/L NaOH | 1~100 | 0.8 | 海水、河水 | Amini and Kolev,2007 |
| Cr(Ⅲ) | 鲁米诺-H$_2$O$_2$-FIA | EDTA | 4~4 000 | 1 | 环境水 | Li et al.,2006 |
| Cr(Ⅲ) | 鲁米诺-H$_2$O$_2$-CPE-FIA | pH=10.7,Triton X-100 | 0.002~0.2 | 0.002 | 环境水 | Paleologos et al.,2003 |
| Cr(Ⅵ) | 鲁米诺-K$_3$[Fe(CN)$_6$]-AER | 0.006mol/L HCl | 0.04~1 | 0.014 | 环境水 | Zhang et al.,1995 |

| 金属 | 化学发光体系 | 介质条件 | 线性范围 /(μg/L) | 检出限 /(μg/L) | 应用 | 文献 |
|---|---|---|---|---|---|---|
| Cr（Ⅲ） | 光泽精-KIO$_4$ | 0.3mol/L NaOH | 0.4～1 000 | 0.1 | 环境水 | Du et al.，2007 |
| Cd（Ⅱ） | 鲁米诺-Co（Ⅱ）-H$_2$O$_2$-SI | pH=11 | 100～5 000 | 32 | 环境水 | 刘晓宇等，2007 |
| Zn（Ⅱ）Cd（Ⅱ） | 8-羟基喹啉-Bis（2,4,6-三氯苯基）草酸-H$_2$O$_2$-FIA | pH=7 | 20～70 | — | 环境水 | Sato and Tanaka，1996 |
| As（Ⅲ） | 鲁米诺-IC | NaOH | 10～1 000 | 10 | 海藻、环境水 | Fujiwara et al.，1996 |
| As（Ⅲ） | KMnO$_4$-酸性六偏磷酸钠 | 0.2mol/L H$_2$SO$_4$ | 0.5～5 | 0.3 | 环境水 | Satienperakul et al.，2005 |
| As（Ⅲ） | KMnO$_4$-甲醛-六偏磷酸钠 | 6mmol/L HCl | 2～300 | 1 | 河水 | 刘杨和黄玉明，2007 |
| As（Ⅴ） | 光泽精-H$_2$O$_2$ | pH=7.6 PBS | 10～10 000 | 5 | 环境水 | Li and Lee，2005 |
| Se | NaIO$_4$-H$_2$O$_2$ | pH=7.0 | 8～800 | 3.3 | 环境水 | 徐伟民等，2006 |
| Cu（Ⅱ） | 鲁米诺-K$_3$[Fe(CN)$_6$]-CE | pH=4.8，NaAc-HAc | 4.68～3 175 | 0.5 | 废水 | 郭小明等，2007 |
| Cu（Ⅱ） | Bis（2,4,6-三氯苯基）草酸-H$_2$O$_2$ | pH=7～8 | 1.28～64 | 0.8 | 环境水 | Igarashi et al.，2000 |
| Cu（Ⅱ） | 光泽精-H$_2$O$_2$-CTMAB | pH=13，0.5mol/L NaOH | 10～10 000 | 5 | 自来水、河水 | 李光浩等，2007 |
| Cu（Ⅱ） | 粪卟啉-TCPO-H$_2$O$_2$ | pH=7.4 | 15～125 | 9 | 环境水 | Meseguer et al.，2004 |
| Pb（Ⅱ） | 鲁米诺-罗丹明 B-Fe（Ⅱ） | pH=10.6，Na$_2$CO$_3$-HCl | 1～100 | 0.3 | 白酒 | 吴永平等，2007 |

# 5.2　电化学监测方法

电化学分析法是根据溶液中物质的电化学性质及其变化规律来进行分析的方法。电化学分析的检测信号通常指电导、电位、电流、电量等电信号，可以直接记录，无需分析信号的转换，因而电化学分析仪器一般比较小型，易于实现监测的自动化和原位连续监测，是现代海洋环境监测的重要发展方向。电化学分析方法能够快速、灵敏、准确地对痕量物质进行分析，对重金属的检出限也低至$10^{-12}$mol/L。电化学分析法应用于重金属检测方面主要包括溶出伏安法、电位分析法等。

## 5.2.1　溶出伏安法

溶出伏安法（stripping voltammetry，SV）属于电化学方法，是在经典极谱法基础上发展起来的，目前已经能够实现对铜、锌、铅、镉、汞、砷等重金属的现场自动检测，无需人工操作，具有体积小、灵敏度高、检出限低、检测快速、能够连续测定多种金属离子等优点，最低检出限可低至 $10^{-12}$ mol/L（赵会欣等，2009）。溶出伏安法是一种将电解沉积和电解溶出两个过程相结合的电化学分析方法，主要分为富集、静置和溶出三个步骤。首先，待测金属离子在一定的还原电位下，被还原富集在工作电极上，待测金属均匀分布于待测电极上时，以反向扫描电位从负向正快速扫描，当电极电位达到电极上金属的氧化电位时，金属被氧化为离子重新进入溶液中并产生氧化电流，记录电压–电流曲线，其峰值与待测组分的浓度成正比，依此原理可进行待测组分的定量分析。根据溶出电位的扫描方向的不同，可将溶出伏安法分为阳极溶出伏安法（anodic stripping voltammetry，ASV）和阴极溶出伏安法（cathodic stripping voltammetry，CSV）两种。ASV 是在电解富集时将工作电极作为阴极，溶出时电位向阳极方向扫描，重金属检测常用该方法；CSV 则相反，通常将阳极作为工作电极，电位向阴极方向扫描，该方法主要用于阴离子的检测。

采用二电极系统进行溶出伏安法的分析时，电极电位会随着待测离子浓度的下降而越来越低，因此长时间使用可能会使后放电离子还原或发生氢离子放电，严重影响测量结果的准确性。目前溶出伏安法一般采用三电极系统，即工作电极、参比电极和对电极。三电极系统溶液的 $IR$ 降（由于电流 $I$ 和电阻 $R$ 所引起的偏差）会自动补偿，工作电极的电位能够保持恒定，能够长时间地对待测离子进行检测，同时由于能自动补偿溶液中的 $IR$ 降，三电极体系允许溶液的电阻高些，只需加入少量的支持电解质，降低 IR 降，减小迁移电流，维持恒定的离子强度和扩散系数。

**（1）参比电极和对电极**

对电极又被称为辅助电极，常用化学惰性良好的铂电极、碳电极等作为对电极。它与工作电极形成回路，使电流流通，本身并不参加化学反应。

参比电极是决定工作电极电位的重要因素。电信号加到工作电极和对电极上，待测物质在工作电极上发生电化学反应，对电极与工作电极连成通路，反应的电流通过工作电极和对电极。参比电极基本没有电流通过，用于稳定工作电极的电位并确定电流–电压曲线中的峰电位。作为一个理想的参比电极应具备以下两个条件：①能迅速建立热力学平衡电位，这要求电极反应是可逆的；②电极电位是稳定的。常用的参比电极有甘汞电极和银–氯化银电极。

**（2）工作电极**

工作电极一般分为两类，汞电极和固体电极。

汞电极对氢离子具有很高的超电位，并且能够与多种金属生成汞齐，使重金属的析出电位降低，大大扩大了分析范围。汞电极又可分为悬汞电极和汞膜电极两种。悬汞电极的电位范围很宽，一般酸性介质中为-1.8～+0.25V，碱性介质中为-2.3～+0.25V。汞膜电极在现代检测中比较常用，是将汞沉积在固体电极（玻碳、石墨、碳糊、金、银、铂、铱等）表面，形成汞膜，汞膜厚度一般在2～1000nm，面积较大，因而电解富集率高，溶出峰尖锐，分辨能力较好，但重现性不如悬汞电极。现在已经成功应用的汞膜电极有玻碳汞膜电极、石墨汞膜电极、银基汞膜电极等。汞电极具有很高的灵敏度和重现性，但汞的毒性较大，在检测过程中常常会对样品或环境造成二次污染，严重限制了汞电极的应用和发展。

固体电极主要包括贵金属电极和碳质电极。贵金属电极，如金、银、铂电极等具有很高的化学惰性和导电性，电位范围大。其中金盘电极和金膜电极常用于汞电极所不能检测的重金属和盐基性元素（Hg、As、Se、Cu）等。但大多数贵金属在较正的电位下容易氧化，长时间使用后，固体电极表面会发生物理、化学变化，氧化层覆盖电极表面，待检测的反应产物不能完全从电极表面移除，会导致测量结果的稳定性和准确度大大降低。碳具有良好的化学惰性及很高的氢超电位，导电性好，背景电流小，而且不易被氧化，很适合用于制作电极。近些年出现了许多以碳为原料的固体电极，如玻碳电极、碳糊电极、浸渍石墨电极、热解石墨电极等，但这类电极处理程序比较复杂，不利于快速检测。

为了更加灵敏、准确地对环境中的一些物质进行检测，化学电极得到了极大的发展，随之产生了一种新的电极形式——化学修饰电极。化学修饰电极是通过化学修饰的方法在电极表面进行分子设计，将化学性质优良的分子、离子、聚合物等通过共价键合、吸附、聚合等手段有目的地将这些功能性的物质引入到电极表面，赋予电极某种特定的化学和电化学特性，从而进行所期望的反应，在提高选择性和灵敏度方面有着独特的优越性。

按化学修饰电极表面上微电结构的尺度分类，有单分子层和多分子层两大类型，此外还有组合型等。表5-4所示为溶出伏安法工作电极分类、特点、制备方法及优缺点。电极表面的修饰方法依其类型、功能和基底电极材料的性质和要求而不同，目前化学修饰电极主要的制备方法和分类（李玮，2008；邢苏洁，2010）如图5-2所示。

**表5-4　溶出伏安法工作电极分类、特点、制备方法及优缺点**

| 电机种类 | 汞电极 | | 固体电极 | | 电化学修饰电极 |
|---|---|---|---|---|---|
| 详细分类 | 悬汞电极 | 汞膜电极 | 贵金属电极 | 碳电极 | 修饰单层<br>修饰匀相复层<br>修饰有粒界的厚层 |
| | | | 金、银、铂 | 玻碳、碳糊、石墨 | |
| 性质特点 | 汞膜电极是在悬汞电极的基础上发展起来的，溶出伏安特性很好，可用于多种重金属的同时检测 | | 可以根据被检查金属离子在工作电极上的沉浸和溶出特性选择不同的电极材料 | | 分子、离子、聚合物等在电极表面进行分子设计，以化学薄膜的形式固定在电极表面，从而使电极具有某种特定的化学和电化学性质 |

续表

| 电机种类 | 汞电极 | | 固体电极 | | 电化学修饰电极 |
|---|---|---|---|---|---|
| 制备方法 | 在含有 $Hg^{2+}$ 的溶液中将预先准备好的电极镀上汞膜，或现在预分析溶液中加入 $Hg^{2+}$，在预电解富集时，汞和金属一起沉积于电极表面 | | 各种金属单质加工成所需形状，清理干净，直接使用。为了获得再现的结果，需要对固体电极表面进行处理，如清洗、抛光、预极化等 | | 对电极表面进行物理化学、化学的修饰，造成某种微结构结合在电极表面上 |
| 优点 | 电位范围很宽，重现性好 | 电解富集率高，溶出峰尖锐，分辨能力较好 | 电位范围大，能够检测汞电极无法检测的 Hg、As、Se、Cu 等金属，在正电电位下仍能使用 | 背景电流小，灵敏度高，不易被氧化，在正电电位下仍能使用 | 针对性强，灵敏度高，选择性高，具有特殊功能 |
| 缺点 | 检出限较高，容易造成二次污染 | 重现性较差，容易造成二次污染 | 电极容易氧化，长时间使用后稳定性和准确度降低 | 处理过程比较复杂，不利于快速检测 | 电极寿命较短，重现性差，电极制备较复杂 |

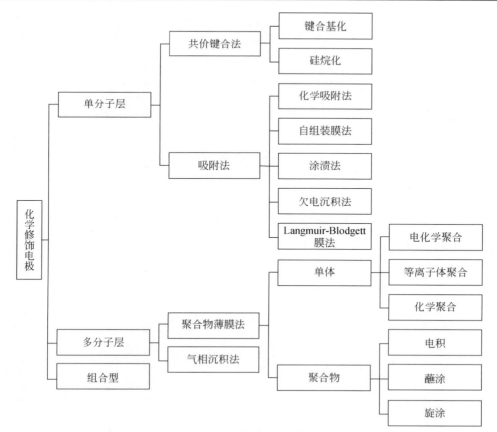

图 5-2    化学修饰电极分类

### (3) 溶出伏安法在重金属检测中的应用

溶出伏安法已经被广泛应用于水体重金属的检测中，在合适的工作电极和分析条件下，可以对水中 $\mu g/L$ 数量级的重金属进行精确定量分析，并且能够同时分析水中的多种重金属离子，目前可以测定 40 余种重金属，多种金属的检出限可达到 $0.1\mu g/L$。其中汞膜电极是溶出伏安法检测重金属最常用的电极，贵金属电极则被用于汞电极无法检测的其他金属中。汞电极又可分成预镀汞电极和同位镀汞电极两种，前者是在检测前对电极进行镀汞，后者是对样品测定的同时将汞离子自动电还原成汞镀到电极上，同位镀汞电极使用汞量少，对环境污染少，且不需要人为干预，其稳定性和重现性相对较好。表 5-5 所示的是一些用于检测重金属的常规汞电极和贵金属电极的研究。

表 5-5　溶出伏安法在重金属检测中的应用

| 金属 | 汞膜基底 | 类型 | 参比电极 | 电解质条件 | 检出限 /($\mu g/L$) | 应用 | 文献 |
|---|---|---|---|---|---|---|---|
| $Pb^{2+}$ $Cd^{2+}$ $Cu^{2+}$ | 铂 | 预镀汞 | $Hg/Hg_2SO_4/$饱和 $K_2SO_4$ | $0.001mol/L$ $HClO_4$, $0.1mol/L$ $NaClO_4$ | 0.62 0.4 0.39 | 雨水 | Abdelsalam et al., 2002 |
| $Zn^{2+}$ $Pb^{2+}$ $Cd^{2+}$ $Cu^{2+}$ | 玻碳 | 预镀汞 | $Hg/Hg_2SO_4/$饱和 $K_2SO_4$ | $0.1mol/L$ $KNO_3$, $0.002mol/L$ $HNO_3$ | $0.1\sim0.3$ | 废水 | Brett, 1996 |
| $Zn^{2+}$ $Pb^{2+}$ $Cd^{2+}$ $Cu^{2+}$ | 悬汞 | 预镀汞 | $Ag/AgCl$ | $pH=2.24$ HCl | 1.98 10.65 0.99 5.1 | 海水 | 于庆凯和李丹, 2009 |
| $Cr^{3+}$ $Cr^{5+}$ | 悬汞电极 | 预镀汞 | $Ag/AgCl/$饱和 KCl | $6mmol/L$ 醋酸盐 $HNO_3$ $PH_2$ | 0.16 | 环境水 | Grygar, 1996 |
| $Pb^{2+}$ $Cd^{2+}$ $Cu^{2+}$ | 玻碳 | 同位镀汞 | $Ag/AgCl/$饱和 KCl | HAc-NaAc（$pH=4.5$）$HgCl$ | 0.3 0.06 0.1 | 牛奶 | 朱浩嘉等, 2014 |
| $Pb^{2+}$ $Cu^{2+}$ | 玻碳 | 同位镀汞 | $Hg/Hg_2SO_4/$饱和 $K_2SO_4$ | 海水, $0.1mmol/L$ $Hg(NO_3)_2$, $pH=2.3$ | 1 | 海水 | Carra et al., 1995 |
| $As^{3+}$ $As^{5+}$ | 悬汞电极 | 同位镀汞 | $Ag/AgCl/$（$3mol/L$ KCl） | $1mol/L$ HCl $45ppm$ $Cu^{2+}$ | 8 | 环境水 | Ferreira and Barros, 2002 |
| $Se^{4+}$ | 悬汞电极 | 同位镀汞 | — | $40\mu mol/L$ $Cu^{2+}$, $pH$ 1.6 | $0.79\times10^{-3}$ | 环境水 | Van and Khan, 1990 |
| Se | 悬汞电极 | 同位镀汞 | $Ag/AgCl/$（$3mol/L$ KCl） | $0.3mol/L$ HCl $75ppb$ Rh（Ⅲ） | $1.3\times10^{-3}$ | 环境水 | Lange and van, 2000 |

| 金属 | 汞膜基底 | 类型 | 参比电极 | 电解质条件 | 检出限 /(μg/L) | 应用 | 文献 |
|---|---|---|---|---|---|---|---|
| $Hg^{2+}$ | 金盘电极 | — | Ag/AgCl/(1mol/L KCl) | 10mmol/L $HNO_3$ 10mmol/L NaCl | 0.04~80 | 环境水 | Bonfil et al., 2000 |
| $Hg^{2+}$ | 镀金石墨电极 | — | Ag/AgCl/饱和 KCl | 0.1mol/L HCl | 0.16 | 河水、污水 | Viltchinskaia et al., 1995 |
| $Cd^{2+}$ $Pb^{2+}$ $Cu^{2+}$ | 铋膜电极和金盘电极 | — | Ag/AgCl/(3mol/L KCl) | 0.01mol/L NaCl | 0.052 0.62 0.064 | 海水 | 宋文璟等, 2012 |

注：$ppm = 10^{-6}$；$ppb = 10^{-9}$。

为提高伏安法的灵敏度，中外学者做了很多研究，其中一方面是从伏安法溶出过程中所使用的电压脉冲方式来进行改进，包括常规脉冲伏安法、差分脉冲伏安法（differential pulse voltammetry，DPV）、方波脉冲伏安法（square wave voltammetry，SWV）等，它们是在经典伏安法的基础上克服了残余电流的影响下发展起来的一种新的极谱技术，差分脉冲伏安法具有灵敏度高、分辨率强等特点，而方波电压伏安法则比较稳定。

差分脉冲溶出伏安法（differential pulse stripping voltammetry，DPSV）是指溶出过程中，在缓慢线性变化的直流扫描电压上，叠加小振幅的矩形脉冲电位，图 5-3 为差分脉冲溶出伏安法示意图。

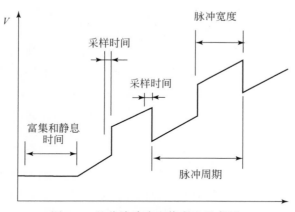

图 5-3　差分脉冲溶出伏安法示意图

方波脉冲伏安法是一种多功能、快速、高灵敏度和高效能的电分析方法，从 20 世纪 70 年代起，就因其突出的优点得到特别关注，并相继出现了方波伏安库仑法（SWVC）、多方波伏安法（MSWV）、积分多方波伏安法（IMSWV）、叠式方波伏安法（ASWV）、对位叠式方波伏安法（CPASWV）等改进型方波伏安法。方波伏安法是在滴汞电极上施加一快速扫描的阶梯电压，并于每一阶梯上叠加一小振幅对称等幅方波，方波振幅约为 50/nmV，将方波的正、负脉冲末期采用电流相减所得差值对阶梯扫描电位作图，所得伏安图为对称峰形，同时还可给出正、负脉冲伏安图，使其能像循环伏安曲线一样给出电极动力学信息（陈晨，2013）。SWV 较好地抑制了背景电流，又由于其是在单滴汞上完成整个扫描过程，扫描速度快，从而可通过重复多次扫描求得平均信号来减小噪声的影响，提高信噪比而使检测限降低。经过不断发展，SWV 可以采用汞膜电极、小圆盘电极、圆柱形微电极、镀汞玻璃碳电极、玻璃碳旋转圆盘电极等。

目前，SWV 已广泛应用于物质的定量分析领域，其中，在微量、痕量重金属的检测中的应用尤其广泛。Martinotti 等（1995）运用方波脉冲阳极溶出伏安法对水中的 $Zn^{2+}$、$Cd^{2+}$、$Pb^{2+}$、$Cu^{2+}$进行了检测，通过对测量中的电压进行设定，电解质溶液的浓度进行对比分析，得出了最佳操作条件和步骤，检出限分别为 $25\mu g/L$，$0.5\mu g/L$，$1\mu g/L$ 和 $2\mu g/L$。Ferreira 和 Barros（2002）运用方波脉冲阴极溶出伏安法对天然水体中的 $As^{3+}$ 和 $As^{5+}$ 进行了检测，工作电极为滴汞电极，参比电极为 Ag/AgCl，当参比电极电势为 $-0.39V$ 时，在 45ppm $Cu^{2+}$ 存在的 1mol/L HCl 电解液中对 $As^{3+}$ 进行浓缩，当参比电极电势为 $-0.82V$ 时，金属互化物停止富集；当参比电极电势为 $-0.40V$ 时，在 400ppm $Cu^{2+}$ 存在的 1mol/L HCl 电解液中对总砷进行浓缩，当参比电极电势为 $-0.76V$ 时金属互化物停止富集；富集 40s 后，对 $As^{3+}$ 的检出限为 $0.4\mu g/L$，富集时间为 3min 时，对总砷的检出限为 $8\mu g/L$。

## 5.2.2　化学修饰电极

化学修饰电极于 20 世纪 70 年代问世，是修饰电极中的一种，突破了传统电化学中只限于研究裸电极/电解液界面的范围，开创了从化学状态上人为控制电极表面结构的领域。研究这种人为设计和制作的电极表面微结构及其界面反应，不仅对电极过程动力学理论的发展进行了推动，同时它显示出的催化、光电、电色、表面配合、富集和分离、开关和整流、立体有机合成、分子识别、掺杂和释放等效应和功能，使整个化学领域的发展显示出有吸引力的前景。在化学修饰电极的应用中，其中很重要的一项便是用于提高重金属检测的灵敏度。

现代化学修饰电极的种类有很多，其中常用在重金属检测中的化学修饰电极方法有以下几类。

**（1）化学吸附电极**

化学吸附法是一种比较简单且直接的修饰方法，通过电极浸入的方式，使活性物质吸附于修饰电极表面。在进行电极反应时，吸附在电极表面上的物质就会表现出其特性，参与或影响反应的进程。Mashhadizadeh 等（2008）将 2-巯基-5-（3-硝基苯基）-1，4-噻重氮和纳米金离子自组装在碳糊电极表面，用伏安法检测了水样中的 $Cd^{2+}$，检测范围为 $3.5\sim 3.5\times 10^{4}\mu g/L$，检出限为 $2.2\mu g/L$，该方法电极制备方法简单，$Cd^{2+}$ 检测范围广，且能够在 6s 内进行快速检测。

**（2）自组装（单/多层）膜修饰电极**

自组装膜法是构膜分子通过分子间及其与基体材料间的物理化学作用而自发形成的一种热力学稳定、排列规则的单层或多层分子膜。常用的构膜材料有含硫有机物、脂肪酸、有机硅、烷烃及二磷脂五大类，主要是硫醇修饰金电极、双层磷脂膜修饰电极等。

Yantasee 等（2004）利用自组装单层膜技术将结合乙酰胺膦酸的介孔氧化硅上修饰在碳糊电极表面，并用方波进行电位扫描，经过电化学预浓缩同时检测了水体中的 $Cd^{2+}$、$Cu^{2+}$、$Pb^{2+}$，整个分析系统可分为两部分：一是在开式回路状态下对重金属离子进行浓缩过程，二是检测过程。预浓缩 2min，检出限为 $10\mu g/L$，若延长预浓缩时间至 20min，检出限则可降至 $0.5\mu g/L$。此前，Yantasee（2003）还利用自组装单层膜方法将硫醇结合在介孔氧化硅上修饰碳糊电极，同时检测水体中的 $Pb^{2+}$ 和 $Hg^{2+}$，经过 20min 的预浓缩，检测范围分别为 $10\sim1500\mu g/L$ 和 $20\sim1600\mu g/L$，检出限为 $0.5\mu g/L$ 和 $3\mu g/L$。

**（3）聚合物修饰电极**

将预处理的电极放入含有一定浓度单体和支持电解质的体系中，通过电极反应产生活泼的自由基离子中间体，将其作为聚合反应的引发剂，使电活性的单体在电极表面发生聚合，生成聚合物膜修饰电极。聚合物修饰电极主要包括电活性（氧化还原）聚合物膜修饰电极、离子交换树脂聚合物修饰电极和导电聚合物修饰电极三类。黄美荣等（2005）电合成了一种芳香族二胺聚合物链，该聚合物中存在大量自由氨基和亚氨基，由其自组装而成的修饰电极可以和重金属离子如 $Ag^+$、$Pb^{2+}$、$Hg^{2+}$、$Cu^{2+}$ 形成络合物，进而实现对痕量重金属离子的富集与检测，该修饰电极对 $Ag^+$ 和 $Pb^{2+}$ 的检测呈现出极好的线性关系，检出限分别为 $1.08\mu g/L$ 和 $31\mu g/L$。Rahman 等（2003）利用 5′, 2″-三聚噻吩单体在乙二胺四乙酸作为催化剂的条件下，在玻碳电极表面聚合制备导电聚合物修饰电极，该电极能够络合并检测水体中的 $Pb^{2+}$、$Cu^{2+}$ 和 $Hg^{2+}$，检测范围分别为 $0.16\sim20.7\mu g/L$，$0.0032\sim6.4\mu g/L$ 和 $0.15\sim20.1\mu g/L$，检出限分别为 $0.12\mu g/L$、$0.0013\mu g/L$、$0.1\mu g/L$。

**（4）纳米材料修饰电极**

纳米材料修饰电极是将纳米科学与化学修饰电极有机结合的一个新领域。当纳米材料与电极相结合时，除可将材料本身的物化特性引入电极界面外，也会使电极拥有纳米材料比表面积大，粒子表面带有功能团较多等特性，从而对某些物质的电化学行为产生特有的催化效应。近些年研究较多的纳米材料修饰电极有金属纳米粒子修饰电极、氧化物纳米粒子修饰电极、半导体纳米粒子修饰电极、碳纳米管修饰电极。Dai 等（2004）以阶跃脉冲电位沉积法将金纳米粒子沉积到玻碳电极表面，制备了一种金纳米粒子修饰玻碳电极，该电极对 $As^{3+}$ 有良好的响应，检出限可达 $0.0096\mu g/L$。Gong 等（2009）研制了一种新型的无机-有机混合纳米复合材料，即金-铂双金属纳米粒子/有机纳米纤维修饰的玻碳电极，用来检测水体中的 $Hg^{2+}$，检出限低至 $0.008\mu g/L$，该电极能够有效地排除 $Cu^{2+}$、$Cr^{3+}$、$Co^{3+}$、$Fe^{2+}$、$Zn^{2+}$、$Mn^{2+}$ 等的干扰。Yuan 等（2013）以分层的钛酸盐纳米片作为传感平台，该平台能够高效捕获水体中的 $Hg^{2+}$，并能将 $Hg^{2+}$ 浓缩到纳米片表面，检出限低至 $5\times10^{-3}\mu g/L$，并能有效地排除 $Cd^{2+}$、$Mn^{2+}$、$Ni^{2+}$、$Pb^{2+}$、$Cu^{2+}$ 离子的干扰。Hwang 等（2008）研制了一种铋修饰的碳纳米管电极，该电极在 $0.1mol/L$ 的醋酸盐缓冲液（pH = 4.5）中，用方波阳极溶出伏安法能够同时检测水样中的 $Pb^{2+}$、$Cd^{2+}$ 和 $Zn^{2+}$，检出限分别为 $1.3\mu g/L$、$0.7\mu g/L$ 和 $12\mu g/L$。

**（5）生物大分子修饰电极**

生物大分子修饰电极主要是酶电极、DNA 修饰电极、抗原（或抗体）修饰电极、蛋白质修饰电极。Han 等（2001）研发了一种亚甲基蓝调节的酶电极用以检测水体中的 $Hg^{2+}$、$Hg^+$、甲基汞、汞–谷胱甘肽复合物，其中汞及汞的复合物作为抑制剂，抑制辣根过氧化酶的活性，对 $Hg^{2+}$、$Hg^+$ 和甲基汞的检出限分别为 $0.1\mu g/L$、$0.2\mu g/L$ 和 $1.7\mu g/L$。李慧玲和刘守清（1997）利用肝素与某些金属离子之间强烈的亲和作用，设计了一种新型的伏安传感装置，这种用肝素修饰的玻碳电极被用于痕量铜的阳极溶出伏安测定，检出范围为 $1.28 \sim 64\mu g/L$，检出限为 $0.64\mu g/L$。

**（6）超分子修饰电极**

超分子体系是由多个分子通过分子间非共价键作用力缔合而成的复杂有序且具有某种特定功能和性质的实体或聚集体，将超分子体系组装到电极表面便可获得超分子修饰电极。其主要包括卟啉、酞菁、杯芳烃、环糊精和金属配合物修饰电极等。

阳极溶出伏安法相比于前面介绍的几种检测重金属的方法，最大的优势在于其能同时检测多种重金属，在重金属自动在线监测领域有着最广泛的应用。目前国内外已有多家公司推出以阳极溶出法为核心方法的便携式重金属分析仪，可对铜、镉、铅、锌、汞、砷、铬、镍、锰、铊、铁、钴等重金属进行快速在线分析。Nano- Band™ Explorer Ⅱ 重金属分析仪是美国 TraceDetect 公司引入纳米技术的先进理念而研发的新型重金属离子检测仪器，该仪器的电极由 100 个 $0.2nm\times6nm$ 的纳米带电极组成，积累每块小电极所产生的信号，从而使信号放大，纳米带电极与阳极溶出伏安法相结合，扣除背景电流，准确地测量法拉第电流，有效地提高了信噪比，进一步提高了仪器的灵敏度。该重金属分析仪对 Cu、Zn、Cd、Pb 的检出限为 $0.1\mu g/L$，对 As 和 Hg 的检出限为 $1\mu g/L$，可以存储 $10^5$ 个测量数据。国内的便携式重金属监测仪也比较成熟，目前已有多种国内品牌出售，由于价格较低，操作方便，便携式重金属监测仪已得到了广泛的关注。但阳极溶出伏安法易受其他元素的干扰，不适用于污染严重及复杂水样的分析，测定数据不够稳定，电极需要经常更换，并不适用于长期的在线分析。

## 5.2.3 电位分析法

电位分析法（potentiometric analysis）是利用电极电位与化学电池电解质溶液中的某种组分浓度的对应关系而实现定量测量的电化学分析法。电位分析法检测重金属，准确度高、重现性好、稳定性好，灵敏度相对光学仪器分析法较低，但检测下限也能达到 $10^{-4} \sim 10^{-8}mol/L$（极谱法、伏安法可达 $10^{-10} \sim 10^{-12}mol/L$），对于污染不是十分严重的海域可以直接以电位分析法进行测量，该方法对常量、微量和痕量重金属都可以进行检测。电位分析法的另外的优点是仪器设备简单，价格较低，容易实现自动在线监测。

电位分析法中，比较有代表性的是离子选择性电极。离子选择性电极能直接测定水样中的自由金属离子，一般不需要复杂的前处理，几乎没有外源物质的引入，不会破坏样品的平衡和组成，其测量结果一般不受溶液颜色和浊度的影响，选择性高。由于仪器设备简单，易于实现监测仪器的小型化、微型化；ISEs 操作简便，易于实现在线连续和自动分析，在现代海洋环境监测，特别是重金属等元素的监测中得到了广泛的应用。

现在市面出售的离子选择性电极对离子的检出限一般在 $10^{-6} \sim 10^{-8}$ mol/L，近年来也有达到 $10^{-11}$ mol/L 的相关报道（Pretsch，2007）。离子选择性电极的核心部件为敏感膜，经过多年发展，大量基于不同中性载体的离子选择电极被研究出来并报道。如今，使用新材料合成新颖的离子载体是离子选择性电极研究中较为活跃的一个方向。其中，全固态离子选择电极由于结构简单，化学稳定性高，耐腐蚀性强，使用寿命长等优点，在近些年得到了广泛关注。

用于不同种类离子检测的离子选择电极具有各自不同的专属性活性载体，下面简单介绍一下海洋监测中 $Pb^{2+}$ 的离子选择电极及其活性载体。

**（1）冠醚及其衍生物活性载体**

冠醚是一类具有 $(CH_2CH_2X)_n$，$X = O$，N，P，S 结构单元的环状化合物，其结构图如图 5-4 所示。它能够与金属离子形成稳定的配合物，其空穴结构对金属离子具有很强的选择作用，并根据环大小的不同会与不同的金属离子发生络合，从而实现了对金属离子的萃取与分离。从 20 世纪 70 年代冠醚被用作金属离子选择性电极的活性载体以来，由于其良好的稳定性和选择性等优点，得到了广泛的关注与应用。

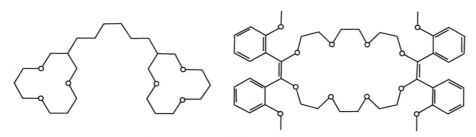

图 5-4　冠醚及其衍生物载体的结构

冠醚及其衍生物作为 $Pb^{2+}$ 选择电极的活性载体时，需要注意碱金属和碱土金属的干扰如何提高冠醚及其衍生物对 $Pb^{2+}$ 的专一络合性及灵敏度，是冠醚及其衍生物作为活性载体在 $Pb^{2+}$ 检测领域研究的重中之重。18 个原子的冠醚是最常用在 $Pb^{2+}$ 选择电极上的冠醚，但 18-冠醚容易与钾离子形成稳定络合物，根据软硬酸碱理论，冠醚中的氧原子容易与碱金属、碱土金属离子发生配位结合，氮原子和硫原子则与过渡金属的配位能力较强，故一些学者用氮、硫原子取代冠醚中的氧原子，使冠醚与碱金属的结合能力减弱，从而减少了 $Na^+$、$K^+$ 等离子的干扰。Mousavi 等（2000）则通过加大冠醚环中氮原子的数量，同时再在氮原子上引入各种取代基，合成二苄基-二氮杂-18-冠醚-6 作为 $Pb^{2+}$ 选择电极的载体，该电极对 $Pb^{2+}$ 的检测范围为 $10 \sim 10\,000$ mg/L，能够排除 $10^{-1}$ 量级以下的 $Na^+$、$K^+$ 离子的干扰，电极使用时间长达 10 个月。近几年还有在氮杂冠醚的氮位上引入硫取代基以提高冠醚载体 $Pb^{2+}$ 选择电极的选择性和灵敏度（Luboch et al.，2006）。利用冠醚作活性载体的 $Pb^{2+}$ 选择电极，对 $Pb^{2+}$ 的检出范围基本在 $0.02 \sim 20\,000$ mg/L，检出限在 $0.015 \sim 6$ mg/L。

**（2）Schiff 碱活性载体**

Schiff 碱的结构图如图 5-5 所示，具有很好的几何立体构型，由于—C═N—键的存在，能够提供孤电子对，可以很好地控制主客体的配位作用，又因为其合成简单、具有良好的稳定性等优点，常作为中性载体被广泛应用于离子选择电极的研制中。Ardakany 等（2003）用 N，N-bia（5-甲基亚水杨基）-p-二亚苄基作为载体组装到高分子膜上，研制了一种 $Pb^{2+}$ 选择电极，线性范围为 $5 \times 10^{-6} \sim 0.1 mol/L$，传感器响应时间小于 15s，适用于偏酸性水体中 $Pb^{2+}$ 的检测。

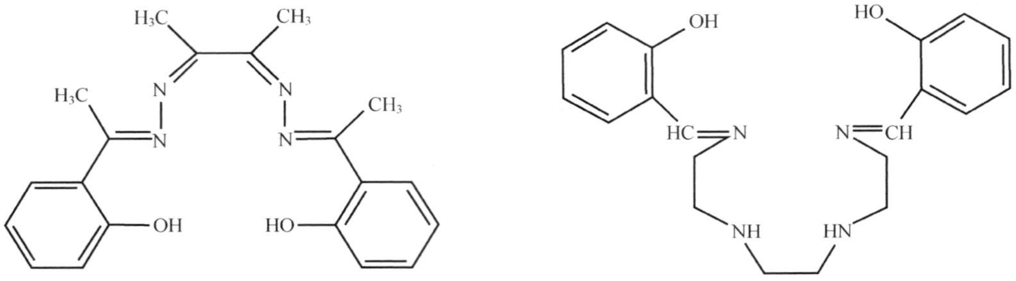

图 5-5　Schiff 碱载体结构

**（3）杯芳烃及其衍生物活性载体**

碱性条件下，对位取代的苯酚能与甲醛反应生成的一类环状低聚物便是杯芳烃，结构图如图 5-6 所示，杯芳烃是立体的穴状结构，能够为底物提供更有效的结合空腔，且空腔大小可以调节，从而实现对不同粒径大小离子或分子的络合与分离。未经修饰的杯芳烃可以用作制作 $Pb^{2+}$ 选择电极，但一些碱金属、碱土金属会对检测造成较大干扰，故一些学者尝试通过添加或改变杯芳烃上的各种取代基，以提高 $Pb^{2+}$ 电极的选择性。Lu 等（2002）用四偶氮苯甲酸基取代杯芳烃上沿，形成了新的功能载体，$Pb^{2+}$ 能够与杯芳烃取代基偶氮杂原子络合，但碱金属和碱土金属难以络合，因此很好地排除了 $Na^+$、$K^+$、$Cu^{2+}$、$Cd^{2+}$、$Fe^{2+}$ 等离子的干扰，该电极检出范围为 $1 \times 10^{-6} \sim 1 \times 10^{-2} mol/L$。Yaftian 等（2006）以 11，17，23-四叔丁基-25，26，27，28-四（联苯膦酰甲氧基）杯［4］芳烃作为铅离子选择电极的载体，铅离子的检出范围为 $1 \times 10^{-5} \sim 1 \times 10^{-2} mol/L$，检出限为 $1.4 \times 10^{-6} mol/L$，能有效地排除 $Th^{4+}$、$La^{3+}$、$Sm^{3+}$、$Dy^{3+}$、$Ca^{2+}$、$Sr^{2+}$、$Cd^{2+}$、$Mn^{2+}$、$Zn^{2+}$、$Ni^{2+}$、$Co^{2+}$、$NH_4^+$、$Ag^+$、$Li^+$、$Na^+$ 和 $K^+$ 的干扰。Chen 等（2006）则在杯芳烃下沿引入酰胺，形成双臂型的杯芳烃酰胺衍生物，提高了电极对 $Pb^{2+}$ 的识别能力，减少了 $Zn^{2+}$、$Ni^{2+}$、$Co^{2+}$、$Cd^{2+}$、$Mg^{2+}$ 的干扰，检测范围为 $1 \times 10^{-6} \sim 1 \times 10^{-1} mol/L$。

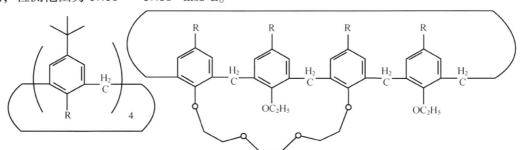

图 5-6　杯芳烃及其衍生物载体结构

**（4）卟啉及其衍生物活性载体**

卟啉是卟吩（4 个吡咯环的 α 碳原子通过 4 个次甲基相连而成的共轭结构）的环取代衍生物，广泛存在于动植物体内，其结构图如图5-7 所示，内腔直径约为 0.37nm，许多金属都能与其形成稳定的络合物，常用作 $Cu^{2+}$ 和 $Co^{2+}$ 的检测。卟啉及其衍生物是一种新兴的铅离子选择电极的载体，其中四苯并基卟啉在铅离子选择电极中的应用较早，该电极对 $Pb^{2+}$ 的选择性较高，能够很好地排除碱金属及碱土金属的干扰，但其适用的 pH 范围较窄（5.0~7.5）（Sadeghi and Shamsipur，2000）。Lee 等（2004）用具有四种空间构象的 meso-羟基萘四取代的卟啉作为铅离子选择电极的载体，其中 αααα 构象的 meso-四（2-羟基-1-萘基）卟啉能够很好地排除碱金属、碱土金属和过渡离子的干扰（选择系数在 $10^{-2}$ 数量级以下），其中 $Ag^+$ 干扰最大，$Pb^{2+}$ 的检出范围为 $3.2\times10^{-5}$~$1\times10^{-1}$ mol/L，检出限为 $3.5\times10^{-6}$ mol/L。

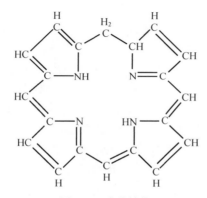

图 5-7　卟啉结构

**（5）其他活性载体**

用作铅离子选择电极载体的物质还有很多，如蒽醌、苯腙和吡唑环状化合物等。Riahi 等（2003）开发了以 2-(2-醇乙氧基)-1-羟基-9,10-蒽醌为活性载体的铅离子选择电极，对 $Pb^{2+}$ 的检出范围为 $1.0\times10^{-7}$~$1.0\times10^{-2}$ mol/L，检出限可低至 $8.0\times10^{-8}$ mol/L，响应时间约为 10s，且能很好地排除碱金属、碱土金属和大多数过渡金属的干扰。Zare 等（2005）以 4% 的 1-苯基-2-(2-喹啉基)-1,2-二氧代-2-(4-溴)苯腙为活性载体，加入 60% 的邻苯二甲酸二丁酯作为增塑剂，以 6% 的 NaTPB 为定域体，30% 的 PVC 作支撑体制成了铅离子选择电极，对 $Pb^{2+}$ 的检出范围为 $1.0\times10^{-6}$~$1.0\times10^{-1}$ mol/L，检出限为 $6.0\times10^{-7}$ mol/L，该电极同样对 $Pb^{2+}$ 具有较强的选择性。Jain 等（2006）用 2,12-二甲基-7,17-二苯基四吡唑作为活性载体制作铅离子选择电极，对 $Pb^{2+}$ 的检出范围为 $2.5\times10^{-6}$~$5.0\times10^{-2}$ mol/L。

## 5.3　电感耦合等离子体质谱法

电感耦合等离子体质谱法（inductively coupled plasma mass spectrometry，ICP-MS）是 20 世纪 80 年代发展起来的一种新的元素分析技术，它将电感耦合等离子体（inductively coupled plasma，ICP）的高温（8000K）电离特性与四级杆质谱计的灵敏快速扫描的优点相结合，是一种新型的元素分析、同位素分析和形态分析技术，也是目前测定痕量金属含量、超痕量金属和重金属形态分析最有效的方法之一。

电感耦合等离子体质谱仪一般分为 ICP 离子源、射频发生器（RF 发生器）、进样系统、光学系统、质量分析器、多级真空系统、检测与数据处理系统等几部分组成。ICP 离子源是利用高温等离子体将待测样品的原子或分子离子化为带电离子，此时绝大多数金属离子均成为单价离子；RF 发生器是 ICP 离子源的供电装置，该装置产生足够强的高频电能，并通过电感耦合的方式把稳定的高频电能输送给等离子炬；样品引入系统可将不同形态的样品直接或通过转化成为气态或气溶胶状态引入等离子炬的装置中；离子通过接口，在离子透镜的电场作用下聚焦为离子束并进入离子分离系统；离子进入质量分析器后，按质荷比（$m/z$）不同被依次分开，并把相同 $m/z$ 的离子聚焦在一起，按 $m/z$ 大小顺序组成质谱；最后进入离子检测器进行检测，并转换成电信号经放大、处理给出的分析结果；多级真空系统指的是接口外的大气压到高真空状态质量分析器压力降低至少达 8 个数量级，这是通过压差抽气技术，由机械真空泵、涡轮分子泵来实现的。

ICP-MS 具有检出限低（对于大部分金属元素检出限低于 $10^{-9}$ g/L）、灵敏度高、线性动态范围宽（8~9 个数量级）、谱线简单、干扰少、分析速度快、可提供同位素信息等优点。它与 ICP-AES 相比，检出限至少低 3 个数量级，谱线比较简单，谱线干扰明显较小。Jia 等（2011）采用 ICP-AES 和 ICP-MS 两种方式对植物中的重金属进行了检测，前者对重金属的检出限基本为 μg/L，后者大多为 ng/L，且 ICP-MS 一次可检测的重金属种类要比 ICP-AES 多；ICP-MS 与 AAS 相比，对于易生成难熔化合物的钼、钛等元素的检测具有明显优势，并且 ICP-MS 可同时进行多种元素的分析、形态分析和同位素的分析等。但 ICP-MS 也存在一定的缺点。例如，样品的传输效率低、电离电位高的元素灵敏度低、ICP 高温引起化学反应的多样化，经常使分子离子的强度过高，干扰测量、对固体样品的痕量分析，ICP-MS 一般要对样品进行预处理，容易引入污染等。但是在一般情况下 ICP-MS 进样系统只能承受 1g/L 的总溶解固体量，而海水中总溶解固体量高达 35g/L，大量的基体不仅堵塞进样锥和截取锥，而且会造成干扰。海水高盐基体形成的分子离子（$ArO^+$，$ArC^+$，$ArNa^+$，$ArCl^+$，$ArC^+$，$ArMg^+$，$ClO^+$ 等）对 ICP-MS 灵敏度干扰水平相当于数十微克每升甚至毫克/升（何蔓等，2004）。为解决样品中离子干扰的问题，ICP-MS 在进样系统不断地发展和改进。近年来逐渐出现了如激光烧蚀、电热蒸发、冷原子蒸汽、液相色谱、高效液相色谱、气相色谱、流动注射等不同类型的进样装置。进样系统的改进对提高仪器测量速度、降低检测限、消除基体干扰都起到了很好的作用。Biller 等（2012）用螯合树脂 Nobias-chelate PA1 对海水中的 Mn、Fe、Ni、Cu、Zn、Co、Cd、Pb 进行了离线预浓缩，并同时消除了海水中其他离子的干扰，对 Mn、Fe、Ni、Cu、Zn 的检出限在 0.002~0.085nmol/L，Co、Cd、Pb 的检出限在 0.13~0.86pmol/L，具有极低的检出限。

ICP-MS 由于仪器昂贵，需要较高的操作技术，很少用于常规的海水分析，通常只用于一些对环境要求比较高的海域（如开阔大洋或南北极等人类污染较少的海域）的监测，此外，ICP-MS 可对重金属进行形态分析，所以常用于食品安全方面的检测。

# 5.4  生物监测方法

生物与环境是相互作用的统一整体，环境中各理化条件的改变可直接影响生活在其中的生物，影响到生物体的内部生理功能和种间关系，以至破坏生态平衡。而生物又不断地影响、改变着环境，二者相互依存，协同进化。这种统一性和协同进化是环境质量生物监测的生物学基础。生物监测（biomonitoring、biological monitoring）是近几十年来发展起来的应用于环境监测领域的一门新兴技术，是指利用生物个体健康状况、生理特性、种群或群落的数量和组成等对环境污染或变化所产生的反应，从生物学角度对环境污染状况进行监测和评价。可以作为环境污染指标的生物要素有很多，包括细胞的生物化学、生理、生长或健康状况等的变化，个体生长、发育与繁殖的变化，种群数量、群落结构及生态系统的变化等（王春香等，2010）。生物监测可以分为被动生物监测（passive biomonitoring, PBM）和主动生物监测（active biomonitoring, ABM）两种。PBM 是指对被监测系统中天然存在的生物个体和群落（原位生物和群落）对污染环境的响应，反映环境污染状况；ABM 是在控制条件下将生物体移居至监测点进行生态毒理学参数测试。主动监测包括人造或被修改种群的反应、物种行为方式、器官特殊功能及细胞和亚细胞水平上的事件；被动法监测中，生态系统的退化、敏感物种的消失和生物密度的降低都可看成是在种群水平上环境污染表现的反面作用，并且在个体水平、组织及器官水平上所集聚的环境污染物也能被检测到（王海洲等，2006）。

理化分析方法针对性较强，灵敏度高，对环境中有害物质的种类、浓度能够进行准确的定量分析，能够为环境评价和污染事件鉴定提供可靠的依据，是目前海洋环境监测及污染物评价中普遍采用的方法。但理化分析方法同样存在一定的局限性。环境中的污染物种类繁多、形态各异，现有的理化分析方法、技术和手段有限，对环境中能够用理化分析方法直接或间接检测出的污染物只占实际污染物中的一部分，很多污染物不能被检测到，因此不能依据样品中某种污染物的浓度数据来推测其环境毒性效应，从而不能排除样品中未被检测到的污染物的潜在毒性。对于重金属污染，很多研究表明，以重金属总量作为评价其环境毒害效应的指标是不准确的，环境理化因素（温度、pH、硬度、溶解氧、光、盐度等）及重金属的存在形态、有无其他金属或毒物的存在、其他有机物质的存在、生物的状况等，都能够影响重金属的毒性（Tubbing et al.，1994；Wang，2012）。因此，理化分析方法采用环境或生物体内的重金属含量作为重金属污染的定量描述，并不能真正地反映重金属的毒性效应。

生物环境污染监测的主要方法有生物群落监测法、生产力监测法、残毒监测法、急性毒性试验和细菌学检验等。生物群落监测法是根据环境中的浮游生物、底栖生物、鱼类、细菌等中的一种或几种生物类型的种类、数量、群落结构的变换，反映水质的污染状况，较常用的是微型生物群落监测方法（PFU）、生物指数法（biotic index）、多样性指数法（diversity index）、相似性指数（index of similarity）等，我国经常采用的还有香农-韦弗多样性指数、组合型多样性指数和连续比较指数等。

　　与传统理化分析方法相比，生物监测具有一定的优越性：①能够反映污染物对环境的长期、综合的影响。污染物对环境的影响是一个长期的过程，理化监测只能测定环境在采样时刻的污染情况，而污染物与环境相互作用的过程及与其他物质的协同作用，可能对环境产生更大的危害，这些污染后果都是理化监测无法分辨的，而生活在该区域内的生物或投放到该区域的生物则能反映这种污染状况。因此，生物监测能够较好地反映污染物对生物产生的综合效应，长期连续的生物监测也比理化分析方法的定时采样更能全面反映水环境长期污染的效果。②生物监测对污染物更敏感。一些痕量污染物在环境中的浓度很低，很难被仪器检测到，但通过富集作用，可被食物链层层放大而危害水生生物和人类的健康。而一些敏感生物可以对这些痕量污染物作出快速反应，可以在污染早期发现污染物，作出及时预报。③适用于慢性污染的监测。一些污染物在环境中的剂量小，但对生活在其中的生物具有慢性毒性，用理化方法很难进行测定，生物监测则能明显地反映出慢性毒性效应。④便于环境综合评价。理化监测只能检测特定条件下环境中污染的类别和含量等，而生物监测可以反映出多种污染物在自然条件下对生物的综合影响，从而可以更加客观、全面地评价环境。⑤成本较低。生物监测不需要昂贵的仪器和特殊的分析试剂，无二次污染且成本低廉，易于实现连续实时的原位监测。

　　同时，生物监测也具有一定的局限性：①监测方法无法做到完全的标准化。指示生物的生活史、个体差异大，不同时段生长、生理反应存在差别，加之生境不同也会给观测带来误差，这使得生物监测方法缺少标准化方法，实验结果的可比性与准确性相对较低。②除所需监测的参数外，其他参数无法准确调控。指示生物的生长发育受多种因素的影响，在分析待检测参数的同时，应该综合考虑指示生物的生境情况（土壤、大气、水域）及环境其他因素的综合影响。③具有时空有限性。由于指示体地理成分差异，造成了指示生物空间上的局限性，而环境温度、湿度等的变化也会对指示生物的选取和生长产生限制，造成时间上的局限性。④无法准确定量。污染因子之间存的协同效应和指示体自身存在的交叉适应，对生物法检测重金属等污染物的定量分析产生干扰。⑤监测结果与研究人员的习惯和技术水平有很大的相关性。

## 5.4.1　重金属监测指示生物

　　指示生物（biological indicator）是指对某一环境特征具有某种指示特性的生物，对指示生物的选择在环境监测中尤为重要，目前采用的标准主要从以下几个方面考虑：①该生物是重要的生态类群的代表，在人类或其他重要物种的食物链中占有一定地位；②有广泛的地理分布和足够的数量，经得起实验室检验，易饲养，遗传稳定，因而有均匀群体和足够数量供试验使用；③试验终点反应容易鉴别；④对污染物具有足够的敏感性；⑤对污染物的反应能够被测定或量化；⑥具有丰富的生物学背景资料。由此，近年来发展了以关键性生物为核心的生物测试（bioassay），其利用某个特定生态环境中某一关键性生物对某个环境样品或污染物进行生物毒性试验，在一定统计学规律基础上，其结果能够说明该样品或污染物对该范围生态系统影响的生态效应，并在此基础上可进行多指标生物测试和成组生物检验，以利用同一营养级和不同营养级的有代表性的生物进行生物毒性检验，在统计学意义上，测试结果能够部分地反映污染物对生态系统的影响（吴永贵，2004）。

根据环境特点综合考虑选择指示生物后，还需要选择一种或几种具有显著代表性的毒性测试方法和关键生物标志物，以达到对污染物进行快速有效毒性评价的要求。生物标记物是生物机体直接或间接与环境暴露相关的、可测量的细胞、生理、生化、行为、能量、分子或代谢物水平的变化（刘宛等，2004），在美国国家环境保护署发表的有关生物标志物的报告中，将生物标志物概括为：穿过机体屏障并进入生物组织或体液的环境污染物或其产生的生物效应，对它们的检测结果可作为生物体暴露、效应及易感性的指示物。生物标志物能为环境污染物所造成的暴露或危害提供有效的检测手段，并能对严重毒性伤害提供提前预警。1989 年美国国家科学院（NAS）按照外源化合物与生物体的关系及其表现形式，将生物标记物分为三大类（夏世钧和吴中亮，2001）：①暴露生物标记物。指生物体内某个组织中测量到外源化合物及其代谢产物（内剂量）与某些靶分子或靶细胞相互作用的产物（生物有效剂量）。此类标记物不能指示污染物的毒性效应，但有助于研究生物对环境中不稳定化合物的暴露，这种暴露用化学分析方法是很难检测到的。②效应生物标记物。在一定的环境暴露物作用下，生物体产生相应地可测定的生理生化变化或其他病理方面的改变，这些变化主要发生在细胞的特定部位，尤其是在基因的某些特定序列，它可反映结合到靶细胞的污染物及其代谢产物的毒性反应机理，在此前提下，才能确定污染物与其在生物体内的作用点之间的相互影响。③易感性生物标记物。指生物体暴露于某种特定的外源化合物时，由于其先天遗传性或后天获得性缺陷而反映出其反应能力的一类生物标记物。它属于遗传毒性标记物，并具有专一性、预警性和广泛适用性，能为环境污染物所造成的危害提供有效的检测手段，可直接揭示污染物在分子水平上的作用，以及由此引发的在细胞和个体水平上的破坏作用。筛选和利用敏感性强、特异性高、操作简便和对生物损伤性低的生物标志物，用于早期预测环境及其他有害因素对机体的可能损害，评价其危险度，从而提出有效的干预措施，是生物标志物研究的主要目标。

环境污染的生物监测方法，大体可以从生物动力学、生物体内污染物含量、指示生物体内的某种酶活性、生物组织病理学、生物色素等多个方面进行分析检测。

### 5.4.1.1 原核微生物

原核微生物广泛存在于环境之中，相对于其他指示生物，具有取样方便、研究周期短等优点，在环境污染生物监测中被广泛应用。水生动物和植物在用于监测海洋环境污染时，主要是通过生物体内的污染物积累和变化来反应，由于生物受污染的影响首先发生在细胞水平，当污染程度增大或累积时间较长时，才会产生生物个体和生态水平的效应，需要一定的时间才能反映出来，当人们可以通过动植物对海水进行检测时，海洋受到的污染已经很严重了。利用微生物对环境污染进行监测，可以在污染初期进行预警，这对海洋环境污染预报和治理具有重要意义（白树猛和田黎，2010）。

利用微生物进行环境污染监测主要有以下几种方法：①利用细菌群落总数（大肠埃希氏菌、克霉伯氏菌等）进行水质监测；②通过发光细菌的发光特性反映环境污染状况；

③将微生物（细菌等）作为敏感材料固定在电极表面，构成电化学微生物传感器。

随着微生物固化技术的发展，微生物传感器得到了深入发展和广泛应用。由于微生物传感器的敏感材料是活体细胞，能够直观、快速地反映环境污染状况。微生物传感器的生物识别元件除了微生物本身外，还可以是酶、抗体、细胞器、高等生物组织或细胞等，从而产生了酶传感器、免疫传感器、细胞传感器、组织传感器、DNA 传感器、分子印迹传感器等，这些传感器均属于生物传感器。根据微生物与底物作用原理的不同，微生物传感器可分为呼吸活性型微生物传感器和测定代谢物质型微生物传感器；根据测量信号的不同，又可分为电化学微生物传感器和光学微生物传感器，其中电化学微生物传感器包括电流型微生物传感器、电位型微生物传感器、电导型微生物传感器、电阻抗型微生物传感器和离子敏场效应微生物传感器等，光学微生物传感器包括荧光微生物传感器、生物发光微生物传感器和比色型微生物传感器。具体分类如图 5-8 所示。

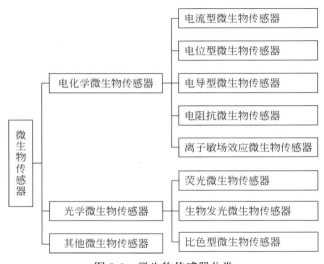

图 5-8　微生物传感器分类

下面对微生物传感器的分类及其在重金属检测中的应用进行简单的介绍。

**（1）电化学微生物传感器**

电化学微生物传感器是通过特定反应使被测成分消耗或产生相应化学计量数的电活性物质，从而将被测成分的浓度或活度变化转换成与其相关的电活性物质的浓度变化，并通过电极获取电流或电位信息，从而实现了特定物质的检测。具体包括电流型微生物传感器、电位型微生物传感器、电导型微生物传感器、电阻型微生物传感器和离子敏场效应传感器等。Krawczyk 等（2000）利用 $Hg^{2+}$ 及其他金属离子对脲酶的抑制作用研制了一种电位型酶传感器，但有机汞和一些其他离子也会使传感器产生信号，特异性不强。Chouteau 等（2005）用固定化的小球藻（*Chlorella vulgaris*）作为生物受体的电导型酶传感器，用戊二醛蒸汽将小球藻固定在牛血清蛋白薄膜上，小球藻的碱性磷酸酶和乙酰胆碱酯酶酶活的变化会改变溶液的电导率，而重金属的存在会抑制碱性磷酸酶的活性，根据这个原理可以

对水体中的 $Zn^{2+}$ 和 $Cd^{2+}$ 进行检测，检出限为 $10\mu g/L$（暴露时间为 30min）。

**（2）光学微生物传感器**

光学微生物传感器是根据生物敏感材料与目标分析物发生反应，产生紫外吸收、生物和化学发光、反射、磷光和荧光等光学特性的变化，从而检测目标分析物的浓度。环境中存在很多发光细菌，如发光异短杆菌（*Photobacterium phosphoreum*）、明亮发光杆菌（*Photosbacterium phosphoreum*）、有羽田希瓦氏菌（*Shezoanella hanedai*）、海氏交替单胞菌（*Alteromonas hanedia*）、哈维氏弧菌（*Vibrio harveyi*）等 200 多种。利用生物发光进行污染物的检测一般通过两个途径：一个是直接抑制参与发光反应的酶活性，另一个是抑制细胞内与发光反应有关的代谢过程。光学微生物传感器的敏感元件为细胞内具有生物发光代谢系统的原核和真核微生物，或是通过导入发光基因人为制造的基因工程发光微生物，常见的发光基因启动子有 PrecA、PumuDC、PsulA 和 Pcda 等。根据发光原理的不同，可将光学微生物传感器分为荧光微生物传感器、生物发光微生物传感器、比色微生物传感器等。杨佳新等（2012）通过抗性筛选得到了一株能够耐受高浓度（2000mg/L）$Pb^{2+}$ 的克雷伯氏菌株，并通过基因重组构建了一株在 $Pb^{2+}$ 诱导下能够发出荧光的功能菌株，利用该菌株作为传感元件，与便携式荧光酶标仪结合，可以快速（20min）、高效（9 个样品同时检测）地检测环境中的 $Pb^{2+}$，检测范围为 $1\sim10\mu mol/L$，并且能够实现水体中 $Pb^{2+}$ 的原位实时监测。王珂征等（2007）以一株高抗重金属的菌株 *E. coli* 为宿主菌，构建含有 CadR- EGFP 标记的质粒，并将质粒导入大肠杆菌中，加入不同浓度的镉进行诱导，当镉离子浓度小于 0.05mmol/L 时，荧光强度随启动子效率增加而升高；当镉离子浓度在 $0.05\sim0.15$mmol/L 时，荧光强度受菌体浓度和启动子效率的双重影响，在曲线上呈现先增加后下降的钟形分布；当镉离子浓度大于 0.15mmol/L 时，荧光强度主要取决于细菌的浓度。当细菌浓度达到稳定期时，荧光强度保持不变并以大肠杆菌（*E. coli*）为对象，制备了用于检测环境中 $Cd^{2+}$ 的微生物传感器。

### 5.4.1.2 浮游植物

海洋中的浮游藻类是海洋中广泛存在的初级生产者，在海洋生态系统中具有十分重要的作用。海洋浮游植物的主要类别是单细胞藻类，包括硅藻、甲藻、蓝藻、金藻、绿藻和黄藻等。它们大多生活在海水表层，可以通过检测叶绿素荧光的变化对水质进行判断。重金属对藻类的相互作用的研究从 20 世纪 30 年代已经开始，30~50 年代，主要研究集中在金属对藻类营养方面的影响，50 年代后，人们发现了重金属对藻类的毒性作用，并逐渐被重视，主要研究重点是关于重金属对海洋浮游植物生长的影响。一般采用直观地比较生物量变化、浮游生物群落组成以及重金属对各种藻类半致死浓度、极限致死浓度等生物毒性参数的研究（Davies，1979；周名江和颜天，1997）。随着研究的不断深入，人们发现重金属对藻类的影响主要表现在抑制光合作用、抑制呼吸作用、改变酶活性、抑制繁殖、减少细胞色素、细胞畸变、组织坏死、藻类死亡、改变环境中藻类的种类组成等（Allen et al.，1983；Kaladharan et al.，1990；Okamoto et al.，1996；Chandy，1999），通过分析水生藻类的数量和种类组成，研究其生理、生化反应及积累毒物的特点，可以准确地判断环境中重金属的污染性质和污染程度。

藻类的光合作用过程很容易受除草剂的影响，目前已经利用这一特性研制出了以固定化的绿藻为敏感材料用于除草剂检测的生物传感器。已有研究指出，适当浓度的 $Cd^{2+}$、$Cu^{2+}$、$Zn^{2+}$、$Pb^{2+}$、$Hg^{2+}$、$Co^{2+}$、$Ni^{2+}$、$Mn^{2+}$、$Cr^{3+}$、$La^{3+}$等离子可以促进微藻的生长，但这些离子浓度加大时，便会抑制其生长，几种重金属对微藻的抑制作用强弱的大体趋势为：$Hg > Cd \approx Cu > Zn > Pb > Co > Cr$（Calabrese，1999）。重金属及一些有机污染物能够阻碍藻类光合作用中电子的传递（Bester et al.，1995），一些藻类的叶绿素 a 会吸收可见红光，在光合磷酸化作用下形成 ATP 和在氧化磷酸化形成 ATP，同时受干扰时，所产生的红外辐射变化可被仪器定量测试。一些在急性毒性的藻红外测试中对毒物响应的温差大、时间快、剂量低、种类多的特殊藻类被称为敏感藻（郭蔚华等，2008a），监测环境中是否存在敏感藻及如何确定，是建立浮游藻监测法的关键。郭蔚华等（2008b）研究发现，短线脆杆藻（*Fragilaria brevistriata*）对汞、铅、铬等的灵敏度在 $0.06 \sim 7mg/L$，响应时间在 5min 之内。Alpat 等（2007）利用 *Tetraselmis chuii* 制备了一种细胞传感器，该浮游藻类能够被动吸附 $Cu^{2+}$，$Cu^{2+}$ 的吸附能够改变脉冲伏安法产生的电位，通过对微量电流电位的检测可以判断 $Cu^{2+}$ 的含量，检测范围为 $3.2 \sim 64\mu g/L$，检出限可低至 $30ng/L$。

### 5.4.1.3 浮游动物

环境中的浮游动物包括原生动物（如鞭毛虫、纤毛虫等）、浮游甲壳类（桡足类、磷虾类、端足类、枝角类等）、水母类和栉水母类、毛颚动物、被囊动物有尾类、翼足类和异足类、轮虫类、多数底栖动物的浮游幼体以及鱼卵、仔鱼等阶段性浮游动物等。浮游动物大多缺乏运动器官，运动能力薄弱或完全没有运动能力，且大部分浮游动物对环境污染物较敏感。海洋中的重金属对浮游动物的影响，最直观的体现便是浮游动物的数量变动、生物量分布、种类组成改变等，通过对这些参数的监测，分析其变动情况，可在一定程度上了解环境重金属污染的情况。许木启和王子健（1996）通过对群落结构参数（种类组成、个体丰度、生物量、多样性指数）和功能参数（PFU，原生动物群集速度）的分析，综合评价了乐安江-鄱阳湖湖口重金属的污染现状及其各采样站水质的变化趋势，发现浮游动物结构与功能参数的变化与重金属含量关系密切，群落多样性指数与水体中 Cu 的含量存在一定的回归关系。

光对于海洋浮游动物来说是一个极其重要的生态因子，能够直接或间接地影响浮游动物的生长、发育、繁殖等，许多浮游动物都具有趋光性（phototaxis），又被称作生物的趋光行为，是指生物对光刺激产生定向运动反应的特性，其中朝向光刺激的运动反应叫正趋光性，背向光刺激的运动反应叫负趋光性。影响生物趋光性的因素有很多，其中环境污染物是重要的因素之一。一些学者根据生物趋光性的变化来判断环境的污染程度。吴永贵等（2004）以隆线溞（*Daphnia carinata*）单克隆 Dc42 作为生物监测器，利用趋光指数变化监测水质。在不同水质样品中，水溞趋光指数随污染程度的提高而降低，根据趋光指数计算得到的污染指数能较好地反映水样的污染程度，在重铬酸钾标准毒物溶液中，趋光指数与 $Cr^{5+}$ 的浓度呈极为显著的负相关，对 $Cr^{5+}$ 的检测下限为 $0.056mg/L$。

#### 5.4.1.4　底栖动物

底栖动物主要包括寡毛类、软体动物及多细胞后生动物等，它们栖息于水体底部，对沉积物中的重金属污染具有很强的富集作用。国内外对海洋重金属污染监测所采用的监测生物大多是软体动物双壳类底栖或固着的滤食种类。在海洋污染监测中，双壳类（*Mytilus sp.*）以其富集污染物的能力及定居习性，被认为是最有价值的先锋生物，其中牡蛎和贻贝在重金属污染监测中应用最多。二者对金属元素具有很高的蓄积能力，通过测定其体内重金属的含量、种类和机体的生理生化反应，来评价水体的污染状况。贻贝监测于 1975 年由美国科学家提出，随即受到一些国家有关领域科学家的重视，目前，贻贝监测已经作为较成熟的生物监测方法被广泛应用于海洋环境污染监测中。

庄树宏等（1998）在烟台海域潮间带无脊椎动物群落的优势种和常见种之中进行对 Pb 的积累及敏感性研究，选择 Pb 污染的理想监测生物——摺牡蛎（*Pycnodonta plicatula*）作为指示生物，并以此来监测和评价烟台不同海域潮间带 Pb 污染的状况。陆超华等（1998）进行了近江牡蛎（*Crasostrea rivularis*）对 Cu、Zn、Cd 的积累排出实验，发现牡蛎体内的重金属含量与海水中重金属浓度具有明显的线性关系，可以作为监测海洋重金属污染良好的监测生物。Rainbow 等（2000）通过对格丹斯克海湾的贻贝和藤壶体内的各种重金属含量的检测，分析了该海湾重金属的时空分布。

#### 5.4.1.5　游泳动物

重金属同样可以影响游泳动物的行为、生长、繁殖和新陈代谢活动，其中，游泳动物的行为改变是最直观反映水体环境变化的一种方式。近年来，通过游泳动物行为判断水体水质变化和重金属、有机污染等的研究，得到了广泛关注，这部分内容将在第 8 章环境总毒性的生物可视化分析中进行具体介绍。

#### 5.4.1.6　分子水平指示生物

重金属对水生植物的毒害作用主要表现在改变细胞的细微结构，抑制光合作用、呼吸作用和酶的活性，使核酸组成发生改变，细胞体积缩小和生长受到抑制等。通过对一些分子生物学水平上的指示物进行分析和表征，同样可以对重金属毒性进行评估。这些分子水平的指示生物包括天然的组织、细胞、核酸、抗体、酶等和人为加工过的重组抗体和工程蛋白等。目前分子水平的指示生物多用于制备新型的生物传感器，详细介绍见5.4.2.2 节。

### 5.4.2　现代生物方法在重金属监测中的应用

#### 5.4.2.1　生物行为监测

生物能够控制自身体内环境，使其保持相对稳定，从而一定程度地减少其对外界环境的依赖性，生物的这种调节机制称为内稳态机制，根据生物对非生物因子的反应和因外界环境变化对生物状态的影响不同，可以将生物分为内稳态生物和非内稳态生物。生物为了保持自身的内稳态，在长期的进化中发展出许多复杂的形态和生理适应，其中最简单的方法是行为的适应，如借助行为变化回避不利环境。无论是内稳态生物还是非内稳态生物，随着环境中某一影响因子浓度的升高，最先发生变化的就是生物的行为运动。特别是一些运动能力较强的浮游动物和游泳动物（如蚤类、鱼类等），它们的生命活动会随着环境条件的变化而发生改变，特别是环境中出现突发性污染源时，很多生物都会产生回避行为，生物会出现短期的转移与逃避，以回避突发的环境刺激。这种回避行为是生物本能的保护性反应，没有固定的运动方向和范围，而回避的时间与范围则与遭受刺激的程度密切相关。因此，在水质环境监测中，如果能够通过水生生物的行为变化推断环境中污染物的污染水平，便可以提早对受污染的水质进行处理，避免进一步的污染恶化。

鱼类对环境突然污染的回避行为主要是靠鱼的嗅觉、味觉、视觉、侧线等信息来传动的，它们对水体中的重金属离子（$Cu^{2+}$、$Cr^{6+}$、$Cd^{2+}$、$Zn^{2+}$、$Pb^{2+}$、$Hg^{2+}$等）具有很高的灵敏性，当环境中重金属离子浓度增大时，一些鱼会感知到，并产生回避行为（Atchison et al.，1987）。通过鱼类的行为变化监测环境，所得的结果并不是某类污染物的变化，而是反映了整个水体的水质综合情况，这种监测方法能够直观快速地监测水质，但其缺点是不能明确污染物种类。更多的鱼类行为监测是针对环境总毒素进行检测的，具体见第9章。

### 5.4.2.2 生物传感器

生物传感器是在近几十年被广泛关注并得到巨大发展的一类传感器，其具体原理与微生物传感器相似，只是敏感材料不同。根据敏感材料的区别，生物传感器可以分为酶传感器、细胞传感器、免疫传感器、基因传感器等。

**（1）酶传感器**

金属的酶传感器是基于金属对酶活性的促进和抑制作用来实现的。大部分金属离子对酶活性的抑制作用是金属离子与蛋白和氨基酸中的硫醇、甲硫基相互作用引起的，如一些重金属离子可以和一些酶活性位点上的巯基基团特异性结合，从而对酶的活性产生抑制。这些酶主要有脲酶、过氧化物酶、黄嘌呤氧化酶、转化酶、葡萄糖氧化酶、丁酰胆碱酯酶、异柠檬酸脱氢酶等。其中，脲酶是最常用于重金属检测的酶。Ogończyk 等（2005）通过丝网印刷的方式将脲酶固定于全固态电位电极表面，利用重金属对脲酶的抑制作用制备了一种一次性的快速检测电位型生物传感器，对 $Ag^+$ 和 $Cu^{2+}$ 的检出限可低至 ppm 级别以下。重金属对很多酶都具有抑制性，Berezhetskyy 等（2008）利用重金属对碱性磷酸酯酶的抑制作用，制备了一种电容生物传感器，其中 $Cd^{2+}$、$Co^{2+}$、$Zn^{2+}$、$Ni^{2+}$、$Pb^{2+}$ 对酶的抑制作用依次降低，检出限分别为 0.5mg/L、2mg/L、2mg/L、5mg/L 和 40mg/L，传感器的酶活在缓冲液中可稳定 1 个月左右。Nomngongo 等（2011）利用重金属对辣根过氧化物酶的抑制作用，制备了一种电流生物传感器，能够对 $Cd^{2+}$、$Cu^{2+}$、$Pb^{2+}$ 进行检测，检出限分别为 0.09μg/L、0.03μg/L、0.1μg/L，该传感器可以在 2 个周内维持活性和稳定性。

除了利用重金属对酶的抑制作用进行重金属检测外，一些金属离子作为辅因子在金属蛋白的合成过程中起着至关重要的作用，能够促进某些酶的活性。例如，$Zn^{2+}$ 是碱性磷酸酶酶蛋白的金属辅因子，能够激活酶的放热反应，该酶传感器对 $Zn^{2+}$ 的检测范围为 $10\mu mol/L$ 至 $1.0mmol/L$，响应时间为 $3min$，该传感器有效期为两个月，并且可以反复使用（Satoh，1991）。

目前，大部分重金属酶传感器的检出限在 $mg/L$ 左右，部分检出限可达到 $\mu g/L$，除了检出限较高外，酶传感器普遍对多种重金属均会产生响应，特异性不高，且保存时间较短。

**（2）细胞传感器**

细胞传感器以细胞作为敏感元件，对外界的刺激具有高敏感性，并能作出快速的响应。Alpat 等（2007）利用 Tetraselmischuii 制备了一种细胞传感器，该浮游藻类能够被动吸附 $Cu^{2+}$，$Cu^{2+}$ 的吸附能够改变脉冲伏安法产生的电位，通过对微量电流电位的检测可以判断 $Cu^{2+}$ 的含量，检测范围为 $3.2\sim64\mu g/L$，检出限可低至 $30ng/L$。Liu 等（2007）利用重金属（包括 $Hg^{2+}$、$Pb^{2+}$、$Cd^{2+}$、$Fe^{3+}$、$Cu^{2+}$、$Zn^{2+}$ 等）对心肌细胞震颤频率、振幅和持续时间的影响，结合光寻址电位传感器，通过心肌细胞状态变化对重金属含量进行判断，检出限均低于 $10\mu mol/L$，检测时间在 $15min$ 之内。Ivask 等（2007）则利用基因工程方法将两种对 Hg 和 As 敏感的质粒（pmerRluxCDABE 和 parsluxCDABE）基因插入到大肠杆菌基因片段中，并大量表达，以携带敏感质粒的大肠杆菌作为敏感元件，利用光纤传感器对环境中的 Hg 和 As 进行检测，对 $Hg^{2+}$、$As^{5+}$ 和 $As^{3+}$ 的检测范围分别为 $2.6\mu g/L$、$141\mu g/L$ 和 $8\mu g/L$。

**（3）免疫传感器**

重金属离子分子量很小不具有免疫原性，且重金属离子带有电荷，趋向于与生物分子发生强烈的不可逆反应（这也是重金属的毒性所在），因此需用螯合剂与金属离子配位使之与生物分子的反应能力减弱，并生成金属–螯合剂复合物，能够提供一个能被免疫系统识别的有机物外壳。应用此理论在制备重金属特异性单抗时发现重金属–螯合剂复合物是低分子量的半抗原，不足以引起小鼠免疫反应的发生，后来选用结构较复杂的大分子双功能螯合剂，一方面螯合重金属，另一方面通过其上的硫氰基团将其偶联到载体蛋白上，从而制备出完全抗原（杨凤权和杨凤丽，2005）。在重金属免疫检测中，双功能螯合剂的选择至关重要，目前常用的载体蛋白有牛血清白蛋白、卵清蛋白、钥孔血兰蛋白、人血清蛋白等。在重金属抗体制备过程中，双功能螯合剂起关键作用，目前常用双功能螯合剂有 EDTA、DTPA、DFO（deferoxamine）、DOTA、TETA、PCBA、BAT 等。重金属免疫传感器根据反应机理或检测方法的不同可分为很多类型，包括荧光偏振免疫检测、酶联免疫技术（enzyme linked immunosorbentassay，ELISA）免疫检测、免疫胶体金试纸条快速检测等。

荧光偏振免疫检测（fluorescence polarizationimmunoassay，FPIA）是根据样品中金属离子与过量螯合剂形成金属–螯合剂复合物后，与固定浓度的金属–螯合剂–荧光复合物竞争多克隆抗体上的结合位点，然后进入荧光偏振分析仪进行分析，判断金属离子的浓度。

ELISA 免疫检测是将抗原–抗体的特异性与酶催化作用的高效性相结合，通过酶作用于底物后的显色反应来判断底物浓度，是目前应用最广的免疫学检测方法。ELISA 反应产生的显色结果，既可通过目测也可以通过酶标仪进行测定，所以可以同时进行定性和定量分析，包括间接竞争性 ELISA 免疫检测和直接竞争 ELISA 免疫检测两种。前者是利用样品中的重金属离子与过量螯合剂形成可溶性的重金属–螯合剂复合物，将其与已经包被在酶标板上的重金属–螯合剂–蛋白质复合物竞争单克隆抗体的抗原结合位点，添加酶标二抗和底物显色，与标准曲线对照，即可得出样品的重金属离子浓度。Wang 等（2012）采用了一种新的双功能螯合剂——6-巯基烟酸，其包含一个轴向上有一个羧基基团一个巯基基团的吡啶环，并利用间接竞争 ELISA 法进行水体中 $Hg^{2+}$ 的检测，检测范围为 $0.1 \sim 100 \mu g/L$，半抑制浓度和最低检出限分别为 $1.12 \mu g/L$ 和 $0.08 \mu g/L$。

直接竞争 ELISA 免疫检测又称一步法免疫检测，是在间接竞争法的基础上建立的。此方法原理是将得到的重金属高特异性抗体包被在酶标板上，同样用过量的螯合剂使样品中金属离子形成金属螯合物，再与已知浓度的离子–螯合剂–酶混合后加入包被有特异性抗体的酶标板孔中竞争抗体的抗原结合位点，共同孵育后，加底物显色，读数后与标准曲线对比得出离子浓度。这种方法与间接竞争法不同之处在于包被在微孔板内的前者是抗体，后者为金属–螯合剂–蛋白质复合物抗原；样品中的金属离子形成金属–螯合剂复合物后，前者是与金属–螯合剂–酶复合物竞争检测抗体结合位点，从而不需要添加酶标二抗，后者是与金属–螯合剂–蛋白质复合物竞争。Kumada 等（2007）用辣根过氧化物酶标记 $Cd^{2+}$-EDTA 复合物采用直接竞争免疫检测法对环境水样中的 $Cd^{2+}$ 进行检测，检测限为 $0.3mg/L$，其他杂质离子 $Ca^{2+}$、$Mg^{2+}$、$Fe^{3+}$ 等对 $Cd^{2+}$ 的检测基本无干扰。

免疫胶体金层析技术是以胶体金为显色介质，利用免疫学中抗原抗体特异性结合原理，将特异性抗体标记在金颗粒上后固定于金标垫上，抗原与二抗分别标记在硝酸纤维素膜上，在硝酸纤维素膜的一端滴加待检样品，样品向硝酸纤维素膜的一端移动并与金标垫上的标记抗体结合，当样品到达抗原处时，若样品中的待检物量不足以与所有标记抗体结合则胶体金上标记的抗体便与膜上固定的抗原结合而显色，若待检物与标记抗体完全结合则不与固定在膜上的抗原结合，而是移动到固定有二抗的区域后显色。免疫胶体金层析技术具有方便、快速、检测结果肉眼可见、无需任何检测仪器等优点，在传染病检测、环境污染物检测、毒物检测等领域受到了广泛关注。Date 等（2012）将 $Cd^{2+}$、$Cr^{6+}$、$Pb^{2+}$ 的抗原微粒固定在固相支撑基质上，当待检物与金纳米颗粒标记抗体的混合物流经支撑基质时，剩余未检物与待检物结合的抗体可与固定抗原结合，实现竞争性间接检测待检物，并且将胶体金免疫技术与微流体技术相结合，可以同时进行多种重金属和多样品的同时检测，检测时间短（8min 内），$Cd^{2+}$、$Pb^{2+}$、$Cr^{2+}$ 的检测范围为 $0.57 \sim 60.06 \mu g/L$，$0.04 \sim 5.28 \mu g/L$，$0.42 \sim 37.48 \mu g/L$。

**（4）基因传感器**

基因传感器又称 DNA 传感器，是以 DNA 为敏感元件，通过换能器将 DNA 与 DNA、DNA 与 RNA 以及 DNA 与其他有机无机离子之间作用的生物学信号转变为可检测的光、电、声波等物理信号的传感器。一些重金属离子可与 DNA 双螺旋结构中一对天然存在的碱基或人造碱基配体发生配位作用，使 DNA 双螺旋结构中，氢键作用的 Watson-Crick 碱基互补配对被金属–配体作用代替时，形成金属–碱基对，改变 DNA 结构或性质。通过这一原理，可以对重金属进行检测。在 $Hg^{2+}$ 存在情况下，DNA 会与一个或多个 T-T 错配，在分子间或分子内形成 $T-Hg^{2+}-T$ 碱基对，基于 $T-Hg^{2+}-T$ 作用，可以发展 $Hg^{2+}$ 传感器，用于 $Hg^{2+}$ 的分析检测。其中一种比色传感器是利用金纳米颗粒（AuNPs）作为传感基元，通过 $Hg^{2+}$ 含量的变化使 AuNPs 呈分散或聚集的状态，使传感器在这两个状态下发生颜色转变，判断 $Hg^{2+}$ 的含量。Wang 等（2008）发现在 0.1mol/L NaCl 溶液中，富含 T 碱基保护的 AuNPs 呈现酒红色，加入 $Hg^{2+}$ 后，$Hg^{2+}$ 与 DNA 结合形成 $T-Hg^{2+}-T$ 调控的发卡结构，失去对 AuNPs 的保护作用，溶液变为蓝色，从而实现对 $Hg^{2+}$ 的检测，颜色变化范围为 19.2 ~ 12 800μg/L，检出限为 8μg/L。Xue 等（2008）则将两种巯基修饰的富含 T 碱基的 DNA 探针（A，B）自组装到 AuNPs 表面，另外加入一组除 T 碱基外均能与 A，B 互补的 C 序列，碱基也不会互不配对使 AuNPs 变色，加入 $Hg^{2+}$ 后，$Hg^{2+}$ 与 DNA 结合形成 $T-Hg^{2+}-T$ 结构，C 与 A，B 配对，拉近了纳米粒子间的距离，溶液由红色变为蓝色。

重金属会使 DNA 构型发生改变，可以利用对 DNA 结构具有选择性的荧光染料，根据加入重金属前后 DNA 构型的变化，达到检测重金属的目的。Liu 等（2009）利用分别在其 5′端和 3′端标记有羧基荧光黄和 4-((4-(二甲基氨基)苯基)偶氮)苯甲酸（猝灭剂）的凝血酶结合配子探针来检测 $Pb^{2+}$ 和 $Hg^{2+}$。凝血酶结合配子结合 $Pb^{2+}$ 和 $Hg^{2+}$ 后分别形成 G-qartet 和发夹结构，导致荧光共振能量在荧光团和猝灭剂之转移，从而使荧光强度降低，在植酸和随机 DNA/NaCN 混合物存在的情况下，$Pb^{2+}$ 和 $Hg^{2+}$ 的检出范围分别为 0.1 ~ 6μg/L 和 2 ~ 40μg/L，检出限分别为 0.06μg/L 和 1μg/L。

不同的生物敏感材料制备的重金属生物传感器具有各自的优缺点。酶生物传感器依赖于重金属离子对不同生物酶的抑制/促进作用，实现重金属的检测。但重金属对酶的抑制/促进作用很难达到很高的专一性，即不同重金属均会对酶活性产生影响或环境中存在的其他物质会影响酶活性，导致酶生物传感器对重金属进行检测时分辨率较低，专一性差。此外，酶活性受诸多环境因素的影响，无法长时间维持传感器的活性。细胞传感器在一定程度上能够改善酶传感器稳定性和活性差的缺点，但常规的细胞传感器的分辨率和专一性也比较差。近几年，随着分子生物学和基因工程的发展，开始出现越来越多的基因工程微生物作为重金属细胞传感器的敏感元件，通过对细胞进行修饰加强重金属离子检测的专一性。以蛋白质和多肽作为敏感元件的生物传感器与酶传感器类似，专一性、稳定度和活性时间都需要进一步改善。

重金属生物传感器的发展方向主要有两个：一是发展高灵敏度和分辨率的敏感生物材料，二是加强生物传感器与不同换能方式的结合和改进。生物敏感材料应该着重解决材料的专一性和时间稳定性。生物的各项新陈代谢活动受环境多因素的影响，温度、pH、盐度及其他物质都会干扰生物敏感材料对重金属的响应。除此之外，生物敏感材料的稳定性问题一直是限制生物传感器应用的难题，相对于光学传感器和电化学传感器数月的稳定时间，生物传感器通常稳定时间不会超过 1 个月，且重复利用率较低，长时间的使用会导致生物传感器灵敏度下降，甚至失效。生物传感器的关键组件除了生物敏感材料以外，还需要将生物对重金属的响应通过换能设备转化成易于检测分析的形式。目前在生物传感器中常用的换能器有电化学、光纤、表面等离子体共振，压电石英晶体以及机械运动形式的换能器。选择合适的换能器并设计适合生物敏感材料响应机理的接口方式，在生物传感器的开发中也十分重要。

# 5.5　重金属快速在线分析监测

　　目前，市场流通的重金属自动在线分析监测仪器大多是分光光度法和电化学法。这些监测仪器有些是自动的，有些是半自动的。

　　分光光度法用于水质重金属在线分析时，需要选择合适的显色剂，消除其他金属组分干扰，获得稳定可靠的单色光以及光强检测系统。一般比色法自动分析水体中的重金属，每次只能检测一种重金属。该方法的重金属在线分析仪灵敏度较低，适用于测定某些特殊组分以及较高浓度的重金属，如高浓度废水中重金属的检测——电镀废水、采矿废水、钢铁冶炼废水等在线监测。例如，美国哈希公司在 2012 年和 2013 年相继推出 HMA-TCR 总铬在线自动分析仪、HMA-CR6 六价铬在线自动分析仪、HMA-TCU 总铜在线自动分析仪、HMA-TNI 总镍在线自动分析仪和 HMA-TMN 总锰在线自动分析仪。这些重金属在线监测仪器均采用比色光度法进行分析，具有运行成本较低、测量范围宽、无二次污染、测量准确、能长时间稳定运行等优点，可适用于污染严重的水体检测。其缺点在于每种仪器只能进行一种元素的检测分析，如果要对水样进行综合分析，还是需要采用阳极伏安法的分析仪器。

　　电化学法相对于分光光度法，具有更低的检出限，一般检出限可低至 $\mu g/L$ 级，且在选择合适的电极情况下，可以同时检测几种重金属。但电化学分析方法易受到水中有机物等的干扰，样品分析前一般都需要进行样品预处理，故基本上都是分析水体中的重金属离子态、原子态和有机态的总量。目前能够直接用于海水中重金属自动分析的仪器还比较少，大多数仪器均只能在淡水中长时间使用。Nano-Band™ Explorer II 重金属分析仪是根据美国 TraceDetect 公司引入纳米技术的先进理念而研发的新型重金属离子检测仪器，该仪器的电极由 100 个 $0.2nm\times6nm$ 的纳米带电极组成，积累每块小电极所产生的信号，使信号放大，纳米带电极与阳极溶出伏安法相结合，扣除背景电流，有效地提高了信噪比，进一步提高了仪器的灵敏度。该重金属分析仪 Cu、Zn、Cd、Pb 的检出限为 $0.1\mu g/L$，As 和 Hg 的检出限为 $1\mu g/L$，可以存储 $10^5$ 个测量数据。目前已经有部分针对海水中重金属分析的电化学传感器（Fatouros et al.，1986），但在实际海水自动在线监测中的应用还比较少。

　　水环境重金属的监测发展方向为实时、在线、连续和计算机控制测量的自动化、小型、微型、集成化和芯片化。但由于海洋特殊的水文、气象环境，这使得重金属的自动监测存在较大的困难。在对未来海水重金属的自动监测仪器开发领域中，对于已有的针对淡水的重金属在线监测仪器可以进一步改造，使其同样适用于海水。除此之外，还必须加大适用于海水监测的各类重金属传感器的开发，加强海水重金属传感器在自动监测仪器上的组装和适用。

## 参 考 文 献

白树猛，田黎. 2010. 指示生物在海洋污染监测中的应用. 海洋科学，34（01）：80-83.

曹丽华，闫永胜，赵干卿，等. 2006. 离子交换树脂预浓集薄层树脂相分光光度法测定水中铬（Ⅵ）和铬（Ⅲ）. 冶金分析, 26（5）: 72-74.

陈晨. 2013. 用于重金属离子检测的电化学传感器研究. 上海: 华东理工大学博士学位论文.

陈国和. 2006. 流动注射-胶束增溶分光光度法测定金属元素的方法研究及其应用. 成都: 四川大学博士学位论文.

陈文宾，王丽萍，马卫兴，等. 2009a. 二溴羟基苯基荧光酮分光光度法测定汞（Ⅱ）——经巯基葡聚糖凝胶柱分离富集. 理化检验：化学分册, 9: 1045-1047.

陈文宾，陈璧珠，林艳，等. 2009b. 巯基葡聚糖凝胶分离富集对硝基苯基重氮氨基偶氮苯分光光度法测定微量汞（Ⅱ）. 冶金分析, 29（12）: 61-65.

陈文宾，殷磊，马卫兴，等. 2011. 1-(4-安替比林)-3-(3-硝基苯胺) 三氮烯分光光度法测定镉（Ⅱ）. 理化检验：化学分册, 47（9）: 1043-1045.

邓德华，王贵芳，王现丽. 2011. 新显色剂 4′-(对硝基苯基重氮氨基)-2,4-二硝基偶氮苯的合成及其与镉（Ⅱ）的显色反应研究. 分析试验室, 30（3）: 90-93.

丁静，孙舒婷，张诺，等. 2008. 卟啉类显色剂在重金属离子分析中的研究及应用. 分析测试技术与仪器, 14（1）: 3-9.

冯胜，张治芬. 1991. 硫氰酸盐-罗丹明 B-聚乙烯醇分光光度法在水相中测定微量汞. 分析化学, 19（1）: 86-88.

龚兰新，康新平，朱冻慧，等. 2004. Pb（Ⅱ）-双硫腙-PAR 分光光度法测定样品中的铅. 新疆师范大学学报：自然科学版, 23（2）: 37-39.

郭蔚华，丁燕燕，张智，等. 2008a. 急性毒性藻红外测试中敏感藻的确定方法. 生态毒理学报, 3（6）: 577-583.

郭蔚华，苏海燕，张智，等. 2008b. 藻红外辐射测试环境重金属急性毒性. 生态环境, 17（2）: 520-523.

郭小明，胡涌刚，徐向东，等. 2007. 毛细管电泳-化学发光法检测废水中的铜离子. 化学与生物工程, 24（2）: 69-72.

郭忠先. 1996. 2-羟基-3-羧基-5-磺酸基苯重氮氨基偶氮苯与汞的显色反应及其应用. 分析化学, 24（1）: 65-68.

何家洪，徐强，宋仲容. 2010. 分光光度法测定铅（Ⅱ）的研究进展. 冶金分析, 31（003）: 34-44.

何蔓，胡斌，江祖成. 2004. 用于研究 ICP-MS 中基体效应的逐级稀释法. 高等学校化学学报, 25（12）: 2232-2237.

黄梅兰，苏艳华. 2002. 二安替比林苯基甲烷试剂与铬（Ⅵ）的显色反应研究. 理化检验：化学分册, 38（8）: 391-393.

黄美荣，刘睿，李新贵. 2005. 芳香族二胺聚合物修饰电极对痕量重金属离子的络合与探测. 分析测试学报, 24（2）: 109-113.

贾建章，贾红建，赵巧玲，等. 2009. 自来水体中微量元素汞的测定方法探讨. 中国卫生检验杂志, 11: 2551-2552.

李光浩，张娜，牟冠文. 2007. 流动注射光泽精化学发光法测定痕量铜. 理化检验（化学分册）, 43（2）: 153-153.

李慧玲，刘守清. 1997. 生物大分子肝素修饰电极的制备及其应用——痕量铜的测定. 分析试验室, 16（4）: 13-16.

李满秀，吕艳华. 2006. 石蜡相分光光度法测定汞的研究. 冶金分析, 26（5）: 87-88.

李青山，李怡庭. 2003. 水环境监测实用手册. 北京: 中国水利水电出版社.

李卫华, 章竹君. 1999. 偶合反应流动注射化学发光法测定汞. 理化检验: 化学分册, 35 (10): 457-458.

李玮. 2008. 新型化学修饰电极体系的研究及其在痕量铅检测中的应用. 上海: 复旦大学博士学位论文.

李雪蕾. 2014. 浊点萃取—火焰原子吸收光谱法在重金属铬、铅、镉形态分析的应用. 郑州: 郑州大学硕士学位论文.

李咏梅, 王新宇, 陈蕾, 等. 2011. 镉 (Ⅱ) -邻菲啰啉-曙红 Y 缔合体系光度法测定痕量镉. 冶金分析, 2011 (09): 78-80.

刘宛, 李培军, 周启星, 等. 2004. 污染土壤的生物标记物研究进展. 生态学杂志, 23 (5): 150-155.

刘晓宇, 丁卫, 李爱芳, 等. 2007. 水中痕量镉的化学发光测定法. 食品科学, 28 (7): 388-392.

刘燕, 郝新宇, 王赟, 等. 2004. 固相萃取分离/富集技术与分光光度法联用 (固相光度法) 研究进展. 吉林师范大学学报: 自然科学版, 11 (4): 18-21.

刘杨, 黄玉明. 2007. 砷 (Ⅲ) 的流动注射化学发光分析方法研究. 西南大学学报, 29 (5): 36-39.

陆超华, 谢文造, 周国君. 1998. 近江牡蛎作为海洋重金属镉污染指示生物的研究. 中国水产科学, 5 (2): 79-83.

麻威武, 张春牛, 郑云法. 2007. 1-(4-硝基苯基) -3-(5, 6-二甲基-1, 2, 4 三氮唑) -三氮烯的合成及与镉的显色反应. 岩矿测试, 26 (6): 469-471.

马淞江, 李方文. 2007. 用分光光度法测定电镀废水中的微量铅 (Ⅱ). 材料保护, 40 (02): 75-76.

毛蕾蕾, 王宗花, 邢琳琳, 等. 2006. 羧基化碳纳米管在荧光酮光度法测定铅中的应用. 高等学校化学学报, 27 (5): 830-833.

寿崇琦, 李月云, 张慧, 等. 2004. 巯基葡聚糖凝胶分离富集微乳液增敏邻硝基苯基荧光酮光度法测定环境样品中痕量镉的研究. 分析科学学报, 20 (4): 397-399.

宋文璟, 王学伟, 丁家旺, 等. 2012. 海水重金属电化学传感器检测系统. 分析化学, 05: 670-674.

孙旭辉, 马军, 李小华, 等. 2008. 光度法直接测定水溶液中微量汞的分析方法研究. 工业水处理, 128 (12): 73-76.

田金, 李超, 宛立, 等. 2009. 海洋重金属污染的研究进展. 水产科学, (07), 413-418.

童碧海, 吴芳辉, 张千峰. 2009. 铬 (Ⅵ) -溴酸钾-偶氮胂Ⅰ催化光度法测定水中痕量铬 (Ⅵ). 安徽工业大学学报: 自然科学版, 26 (4): 394-397.

万益群, 郭岚. 2001. 固相分光光度法新进展. 分析科学学报, 17 (5): 424-429.

王春香, 李媛媛, 徐顺清. 2010. 生物监测及其在环境监测中的应用. 生态毒理学报, 05: 628-638.

王海洲, 刘文华, 侯福林. 2006. 在线生物监测技术及其应用研究简述. 中学生物学, 22 (12): 6-7.

王珂征. 2007. 基于 GFP 标记的镉生物传感器构建及其对镉毒性的检测. 武汉: 华中农业大学硕士学位论文.

王卫. 2006. 三-(2, 2'-联吡啶) 钌 (Ⅱ) 电致化学发光机理及在分析化学领域中的应用. 天津药学, 18 (1): 53-56.

王晓玲, 张萍, 孙家娟, 等. 2011. Cd$^{2+}$-SCN-罗丹明 B 三元缔合物体系光度法测定痕量镉. 冶金分析, 31 (7): 68-71.

吴永贵. 2004. 利用水溞趋光行为监测水体及土壤中氮磷与重金属的生物毒性. 重庆: 西南农业大学博士学位论文.

吴永贵, 黄建国, 袁玲. 2004. 利用水溞的趋光行为监测水质. 中国环境科学, 24 (3): 336-339.

吴永平, 高智席, 王满力. 2007. 流动注射化学发光增敏法测定白酒中痕量铅. 酿酒科技, 5: 102-105.

夏世钧, 吴中亮. 2001. 分子毒理学基础理论. 武汉: 湖北科学技术出版社.

肖国拾, 来雅文, 邹连春, 等. 2008. 胶束增溶分光光度法测定环境水样中 Cr (Ⅵ). 吉林大学学报: 地球科学版, 38 (5): 869-872.

谢立祥, 常明庆, 王平, 等. 2010. 微波萃取土壤中重金属 Cr 的形态分析研究. 环境科学与技术, 33 (12F): 90-93.

邢苏洁. 2010. 新型电化学传感器的制备及其应用于水体中重金属的检测. 上海: 华东农业大学硕士学位论文.

徐伟民, 干宁, 潘建国, 等. 2006. $NaIO_4$-$H_2O_2$ 流动注射化学发光法测定天然水中硒的研究. 广东微量元素科学, 13 (4): 48-52.

许木启, 王子健. 1996. 利用浮游动物群落结构与功能特征监测乐安江–鄱阳湖口重金属污染. 应用与环境生物学报, 2 (2): 169-174.

闫永胜, 李春香, 刘燕, 等. 2004. 苯溶剂浮选分光光度法测定工业废水中 Cr (Ⅵ) 的研究. 冶金分析, 24 (5): 23-25.

杨凤权, 杨凤丽. 2005. 重金属汞单克隆抗体的制备与免疫检测方法的建立. 南京: 南京农业大学硕士学位论文.

杨佳新. 2012. GFP 标记的抗铅微生物传感器的构建及其机理研究. 长春: 长春理工大学硕士学位论文.

尤铁学, 王楠. 2006. 二苯碳酰二肼分光光度法测定水中铬 (Ⅵ) 的改进. 冶金分析, 26 (6): 24-25.

于庆凯, 李丹. 2009. 阳极溶出伏安法同时测定海水中铜, 铅, 镉, 锌. 化学工程师, 23 (10): 25-27.

禹雷, 刘琴. 2000. 双波长分光光度法测定废水痕量铅. 淮北煤师院学报: 自然科学版, 21 (4): 30-34.

袁莉, 任小娜, 马永钧. 2006. Pb~(2+)-TTA-偶氮磺 Ⅲ 高灵敏反应用于测定食品添加剂中的 Pb. 分析试验室, 25 (11): 23-26.

赵干卿, 闫永胜, 谢吉民. 2006. 薄层树脂相分光光度法测定水中痕量铋. 冶金分析, 26 (4): 53-55.

赵会欣, 李毅, 蔡巍, 等. 2009. 水环境痕量重金属检测的电化学传感器的研究. 仪表技术与传感器, B11: 158-161.

郑惠榕, 黄晓东, 陈美珠. 2003. 催化动力学光度法测定汞的进展. 闽江学院学报, 2: 0-31.

周君, 孙嘉彦, 桑文军. 2004. 铅 (Ⅱ)-DBONBF-CTMAB 吸光光度法测定铅. 理化检验: 化学分册, 40 (1): 54-55.

周连文, 刘彦钦, 韩士田, 等. 2004a. meso-四 (4-甲氧基苯基) 卟啉分光光度法测定痕量铅的研究. 光谱实验室, 21 (1): 24-26.

周连文, 韩士田, 刘彦钦, 等. 2004b. 在阴离子表面活性剂存在下 meso-四-(4-吡啶) 卟啉与铅的显色反应. 光谱实验室, 21 (6): 1063-1065.

周名江, 颜天. 1997. 中国海洋生态毒理学的研究进展. 环境科学研究, 10 (3): 1-8.

朱浩嘉, 潘道东, 顾愿愿. 2014. 同位镀汞阳极溶出伏安法测定牛奶中镉铅铜. 食品科学, 35 (8): 121-124.

庄树宏, 刘雪梅, 王克明, 等. 1998. 烟台不同海域潮间带 Pb 污染的生物监测研究. 海洋通报, 6 (002): 1-3.

宗烨, 胡浩. 1996. 铅-铋-三溴偶氮胂混合多核络合物显色反应的研究及应用. 理化检验: 化学分册, 32 (6): 356-357.

Abdelsalam M E, Denuault G, Daniele S. 2002. Calibrationless determination of cadmium, lead and copper in rain samples by stripping voltammetry at mercury microelectrodes: Effect of natural convection on the deposition step. Analytica chimica acta, 452 (1): 65-75.

Aksuner N, Basaran B, Henden E, et al. 2011. A sensitive and selective fluorescent sensor for the determination of mercury (Ⅱ) based on a novel triazine-thione derivative. Dyes and Pigments, 88 (2): 143-148.

Allen H E, Blatchley C, Brisbin T D. 1983. An algal assay method for determination of copper complexation capacities of natural waters. Bulletin of Environmental Contamination and Toxicology, 30 (1): 448-455.

Almeida M I G, Cattrall R W, Kolev S D. 2012. Recent trends in extraction and transport of metal ions using polymer inclusion membranes (PIMs). Journal of Membrane Science, 415: 9-23.

Alpat S K, Alpat S, Kutlu B, et al. 2007. Development of biosorption-based algal biosensor for Cu (II) using Tetraselmis chuii. Sensors and Actuators B: Chemical, 128 (1): 273-278.

Amini N, Kolev S D. 2007. Gas-diffusion flow injection determination of Hg (II) with chemiluminescence detection. Analytica chimica acta, 582 (1): 103-108.

Ardakany M M, Ensafi A A, Naeimi H, et al. 2003. Highly selective lead (II) coatedwire electrode based on a new Schiff base. Sensors and Actuators B: Chemical, 96 (1): 441445.

Atchison G J, Henry M G, Sandheinrich M B. 1987. Effects of metals on fish behavior: a review. Environmental Biology of Fishes, 18 (1): 11-25.

Berezhetskyy A, Sosovska O, Durrieu C, et al. 2008. Alkaline phosphatase conductometric biosensor for heavy-metal ions determination. Irbm, 29 (2): 136-140.

Bester K, Hühnerfuss H, Brockmann U, et al. 1995. Biological effects of triazine herbicide contamination on marine phytoplankton. Archives of Environmental Contamination and Toxicology, 29 (3): 277-283.

Biller D V, Bruland K W. 2012. Analysis of Mn, Fe, Co, Ni, Cu, Zn, Cd, and Pb in seawater using the Nobias-chelate PA1 resin and magnetic sector inductively coupled plasma mass spectrometry (ICP-MS). Marine Chemistry, 130: 12-20.

Bonfil Y, Brand M, Kirowa-Eisner E. 2000. Trace determination of mercury by anodic stripping voltammetry at the rotating gold electrode. Analytica Chimica Acta, 424 (1): 65-76.

Bozkurt S S, Ayata S, Kaynak I. 2009. Fluorescence-based sensor for Pb (II) using tetra (3-bromo 4-hydroxy-phenyl) porphyrin in liquid and immobilized medium. Spectrochimica Acta Part A: Molecular and Biomolecular Spectroscopy, 72 (4): 880-883.

Calabrese E J. 1999. Evidence that hormesis represents an "overcompensation" response to a disruption in homeostasis. Ecotoxicology and Environmental Safety, 42 (2): 135-137.

Carra R G M, Sanchez-Misiego A, Zirino A. 1995. A "Hybrid" mercury film electrode for the voltammetric analysis of copper and lead in acidified seawater and other media. Analytical Chemistry, 67 (24): 4484-4486.

Chandy J P. 1999. Heavy metal tolerance in chromogenic and non-chromogenic marine bacteria from Arabian Gulf. Environmental Monitoring and Assessment, 59 (3): 321-330.

Chen B Y, Bai H X, Li Q M, et al. 2003. Separation of mercury with an ammonium sulfate-ammonium thiocyanate-ethyl violet flotation system. Journal-Chinese Chemical Society Taipei, 50 (4): 869-874.

Chen L, Zhang J, Zhao W, et al. 2006. Double-armed calix [4] arene amide derivatives as ionophores for lead ion-selective electrodes. Journal of Electroanalytical Chemistry, 589 (1): 106-111.

Chouteau C, Dzyadevych S, Durrieu C, et al. 2005. A bi-enzymatic whole cell conductometric biosensor for heavy metal ions and pesticides detection in water samples. Biosensors & Bioelectronics, 21 (2): 273-281.

Cui Y, Chang X, Zhai Y, et al. 2006. ICP-AES determination of trace elements after preconcentrated with p-dim-ethylaminobenzaldehyde-modified nanometer SiO$_2$ from sample solution. Microchemical journal, 83 (1): 35-41.

Dai X, Nekrassova O, Hyde M E, et al. 2004. Anodic stripping voltammetry of arsenic (III) using gold nanoparticle-modified electrodes. Analytical Chemistry, 76 (19): 5924-5929.

Date Y, Terakado S, Sasaki K, et al. 2012. Microfluidic heavy metal immunoassay based on absorbance measurement. Biosensors & Bioelectronics, 33 (1): 106-112.

Davies A G. 1979. Pollution studies with marine plankton: Part II. Heavy metals. Advances in Marine Biology, 15: 381-508.

Du J X, Li Y H, Guan R. 2007. Chemiluminescence determination of chromium (III) and total chromium in water samples using the periodate-lucigenin reaction. Microchimica Acta, 158 (1-2): 145-150.

Farajzadeh M A, Bahram M, Mehr B G, et al. 2008. Optimization of dispersive liquid-liquid microextraction of copper (II) by atomic absorption spectrometry as its oxinate chelate: Application to determination of copper in different water samples. Talanta, 75 (3): 832-840.

Fatouros N, Simonin J, Chevalet J, et al. 1986. Theory of multiple square wave voltammetries. Journal of Electro-analytical Chemistry and Interfacial Electrochemistry, 213 (1): 1-16.

Ferreira M, Barros A A. 2002. Determination of As (III) and arsenic (V) in natural waters by cathodic stripping voltammetry at a hanging mercury drop electrode. Analytica Chimica Acta, 459 (1): 151-159.

Fu J, Zhang X, Qian S, et al. 2012. Preconcentration and speciation of ultra-trace Se (IV) and Se (VI) in environmental water samples with nano-sized $TiO_2$ colloid and determination by HG-AFS. Talanta, 94: 167-171.

Fujiwara T, Kurahashi K, Kumamaru T, et al. 1996. Luminol chemiluminescence with heteropoly acids and its application to the determination of arsenate, germanate, phosphate and silicate by ion chromatography. Applied Organometallic Chemistry, 10 (9): 675-681.

Gharehbaghi M, Shemirani F, Baghdadi M. 2009. Dispersive liquid-liquid microextraction based on ionic liquid and spectrophotometric determination of mercury in water samples. International Journal of Environmental and Analytical Chemistry, 89 (1): 21-33.

Gholivand M B, Mohammadi M, Rofouei M K. 2010. Optical sensor based on 1, 3-di (2-methoxyphenyl) triazene for monitoring trace amounts of mercury (II) in water samples. Materials Science and Engineering: C, 30 (6): 847-852.

Gong J, Zhou T, Song D, et al. 2009. Stripping voltammetric detection of mercury (II) based on a bimetallic Au-Pt inorganic-organic hybrid nanocomposite modified glassy carbon electrode. Analytical Chemistry, 82 (2): 567-573.

Grygar T. 1996. The electrochemical dissolution of iron (III) and chromium (III) oxides and ferrites under conditions of abrasive stripping voltammetry. Journal of Electroanalytical Chemistry, 405 (1): 117-125.

Han S, Zhu M, Yuan Z, et al. 2001. A methylene blue-mediated enzyme electrode for the determination of trace mercury (II), mercury (I), methylmercury and mercury-glutathione complex. Biosensors & Bioelectronics, 16 (1): 9-16.

Hwang G H, Han W K, Park J S, et al. 2008. Determination of trace metals by anodic stripping voltammetry using a bismuth-modified carbon nanotube electrode. Talanta, 76 (2): 301-308.

Igarashi S, Nagoshi T, Kotake T. 2000. Properties of water-soluble porphyrin as a sensitizer in peroxyoxalate-hydrogen peroxide chemiluminescence system and its application to the quenching fluorometric determination of copper (II). Analytical Letters, 33 (15): 3271-3283.

Ivask A, Green T, Polyak B, et al. 2007. Fibre-optic bacterial biosensors and their application for the analysis of bioavailable Hg and As in soils and sediments from Aznalcollar mining area in Spain. Biosensors and Bioelectronics, 22 (7): 1396-1402.

Jain A, Gupta V, Singh L, et al. 2006. A comparative study of $Pb^{2+}$ selective sensors based on derivatizedtetrapyrazole and calix [4] arene receptors. Electrochimica Acta, 51 (12): 2547-2553.

Jamaluddin A M, Mamun M- A. 2001. Spectrophotometric determination of lead in industrial, environmental, biological and soil samples using 2, 5-dimercapto-1, 3, 4-thiadiazole. Talanta, 55 (1): 43-54.

Jesus J P, Suárez C A, Ferreira J R, et al. 2011. Sequential injection analysis implementing multiple standard additions for As speciation by liquid chromatography and atomic fluorescence spectrometry (SIA- HPLC- AFS). Talanta, 85 (3): 1364-1368.

Jia L H, Li Y, Li Y Z. 2011. Determination of wholesome elements and heavy metals in safflower (Carthamustinctorius L.) from Xinjiang and Henan by ICP- MS/ICP- AES. Journal of Pharmaceutical Analysis, 1 (2): 100-103.

Kaladharan P, Alavandi S, Pillai V, et al. 1990. Inhibition of primary production as induced by heavy metal ions on phytoplankton population off Cochin. Indian Journal of Fisheries, 37 (1): 51-54.

Kelly K L, Coronado E, Zhao L L, et al. 2003. The optical properties of metal nanoparticles: the influence of size, shape, and dielectric environment. The Journal of Physical Chemistry B, 107 (3): 668-677.

Komjarova I, Blust R. 2006. Comparison of liquid- liquid extraction, solid- phase extraction and co- precipitation preconcentration methods for the determination of cadmium, copper, nickel, lead and zinc in seawater. Analytica Chimica Acta, 576 (2): 221-228.

Krawczyk T K, Moszczyńska M, Trojanowicz M. 2000. Inhibitive determination of mercury and other metal ions by potentiometric urea biosensor. Biosensors & Bioelectronics, 15 (11): 681-691.

Ksuner N, Basaran B, Henden E, et al. 2011. A sensitive and selective fluorescent sensor for the determination of mercury (II) based on a novel triazine- thione derivative. Dyes and Pigments, 88 (2): 143-148.

Kumada Y, Katoh S, Imanaka H, et al. 2007. Development of a one-step ELISA method using an affinity peptide tag specific to a hydrophilic polystyrene surface. Journal of Biotechnology, 127 (2): 288-299.

Lange B, van den Berg C M. 2000. Determination of selenium by catalytic cathodic stripping voltammetry. Analytica Chimica Acta, 418 (1): 33-42.

Lee H K, Song K, Seo H R, et al. 2004. Lead (II) - selective electrodes based on tetrakis (2- hydroxy- 1- naphthyl) porphyrins: The effect of atropisomers. Sensors and Actuators B: Chemical, 99 (2): 323-329.

Lee Y F, Huang C C. 2011. Colorimetric assay of lead ions in biological samples using a nanogold-based membrane. ACS Applied Materials & Interfaces, 3 (7): 2747-2754.

Li B, Wang D, Lv J, et al. 2006. Chemometrics- assisted simultaneous determination of cobalt (II) and chromium (III) with flow-injection chemiluminescence method. Spectrochimica Acta Part A: Molecular and Biomolecular Spectroscopy, 65 (1): 67-72.

Li M, Lee S H. 2005. Determination of As (III) and As (V) ions by chemiluminescence method. Microchemical Journal, 80 (2): 237-240.

Li Z, Yang Y, Tang J, et al. 2003. Spectrophotometric determination of trace lead in water after preconcentration using mercaptosephadex. Talanta, 60 (1): 123-130.

Liu C W, Huang C C, Chang H T. 2009. Highly selective DNA-based sensor for lead (II) and mercury (II) ions. Analytical Chemistry, 81 (6): 2383-2387.

Liu Q, Cai H, Xu Y, et al. 2007. Detection of heavy metal toxicity using cardiac cell-based biosensor. Biosensors & Bioelectronics, 22 (12): 3224-3229.

Lu J, Chen R, He X. 2002. A lead ion- selective electrode based on a calixarene carboxyphenyl azo derivative. Journal of Electroanalytical Chemistry, 528 (1): 33-38.

Luboch E, Wagner-Wysiecka E, Fainerman-Melnikova M, et al. 2006. Pyrrole azocrown ethers. Synthesis, complexation, selective lead transport and ion-selective membrane electrode studies. Supramolecular Chemistry, 18 (7): 593-601.

Martinotti W, Queirazza G, Guarinoni A, et al. 1995. In-flow speciation of copper, zinc, lead and cadmium in fresh waters by square wave anodic stripping voltammetry Part Ⅱ. Optimization of measurement step. Analytica Chimica Acta, 305 (1): 183-191.

Mashhadizadeh M H, Eskandari K, Foroumadi A, et al. 2008. Self-assembled mercapto-compound-gold-nanoparticle-modified carbon paste electrode for potentiometric determination of cadmium (Ⅱ). Electroanalysis, 20 (17): 1891-1896.

Meseguer L S, Campins F P, Cárdenas S, et al. 2004. FI automatic method for the determination of copper (Ⅱ) based on coproporphyrin Ⅰ-Cu (Ⅱ) /TCPO/$H_2O_2$ chemiluminescence reaction for the screening of waters. Talanta, 64 (4): 1030-1035.

Mini N, Kolev S D. 2007. Gas-diffusion flow injection determination of Hg (Ⅱ) with chemiluminescence detection. Analytica Chimica Acta, 582 (1): 103-108.

Mohamed T, Amin A, Mousa A. 2013. Spectrophotometric determination of Cd (Ⅱ) and Hg (Ⅱ) with 2-(2-hydroxynaphthyl azo-) benzothiazole: Application to Environmental Samples. Journal of Chemica Acta, 2 (2): 65-69.

Mousavi M, Sahari S, Alizadeh N, et al. 2000. Lead ion-selective membrane electrode based on 1, 10-dibenzyl-1, 10-diaza-18-crown-6. Analytica Chimica Acta, 414 (1): 189-194.

Nezio D M S, Palomeque M E, Fernández Band B S. 2004. A sensitive spectrophotometric method for lead determination by flow injection analysis with on-line preconcentration. Talanta, 63 (2): 405-409.

Nomngongo P N, Ngila J C, Nyamori V O, et al. 2011. Determination of selected heavy metals using amperometric horseradish peroxidase (HRP) inhibition biosensor. Analytical Letters, 44 (11): 2031-2046.

Ogończyk D, Tymeckit, Wyzkiewicz I, et al. 2005. Screen-printed disposable urease-based biosensors for inhibitive detection of heavy metal ions. Sensors and Actuators B: Chemical, 106 (1): 450-454.

Okamoto O K, Asano C S, Aidar E, et al. 1996. Effects of cadmium on growth and superoxide dismutase activity of the marine microalga tetrasemis gracilis (prasinophyceae) 1. Journal of Phycology, 32 (1): 74-79.

Paleologos E K, Vlessidis A G, Karayannis M I, et al. 2003. On-line sorption preconcentration of metals based on mixed micelle cloud point extraction prior to their determination with micellar chemiluminescence: Application to the determination of chromium at ng l-1 levels. Analytica Chimica Acta, 477 (2): 223-231.

Pretsch E. 2007. The new wave of ion-selective electrodes. TrAC Trends in Analytical Chemistry, 26 (1): 46-51.

Qin W, Zhang Z, Liu H. 1998. Chemiluminescence flow-through sensor for copper based on an anodic stripping voltammetric flow cell and an ion-exchange column with immobilized reagents. Analytical Chemistry, 70 (17): 3579-3584.

Rahman M A, Won M S, Shim Y B. 2003. Characterization of an EDTA bonded conducting polymer modified electrode: Its application for the simultaneous determination of heavy metal ions. Analytical chemistry, 75 (5): 1123-1129.

Rainbow P S. 1995. Biomonitoring of heavy metal availability in the marine environment. Marine Pollution Bulletin, 31 (4): 183-192.

Rainbow P, Wolowicz M, Fialkowski W, et al. 2000. Biomonitoring of trace metals in the Gulf of Gdansk, using mussels (Mytilus trossulus) and barnacles (Balanus improvisus). Water Research, 34 (6): 1823-1829.

Rajesh N, Jalan R K, Hotwany P. 2008. Solid phase extraction of chromium (Ⅵ) from aqueous solutions by adsorption of its diphenylcarbazide complex on an Amberlite XAD- 4 resin column. Journal of hazardous materials, 150 (3): 723-727.

Riahi S, Mousavi M, Shamsipur M, et al. 2003. A Novel PVC-Membrane-Coated Graphite Sensor Based on an Anthraquinone Derivative Membrane for the Determination of Lead. Electroanalysis, 15 (19): 1561-1565.

Sadeghi S, Shamsipur M. 2000. Lead ( II )-selective membrane electrode based on tetraphenylporphyrin. Analytical Letters, 33 (1): 17-28.

Satienperakul S, Cardwell T J, Kolev S D, et al. 2005. A sensitive procedure for the rapid determination of arsenic ( III ) by flow injection analysis and chemiluminescence detection. Analytica Chimica Acta, 554 (1): 25-30.

Sato K, Tanaka S. 1996. Determination of metal ions by flow injection analysis with peroxyoxalate chemiluminescence detection. Microchemical Journal, 53 (1): 93-98.

Satoh I. 1991. An apoenzyme thermistor microanalysis for zinc ( II ) ions with use of an immobilized alkaline phosphatase reactor in a flow system. Biosensors & Bioelectronics, 6 (4): 375-379.

Shamsipur M, Zargoosh K, Hosseini S M, et al. 2009. Quenching effect of some heavy metal ions on the fast peroxyoxalate-chemiluminescence of 1-(dansylamidopropyl)-1-aza-4, 7, 10-trithiacyclododecane as a novel fluorophore. Spectrochimica Acta Part A: Molecular and Biomolecular Spectroscopy, 74 (1): 205-209.

Tubbing D M, Admiraal W, Cleven R F, et al. 1994. The contribution of complexed copper to the metabolic inhibition of algae and bacteria in synthetic media and river water. Water Research, 28 (1): 37-44.

Tuzen M, Citak D, Soylak M. 2008. 5-Chloro-2-hydroxyaniline-copper ( II ) coprecipitation system for preconcentration and separation of lead ( II ) and chromium ( III ) at trace levels. Journal of Hazardous Materials, 158 (1): 137-141.

Valdés H, Sepúlveda R, Romero J, et al. 2013. Near critical and supercritical fluid extraction of Cu ( II ) from aqueous solutions using a hollow fiber contactor. Chemical Engineering and Processing: Process Intensification, 65: 58-67.

Van den Berg C, Khan S. 1990. Determination of selenium in sea water by adsorptive cathodic stripping voltammetry. Analytica Chimica Acta, 231: 221-229.

Viltchinskaia E A, Zeigman L L, Morton S G. 1995. Application of stripping voltammetry for the determination of mercury. Electroanalysis, 7 (3): 264-269.

Wang H, Wang Y, Jin J, et al. 2008. Gold nanoparticle-based colorimetric and "turn-on" fluorescent probe for mercury ( II ) ions in aqueous solution. Analytical Chemistry, 80 (23): 9021-9028.

Wang Y, Yang H, Pschenitza M, et al. 2012. Highly sensitive and specific determination of mercury (II) ion in water, food and cosmetic samples with an ELISA based on a novel monoclonal antibody. Analytical and Bioanalytical Chemistry, 403 (9): 2519-2528.

Xue X, Wang F, Liu X. 2008. One-step, room temperature, colorimetric detection of mercury ( $Hg^{2+}$ ) using DNA/nanoparticle conjugates. Journal of the American Chemical Society, 130 (11): 3244-3245.

Yaftian M R, Rayati S, Emadi D, et al. 2006. A coated wire-type lead (II) ion-selective electrode based on a phosphorylated calix [4] arene derivative. Analytical Sciences, 22 (8): 1075-1078.

Yang G, Fen W, Lei C, et al. 2009. Study on solid phase extraction and graphite furnace atomic absorption spectrometry for the determination of nickel, silver, cobalt, copper, cadmium and lead with MCI GEL CHP 20Y as sorbent. Journal of Hazardous Materials, 162 (1): 44-49.

Yantasee W, Lin Y, Fryxell G E, et al. 2004. Simultaneous detection of cadmium, copper, and lead using a carbon paste electrode modified with carbamoylphosphonic acid self-assembled monolayer on mesoporous silica

（SAMMS）. Analytica Chimica Acta, 502 (2): 207-212.

Yantasee W, Lin Y, Zemanian T S, et al. 2003. Voltammetric detection of lead (Ⅱ) and mercury (Ⅱ) using a carbon paste electrode modified with thiol self-assembled monolayer on mesoporous silica (SAMMS). Analyst, 128 (5): 467-472.

Yuan C G, Lin K, Chang A. 2010. Determination of trace mercury in environmental samples by cold vapor atomic fluorescence spectrometry after cloud point extraction. Microchimica Acta, 171 (3), 313-319.

Yuan S, Peng D, Song D, et al. 2013. Layered titanate nanosheets as an enhanced sensing platform for ultrasensitive stripping voltammetric detection of mercury (Ⅱ). Sensors and Actuators B: Chemical, 181: 432-438.

Zare H R, Ardakani M M, Nasirizadeh N, et al. 2005. Lead-selective poly (vinyl chloride) membrane electrode based on 1-phenyl-2-(2-quinolyl)-1, 2-dioxo-2-(4-bromo) phenylhydrazone. Bulletin of the Korean Chemical Society, 26 (1): 51.

Zhang W B Yang X A, Ma Y Y, et al. 2011. Continuous flow electrolytic cold vapor generation atomic fluorescence spectrometric determination of Hg in water samples. Microchemical Journal, 97 (2): 201-206.

Zhang Z, Chen Z, Qu C, et al. 2014. Highly sensitive visual detection of copper ions based on the shape-dependent LSPR spectroscopy of gold nanorods. Langmuir, 30 (12): 3625-3630.

Zhang Z, Qin W, Liu S. 1995. Chemiluminescence flow system for the monitoring of chromium (Ⅵ) in water. Analytica Chimica Acta, 318 (1): 71-76.

# 第6章 | 有机污染分析监测

## 6.1 有机污染物

### 6.1.1 种类与特点

  有机污染物是指以碳水化合物、蛋白质、氨基酸及脂肪等形式存在的天然有机物质及某些其他可生物降解的人工合成有机物质组成的污染物。其中,持久性有机污染物(prsistentorganic pollutants,POPs)影响最为严重,越来越受到人们的广泛关注(谢武明等,2004),其是指人类合成的,能持久性存在于环境中,并在大气环境中进行长距离迁移后而沉积回地球,对人类健康和环境造成严重危害的天然或人工合成的有机污染物。根据2001 年 5 月 23 日在瑞典首都斯德哥尔摩签署的《关于持久性有机污染物的斯德哥尔摩公约》中可知,POPs 有三大类共 12 种物质,第一类为有机氯杀虫菌剂,共九种,包括艾氏剂(aldrin)、狄试剂(dieldrin)、异狄试剂(endrin)、滴滴涕(DDTs)、氯丹(chlordane)、七氯、灭蚁灵(mirex)、毒杀芬(toxaphene)和六氯苯(HCB)。第二类为氯苯类工业化学品,包括多氯联苯(PCBs)和 HCB 等。第三类为二噁英(Dioxins)和呋喃(Furans,Fs)等生产中的副产品。其中,二噁英不会天然生成,而是工业化过程中的副产物。目前,二噁英与呋喃的主要来源包括不完全燃烧和热解。事实上,符合 POPs 定义的化学物质不止以上几种,拟加入《斯德哥尔摩公约》中的新 POPs 还有开蓬、六溴联苯、六六六(HCHs)、多环芳烃、六氯丁二烯、八溴联苯醚、十溴联苯醚、五氯苯、多氯化萘(PCN)和短链氯化石蜡。

  POPs 具有以下特点:①蓄积性。POPs 具有低水溶性、高脂溶性等特征,因而可以长期在脂肪组织和环境中存留、蓄积。一般来说,在有机碳化合物结构里加上氯原子,这个化合物的稳定性就要增加很多,从而导致 POPs 容易从周围媒介物质中富集到生物体内。②收放性。通过食物链可逐级放大,也就是在自然环境如大气、水、土壤中浓度很低,甚至检测不出来时,依然可通过大气、水、土壤进入植物或低等生物中,然后逐级对营养级放大,营养级越高蓄积越高,而人是最高的,对人类造成的影响也是最大的。③半挥发性。它们可从水体或土壤中以蒸汽的形式进入大气环境或吸附在大气颗粒物上,这个特性决定了它可在全球运转,而且可以长距离地运转到一些地区。同时,适度的挥发性又使得它们不会永久停留在大气中,而是能重新沉降到地球上,且这种过程会反复多次发生,从而导致全球范围内,包括大陆、沙漠、海洋和南北极地区均可检测到 POPs,如图 6-1 所示(Wania and Mackay,1996)。研究表明,即使在人烟罕至的北极地区,也可检测到 POPs,且浓度达到了相当高的水平。④高毒性。绝大多数 POPs 即使浓度很低时,绝大多数 POPs 会对生物体造成危害,如二噁英是 POPs 中毒性最大的物质。目前,已有很多迹象表明,它可使野生生物先天缺陷,免疫机能障碍导致发育与生殖系统疾病。除了对人类造成以上影响之外,也会造成神经行为及内分泌紊乱等严重疾病(黑笑涵等,2007)。

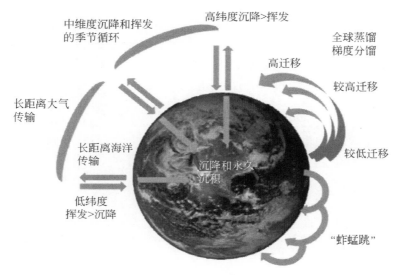

图 6-1  POPs 在全球的迁移

## 6.1.2  污染形式

海洋作为一个巨大的生态系统,成为了各类污染物的汇聚地。POPs 和重金属等可通过各种途径进入海洋,对海洋中的污染状况可分为以下几种类型。

### (1)海水中的污染

进入 21 世纪以来,随着中国沿海经济发展和人类活动的频繁,浅海、滩涂等水产养殖膨胀,部分海域遭到不同程度的污染,有一部分污染物会在光和其他化学条件下发生降解和转化,但 POPs 的化学性质稳定,半衰期比较长,难降解,因而会在环境中长期存在。由于 POPs 具有较高的亲脂憎水性而很容易被营养级较低的生物体所吸收,在其体内累积,进而沿着食物链逐级放大,最终影响高级生物甚至人类的健康。据资料统计,各海域中的污染物浓度情况,如表 6-1。

**表 6-1　我国各海域不同时间内水体中污染物浓度** （单位：ng/L）

| 种类<br>海域 | 20 世纪 80 年代 | | 20 世纪 90 年代 | | 21 世纪 | |
|---|---|---|---|---|---|---|
| | 六六六 | DDTs | 六六六 | DDTs | 六六六 | DDTs |
| 黄海 | 9~235 | — | 0.96~3.34 | 0.65~2.02 | — | — |
| 渤海 | 160~203 | 10~50 | — | — | 50~750 | — |
| 东海 | 3~690 | 160~1200 | 0.58~515 | 0.16~234 | — | — |
| 南海 | 1~104 | ND | 35.5~1228.6 | 26.8~975.9 | 1.31~1230 | 0.27~975.9 |

注：ND 为未检出。

### （2）沉积物污染

如表 6-2 所示，尽管 DDTs 已禁用二十多年，渤海的 DDTs 含量仍比较高，这表明我国自从 20 世纪 70 年代开始使用 DDTs 以来，DDTs 对此海域的影响很大，而且，渤海海域的辽河和胜利油田对此海域也有比较明显的影响。

**表 6-2　中国各海域沉积物中污染物浓度** （单位：ng/g 干重）

| 种类<br>海域 | 20 世纪 90 年代 | | 21 世纪 | |
|---|---|---|---|---|
| | 六六六 | DDTs | 六六六 | DDTs |
| 黄海 | 7.53~92.30 | 2.12~72.30 | 0.03~5.78 | 0.73~1.72 |
| 渤海 | 5.77~323.07 | 0.97~154.87 | — | — |
| 东海 | 6.17~73.70 | — | 0.14~0.94 | 1.91~23.0 |
| 南海 | 0.28~4.16 | 0.14~20.27 | 0.16~1.50 | 0.03~76.13 |

### （3）生物污染

据报道，POPs 不仅在沉积物中的浓度水平较高，而且在一些生物体的组织和器官中也有相当浓度水平的污染物，见表 6-3。与邻近的海区相比，黄海区域 DDTs、PCBs（多氯联苯）的浓度明显较高，这与黄海所处的地理位置是分不开的。该海区的船运业比较发达，溢油和船撞击事件的发生对该海区的哺乳动物产生较大威胁，有害藻华的发生近几年也有明显增高的趋势，尤其是靠近人类工程活动的区域，最终会引起该海区的渔业结构的改变。

**表 6-3　动物组织中有机污染物的浓度** （单位：ng/g）

| 化合物 | 肌肉组织 | | | | 肝脏器官 | | | |
|---|---|---|---|---|---|---|---|---|
| | 最高值 | 最低值 | 平均值 | 偏差 | 最高值 | 最低值 | 平均值 | 偏差 |
| 六六六 | 7.64 | 1.74 | 4.06 | 2.05 | 7.16 | 0.49 | 2.05 | 1.87 |
| DDTs | 22.87 | 1.33 | 12.19 | 7.19 | 62.76 | 1.75 | 11.58 | 18.32 |
| PCBs | 11.95 | 2.62 | 7.16 | 3.49 | 20.98 | 0.93 | 6.20 | 6.57 |
| 灭蚁灵 | 0.05 | — | 0.01 | 0.02 | — | — | — | — |
| 异狄氏剂 | 0.06 | — | 0.01 | 0.02 | 1.00 | — | 0.093 | 0.288 |
| 氯丹 | 4.2 | 0.16 | 1.49 | 1.22 | 3.81 | 0.07 | 0.68 | 1.26 |

## 6.1.3　危害

有机污染物的毒性机制还不完全明确，但对人体造成的伤害通常是某几族间相互协同作用的结果，具体产生的危害可分为以下几种。

**（1）致癌致畸变**

人类是处于食物链顶端的生物，环境中微量的 POPs 会经过生物富集及食物链传递和放大作用而威胁人类健康，导致突变、致癌、致畸（简称"三致"）和内分泌干扰等。毒杀芬（八氯茨烯）是乳白色或琥珀色蜡样固体，常作为水果、蔬菜、棉花和其他作物的杀虫剂，多达 50% 的毒杀芬可在土壤中持续存在 12 年，因此，被列为可能的致癌物质之一。另外，多环芳烃（PAHs）也是环境中重要的致癌物质之一。已证实，许多种类 PAHs 如苯并芘、苯并蒽、蒽和二苯并芘等具有致癌或致突变作用。2，3，7，8-四氯代二苯噁英（TCDD）是目前已发现的最毒的有机化合物之一，有"世纪之毒"之称。同时，研究表明，DDTs、敌百虫（O，O-二甲基-(2，2，2-三氯-1-羟基乙基)磷酸酯、敌敌畏（O，O-二甲基-(2，2-二氯乙烯基)磷酸酯）和乐果（O，O-二甲基-S-(N-甲基氨基甲酰甲基)二硫代磷酸酯）等也具有致突变的作用，内吸磷和西维因（(1-萘基)-N-甲基氨基甲酸酯）具有致畸和致癌的作用。有机磷农药能与体内乙酰胆碱结合，使胆碱酶失活，丧失对乙酰胆碱的分解能力，导致体内乙酰胆碱的蓄积，使神经传导生理功能紊乱。

**（2）影响生殖和发育**

暴露于 POPs 中的生物体通常会产生生殖障碍、畸形、器官增大和机体死亡等现象，且此现象很早被人们发现。Ruzzin 等（2010）将 200～250g 雄性实验鼠置于高脂肪摄入量（既包括未经人工处理过的高脂肪含量鱼类，也包括人工处理过的不含 POPs 的高脂肪鱼类）下 28 天。实验发现，那些未经人工处理过的高脂肪含量鱼体内含有大量 POPs，远高于经人工处理过的不含 POPs 的高脂肪鱼类。而且，含 POPs 的组织出现胰岛素抵抗、腹部肥胖等症状。之后，他们对小鼠的脂肪细胞进行了实验，首先将细胞暴露于含有 POPs 的环境（如有机氯农药）下，结果表明，这些细胞出现了很强烈的抑制胰岛素作用。同时，POPs 还诱导了与脂质代谢相关的两个重要因子，胰岛素诱导基因-1 即 *Insig*-1 和 *Lpin*-1。这些结果说明了暴露于食物链的普通食物中的 POPs 可导致胰岛素抵抗以及相关代谢紊乱等。另外，研究调查发现，母亲孕期食用含有 PCBs 的有机氯残留的鱼，可使得其后代发育和神经行为缺陷、流产，同时，这些 PCBs 可破坏内分泌系统，改变细胞生长、分化、影响处于发育阶段胎儿的免疫、神经行为、内分泌和生殖系统。

因此，对这些 POPs 的检测具有非常重要的意义，目前，常用的检测技术包括色谱技术、质谱技术、核磁共振和红外、拉曼等光谱技术。其中，色谱技术主要用于复杂有机物的分离、定性和定量分析，质谱技术和光谱技术主要用于有机物组成、结构和含量的定性、定量分析。以下将对各种方法进行逐一介绍。

# 6.2　色　谱　法

色谱法（chromatography）又称色谱分析，是一种分离和分析方法，在分析、有机、生物和地球化学等领域有着非常广泛的应用。由于海洋环境中存在着多种多样、不同类型的 POPs，因此，需用不同类型的色谱法对其进行检测。

## 6.2.1　原理与特点

色谱法的基本原理是用流动相对固定相中的混合物进行洗脱，利用不同物质在不同相态的选择性分配，使得混合物中的不同物质以不同流速沿固定相移动，最终达到分离的效果。根据物质分离的机制不同可分为吸附色谱、分配色谱、离子交换色谱、凝胶色谱和亲和色谱等。它可在几分钟或几十分钟的时间内完成几十种甚至上百种性质类似的化合物的分离，检测下限达 $10^{-12}$ 数量级，可配合不同检测器实现对待测组分的高灵敏、选择性检测，同时样品消耗量少。因此，这种方法具有分离效率高、检测速度快、样品用量少、分析灵敏度高和多组分同时检测等优点。但因其保留时间定性，因此需要其他定性技术手段如质谱、红外、紫外和核磁等进行确证。根据应用目的可将其分为制备型和分析型两大类。其中，制备色谱的目的是分离混合物，获得一定数量的纯净组分，如合成有机产物、分离纯化天然产物和去离子水的制备等。而分析色谱的目的是定量或定性测定混合物中各组分的性质和含量，包括气相色谱、液相色谱、薄层色谱和纸色谱等。

## 6.2.2　分类

### (1) 气相色谱法

气相色谱法（gas chromatography，GC）是以流动相为气体的色谱，产生于 20 世纪 50 年代，按固定相可分为气固色谱和气液色谱。气相色谱法按分离原理可分为吸附色谱和分配色谱法，但在实际应用中，气液色谱法应用的多些，因此，可以称它为色谱技术仪器化、成套化的先驱。其基本原理是以惰性气体为流动相，以一定活性的吸附剂或涂有分离特性的液体为固定相，当混合样品被流动相带入色谱柱后，组分会在两相间进行反复多次（$10^3 \sim 10^6$）的吸附和解吸，由于固定相对各种组分的吸附能力不同即保留作用不同，因此，各组分在色谱柱中的运行速度就不同，经过一定的柱长后便将其分离，顺序地离开色谱柱进入检测器，产生的离子流信号经放大后，便可在记录器上描绘出各组分的色谱峰。相比其他的分离分析手段，其特点体现在分析速度快，分离效率高上。由于样品在气相中的传递速度快，因此，样品组分在流动相和固定相间可瞬间达到平衡，加上可选作固定相的物质很多，这使得其分析速度快、分离效率高，成为目前分离能力最强的手段之一。

从组成上看，气相色谱由气源、色谱柱、柱箱、检测器和记录器等部分组成。其中，气源提供色谱分析所需的载气，即流动相，载气需经过纯化和恒压处理，而色谱柱有填充柱和毛细管柱两大类，填充柱柱长一般在 0.5～10m，直径较粗，一般在 1～6mm，材质主要有玻璃、金属等，分离能力和柱效根据内填填料的不同而不同，目前，主要用于惰性气体的分析。毛细管又称开管柱或空心柱，其柱长一般为 10～50m，甚至百米，直径较细，一般在 0.2～0.5mm，内壁涂布了不同极性的填料，由于其分离效果好、分辨率高，目前已逐步取代填充柱。而用于气相色谱新检测器类型多样，其中常用的有氢火焰离子化检测器（flame ionization detector，FID）、电子捕获检测器（electron capture detector，ECD）、氮磷检测器（nitrogen phosphorus detector，NPD）、火焰光度检测器（flame photometric detector，FPD）和热导检测器（thermal conductivity detector，TCD）等。对酚类有机物进行分析测定时，由于酚是一种极性有机污染物，因此，需将酚类衍生化，生成相应的酯类，以降低酚类的极性和提高挥发性，从而用气相色谱测定时可提高回收率，相应的检测器为FID。而对于水中有机农药进行分析时，需要固相萃取或固相微萃取，相应的检测器为FID或ECD。对于水中的多环芳烃和有机胺类有机物测定时，则检测器也多采用FID或ECD。对酞酸酯类化合物，使用FID或ECD也较多。此外，对金属有机物的测定，检测器则用FPD。

《海洋监测规范 第4部分：海水分析》中用气相色谱法对河口、近岸海水中HCHs和DDTs的测定方法进行了介绍。方法原理为水样中的六六六和DDTs经正己烷萃取、净化和浓缩后，通过填充型气相色谱法可测定各异构体的含量，而总含量为各异构体含量之和。分析步骤包含色谱柱的制备（色谱柱预处理、固定相制备、色谱柱装柱、色谱柱老化和连接检测器）和样品的测定（样品萃取、净化、浓缩和色谱测定）等，见式（6-1）：

$$\rho = \frac{C_0(h_w - h_b)V}{h_0 V_1} \tag{6-1}$$

式中，$\rho$ 为水样中有机氯农药各异构体浓度（ng/L）；$C_0$ 为标准溶液中该异构体的浓度（ng/μL）；$h_0$ 为标准溶液中该异构体的色谱峰高（mm）；$h_w$ 为样品提取液相应异构体的色谱峰高（mm）；$V$ 为提取液浓缩后定容体积（μl）；$V_1$ 为水样体积（L）；$h_b$ 为空白中相应异构体的色谱峰高（mm）。水样中HCHs和DDTs的总量为各异构体浓度之和。

同时，《海洋监测规范 第4部分：海水分析》对近岸和大洋海水中多氯联苯含量的测定液也进行了方法介绍。方法原理为海水样品通过树脂柱后，多氯联苯和有机氯农药会吸附在树脂上，用丙酮洗脱，正己烷萃取后，通过硅胶混合层析柱脱水、净化、分离和浓缩的洗脱液经氢氧化钾−甲醇溶液碱解、浓缩后进行气相色谱测定。与上述检测六六六和DDTs不同的是，样品提取液需进行脱水、净化和分离后，还需将提取液进行碱解，最后，将色谱数据带入式（6-2）：

$$\rho = \sum \rho_{PCB_s} = \sum \frac{(h_w - h_b)C_{st}V_1}{h_{st} V_2} \tag{6-2}$$

式中，$\rho_{PCBs}$ 为水样中PCBs的浓度（mg/L）；$\sum \rho_{PCBs}$ 为水样中PCB各异构体PCBs浓度之和（mg/L）；$h_w$ 为试样组分峰高（mm）；$h_b$ 为试样空白组分峰高（mm）；$C_{st}$ 为峰高 $h_{st}$ 组分标准溶液的浓度（ng/μL）；$V_1$ 为提取液体积（ml）；$V_2$ 为水样的体积（ml）。

其中，还有关于近岸和大洋海水中狄试剂含量测定的相关操作，其方法原理同PCBs。公式则采用式（6-3）：

$$\rho_D = \sum \frac{C_{st}V_1(h_w - h_b)}{h_{st} V_2} \tag{6-3}$$

式中，$\rho_D$ 为水样狄试剂的含量（mg/L）；$h_w$ 为试样峰高（mm）；$h_b$ 为空白峰高（mm）；$C_{st}$

为狄试剂标准溶液浓度（μg/ml）；$V_1$ 为样品提取液体积（ml）；$h_{st}$ 为标准样峰高（mm）；$V_2$ 为海水样体积（ml）。

该方法可用来分析水中挥发性有机物包括挥发性卤代有机物、挥发性非卤代有机物、挥发性芳香烃、丙烯醛、丙烯腈和乙腈等。常用的前处理方法有吹扫-捕集法，固相萃取法及固相微萃取法，检测器则使用 ECD 较多。但由于气相色谱可将分析气体或易挥发气体转化为易挥发液体，所以应用时受到一定的限制，只有 20% 的物质可用于这种方法的测定。

**（2）高效液相色谱法**

高效液相色谱法（high performance liquid chromatography，HPLC）又称高压液相色谱或高速液相色谱法（具体原理见第 2 章），与气相色谱法相比，高效液相色谱法不需要样品气化，不受样品挥发性的限制，对于高沸点、热稳定性差、相对分子量大于 400 的有机物都可进行分离和分析。例如，多环芳烃类化合物属于高沸点化合物，用气相色谱法测定时灵敏度低，分析条件接近气相色谱极限。如图 6-2 为沉积物样品经过微型化均质液液萃取后，在液相色谱图-荧光检测器上测定的 13 种多环芳烃得到的液相色谱图（Shamsipur and Hassan，2010）。

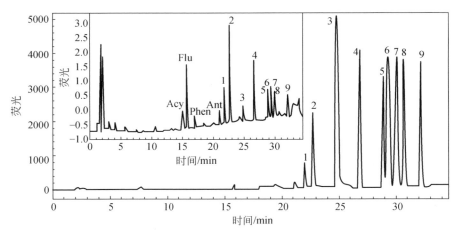

图 6-2　通过 HPLC-荧光检测法得到的浓度为 50μg/L 的十三种 PAHs 的标准混合物的色谱
注：内插图为相应的 HPLC-UV 检测得到的色谱图，化合物 1~9 分别为芘、苯并蒽、䓛、苯并
（b）荧蒽、苯并（k）荧蒽、苯并芘、二苯（a，h）蒽、苯并（g，h，j）苝、茚并（1，2，3-cd）芘。

**（3）超高效液相色谱法**

超高效液相色谱法（ultra-performance liquid chromatography，UPLC），又称超高速液相色谱，是在高效液相色谱法的基础上围绕 1.7μm 的小颗粒技术进行整体设计而形成的系列创新技术，大幅度改善了液相色谱的分离度，样品通量和灵敏度，使得液相色谱进入了全新时代。这种技术在柱缩短 3 倍的同时，柱效依然不变，而流速提高了 3 倍，分析速度提高了 9 倍，从而使得灵敏度提高了 3 倍。因而，超高分离度、超高流速、超高灵敏度和低有机溶剂使用量成为超高效液相色谱的突出优点。以对 12 种邻苯二甲酸盐（DMP、DMGP、DEP、DPP、DIBP、DBP、BBP、DAP、DCHP、DHP、DEHP 和 DNOP）的检测为例。Wu 等（2008）利用粒径为 1.7μm 的反相色谱和在高压时的液相手操体系等为基础，发展了一种在速度、分辨率、灵敏度、分析时间和溶剂消耗上更方便、快捷的 UPLC 检测体系，他们讨论了对于这 12 种邻苯二甲酸盐的新的分析方法，并将结果与 HPLC 进行了比较。如图 6-3 所示，UPLC 法在速度、分辨率、灵敏度等方面都具有良好的优点。其中，分析时间仅为原来的 40%，溶剂消耗量仅为原来的 15.6%，用于梯度洗脱的柱平衡时间也更短。他们在柱温为 45℃时进行了实验，这样大大降低了体系的背景压力。这个研究为分析其他有机污染物提供了有利依据。

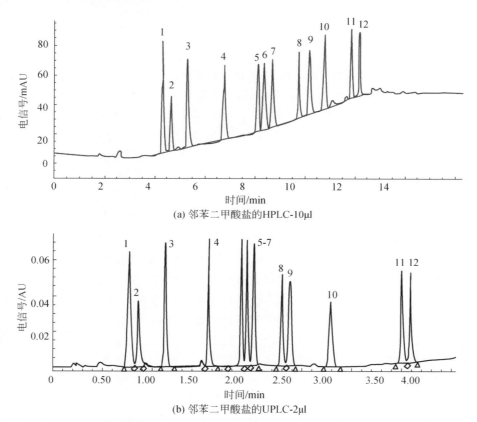

(a) 邻苯二甲酸盐的HPLC-10μl

(b) 邻苯二甲酸盐的UPLC-2μl

图 6-3　HPLC（10μl 注射量）与 UPLC（2μl 注射量）分析 12 种邻苯二甲酸盐（10mg/L）

注：峰强度 1~12 分别为 DMP、DMGP、DEP、DPP、DIBP、DBP、BBP、DAP、DCHP、DHP、DEHP 和 DNOP。

UPLC 的超高流速、超低流量等优点除与紫外检测器、二极管阵列检测、荧光检测器等检测器联用获取超高灵敏度、超高分离度外，还更适合与单四级杆、串联四级杆、飞行时间质谱联用而使得 UPLC 的检测灵敏度等大大提高。但 UPLC 采用小颗粒技术，仪器及分析柱承受很大压力，因此，对样品颗粒物的粒径和纯度等要求极高，污染重、基质样品复杂易造成系统污染。

**（4）全二维气相色谱法**

全二维气相色谱法（comprehensive two-dimensional gas chromatography，GC×GC）的基

本原理是将不同固定相的两根柱子以串联的方式连接在一起，然后利用调制解调器将第一根一维的色谱柱流出的每一个馏分捕集、聚焦，最后以脉冲的方式送入第二根二维色谱柱中进一步分离。被分离的组分再依次送入检测器检测，这使其分辨率呈指数增加。仪器结构由气源、色谱柱、柱箱、调制器、检测器和记录器等部分组成，调制器具有捕集、聚焦和控制二次进样的作用。由于全二维分离速度快，因此，必须配合选用具有高速精确处理检测数据的检测器，如飞行时间质谱（time of flight mass spectrometer，TOF-MS）。基于此，它具有如下特点：①分辨率高（两根色谱柱各自分辨率的平方和的平方根），峰容量大（两根色谱柱峰容量的乘积）；②灵敏度高，比普通的一维色谱高 20～50 倍；③分析时间短；④由于大多数化合物可基线分离，定量可靠性大；⑤由于每种物质有两个保留值而明显区别于其他物质，定性的准确性提高；⑥由于这种二维色谱实现了正交分离，色谱中的二维保留时间分别代表物质的不同性质，具有相近的二维性质的组分在二维平面上可聚成一族，因此可实现族分离。总的来说，它具有峰容量大、分辨率高、族分离和瓦片效应等特点使其成为复杂混合物分析的强有力工具，在石油化工等领域得到了迅速应用，如对于石油化工产品、石油生物标记物的分析，环境中溢出油的来源和柴油馏分中含硫化合物、含氮化合物等的分析具有较好的检测效果。Kalachova 等（2012）将 GC×GC 与 TOF-MS 联用对不同种类的污染物 18 种多氯联苯（PCBs）、7 种多溴联苯醚（PBDEs）和 16 种多环芳烃（PAHs）进行检测，由于一个设备方法中含有不同的分析物的基团，大大节省了分析时间。之后，他们将集成样品制备流程用于鱼组织中污染物中不同基团的快速、有效分离，获得的色谱分辨率好，并对复杂基质进行了低定量分析，对 PCBs、PBDEs 和 PAHs 的 LOQs 分别为 0.01～0.25μg/kg、0.025～5μg/kg 和 0.025～0.5μg/kg。这说明，GC×GC 法可对这些诸如此类的复杂混合物进行较好的分离和更准确的定性、定量分析。

虽然色谱法具有许多不可超越的优点，但它需要复杂的样品前处理过程，并且要求高精密的分离检测仪器以及良好的实验环境和高度熟练的操作人员，同时，有些标准品还不具备，这使得它们的应用受到了一定的限制。因此，产生了其他类的检测方法，以便更及时准确地对有机污染物进行分析检测。

## 6.3　有机质谱法

有机质谱法（mass spectrometry，MS）是以电子轰击或其他方式使被测物质离子化，形成各种质荷比（m/z）的离子（带电荷的原子、分子或分子碎片，有分子离子、同位素离子、碎片离子、重排离子、多电荷离子、亚稳离子、负离子和离子–分子相互作用产生的离子等），然后利用电磁学原理使离子按不同质荷比分离并测量各种离子的强度，从而确定被测物质的相对分子质量、结构和含量。按照质量分析器的工作原理不同可分为磁质谱仪（单聚焦磁质谱仪和双聚焦磁质谱仪）、四级杆质谱仪、离子阱质谱仪和飞行时间质谱仪等。按照工作效能分为低分辨质谱（分辨率≤1000）、中分辨质谱（1000～5000）和高分辨质谱（≥5000）。其中，双聚焦磁质谱属于高分辨率质谱，分辨率达 10 000 以上。高分辨率质谱可以精确地测定离子的质量，精确度可达小数点后 4 位，而低分辨质谱则只能测量到离子质量的整数值。四级杆质谱仪、离子阱质谱仪和飞行时间质谱仪属于低分辨质谱仪。虽然高分辨质谱仪器检测数据准确、可靠，但价格昂贵、维修操作复杂、维护费用高，近年来，随着我国国力日渐增强，高分辨质谱仪已逐渐被普遍使用。

另外，质谱类仪器结构一般由进样系统、离子源、质量分析器、离子检测器、真空系统和供电系统等部分组成。其中，进样系统是根据电离方式不同而把样品送入离子源的适当位置。离子源是把样品分子或原子电离成离子的装置，如图 6-4 所示。质量分析器是按照电磁场的原理将来自离子源的离子按照质荷比大小而分离的装置。检测器是测量并记录离子强度以获得质谱图的装置。主要用于有机化合物的结构、相对分子质量、元素组成、官能团结构等信息的鉴定，这是一种测定物质质量和含量的仪器。它具有灵敏度高（可检测 $10^{-7} \sim 10^{-12}\,\mathrm{g}$ 的物质）、速度快（几分钟甚至几秒钟）、通用性高（可用于能离子化的所有物质的检测）等特点。目前，环境监测很少单独用质谱仪作为检测手段，更多的是与其他手段如气相色谱、液相色谱等联用，可一次性检测各类复杂混合物，以获得相互补充的效果（徐春祥等，2006）。

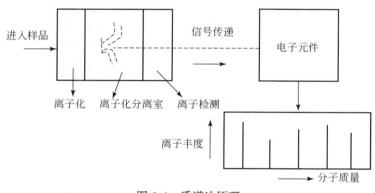

图 6-4　质谱法原理

## 6.3.1　与 GC 联用

将气相色谱与质谱联用的技术被称为气相色谱–质谱联用法（gas chromatography-mass spectrometry，GC-MS），其兼具气相色谱高效、快速分离和质谱准确定性、灵敏检测等的特性，弥补了各自的缺陷，特别适用于多组分混合物中未知组分的定性定量分析、化合物的分子结构判别和化合物相对分子质量测定等。因此，GC-MS 可实现对可气化的复杂混合中有机物的准确、定性和定量分析。通过将气相色谱和质谱联用，所制备的仪器在生活和研究中的许多领域都得到了广泛的应用，大到行星间的探测，小到环境中二氧化氮的检测，技术非常成熟，几乎所有有机质谱仪器公司均有商品化的 GC-MS 仪器推出，是目前能够为 pg 级试样提供结构信息的最主要的分析工具。

GC-MS 基本原理是利用不同物质在气相和固定相中的分配系数的不同而实现分析。当气化后的混合样品被载气带入色谱柱中运行时，不同性质的物质在两相间反复多次分配，经过足够柱长移动后便彼此分离，然后按照一定的顺序进入质谱仪，进入质谱仪的物质再经过离子化，按质荷比质量分析器分离后由检测器检测、记录。由此可得出基本结构构造等信息。它主要由色谱、接口、质谱等单元构成。其中，离子源有电子轰击源（EI）、化学电离源（CI）、场致电离源等。而 EI 是使用最为广泛的离子源，已形成专用和通用的有机标准物质谱库，如 NIST 库、Wiley 库、农药库、挥发油库等，这为定性分析提供了很大方便。常用的质量分析器，如磁质量分析器、四级杆质量分析器、离子阱质量分析器和飞行时间质量分析器等都适用于 GC-MS 中。

目前，主要以四级杆质量分析器和高分辨的磁质量分析器为主，将它们用于制造台式 GC-MS 中，但它们的分辨率都在 2000 以下。除此之外，飞行时间质量分析器也逐渐增多，它不仅有高灵敏度（比四级杆质量分析器高 1~2 个数量级），还具有高分辨率，因而在小分子复杂混合物中的分析较多，且分辨率可达 5000。

这种 GC-MS 联用技术解决了许多复杂混合物的分离、鉴定和含量测定等问题，Moscoso-Perez 等提出了一种分析方法，即顶部空间–固相微萃取–气相色谱–四级杆质谱/质谱（HS-SPME-GC-QqQ-MS/MS）法，对水生动植物环境和人类环境中的有机锡化合物（OTCs）如叔丁基锡（MBT）、二丁基锡（DBT）等进行了检测，检测范围低于 ng/L。此方法完全自动化、且简单、灵敏、涉及极少溶剂，减少浪费。而且与传统方法相比，该方法对于 OTCs 的检测时间更短，精确度 RSD < 20%，对 TBT 的定量限为 0.76ng/L，线性范围在 0.76~20ng/L（Moscoso-Perez et al.，2015）。

## 6.3.2　与 LC 联用

将液相色谱与质谱联用的技术被称为液相色谱–质谱联用技术（liquid chromatography-mass spectrometry，LC-MS）。它是在 GC-MS 的基础上发展起来的，弥补了 GC-MS 联用技术应用的局限性，适用于不挥发、极性或热不稳定的化合物，大分子化合物如蛋白质、多肽和多聚物等的分析测定。但有机化合物中大约 80% 不能直接气化，因此，这使得它的应用更加广泛，实用。其基本原理是将样品通过液相色谱系统进样，之后进入接口分离，在接口中，溶液中的组分分子或离子转变成气相分子或离子被聚焦后送入质量分析器，各种离子在质量分析器中按质荷比分离并依次进入检测器检测。检测中，可将质谱看作是液相色谱的检测器，也可将液相色谱看作质谱的进样器。而使用较普遍的接口和离子化方式主要是电喷雾电离（ESI）和大气压化学电离（APCI）。但质量分析器多采用四级杆、离子阱等，其次是磁质量分析器、飞行时间质量分析器等。其中，APCI 适用于有一定挥发性的中等极性与弱极性的小分子化合物，相对分子质量一般在 2000 以下，ESI 适用于溶液中以离子形式存在的化合物和预先形成离子的极性化合物，因此，可以比较准确地分析几十万甚至上百万的相对分子质量。

近年来，这种技术有了突飞猛进的发展，在化工、环境监测和筛查等领域应用越来越广泛。Ros 等（2015）用聚醚砜的微萃取，通过 GC-MS 和 LC-MS 分析法，对水样品中的双酚 A、烷基苯酚和激素进行了检测。在进行 LC-MS/MS 分析时，不用经过衍生化步骤。用含重氢的类似物作为替代物，在 GC-MS 和 LC-MS/MS 上的回收率分别为 68%~103% 和

81% ~122%，定量限分别为 2 ~154ng/L 和 2 ~63ng/L。同时，将两种方法进行了比较，结果表明，LC-MS/MS 法的样品制备时间更短，LOD 更好，如图 6-5 所示，GC-MS 法可使得所有分析的化合物同时得到检测，而且重复性好，准确度高。

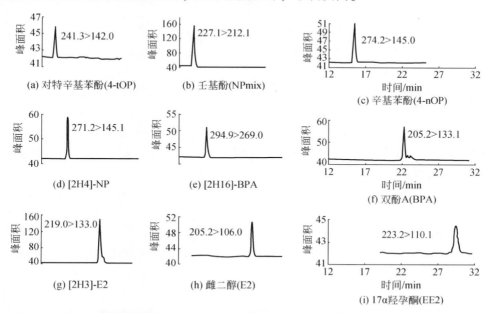

图 6-5　目标分析物［对特辛基苯酚（4-tOP）、辛基苯酚（4-nOP）、雌二醇（E2）、17α 羟孕酮（EE2）］
　　　　浓度为 150ng/L、300ng/L 的壬基酚（NP mix）和 BPA 时的 LC-MS/MS 色谱图
注：实验条件为 150ml 样品，10% NaCl，萃取时间 12h，16min 的解吸时间。

# 6.4　光　谱　法

光谱分析法包括荧光、紫外、红外法等其他传统分析方法。

## 6.4.1　荧光分析法

在有机污染物检测的诸多方法中，荧光法由于具有高的灵敏度、好的选择性和易于操作等优势，一直受到环境科研工作者的青睐。这种方法与有机化合物的结构关系可分为以下三种类型：①跃迁类型，跃迁过程具有较大的摩尔吸收系数，且寿命较短，因此，常能发生较强的荧光，同时，各种跃迁过程的竞争也利于荧光的发射。②共轭效应。具有 $\pi \rightarrow \pi^*$ 激发的芳香族化合物易于发生荧光，而且，增加分子体系的共轭度即荧光物质的摩尔吸收系数，可使荧光增强。③刚性结构和共平面效应。荧光物质的刚性和共平面性增加，可使分子与溶剂或其他溶质分子的相互作用减小，从而有利于荧光的发射。④取代基效应。芳香族化合物具有不同的取代基时，其荧光强度和荧光光谱都有很大的不同，一般，给电子基团如—OH、—NH$_2$、—OCH$_3$ 和—NR$_2$ 等可使荧光增强。吸电子基团如—NO$_2$、—COOH

等可使荧光减弱。但可根据入射光谱的特性确定污染物中含有何种物质，然后，根据所含有机物浓度的计算公式（通过无数次试验总结出的结果）找到所对应的特征光谱的光密度，如对酚的检测，如式（6-4），进而可求出污染物的浓度。

$$\log C = a + h\log \frac{D_{268}}{D_{242}} \tag{6-4}$$

式中，$C$ 为污染物浓度；$D$ 为光密度；$a$，$h$ 为测量系数；$\lambda_{入射} = 300 \sim 345 \text{nm}$；$\lambda_{荧光} = 350 \sim 400 \text{nm}$。

对于环境有机污染物的检测，常用的分析方法主要有直接荧光法、间接荧光法和其他荧光分析法，见表6-4。直接荧光分析法是利用物质自身发射的荧光强度与其浓度之间的关系而进行定量测定的一种方法。由于具有简便易行的特点，而且多数有机污染物由芳烃或稠环芳烃组成，本身具有荧光，这为直接荧光分析测定法提供了便利条件，因此，一直是环境有机污染物测定的首选方法。这种检测方法必须具备两个条件：一是该物质必须具有与所照射光线相同频率的吸收结构；二是吸收了与其本身特征频率相同的能量之后，必须具有一定的荧光量子产率。而间接荧光分析法则是通过测定有机污染物与荧光试剂所形成配合物的荧光强度来测定污染物的浓度。这种测定办法有多种，应用于环境分析中，可大体分为以下几种：荧光增强法、荧光猝灭法和荧光动力学分析法（表6-4）。其中，荧光动力学分析法是通过测量反应速率（化学反应速率与反应物的浓度有关，某些情况下还与催化剂、活化剂和抑制剂的浓度有关）而确定待测物含量的一种方法。该方法既有高的灵敏度（可达纳克级），又可通过控制条件提高测定的选择性，且所需试样量少，方法简便。通常包含催化法和非催化法两种，利用这种分析法检测有机污染物的报道也有很多。

表6-4　荧光分析法检测有机污染物

| 方法类别 | 污染物类型 | 荧光试剂 | 线性范围 | 检出限 | 实际样品 | 文献 |
|---|---|---|---|---|---|---|
| 直接法 | 对氯苯胺 | — | $0 \sim 1.0 \text{mg/L}$ | $4.2 \mu\text{g/L}$ | 环境水样 | 梅建庭和郝炎，2003 |
| 荧光增强法 | 草甘膦胺甲基磷（AMPA） | 4-氯-7-硝基苯丙呋喃 | $10 \sim 150 \mu\text{g/L}$ | $2 \mu\text{g/L}$ | 河水 | Meras et al.，2003 |
| | 灭草松 | 甲基-β-环糊精 | — | $5 \text{ng/ml}$ | 自来水 | Porini and Escandar，2011 |
| | 脂肪胺 | DMQF-OSu | $6\times10^{-8} \sim 6\times10^{-6} \text{mol/L}$ | $1.94\times10^{-10} \text{mol/L}$ | 自来水 | Cao et al.，2003 |
| | 肼 | 罗丹明6G | $0 \sim 14 \mu\text{g/L}$ | $0.62 \mu\text{g/L}$ | 环境水样 | 唐尧基和樊静，2003 |
| 荧光猝灭法 | 2，4-二氯酚 | HAS | $0.075 \sim 0.650 \mu\text{g/ml}$ | $2.26\times10^{-10} \text{g/ml}$ | 环境水样 | 李少旦等，2005 |
| | 苯胺，对（邻）硝基苯胺 | 2-萘酚 | $0 \sim 640 \mu\text{g/L}$，$0 \sim 720 \mu\text{g/L}$，$0 \sim 740 \mu\text{g/L}$ | $0.0179$，$0.0205$，$0.0265 \text{mg/L}$ | 环境水样 | 武秀红和董存智，2008 |
| 荧光动力学法 | 甲醛 | 罗丹明B | $0.025 \sim 0.25 \mu\text{g/ml}$ | $4.19\times10^{-5} \mu\text{g/ml}$ | 环境水样 | 李国清和黄芳，2010 |
| | 2，4，6-三氯苯酚 | 荧光素 | $2.0\times10^{-6} \sim 5.0 \times10^{-4} \mu\text{g/L}$ | $5.0\times10^{-7} \text{g/L}$ | 水样 | 余宇燕和庄惠生，2006 |
| | 苯胺 | 罗丹明6G | $0.010 \sim 0.183 \text{ng/ml}$ | $72 \text{ng/ml}$ | 水样 | 冯素玲等，2005 |
| | 邻苯二酚 | 吖啶黄 | $0.005 \sim 0.180 \mu\text{g/ml}$ | $0.0028 \mu\text{g/ml}$ | 水样 | 齐文娟和陈兰化，2010 |

注：DMQF-OSu 为6-二甲基喹啉-4-（N-琥珀酰亚胺）甲酸盐；HSA 为人血清白蛋白。

随着微型机（微型计算机）、激光及电子学等一些新科学技术的引入，还产生了诸如同步荧光光谱、导数荧光光谱（通常与同步荧光联用）、三维荧光光谱、荧光偏振、荧光免疫和时间分辨荧光等新技术。例如，同步荧光光谱技术（synchronous fluorescence spectroscopy，SFS）可使光谱简化，谱带窄化，从而减少光谱重叠和散射光的影响（Lai et al.，2011）。导数荧光光谱法可记录荧光强度对波长的一阶或更高阶导数的光谱，这样减少了光谱干扰，增强了特征光谱精细结构和分辨能力，区分了光谱的细微变化，这在多组分混合物的分析中得到了广泛的应用（王玉田等，2007）。

三维荧光光谱（three-dimensional excitation emission matrix fluorescence spectrum，3DEEM）是将荧光强度表示为激发波长–发射波长两个变量的函数，描述荧光强度随着激发波长和发射波长变化的关系谱图，用于水质测定时能揭示有机污染物的酚类及其含量信息，提供比常规荧光光谱和导数荧光光谱更完整的光谱信息（郝瑞霞等，2007）。因此，在多组分及同系物测定中三维荧光光谱显示了优越性，在环境有机污染物尤其是多环芳烃的分析中得到了广泛的应用，大大提高了对多环芳烃类有机污染物的分析灵敏度、准确度和选择性。而荧光偏振、荧光免疫和时间分辨荧光也各具特色，但很少用于环境有机污染物的分析。

将荧光分析法用在环境有机污染物分析中可朝以下几个方向努力：①发展多种有效的样品收集技术与荧光分析法相结合，为环境有机污染物分析开辟更广泛的应用前景；②开发更多的荧光试剂和技术以便能测定异构体群有机污染物如 PCBs、二噁英、呋喃及 DDTs 等，这将大大提高荧光分析法在环境有机污染物分析中的应用。

## 6.4.2 分光光度法

有机化合物的紫外光与可见光吸收光谱与它们的电子跃迁有关，而且，有机化合物中的基团会呈现某种标志性的特征吸收带，可以用吸收峰的波长来表示，记为 $\lambda_{最大}$，而这种特征吸收带决定于分子的激发态和基态间的能量差。通常，与吸收光谱相关的电子主要有三种：①形成单键的 $\sigma$ 电子；②形成复键的 $\pi$ 电子；③未共享的非键 $n$ 电子。根据分子轨道理论，分子中这三种电子的能级高低次序为：$\sigma < \pi < n < \pi^* < \sigma^*$，其中，$\sigma$，$\pi$ 为成键分子轨道，$n$ 为非键分子轨道；$\pi^*$，$\sigma^*$ 为反键分子轨道。$\sigma \rightarrow \pi^*$ 跃迁，$\pi \rightarrow \sigma^*$ 跃迁以及 $\sigma \rightarrow \sigma^*$ 跃迁引起的吸收光谱都发生在小于 200nm 的远紫外区，$\pi \rightarrow \pi^*$，$n \rightarrow \pi^*$，$n \rightarrow \sigma^*$ 跃迁引起的吸收光谱在紫外光和可见光区。紫外光区的波长为 10～380nm，近紫外光区为 200～380nm，可见光区为 380～750nm。下面以甲醛、阴离子表面活性剂和硝基苯的检测为例，对其在环境有机污染物分析中的应用进行介绍。通常，对甲醛检测的分光光度法主要有乙酰丙酮法、变色酸法、副品红法和 MBTH（酚法剂）法等，而乙酰丙酮法是较常用的理想的分析方法，其缺点是受环境中 $SO_2$ 的影响。阴离子表面活性剂是水体污染的重要指标，其中烷基苯磺酸类阴离子表面活性剂应用最广，用分光光度法测定水体中其含量的方法主要有亚甲基蓝分光光度法、Ferrion-Fe（Ⅱ）分光光度法、乙基曙红-溴化十六烷基吡啶光度法等。其中，亚甲基蓝分光光度法是最经典的方法。该方法的原理是阴离子染料

亚甲蓝与阴离子表面活性剂作用后会生成蓝色的离子对化合物，生成的显色物会被三氯甲烷萃取，其色度与浓度成正比，这可用分光光度计，测量波长为652nm处的三氯甲烷层的吸光度。该方法简便、易行，误差小。而对环境水体中硝基苯检测的分光光度法为 $N$-（1-萘基）乙二胺偶氮分光光度法，它是根据在碱性介质中，被还原后的硝基苯与 $N$-（1-萘基）乙二胺偶氮会重偶氮化而生成紫红色化合物，通过测定最大吸收波长552nm处的吸光度，即可测定浓度范围，实验结果表明，对硝基苯的测定范围为 $0 \sim 2.4 mg/L$。

## 6.4.3　表面增强拉曼光谱法

表面增强拉曼光谱法（surface-enhanced raman scattering，SERS）是在拉曼光谱的基础上发展起来的一种方法，主要特点表现在以下几个方面：①具有较大的增强因子，吸附在粗糙贵金属表面分子的拉曼信号强度比普通分子的拉曼信号强度高几个数量级；②很多无机和有机分子能够吸附到基底表面产生SERS效应；③SERS能够猝灭荧光信号，排除荧光的干扰，得到较好的SERS光谱；④SERS中化合物分子的相对强度差别大。

基于SERS机理和特点，在检测环境污染物时，分析物分子必须靠近金属表面，在电磁场增强范围内才能获得较好的SERS信号。而环境有机污染物难以吸附到贵金属基底表面，这成了SERS检测这些物质时的一个重要问题。因此，需要对金属基底进行表面修饰，利用表面修饰的基底将分析物分子富集到基底表面而改善环境污染物在基底表面弱吸附的问题，从而实现SERS对环境污染物的检测。主要方法如下。

**（1）环糊精修饰基底**

环糊精（cyclodextrin，CD）是由D-吡喃型葡萄糖单元通过 $\alpha$-1，4糖苷键连接而成的一种环状低聚化合物，通常研究的是由6、7、8个葡萄糖分子单元组成的 $\alpha$-环糊精、$\beta$-环糊精、$\gamma$-环糊精。其分子外部呈亲水性，分子内腔是疏水的，具有独特的亲疏水性，这种独特的疏水空腔结构使得环糊精与许多分子形成包合物，但由于 $\alpha$-环糊精的空腔尺寸偏小，$\gamma$-环糊精的空腔尺寸较大，因此，$\beta$-环糊精在应用方面的研究最多。Yuan等（2012）通过电流置换法在铜箔表面合成了单-（6-巯基）-$\beta$-环糊精修饰的银膜（$\beta$-CD-Ag），然后用硫醇功能化的 $\beta$-环糊精（SH-$\beta$-CDs）作为接受体，将制备的银膜用来富集水中的PCBs。同时，用PCB-15作为探针分子，通过SERS技术测试与PCBs分子形成包合物后的界面富集能力，实验结果表明，SERS光谱可以很好地识别微摩级别的PCB-15分子，如图6-6（a）所示，对PCB-15分子的增强因子为 $1.2 \times 10^5$，具有很好的实际应用意义。Xu等（2011）通过种子中介的方法合成了三角形金纳米棱镜，然后通过单-（6-巯基）-$\beta$-环糊精修饰金纳米棱镜，将其作为SERS基底用于化学传感爆炸物2，4-二硝基甲苯（DNT）。他们用密度函数理论模拟指定SERS光谱的振动谱带，相比于未经修饰的基底，这种基底对DNT检测的增强因子大大增强，由图6-6（b）和图6-6（c）可知，对DNT的检测线性范围为 $10^{-6} \sim 10^{-11} mol/L$，检测限可提高到低于ppb级，这说明了这种基底可广泛应用于痕量爆炸物的分析检测中。基于这种基底还可实现对其他目标物如杀虫剂，多环芳烃的检测（Wang et al.，2010；Xie et al.，2010）。

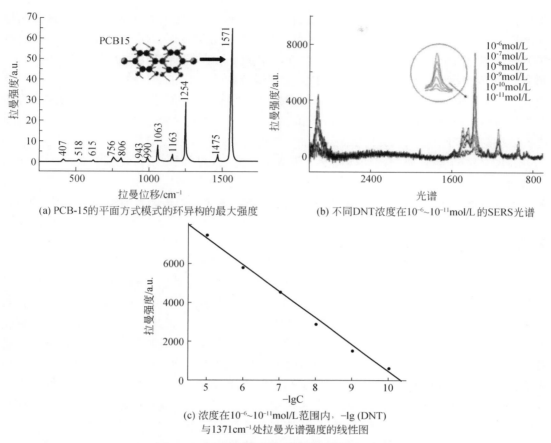

(a) PCB-15的平面方式模式的环异构的最大强度

(b) 不同DNT浓度在$10^{-6} \sim 10^{-11}$mol/L 的SERS 光谱

(c) 浓度在$10^{-6} \sim 10^{-11}$mol/L 范围内，$-\lg$ (DNT)
与1371cm$^{-1}$处拉曼光谱强度的线性图

图 6-6　表面增强拉曼光谱法检测有机污染物

### （2）杯芳烃修饰基底

杯芳烃（calixarene）是由苯酚单元通过亚甲基在酚羟基邻位连接构成的一类环状低聚物，其芳烃上缘的烷基是疏水性的，和芳环一起构成疏水空腔，而且空腔大小可调，可和中性有机分子形成包合物。Guerrini 等（2009）用 caux［4］arene 功能化 Ag 纳米粒子，通过 SERS 法对多环芳烃进行了痕量检测。在 SERS 光谱中，通过测量指纹振动特征，从而对污染物的存在进行了分析。二硫代氨基甲酸杯芳烃（DTCX）作为主体的使用，使得传感体系的灵敏度大大增强，对 BcP、芘（PYR）、TP 和 COR 的检测限分别为 $10^{-9}$ mol/L（2.04ppt[①]）、$10^{-8}$ mol/L（2.02ppb）、$10^{-8}$ mol/L（2.04ppb）和 $10^{-10}$ mol/L（30ppt）。SERS 提供了主体和分析物的重要结构信息，而这对主客体的作用机理具有重要意义。

### （3）硫醇类物质修饰基底

硫醇类物质含有巯基官能团，与贵金属间存在较强的作用力而容易吸附到贵金属基底的表面。常见的巯基化合物包括硫醇和二巯基化合物，它们的末端基团是烷基，具有疏水

---

① 1ppt = $10^{-12}$。

作用，通常利用硫醇和污染物的疏水作用将污染物富集到基底表面，从而实现对环境污染物的检测。Jones 等（2009）在纳米结构基底上修饰了隔离物层，用 SERS 法对 PAHs 进行了分析传感。首先，他们将 1-癸硫醇（DT）单分子层自组装在银膜基底（AgFON）上，用来富集 PAHs 而实现检测。对蒽和芘的检测限分别为 300pmol/L 和 700pmol/L。由于峰位置的不同，SERS 光谱可很容易地使得两种 PAHs 化合物得到区别。这种用 SERS 信号转换机理对其他环境污染物的传感具有深远意义。另外，用这种基底也对 PAHs、五氯苯酚进行了检测（Du et al.，2011；Jiang et al.，2013）。

　　SERS 检测有机污染物已经体现了其强大的优势，包括灵敏度、特征指纹峰、不破坏样品和简单的制样过程等优异特性。因此，在环境监测等领域受到越来越多的重视。未来，可制备更多适合有机污染物检测的基底，为 SERS 的应用拓展新的路径及方法研究。

## 6.4.4　其他分析法

　　在这里，其他分析法即传统方法，包括红外光谱法、重量法和滴定法。它们通常是根据某一类型有机物的特点而确定的检测方法。红外光谱法是有机化合物最主要的定性分析方法之一，主要原理是根据化合物的特征红外吸收光谱，其谱带数目、位置、形态及强度均随化合物及物理状态的不同而不同，因而可确定该化合物或其官能团是否存在。重量法是根据目标物的特点，对其单质或化合物进行提取、分离、称重，通过其重量，计算样品中的含量，主要分析仪器为天平。容量法则根据待测物质的不同性质，分别利用氧化还原反应、酸碱反应、络合反应等原理，分别使用不同指示剂进行滴定分析，通过消耗标准溶液的量来进行计算，从而得到分析结果。这些方法操作简单，对分析仪器要求不高，分析成本相对较低，但只能对某一类有机污染物进行检测，不能对某一特定污染物进行定量和定性分析。例如，滴定法只能测定特定条件下氧化剂的消耗量，但不能很好地区分无机还原物质与有机物各自对氧化剂的消耗量，因此，要区分具体的有机物则更难。

　　水体中有机物的分析监测是环境分析的一个重要组成部分，虽然已发展了各种仪器的分析检测方法，但尽量完善这些仪器，提高它们分析的灵敏度和分辨率，降低它们的检测限并尽量使仪器小型化与各种仪器的联用，取长补短，最大限度地发挥各种仪器的分析优势，是至关重要的。其中，对于水中挥发性有机污染物监测，应改变传统的顶空气相色谱法，发展吹脱捕集气相色谱法，对于水中半挥发、难挥发及难降解有机物的检测，应促进发展现代化技术的使用。然而上述方法中，用在环境水体如河水、自来水中的有机物检测较多，在应用到海水监测时，需将海水样品进行预处理如去除盐度、排除基质干扰因素等，从而较全面地监测各种水体中有机污染物的污染状况，为污染趋势分析及研究控制对策提供可靠、全面的科学依据，促进水资源的可持续发展。

# 6.5　生物毒性检测

　　生物监测是从生物学角度，利用生物的组分、个体、种群或群落对水环境污染或变化产生的反应，为水环境质量的监测和评价提供依据（高小辉等，2012）。早在 1992 年，Verhaar 等根据有机化合物对孔雀花鳉（*poecilia reticulata*，又称为古比鱼）的毒性数据，提出了不同结构化合物的 4 种毒性作用模式，即非极性麻醉型（惰性）化合物、极性麻醉型（弱惰性）化合物、反应型化合物和特殊作用型化合物。其中，非极性麻醉型（惰性）化合物是指在整个毒性作用过程中没有与有机体的各个靶位发生生物化学反应的化合物，而是通过化合物与细胞膜间的某种非共价作用，可逆地改变了细胞膜的结构和功能，进而对有机体产生毒性作用。这种化合物毒性取决于它进入有机体的能力，因此，其毒性完全依赖于疏水性，与正辛醇/水分配系数（$lgK_{ow}$）有很好的相关性，可以建立良好的 $lgK_{ow}$ 单参数模型，并且不同受试生物的非极性麻醉型模型差别不大（Netzeva et al.，2008）。但它的毒性是化合物的最小毒性，也称基线毒性，一般指脂肪族烷烃、烯烃、醇、醚、酮、苯和卤代苯类化合物。同非极性麻醉型化合物一样，极性麻醉型（弱惰性）化合物在整个毒性作用过程中也没有发生生物化学反应，但其毒性比基线毒性稍高，通过它们的疏水性参数 $lgK_{ow}$ 可知，极性麻醉型方程的截距较大而斜率较小，由此可知，高疏水性化合物的非极性麻醉型化合物和极性麻醉型化合的毒性比较相近。虽然它们的作用机制在生理学上没有详细说明，但可通过化合物的结构来区分。极性麻醉型化合物一般包括氢键供体，如苯酚类和苯胺类。而反应型化合物是指化合物本身或者其代谢产物能与普遍存在于生物大分子的某些结构发生反应的有机物，它们的生物靶位主要是多肽、蛋白质和核酸中的亲核基团（生物有机体内的亲核作用靶位要远远多于亲电作用靶位），如—$NH_2$、—OH 和—SH 等。这种亲核反应是非特异性的，并且可产生多种不良后果（Enoch et al.，2011）。由于它们的结合方式多种多样，因此，很难用一两种参数将反应型化合物统一建立 QSAR（quantitative structure-activity relationship）模型。Moosus 和 Maran（2011）用 253 种化合物的不同作用机理对大型蚤（*Daphnia magna*）的毒性数据建立了四参数 QSAR 模型。实验发现，最高占据轨道能 $E_{homo}$ 是模型影响的最大参数，它与化合物的电离电势相关，可以表征化合物对亲电试剂的敏感程度。而且，$E_{homo}$ 越高，化合物就越容易给出电子，反应性就越强。同时，它是区分软亲电试剂和硬亲电试剂的主要因素，软亲电试剂的 $E_{homo}$ 都处于较高水平，硬亲电试剂的 $E_{homo}$ 都处于较低水平。特殊作用型化合物是指能与某些受体分子发生特异性相互作用的化合物，如有机磷酸酯类化合物、DDTs、（二硫代）氨基甲酸酯和菊酯类化合物等都是特殊作用型化合物。

## 6.5.1 作用机理影响因素

### (1) 生物富集及辛醇/水分配系数的影响

用于衡量化学品对水生生物毒性作用的测试终点一般为水生生物体内作用靶位的化学品的临界浓度，即体内临界浓度（critical body residue，CBR）。同时，有机化合物的疏水性是生物富集的主要驱动力，而生物富集又是化学品从水体进入到水生生物体内的主要推动力。因此，可用生物富集因子推导化学品的水体临界浓度和水生生物体内的体内临界浓度关系。由于基线化合物的 CBR 为常数，因此，化学品的体外毒性只与生物富集呈正相关，根据剩余毒性的定义可导出体外和体内毒性比率的关系，如式（6-5）：

$$\lg TR = \Delta\lg(1/CBR) + (\lg BCF_{exp} - a\lg K_{ow} - b) \tag{6-5}$$

式中，$\lg TR$ 和 $\Delta\lg(1/CBR)$ 分别为体外和体内的毒性；$K_{ow}$ 为正辛醇/水分配系数，$\lg BCF$ 为化合物在生物体内的生物富集因子；$a$，$b$ 为系数。

在这个式子中，若化合物的 BCF 值可通过 $\lg K_{ow}$ 进行准确预测时，体外临界浓度的差异就可反映体内临界浓度的差异。然而，一些化合物的 $\lg BCF$ 值不能被 $\lg K_{ow}$ 预测。这些化合物包括：①$\lg K_{ow}$ 值大于 6 的化合物。通常这些高疏水性化合物的溶解度很低，易被溶液中的微粒吸附进而影响有机物的生物可利用性和生物富集因子。②$\lg K_{ow}$ 值小于 1 的化合物，这类化合物具有较强的极性基团，如羧酸类化合物，这类化合物的生物富集因子都被规定为 0.5（Meylan et al.，1999）。③一些具有长链的化合物，细胞膜的磷脂双分子层对这些化合物的扩散具有物理障碍作用，从而使得 $\lg TR$ 值小于 $-1$，这在大型蚤和鱼类的研究中被广泛证实。

**（2）代谢和转化的影响**

尽管鱼类和低等水生生物对有机物代谢的速度、途径和能力不尽相同，但生物代谢必然发生。对于鱼类而言，有机物代谢发生的主要场所是肝脏，它可通过一系列抗氧化酶的作用代谢外源性有机物，代谢产物的酶性有时会大于有机物本身的毒性。其中，细胞色素 P450 就是主要的代谢外源性有机物的酶。此外，有些化合物在溶解状态下很容易转化，如酯类会在水生生物的作用下水解成醇和酸、羟基苯酚、氨基酚和二元胺类化合物，在水中很容易被氧化成醌类化合物。

**（3）离子化的影响**

对于可离子化的有机污染物，离子化率是一个影响生物毒性的重要因素。可离子化有机污染物在水中存在离子态和非离子态，但就生物富集过程而言，化合物的非离子态比离子态的贡献大，对非离子态的吸收速率要远远大于离子态。因此，化合物离子化程度越大，其生物富集能力越差，生物毒性就越小。同时，随 pH 的变化规律也证明了这一点。酸性有机物的离子化率随 pH 的增大而增大，毒性随 pH 的增大而减小，碱性有机物的离子化率随 pH 的增大而减小，毒性随 pH 的增大而增大。但也有研究表明，化合物的离子化率越大，其毒性越强（Qin et al.，2010）。由于不同水生生物自身的结构和性质不同，其可离子化有机物的吸收能力也不同，有实验发现，对于低等物种如发光菌，可离子化有机物很容易进入细胞组织内，与生物受体作用，从而具有很高的毒性作用，但高等生物如鱼类或大型蚤却具有较小的作用。

**（4）溶解度的影响**

据报道，有机物的毒性与溶解度呈负相关（Peng and Roberts，2000）。对于溶解度低的化学物质来说，尽管溶解度接近饱和，但仍没有毒性，但其生物可利用性会受到很大影响（因为化合物只有被溶解之后才能被吸收）。对于 CBR 值相同的化合物来说，溶解度较低的化合物一般比溶解度较高的化合物的毒性低。

## 6.5.2　检测类型

根据不同的分类方法，可将有机物对水质生物毒性测试分为以下几类。

静态急性试验。金彩杏和丁跃平（2002）研究了有机磷农药三唑磷对鲈鱼、梭鱼、日本鳗鲡苗和大弹涂鱼等海洋鱼类的毒性，发现三唑磷对上述几种鱼的急性半致死浓度分别为 0.089mg/L（24h）、0.013mg/L（24h）、0.5~0.7mg/L（24h）和 0.034mg/L（24h），而且毒性大小次序为：梭鱼、大弹涂鱼、鲈鱼和日本鳗鲡苗。对鲈鱼、梭鱼和大弹涂鱼的中毒症状是兴奋、跳跃，鱼体出血直至因运动能力丧失而死亡。这严重损害了渔业的生态环境。同时，利用鱼类的血液指标也可对外界存在的污染物和环境胁迫因子的响应过程进行应激反应。其中，红细胞数量、白细胞、血红蛋白含量、细胞脆性及细胞直径等均是常见的血液检测指标。周辉明等（2005）发现，有机磷农药可使血红素水平，红细胞数量及比容降低，引起集体的免疫反应，使得白细胞组成改变，数量先增后减。因此，血液生理指标是一种良好的污染标志物。

细胞毒性试验。具有试验周期短、可重复性强、易普及等优点，在离体状态下可检测人细胞新陈代谢的功能，对毒性物质具有较大的敏感性。其中，NR（中性红染色法）是通过测定具有细胞急性毒性的有机污染物来进行快速定量检测细胞毒性作用的方法。而水中有毒有机物所导致的急性细胞毒性由所提取的有机物对体外培养细胞的毒性来表示（细胞中性红实验）。中性红作为一种水溶性染料，以被动扩散地方式通过有活性的细胞膜贮存在溶酶体内，染色呈阳性，当细胞膜和溶酶体膜破坏后，不能摄取染料，从而无活性细胞染色呈阴性。若毒性作用越大，存活的细胞就越少，染料吸收量也相应越少，通过酶标仪自动检测的吸光度值就越低。这种方法可检测细胞的受损情况，比较客观地反映样品的毒性程度而定量样品的细胞毒性，从而进行批量样品的筛选，具有较好的科学性和实用性。

大多数有机外来化合物进入机体特别是肝细胞后，都要经过Ⅰ相和Ⅱ相反应，Ⅰ相反应是指进入机体的外来化合物经过氧化还原水解等作用，使非极性化合物产生带氧基团，从而使水溶性增强便于排泄，同时也改变了毒物分子原有的某些功能基团，使毒物解毒或灭活，但有些毒物则被活化。Ⅱ相反应是指内源性分子如葡萄糖醛酸、谷胱甘肽等与被氧化的非生物物质结合，形成易排出体外的产物。以二噁英及二噁英类物质的毒性作用为例，它们通过芳香烃受体（aryl hydrocarbons receptor，AhR）等一系列信号分子介导。这种芳香烃受体也被称为二噁英受体（dioxin receptor，DR），是一种配体激活转录因子（ligand transactivity factor，LTF），可以与 AhR 核易位体蛋白（Ah receptor nuclear translocator，ARNT）在核内形成异二聚体，诱导许多Ⅰ相和Ⅱ相外源化合物代谢酶的表达。所以，AhR 对于阐明环境化学物质的致癌机制有非常重要的意义。

同时，生物标志物（biomarker）作为一种衡量生物对环境污染物或者偏离正常情况的外界条件的暴露及效应的生物指标，具有特异性、警示性和广泛性。早期，常用的标志物为乙酰胆碱酯酶（AChE）和 ATP 酶，目前则为混合功能氧化酶系（mixed function oxidases，MFOs）。这种酶又称单加氧酶，是体内的一族解毒素酶系，包括细胞色素 P450 在内的一系列成分。而 P450 酶系通常是多环芳烃（PAHs）、多氯联苯（PCBs）和二噁英的毒性指标，由于其对环境污染状况的灵敏性，可作为毒物毒性的生物学标志物被广泛用于毒理学研究中（许华夏和李培军，2002）。常用特定反应中关联酶的变化来表征污染物，而用 7-乙氧基-3-异吩恶唑酮-脱乙基酶反应（ethoxyresorufin-O-deethylase，EROD）、Western 印记 ELISA，直接免疫荧光反应和单克隆抗体技术来对 P450 进行研究。其中，EROD 属于 MFOs 中的 P4501A 族，是第一阶段代谢酶，作为分子结构平面性很强的有机污染物（如多氯联苯）敏感的生物标记已被用于生态影响评价中，而体外试验多采用细胞培养技术（王咏和王春霞，2001）。若二噁英类物质主动渗透进入细胞，会与 Ah 受体特异性结合形成 Ah 受体缔合物而经历一个激活转变过程后，AhR 与热激蛋白 Hsp90 脱离，Ah 受体缔合物与 ARNT 蛋白相互作用形成一个同型二聚化合物并移至细胞核内。这种同型二聚化合物对某些特殊的 DNA 如二噁英响应片段（doxin-response element，DREs）具有很强的亲和能力。DREs 与细胞色素 P4501A1（CYPIA）基因相邻，一旦有活性的同型二聚化合物与 DNA 结合就会导致 DNA 弯曲，染色体破裂并激活 CYP1A1 基因，加速 CYP1A1 基因所特有的信使 mRNA 转录，诱导 P4501A1 酶活性增加，产生一系列生物学反应和毒性效应，这为我们分析 P4501A1 依赖的 EROD 酶提供了一个从分子水平上检测污染效应的方法。另外，通过环境内分泌干扰物（endocrine disrupting chemicals，EDCs）会与受体基因或受体蛋白结合而产生相应的效应这个原理也可对 EDCs 进行检测。主要步骤为：将相应的受体基因转入易于操作的酵母中使其产生相应的表达，通过报导基因的方法就可指示激素或其他内分泌干扰物。由于其具有快速灵敏、廉价易行和高通量等优点，因而成为当前较为广泛应用的检测与评价环境雌激素的主要方法之一。

由以上可知，真正体现外源性有机污染物对水生生物毒性的作用应该是 CBR 值。而且，毒理学除了依据急性或者慢性毒性数据以外，还应集合水生生物对外源性有机物暴露的不良症状。而目前，除了鱼类急性综合征评价以外，对其他水生生物不良症状的评价很少见，因此，应开拓相关方面的工作，从而更深入了解并提出相应的检测方案是至关重要的。

参 考 文 献

冯素玲，王瑾，樊静，等．2005．痕量苯胺的动力学荧光法测定．光谱学与光谱分析，25（2）：249-251.
高小辉，杨峰峰，何圣兵，等．2012．水质的生物毒性检测方法．净水技术，31（4）：49-54.
郝瑞霞，曹可心，邓亦文．2007．三维荧光光谱法表征污水中溶解性有机污染物．分析试验室，26（10）：41-44.
何德富，张贝，刘赟，等．2006．生物检测技术用于中水安全性评价．净水技术，24（5）：1-3.
黑笑涵，徐顺清，马照氏，等．2007．持久性有机污染物的危害及污染现状．环境科学与管理，32（5）：38-42.
金彩杏，丁跃平．2002．三唑磷农药对鲈鱼等鱼类的急性毒性试验．水产科技情报，29（4）：156-158.
李国清，黄芳．2010．催化动力学荧光法测定痕量甲醛．泉州师范学院学报，28（2）：49-51.
李少旦，李贵荣，王永生，等．2005．荧光猝灭法测定水中氯酚类环境雌激素．南华大学学报：医学版，33（1）：105-109.

林建清，王新红，洪华生，等. 2003. 湄洲湾表层沉积物中多环芳烃的含量分布及来源分析. 厦门大学学报：自然科学版，42（5）：633-638.

梅建庭，郝炎. 2003. 荧光光度直接测定环境水中对氯苯胺. 理化检验：化学分册，39（3）：166-167.

齐文娟，陈兰化. 2010. 动力学荧光法测定废水中痕量邻苯二酚. 淮北煤炭师范学院学报：自然科学版，31（1）：26-28.

唐尧基，樊静. 2003. 环境水样中痕量肼的荧光分析. 分析试验室，22（1）：48-50.

王咏，王春霞. 2001. 硝基芳烃对鲤鱼肝 EROD 活性影响的体外研究. 环境科学，22（4）：120-122.

王玉田，崔立超，王冬生，等. 2007. 基于同步-导数荧光光谱法的多组分农药残留测定的研究. 光谱学与光谱分析，26（11）：2085-2088.

武秀红，董存智. 2008. 水中微量苯胺类化合物的重氮化耦合荧光猝灭法测定. 分析测试学报，27（1）：73-75.

谢武明，胡勇有，刘焕彬，等. 2004. 持久性有机污染物（POPs）的环境问题与研究进展. 中国环境监测，20（2）：58-61.

徐春祥，钱凯，秦金平. 2006. 色谱技术在食品安全检测中的应用. 江苏食品与发酵，（1）：16-19.

许华夏，李培军. 2002. 生物细胞色素 P450 的研究进展. 农业环境保护，21（2）：188-191.

于文涛，陈国松，张红漫，等. 2002. 以 $Na_2S_2O_4$ 为还原剂光度法测定废水中硝基苯. 分析试验室，21（4）：87-89.

余宇燕，庄惠生. 2006. 动力学荧光法测定印染废水中微量环境激素类物质 2，4，6-三氯苯酚. 分析化学，34：590-592.

周辉明，吴志强，袁乐洋，等. 2005. 有机磷农药对鱼类的毒性效应. 江西水产科技，101：19-22.

Cao L W, Wang H, Liu X, et al. 2003. Spectrofluorimetric determination of aliphatic amines using a new fluorigenic reagent：2，6-dimethylquinoline-4-（N-succinimidyl）-formate. Talanta, 59（5）：973-979.

Du J, Jing C. 2011. Preparation of thiol modified $Fe_3O_4@Ag$ magnetic SERS probe for PAHs detection and identification. Journal of Physical Chemistry, 115（36）：17829-17835.

Enoch S J, Ellison C M, Schultz T W, et al. 2011. A review of the electrophilic reaction chemistry involved in covalent protein binding relevant to toxicity. Critical Reviews in Toxicology, 41（9）：783-802.

Guerrini L, Garcia-Ramos J V, Domingo C, et al. 2009. Sensing polycyclic aromatic hydrocarbons with dithiocarbamate- functionalized Ag nanoparticles by surface- enhanced raman scattering. Analytical Chemistry, 81（3）：953-960.

Jiang X, Yang M, Meng Y, et al. 2013. Cysteamine-modified silver nanoparticle aggregates for quantitative SERS sensing of pentachlorophenol with a portable raman spectrometer. ACS Applied Materials & Interfaces, 5（15）：6902-6908.

Jones C L, Bantz K C, Haynes C L. 2009. Partition layer- modified substrates for reversible surface- enhanced Raman scattering detection of polycyclic aromatic hydrocarbons. Analytical and Bioanalytical Chemistry, 394（1）：303-311.

Kalachova K, Pulkrabova J, Cajka T, et al. 2012. Implementation of comprehensive two-dimensional gas chromatography-time-of-flight mass spectrometry for the simultaneous determination of halogenated contaminants and polycyclic aromatic hydrocarbons in fish. Analytical and Bioanalytical Chemistry, 403（10）：2813-2824.

Lai T M, Shin J K, Hur J. 2011. Estimating the biodegradability of treated sewage samples using synchronous fluorescence Spectra. Sensors, 11（8）：7382-7394.

Meras I D, Diaz T G, Franco M A. 2005. Simultaneous fluorimetric determination of glyphosate and its metabolite, aminomethylphosphonic acid, in water, previous derivatization with NBD-Cl and by partial least squares calibration (PLS). Talanta, 65 (1): 7-14.

Meylan W M, Howard P H, Boethling R S, et al. 1999. Improved method for estimating bioconcentration/bioaccumulation factor from octanol/water partition coefficient. Environmental Toxicology and Chemistry, 18 (4): 664-672.

Moosus M, Maran U. 2011. Quantitative structure-activity relationship analysis of acute toxicity of diverse chemicals to Daphnia magna with whole molecule descriptors. Sar and Qsar in Environmental Research, 22 (7-8): 757-774.

Moscoso-Perez C, Fernandez-Gonzalez V, Moreda-Pineiro J, et al. 2015. Determination of organotin compounds in waters by headspace solid phase microextraction gas chromatography triple quadrupole tandem mass spectrometry under the European Water Framework Directive. Journal of Chromatography A, 1385: 85-93.

Netzeva T I, Pavan M, Worth A P. 2008. Review of (quantitative) structure-activity relationships for acute aquatic toxicity. Qsar& Combinatorial Science, 27 (1): 77-90.

Peng G M, Roberts J C. 2000. Solubility and toxicity of resin acids. Water Research, 34 (10): 2779-2785.

Porini J A, Escandar G M. 2011. Spectrofluorimetric study of the herbicide bentazone in organized media: Analytical applications. Analytical Methods, 3 (7): 1494-500.

Qin W C, Su L M, Zhang X J, et al. 2010. Toxicity of organic pollutants to seven aquatic organisms: Effect of polarity and ionization. Sar and Qsar in Environmental Research, 21 (5-6): 389-401.

Ros O, Vallejo A, Blanco-Zubiaguirre L, et al. 2015. Microextraction with polyethersulfone for bisphenol-A, alkylphenols and hormones determination in water samples by means of gas chromatography-mass spectrometry and liquid chromatography-tandem mass spectrometry analysis. Talanta, 134: 247-255.

Ruzzin J, Petersen R, Meugnier E, et al. 2010. Persistent organic pollutant exposure leads to insulin resistance syndrome. Environmental Health Perspectives, 118 (4): 465-471.

Shamsipur M, Hassan J. 2010. A novel miniaturized homogenous liquid-liquid solvent extraction-high performance liquid chromatographic-fluorescence method for determination of ultra traces of polycyclic aromatic hydrocarbons in sediment samples. Journal of Chromatography A, 1217 (30): 4877-4882.

Wang J, Kong L, Guo Z, et al. 2010. Synthesis of novel decorated one-dimensional gold nanoparticle and its application in ultrasensitive detection of insecticide. Journal of Materials Chemistry, 20 (25): 5271-5279.

Wania F, Mackay D. 1996. Tracking the distribution of persistent organic pollutants. Environmental Science & Technology, 30 (9): A390-A396.

Willets K A, Van Duyne R P. 2007. Localized surface plasmon resonance spectroscopy and sensing. Annual Review of Physical Chemistry, 58: 267-297.

Wu T, Wang C, Wang X, et al. 2008. Comparison of UPLC and HPLC for analysis of 12 phthalates. Chromatographia, 68 (9-10): 803-806.

Xie Y, Wang X, Han X, et al. 2010. Sensing of polycyclic aromatic hydrocarbons with cyclodextrin inclusion complexes on silver nanoparticles by surface-enhanced Raman scattering. Analyst, 135 (6): 1389-1394.

Xu J Y, Wang J, Kong L T, et al. 2011. SERS detection of explosive agent by macrocyclic compound functionalized triangular gold nanoprisms. Journal of Raman Spectroscopy, 42 (9): 1728-1735.

Yuan J, Lai Y, Duan J, et al. 2012. Synthesis of a beta-cyclodextrin-modified Ag film by the galvanic displacement on copper foil for SERS detection of PCBs. Journal of Colloid and Interface Science, 365 (1): 122-126.

# 第 7 章 油类污染分析监测

## 7.1 油类污染简介

### 7.1.1 类型及来源

随着人类对油类资源需求的日益增多，近年来，溢油事故发生的频率也逐渐增多，这严重威胁着人类健康、渔业、海洋环境和生态系统等（Peterson et al.，2003）。其中，对海水污染的因素除了天然来源（如海底石油的渗漏、海底低温流体的渗漏及含油沉积岩遭侵蚀后的渗出等）造成的自然污染（Ugochukwu et al.，2014），还有来自于人类在生产活动中对海洋的人为污染，如油轮泄漏、离岸、近岸石油勘测，海底采油，油船压舱水，陆源油类污染入海，以及炼油厂生产作业事故或非事故（战争、异常天气海况等），石油化工厂废水中的油类对水体的污染等。

国际上，油轮泄漏造成的溢油污染起始于 1989 年 3 月 23 日，是美国水域规模最大的溢油事故。近几年，发生在我国的溢油事故也屡见不鲜，我国海上溢油事故每年约500 起，沿海地区海水含油量已超过国家规定海水水质标准的 2～8 倍（宁寻安等，2008；韩立民和任新君，2009）。由此可见，人为因素来源较大，而且，海洋石油污染的现象日益加剧，影响十分严重。这些油类污染物存在的类型主要有原油、石油产品及风化油等。

原油的组成主要取决于原油产地的碳来源及其所处的质地环境。这些矿物油能溶解于 $CCl_4$ 有机溶剂中，其主要化学成分为 $C_6H_{14}$、$C_6H_6$ 和多环芳烃等。长期接触或误摄入，可引起腹泻、急性中毒等消化类疾病，甚至导致神经类疾病，其中的 $C_{20}H_{12}$ 及烃类成分，对人体有致畸、致癌的作用（Fu et al.，2013）。不同产地的石油中，各种烃类的结构和所占比例相差很大，根据沸点及密度的不同，可分为烷烃、环烷烃及芳香烃三类。通常烷烃为主的石油称为石蜡基石油，环烷烃和芳香烃为主的石油称为环烃基石油，介于两者之间的称为中间基石油。石油产品包括汽油、煤油及柴油等，由于这些石油产品的来源不同和炼制过程有差异，使得成品油的组分构成不一致，其物理化学性质也不同，甚至在一定程度上可以说，所有的石油及其产品化学组成均有差异，具体产品特征见表 7-1。

表7-1 不同石油产品特征

| 名称 | 主要成分 | 比重（15/15℃） | 沸点范围/℃ | 运动黏度/cSt*（℃） | 闪点/℃ |
|---|---|---|---|---|---|
| 汽油（车用） | $C_4 \sim C_{12}$ | 0.68 ~ 0.77 | 30 ~ 200 | 0.65（15℃） | −15 ~ −40 |
| 煤油 | $C_{10} \sim C_{16}$ | 0.78 | 160 ~ 285 | 1.48（40℃） | 35 ~ 70 |
| 柴油 | $C_{10} \sim C_{16}$ | 0.81 ~ 0.85 | 180 ~ 360 | 1.3 ~ 5.5（40℃） | 35 ~ 70 |
| 燃料油 | $C_{10} \sim C_{23}$ | 0.925 ~ 0.965 | — | 49 ~ 862（40℃） | 70 以上 |

\* $1 \text{cst} = 1 \text{mm}^2/\text{s}$

不同石油产品表现的特征成为溢油监测数据中油指纹的关键线索。石油中还含有一定数量的非烃化合物，它们的含量虽然很少，但对石油炼制及产品质量有很大的影响，在炼制过程中，需将它们尽可能去除。这些非烃类化合物主要指树脂、胶质与沥青质等含硫、含氧和含氮化合物。其中，树脂与沥青脂是含有非烃类的极性化合物，这些极性化合物的成分除 C 和 H 以外，还有微量 N、S 及 O。而且，树脂和沥青质的化学结构很复杂，很多并不清楚。胶质相对烃类化合物极性较强，具有较好的表面活性，相对分子质量范围一般为 700 ~ 1000，主要包括羧酸、亚砜和类苯酚化合物。而沥青质化合物非常复杂，主要包括聚合多环芳烃化合物，一般有 6 ~ 20 个芳香烃环和侧链结构。而海水中的油污基本由两大部分组成：一部分以油膜状态浮于水面，另一部分呈乳化状态溶解于水中或吸附于悬浮微粒上（陶永华和殷明，2001）。其中，粒径大于 $100 \mu m$ 的称为浮油，其含量占水中总油量的 60% ~ 80%，是水中油类污染物的主要部分，易于从水中分离出来。而乳化油在水中的分散粒径较小，比较稳定，不易从水中分离出来。它们中的一部分在水中呈溶解状态，溶解度为 5 ~ 15mg/L。但大多数情况下，水体中的油污主要以浮油、乳化油、溶解油和凝聚态的残余物（包括海面漂浮的焦油球和沉积物种的残余物）等形式存在（Wang et al.，2011）。

## 7.1.2 油污特点

与其他污染物相比，海洋油类污染具有显著的独特性，总的来说，它具有以下特点。

**（1）突发性强**

海洋油类污染事故主要由石油开发生产中探、钻、采、储、运、炼等各个生产环节中引起的事故以及港口码头装卸漏油、陆源污染输入等。在这些事故中，石油开发生产环节中的漏油是最复杂多样的，也是大型油类污染来源之一，因为这类油类污染往往是突发性的，导致其风险更高，隐患也更大。更好地认识溢油事故的特点，可以帮助我们对溢油事故的预防、响应以及污染评估和污染修复做出及时、准确的判断和应对。

**（2）扩散快**

发生在海面的溢油容易挥发，在太阳紫外线照射下，生成光化学烟雾和毒性致癌物质，而且会很快扩散稀释消失。在风、浪、潮流等作用下，海面溢油具有迅速飘移扩散的特点，如不能有效围控清理，污染事态会迅速蔓延，危害范围极广，尤其在恶劣海况条件下，围控清理作业难度增大，并且污染扩散速度更快。

**（3）持续时间长**

溢油通过扩散、飘移、蒸发、分散、乳化、溶解、光氧化、生物降解等过程在自然界演化，整个过程非常漫长，对于一些封闭、半封闭、与海洋系统水体置换慢的海域，油类污染完全降解的过程会更长，有些甚至会形成难降解的焦油球沉降到海底沉积物中，这种难降解焦油球将长期影响海洋环境。同时，石油中的部分难降解有毒物质在海洋生物体内富集，通过食物链逐级扩大，造成的危害更大、影响时间更长。

**（4）破坏大**

溢油发生时，特别是石油勘探开发或油轮泄漏等引起的突发性溢油，大量有毒有害油类物质突然进入海洋，对海洋生态系统的危害十分严重，有时甚至是毁灭性的。究其原因在于，当大量油膜漂浮在海面上时，会阻挡日光照射，造成靠光合作用存活的浮游植物数量的减少，这种处于海洋食物链最底层的浮游植物的减少会引起更高环节少生物数量的减少，从而导致整个海洋生物群落的衰退，结果导致海洋生态平衡失调。另外，大面积、长时间的油膜覆盖和浮游植物光合作用的衰弱，会导致海水透光层缺氧，严重时会导致大量好氧生物大面积死亡，海洋生态系统崩溃。而且，这种毁灭性生态灾害的修复是非常困难的。

**（5）涉及部门多**

对于溢油的防范、应急措施，需要多个部门、多个行业、多个地区甚至多个国家的配合。石油企业、航运公司、执法监督部门、环境保护单位等需要在一个各专业信息共享且对称的平台上做出决策，并且积极有效地执行溢油应急响应方案。

# 7.1.3　污染影响机制

油污不同于其他溶解性物质，一般来说，其黏滞性大于水，比重小于水，在水中的溶解度较小。在进入水环境之后，会经过迁移、转化和氧化分解等过程使得水体中油含量普遍降低。一般情况，在阳光照射下，它们会发生不同程度的光氧化分解，特别在低温时，光照的氧化影响很大，分解程度可高达 50%。油类污染物在水中的迁移转化主要取决于油层的厚度、油水的混合情况、水温和光辐射强度。在强烈光辐射下，有小于 10% 的油被氧化成可溶性物质溶于水中。而当污染面积大、强度高时，这些油类污染物可通过以下一种或多种机制影响环境。

1）物理窒息，影响生理功能。大量的浮油会污染堵塞海域内游泳动物的腮部，影响生物呼吸，也会附着在鸟类体表，影响海鸟运动捕食。

2）化学毒性，造成致死、亚致死现象或破坏细胞功能。除了物理窒息的影响，较轻的芳香油的毒性成分也会产生一定的化学毒性。这些有毒物质如烷基取代苯和萘，一般分解较快，油类污染是否会对海洋生物产生毒性，与这些有毒成分的含量及与生物的接触量和浓度有极大的关系。一般来说，毒性大的油，如汽油和煤油含有更高比例的各种有毒成分，一般分解较快，在溢油后段时间内就会分解，只有很小部分的残留；原油和燃料油含有较少的有毒成分，但其更难降解，持久性更强，同样会对海洋生物产生毒性；而重质原油中一般含有数量较多的高分子烃、杂原子化合物和有毒成分的轻产品，因此，比轻质原油的毒性大。而且，油类污染毒性的大小一般由污染规模、位置、季节、程度、海域的优势生物等决定。

3）间接效应，栖息地及庇护所的消失及随之而来的具有生态重要性的物种消失。生活在海底的底栖动物如海参、各种贝类、海星和海胆等，它们不仅受到海水中石油的危害，而且受到沉到海底的石油的更大危害。这类物种对石油极其敏感，即使生物受油污毒性影响存活下来，其体内可能含有从海水、沉积物或受污染食物中吸取的石油化学物。其中，脊椎动物代谢和消除芳香族化合物的速度非常迅速且高效，而无脊椎动物代谢的速度缓慢而且低效。极少数情况下，毒物积累浓度可能达到影响其行为（如躲避敌害的能力）、生长、繁殖，导致生物机体病变甚至死亡。对于长期暴露在高或中等浓度油污中的经济鱼类、甲壳类，可能会产生令人反感的油腻气味，影响其经济价值。

4）生态变化，群落优势物种消失及栖息地被机会主义物种占据。生物受毒性的影响，通常会有一定的恢复期，它取决于种群动态（生长、成熟、繁殖）以及毒性对替代物种的生态作用。一般情况，水中种群的恢复迅速，这使得其种群不断壮大。同时，近海岸系统生物在几周内就能完全恢复。

## 7.1.4  危害

油类污染物会对很多方面造成影响。①对海洋环境的影响。重油（HFO）等高持久性油类的大量泄漏可能会窒息海岸线潮间带的大面积破坏。不过 HFO 或水溶性较低的其他高度黏稠油类的毒性效应较弱，因为这种油类的化学成分的生物有效性较低。相反，煤油或其他轻质油类的化学成分具有较高的生物吸收性，更可能通过毒性产生破坏。对低于足以导致死亡的接触级别，有毒成分的存在可能会导致亚致死状态，如摄食或生殖功能受损。这些或轻或重的油质会大量漂浮在海面，大面积阻挡日光的照射，引起靠光合作用存活的浮游植物数量的大量减少，一些厌氧群种增加，好氧生物则衰减，海洋生态失衡，海洋物种发生变化。其中，多环芳烃碳氢化合物是石油成分中对海洋生态系统破坏最大的化合物之一，能够在海洋生物特别是底栖生物组织和器官中积累，长期缓慢地施加其毒性。②对生态敏感区的影响。生态敏感区包括娱乐海滩、工业设施、商业渔业、自然保护区及湿地生态系统等。第一，对海滩娱乐活动的干扰，这是许多油污的共同特点。当石油被冲上岸时，游泳、潜水、钓鱼、划船和其他水上运动可能受到影响。游客一旦得知某度假胜地被污染，就会暂时离开此地或完全放弃该区域。因此，酒店和餐馆及其他靠旅游业谋生的人都会受到油污的影响。第二，会破坏依赖海水正常运作的工业设施，特别是靠近海岸，需要供应大量海水的发电站。如果有相当数量的浮油被吸入到进气口，则可能会穿过保护屏，到达热交换器，导致其效率降低。对于非常黏稠或已风化的油，可能会阻塞冷凝管。另外，也可能进入海水淡化厂的进水口，对海水生产生活饮用水的两个主要过程——多级闪蒸馏和反渗透造成严重影响，使其遭到破坏。第三，对捕鱼活动和经济直接产生影响。由于油污，一些渔港可能会关闭，以致一些渔港无法使用。另外渔船和渔具也可能会被油污弄脏，危害渔民健康甚至导致火灾。显然，所有这些因素都有可能影响鱼类的销售数量。第四，自然保护区和海洋公园的生态和特定物种也受到一定影响。由于自然保护区和海洋公园的物种都是较为罕见的濒危物种，发生在这些区域的溢油可能会造成不可弥补的损失。因此，建议对这些地区进行特殊保护。第五，沿海地区的植物群落支持着海洋生态系统的有机生产，为大量海洋无脊椎动物和脊椎动物提供栖息地，同时为稳定海岸线做出贡献。这些植物群落包括热带地区的红树林和高纬度地区的盐沼及其相关动物对于沿海水域的油污非常敏感。③生物毒性。油类污染毒性的大小，作用机制因生物种类和海洋环境的不同而有很大的差异。其主要表现为对水生植物的毒性、水生动物的急性毒性、水生动物的慢性毒性以及在水生动物体内的富集等影响，当由浓度为 8mg/L 时，藻内细胞分裂收到抑制，而微型海藻在含煤油浓度为 0.003mg/L 时，其生长率明显降低，硅藻在 0.003mg/L 的浓度中生长更慢。而对水生动物的急性毒性则以鳉鱼卵为例。当含油为 10mg/L 时，半数致死的时间是第二天，其孵化出的鱼仔则全部死亡。据文献报道，海水中石油烃浓度为 0.01~0.1mg/L 时，24h 内即可使鱼、虾、贝类产生异味或异臭。根据石油烃富集系数推算其阈值范围为 20~100mg/kg。油类污染物对水生动物的慢性毒性主要表现在对水生动物的细胞功能和神经系统造成长期毒害，影响摄食和繁殖活动。水生动物的慢性中毒的石油烃的浓度为 0.01~0.1mg/L，一些敏感的水生动物在浓度低于 0.001mg/L 时就会引起慢性中毒反应。

综上所述，在高自然变率的背景下，油类污染对个体生物的影响是深远的，不仅会对海洋生态系统造成损害，而且也会给人类社会经济带来很大影响。国家海洋局发布的《2013 年中国海洋环境状况公报》显示，枯水期和平水期，72 条河流入海监测断面水质劣于第Ⅵ类地表水水质标准的比例均超过一半，72 条河流入海的污染物量中，化学需氧量为 1382 万 t，重金属为 2.7 万 t。伴随着海洋油污日益严重，人们对海洋生态价值认识的逐渐提高，实现合理索赔，保障受损海洋生态得到合理有效的修复，建立一套切实有效的管制油污生态损害评估方法是十分必要的。对于此类评估也越来越受到世界各国的重视。

# 7.2 化学监测法

科学技术的发展推动了水质检测技术的进步，人们对检测方法做了进一步探索。在 7.1.4 节中，我们已对油类污染影响进行了很好的认识和预测。因此，将研究的重点放在破坏的定量上，这是势在必行的，而且，对水中油的快速检测和分析研究工作对油污染事故的及时发现、油种的迅速鉴别、污染性质和责任事故的认定都有重要意义，受到全球的广泛关注。

与测定特定的有机污染物不同，石油类污染物不是单一的化合物，而是一类特定物质的总称。它们会因地域、污染源不同使其所含物质的组分不同，因而，对海水中油污含量的测定比较复杂。人们对水中油分测量的各种方法进行了研究。目前，我国常用于水中油污的分析方法有重量法、光学法、TOC 法、原子吸收法、浊度法、色谱法及电阻法等。

## 7.2.1　重量法

重量法是常用的分析方法，属于化学计量法的一种。早在 1979 年，美国国家环境保护署就将此法定为测定水和废水中矿物油的标准方法之一。当时选定的萃取剂是氟利昂 2113，但由于它对大气臭氧层具有破坏作用，因此后来被禁用。直到 1993 年，Kawahara 等提出用正己烷与甲基三丁基醚（$V/V = 4 : 1$）的混合液代替氟利昂 2113，同时，用硅胶吸附被测样品中的动植物油，然后称量剩余样品，因此，对其中含有的矿物油进行了准确的测定。《海洋监测规范 第 4 部分：海水分析》中也对此方法进行了阐述。具体原理为通过正己烷萃取水样中的油类组分，然后蒸除正己烷，称重，计算水样中含油的浓度，操作过程包含校正因数的测定，所用公式为式（7-1）：

$$K = \frac{m_1 - m_b}{m_0} \tag{7-1}$$

式中，$K$ 为校正因数；$m_1$ 为萃取后油标准的平均质量（mg）；$m_b$ 为校正空白残渣重量（mg），$m_0$ 为油标准液的加入量（mg）。它适用于油污染较重的海水中油类的测定。

常规的重量法测试的具体过程为，用萃取剂将油从被测样品中萃取出来，然后通过蒸发等手段使萃取剂挥发，称量其残留组分即可得出样品中油的重量（王莹，2009）。它适用于测定 10mg/L 以上含油水样，适用于工业废水和油污染较重的海水中油类的测定。其优点是重复性好、不受油品的限制，多用于企业污水的检测。但其分析时间长，而且易受各条件的制约，在对萃取溶液采用蒸发等手段分离时，沸点低于提取剂的石油组分会蒸发，这使得较低浓度的样品测量（0.35mg/L）的相对标准偏差较大（8.6%），这影响了浓度测量及组分计算，导致测量值比真实值偏低，同时无法测定石油污染物的不同组分。其方法操作繁琐，干扰因素多，分析时间长，无法实现自动化操作，易受环境条件的扰动而产生系统误差等影响制约该方法的可行性与有效性，不适于大批量样品的测定。因此，选取一种合适的前处理方式是此方法的关键。温晓露等（2003）介绍了用重量法测定污泥中矿物油含量的方法，对污泥中油的萃取以及矿物油的分离进行了重点讨论，并对提出的方法进行了验证，加标回收率在 85% 左右，结果令人满意。这种测定矿物油的方法不需要特殊的仪器与试剂，而且不受油品种的限制，方法简单，加标回收效果理想，但方法的精密度随操作条件和熟练程度的不同而差别很大。

## 7.2.2　光学法

### 7.2.2.1　紫外分光光度法

紫外分光光度法是用连续紫外线光源照射实验样品，并依据吸收光谱特性差异，从而测定物质含量及组成的方法。在对石油类化合物进行测量时，油中含有 π 电子不饱和共轭双键（C—C 键）的芳香族化合物在紫外区 215～230nm 处有特征吸收，而含有简单的、非共轭双键以及生色团（带 n 电子）等在 250～300nm 范围内也存在吸收，且这种吸收强度与芳烃的含量成正比。根据这一吸收原理，在对石油类污染物的样品进行测定时，可将样品中化合物的光度吸收特性曲线与标准物吸收特性曲线对照，并依照当两种化合物具有相同组分时，这两种化合物的紫外吸收光谱也是相同的，从而确定化合物的归属类别（Mohame et al.，2008）。通常将油污样经过正己烷萃取后，以标准油做参比进行测定。国家海洋监测规定此法为海洋中油类含量的监测方法，国家标准《海洋监测规范 第 4 部分：海水分析》中，规定此方法可对近海、河口水中油类进行测定。操作过程涉及正己烷的脱芳处理及参比溶液制备、油标准溶液的配制、油标准曲线的绘制和样品的测定等过程，然后通过式（7-2），可求得油的浓度 $Q$：

$$\rho_{\text{oil}} = Q \frac{V_1}{V_2} \tag{7-2}$$

式中，$\rho_{\text{oil}}$ 为水样中油的浓度（mg/L）；$Q$ 为正己烷萃取液中油的浓度（mg/L）；$V_1$ 为正己烷萃取液的体积（ml）；$V_2$ 为水样的体积（ml）。此方法的优点是操作简单，但无法测定石油污染物种的饱和烃和环烃类，灵敏度低，适合于高浓度，含 C—C 共轭双键和生色团（带 $n$ 电子）的含油样品中石油污染物的检测，测定的含矿物油水样的浓度范围为 0.05～50mg/L。而且，所用标准物质难获取，测定结果比红外光谱法高，测定结果往往没有代表性（温晓丹，2001）。之后，研究人员对紫外分光光度法测定石油污染物进一步做了深入研究。余振荣和谈晓东（2010）针对紫外分光光度法测定水中油类污染物时遇到的标准油选择和测定结果与红外吸收光度法不一致的问题，用硅酸镁吸附柱去除动植物油，将红外分光光度法中使用的混合烃作为标准物质用在紫外分光光度法中，实验证明了硅酸镁吸附柱可有效去除紫外分光光度法中动植物油对测定的干扰，而且，石油醚萃取液经硅酸镁吸附柱吸附动植物油后，其结果与红外分光光度法测定结果一致，从而在环境监测中可用较简单的紫外法代替红外分光光度法来测定石油类物质。但由于石油类化合物成分复杂，加之紫外吸收强度差异大，采用紫外分光光度法测定时，数据的可比性和准确度易受条件的影响，限制了该方法的应用。

### 7.2.2.2　红外吸收光度法

石油的主要成分烷烃、环烷烃和芳香烃这几种烃类化合物分别属于脂肪族、脂环族和芳香族（Ajayi，2008），当红外光谱照射石油类化合物时，其—CH₂—、CH₃—、CH—化学键会在 31 413μm、31 378μm 和 31 300μm 处附近有伸缩振动。因此，根据不同石油组分中 C—H 键的伸缩运动对红外光区的特征波长的辐射有选择性吸收，可以实现对样品结构分析及含量组分定量分析的方法。所以，在红外光通过待测样品时，可计算石油污染物的含量。

此法可分为非色散红外吸收光度法和红外分光光度法。非色散红外光度法是利用石油中碳氢键在近红外区 3.4μm 处具有敏感的红外线吸光特性，从而实现对石油类化合物的检测（孙福生，2011）。通常，这种方法推荐污染油源或以正十六烷、异辛烷、苯按65∶25∶10的比例配成的混合烃作为标准[1]。直到 1999 年，Wilks 等用自制的测油用非色散红外吸收仪检

---

[1]　《水质石油类和动植物油的测定 红外分光光度法》（GB/HJ 637—2012）。

测土壤和水体中的矿物油和动植物油，才得到了令人满意的结果。目前来说，实验室中使用的非色散红外吸收仪具有结构简单、重现性好等优点，常用于 0.02mg/L 以上含油水样的分析，而且，仅限于样品油中直链烷烃或环烷烃的检测，不能对苯物系实施检测，从而影响了对其他组分的分析。因此，当油品相差较大时，测定误差较大，尤其当油样中含芳烃时误差更大。且萃取剂样品分离等实验预处理过程较为繁杂。通常，采用毒性较大的四氯化碳（或三氯三氟乙烷）萃取水中石油类物质，然后，将萃取剂通过硅酸镁吸附柱，除去动植物油类，根据石油烃中碳氢伸缩振动，在红外光谱区产生的特征吸收来测定石油类的方法。一般，烃类中 C—H 振动的特征吸收波长，见表 7-2。这种方法的测定结果受标准油品及样品中油品组成影响较小，灵敏度低，可测 0.01~100mg/L 水样。但此种检测操作过程容易引发实验事故和造成二次污染。

**表 7-2　烃类中 C—H 振动的特征吸收波长**

| 类别 | 波数/cm$^{-1}$ | 波长/nm |
| --- | --- | --- |
| 亚甲基（—CH$_2$—） | 2930 | 3413 |
| 甲基（CH$_3$—） | 2960 | 3378 |
| 芳烃（CH—） | 3030 | 3300 |

另外，利用含油量与 TOC（总有机碳）的相关性，用红外气体分析仪测定 TOC 值，从而得出含油量。该方法灵敏度和准确度高，简单快速，不用萃取，避免了有机溶剂的毒害，但微量进样对样品均匀程度要求高，预处理麻烦，标准油样需用超声波乳化器乳化，且要预先测定水样的非有机碳含量。这种通过测定 TOC 值用来得出含油量的方法并非十分常用，目前进展缓慢。

### 7.2.2.3　荧光光度法

石油类样品成分中的多种碳氢化合物物系（包括芳香族、共轭双键化合物等）具有荧光特性，在紫外光的照射下即受到一定能量强度光的辐射时，分子吸收和它特征频率相一致的光线，由原来的能级跃迁至高能态，当它们从高能态跃迁至低能态时，以光的形式释放能量，辐射出比激发波长还要长的蓝色荧光。而且，矿物油中的稳定多环芳烃的荧光效率一般较高。通常，溶液的荧光强度与激发光强度、物质的荧光量子产率等有关，荧光强度 $F$ 与物质浓度的关系如式（7-3）（柳先平等，2015）：

$$F = \varphi I_0 (1 - e^{-2.3\varepsilon bc}) \tag{7-3}$$

式中，$I_0$ 为激发光强度；$b$ 为样品池厚度；$c$ 为溶液浓度；$\varepsilon$ 为摩尔吸光系数；$\varphi$ 为常数，取决于荧光物质的量子产率（荧光效率）。物质摩尔吸光系数取决于入射光的波长和吸光物质的吸光特性；荧光量子产率 $\varphi$，即荧光物质吸光后所发射的荧光的光子数与所吸收的激发光的光子数之比值。式中，若待测液为稀溶液时，满足 ≤0.05，则式中的第 2 项及以后各阶乘项可忽略不计。而且，当激发光源功率恒定，等同外围环境条件下，含油稀溶液产生的荧光强度与溶液中荧光物质的浓度呈线性关系。因此，可根据发射荧光波段的荧光强度来确定水中油的浓度。

《海洋监测规范 第 4 部分：海水分析》中也对荧光分光光度法检测油做了介绍，原理为经过石油醚萃取后的油类芳烃组分，在荧光分光光度计上以 310nm 为激发波长，测定 360nm 发射波长处的荧光强度，通过荧光强度与石油醚中芳烃的浓度成正比即可求出相应浓度，见式（7-4）：

$$\rho_{oil} = Q \frac{V_1}{V_2} \tag{7-4}$$

式中，$\rho_{oil}$ 为油类浓度（mg/L）；$Q$ 为由标准曲线查得石油醚萃取液的浓度（mg/L）；$V_1$ 为萃取剂石油醚的体积（ml）；$V_2$ 为实取水样体积（ml）。而且，当油品中芳烃数目不同的石油类产品在受到相同强光激发时，由于其分子内部结构的迥异，会表现出特定的荧光光谱和激发光谱，所产生的荧光强度差别很大。这种差异性使得荧光光度法能够实现对石油类样品组分含量的分析和油品的鉴别。

基于石油污染物在近紫外区域有较强的吸收，而紫外激光作为环境监测的理想光源，具有单色性好、能量高、光束扩散小、可近似看作平行光等优点。冯巍巍等（2010）开发了一种利用 355nm 紫外激光作为激发光源的激光诱导荧光技术（LIF）来获取石油污染物的信息。该方法具有灵敏度高、非接触测量、不需试剂、可船载机载动态监测大面积水域等优点。实验测量系统如图 7-1 所示，系统包括发射系统、接收系统、控制系统和处理系统四部分，其中，发射系统包括激光器、倍频晶体、滤光片和反射镜，接收系统包括聚光镜、光纤和光谱仪，最终由计算机负责控制与数据处理。他们利用此系统分别测量了高真空油、0#柴油、美孚速霸10W40润滑油、美孚速霸5W30润滑油、10#柴油、航空柴油、胜利油田原油、97#汽油和93#汽油9种常见的油品和原油。结果显示，大部分成品油荧光峰位于 440～490nm，但由于原油成分复杂，含有较多的沥青质，当激光照射到油表面时，绝大部分能量被油层吸收，散射荧光信号较弱，因此，与成品油的对比不明显。但在实验中注意到在入射几何角度一定的条件下，接收方位对探测结果具有较大影响，因此，在进行场外的船载或机载实验时，可将聚光镜用大孔径的光学望远镜来代替，以便实现石油类污染物的远距离测量与分析。

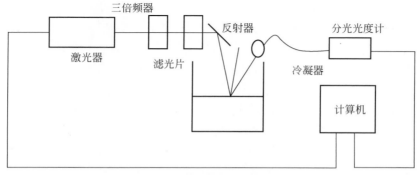

图 7-1　激光诱导荧光技术测量系统

之后，赵广立等（2014）又利用上述紫外区域的石油类污染物激发效率较高这一结论，开发并介绍了一种基于紫外荧光分析法对水中的油类污染物进行检测的传感技术。该传感探头由检测装置部分和数据采集部分组成。而检测装置部分由激发光源和光电探测器等组成信号采集装置，控制部分采用流压转换和前置精密放大器、滤波器及模数转换器对微弱信号进行高精度放大和处理。如图 7-2 所示，其中，检测装置通过激发光源激发水中的油分子产生荧光信号。光电探测器进行光电转换，输出电流信号；流压转换和前置精密放大器将电流信号转换为模拟电压信号并精确放大；模数转换器将模拟电压信号转换为数字信号；计算机接口负责与上位机通信来实现软件控制；显示器提供数据输出和人机交互界面。将设计的传感器装置对水中的油含量进行检测，无需萃取等预处理，测量精度为0.1mg，测量误差<10%，相对标准偏差<6%。与传统的激发光源相比，这种紫外 LED 激发光功率小、亮度低、体积小、散射少和输出光强稳定，便于在探头上安装、固定和检测分析仪器的小型化。同时，适集成于海岸台站、浮标上进行长期在线测量。而且，探头采用侵入式测量方式，避免了水体中悬浮颗粒和气泡对测量产生的影响。但仍待于在灵敏度、稳定性上进一步探讨。

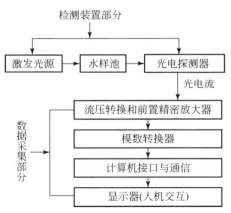

图 7-2  系统总体设计框图

而对燃料油类产品的分析常应用三维荧光光谱仪。通过一次扫描便可检测实验中的样品组分含量（Bugden et al.，2008）。这里，三个维度通常指荧光强度、激发波长和发射荧光波长。由此构成的立体图谱能够表征石油荧光谱的完整信息。它是由不同激发波长下对应的二维荧光谱累积叠加而形成，任何基于激发-发射矩阵（EEM）数据以等角投射图或等高线的形式形象地描绘出来。它的工作原理如图 7-3 所示。首先，来自激发光源的激发光通过单色仪输出单色激发光，样品池中的荧光物质受激发而发出荧光，由光纤传输给荧光检测器。在计算机的控制下，通过逐次改变激发波长，在荧光检测器中依次获得不同激发波长下的二维荧光谱。整个样品荧光数据是由 Matlab 函数功能组成原始的 EEM 矩阵形式的三维荧光谱。

通常，石油的芳香烃成分决定荧光谱指纹特征，而荧光谱指纹特征反映石油成分。田广军等（2004）尝试从三维荧光谱的几何特征入手，对几种常见油的 11 个统计参量进行

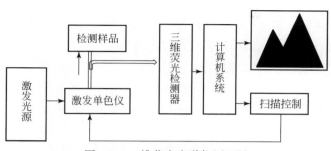

图 7-3　三维荧光光谱仪原理图

了统计学分析处理，最后选取三维荧光谱荧光强度的平均值、标准差及长轴斜率等对油种比较敏感的 8 个统计参量作为油种三维荧光谱及其指纹图几何分布的特征参量。从表 7-3 可看出，柴油和煤油的指纹图特征参数存在较大的差异，但波长相关系数差别不大，这反映了荧光波长区域具有相似性。而这种方法的检测对象通常为矿物油类。由于矿物油中的苯系物具有荧光特性，因而根据荧光强度的大小可定量测定其含量。预处理过程为，用盐酸或氢氧化钠将溶液的 pH 调至 4，加入乙烷进行萃取，然后将有机相放入样品池中测定其荧光强度。最后，从标准曲线上查出相应的油浓度。在此过程中，无需提取剂，很容易实现石油污染物的在线检测。

表 7-3　油种三维荧光谱及其指纹图几何分布的特征参量

| 油种 | 平均值 | 方差 | 重心 $\lambda_{ex}$，$\lambda_{em}$ | 波长相关系数 | 峰度 | 偏度 | 长轴斜率 |
|---|---|---|---|---|---|---|---|
| 柴油 | 5.38 | 14.05 | 320.4，407.5 | −0.17 | 3.98 | 1.00 | 9.87 |
| 煤油 | 2.74 | 8.48 | 294.0，375.0 | −0.19 | 9.47 | 2.14 | 3.74 |

尽管污染源产生的背景不同，但针对某种具体的污染源，很容易找到相应的代表性好的标准油品。当受污染的水中油品组成比较固定时，这种方法在微量油品的定性、定量测定中具有较高的灵敏度，测定范围为 0.002 ~ 20mg/L。因此，当组成恒定的污染源油品含量占 70% 以上时，使用无二次污染试剂，代表性好的标准油和适合推广的专用高智能荧光测油仪具有广阔的前景。采用这种方法对石油类产品测定时，其优势在于该方法不易受地点和时间的制约，并不需要预先对样品进行萃取，实时在线测量的同时还不会对光学元件造成实验污染（Dissanayake and Bamber，2010）。其缺点与紫外分光光度法一样，仅能够测定矿物油中苯物系的含量，而矿物油中直链烷烃的含量无法测定，限制了该方法的可拓展性。由于我国海洋监测关注的重点是难降解的芳烃类石油，因此，这种方法仍被用于我国海水监测中。

## 7.2.3　其他分析法

其他分析法按不同的检测需求可分为以下几类。

**（1）浊度法**

它是一种基于光散射原理的方法，在对样品油充分震荡或用超声处理被测样品时，分散在样品中的油会形成微珠而均匀地悬浮在样品溶液中，在光源入射光作用下，一部分发生透射，一部分发生散射。油层界面乳化状态的油会发生透射或散射而直接影响其透光率，因此可将其分为透射光浊度法和散射浊度法。透射光浊度法是当实验光束照射样品时，透射光强产生衰减，从而得到样品含量（Petruševska et al.，2013）。此法灵敏度高，测油仪轻巧方便，易于携带，不涉及复杂的光学结构，对于不同油品线性较好，能够实现在线监测，但对低浊度的样品，几乎所有的光都以直接透射的方式进行，无法实现准确测量，而且缺乏光学特异性，在测量之前需将油品乳化（郑健等，2002）。散射浊度法是样品物质使透射光散射，测量与入射光相垂直的散射光强度，即可测出该样品的组分含量。这种对于低浊度样品测量时具有较高的准确度和灵敏度，但易受浊度范围的影响。该法继承了透射法和散射法各自的优点，提高了浊度测量的灵敏度和准确度，但测量范围有一定的局限性。

**（2）色谱法**

气相色谱法（GC）是一种检测含有 $C_{19} \sim C_{28}$ 正烷烃类矿物油的物理分离技术，以气体为流动相，利用冲洗的方法，通过柱色谱的形式将石油污染物进行分离的一种测试手段。对于那些高沸点复杂混合物的分离，需要使用耐高温的毛细管色谱柱，如分离原油中碳数高于 40 以上的烃类。迄今为止，通常使用的气相色谱仪由于受毛细管柱及固定相热稳定性等方面的限制，最高柱温为 325 ℃，因此，只能提供碳数小于 35 左右化合物的信息组成。这种方法分析速度快，可进行多组分测定，柱效高，灵敏度高，可定性检测石油污染物组分，易与其他分析仪器如 MS 联用，是分离、鉴定石油烃类等复杂物质特别是油岩及原油中诸多生物标记化合物的特征（如正构烷烃碳数分布，某些异戊二烯类烷烃组成与分布）的一种实用有效的分离方法。但人力物力投入较大，所以常在实验室中使用，而且，石油污染物的组成成分非常复杂，因此，使用此方法时的标样也较复杂，另外，气相色谱仪结构复杂，现场和在线分析时有一定的难度，因而造成了该方法难以推广普及，只能作为确认技术手段（Ferreira et al.，2008）。

**（3）电阻法**

电阻法是通过测量一对电极之间电阻的变化程度来进行定量石油污染物含量的一种方法。首先，在样品槽内安置一对电极，并在电极间涂上一层亲油膜，当样品流过这层亲油膜时，样品中的石油污染物会在膜上聚集，导致两个电极之间的电阻值发生改变，电流强度也发生相应变化。根据电流强度的变化值就能够定量计算出待测样品中的石油。而油类可能有毒的成分的浓度现在可在兆分率级别（ppt，ng/kg，$1 \times 10^{-12}$）进行测量。针对以上所提方法，人们试图从不同方面对水中矿物油的检测进行改进。可以发现，无论光度法还是重量法，都少不了萃取这一过程。其中，萃取剂的使用会造成二次污染，而红外分光光度法、紫外分光光度法和浊度法都需要代表性好的标准油品，而这种标准油品能满足各种不同污染的测量则是十分困难的（汪大翙等，2000）。同时，传统的方法存在取样、储存、运输等问题，在这个过程中，低沸点成分可能挥发，样品也可能变质，很难保证测量的准确性。因此不能及时掌握矿物油污染的动态变化趋势。这表明，对水中油的测量不再限于实验室，科学技术的发展对仪器提出了更高要求。同时，现场在线自动监测将是矿物油测试仪器的一个必然发展趋势。

## 7.2.4　测定方法比较

将常用的上述检测方法进行比较和分析，可为油类的测定提供参考。

1）紫外分光光度法和荧光法都涉及标准油的选择，紫外分光光度法在制定标准曲线的过程中若无合适油品作为标准油时，从水样中提取制作标准油的过程复杂，不适于多种水样的测定。但荧光法的选择性高，能通过荧光光谱鉴定油品而选择标准油。通常，紫外法和荧光法中推荐使用石油醚从待测样品中提取的油品作标准（周林红和吴燕，2005）。不同方法选择的标准物质不同，使得不同方法甚至相同方法因使用不同标准得到的监测数据之间缺乏可比性。在实际应用过程中，由于油种类不变，且对精度要求不高，紫外分光光度法称为经济适用的广泛选择。

2）荧光光度法和气相色谱法均能对油品进行精确鉴定，适用于油类的深度分析。目前，气相色谱法已广泛用动植物油进行成分分析，可用于判定其营养价值及纯度。例如，在气相色谱图中对比棕榈酸和亚油酸等营养成分的高低，可鉴定出菜籽油中是否掺杂了棉籽油（张惠等，2010）。气相色谱法用于动植物油成分分析，这将对饮食安全和人类健康起到重要作用。

3）红外分光光度法和 TOC 法都是利用红外光谱进行测定，其中红外法对有毒物质的检测多些，TOC 对有毒物质检测较少。TOC 法虽然避免了使用有机溶剂的萃取步骤，但对预处理要求很高。在红外光谱的溶剂改善上，可利用超临界流体代替有机溶剂实现安全环保的操作过程，其中，超临界流体 $CO_2$ 能够代替戊烷、正己烷、四氯化碳等溶剂而将油类溶解，其在红外光谱区可视为空白溶剂，并能保持良好的稳定性（Ramsey，2008）。$CO_2$ 代替有机溶剂不仅能减少有机溶剂使用中对操作人员的危害和排放后的污染，而且，在 $CO_2$ 大量排放导致温室效应日益严重的今天更具有深远意义。

4）荧光光谱法在测定水中石油时，可不受生物油的干扰（因为生物油的荧光强度为零），而红外光度法则需皂化才能免受干扰（谢重阁，1980）。因此，在处理海洋溢油事故中，荧光法能避免海洋中动植物油的影响而快速精准地测定含油量，在突然溢油事故的处理中具有很大的优势。

5）TOC 法和原子吸收法是被研究的最少的方法，虽然其测定结果精度均较好，但TOC 高要求的预处理过程和原子吸收法的高额装置都限制了它们的广泛应用。

# 7.3　遥　感　法

对溢油事故的化学监测手段过于单一，需将试样带回实验室分析。虽然，这能获得第一手数据资料，但存在效率低下、危险性大等缺点，而且数据缺乏宏观性及连续性。在溢油事故监测中，海上溢油在风、浪、海流及光照等自然因素的联合作用下，位置和形态时刻变化致使应急和清污环境条件恶劣和复杂，而遥感技术以其数据覆盖范围宽、信息获取速度快、周期短、手段多，信息量大、受限制条件少等特点，成为大范围区域观测的最佳手段，已被发展起来。特别是 ERS-1、ERS-2 和 JERS-1 等雷达卫星在确定溢油位置和面积等方面能够提供正规溢油污染水域宏观的图像而受到许多国家的重视。

其中，卫星遥感因监测面积大、费用低廉而引起人们广泛的研究兴趣。这种监测的理论依据是通过溢油改变海水的物理性质，如油膜与海水间的温度，热辐射及其对太阳的反射、散射和吸收的差异，导致了卫星资料灰度值的改变，使卫星影像在颜色、纹理、亮度等方面产生差别，因此，可以利用影像中这些差别对海洋溢油污染进行分析。例如，美国 NOAA 气象卫星可通过波段筛选和各种处理，发现海洋溢油污染并对油污位置、面积、飘移扩散方向和速度进行监控，分辨率仅为 1.1km，因此，海上油膜面积大于 1.1km 才能被监测到，而对小型油污无法监测。而且，当为云雾天气时，NOAA 卫星会被动遥感，从而接收不到信息，因此，满足不了全天候的需要。

航空遥感是 20 世纪 80 年代监测海洋石油污染的一种有效方法，通过安装在飞机上的传感器接收海面反射的各种信息，并探测 50km 以内的船只及溢油而实时地提供高分辨率的证据。它对海洋石油污染的监测方法有可见光成像技术、紫外技术、红外技术、微波技术、雷达技术和激光技术等。可见光成像技术是利用海面对太阳光的反射强度的不同而对石油污染进行多光谱扫描和成像的技术。紫外技术是依靠海面反射的太阳辐射而成像。这种航空遥感对 2000m 高度以下的海面油膜感应和传感方面十分有效，它可通过各种传感设备相互参照、补充，广泛地提取油膜信息，而且通过将控制飞行高度获得的分辨率与实验室油指纹鉴定相结合，可对海洋石油污染状况做出全面的评估。但航空遥感技术需要维护飞机，费用昂贵，同时，监测的海域也有限，并不适于大范围的日常监测口。

另外，定量遥感技术发展至今，也已具有相当的能力，用它可以实现对海洋溢油污染的特征定量分析，更准确地反映污染情况与程度。在海上溢油污染监测过程中，通过对海上溢油污染不同过程的分析，对油污监测的自身指标体系有溢油类型（通过类型确定油的密度、黏度、溶解度），溢油范围，溢油量（通过监测溢油厚度、种类和面积计算获得），溢油源类型（瞬时源、连续源、点源、线源、面源）和溢油温度。

## 7.3.1　基本计算方法

溢油事故发生后，溢油区域水面电磁波谱特性迅速发生变化，比周围水体有明显差别，利用这种光谱特性的差异可划分油水分界线，从而确定溢油范围。首先，在卫星或遥感航拍图像上，根据颜色将溢油的异常区域精细划分成各个小区，计算出各小区的溢油面积，然后利用油膜颜色灰度值与油膜厚度之间的对应关系，确定出各小区溢油厚度，最后根据溢油品种的密度计算出溢油量。其中，油膜颜色应以事故现场海面油膜观测为准，海面油膜颜色观测时间与遥感图像获取时间尽可能同步。计算溢油量的基本表达式见式（7-5）：

$$G = \sum_{i=1}^{n} S_i H_i \rho \tag{7-5}$$

式中，$G$ 为溢油量；$S_i$ 为各小区溢油面积；$H_i$ 为各小区溢油厚度；$\rho$ 为溢油密度；$n$ 为小区数量。

在开阔的海域发生的溢油无法准确测量其油膜厚度，而且油膜基本上都集中分布在海水表面，其深度也无法准确测量，因此，国际上基本上都采用《波恩协议》来计算溢油量。

**（1）以颜色确定油膜厚度**

由于油膜的种类与厚度不同，其表面所呈现的颜色也不同。采用公认的《波恩协议》中建议的方法，利用油膜色彩估算油膜的厚度，见表 7-4。

表 7-4　油膜色彩与厚度的对应关系

| 序号 | 1 | 2 | 3 | 4 | 5 | 6 | 7 | 8 | 9 |
|---|---|---|---|---|---|---|---|---|---|
| 油膜颜色 | 银灰色 | 灰色 | 深灰色 | 淡褐色 | 褐色 | 深褐色 | 黑色 | 黑褐色 | 橘色 |
| 厚度 | $0.02 \sim 0.05 \mu m$ | $0.1 \mu m$ | $0.3 \mu m$ | $1 \mu m$ | $5 \mu m$ | $15 \mu m$ | $20 \mu m$ | $0.1 mm$ | $1 \sim 4 mm$ |

**（2）油膜的分布面积**

海底溢油形成的油膜会在风以及过往船只的影响下漂移，在不同时间处于不同位置，其面积也会发生变化。因此，污染面积要比油膜面积大很多。例如，$1 km^2$ 油膜带可能飘移 $100 km^2$，其影响的面积就会累加为 $100 km^2$。而计算溢油量时，只能依据 $1 km^2$ 来计算。

**（3）误差**

在用卫星和固定翼飞机遥感图像质量和颜色来估算油膜厚度时，由于受气象、设备等因素的影响，估算将产生大误差。而且，遥感图像获取与海面油膜颜色观测不同步也会产生大的差异，因此，事故人员应在现场组织直升机低空航拍和海面船舶观测的同步行动来应用本方法，以减少误差影响。

## 7.3.2　遥感分析类型

不同类型的遥感因探测机理和谱段的不同各具优势，首先，对溢油范围监测的主要遥感手段见表 7-5。

表 7-5　溢油范围监测的主要遥感手段

| 传感器类型 | 波长范围 | 遥感监测手段 |
|---|---|---|
| 可见光波段 | $380 \sim 760 nm$ | 不同光谱特征的遥感信息技术 |
| 热红外波段 | $8 \sim 14 \mu m$ | |
| 高光谱（多窄波段） | $380 \sim 760 nm$ | |
| 微波雷达 | $1 \sim 1000 mm$ | 后散射系数的遥感信息技术 |

### （1）可见光、近红外遥感技术

利用可见光、近红外光波段的遥感技术监测溢油污染是发展最为成熟，应用最为广泛的有效溢油范围监测技术。在可见光、近红外波段，入射物体表面的电磁波与物体间会发生反射、吸收和透射 3 种光学作用，而传感器记录的信号来源于物体对入射电磁波的反射作用。由于不同物质对不同波段电磁波具有不同的反射率，根据这种反射率的差异，可以鉴别油膜与海水的差异，同时，卫星遥感的最佳敏感波段也存在差异。例如，在比较清洁的海水中，蓝、绿光波段是最佳波段，而在较为浑浊的 Ⅱ 类海水中，绿、红光波段是最佳波段（陆应诚等，2011）。但卫星平台的研究表明，单个波段内溢油物质与背景海水间差异的对比度不大，并且受到传感器观测角度、大气散射或水面波浪反射的太阳耀斑等的影响。而可见光、近红外遥感技术监测溢油污染，通常会使用波段组合运算，对每个波段进行对比度增强运算等实现油膜与背景海水分离，从而实现溢油区域信息提取。

### （2）高光谱遥感技术

高光谱遥感技术能够获取物质接近连续光谱的能力，通过分析物质获得波谱特征可以对多光谱遥感不能区分的假目标进行区分，在本质原理上，高光谱遥感的溢油监测应用与可见光、近红外多光谱遥感技术基本相同，区别在于高光谱相对于多光谱的波段宽度窄、波段数多。而且，高光谱影像具有数据量庞大、大量数据冗余、混合相元波谱分析等立方数据特性。因此，用它进行海上溢油监测研究时，必须选择合适的信息提取方式，改进现有的信息提取方法，从而使海量数据的信息提取精度达到要求。由于受到环境数据和高光谱数据作为数据源进行信息提取分类的复杂性等多方面的影响，使用这种高光谱数据进行溢油范围提取研究还处于起步阶段，会提高数据处理的难度，降低分类算法的运算效率，尚未普及工程应用领域。但它包含的信息量远远超过多光谱数据，在信息提取分类算法提高的前提下，前景良好。

### （3）微波雷达遥感技术

用于溢油范围监测的雷达主要有两种，即合成孔径雷达（synthetic apertureradar，SAR）和侧视机载雷达（side-looking airborne radar，SLAR）。其中，SLAR 是一种传统式的雷达，造价低，空间分辨率与天线长度有关。海面的毛细波可以反射雷达波束，从而产生一种海面杂波，在 SAR 图像中呈现亮图像，油膜平滑了海水表面，致使雷达传感器接收到的后向散射回波减少，在 SAR 图像中呈现较暗的颜色。目前，挪威、德国、俄罗斯、法国、英国、日本、巴西、新加坡、印度及中国等相继开展了利用 SAR 监测海洋溢油的多项研究工作，并取得了较为成功的研究成果（王俊，2009）。

对溢油量的遥感属于定量遥感范畴，受到很多因素的影响，在监测可行性及精度方面都存在不足。对溢油量遥感的监测手段见表 7-6。

表 7-6　溢油量遥感监测手段

| 传感器类型 | 波长范围 | 遥感监测技术 | 性能 |
| --- | --- | --- | --- |
| 紫外波段 | $10 \sim 380nm$ | 紫外辐射反射估算 | 薄油层（$<0.05\mu m$） |
| 热红外波段 | $8 \sim 14\mu m$ | 亮度温度估算 | 亮度估算区间小 |
| 微波雷达 | $1 \sim 1000mm$ | 反向散射系数估算 | 有一定应用潜力 |

**（4）紫外遥感技术**

因为薄层油（<0.05μm）在紫外波段也会有很高的反射。通过紫外与红外图像的叠加分析，我们可以得到油层的相对厚度，但紫外遥感容易受到外界环境因素的干扰，从而产生虚假信息，如太阳耀斑、海表亮斑及水生生物的干扰等。由于在红外波段上，这些干扰所产生的影响有很大区别，所以两者复合分析比单一紫外波段分析效果会更好。

**（5）热红外遥感技术**

热红外波段包含了地物温度信息，油膜在一定厚度下吸收太阳辐射，会将一部分辐射能量以热能的形式释放。因此，较厚油膜通常表现为热特征，而中等厚度油膜通常表现为冷特征，而最小能探测厚度在 20～70μm，厚度区间很小，因此，传感器敏感性也受到限制（Fingas et al.，1998）。

对溢油类型的遥感监测实质上是模式识别问题，这是遥感监测中较难实现的问题。溢油类型遥感监测手段见表 7-7。

表 7-7　溢油类型遥感监测手段

| 传感器类型 | 波长范围 | 遥感监测技术 |
|---|---|---|
| 激光荧光 | 300～355nm | |
| 高光谱波段 | 380～760nm | 光谱特征曲线 |
| 红外偏振 | 8～14μm | |

**（6）激光荧光遥感**

激光荧光遥感是以激光为激发光源，利用激发物质的荧光效应，将荧光光谱作为信息提取的输入源的一种荧光光谱分析法。当物质被电磁波（光波）照射时，处于基态的物质分子将吸收辐射光能量，由原来的能级跃迁到较高的第一电子单线激发态或者第二电子激发态，通常情况下，跃迁的电子会急剧地降落至最低振动能力，并以光的形式释放能力，即所谓的荧光。每种物质均可发射其特有的荧光光谱，荧光光谱取决于基态中的能级分布情况，而与激发光源无关。由于不同石油油膜中所含有的荧光基质种类及各类基质比例不同，在相同激发条件下所得到的荧光谱通常具有不同的强度和形状，这种差异就可以作为鉴别溢油种类的依据。同时，利用紫外波段辐射利于吸收以及激光的单色性、方向性和高亮度的特点，可以进一步提高信息提取的灵敏度和分辨率。

**（7）红外偏振遥感技术**

红外偏振遥感技术是一种检测多原子分子的方法，可以实现多组目标的同时检测与鉴别，因此，是一种较为新颖的遥感监测手段。相比传统的热红外遥感，热红外偏振遥感除了能够获得目标的电磁波强度以外，还能获取目标表面状态、物质结构等本身特性有关的偏振信息，因此也更加有益于对目标的识别。

总之，基于航天卫星遥感会受到卫星经过时间的制约，周期比较长，反应滞后，而且需要专业人员分析。在含油量测定方法的基础上已发展了多种在线监测和便捷式装置，在线检测系统常以荧光光度法为基础，用光电探测器将荧光进行光电转换，转化后的信号经放大器放大后输入计算机系统进行处理，通过计算机与上位机通信实现远程控制（郑轲和汪永安，2008）。便捷式检测系统常以气相色谱法为基础，将色谱柱流出的石油不同组分的浓度或质量变化转化成电信号后，用放大器放大，通过工作站可得到色谱图，系统可用计算机进行控制，检测器是系统的核心，检测石油适合用氢火焰离子化检测器（李建坡，2005）。而对于成分复杂的水体，紫外荧光与光散射法并用可大大降低误差，紫外荧光光谱获得的溶解油和乳化油含量通过激光散射光谱获得分散油含量，并能通过人造神经网络系统快速测得单独和混合油含量（He et al.，2003）。除此之外，随着计算机技术的发展，将神经网络、遥感技术、嵌入式系统等融合到各种检测方法中，这将大大提高检测设备的稳定性和可靠性。油类测定方法的实际应用还有很大的改善空间，将相关方法耦合，提高测定效率和精度是发展的方向之一。

# 7.4　溢油量评估法

溢油事故发生后，对溢油量的评估至关重要。现行适用于海洋溢油污染事故生态损害评估的方法为《海洋溢油生态损害评估技术导则》。该导则中指出，通常使用现场监测技术（海洋环境监测，根据受污染水体含油量与本底数值差计算），遥感技术和溢油飘移数值模拟等进行溢油污染事故的溢油量估算。其中，环境监测法尚未形成被广泛接受的估算模型。遥感法在7.3节中已有讲述，下面则对其他几种进行阐述。

**（1）观测计数法**

在进行溢油量估算时，事故处置人员应在第一时间，准确地收集溢油量估算相关原始数据，而且，此数据应得到代表作业者的油田现场管理人员的核对和确认。若不明确溢油源时，事故处置人员应首先使用观测计数方法进行溢油量初步估算。在明确溢油源的情况下，若溢油事故发生在海上输油期间，泵率和开始漏油至闭泵的时间间隔已知，则总溢油量可利用最大泵率与出事到闭泵的时间间隔之乘积来估算。若溢油事故属于输油管线泄漏，可根据泄漏的速率和时间确定溢油量；若船舱、油罐等储油容器发生泄漏，可以根据事故前后存油数量差确定溢油量。

**（2）采油工程法**

采油工程法适用于溢油污染区域面积较大，溢油量较大的地质性溢油事故，如油井倒伏、井喷等。若发生超压注水导致地下溢油，可将其视为石油开采增产措施的水力压裂，开启的溢油通道相当于水力压裂裂缝，因此，可通过压裂模型来估算最大可能的海底溢油量。

将断裂带的溢油点设想为一口自喷采油井，采用封闭边界无限大地层中心一口垂直单相油流井稳定生产产量，在没有产生裂缝时的稳定流出量见式（7-6）：

$$q_0 = \frac{2\pi k_0 h (p_r - p_{wf}) a}{\mu_0 B_0 \left( \ln \frac{r_e}{r_w} - \frac{1}{2} + S \right)} \tag{7-6}$$

若产生水力裂缝，油井产量相对于没有压裂的油井产量比值可由普拉兹公式（7-7）计算：

$$\frac{q_{\mathrm{f}}}{q_0} = \ln\frac{r_{\mathrm{e}}}{r_{\mathrm{w}}} \Big/ \ln\frac{r_{\mathrm{e}}}{0.25\,L_{\mathrm{r}}} \tag{7-7}$$

式中，$q_0$ 为没有裂缝时的油井产量；$q_{\mathrm{f}}$ 为压裂油井的产量；$p_{\mathrm{wf}}$ 为井底流动压力；$k_0$ 为地层中油相渗透率；$S$ 为表皮系数或井壁阻力系数；$h$ 为油层厚度；$\bar{p}_{\mathrm{r}}$ 为地层平均压力；$B_0$ 为地层原油体积系数；$r_{\mathrm{e}}$ 为流动边界半径；$r_{\mathrm{w}}$ 为油井半径；$L_{\mathrm{r}}$ 为裂缝半长；$\mu_0$ 为地层原油黏度；$a$ 为系数。

**（3）油藏物质平衡法**

油藏物质平衡法是油藏工程计算中的经典方法，被广泛应用于油藏的动态储量估算、油藏采油率评价及生产动态预测中。其计算原理是根据物质守恒原理而得，具体为将油藏开发阶段的某一时期流体的采出量加上剩余的储存量而得出流体的原始储量。该估算较为简便，可直接运用于因注水生产导致的地质性溢油污染事故最大可能溢油量估算。虽然该方法不需大量的油藏数据，但需要准确的油藏能量变化监测资料，包括地层及流体的弹性系数、地层流体的采出量、开采过程中地层压力的变化数据。将溢油通道假设为一口井，则溢油量等于油井的产量，表达式即为式（7-8）和式（7-9）。

$$N_{\mathrm{p}}\,B_{\mathrm{o}} = NB_{\mathrm{oi}}\,C_{\mathrm{eff}}\Delta P \tag{7-8}$$

$$C_{\mathrm{eff}} = \frac{C_{\mathrm{o}}\,S_{\mathrm{oi}} + S_{\mathrm{we}}\,C_{\mathrm{w}} + C_{\mathrm{p}}}{1 - S_{\mathrm{we}}} \tag{7-9}$$

式中，$N_{\mathrm{p}}$ 为累积采油量（油藏溢油量）（$\mathrm{m}^3$）；$B_{\mathrm{o}}$ 为原油体积系数（$\mathrm{m}^3/\mathrm{m}^3$）；$N$ 为原油地质储量（$\mathrm{m}^3$）；$B_{\mathrm{oi}}$ 为原始地层压力下的原油体积系数（$\mathrm{m}^3/\mathrm{m}^3$）；$C_{\mathrm{o}}$ 为原油压缩系数（$1/\mathrm{MPa}$）；$C_{\mathrm{w}}$ 为地层水的压缩系数（$1/\mathrm{MPa}$）；$C_{\mathrm{p}}$ 为油藏岩石孔隙压缩系数（$1/\mathrm{MPa}$）；$S_{\mathrm{we}}$ 为油藏束缚水饱和度；$S_{\mathrm{oi}}$ 为油藏含油饱和度；$\Delta P$ 为油藏压差（$\mathrm{MPa}$）。

由上述公式可算出油藏溢油量。然而，由于储层多孔介质内流体的渗流速度较慢、地层流体的流入、流出与地层压力的响应具有时间延迟，压力监测点获取的地层压力资料具有较大的区域性，这些不确定性均会导致对溢油量估算的误差。因此，需要在油藏投产后，加强对地层压力的监测，包括增加压力监测点和压力数据监测频率，全面计算油藏的注入量和产出量，随时监控油藏内压力和流体进出量之间的物质平衡关系，建立溢油风险的评价准则和风险预警机制，对不确定性的地质参数建立合理的评价范围，对溢油过程建立细致的物理模型。而对于油藏数值的模拟，通常依据油藏的各种静态、动态数据及相关实验，充分考虑油藏的构造形态、断层作用、岩石和流体的物性、空间分布规律等非均质性等因素。这对溢油风险的监测、溢油发生后的事故处理方案的优化及对事故治理效果的评估具有重要意义。

最后，对评价结果进行分析，从而降低不确定性对溢油量估算结果造成的影响。通常情况下，溢油量的估算方法会产生一定的误差，误差范围由小到大为观测计数法、遥感法、环境监测法、采油工程法、油藏物质平衡法。其中，观测计数法应用较多，但对于遥感法而言，事故中悬浮颗粒和沉降油污较少时估算较准确。环境监测法应用较少，估算模型存在较大争议。而采油工程法和油藏物质平衡法是为环境监测法提供一个天花板数值，但不能作为实际溢油量进行使用。对于实际的溢油事故溢油量的计算，则需结合多种评估方法，对污染面积和溢油量等进行全方位的综合评估。

# 7.5　应急监测与处理

　　溢油事故一旦发生，掌握实时溢油信息，包括动态分布、溢油量和油种等信息至关重要，这对于溢油应急预案的制订、清污作业及执法取证具有重要的意义。

　　目前，我国对于突发性石油泄漏污染的研究尚处于起步阶段。由于水体具有流动性，而此类污染多属于突发性事故污染，具有不确定性和不可预知性等特征。因此，系统化的开展对于快速应对此类污染的研究工作具有一定的难度。针对海上溢油监测的迫切需求，国内外相关学者先后开展了多方面的研究（陈佐，2002；李世龙，2011）。在应对突发性石油泄漏污染时，首先要控制污染源头，然后再对污染水进行处理。同时，我国针对突发性石油泄漏污染也配备了相应的围油栅、撇油器、收油袋等防污染设备，建立了自己的监测体系，绘制了海洋环境石油敏感图，并建立了溢油漂移数值模型、数据库和溢油漂移软件，一旦发生溢油事件，有关人员在很短的时间内，就会对溢油海域的污染情况及溢油运行轨迹进行了解。

　　在溢油事故发生后，相关部门应立即启动反应程序，调集相关技术人员，应用围油设施将溢油限制在一定区域内，使用混凝剂、活性炭、石墨吸附、沉淀石油污染物等分别作为应急处理技术手段。之后，搜集历史数据资料，运用现场监测仪器设备对海上溢油进行实时追踪和监测及溢油飘移方向和速度的预测及风险评估。这些监测手段有雷达探测、航空遥感、计算机模拟和巡逻艇搜等几种方法（Coppini et al.，2011）。其中，雷达探测和航空遥感是最有效的监视和跟踪手段，但容易受气候因素的影响，而且所需费用很高，目前难以推广。计算机模拟受人员素质等各种复杂气象条件影响，容易出现偏差。巡逻艇搜速度慢、范围小、效率低，且在较大程度上受气象条件的限制。因此，急需一种准确实时、成本低廉、能对溢油进行全天候和全程监测的手段，供溢油指挥决策使用。在国外，表层漂流浮标在溢油跟踪满足此方面的要求，有较多的应用。它是一种随流漂移，利用卫星系统定位，具有数据实时传输功能的海洋观测仪器。应急处理后，立即将浮标投放在厚油膜层中，浮标随油膜一起飘移，通过卫星通信系统或移动通信网实时接收浮标位置信息，实现对溢油位置、飘移速度、轨迹、方向的实时跟踪。然后再应用其他技术将溢油清除，而溢油清除技术的应用与溢油现场环境、气象等方面条件密切相关，同时，还需考虑这些技术对环境的破坏。采用溢油回收系统如围油栏、分散剂、吸收剂、凝油剂及现场焚烧等手段。还可以采用激光技术来清洁和分解海岸岩石上的溢油。这不会产生附加产物，对潜在的地下生物的伤害也可降低到最低限度。这种激光清洁过程由光谱分析来控制激光等离子体产生的光线，可以避免对岩石表面生物体的伤害（De et al.，2005）。也可以通过有效的清理作业去除油类来帮助恢复过程，有时还可以通过管理得当的恢复措施来加速此过程。

　　随着社会经济的迅猛发展和人民生活水平的不断提高，人们的环境保护意识得到了进一步的发展与深化。水中油类污染受到了人们越来越多的关注和重视。而且，科学技术的不断进步与发展也会对水中油类监测分析方法的探索和研究带来新的开发和拓展。

# 7.6 生物修复法

生物降解是大自然平衡和自我修复的机理之一，也是环境自身净化的最根本途径。它降解清除石油的能力取决于能够降解石油的不同海洋微生物。由于降解过程极其复杂，就海洋环境而言，至今人们尚不能用数学公式定量描述原油生物降解的速率。据观察，对海洋生态环境的修复主要包括以下两个方面：第一，对海洋环境的修复；第二，对受损物种的修复。对环境的修复主要采用物理、化学和生物的方法，其中，物理和化学法主要在溢油发生后使用，以便快速对溢油进行回收和应急处理。而用于生态环境修复的方法通常为生物修复法。它是利用微生物或调解污染物环境条件进行催化降解环境污染物，减少或最终消除环境污染的受控或自发过程，该过程可将环境中的有机污染物转化为二氧化碳和水或其他无公害物质（Wang et al.，2013）。它的优点是不会产生二次污染，处理费用低，可进行原地修复等。

根据修复手段不同，生物修复法可分为自然生物修复和人工生物修复两种方法。自然生物修复是指在没有人工干预的情况下，而使得环境污染物减少或最终消除的过程，这一过程一般较慢，往往要花很长时间才能恢复。而人工生物修复可分为原位生物修复（in situ）、异位生物修复（ex situ）和生物反应器（bioreactor）处理三类。其中，原位生物修复技术是指在受污染的地区直接采用生物修复技术，不进行污染物的挖掘和运输工作，直接投加经过筛选驯化的微生物或一些营养物质来加快微生物的降解。异位生物修复技术是指将被污染物从污染地取出，运输到专门的治理场所，并借助生物修复反应器进行处理。生物反应器法是用于处理污染土壤或底泥的特殊反应器，可建在污染现场或异地处理场地。这种修复机理是依靠微生物细胞的吸收氧化作用，对污染物进行分解同化，同时，将有机污染物转变为细胞的组成部分、水或 $CO_2$ 而排出体外，从而实现对有机污染的修复。

另外，可通过人为措施来减少净化时间。这些措施包括添加合适的微生物如高效石油烃降解菌（PDB）来进行生物强化或添加生物修复营养级（BN）来改变微生物所处的环境而进行生物激活（Wang et al.，2013）。其中，PDB 是用来扩充现有的微生物种群，提高在受污染环境中的石油降解率，同时为微生物提供必需的营养素，如氮和磷。而 BN 法则被广泛用于大型溢油清理后续残留污染的土壤、海岸线、地下水和废物污泥等。但这种技术并非对所有的溢油都有效，如 API 比重大于 30 的油品易于降解，溢油成分中的烷烃、环烷烃易于降解，而重分子的树脂类和沥青则不易降解。通常根据事故发生地的土壤营养基（如氮、磷和氧含量）来决定生物降解技术，同时，高能水域不宜菌种的生长，也限制了这种技术的使用。

目前，生物强化途径有三种：一是投加营养物，促进土著微生物的生长；二是投加高效外来微生物；三是投加基因工程微生物。由于土著微生物普遍存在于海滩，因此，用土著微生物最为方便，但由于其生长缓慢、代谢活性低等，溢油污染发生时会导致其数量和活性下降，故而可采用添加高效外来微生物或基因工程微生物来加快生物修复的速度。在使用基因工程微生物时需小心，因为这种微生物需进行充分的论证才可进行使用。同时，添加高效外来微生物会受到许多条件的制约，如土著微生物的竞争作用、环境生态因子的适宜性和被修复环境中污染物的环境毒性等。因此，仍需研究人员进一步开发更环保及更高效的修复技术。

生物激活法主要采用两种方式：一是加入营养盐，如 N、P；二是加入表面活性剂。

**（1）加入营养盐**

溢油污染的发生所带来的大量碳源会改变环境中的碳氮比，微生物会利用这些碳源作为生长底物，使得 N、P 等无机养分迅速流失，从而影响微生物的生长及对石油烃的利用能力。而营养盐的添加会降低微生物的迅速增长，增强对石油组分的生物降解。常用的营养盐主要有水溶性营养盐、缓释型营养盐和油溶性营养盐。对它们的性能比较见表 7-8。

表 7-8  营养盐性能比较

| 类型 | 优点 | 缺点 | 举例 |
|---|---|---|---|
| 水溶性营养盐 | 起效快，不含有机氮，不会与油形成竞争底物 | 易被海浪冲走，投加频繁而易引起赤潮 | $KNO_3$，$NaNO_3$，$MgNH_4PO_4$ |
| 缓释型营养盐 | 不易冲刷，可提供连续的营养源 | 释放的周期不好控制 | 胶囊状肥料 |
| 油溶性营养盐 | 黏附于油上，在油水界面处提供营养 | 价格昂贵，受环境影响大 | InipolEAP22 |

资料来源：改编自徐会，2013。

**（2）加入表面活性剂**

通常，微生物只有接触到石油污染物时才能将其降解，而石油污染在水中一般以油滴分离相的形式存在，在水中溶解度小，微生物则在水溶性环境中生长，因此，具有亲油和亲水基团的表面活性剂的加入会使得石油分散成很小的颗粒，增加了石油污染物与氧气，微生物的接触机会，增强了石油污染物的生物可利用性，提高了生物降解率。这里所说的表面活性剂是指微生物在一定的培养条件下，在其代谢过程中分泌处的具有一定表面活性的代谢产物，如糖脂、肽脂、多糖或中性类脂衍生物等。与化学表面活性剂相比，这里的生物表面活性剂除具有降低表面张力、稳定乳化液和增加泡沫等作用，还具有无毒、能生物降解等优点。因而，在石油污染物降解中具有很好的应用潜力。常见的几种表面活性剂性能比较见表 7-9。其中，应用较多的为鼠李糖脂，它可有效促进微生物利用率。

表 7-9  常见的几种表面活性剂性能比较　　　　　　　　　（单位：mN/m）

| 种类 | 制备方法 | 表面张力 | 界面张力 | CMC |
|---|---|---|---|---|
| 十二烷基磺酸钠 | 石化原料合成 | 37 | 0.02 | 21 |
| 吐温-20 | 石化原料合成 | 30 | 4.8 | 600 |
| 溴化十六烷基三甲胺 | 石化原料合成 | 30 | 5.0 | 1300 |
| 鼠李糖脂 | 菌株发酵（*Pseudomonas aeruginosa*） | 25~30 | 0.05~4.0 | 5~200 |

| 种类 | 制备方法 | 表面张力 | 界面张力 | CMC |
|------|----------|----------|----------|-----|
| 槐糖脂 | 菌株发酵（*Candida bombicola*） | 30 ~ 37 | 1.0 ~ 2.0 | 17 ~ 32 |
| 海藻糖脂 | 菌株发酵（*Rhodococus erythropolis*） | 30 ~ 38 | 3.5 ~ 17 | 4 ~ 20 |
| 脂肽 | 菌株发酵（*Bacillus subtillis*） | 27 ~ 32 | 0.1 ~ 0.3 | 12 ~ 20 |

资料来源：改编自徐会，2003。

## 7.7 溢油鉴定与事故防止

若溢油确实发生时，正确识别溢油源则是客观的环境评价手段，同时，准确预测长期风险、修复方法及有效的清理措施也是解决责任纠纷的前提。溢油鉴别为事故的调查处理、分析风流对溢油流向的影响和勘查溢油现场提供了重要的取证手段。其中，油指纹鉴别是主要的一种技术（王传远等，2008；Wang et al.，2013），由于其本身具有客观公正、科学合理和合法等特点，可有效保证事故认定的准确性和科学性。它的作用主要体现在以下几个方面：第一，为准确预测溢油飘移扩散提供重要数据；第二，油指纹库中的油品特征信息为科学合理处理事故提供了方法；第三，对溢油的损失评估、油品的毒性组分和分解能力提供了分析信息。总的说来，它是溢油应急响应系统良好运行的重要基础。

实验室常用的溢油指纹鉴别方法是利用石油类产品的特征，通过气相色谱、荧光光谱、元素分析、红外光谱和薄层色谱等，其中应用最广泛的是气相色谱法、荧光光谱法和元素分析法。气相色谱法（Zhou et al.，2014）是基于不同油品具有不同的色谱指纹，用溢油的色谱指纹与同样条件下得到的可疑溢油色谱指纹进行轮廓、峰位、峰数比较，即通过指纹匹配法来判别。其中，最常用的是气相色谱-氢火焰离子法（FID），它是将油样溶解在正己烷中，加无水硫酸钠除水，并离心分离除去沥青物及其他杂质，再经毛细管柱分离、火焰离子法检测后，得到油品正构烷烃的分布信息图。利用其中最具有显著生物地球化学特征的姥鲛烷和植烷与 $C_{17} \sim C_{22}$ 的含量进行鉴别，它反映了油品中化学组成的含量信息。此外，气相色谱-氢火焰光度法（FID）也可针对油品中所含硫化物的特征对 FID 正构烷烃指纹特征上的油种进行鉴别。荧光光度法（Zhang et al.，2012）则是利用油中多环芳烃的荧光光谱特征信息而鉴别溢油，它反映的是油种化学组成的分子结构信息。这种方法基本不受时间影响，因为多环化合物挥发性和水溶性都非常小，风化程度慢，因此，使得这种方法成为一种有效的、主要的溢油鉴别方法。按类别可分为普通荧光光谱法、同步荧光光谱法、磷光光谱法、导数荧光光谱法和三维荧光光谱法。对于三维荧光光谱法，前面已有介绍，这里，对同步荧光光谱法进行简要说明。同步荧光光谱法除了具有普通荧光光谱所具有的优点外，还可准确鉴别和确定包括原油在内的碳氢多元混合物组分的细微差别。

近年来，分子同位素技术（又称单体化合物同位素分析），使得油类指纹鉴别技术得到大大进步。对碳的同位素分析包括全油碳同位素分析和单体烃碳同位素分析两种。其中，原油碳的同位素组成受沉积环境形成的原油而决定。同时，随着原油及氯仿沥青

"A"组分极性的增加，$\delta^{13}C$随之增大，其大小顺序为：饱和烃<全油<芳烃<非烃<沥青质<干酪根。将此关系以原油及组分为横坐标，$\delta^{13}C$[①]为纵坐标进行油样碳同位素类型分析，从而可知，相同来源的油具有相似类型的曲线特征，不同来的油的曲线形状不同，因此，可利用这种规律进行油源对比。将这种方法用于油指纹鉴别中，可使得碳同位素抗风化，对易挥发油中$\delta^{13}C$的测定具有一定的局限性。单体烃碳同位素分析弥补了这一缺陷，它可检测单个烃类，特别是生物标志化合物的$\delta^{13}C$，目前已成为生烃演化和油源对比的重要手段之一。其中，对母质来源和原油的判别过程中，单体正构烷烃碳同位素分布曲线主要通过相似性原则而研究。但原油中的硫、氮、氧等的含量较低，这抑制了其在溢油鉴定研究中的应用，未来可在拓宽同位素应用范围及建立相应的定量源解析模型等方面继续努力。

同时，建立我国生产和运输油品的油指纹库势在必行，同时，也要进一步加强油指纹分析，不断提高油指纹鉴别手段和分析能力。同时，要保护好海洋环境，防止溢油事故的发生，应加强以下几方面的监管。

1）组建应急反应机制及演练。由海事部门牵头，组建由港区工作人员、消防人员共同参与的应急防范队伍，加强了解应急防范操作规程，掌握应急防范设备器材的操作使用，增强应付突发性溢油及化学品事故的处置能力。

2）操作性排油的防治。①严格操作规程。船舶的每一个船员都应该按照油类作业规程安全操作，船公司和油船必须贯彻执行有关油船安全生产的各项规章制度，以减少人员失误而造成油污染事故。在含油污水、压载水、处理船上残留的油类残余物和进行货油装卸作业时，应严格按照国际海事组织和推荐和确认的《船上清洁海水指南》《船间转载指南》《船上油污应急计划编制指南》等执行。②对油轮加强监管。海事监管部门在日常工作和检查中一定要熟悉各类有关危险货物和防污染管理的国家公约、法律、法规和标准等，如《MARPOL73/78》《SOLAS公约》《联合国海洋法公约》和《海上交通安全法》。③航运和管线设计的管理。提高航行信息质量和船舶航行的监控能力，可以降低风险。

3）统一管理的应急响应体系，提高应急工作的快速反应。

以上的溢油鉴别技术为快速、有效地进行事故分析提供了重要依据和处理方案。而事故防止在一定程度上尽量减少了事故的发生和对人类及自然环境的影响程度，将危害降低到最低限度。另外，在海上进行作业时，需注意及保持个人、各个方面的安全及防护工作，以便操作实施顺利进行。

## 参 考 文 献

陈佐. 2002. 突发性环境污染事故分析与应急反应机制. 铁道劳动安全卫生与环保, 29（1）：45-47.

冯巍巍, 王锐, 孙培艳, 等. 2010. 几种典型石油类污染物紫外激光诱导荧光光谱特性研究. 光谱学与光谱分析, 31（5）：1168-1170.

韩立民, 任新君. 2009. 海域承载力与海洋产业布局关系初探. 太平洋学报, 2：80-84.

---

① $\delta$代表化学位移。

李建坡，2005. 便携式气相色谱检测系统的研制. 长春：吉林大学硕士学位论文.

李世龙. 2011. 环境污染事故应急监测浅析. 黑龙江科技信息，25：168.

柳先平，李磊，王小如，等. 2015. 海水有色可溶性有机物质荧光光谱的质量浓度响应. 海洋科学进展，4：70-74.

陆应诚，陈君颖，包颖，等. 2011. 基于 HJ-1 星 CCD 数据的溢油遥感特性分析与信息提取. 中国科学：信息科学，41：193-201.

宁寻安，袁斌，周伟坚. 2008. 漂浮型 TiO₂ 光催化剂的研制及其除油实验研究. 工业水处理，28（8）：28-33.

陶永华，殷明. 2001. 水中油类污染物生物处理技术方法概述. 海军医学杂志，22（2）：163-166.

田广军，尚丽平，史锦珊. 2004. 油类三维荧光谱测量及其指纹图统计特征. 仪器仪表学报，25（4）：819-823.

汪大翙，徐新华，宋爽. 2000. 工业废水中专项污染物处理手册. 北京：冶金工业出版社.

王传远，王敏，段毅. 2008. 海洋溢油源鉴别研究现状及进展. 海洋开发与管理，25（3）：84-87.

王俊. 2009. SAR 影像溢油目标边缘提取方法及实现. 大连：大连海事大学硕士学位论文.

王莹. 2009. 重复法测定水中矿物油的分析方法探讨. 现代农业，7：96-97.

温晓丹. 2001. 地表水中石油类红外法与紫外法测定结果的比对. 环境监测管理与技术，13（5）：31-33.

温晓露，黄凌军，周文凯. 2003. 重量法测定污泥中的矿物油含量. 中国给水排水，19（7）：100-101.

谢重阁. 1980. 应用荧光分光光度法测定水中油的研究. 环境污染治理技术与设备，3（2）：9-14.

徐会. 2013. 海面溢油综合生物修复剂的制备及强化海面溢油修复效果评价. 青岛：中国海洋大学硕士学位论文.

余振荣，谈晓东. 2010. 紫外光度法测定水中石油类物质的方法改进. 苏州科技学院学报：工程技术版，23（1）：13-15.

张惠，冷中成，王强，等. 2010. 气相色谱法测定食用菜籽油掺棉籽油的方法研究. 职业与健康，26（24）：2941-2943.

赵广立，冯巍巍，付龙文，等. 2014. 基于紫外荧光法检测水中油含量的浸入式传感装置的研究. 海洋通报，33（1）：77-83.

郑健，周建光，陈焕文，等. 2002. 水体和土壤中矿物油的常用测量方法与仪器. 分析仪器，3：1-9.

郑轲，汪永安. 2008. 新型水中油在线检测系统的设计. 微计算机信息，27（8）：57.

周林红，吴燕. 2005. 紫外分光光度法测定炼油废水中的石油类含量. 石化技术与应用，22（6）：456-458.

Ajayi I A. 2008. Comparative study of the chemical composition and mineral element content of Artocarpus heterophyllus and Treculia africana seeds and seed oils. Bioresource Technology, 99 (11): 5125-5129.

Bugden J, Yeung C, Kepkay P, et al. 2008. Application of ultraviolet fluorometry and excitation-emission matrix spectroscopy (EEMS) to fingerprint oil and chemically dispersed oil in seawater. Marine Pollution Bulletin, 56 (4): 677-685.

Coppini G, De Dominicis M, Zodiatis G, et al. 2011. Hindcast of oil-spill pollution during the Lebanon crisis in the Eastern Mediterranean, July-August 2006. Marine Pollution Bulletin, 62 (1): 140-153.

De laHuz R, Lastra M, Junoy J, et al. 2005. Biological impacts of oil pollution and cleaning in the intertidal zone of exposed sandy beaches: Preliminary study of the "Prestige" oil spill. Estuarine, Coastal and Shelf Science, 65 (1): 19-29.

Dissanayake A, Bamber S D. 2010. Monitoring PAH contamination in the field (South west Iberian Peninsula):

Biomonitoring using fluorescence spectrophotometry and physiological assessments in the shore crab Carcinus maenas ( L. ) ( Crustacea: Decapoda) . Marine Environmental Research, 70 ( 1 ): 65-72.

Ferreira S, Dos Santos A, De Souza G, et al. 2008. Analysis of the emissions of volatile organic compounds from the compression ignition engine fueled by diesel-biodiesel blend and diesel oil using gas chromatography. Energy, 33 ( 12 ): 1801-1806.

Fingas M, Brown C, Mullin J. 1998. The visibility limits of oil on water and remote sensing thickness detection limits. Proceedings of the Proceedings of the Fifth Thematic Conference on Remote Sensing for Marine and Coastal Environments, Environmental Research Institute of Michigan, Ann Arbor ( Michigan), 411-418.

Fu H Z, Wang M H, Ho Y S. 2013. Mapping of drinking water research: Abibliometric analysis of research output during 1992-2011. Science of the Total Environment, 443: 757-765.

He L, Kear-Padilla L, Lieberman S, et al. 2003. Rapid in situ determination of total oil concentration in water using ultraviolet fluorescence and light scattering coupled with artificial neural networks. Analytica Chimica Acta, 478 ( 2 ): 245-258.

Mohamed M H, Wilson L D, Headley J V, et al. 2008. Screening of oil sands naphthenic acids by UV- Vis absorption and fluorescence emission spectrophotometry. Journal of Environmental Science and Health Part A, 43 ( 14 ): 1700-1705.

Petruševska M, Urleb U, Peternel L. 2013. Evaluation of the light scattering and the turbidity microtiter plate-based methods for the detection of the excipient-mediated drug precipitation inhibition. European Journal of Pharmaceutics and Biopharmaceutics, 85 ( 3 ): 1148-1156.

Ramsey E D. 2008. Determination of oil- in- water using automated direct aqueous supercritical fluid extraction interfaced to infrared spectroscopy. The Journal of Supercritical Fluids, 44 ( 2 ): 201-210.

Ugochukwu U C, Jones M D, Head I M, et al. 2014. Biodegradation and adsorption of crude oil hydrocarbons supported on "homoionic" montmorillonite clay minerals. Applied Clay Science, 87: 81-86.

Wang C, Chen B, Zhang B, et al. 2013. Fingerprint and weathering characteristics of crude oils after Dalian oil spill, China. Marine Pollution Bulletin, 71 ( 1 ): 64-68.

Wang C, Gao X, Sun Z, et al. 2013. Evaluation of the diagnostic ratios for the identification of spilled oils after biodegradation. Environmental Earth Sciences, 68 ( 4 ): 917-926.

Wang C, Wang W, He S, et al. 2011. Sources and distribution of aliphatic and polycyclic aromatic hydrocarbons in Yellow River Delta Nature Reserve, China. Applied Geochemistry, 26 ( 8 ): 1330-1336.

Wang H, Wang C, Lin M, et al. 2013. Phylogenetic diversity of bacterial communities associated with bioremediation of crude oil in microcosms. International Biodeterioration & Biodegradation, 85: 400-406.

Yuan J, Lai Y, Duan J, et al. 2012. Synthesis of a beta-cyclodextrin-modified Ag film by the galvanic displacement on copper foil for SERS detection of PCBs. Journal of Colloid and Interface Science, 365 ( 1 ): 122-126.

Zhang D, Ding A, Cui S, et al. 2013. Whole cell bioreporter application for rapid detection and evaluation of crude oil spill in seawater caused by Dalian oil tank explosion. Water Research, 47 ( 3 ): 1191-1200.

Zhang J L, Zheng R E. 2012. Identification of spill oil species based on low concentration synchronous fluorescence spectra and RBF neural network. Spectroscopy and Spectral Analysis, 32 ( 4 ): 1012-1015.

Zhou P, Chen C, Hu P, et al. 2014. Oil fingerprinting of polyaromatic hydrocarbons applied to the identification study of oil spill from ship. Acta Oceanologica Sinica, 36 ( 12 ): 91-102.

# |第 8 章| 赤潮毒素分析监测技术

## 8.1 赤潮毒素简介

海洋中的微藻是海洋初级生产力的主要提供者，它们能够吸收光能，利用海水中的氮磷等营养盐将无机碳转化为有机碳，并通过食物链为整个海洋系统的摄食者提供能量，是整个海洋生态系统食物链的基础，也是生态系统的能量基础。但在适宜条件下（营养盐、光照、温度、海流等），这些微藻会在短时间内大量增殖，大量消耗水体中的溶解氧，甚至产生一些有害毒素，破坏海洋生态系统的结构功能和稳定性，使海洋生态系统向不利于人类的方向发展，这种微型生物（浮游植物、原生动物或细菌）暴发性增殖或高度聚集并达到一定密度而引起的有害的生态现象被称为赤潮（red tide），也可称为有害藻华（harmful algal blooms，HABs）。赤潮在严格意义上来说是一种自然现象，自古已有发生。但近几十年随着世界各地经济的迅速发展，大量营养盐排入海洋，导致赤潮的频度、强度和地理分布都迅速增加，目前已经被列入我国海洋灾害公报的必报项目之中。根据我国国家海洋局"海洋环境质量公报"统计，2006~2010 年，我国海域共发生赤潮 380 次，累计面积达 70 180km²。赤潮发生和消亡过程中，水体中溶解氧、pH 和营养盐等环境因子显著变化，各种海洋生物的生存环境遭到破坏，海洋生态系统失衡恶化，渔业资源和海产养殖业受损。

赤潮可分为有毒赤潮和无毒赤潮两类。有毒赤潮是指一些能够产生赤潮毒素的微藻的暴发，即使在较低密度下短时间爆发，这些微藻产生的毒素也会污染水体，使毒素在消费者体内累积，最终通过食物链进入人体，导致人类因食用含有赤潮毒素的鱼类、贝类而食物中毒；无毒赤潮虽然不产生赤潮毒素，但其暴发时能够产生较高的藻密度，高密度的微藻会对游泳动物和滤食性贝类造成机械损伤或改变环境因子，如导致水体缺氧、氨和硫化氢等有毒物质含量升高等，对海洋生态系统造成不利影响。随着中国近海富营养化问题的加剧，自 20 世纪 70 年代起，我国近海海域赤潮发生的频率、规模和持续时间开始显著增加（周名江和朱明远，2001）。2000 年以后，中国海域每年记录的赤潮次数都在 60 次以上，同时，有毒有害赤潮所占的比例也在不断上升，我国已经多次出现因食用赤潮毒素污染的贝类、鱼类导致人类中毒甚至死亡的报道。有毒有害赤潮的爆发对我国海洋生态环境、海水养殖业及水产品的食品安全等都构成了严重的威胁，因此，加强对海洋赤潮毒素的分析监测十分必要。

赤潮毒素根据毒素传递媒介和中毒症状的不同，可分为以下五大类：麻痹性贝类毒素（paralytic shellfish toxins，PSTs/PSP）、腹泻性贝类毒素（diarrhetic shellfish toxins，DSTs/DSP）、神经性贝类毒素（neurotoxic shellfish toxins，NSTs/NSP）、记忆缺失性贝类毒素

（amnesic shellfish toxins，ASTs/ASP）、西加鱼毒素（ciguatera fish toxins，CFTs/CFP）；按化学结构可将生物毒素分为八大类：原多甲藻酸类毒素（azaspirzcids，AZA）、短裸甲藻毒素（brevetoxins，BTX）、环亚胺类毒素（cyclic imines）、软骨藻酸毒素类（domoic Acid，DA）、大田软海绵酸类毒素（okadaic acid，OA）、扇贝毒素（pectenotoxins，PTX）、石房蛤毒素（saxitoxins，STX）和虾夷扇贝毒素（yessotoxins，YTX）。

全球每年有数千起因赤潮毒素导致的人类中毒事件，死亡率高达 1.5%，其中分布最广、发病率最高、危害最大的是麻痹性贝类毒素和腹泻性贝类毒素，Azanza 和 Max（2001）统计了亚洲地区的藻毒素中毒事件，其中麻痹性贝类毒素中毒事件约占 87%，腹泻性贝类毒素中毒约占 5%。由于麻痹性贝类毒素和腹泻性贝类毒素的广泛存在性、高毒性和高危害性，许多国家已经将二者列为贝类养殖区的常规检测项目，而我国对出口到欧盟、美、日、韩等地区的贝类中的藻毒素含量也有严格的要求。

麻痹性贝类毒素是一类四氢嘌呤类物质，最早是在北美洲的石房蛤体内发现的，随着研究的不断深入，人们不断发现其他类似毒素组成，根据 R4 基团的不同，麻痹性贝类毒素可分为四大类：①氨基甲酸酯类毒素（carbamate toxins），包括石房蛤毒素（saxitoxin，STX）、新石房蛤毒素（neosaxitoxin，neoSTX）、膝沟藻毒素 1-4（gonyautoxin 1-4，GTX1-4）；②N-磺酰氨甲酰基类毒素（N-sulfo-carbamoyl toxins），包括膝沟藻毒素 5-6（gonyautoxin 5-6，GTX5-6），N-磺酰氨甲酰基类毒素 1-4（N-sulfocarbamoyl toxin 1-4，C1-4）；③脱氨甲酰基类毒素（decarbamoly toxins），包括脱氨甲酰基石房蛤毒素（decarbamoylsaxitoxin，dcSTX）、脱氨甲酰基新石房蛤毒素（decarbamoylneosaxitoxin，dcneoSTX）、脱氨甲酰基膝沟藻毒素 1-4（decarbomylgonyautoxin 1-4，dcGTX1-4）；④脱氧脱氨甲酰基类毒素（deoxydecarbamoyl toxins），包括脱氧脱氨甲酰基石房蛤毒素（deoxyde-carbamoylsaxitoxin，doSTX）、脱氧脱氨甲酰基膝沟藻毒素 2-3（deoxydecarbomylgonyautoxin 2-3，doGTX2，3）。

腹泻性贝类毒素是一类脂溶性的化合物，能够引起腹泻、恶心和呕吐等中毒症状，通常根据化学结构将腹泻性贝类毒素分成三组：①酸性毒素，包括大田软海绵酸及其衍生物鳍藻毒素（dinophysistoxins，DTX）；②中性毒素（pectenotoxins，PTX），主要是指聚醚内酯类化合物扇贝毒素；③其他毒素，主要是指带有硫酸基团的虾夷扇贝毒素（yessotoxins，YTX），但 PTX 和 YTX 很少引起人体腹泻性症状。

赤潮毒素具体分类见表8-1 所示，其结构见表8-2，表8-3 所示是常见赤潮毒素的产毒生物、分布、危害阈值和常规检测方法（Vilariño et al.，2010）。赤潮毒素种类繁多，每种毒素都有多种衍生物，复杂的毒素种类和多样的分子结构，使得赤潮毒素的精确定量检测存在很大的困难。另外，赤潮毒素大多由赤潮藻产生，对于脂溶性的赤潮毒素，会直接经过食物链进入鱼、虾、贝类消费者的体内，海水中赤潮毒素的含量是很低的，对海水中赤潮毒素的检测，需要极高的灵敏度。对于富集了赤潮毒素的鱼、虾、贝类体内赤潮毒素的检测，是食品安全、环境保护等多方关注的重点，这些水产品中赤潮毒素的含量较高，可以达到 μg/kg 甚至 mg/kg 的数量级，但水产品大量的氨基酸和脂肪使赤潮毒素的检测基质十分复杂，通常需要对水产品中的赤潮毒素进行粗提、萃取等复杂的前处理后，再通过生物、化学的方法进行检测。这些因素在一定程度上都制约着海洋赤潮毒素分析监测的发展。

表 8-1　赤潮毒素分类

| 赤潮毒素名称 | | 具体分类 | 结构特点 |
|---|---|---|---|
| 按毒素传递媒介和中毒症状分类 | 麻痹性贝类毒素（paralytic shellfish toxins，PSTs/PSP） | 氨基甲酸酯类毒素（carbamate toxins） | 石房蛤毒素（saxitoxin，STX）<br>新石房蛤毒素（neosaxitoxin，neoSTX）<br>膝沟藻毒素 1-4（gonyautoxin 1-4，GTX1-4） |
| | | N- 磺酰氨甲酰基类毒素（N-sulfo-carbamoyl toxins） | 膝沟藻毒素 5-6（gonyautoxin 5-6，GTX5-6）<br>N-磺酰氨甲酰基类毒素 1-4（N- sulfocarbamoyl toxin 1-4，C1-4） |
| | | 脱氨甲酰基类毒素（decarbamoly toxins） | 脱氨甲酰基石房蛤毒（decarbamoylsaxitoxin，dcSTX）<br>脱氨甲酰基新石房蛤毒素（decarbamoylneosaxitoxin，dc-neoSTX）<br>脱氨甲酰基膝沟藻毒素 1-4（decarbomylgonyautoxin 1-4，dcGTX1-4） |
| | | 脱氧脱氨甲酰基类毒素（deoxydecarbamoyl toxins） | 脱氧脱氨甲酰基石房蛤毒素（deoxydecarbamoylsaxitoxin，doSTX）<br>脱氧脱氨甲酰基膝沟藻毒素 2-3（deoxydecarbomylgonyautoxin 2-3，doGTX2，3） |
| | 腹泻性贝类毒素（diarrhetic shellfish toxins，DSTs/DSP） | 酸性毒素 | 大田软海绵酸（okadaic acid，OA）<br>鳍藻毒素（dinophysistoxins，DTX） |
| | | 中性毒素 | 扇贝毒素（pectenotoxins，PTX） |
| | | 其他毒素 | 虾夷扇贝毒素（yessotoxins，YTX） |
| | 神经性贝类毒素（neurotoxic shellfish toxins，NSTs/NSP） | | 短裸甲藻毒素（brevetoxins） |
| | 记忆缺失性贝类毒素（amnesic shellfish toxins，ASTs/ASP） | | 软骨藻酸（domoic acid，DA） |
| | 西加鱼毒素（ciguatera fish toxins，CFTs/CFP） | | 西加鱼毒素（ciguatera toxins，CTX）<br>刺尾鱼毒素（maitotoxin，MTX） |
| 按化学结构分类 | 原多甲藻酸类毒素（azaspirzcids，AZAs） | | 脂溶性聚醚化合物 |
| | 短裸甲藻毒素（brevetoxins，BTXs） | | 脂溶性聚醚化合物 |
| | 环亚胺类毒素（cyclicimines） | | 螺环内酯毒素（spirolides，SPX）<br>Gymnodimines 类毒素（GYM） |
| | 软骨藻酸毒素类（domoic acid，DA） | | 谷氨酸衍生物和神经性毒素 |
| | 大田软海绵酸类毒素（okadaic acid，OA） | | C38 多环聚醚类脂肪酸的衍生物 |
| | 扇贝毒素（pectenotoxins，PTX） | | 大环聚醚内酯类化合物 |
| | 石房蛤毒素（saxitoxins，STX） | | 四氢嘌呤衍生物 |
| | 虾夷扇贝毒素（yessotoxins，YTX） | | 聚醚类活性物质 |

## 表 8-2　常见赤潮毒素结构

| 毒素 | 赤潮毒素结构 |
|---|---|

麻痹性贝类毒素(Dell et al., 2008)

| | R₁ | R₂ | R₃ | R₄ |
|---|---|---|---|---|
| 氨基甲酸酯类毒素 | | | | |
| STX | H | H | H | $CONH_2$ |
| NEO | OH | H | H | $CONH_2$ |
| GTX1 | OH | H | $OSO_3^-$ | $CONH_2$ |
| GTX2 | H | H | $OSO_3^-$ | $CONH_2$ |
| GTX3 | H | $OSO_3^-$ | H | $CONH_2$ |
| GTX4 | OH | $OSO_3^-$ | H | $CONH_2$ |
| N-磺酰氨甲基类毒素 | | | | |
| GTX5 | H | H | H | $CONHSO_3^-$ |
| C1 | H | H | $OSO_3^-$ | $CONHSO_3^-$ |
| C2 | OH | $OSO_3^-$ | H | $CONHSO_3^-$ |
| C3 | OH | H | $OSO_3^-$ | $CONHSO_3^-$ |
| C4 | OH | $OSO_3^-$ | H | $CONHSO_3^-$ |
| 脱氨甲酰基类毒素 | | | | |
| dcGTX2 | H | H | $OSO_3^-$ | H |
| DcGTX3 | H | $OSO_3^-$ | H | H |

大田软海绵酸/鳍藻毒素(Daranas et al., 2001)

| | R₁ | R₂ | R₃ | R₄ |
|---|---|---|---|---|
| OA | $CH_3$ | H | H | H |
| DTX-1 | $CH_3$ | $CH_3$ | H | H |
| DTX-2 | H | $CH_3$ | H | H |
| DTX-3 | $H/CH_3$ | $H/CH_3$ | 脂肪酸 | H |
| DTX-4 | $CH_3$ | H | H | 左图 a |
| DTX-5a | $CH_3$ | H | H | 左图 b |
| DTX-5b | $CH_3$ | H | H | 左图 c |

腹泻性贝类毒素

续表

| 毒素 | 赤潮毒素结构 |
|------|------------|

扇贝毒素(Miles, 2007)

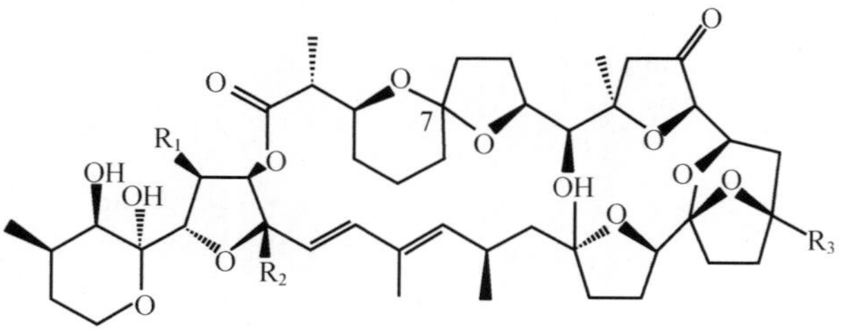

|  | 7 | $R_1$ | $R_2$ | $R_3$ |
|------|---|-------|-------|-------|
| PTX-1 | R | H | H | $CH_2OH$ |
| PTX-2 | R | H | H | $CH_3$ |
| PTX-3 | R | H | H | CHO |
| PTX-4 | S | H | H | $CH_2OH$ |
| PTX-6 | R | H | H | H |
| PTX-7 | S | H | H | H |
| PTX-11 | R | OH | H | H |
| PTX-13 | R | H | OH | H |

TPX-8:$CH_2OH$
TPX-9:$CO_2H$

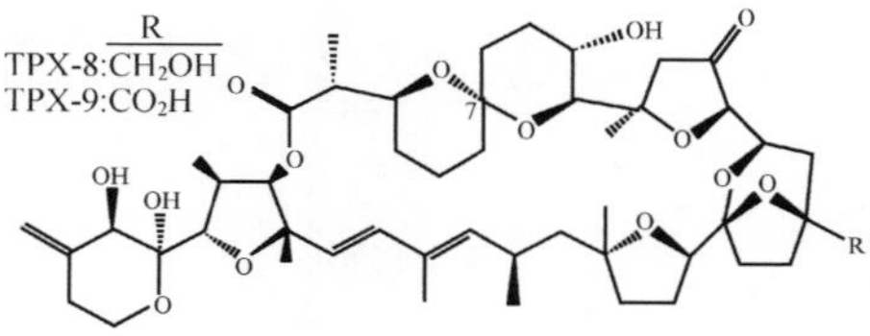

TPX-12

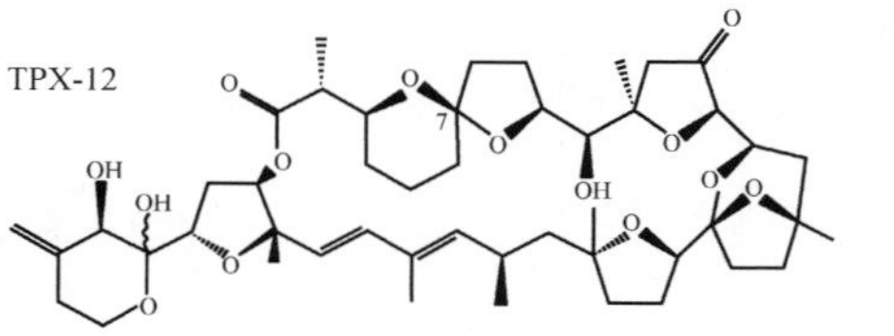

TPX-14

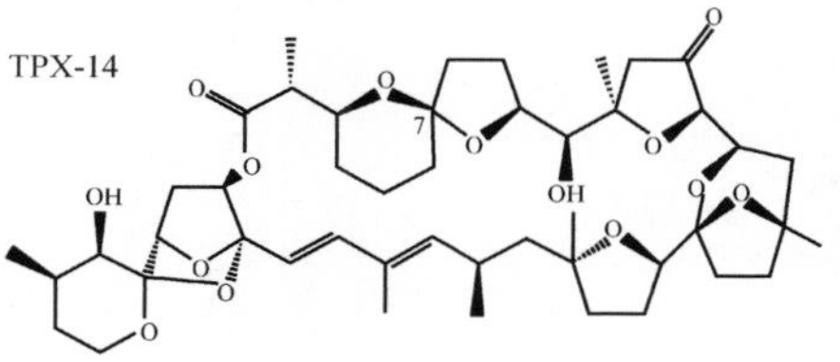

TPX-2SA: $\frac{7}{R}$
7-epi-TPX-2SA: $S$

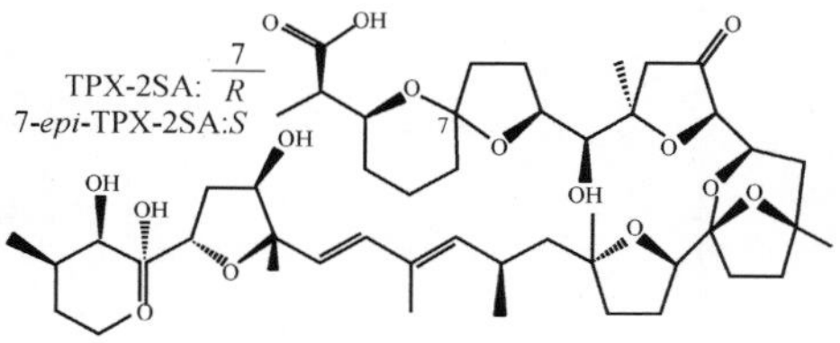

虾夷扇贝毒素(Daranas et al., 2001)

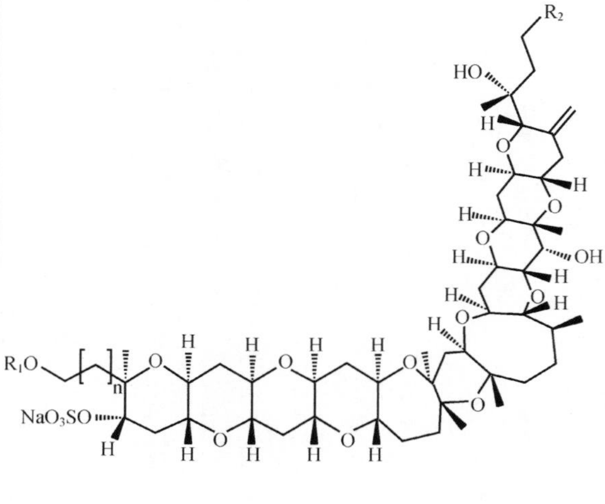

|  | $n$ | $R_1$ | $R_2$ |
|------|-----|-------|-------|
| YTX | 1 | $SO_3Na$ | 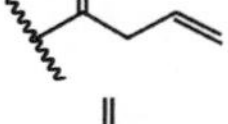  |
| 45-hydroxyYTX | 1 | $SO_3Na$ | 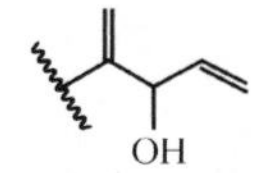  |
| 45,46,47-trinorYTX | 1 | $SO_3Na$ | 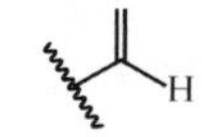  |
| homoYTX | 2 | $SO_3Na$ | 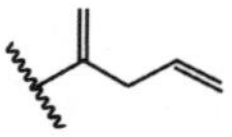  |
| 45-hydroxyhomoYTX | 2 | $SO_3Na$ | 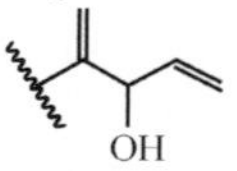  |
| 1-desulfoyessotoxin | 1 | H | 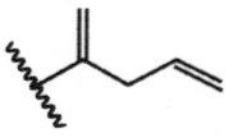  |
| carboxyyessotoxin | 1 | $SO_3Na$ | 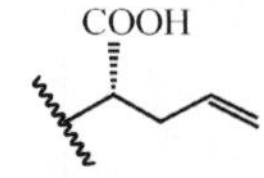  |

腹泻性贝类毒素

续表

| 毒素 | 赤潮毒素结构 |
|---|---|
| 神达经性<br>贝类毒素 | <br>Hemibrevetoxin-B |
| 记忆缺失性<br>贝类毒素 | 软骨藻酸类毒素 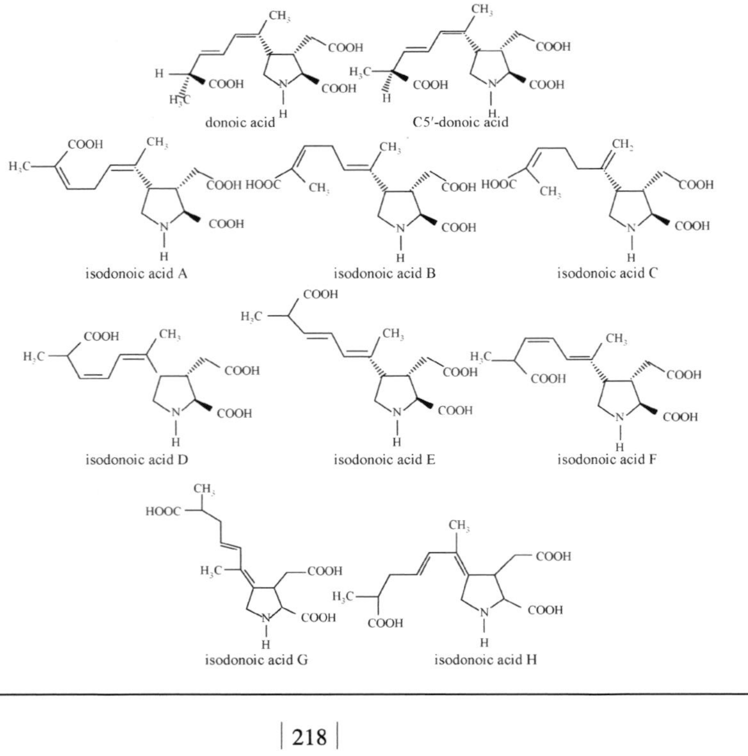<br> |

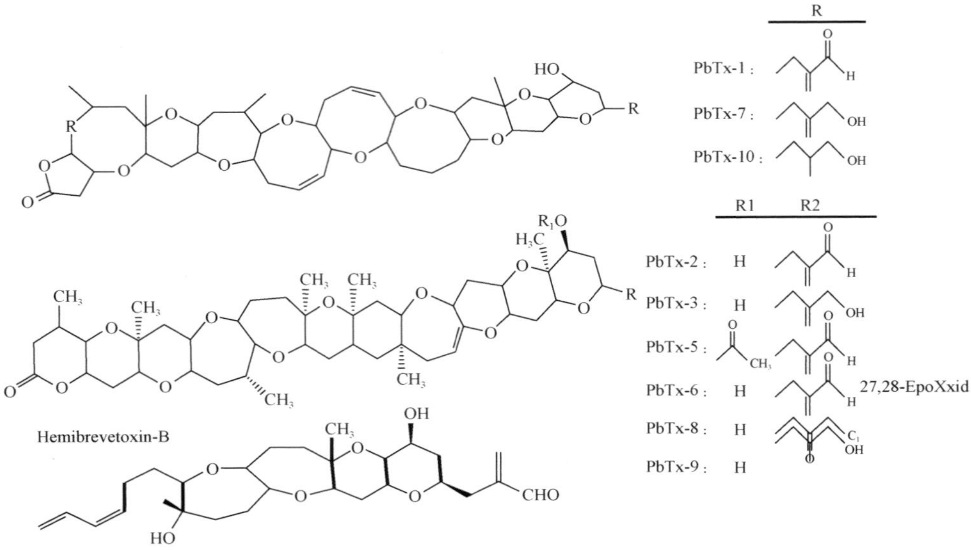

PbTx-1 :
PbTx-7 :
PbTx-10 :

R1　R2
PbTx-2 : H
PbTx-3 : H
PbTx-5 :
PbTx-6 : H　27,28-EpoXxid
PbTx-8 : H
PbTx-9 : H

donoic acid　　C5'-donoic acid

isodonoic acid A　isodonoic acid B　isodonoic acid C

isodonoic acid D　isodonoic acid E　isodonoic acid F

isodonoic acid G　isodonoic acid H

| 毒素 | 赤潮毒素结构 |
|---|---|

**西加鱼毒素(CFP)(Murata et al., 1990)**

| | $R_1$ | $R_2$ |
|---|---|---|
| 1: | HOCHCH– OH | OH |
| 2: | $CH_2=CH–$ | H |

西加鱼
毒素

**原多甲藻酸毒素(James et al., 2003)**

原多甲藻
酸毒素

| | $R_1$ | $R_2$ | $R_3$ | $R_4$ |
|---|---|---|---|---|
| $AZA_1$ | H | H | $CH_3$ | H |
| $AZA_2$ | H | $CH_3$ | $CH_3$ | H |
| $AZA_3$ | H | H | H | H |
| $AZA_4$ | OH | H | H | H |
| $AZA_5$ | H | H | H | OH |
| $AZA_6$ | $CH_3$ | H | H | H |
| $AZA_7$ | H | $CH_3$ | OH | H |
| $AZA_8$ | H | $CH_3$ | H | OH |
| $AZA_9$ | $CH_3$ | H | OH | H |
| $AZA_{10}$ | $CH_3$ | H | H | OH |
| $AZA_{11}$ | $CH_3$ | $CH_3$ | OH | H |

**螺环内酯毒素（Spirolides, SPX）（Otero et al., 2011）**

亚胺类
毒素

| Spirolide | $R_1$ | $R_2$ | $R_3$ | $R_4$ |
|---|---|---|---|---|
| A | H | $CH_3$ | $CH_3$ | |
| B | H | $CH_3$ | $CH_3$ | |
| C | $CH_3$ | $CH_3$ | $CH_3$ | |
| 13-desMeC | $CH_3$ | | $CH_3$ | |
| 13，19-didesMeC | $CH_3$ | | | |
| 13-desMeD | $CH_3$ | | $CH_3$ | |
| 27-OH-13，19-didesMeC | $CH_3$ | | $CH_3$ | OH |

| 毒素 | 赤潮毒素结构 |
|---|---|
| 亚胺类毒素 | <br>Gymnodimines类毒素(GYMs)(Otero et al., 2011)<br>Gymnodimine A<br>Gymnodimine B:R₁=OH,R₂=H<br>Gymnodimine C:R₁=H,R₂=OH |

表 8-3　常见赤潮毒素的产毒生物、分布、危害阈值和常规检测方法

| 种类 | 主要组成 | 产毒生物 | 分布范围 | 危害阈值（每千克水产品） | 标准检测方法 |
|---|---|---|---|---|---|
| 麻痹性贝类毒素 | 石房蛤毒素及其衍生物 | 亚历山大藻属（*Alexandrium*）：塔玛亚历山大藻（*A. tamarense*）、链状亚历山大藻（*A. catenella*）、微小亚历山大藻（*A. minutum*）、*A. fraterculus*、*A. cohorticula*、*A. acatenella*、*A. fundyense*、*A. lusitannicum*、*A. ostenfeldii*、*A. monilatum*、*A. tamayavanichi*、*A. Taylori* 等<br>链状裸甲藻（*Gymnodinium catenatum*）<br>甲藻属（*Pyrodinium*） | 全球范围 | 0.8mg | MBA<br>HPLC-FLD |
| 腹泻性贝类毒素 | 大田软海绵酸鳍藻毒素 | 鳍藻属（*Dinophysis*）：*D. fortii*、*D. acuminata*、*D. acuta*、*D. norvegica*、*D. mitra*、*D. rotundata*、*D. triposs*<br>原甲藻属（*Prorocentrum*）：*P. lima*、*P. maculosum*、*P. redfield* | 全球范围 | 0.16mg | MBA |

续表

| 种类 | 主要组成 | 产毒生物 | 分布范围 | 危害阈值<br>(每千克水产品) | 标准检测方法 |
|------|----------|----------|----------|------------------|--------|
| 记忆缺失性贝类毒素 | 软骨藻酸类毒素 | 拟菱形藻属 (*Pseudonitzschia*): *P. multiseries*, *P. pungens*, *P. delicatissima*, *P. multistriata*, *P. actydrophila*, *P. pseudodelicatissima*, *P. australis*, *P. seriata*<br>菱形藻属 (*Nitzschia*)<br>树枝软骨藻 (*Chondria armata*) | 全球范围 | 20mg | HPLC-UVD |
| 神经性贝类毒素 | 短裸甲藻毒素 | *Karenia brevis* | 墨西哥、美国、新西兰 | 200MU | MBA |
| 西加鱼毒 | | *Gambierdiscutoxicus* | 全球范围 | 无 | 无 |
| 扇贝毒素 | | 鳍藻属 (*Dinophysis*): (*D. fortii*, *D. acuta*, *D. acuminata*, *D. caudata*, *D. norvegica*) | 全球范围 | 0.16mg | MBA |
| 虾夷扇贝毒素 | | 网状原角藻 (*Protoceratium reticulatum*)<br>多边舌甲藻 (*Lingulodiniumpolyedrum*)<br>具刺膝沟藻 (*Gonyaulax spinifera*) | 全球范围 | 1mg | MBA |
| 原多甲藻酸 | | 原多甲藻 (*Protoperidinium crassipes*)<br>*Azadinium spinosum* | 欧洲 | 0.16mg | MBA |
| 环亚胺类毒素 | 环亚胺类毒素<br>Gymnodimines 类毒素 | *Alexandrium ostenfeldii*<br>*Kareniaselliformis* | 新西兰 | 无 | 无 |

注: MBA, 小鼠生物检测法; HPLC-UVD, 高效液相色谱紫外检测法; HPLC-FLD, 高效液相色谱荧光检测法。

近年来, 世界范围内沿海地区赤潮和因误食含有赤潮毒素的鱼类贝类等引起的食物中毒事件的次数和规模都呈上升趋势, 对沿海水产养殖业造成了巨大的经济损失, 威胁着人们的身体健康, 各国政府对赤潮和赤潮毒素的危害也越来越重视。为此, 部分国家相继建设赤潮毒素的监测体系, 并对赤潮毒素的检测进行了大量的研究。目前研究较多的海洋赤潮毒素分析监测方法有: 生物毒性法、免疫学检测方法、高效液相色谱法、质谱法、毛细管电泳法等。

# 8.2  生物毒性法

## 8.2.1  传统生物检测法

生物监测早期主要采用小鼠生物检测法 (mouse bioassay, MBA), 是将含有赤潮毒素的提取液注射到小鼠体内, 通过比较小鼠的存活时间和中毒症状对赤潮毒素的毒性及含量进行评估。从 20 世纪 80 年代起, 很多国家都将 MBA 作为监测海洋亲脂性赤潮毒素 (如原多甲藻酸类毒素、大田软海绵酸类毒素、扇贝毒素、虾夷扇贝毒素等) 的标准监测手段

(Hess，2010)，如对麻痹性贝类毒素的小鼠监测程序已由美国分析化学家协会（Association of Official Analytical Chemists，AOAC）标准化。该方法依据不同种类的贝类毒素结构差异大、化学性质各不相同，提取毒素后，对固定种系和体重的小鼠腹腔注射，根据注射后小鼠的中毒症状和存活时间对毒性进行评价，计算样品毒素的量，检测结果便可以用鼠单位（MU）表示。由于毒素种类和结构不同，提取及检测方法不同，1MU 代表的意义也不同。麻痹性贝类毒素（PSP）的 MBA 法中，对 20g 重的小鼠腹腔注射待测试样，15min 内小鼠致死剂量即 1MU；对于腹泻性贝类毒素（DSP），使一只 20g 重的小鼠腹腔注射后 24h 内致死剂量即 1MU。

DSP 也常用 MBA 法进行检测，DSP 是一种脂溶性毒素，为了保证样品中 DSP 的提取效率和纯度，在萃取剂方面做了很多改进，从最开始的丙酮萃取，后改用二乙基醚提取，可以消除 PSP 的干扰，但该萃取剂无法提取 DSP 中的虾夷扇贝毒素；Lee 等（1987）利用己烷冲洗样品中的脂肪酸，以提高 DSP 的提取效率。萃取后的 DSP 以 1% 的吐温-60 溶解，对小鼠进行腹腔注射，观察 24～48h 的小鼠致死效应。还有部分学者采用小鼠直接投喂的方式，以富集赤潮毒素的扇贝对饥饿的小鼠进行直接投喂，观察小鼠粪便状态，对 DSP 进行半定量分析（Gerssen et al.，2009）。该方法可以直接反映人类误食赤潮毒素污染的贝类所造成的危害，但由于直接投喂法很难达到致死效应，无法准确判断中毒的程度，从而无法准确判断 DSP 的浓度。MBA 法对神经性贝类毒素（NSP）的检测方法与 DSP 基本相同，一般使用二乙基醚进行提取（Hannah et al.，1995）。将提取的毒素进行小鼠腹腔注射，观察小鼠致死效应。西加鱼毒（CFP）的毒性较强，CFP 在临床上的最低限为 0.05～0.1ppb，MBA 法检测 CFP 的检出限为 0.5ppb，因此，用 MBA 法进行 CFP 的检测并不合适。对于记忆缺失性贝类毒素（ASP）的 MBA 检测是根据 ASP 对动物运动神经的影响进行的。提取海水或海产品中的 ASP 后，先将其注射于小鼠腹腔内，连续观察 4h，间断观察 18h。观察在此期间小鼠是否有不停地用后腿抓挠肩膀部位、失去平衡、行动不便、甚至出现痉挛的症状。用该方法对软骨藻酸（DA）的最低检出限为 40μg/g，在毒素含量较高时（>100μg/g），中毒症状与剂量有较好的相关性。

20 世纪对赤潮毒素的传统生物检测方法研究较多，除了以小鼠作为受试生物的 MBA 法之外，许多学者以不同生物作为受试生物对赤潮毒素的生物检测方法进行了研究，如家蝇、蝗虫、水蚤、鱼类等（Bagnis et al.，1987；Vernoux et al.，1993；McElhiney et al.，1998）。这些生物对毒素的敏感程度不同，对具体的赤潮毒素具有更高的灵敏度和分辨率，但这些受试生物均未形成通用的统一标准，在毒性检测时缺乏对比性，并不适合用于海洋赤潮毒素的检测和监测。现阶段我国进出口海产品 PSP、DSP 和 NSP 的检测，仍保留着小鼠生物毒性法。MBA 法的优点是能够直观体现出海水或水产品中毒素的毒性，不需要复杂、昂贵的仪器，但是由于小鼠个体差异大，不确定的因素多，导致毒性测定结果重复性差、测试所需时间长、假阳性率高，无法确定毒素的组成成分，现在多用于其他检测方法的参比试验中。除了 MBA 法外，许多学者采用其他生物作为受试生物进行赤潮毒素的检测，但均未形成统一标准，目前并不适用于海洋环境监测分析。

## 8.2.2 免疫学检测法

免疫学检测法是利用抗原与抗体专一、特异结合的特点，对样品进行定性定量检测的方法，主要检测方法有直接检测法、间接检测法、"三明治"杂交法等。直接检测法就是将要检测的毒素标记后，与相应的抗体结合后而检测相应的毒素；间接检测法是将检测的毒素的抗体进行标记，与抗原反应检测相应的毒素；而"三明治"杂交法是先加不标记的抗体，后加抗原，再加标记的抗体，这样要检测的样品就被夹在中间，也可检测相应的毒素。免疫学检测法包括免疫荧光技术（immunofluorescence assay，IFA）、酶联免疫技术（enzyme linked immunosorbent assay，ELISA）、放射免疫技术（radioimmunoassay，RIA）、免疫层析分析技术（immunochromatography assay，ICA）、化学发光免疫分析方法（chemi-luminescence immunoassay analysis，CLIA）等，多以单克隆抗体或多克隆抗体为基础。

### 8.2.2.1 酶联免疫技术

在赤潮毒素检测中最常用的免疫学方法是酶联免疫技术，由于其具有选择性强、检出限低、分析速度快等优点，一直是赤潮毒素检测的研究热点。

赤潮毒素的免疫学检测大多是基于多克隆抗体或单克隆抗体识别有毒细胞表面特异性抗原实现的。但大部分赤潮毒素分子较小，本身没有免疫原性，需要将赤潮毒素先与蛋白质载体结合获得免疫原性，使其成为完全抗原，再对动物进行免疫，产生高特异性的多克隆抗体。对于小分子的赤潮毒素常用竞争型 ELISA 法进行检测，其过程为：抗原物理吸附于薄板表面，由于其疏水性作用保持抗原的免疫活性；固相抗原与单克隆抗体特异性结合于薄板上，加入赤潮毒素后，游离的小分子毒素与固相抗原竞争结合单克隆抗体；酶标二抗捕获抗原抗体复合物，结合到抗体的活性位点上与抗原抗体共同固定在载体上；抗原抗体酶复合物中的酶可催化底物系统显色，最后根据紫外吸光光度值判断结果。

#### （1）麻痹性贝类毒素

麻痹性贝类毒素（PSP）是一类含有双胍基的富氮三环生物碱化合物，具有四氢嘌呤的基本结构。许道艳等（2013）采用甲醛法将半抗原石房蛤毒素（STX）与血蓝蛋白（KLH）偶联制备成完全抗原 STX-KLH，免疫 BALB/c 小鼠，取其脾细胞与 SP2/0 骨髓瘤细胞融合，经筛选和克隆，HAT 选择培养杂交瘤细胞，利用 ELISA 方法筛选出分泌抗 STX-McAB 的杂交瘤细胞株，并通过小鼠体内诱生腹水的方法获得单克隆抗体。该方法对 STX 的检出限为 20μg/L，对膝沟藻毒素（GTX-2，GTX-3）的检出限为 10μg/L，可用于研制高质量的国产快速检测麻痹性贝类毒素 ELISA 试剂盒。Kawatsu 等（2002）利用竞争酶联免疫法对膝沟藻毒素和 STX 进行了检测，检出限可以低至 800ng/kg。Campbell 等（2009，2010）将 STX 通过氨基键合作用固定于生物传感器芯片表面，研制了一种利用 ELISA 检测麻痹性贝类毒素的稳定的光学传感器芯片，并对比了不同耦合抗体对 STX 灵敏度的影响，传感器 STX 的检测范围为 10~100ng/L，检出限可低至几纳克每升，随后他们又将 ELISA 与表面等离子体共振技术相结合，研制了一种检测海洋中 PSP 的生物传感器，能够快速高通量地对 PSP 进行监测分析。

目前已经有较成熟的 PSP 酶联免疫试剂盒出售，德国拜发 R-Biopharm 公司出售的 RI-DASCREEN 试剂盒，专门用于 PSP 的检测；加拿大的 Armand- Frappier 公司出售的 SAXITOXIN TEST 可用于 STX、GTX2、GTX3 的检测。

**（2）腹泻性贝类毒素**

20 世纪 90 年代初，日本率先研制出检测腹泻性贝类毒素（DSP）的主要毒素软海绵酸（OA）的 ELISA 免疫试剂盒，该方法快速、灵敏，可自动化检测大量样品，操作人员易培训，方法易掌握。但需依赖大量的纯化 OA 标准品，因而检测费用较高，且试剂盒中的单克隆抗体对 OA 有特异性结合，与其他主要 DSP 有苯酚交叉反应，仅能部分检测 DSP 类毒素总量。加拿大也研制出类似的 ELISA 免疫试剂盒，以与 OA 结构功能相同的抗独特型抗体代替纯化的 OA 标准品，不需依赖昂贵的 OA，大大降低了检测费用。Elgarch 等（2008）利用商品化免疫检测试剂盒和 LC-MS 方法对部分样品进行了检测，两种方法均能检测酯化与非酯化形式 DSP 毒素，检测结果具有很好的相关性。

目前已经有较成熟的 DPS 酶联免疫试剂盒出售，如加拿大 Rougier Bio-Tech 公司出售的 B1O-TECK 试剂盒和日本 UBE Industries 出售的 DSP-CHECK 试剂盒，可对 OA 和 DTX-1 进行检测；美国 Abraxis 公司出售 DSP 试剂盒，其与 DTX-1 和 DTX-2 存在 50% 交叉反应，但灵敏度很高，检测范围为 $0.1 \sim 10\text{ng/kg}$。

**（3）记忆缺失性贝类毒素**

记忆缺失性贝类毒素（ASP）具有较强的水溶性和热稳定性，检测过程中可以用甲醇–水溶液加热超声萃取，其毒素种类和结构也比较简单，主要毒素是软骨藻酸毒素（DA），可以用薄层层析法进行粗定量分析。DA 与大部分赤潮毒素相同，OA 分子质量小，结构简单，不能刺激机体产生抗体，因此抗体的获得需借助载体效应才能使 B 细胞活化并分泌针对小分子毒素的抗体，从而利用抗原–抗体反应确定毒素类型及含量。许道艳等（2007）通过将 DA 偶联到蛋白载体上，免疫 BALB/c 小鼠，免疫数次后得到抗 DA 的多克隆抗血清，以 DA-OVA 为包被抗原，利用抗原抗体反应，建立了间接竞争酶联免疫吸附技术分析检测海水样品的方法，检出限低至 $10\mu\text{g/L}$。

**（4）西加鱼毒**

Campora 等（2008）采用"三明治"杂交法研制了一种对西加鱼毒（CTX）ELISA 的检测方法，该方法采用两个抗体，特异性结合 CTX 不同部位的鸡免疫球蛋白 Y 和辣根过氧化物酶结合的单克隆免疫球蛋白，该方法对于结构相似聚醚类物质和其他赤潮毒素没有明显的交叉响应，检测范围为 $5\mu\text{g/L} \sim 2\text{g/L}$。张彩霞等（2011）利用与 CTX 结构相似的莫能菌素作为半抗原，合成 CTX 人工抗原并进行小鼠免疫，制备杂交瘤诱导腹水并获得高效价高特异性的单克隆抗体，并建立了 CTX 的间接竞争 ELISA 检测方法，检测范围为 $1 \sim 10^6\text{ng/L}$，该方法与莫能菌素有约 20% 的交叉反应。

目前美国 Hawaii Chemtect lnc 公司出售的 CIGUATECT 酶联免疫试剂盒，用于西加鱼毒（CTX）的检测。另外，国内已建立了酶联免疫吸附分析和胶体金标记免疫层析检测贝类中软海绵酸的方法，该法具有选择性高、灵敏度好的特点，且有较强的灵敏性，但目前只有对 OA 的检测有商用的配套系列试剂出售，应用范围受到限制。

为了提高 ELISA 的灵敏度，缩短反应时间，一些研究人员将毛细管电泳技术与 ELISA 相结合，通过酶催化反应产物，用毛细管电泳分离后通过微电极进行安培检测，形成毛细管电泳-酶联免疫分析（capillary electrophoresis- enzyme immunoassay，CEIA）。毛细管电泳的使用使得扩散路径大大缩短，大大减少了酶催化产物的稀释程度，使免疫反应的孵化时间大大减少。例如，对于 25μl 毛细管，从管中心到表面的扩散距离约是 0.0125cm，而一般的免疫板的距离为 0.35cm，由于时间与距离具有平方的关系，所以后者的扩散时间大约是前者的 784 倍。因此，毛细管电泳能够大大缩短 ELISA 的检测时间，通常能够从几小时的检测时间缩短至几分钟甚至更短，能够满足现场检测的需要。

CEIA 具有样品用量少、分析速度快、易于自动化及能够同时检测样品中的多种成分等常规免疫分析方法所不具备的优点，使得 CEIA 在生物制药、药品检测、毒理分析、疾病诊断及环境科学等方面得到了广泛关注（Wilson，2005）。李晓琳（2011）将毛细管电泳与 ELISA 联用，利用电化学检测对几种主要的赤潮毒素进行了分析检测，利用辣根过氧化物酶催化邻氨基酚与 $H_2O_2$ 的反应，将毛细管电泳与酶联免疫分析相结合，对两种赤潮毒素（NSP 和 CFP）进行了分离检测，其中，对 NSP 的检测范围为 $1.0 \sim 50.0\mu g/L$，检出限为 $0.1\mu g/L$。在此基础上，通过引入金纳米粒子作为标记物，实现了对四种贝类毒素（PSP、DSP、ASP、NSP、CFP）的同时分离和检测。对 CFP 的检测范围为 $1.0 \sim 50.0ng/L$，检出限为 $0.3ng/L$。通过涂层毛细管的制备、电化学检测电极的制备，提高了对赤潮毒素的检测的灵敏度和重现性。Zhang 和 Zhang（2012a）利用 CEIA 法，对水体和水产品样品中的蛤蚌毒素（STX）及其衍生物进行了检测，检测范围分别为 $0.8 \sim 66.6\mu g/L$ 和 $4.3 \sim 9.2\mu g/kg$，检测时间仅需 30min；另外，还研发了对 DA 的 CEIA 检测方法，检测范围为 $0.1 \sim 50\mu g/L$，检出限为 $0.02\mu g/L$，检测时间仅需 16min（Zhang and Zhang，2012b）。卫锋和王竹天（2003）建立了毛细管电泳/紫外检测法定量测定贝类中 DA 的分析方法，检测的线性范围为 $0.2 \sim 50\mu g/ml$，检出限为 $0.034\mu g/g$。

利用 ELISA 方法检测海水中的赤潮毒素也存在不足，如缺乏系列标准毒素；检测时间长，一般需要数个小时；抗体往往只是针对某种毒素建立，对其他毒素经常表现出较低的交叉反应等；不能检测所有的贝类毒素，而且受多种干扰的影响，容易产生假阳性结果；这些均限制了该方法的深入广泛应用。

### 8.2.2.2 放射免疫技术

放射免疫技术（RIA）是利用已知浓度的同位素标记的毒素与抗体结合后，加入未知浓度的毒素样品中，通过标记和未标记的毒素与抗体的竞争性结合反应，未标记的毒素样品替代标记的毒素与抗体位点结合，最后，通过与受体结合的同位素量判断样品的含量。RIA 具有很高的灵敏度，在对 DSP 进行检测时需要将抗原在碱性条件下物理吸附于固相载体上，经洗涤后，加入反应抗体，即与固相抗原特异性结合的单抗，再加入酶标二抗，最后根据发射强度实现对 DSP 毒素的检测。Levine 等（1998）利用 RIA 技术对 DSP 进行了检测，其灵敏度可达 0.2ng/L，且该方法与 BTX、PTX 毒素无交叉反应（Levine et al.，

1998）。虽然 RIA 分析技术灵敏度非常高，但该方法必须用到放射物质，检测需要特殊仪器，而大部分检测机构和实验室是无法实现的，因此，近年来，利用 RIA 法检测赤潮毒素的研究逐渐减少。

### 8.2.2.3　免疫层析分析技术

免疫层析法（ICA）与 ELISA 具有相似的原理，都是基于抗原抗体的特异性结合反应而建立的免疫，通常以纤维状层析材料作为固相，通过毛细管的作用使样品溶液在层析条上迁移，使待测物质与层析材料上吸附的待测物质配对，受体发生高特异性亲和免疫，生成的免疫复合物会在层析过程中富集或截留在层析材料的一定区域，通过酶反应或直接利用受体上结合的可目测标记物（如胶体金等），直接观察待测物质的显色现象。在海洋赤潮毒素检测中，研究最多的是胶体金免疫层析技术。胶体金免疫层析技术是 20 世纪 80 年代继三大标记技术（荧光标记、放射性标记、酶标记）后发展起来的以胶体金作为标记物应用于抗原抗体的简便、快捷检测方法，该技术需要将免疫亲和技术、印渍技术和斑点薄层层析技术相结合，是一种新型的快速检测技术，目前已经发展出利用胶体金免疫层析技术进行样品检测的试纸条。

胶体金是氯金酸（$HAuCl_4$）被还原成金后，由于静电作用形成的稳定胶体状态。胶体金在碱性条件下带负电，能够与蛋白质分子的正电荷基团以静电引力而牢固结合，由于胶体金无毒且与蛋白以物理作用结合，无共价结合，因此与蛋白结合后不会明显改变蛋白活性，是免疫反应中的优良标记物。胶体金免疫层析试纸条通常由样品垫、胶体金结合垫、层析膜和吸收垫四部分组成（高利利，2001）。在样品垫上滴加待测样品后，样品会向上迁移进入胶体结合垫，与其中的金标记抗体结合，后进入固定有包被抗原的检测区，包被抗原和待测物质进行竞争作用，结合金标记抗体上有限的结合位点，待测物浓度越高，竞争力越强，检测区包被抗原与金标记抗体的结合就越少，使检测区颜色发生变化。

为了提高赤潮毒素的检测速度，减少检测过程中复杂的操作步骤和昂贵仪器的使用，研究人员逐渐将 ICA 技术应用到了赤潮毒素的检测中。Zhou 等研制了一种检测贝类体内短裸甲藻毒素的一步式快速检测的胶体金免疫试纸，该试纸以硝酸纤维素薄膜作为层析薄膜，通过指示线颜色变化可以判断短裸甲藻毒素的浓度，检测范围为 10 ~ 4000μg/L，反应时间仅需 10min（Zhou et al.，2009）。Lu 等（2012）基于胶体金标记的单克隆抗体技术研制了一种快速检测大田软海绵酸类毒素（OA）的横向流试纸条，当 OA 的浓度在 10 ~ 50μg/L 时，检测线会发生颜色变化，对于贝类体内的 OA 的检出限为 150μg/kg，与欧盟对 OA 的检出限的规定基本一致（160μg/kg），单个样品的检测时间在 10min 以内。Laycock 等（2010）研制的石房蛤毒素（STX）的胶体金试纸条，能够检测 20 ~ 50μg/100g 的 STX（Laycock et al.，2010）。此外，还有一些学者通过检测海水中产毒赤潮藻的含量来判断海水的赤潮毒素的污染情况。Gas 等（2010）研制了一种能够快速检测微小亚历山大藻（*Alexandrium minutum*）的胶体金免疫试纸条，该试纸条利用两个不同的针对微小亚历山大藻的表面抗原单克隆抗体，抗体一与胶体金结合，抗体二则固定在硝酸纤维膜上，通过竞争免疫作用实现对微小亚历山大藻的检测，检测时间在 15min 内，检出限为

2500cells。

相较于 ELISA，ICA 法最大的优点是反应迅速，胶体金免疫层析法的显示时间在数分钟到十几分钟，ELISA 则需要数个小时。此外，ICA 法不需要加入显色剂和终止剂，简化了试剂盒的操作流程，更适用于现场检测。

### 8.2.2.4 化学发光免疫分析方法

化学发光免疫分析方法（CLIA）利用抗原-抗体反应原理，将酶或其他非放射性标记物标记于抗原或抗体上，然后与已知抗原或抗体反应，标记的酶使反应底物进行发光，经光电倍增管测量后可得到被测样品的每秒钟发光计数（CPS），再根据内置的标准曲线将 CPS 转换为样品的浓度值。CLIA 技术使抗原-抗体的反应时间缩短，特异性程度和灵敏度得到提高，同时辅以单克隆技术，使整个反应全自动化的实现成为可能。目前 CLIA 法多应用于医院中，应用该方法对赤潮毒素的检测还未见报道，但与其他检测方法相比，该方法具有明显优势，灵敏度高、特异性强、安全无毒等特点，在检测中仅需微量的抗体和抗原，这些优点使其在海洋毒素分析中具有广阔的应用前景。

## 8.2.3 细胞毒性检测法

细胞毒性检测又称为组织培养分析法，是通过毒素对细胞的毒性作用从而判断毒素种类和浓度的技术。该方法形成于 20 世纪 80 年代末，是在贝类毒素对生物细胞影响的基础上建立起来的。赤潮毒素可以通过多种途径对多种细胞产生生长抑制作用，因此，可以通过赤潮毒素对细胞形态的改变进行赤潮毒素的检测。基于细胞形态学上的变化所应用的检测手段经历了一系列阶段，80 年代，最先建立的赤潮毒素细胞毒性检测方法是利用显微镜计数活细胞的方法进行 PSP 的检测（Croci et al.，1997；Flanagan et al.，2001）。这种方法能够较直观地观察毒素对细胞的破坏作用，但计数过程中要消耗大量的人力物力。90 年代初，一些学者利用结晶紫对细胞进行染色，用酶标仪进行了检测（Gallacher and Birkbeck，1992），该方法不需要显微镜计数，准确度高，检测时间短，但需要对细胞染色，多次洗板并固定，干燥、裂解细胞，操作烦琐。为了简化步骤，后来又发现活细胞线粒体中含有一种脱氢酶，可用于甲基偶氮唑兰（MTT）中，使其变成蓝色产物，因此，可以用 MTT 代替结晶紫。该方法不需要染色、洗板、裂解细胞等步骤，大大缩短了检测时间（Tubaro et al.，1996）。此后，又发展出 F-肌动蛋白水平上的荧光分析法（Leira et al.，2003），该方法检出限更低，操作更简便。随着细胞技术的发展，越来越多的细胞被用于赤潮毒素的检测，如小鼠成神经瘤细胞、鼠肝细胞、人上皮细胞、人肠上皮细胞等细胞系。

为了提高赤潮毒素细胞毒性检测的灵敏度，细胞毒性检测逐渐从细胞形态变化向更灵敏、更分子化的方向发展。赤潮毒素的细胞毒性检测中，通常利用毒素对离子通道的作用而进行检测。离子通道是细胞膜上的一类特殊亲水性蛋白质微孔道，是神经、肌肉细胞电活动的物质基础，离子通道的正常功能和结构是维持生命体生命活动的基础。部分赤潮毒素能够作用于靶通道，引起离子通道的功能发生不同程度的减弱或增强，使得电信号穿越膜的过程失败，导致机体整体生理功能紊乱，这种特异性作用于离子通道的毒素，属于神经毒素。

在所有的海洋赤潮毒素中，PSP、NSP、ASP 和 CFP 均属于神经毒素，均能够作用于细胞膜离子通道来影响细胞的正常生理功能，其主要作用的通道是 $Na^+$ 通道，原理是 $Na^+$ 通道活化剂对能形成神经瘤的细胞系钠离子通道具有协同开放作用，使 $Na^+$ 过度内流，造成细胞肿胀甚至死亡。而贝类毒素具有 $Na^+$ 通道阻断的功能，可以拮抗这种细胞肿胀作用，使细胞形态保持完整，且拮抗程度与毒素的计量存在很好的相关性，应用这一特性可以对贝类毒素进行检测。该方法最初用于 PSP 的检测。PSP（STX）能够封锁哺乳动物神经细胞、骨骼肌纤维细胞和大多数心脏纤维细胞的 $Na^+$、$Ca^{2+}$ 和 $K^+$ 通道（Su et al.，2004），PSP 属于 $Na^+$ 通道阻滞剂，能够选择性地阻断电压门控钠离子通道，导致动作电位无法形成，从而引起神经肌肉信号传导故障，导致麻痹性中毒。PSP 通常与细胞膜离子结合，引起细胞膜内外正常离子的流动失衡，造成膜电位反常。毒素的活性部位为 7，8，9 位的胍基。各衍生物毒性大小与其结合钠离子通道位点 1 的牢固程度密切相关。

Manger 等（1993）研发了一种细胞毒性检测法，可以检测对 $Na^+$ 通道有增强作用的毒素，如短裸甲藻毒素（属于神经性贝类毒素）、西加鱼毒，或者是对 $Na^+$ 通道有阻断作用的毒素，如 STX，向细胞中加入毒素，通过测试四甲基偶氮唑盐代谢为甲基蓝的情况，来反映细胞线粒体脱氢酶的活性，从而判断赤潮毒素的含量。该方法具有很高的灵敏度，对短裸甲藻毒素河 STX 的检出限均为 $2\mu g/L$，可以在 $4\sim6h$ 完成检测，相比 MBA 法，具有更高的灵敏度和更短的检测周期。

记忆缺失性贝类毒素的主要成分 DA 是谷氨酸的一种异构体，能够牢固结合谷氨酸受体，作用于兴奋性的氨基酸受体和突出传递素，通过与控制细胞钠离子通道的神经递质谷氨酸受体紧密结合，提高钙离子的渗透性，使神经细胞长时间处于去极化的兴奋状态，最终导致细胞死亡。

神经性贝类毒素与 PSP 阻断钠离子内流相反，NSP 的活性成分短凯伦藻毒素可以诱导钠离子内流，从而导致肌肉和神经细胞的去极化，但其效能能够被作用于钠离子通道位点 1 的毒素，如 STX 抵消。所以在利用细胞毒性法对 PSP 和 NSP 进行检测时，要特别注意二者的相互干扰。

西加鱼毒中的水溶性刺尾鱼毒素（MTX）与 PSP 相反，是一种电压依赖性 $Na^+$ 和 $Ca^{2+}$ 通道的新型激活剂，可兴奋细胞膜对 $Na^+$ 和 $Ca^{2+}$ 离子的通透性，产生强去极化，致使神经肌肉兴奋性传导发生改变，引起所谓"钠/钙离子超负荷效应"。Manger 等（1993）利用雪卡毒素能与 $Na^+$ 通道蛋白质结合活化 $Na^+$ 通道的性质，结合 veratridine-$Na^+$ 通道激活剂和 ouabain-$Na^+$ 通道激活剂，$K^+$ 泵抑制剂；当加入一定浓度比例的 veratridine 和 ouabain 处理细胞后，会使 $Na^+$ 过度内流，而造成部分细胞肿胀死亡，再加入一定浓度的毒素会抑制这种作用，细胞的死亡数与毒素的量成反型曲线关系，通过细胞计数，在酶标仪上测定细胞吸光值，可以间接反映 MTX 的量。

随着后期的不断完善与发展，目前已经有成熟的用于 PSP 检测的神经细胞生物试剂盒出售。如 JellettBiotek 公司用于 PSP 检测的神经细胞生物分析装置（MISTTM），市场上已有销售，使用该装置检测贝类中的 PSP 得到了很好的结果。该装置对石房蛤毒素的最低检出限为 $2\mu g/100g$ 贝肉，灵敏度远高于小鼠生物测试法。但由于细胞培养过程中需要严格无菌，培养条件苛刻，生长周期较长，细胞的生长状态会严重影响试剂盒检测的灵敏性，这些问题在一定程度上限制了细胞毒性检测的发展。细胞毒性检测技术虽然无法对毒素含量及组成精确定性，但是此方法可以直接体现藻的毒性大小，具有高通量、省时、检出限低，也无需事先知道毒素的特异受体部位等诸多优点，是一种良好的赤潮毒素检测手段。

## 8.2.4　神经受体结合检测法

神经受体结合检测方法是 20 世纪 80 年代发展起来的，主要是通过对毒素功能活性的识别来对毒素进行检测。大多数赤潮毒素对人和动物的毒性作用是通过作用于神经通道完成的，部分赤潮毒素能够与相应的受体相结合，且它们结合程度的强弱可间接表示生物活性高低，从而根据测定某种毒素与受体结合程度的强弱便可检测该种毒素的毒性情况。Van 等（1994）利用赤潮毒素和 $[^3H]$ PbTx-3 在小鼠脑神经突触体上的位点结合的竞争关系来判断短裸甲藻毒素和西甲鱼毒的毒性，该方法可以在微孔板上进行，可以在 3h 内完成批量实验，检出限低至 1ng/L。神经受体结合检测技术检测灵敏度较高，但检测过程需要采用放射性标记，对仪器要求比较严格，且无法进行毒素分类，因为此方法针对的是毒素的功能而并非结构。同时，试验中需要使用放射同位素进行标记，也限制了这一方法的普遍应用。

# 8.3　化学分析法

## 8.3.1　高效液相色谱–紫外检测法

化学检测是通过对样品中毒素组分的定性定量分析来确定毒素种类及其毒性的一种方法，其中高效液相色谱（HPLC）分析是一种已被广泛应用的经典方法。自 20 世纪 80 年代初以来，已经陆续建立起多种检测赤潮毒素的 HPLC 方法。由于赤潮毒素种类很多，分子结构差异也很大，目前研究的 HPLC 方法大多是针对某一类赤潮毒素的检测，如麻痹性贝类毒素、腹泻性贝类毒素等，对于不同种类的赤潮毒素，需要不同的 HPLC 方法。HPLC 法检测水体中的赤潮毒素，具有灵敏度高、准确度高、结果重复性好、检测毒素种类多等优点，但其在检测过程中不同的毒素需要不同的标准品进行标定，目前出售的赤潮毒素标准品价格都很高，大大提高了赤潮毒素的检测成本。HPLC-UV 检测方法最为成功的应用是记忆缺失性贝类毒素的 DA 及其衍生物的检测。DA 在 242nm 波长下有最大吸收峰，Quilliam 等（1995）利用反相高效液相色谱法（RP-HPLC）对贝类组织中的 DA 进行了快速分离检测，检出限在 $20\sim30ng/g$，该方法已被英国等国家定为 DA 的标准检测方法之一，我国国家标准中对 DA 的检测采用反相高效液相色谱法进行检测，检出限为 1μg/g。

## 8.3.2 高效液相色谱–荧光检测法

麻痹性贝类毒素本身紫外吸收很弱，且不能产生荧光，但其能够在碱性条件下氧化生成荧光物质，最常用的 HPLC 法是柱后衍生或柱前衍生荧光检测高效液相色谱法。Lawrence 等（2005）建立的柱前衍生荧光检测高效液相色谱法，成为继小鼠生物法后第一个被 AOAC 接受的检测麻痹性贝类毒素的方法，该方法能够对麻痹性贝类毒素中包括石房蛤毒素（STX）、新石房蛤毒素（neoSTX）、膝沟藻毒素 1-4（GTX1-4）、膝沟藻毒素 5-6（GTX5-6）等在内的 21 种赤潮毒素进行检测。但是存在检测时间长，需要用过氧化氢和高碘酸盐对样品进行氧化，并用层析法进行分离，这需要复杂的预处理，且只能对各类毒素进行定性检测。张晓玲等（2012）利用 3-(2-呋喃甲酰基)-喹啉-2-羧醛为荧光衍生试剂，利用超高效液相色谱和柱前衍生荧光检测技术建立了贝类中 3 种高毒性 PSP 毒素成分（石房蛤毒素、膝沟藻毒素及 NEO）的检测方法，检测范围为 7 ~ 14μg/kg。由于 PSP 空间异构体的氧化产物相同，因此该方法不能完全分离 PSP 中的各种毒素。

腹泻性贝类毒素的 HPLC-FLD 检测则是根据 DSP 分子上的羧基可与某些荧光物质发生反应而生成强荧光性物质，再经柱分离这一特性进行的检测。对于记忆缺失性贝类毒素的主要组成 DA，可以通过对 DA 进行甲氧基芴甲酸衍生化，通过在 DA 分子上引入荧光基团，用 HPLC-FLD 法进行检测，检出限可低至 1.5ng/L（Pravda et al.，2002）。

## 8.3.3 高效液相色谱–质谱检测法

串联质谱（LC-MS/MS）已经应用于很多海洋赤潮毒素的检测中，具有很高的特异性、高选择性和高灵敏性。但海水和水产品的复杂基质会影响 LC-MS/MS 检测的准确性，特别是对水产品的赤潮毒素进行检测时，待检测产品的内源性物质会随电喷射过程被电离，影响检测结果。通过样品清理、添加标准物质、基质校正、添加内标、改变色谱条件等方法可以减少基质的影响。样品清理一般采用液液萃取、固相萃取等方法，在减少基质影响的同时，也可以使毒素浓缩，提高灵敏度。固相萃取一般采用高效、高选择性的吸附剂，根据极性不同可分为正相、反相和离子交换型吸附剂。Gerssen 等（2009）利用离子交换硅胶固相萃取吸附剂进行赤潮毒素的分离、浓缩，通过调节洗脱液的 pH 完成对赤潮毒素的浓缩和洗脱，再利用 LC-MS/MS 法进行检测，该方法能够很好地去除基质效应，能够对大田软海绵酸（OA）、扇贝毒素（PTX）、螺环内酯毒素（SPX）进行检测。

HPLC-MS 在应用过程中存在的最大问题是缺乏常规赤潮毒素的标准物质，目前仅有大田软海绵酸、原多甲藻酸等少数几种赤潮毒素提纯到了满足液质要求的标准校正物。海洋赤潮毒素标准物质的提取纯化也是目前许多研究者、组织和企业关注的热点。Perez 等（2010）从贻贝中提取 AZAs，制备标准校正液，以高效液相色谱法纯化毒素，真空干燥，提纯的 AZAs 由 HPLC-MS 和核磁共振光谱法进行纯度验证。赤潮毒素的标准校正液大多是从贝类体内提纯的，由于毒素在贝类体内的含量较低，因此现在市面出售的赤潮毒素标准物质价格十分昂贵。

亲脂性的赤潮毒素（如原多甲藻酸类毒素、大田软海绵酸类毒素、扇贝毒素、虾夷扇贝毒素等）能够通过液相色谱进行分离，Blay 等（2011）利用反相液相色谱将海水中的亲脂性赤潮毒素进行分离，分离后的毒素进入质谱进行检测，在正离子模式下对扇贝毒素、鳍藻毒素进行了分析，线性范围为 $2 \sim 4 \mu g/L$，在阴离子模式下分析软骨藻酸毒素、石房蛤毒素、膝沟藻毒素，线性范围为 $0.041 \sim 0.1 \mu g/L$。西加鱼毒主要是利用雪卡毒素结构中具有反应活性的伯醇轻基基团完成 HPLC-MS 检测。Lewis 等（2009）开发了一种快速提取 CFP 的方法，将萃取后的 CFP 样品采用梯度洗脱反相高效液相色谱–串联质谱进行检测，能够检测中毒鱼体中的多种毒素成分及其同源物，该方法需要较少的样品（2g），检出限低至 $0.1 \mu g/L$。目前 HPLC-MS 是国际上比较认可检测 CFP 的方法。HPLC 与质谱联用技术是目前较好的检测方法，无论是在不同毒素种类的分离上还是检测的灵敏度上，都优于其他检测方法，但 HPLC-MS 法操作复杂，仪器昂贵，需专人操作，无法完成对赤潮毒素的快速检测和在线检测。

# 8.4　赤潮毒素传感器

目前发展的一些免疫、细胞毒性、液质联用等方法进行赤潮毒素的检测，大多属于离线检测，需要较长时间的样品和受试生物准备时间，检测周期较长。为了满足海洋赤潮毒素监测预警的需要，研究人员逐渐将重点转移到快速、连续、操作简便的赤潮毒素传感器研发上。

## 8.4.1　细胞传感器

在海洋赤潮毒素分析监测中，最常用的传感器是细胞传感器。当赤潮毒素作用于细胞时，可使细胞发生功能紊乱或者死亡，使其生理状态得以改变，这可被传感器记录下来，从而达到赤潮毒素检测的效果。如麻痹性贝类毒素是钠离子通道抑制剂，在这类毒素的作用下，细胞的电兴奋性将受到抑制，引起胞外电位的变化，因而可以采用电兴奋性细胞（如心肌细胞、神经细胞）构建细胞传感器，用于这类毒素的检测；腹泻性贝类毒素，可以透过细胞膜抑制蛋白质磷酸酶活性，致使细胞功能受到抑制，逐渐死亡，从传感器上脱落。对于引起这类细胞生理变化的毒素，可以采用细胞阻抗传感器实时检测细胞阻抗的变化，建立毒素浓度与细胞阻抗变化的相关性关系。

Cheun 等（1998）研制了一种利用石房蛤毒素、膝沟藻毒素对 Na$^+$ 通道有阻滞作用的组织生物传感器，该传感器将钠电极整合到一个含有 8% NaCl 溶液的腔内，电极头上覆盖有三层膜，包括两层醋酸纤维素膜之间夹一层蛙的膀胱膜，传感器对石房蛤毒素、膝沟藻毒素具有很高的灵敏性，检出限可低至 70ng/g，检测一次只需要 5min，在 0.003% NaN$_3$ 存在的情况下，可连续检测 250h。Kulagina 等（2006）研制了一种神经网络生物传感器，该传感器由小鼠脊髓组织神经元和 64 位的网点微电极阵列组成。石房蛤毒素能够抑制动作电位的传播，短裸甲藻毒素则能激活钠离子通道，虽然这两种毒素的作用机理完全不同，但都能抑制脊髓神经元网络的平均上升速率，利用二者的这一特性，可以实现二者的生物无创监测，检测范围分别为 12～296ng/L 和 28～430ng/L。苏凯麒（2014）将细胞阻抗技术与细胞图像信息处理技术相结合，设计并实现了基于细胞阻抗传感器技术的赤潮毒素检测系统和基于光学图像处理的毒素检测系统平台。细胞阻抗传感器作为细胞传感器的一种，通过检测细胞阻抗来反映细胞在芯片上的贴附性和细胞数量最终分析细胞毒性。苏凯麒（2014）利用大田软海绵酸对小鼠神经母细胞瘤细胞的抑制作用，通过传感器的二级换能器将细胞的生理参数变化转换为电信号和光信号，通过搭建的光学图像处理平台完成了对 OA 的检测，实现了对海洋水产品贝类毒素进行快速和自动化检测的系统。

## 8.4.2　免疫传感器

免疫传感器将传统的免疫分析法和生物传感技术融为一体，在最近十几年内发展迅速，目前已在医药等领域得到了广泛应用。Marquette 和 Blum（1999）将 OA-牛血清蛋白固定在聚醚砜膜上，使其与结合了辣根过氧化物酶的 OA-单克隆抗体进行竞争结合，并将免疫传感器集成在一个纤维化学发光半自动流动注射系统，用于检测大田软海绵酸，该传感器可以在 20min 内完成样品检测，能够检测 0.2～200μg/100g 的 OA，并且敏感膜可以重复利用，可在 1 个月内保持活性。Tang 等（2002）研发了一种压电免疫传感器，游离的 OA 和 OA 单克隆抗体竞争 OA-牛血清白蛋白的结合位点，采用交联固定技术使得 OA 免疫传感器能够长期保持活性（38 天），但其灵敏度并不高。此外，8.2.2.3 小节中提到的胶体金免疫试纸条也属于免疫传感器的一种，也是目前使用最广的免疫传感器。胶体金免疫传感器属于半定量传感器，目前多用于医药领域，在环境保护和监测中的应用还比较少，但其作为一种快速便捷的检测有害物质的方法，十分适合海洋赤潮毒素的检测。

## 8.4.3　表面等离子体共振传感器

表面等离子体共振技术（SPR）是近几年刚发展起来的一种光学分析技术，鲍军波等（2006）采用 SPR 技术研究了赤潮毒素麻痹性贝类毒素的快速检测方法，通过固定化 PSP 抗体分子和 PSP 分子的方法，直接和间接地检测了溶液中 PSP 的含量，检测限分别为 70.2μg/L 和 0.5μg/L。Stevens 等（2007）研制另一种 SPR 便携式传感器系统，用于检测海水中的软骨藻酸，该传感器将竞争免疫技术与 SPR 技术相结合，对 DA 的检测范围为 4～60μg/L，检出限为 3μg/L。

目前赤潮毒素传感器的研究还停留在实验室阶段，在实际应用中各种传感器仍然存在一定的不足，其中细胞和免疫蛋白活性的保持是赤潮毒素传感器进入实际应用的一个重大瓶颈。此外海洋环境成分复杂，很多因素都会影响生物传感器的显示结果，目前研发的赤潮毒素传感器，大部分都需要样品前处理，得到较纯净的赤潮毒素后才能进行检测。复杂的样品前处理步骤目前还不能够满足海洋赤潮毒素监测的要求。

# 8.5 海洋赤潮毒素监测系统

贝类毒素监测系统作为有害赤潮监测方案的重要组成部分，自 20 世纪以来受到了广泛的重视，一些发达国家如美国、加拿大、新西兰、日本等率先研究及实施了贝类毒素（简称贝毒）监测系统的建设，在水产养殖健康发展和水产品安全方面起到了重大作用，大大减少了人类因误食赤潮毒素污染的水产品而产生的中毒事件。赤潮毒素的监测系统包括两种类型：一是综合性监测，包括浮游植物有毒藻监测、贝类毒素监测、鱼类毒素监测等多种监测对象；另一种是单一型监测方案，即只涉及有毒藻或贝毒单方面的监测。目前赤潮毒素实时监测系统的建设还远远不能达到保障养殖区水生生物和人类健康的要求。

我国已经进行了多年赤潮毒素检测方面的研究，具有良好的基础，但至今尚未建立完善的贝类赤潮毒素的监测体系，致使贝类出口及国内安全卫生消费都受到很大的影响。目前亟须对我国赤潮毒素污染现状进行综合分析，建立我国赤潮毒素监测体系，保障人们的生命健康和我国渔业经济的发展。吴锋（2010）对珠江口海域的麻痹性贝类毒素和腹泻性贝类毒素的分布情况和年际变化情况进行了综合分析，并设计了珠江口海域贝类毒素的监测方案，确定了监测贝种、采样站位、采样频率、检测方法、毒素警戒值和防控反应机制等，以期为相关部门完善和强化贝类监测和管理工作提供科学依据和理论参考（吴锋，2010）。

## 参 考 文 献

鲍军波，李光教，罗昭锋，等 . 2006. 麻痹性贝毒的表面等离子体共振快速检测方法研究 . 海洋环境科学，（04）：66-69.

高利利 . 2011. 记忆缺失性贝毒免疫胶体金快速检测试纸条的研制 . 上海：上海交通大学硕士学位论文 .

李晓琳 . 2011. 赤潮毒素的毛细管电泳—酶联免疫分析方法的研究 . 青岛：青岛科技大学硕士学位论文 .

苏凯麒 . 2014. 基于 ECIS 细胞传感器和图像检测的海洋毒素分析系统设计 . 杭州：浙江大学硕士学位论文 .

卫锋，王竹天 . 2003. 毛细管电泳法分析贝类食品中的软骨藻酸 . 中国食品卫生杂志，15（2）：107-110.

吴锋 . 2010. 珠江口海域麻痹性贝毒和腹泻性贝毒的污染状况及其监测和管理方案设计 . 广州：暨南大学硕士学位论文 .

许道艳，刘磊，刘仁沿，等 . 2013. 麻痹性贝毒单克隆抗体的制备和酶联免疫检测方法的建立 . 中国免疫学杂志，29（1）：69-73.

许道艳，刘仁沿，董玉华，等 . 2007. 失去记忆性贝毒 ASP 酶联免疫检测方法的研究 . 海洋环境科学，26（3）：237-240.

张彩霞，闫鸿鹏，郑杰，等 . 2011. 雪卡毒素单克隆抗体的制备及鉴定 . 免疫学杂志，27（10）：890-893.

张晓玲，杨桥，惠芸华，等 . 2012. 超高效液相色谱荧光法检测贝类中三种高毒性麻痹性贝毒 . 海洋渔业，34（3）：337.

周名江，朱明远 . 2001. 中国赤潮的发生趋势和研究进展 . 生命科学，13（2）：54-59.

Azanza R V, Max Taylor F. 2001. Are Pyrodinium blooms in the Southeast Asian region recurring and spreading? A view at the end of the millennium. AMBIO: A Journal of the Human Environment, 30（6）：356-364.

Bagnis R, Barsinas M, Prieur C, et al. 1987. The use of the mosquito bioassay for determining the toxicity to man of ciguateric fish. The Biological Bulletin, 172 (1): 137-143.

Blay P, Hui J P, Chang J, et al. 2011. Screening for multiple classes of marine biotoxins by liquid chromatography-high-resolution mass spectrometry. Analytical and Bioanalytical Chemistry, 400 (2): 577-585.

Campbell K, Haughey S A, Top H, et al. 2010. Single laboratory validation of a surface plasmon resonance biosensor screening method for paralytic shellfish poisoning toxins. Analytical Chemistry, 82 (7): 2977-2988.

Campbell K, Huet A C, Charlier C, et al. 2009. Comparison of ELISA and SPR biosensor technology for the detection of paralytic shellfish poisoning toxins. Journal of Chromatography B, 877 (32): 4079-4089.

Campora C E, Hokama Y, Yabusaki K, et al. 2008. Development of an enzyme-linked immunosorbent assay for the detection of ciguatoxin in fish tissue using chicken immunoglobulin Y. Journal of Clinical Laboratory Analysis, 22 (4): 239-245.

Cheun B S, Loughran M, Hayashi T, et al. 1998. Use of a channel biosensor for the assay of paralytic shellfish toxins. Toxicon, 36 (10): 1371-1381.

Croci L, Cozzi L, Stacchini A, et al. 1997. A rapid tissue culture assay for the detection of okadaic acid and related compounds in mussels. Toxicon, 35 (2): 223-230.

Daranas A H, Norte M, Fernández J J. 2001. Toxic marine microalgae. Toxicon, 39 (8): 1101-1132.

Dell A C, Walter J A, Burton I W, et al. 2008. Isolation and structure elucidation of new and unusual saxitoxin analogues from mussels. Journal of Natural Products, 71 (9): 1518-1523.

Flanagan A, Callanan K, Donlon J, et al. 2001. A cytotoxicity assay for the detection and differentiation of two families of shellfish toxins. Toxicon, 39 (7): 1021-1027.

Gallacher S, Birkbeck T. 1992. A tissue culture assay for direct detection of sodium channel blocking toxins in bacterial culture supernates. FEMS Microbiology Letters, 92 (1): 101-107.

Gas F, Baus B, Pinto L, et al. 2010. One step immunochromatographic assay for the rapid detection of Alexandrium minutum. Biosensors and Bioelectronics, 25 (5): 1235-1239.

Gerssen A, McElhinney M A, Mulder P P, et al. 2009. Solid phase extraction for removal of matrix effects in lipophilic marine toxin analysis by liquid chromatography-tandem mass spectrometry. Analytical and Bioanalytical Chemistry, 394 (4): 1213-1226.

Hannah D, Till D, Deverall T, et al. 1995. Extraction of lipid-soluble marine biotoxins. Journal of AOAC International, 78 (2): 480-483.

Hess P. 2010. Requirements for screening and confirmatory methods for the detection and quantification of marine biotoxins in end-product and official control. Analytical and Bioanalytical Chemistry, 397 (5): 1683-1694.

James K J, Moroney C, Roden C, et al. 2003. Ubiquitous 'benign' alga emerges as the cause of shellfish contamination responsible for the human toxic syndrome, azaspiracid poisoning. Toxicon, 41 (2): 145-151.

Kawatsu K, Hamano Y, Sugiyama A, et al. 2002. Development and application of an enzyme immunoassay based on a monoclonal antibody against gonyautoxin components of paralytic shellfish poisoning toxins. Journal of Food Protection, 65 (8): 1304-1308.

Kulagina N V, Mikulski C M, Gray S, et al. 2006. Detection of marine toxins, brevetoxin-3 and saxitoxin, in seawater using neuronal networks. Environmental Science & Technology, 40 (2): 578-583.

Lawrence J F, Niedzwiadek B, Menard C. 2005. Quantitative determination of paralytic shellfish poisoning toxins in shellfish using prechromatographic oxidation and liquid chromatography with fluorescence detection: collaborative study. Journal of AOAC International, 88 (6): 1714-1732.

Laycock M V, Donovan M A, Easy D J. 2010. Sensitivity of lateral flow tests to mixtures of saxitoxins and applications to shellfish and phytoplankton monitoring. Toxicon, 55 (2): 597-605.

Lee J S, Yanagi T, Kenma R, et al. 1987. Fluorometric determination of diarrhetic shellfish toxins by high-performance liquid chromatography. Agricultural and Biological Chemistry, 51 (3): 877-881.

Leira F, Alvarez C, Cabado A, et al. 2003. Development of a F actin-based live-cell fluorimetric microplate assay for diarrhetic shellfish toxins. Analytical Biochemistry, 317 (2): 129-135.

Levine L, Fujiki H, Yamada K, et al. 1988. Production of antibodies and development of a radioimmunoassay for okadaic acid . Toxicon, 26 (12): 1123-1128.

Lewis R J, Yang A, Jones A. 2009. Rapid extraction combined with LC-tandem mass spectrometry (CREM-LC/MS/MS) for the determination ofciguatoxins in ciguateric fish flesh. Toxicon, 54 (1): 62-66.

Lu S Y, Lin C, Li Y S, et al. 2012. A screening lateral flow immunochromatographic assay for on-site detection of okadaic acid in shellfish products . Analytical Biochemistry, 422 (2): 59-65.

Manger R L, Leja L S, Lee S Y, et al. 1993. Tetrazolium-based cell bioassay for neurotoxins active on voltage-sensitive sodium channels: semiautomated assay for saxitoxins, brevetoxins, and ciguatoxins. Analytical Biochemistry, 214 (1): 190-194.

Marquette C A, Blum L C J. 1999. Luminol electrochemiluminescence-based fibre optic biosensors for flow injection analysis of glucose and lactate in natural samples. Analytica Chimica Acta, 381 (1): 1-10.

McElhiney J, Lawton L A, Edwards C, et al. 1998. Development of a bioassay employing the desert locust (Schistocerca gregaria) for the detection of saxitoxin and related compounds in cyanobacteria and shellfish. Toxicon, 36 (2): 417-20.

Murata M, Legrand A M, Ishibashi Y, et al. 1990. Structures and configurations of ciguatoxin from the moray eel Gymnothorax javanicus and its likely precursor from the dinoflagellateGambierdiscustoxicus. Journal of the American Chemical Society, 112 (11): 4380-4386.

Otero A, Chapela M-J, Atanassova M, et al. 2011. Cyclic imines: Chemistry and mechanism of action: A review. Chemical Research in Toxicology, 24 (11): 1817-1829.

Perez R A, Rehmann N, Crain S, et al. 2010. The preparation of certified calibration solutions for azaspiracid-1, -2, and-3, potent marine biotoxins found in shellfish. Analytical and Bioanalytical Chemistry, 398 (5): 2243-2252.

Pravda M, Kreuzer M P, Guilbault G G. 2002. Analysis of important freshwater and marine toxins. Analytical Letters, 35 (1): 1-15.

Quilliam M A, Xie M, Hardstaff W. 1995. Rapid extraction and cleanup for liquid chromatography determination of domoic acid in unsalted seafood. Journal of AOAC International, 78 (2): 543-554.

Stevens R C, Soelberg S D, Eberhart B-T L, et al. 2007. Detection of the toxin domoic acid from clam extracts using a portable surface plasmon resonance biosensor. Harmful Algae, 6 (2): 166-174.

Su Z, Sheets M, Ishida H, et al. 2004. Saxitoxin blocks L-type ICa. Journal of Pharmacology and Experimental Therapeutics, 308 (1): 324-329.

Tang A X, Pravda M, Guilbault G G, et al. 2002. Immunosensor for okadaic acid using quartz crystal microbalance. Analytica Chimica Acta, 471 (1): 33-40.

Tubaro A, Florio C, Luxich E, et al. 1996. Suitability of the MTT-based cytotoxicity assay to detect okadaic acid contamination of mussels. Toxicon, 34 (9): 965-974.

Van Dolah F, Finley E, Haynes B, et al. 1994. Development of rapid and sensitive high throughput pharmacologic assays for marine phycotoxins. Natural Toxins, 2 (4): 189-196.

Vernoux J, Le Baut C, Masselin P, et al. 1993. The use of Daphnia magna for detection of okadaic acid in mussel extracts. Food Additives & Contaminants, 10 (5): 603-608.

Vilariño N, Louzao M C, Vieytes M R, et al. 2010. Biological methods for marine toxin detection. Analytical and Bioanalytical Chemistry, 397 (5): 1673-1681.

Wilson M S. 2005. Electrochemical immunosensors for the simultaneous detection of two tumor markers. Analytical Chemistry, 77 (5): 1496-1502.

Zhang X, Zhang Z. 2012a. Capillary electrophoresis-based immunoassay with electrochemical detection as rapid method for determination of saxitoxin and decarbamoylsaxitoxin in shellfish samples. Journal of Food Composition and Analysis, 28 (1): 61-68.

Zhang X, Zhang Z. 2012b. Quantification of domoic acid in shellfish samples by capillary electrophoresis-based enzyme immunoassay with electrochemical detection. Toxicon, 59 (6): 626-632.

Zhou Y, Pan F G, Li Y S, et al. 2009. Colloidal gold probe-based immunochromatographic assay for the rapid detection of brevetoxins in fishery product samples. Biosensors and Bioelectronics, 24 (8): 2744-2747.

第四部分

环境总毒性与新型污染物分析监测

# 第 9 章 | 环境总毒素的生物监测方法

## 9.1 在线生物监测

生物监测是指从生物学角度，利用生物个体、种群或群落对环境污染或变化所产生的反应，对环境污染状况进行监测和评价的一门技术（王春香等，2010）。生物监测的概念于 19 世纪初提出。20 世纪 50 年代后，利用指示生物来监测水质和大气污染的研究逐渐增多，使得生物监测有了进一步的发展。目前，生物监测的应用越来越广泛，并成为环境监测的重要组成部分。生物监测的理论基础是生态系统和生物学理论。当环境受到污染后，污染物进入生物体内并发生迁移、蓄积，导致生态系统中各级生物在环境中的分布、生长发育状况和生理生化等指标发生相应的变化。例如，水环境受到污染时，藻类的细胞密度和光合作用强度均会发生变化。生物监测利用生物对环境污染的响应来反映和度量环境污染的状况和程度。生物监测具有灵敏性、长期性、连续性、经济性、非破坏性和综合性等优势。在海洋环境监测中，通过对指示生物的多样性、群落等分析得出相关的生物指数来评价水体污染程度，如利用海洋底栖生物、浮游生物等信息反映环境毒素。基于生物行为的水质预警是根据指示生物的生物学指标变化对水体内多种污染物的综合毒性进行监测。

传统的环境生物监测需人工采样后送到实验室分析，不仅效率低，而且很难反映污染情况的实时变化状况和规律。要提高传统生物监测效率和解决自动监测技术的瓶颈，很有必要建立新型的自动生物监测系统。实现对环境污染状况进行早期预警，反映环境污染程度及对生态环境的潜在影响，能够及时发现污染事故先兆，将环境污染造成的风险降至最小。

随着模式识别技术的发展和计算机运算能力的极大提高，生物自动监测已经从研究阶段开始向实际应用发展。水生生物的自动监测主要应用在环境监测和生物学、生态学研究等方面。在水环境监测方面，通过指示生物的行为响应、种群变化等监视水质污染状况。常用的指示生物包括软体动物、鱼类、水蚤、海藻及一些菌类。鱼类是水质在线监测中使用较为广泛的指示生物，淡水的在线监测主要使用青鳉鱼和斑马鱼。目前，已经研制出基于鱼类行为的水质监测仪器。国内外对鱼类行为分析的研究也已经大量开展。与此同时，大型蚤的行为分析也被广泛用于水质监测之中。此外，藻类的图像识别及监测技术也在迅速发展，浮游藻类的自动监测装置也逐渐应用到海洋环境及灾害监测之中。

## 9.2 个体行为分析监测技术

基于水生生物行为的环境毒素监测技术从 20 世纪 90 年代中期提出并逐渐开始发展。

常见的水生生物个体行为监测技术主要有基于电场信号的行为传感器和利用计算机视觉技术的行为跟踪技术。基于电场信号的行为传感器利用两对感应电极采集封闭容器内水体的电场信号，通过受试生物在封闭容器内运动引起的电场变化感知受试生物的运动行为。基于这种电场信号的水生物行为监测可以有效感知受试生物的总体运动变化，并取得了良好的水质预警效果（任宗明等，2008），但该方法缺乏精确测量生物个体的运动行为的能力。

可视化的个体行为监测方法在 1996 年就已经提出了，但是由于成像设备和计算能力的限制使得该研究无法广泛开展。随着计算机硬件性能的大幅提高，基于视觉的行为跟踪技术取得了突破性进展，可视化行为监测能够自动记录多个受试生物的行为轨迹，并根据受试生物在污染水体内的行为响应实现对水质异常的检测及预警。

## 9.2.1 二维行为跟踪技术

基于计算机视觉的行为监测装置利用图像传感器采集观测区域的图像数据，通过图像处理算法检测被观测对象的位置并由跟踪算法生成连续的运动轨迹。通常使用的图像传感器是数字摄像机，采集视频速率为 30fps/s。可视化行为监测通常分为视频分析和实时在线监测。视频分析即通过数字摄像机将生物的行为过程记录到视频文件，后由行为分析软件对视频文件进行处理得到受试生物的运动轨迹等信息。这种方法可以保留完整的行为过程，但需要占用极大的存储资源，不适用于长期的行为监测。实时监测指在观测受试生物运动时，直接从摄像机采集的图像中分析并录制其运动轨迹。这种方式能够及时反馈受试生物的行为信息，适用于在线水质监测等应用。实时监测要求行为分析的处理速度小于 33ms/fps，达到 30fps/s 以上的行为图像处理能力，对观测设备的计算性能和算法实时性要求比较高。一般情况下，实时监测不需要记录生物运动过程的视频数据，极大地减少了的存储设备的开销。

按照生物监测的维度划分，生物行为监测可分为二维监测和三维监测。二维行为监测观测到的是受试生物在某个平面的运动状况，一般由单个相机从观测容器上方或侧面采集受试生物个体的运动图像进行跟踪分析。在基于视觉的行为监测技术的发展初期，主要针对二维单目标的个体行为进行研究。将受试生物个体看成平面上的一个二维点进行检测，将受试生物的位置信息按照时间序列连接起来形成受试生物的运动轨迹。为了提高行为监测的稳定性和降低计算的复杂度，大多数行为监测系统在实验室内或光照可控的环境下运行，采用简单的背景图像和稳定的照明。这样可以减少光照变化造成的图像噪声，使二维单目标的行为跟踪较容易实现。利用简单的阈值分割法或背景差检测法就可从观测区域中提取跟踪目标的图像，无需复杂跟踪算法，即可得到单目标的运动轨迹。

二维单目标的水生生物个体行为研究在水质监测等方面也都得到了广泛应用。然而，单个生物的行为数据具有局限性，不能够全面反映生物行为及水质状况。在水质监测应用中，需要同时监测多组行为数据才能准确地反映水体毒素，避免误报警。因此，多目标的生物监测技术成为当前研究的热点。二维多目标的个体行为监测，首先通过阈值法或背景差法将运动目标提取出来，再对运动目标进行分析（如处理遮挡等），然后利用多目标跟踪算法生成每个个体的运动轨迹。多目标水生生物监测的难点在于多个受试生物频繁发生交互和聚集的行为，经常产生个体之间相互遮挡的现象，造成无法准确检测受试生物个体。另外，由于受试生物的外观特征（如颜色、纹理等）和个体大小极其相似，难以准确区分受试生物个体，对视觉跟踪造成了较多困难。基于视觉识别的行为监测对观测区域内的光照、背景的对比度、水体的清晰度等成像条件有较高的要求，需要构建专用的容器进行行为观测。对于条件复杂的现场环境，需要将水样品抽入行为观测装置内进行分析。

鉴定受试生物个体的方法有很多种，利用颜色标记区分生物个体是一种比较有效的方法。计算机算法可以很容易区分每个观测对象。基于颜色标记方法研制的 EthoVision 行为观测在老鼠、昆虫等平面运动的生物身上取得了很好的效果（Noldus et al.，2001），但由于水生生物的体积较小，实现颜色标记成本高并具有一定难度，无法广泛推广。

随着计算机视觉技术的发展，涌现出大量水生生物个体的跟踪算法。形态学运算中的腐蚀–膨胀算法是一种常用的物体分离方法。图 9-1 是利用形态学运算将部分重叠的两条鱼分割的过程。图 9-1（a）是通过目标检测算法得到的粘连的两条鱼的二值图像。图 9-1（b）是利用腐蚀算法对图 9-1（a）运算的结果。腐蚀运算将原本粘贴在一起的两个物体分成两个独立的物体，结果在图 9-1（b）中用黑色和灰色表示。算法过程会重复执行直到将两个物体分开为止。然后再将腐蚀后得到的两个团块进行相同次数的膨胀处理，即得到了原本的物体图像，如图 9-1（c）所示。形态学运算操作简单，能有效地分开部分重叠的物体，但无法解决大面积的遮挡和交叉式的重叠。

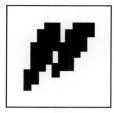 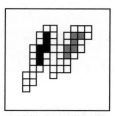 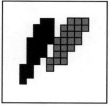

(a)二值化图像　　　(b)腐蚀处理后的图像　　　(c)膨胀处理后的图像

图 9-1　鱼个体图像的形态学分割过程（Kato et al.，2004）

采用轮廓拟合的方法可对交叉式的物体重叠进行有效识别。以鱼的行为观测为例，假定被观测对象为椭圆形，采用最小二乘法和椭圆形方程从检测到的图像识别鱼的个体。如图 9-2 所示，两条交叉的鱼成功地通过椭圆形拟合检测出来。Branson 等（2009）研制的二维行为跟踪软件（Ctrax）由于具有很高的稳定性受到了广泛关注。Ctrax 用于观测多目标二维平面运动，可同时记录 50 只果蝇的运动轨迹。Ctrax 也成功实现了多目标的鱼类行为监测。如图 9-3 所示，Ctrax 可同时记录 10 条鱼的运动轨迹（Barry，2012）。发生重叠时，准确跟踪目标的成功率很高。

Ctrax 通过背景差等技术提取受试生物的个体图像，利用恒定速率模型预测运动轨迹并选择最佳匹配的运动轨迹。Ctrax 采用聚类算法和椭圆拟合成功地将部分重叠的个体分割。该算法对目标图像进行多种数量的聚类分析，选择匹配度最高的作为个体分割的结果。图 9-4 左侧的黑色团块是三个粘连在一起的果蝇图像。Ctrax 对粘连的图像按照不同的

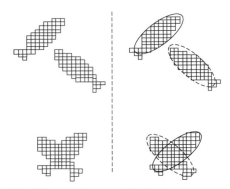

图 9-2　基于椭圆拟合的鱼的个体图像检测（Delcourt et al.，2013）

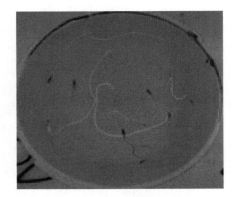

图 9-3　Ctrax 的鱼类行为跟踪（Barry，2012）

目标数量分别进行聚类计算。图 9-4 右侧展示了 2～4 个聚类的分割结果，对每个分割后的图像进行了椭圆拟合。图 9-4 左侧的统计图显示了椭圆拟合在每种聚类结果上的错误率，选择其中错误最少的聚类结果对粘连的图像进行分割。在图 9-4 中的粘贴图像上，三个聚类的分割得到了最为准确的结果。这种方法极为有效地分割粘连的生物个体。跟踪算法根据分割后的个体信息进行进一步的行为跟踪处理。

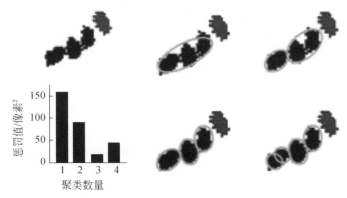

图 9-4　基于聚类和椭圆拟合的个体分割（Branson et al.，2009）

基于视觉的多目标行为监测的主要技术难点是跟踪过程中经常丢失目标或者跟踪错误的目标，造成两个或者多个受试生物的运动轨迹交换。尤其是在个体间交互和聚集行为时，频繁出现被观测对象互相遮挡的现象。由于受试生物个体的外观极其相似，当遮挡结束后跟踪算法难以检测到原本的跟踪对象。为了能够准确记录每个受试生物的行为，避免出现错误跟踪和漏跟踪，西班牙和法国科学家联合研制了一种"指纹"特征描述技术来准确鉴别每个受试生物个体。这种鉴别生物个体图像的"指纹"技术提取了一种人眼无法描述的特征，解决了人类无法识别的生物个体的鉴定问题（Pérez-Escudero et al.，2014）。基于这种技术开发的"idTracker"行为跟踪系统已经成功地实现了老鼠、果蝇、斑马鱼、蚂蚁和青鳉鱼 5 种生物的群体行为观测。

"指纹"特征是通过计算生物个体图像上每两个像素点在图像上的距离和它们的灰度值得到的。在一个完整的生物个体图像上，任取两点 $i_1$ 和 $i_2$ 并计算它们之间的欧氏距离 $d$，将该二维图像所有像素点的组合生成一组三维向量（$d$，$i_1$，$i_2$），然后计算该图像的强度图和对比度图。强度图代表的是个体图像中任意两点 $i_1$ 和 $i_2$ 的灰度值的和（$i_1+i_2$）及其对应的距离 $d$ 之间的关系。强度图表示所有给定的距离（$d$）对应的灰度值的和出现频率的二维直方图。对比度图的意义和计算方法与强度图类似，它统计的是任意两点差的绝对值 $|i_1-i_2|$ 和距离 $d$ 之间的对应关系。图 9-5 展示了"指纹"特征的计算原理。

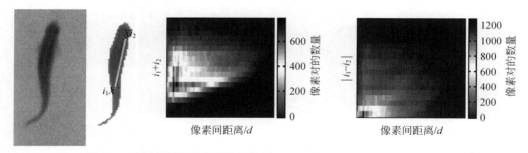

图 9-5　对比度图和强度图的计算过程（Pérez-Escudero et al.，2014）

在行为观测开始时，idTracker 对每个完整的生物个体图像建立一个参考的"指纹"特征。在接下来的每一帧里面，该系统对所有的个体图像都计算它们的"指纹"特征。然后，将待鉴别的个体图像特征与之前建立的参考特征进行比对，选择最为相似的结果与之匹配。由于只计算了距离和灰度值，这种特征具有平移和旋转不变性，并且对生物的姿态变化也具有很强的稳定性和可靠性。但该方法计算强度大，对计算机性能有很高要求，目前还难以应用到在线监测系统中。

目前大部分行为监测系统都将受试生物看成图像上的一个点，只记录其中心点坐标形成的运动轨迹，缺乏对生物运动姿态的描述。Xia 等（2016）研制了一种基于姿态测量的多目标行为观测系统 Multrack。该系统通过识别鱼的头尾图像，计算鱼的粗略姿态。采用自适应阈值法从观测图像中提取鱼的个体。由于背景简单，自适应阈值能够在光照不均匀的情况下从背景中准确分割目标图像。图 9-6（a）是一幅观测容器中采集的图像，图 9-6（b）中 5 条鱼的二值图像被准确地分割出来。容器底边形成的噪声可通过限定区域消除，而点状的图像噪声通过腐蚀—膨胀及高斯滤波进行滤除。

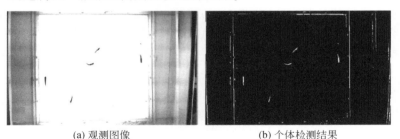

(a) 观测图像　　　　　　　　　　　(b) 个体检测结果

图 9-6　斑马鱼的观测图像及个体检测结果（Xia et al.，2016）

　　我们提出了一种利用灰度特征识别鱼的头尾的方法，这种方法计算简单、容易实现。图 9-7 是一条鱼的二值图像以及它对应的灰度图像。从二值图像中计算包围鱼身体的最小外接矩形，得到鱼头部、尾部和中心三个坐标。然后将鱼的图像从中间分成两部分判别鱼头和鱼尾。由于鱼头和尾部的透光度不一样，其头部和尾部图像的灰度特征呈现出不同。我们通过计算头尾图像的平均灰度值区分鱼的头和尾。

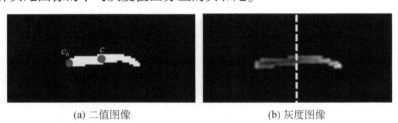

(a) 二值图像　　　　　　　　　　　(b) 灰度图像

图 9-7　鱼的个体姿态分析及灰度特征提取（Xia et al.，2016）

　　鱼身体的姿态是通过鱼的中心点（$C$）和鱼头坐标（$C_h$）形成的向量近似表示。这个向量既表示鱼身体在观测平面中的角度，也表示其当前的运动方向。结合鱼的身体姿态也提高了行为跟踪的准确性和稳定性。我们将鱼运动的方向、单位时间的最大运动距离作为约束条件，利用线性规划算法实现了多条鱼的行为跟踪。行为跟踪结果如图 9-8 所示，每

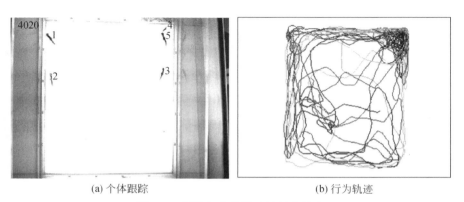

(a) 个体跟踪　　　　　　　　　　　(b) 行为轨迹

图 9-8　斑马鱼个体跟踪及行为轨迹

条鱼都用数字序号区分，鱼的头部和中心分别用不同颜色的圆点标记。图的右侧是观测对象的运动轨迹，相同颜色表示同一条鱼。该系统运行稳定，能够连续运行一周以上，并且对硬件的要求低，可以在手机等低功耗移动设备上执行实时在线行为监测。

检测鱼的头尾只能描述鱼的运动方向，我们提出通过建立鱼的形状模板来测量鱼身体的详细姿态。我们采用主动形状模型（active shape model）对鱼的轮廓进行建模，它能够利用先验知识准确地检测复杂环境下被遮挡的物体。主动形状模型通过学习鱼的轮廓样本即可建立参数化的二维轮廓模型。

主动形状模型算法通过一组二维点描述鱼的二维轮廓，即形状向量 $X_i$：

$$X_i = (x_{i,0},\ y_{i,0},\ x_{i,1},\ y_{i,1},\ \cdots,\ x_{i,n-1},\ y_{i,n-1})^T,\ i = 1,\ \cdots,\ N \tag{9-1}$$

式中，$(x_{ij},\ y_{ij})$ 表示形状 $i$ 的第 $j$ 个标记点；$N$ 为训练几中形状样本的总数。图9-9 中显示了几个不同姿态鱼的形状样本。通过对这些样本的训练得到鱼的平均模型及控制形状变化的参数。图9-10 是计算得到的平均形状，这里我们选取 42 个点精确地描述鱼的形状。鱼的形状变化是通过平均模型 $\overline{X}$ 与调整权值 $b$ 来控制的：

$$X_i = \overline{X} + Pb \tag{9-2}$$

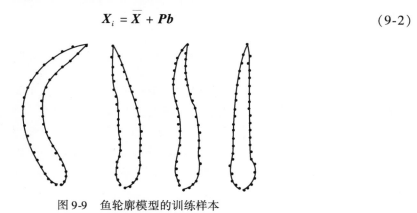

图9-9　鱼轮廓模型的训练样本

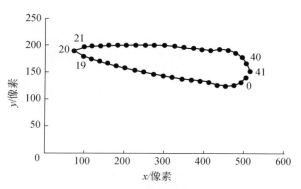

图9-10　训练后的平均模型

式中，$P$ 为训练时从样本中获得的特征向量；$b$ 是权值。通过改变 $b$ 可以得到鱼的各种姿态。我们利用建立好的二维模型跟踪斑马鱼的运动并测量其精确的姿态变化。图9-11 所示的是利用形状模型的行为跟踪结果（Xia et al.，2014）。图像中的轮廓即为形状模型，它会准确地与鱼的身体形态相匹配。在鱼的身体出现高度弯曲的情况下依然能够准确地测量其姿态。为了方便描述鱼的身体姿态，这里利用鱼的轮廓计算鱼的骨架，即图9-11中鱼身体中的连线。它由21个点构成，能够详细表达鱼身体上各个部位的形态变化。

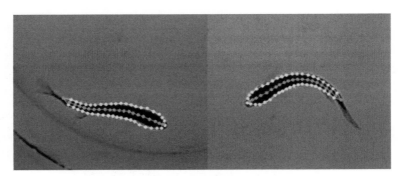

图9-11　个体姿态精确测量（Xia et al.，2014）

## 9.2.2　三维多目标行为跟踪

众所周知，鱼类、果蝇等生物是在三维空间中运动的，二维观测只能测量其运动轨迹在某个平面上的投影。只有获得三维空间上的运动轨迹才能更全面地了解和分析生物的行为模式。目前，三维生物行为监测技术的研究在国际上正处于起步阶段，其结构也各有不同。它是在二维视觉跟踪的基础上利用三维成像技术而获得受试生物个体的三维运动轨迹。三维观测系统的结构主要由单相机加辅助成像设备、顶–侧面双相机、双目立体相机及多视角立体相机组成（图9-12）。

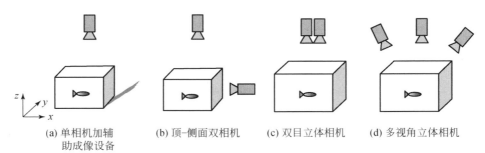

(a) 单相机加辅　　　　(b) 顶–侧面双相机　　　(c) 双目立体相机　　　(d) 多视角立体相机
助成像设备

图9-12　常见的立体观测系统的结构

单相机结构的三维观测系统一般利用镜面反射原理，用一个相机获取观测区域的图像和观测区域在镜面中反射的图像［图9-12（a）］。这种方法可同时从两幅图像检测被观测对象，并对同一观测对象在相机和镜面上的投影进行匹配，根据镜面和鱼缸夹角的几何关系估算受试生物个体的三维坐标。这种方法采用单目相机，减少了硬件成本，但需要对观测系统进行精确的标定。由于镜面一般与观测容器成一定的倾斜角度，生物在镜面上的投影会产生形变。观测对象数量较多时会对行为跟踪的准确度造成较大的影响。

顶-侧面双相机结构是指从观测容器的顶面和侧面分别安装一台摄像机，顶面相机置于容器上方俯视拍摄而另一台相机从观测容器侧面观测鱼的运动图像，构成了一个俯视加侧视的相机结构［图 9-12（b）］。顶面相机采集到的是观测对象在 $x$-$y$ 平面上的投影，侧面相机采集的是观测对象在 $y$-$z$ 平面的投影，将两组观测结果融合即可得到其三维坐标 $(x, y, z)$。双目立体相机是一种典型的立体视觉结构，是基于视差原理并利用成像设备从不同的位置获取被测物体的两幅图像，通过计算图像对应点间的位置偏差来获取物体三维几何信息的方法。建立特征间的对应关系，将同一空间物理点在不同图像中的投影点对应起来，通过计算这个差别获得物体的三维图像。它要求左右两个相机的光轴平行，在平行光轴的立体视觉系统中，左右两台摄像机的焦距及其他内部参数均相等，光轴与摄像机的成像平面垂直，两台摄像机的 $x$ 轴重合，$y$ 轴相互平行，因此将左摄像机沿着其 $x$ 轴方向平移一段距离 $b$ 后与右摄像机重合。

荷兰诺达思（Noldus）公司与瓦格宁根大学合作，研制了 Track3D 系统。该系统利用双目相机俯视观测单个目标的运动，可用于对鱼类、蚊子等的三维行为的分析研究（Spitzen et al.，2013）。作者利用双目视觉技术进行了三维行为观测的初期研究。在二维多目标跟踪的基础上，利用双目立体相机从左右视图中分别检测鱼的运动，经过立体视觉算法对每条鱼在左右视图中的投影进行匹配后计算出其三维坐标。将这些鱼身体中心的三维坐标按时间序列连接后形成了三维运动轨迹。图 9-13 展示了观测系统的结构、检测结果及观测到的三维轨迹。

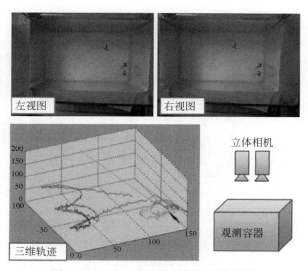

图 9-13　双目观测系统结构及行为数据

三维观测系统最为复杂的是多视角立体相机式结构，这种结构一般采用三个以上的相机同时拍摄。多用于大范围的三维运动跟踪。美国加州理工学院构建了一个具有 11

个相机和集群计算机的复杂系统，实现了在大范围内对果蝇三维飞行运动的实时观测（Straw et al.，2011）。由于拍摄飞行运动，该系统采用了速率为100fps/s的高速摄像机，在0.3m×0.3m×1.5m的大容器内观测果蝇的行为。这种方式对硬件的计算能力和数据传输能力要求极高。

三维多目标的行为监测具有很高的技术难度。复旦大学在多目标的三维集群跟踪方法上取得了突破性进展（Liu et al.，2012）。该方法从多个相机视图中同时检测被跟踪目标，并采用粒子滤波器和多重假设对大量的目标进行同时跟踪。实验证明该方法可有效跟踪几百只果蝇的三维轨迹。该研究成果已经处于国际领先水平。

## 9.2.3　应用实例

随着视觉监测技术的不断成熟，已经有越来越多的商业化水质监测及预警产品采用在线生物监测技术。其中比较有代表性的是德国 BBE 公司的几款水质监测产品——鱼毒性仪（图9-14）和大型蚤毒性仪。鱼毒性仪利用摄像和图像分析技术连续检测被测样品对鱼活性的影响，进而确定其毒性强弱。鱼毒性仪观测在连续水流影响下鱼的行为，在线追踪鱼的移动，记录鱼的行为变化。如果出现突发污染事件，将给出早期警报。该检测仪由养鱼池和摄像系统组成，水经过养鱼池，并为图像采集配备了照明系统。通过专用软件就可以分析鱼的游动轨迹。软件系统通过分析鱼的游动高度、速度、轨迹及活鱼的数量等参数，预测水体样本的毒性。如果水体样本中存在毒性，就会降低鱼的活动强度，影响鱼的运动轨迹、活动区域等参数。该系统适用于近海、河流、水库、供水系统及排水系统等的水体污染监测。

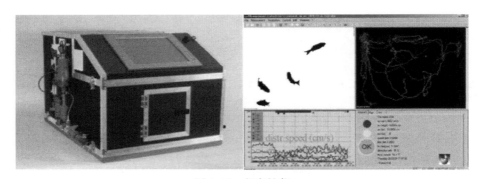

图9-14　鱼毒性仪

图9-15 是德国 BBE 公司研制的基于大型蚤的可视化监测的水质毒性预警装置。仪器包括两个腔室，其中一个是用来培养藻类的发酵槽，利用自动控制机制调控培养环境使藻类达到最佳生长状态，然后作为食物泵入另一个装有大型发光蚤的反应器，仪器连续不断地记录和分析发光蚤在被监测水样中的各项生理行为参数（如行为轨迹、游动速率、种群数量等），比对正常环境下的行为参数，便可反算出水质毒性数据，达到连续在线监测的目的。

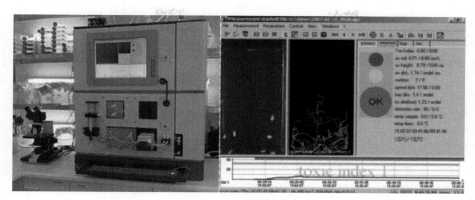

图 9-15　大型蚤毒性仪

自动水生生物行为在线监测系统已经成功应用于饮用水水质监测。近几年国内很多地区，已将自动水生生物行为在线监测系统应用到饮用水源的安全监测中。自动水生生物行为在线监测系统仍处于发展阶段，存在行为指标易受环境因子影响、预警阈值设定依据不充分、低浓度污染物短期内生物学效应不明显，导致系统无报警及错误报警等问题。随着生物传感器技术及智能预警技术的不断发展，自动水生生物行为在线生物监测系统将日趋完善与成熟。这种技术适用范围广，无论是在海洋环境原位监测领域，还是在水质预警和毒性评价领域都具有广泛的应用前景。

# 9.3　浮游藻类的自动鉴别技术

在海洋环境监测中浮游藻类作为一种重要的指示生物对水体污染、灾害监测和预警有着至关重要的作用。浮游藻类的密度分析、种类鉴定是检测水体污染的重要手段。某些浮游藻类在生长、繁殖或死亡过程中，产生的二级（次级）代谢产物藻毒素，不仅会严重危害生态系统中以浮游生物为食物的消费者，还会通过生物富集，对人类健康产生严重影响。藻毒素沉积后，给沿海水养殖业也造成巨大损失，严重影响了海洋生态系统稳定性及海洋资源的可持续发展利用。因此，对特定藻种（如蓝藻、微囊藻）的检测能分析水体中藻毒素的含量，通过分析浮游藻类可以获得水体不同来源藻毒素的信息。同时，浮游藻的种类和浓度与海水富营养化密切相关，对藻类的分析能够准确测量水体富营养化的程度。对浮游藻类的自动测量和准确分析是实现长期原位海洋监测的关键技术，也是当前研究的热点技术。随着藻类自动鉴别技术的进步，各种实用化的藻类监测仪器已经广泛应用于海洋环境监测。

## 9.3.1　浮游藻类的检测方法

海洋浮游植物检测常见的方法包括遥感图像、光学激发的方法、显微镜计数法和流式细胞术法等。目前通过卫星遥感图像只能对颜色有明显差异的有害藻类水华进行检测，如束毛藻属（*Trichodesmium*）、颗石藻（*Coccolithophores*）和腰鞭毛藻（*Karenia brevis*）。而大多数情况下，只有当水华发生在海水表面后才能通过远程遥感对其进行有效检测。

对浮游植物浓度的光学测量方法是基于叶绿素 a 浓度测量的间接测量法，主要包括的方法有分光光度法、高效液相色谱法和荧光光谱法。分光光度法是通过测定样品在特定波长范围内光的吸光度，进行定性和定量分析的方法。由于叶绿体色素溶液各组分在可见光谱中具有不同的特征吸收峰，应用分光光度计在某一特定波长下所测定的吸光度，根据经验公式即可计算出色素溶液中各色素浓度。该方法需要对样品进行复杂的前处理，提取浮游生物浓缩样中的叶绿素，工作量大。在测定浮游植物数量较少的水体时所需抽滤水样体积较大，在水样混浊时，抽滤过程耗时较长。高效液相色谱以液体为流动相，采用高压输液系统，将具有不同极性的单一溶剂或不同比例的混合溶剂、缓冲液等流动相泵入装有固定相的色谱柱，在柱内各成分被分离后，进入检测器进行检测，从而实现对试样的分析。该方法具有分离效率高、选择性好、检测灵敏度高、操作自动化等优点。但高效液相色谱仪的体积较大，价格及日常维护费用贵，样品的分析成本高。荧光光谱法是一种广泛应用于浮游植物现场检测的快速检测方法。其基本原理是叶绿素 a 在合适的激发光激励下会释放出荧光，最大荧光发射波长约为 635nm。因此，可以利用对应的荧光强度对浮游植物的叶绿素 a 浓度进行定量分析。荧光光谱法测量浮游植物叶绿素 a 浓度可以分为体外（in vitro）和活体（invivo）测量两种方式。叶绿素 a 浓度的体内测量方式是将浮游植物叶绿素 a 经过有机溶剂萃取，以 440nm 波长激发光激发，然后测量 685nm 波长处叶绿素 a 的发射荧光强度。相对于传统的分光光度法测量，叶绿素 a 的体外荧光测量法极大地提高了检测的灵敏度。这种方法是目前广泛应用的浮游藻类测量手段，能够较为准确地测量某个区域内浮游藻类的浓度，但是其对浮游植物种类鉴定的能力有限，只能鉴定能够激发出的特定波长光的浮游植物种类。

显微镜计数法是在显微镜下，以目镜测微尺为标尺，直接测量浮游植物细胞球体直径、椭球半径等参数，计算细胞的体积、表面积等。该方法简单、直观，可以同时观察细胞的形态，进行浮游植物种群的鉴定。但该方法需要复杂的样本准备过程，显微镜和目镜测微尺的读数需要有熟练的测量人员操作，耗时费力。这种方法由于工作量大，在速度和准确性上都受到较大的限制。

流式细胞术测量法（flow cytometry）是通过激光照射悬浮溶液中单个粒子的前向和侧向散射光和荧光信号，计算粒子的粒径大小和对粒子分类的方法。流式细胞术检测的信号主要是散射光和荧光信号，光学系统是这种测量方法中最重要的一个系统。流式细胞仪测量时要求待测细胞单列、逐个、匀速地流经激光聚焦区的中心，这一目标是通过流动室与液流系统中鞘液包裹样本高速流动来实现的。

海洋环境和仪器的研究者一直致力于将流式细胞术应用于海水中浮游植物的测量。由于流式细胞术测量需要有稳定的液流系统保证恒定的流速，传统的流式细胞仪器装置较大，使用时需持续供电，数据处理软件也很复杂，一般只能在实验室测量。近年来，流式细胞技术已得到发展，便携式的流式细胞仪越来越多地被应用到浮游植物的现场采集和检测中。流式细胞术与显微成像技术结合，构成了浮游生物图像的自动采集系统。

## 9.3.2 浮游藻类检测装置

如果对自然海水中的浮游生物进行测量，就需要对微型浮游植物的细胞进行取样，但微型浮游植物的细胞在取样后，细胞的形状、大小易随环境条件的变化而改变，甚至细胞膜会破裂，造成测量的误差。传统的浮游生物分析方法要求采集浮游藻类的样品带回实验室分析，由于样品在运输和保存过程中因环境变化会产生失真从而影响分析结果的准确性。在原位的测量方法不仅省去了复杂、烦琐的采样过程，提高了分析结果的准确度，还实现了对海洋环境的实时监测。浮游生物的原位监测技术经过几十年的发展，已经有很多研究成果和商业化系统应用于科学研究及环境调查等相关领域。表 9-1 描述一些比较常见的浮游生物检测系统以及这些系统的功能特点。

**表 9-1 浮游生物成像及监测装置**

| 型号 | 研制年份 | 研制单位 | 功能特点 | 适用场合 | 商业化 |
|---|---|---|---|---|---|
| Video Plankton Recorder（VPR） | 1992 年 | 美国伍兹霍尔海洋研究所 | 利用水下显微镜采集海水中的浮游和粒子原位图像，图像存储在内部存储器中。VPR 第二代在硬件上做了相应更新，于 2012 年进行试验 | 浮游生物原位图像采集 | 是 |
| LOKI 浮游动物图像原位采集系统 | 2009 年 | 德国 iSiTEC 公司 | 采集浮游动的物图像，环境参数及样本，同时实现浮游动物分布和环境参数的快速可视化 | 浮游生物原位图像采集 | 否 |
| ZooScan | 2007 年 | 法国 Hydroptic 公司 | 实现实验室内对采集的水样进行扫描成像，利用图像处理软件分割和识别藻类 | 浮游动物的实验室样品分析 | 是 |
| FlowCAM | 2004 年 | 美国 Fluid Imaging Technology 公司 | 采用流式细胞仪结构，将荧光光谱技术和 CCD 相机结合对水样进行分析 | 浮游藻类的实验室样品分析 | 是 |
| 赤潮图像采集系统 | 2006 年 | 厦门大学 | 采用流式系统和高速 CCD 相机从海水样品中采集赤潮生物图像 | 实验室样品分析 | 否 |
| HAB 浮标 | 2004 年 | 英国普利茅斯大学 | 采用浮标方式将仪器放置海水中，利用流式结构、数字相机实现藻类原位分析 | 原位分析和监测 | 否 |
| Imaging FlowCytobot（IFCB） | 2006 年 | 美国伍兹霍尔海洋研究所 | 通过水下显微成像实现原位图像采集和识别赤潮海藻（*Karenia brevis*），通过有线网络连接地面服务器，实现在线监测 | 原位分析和监测 | 否 |
| 水下显微成像仪 | 2009 年 | 中国国家海洋技术中心 | 利用水下显微镜记录水下 100μm 以下的微小颗粒，可用于浮游生物或泥沙浓度监测 | 原位测量 | 否 |

20 世纪 90 年代，美国伍兹霍尔海洋研究所研制开发了浮游生物视频记录仪 VPR [图 9-16（a）]。该系统采用氙气灯光源进行照明，利用前向散射光对水体中的浮游生物进行拍照。为了能够清晰观测各种不同尺寸大小的浮游生物，同时配备了数台相机从而调整拍摄区域并聚焦，拍摄的图像由随机配备的图像处理系统实时传输至甲板进行同步分析。2012 年，在原有 VPR 基础之上进行了升级换代，开发了第二代产品 VPR Ⅱ。采用高像素数码摄像机，工作距离为 50cm，系统景深可以达到 3～8cm，相机移动范围由二维提升到三维，可在 1～31ml 的体积范围内提供高解析度浮游动物图片并用软件进行实时分析。与 VPR 功能类似的采集装置还有德国 iSiTEC 公司生产的 LOKI 浮游动物图像原位采集系统 [图 9-16（b）]。LOKI 系统配备了 LED 灯探头和数码相机采集浮游生物的图像，增强了属级别的识别能力并具备高时空分辨率，可同时采集图像、环境参数及水体样本。

(a) VPR及其成像过程　　　　(b) LOKI采集装置及浮游生物样图

图 9-16　浮游生物图像采集系统

此外，法国还研发出一款用于采集浮游动物图像的扫描仪 ZooScan，该仪器可以一次处理 0.2～2L 的样品，适用于分析 200μm 以上的物体。该仪器能够在实验室一次处理大量的浮游生物样品，工作效率很高。由于浮游动物体积相对较大（>200μm），其原位测量装置较为容易实现，像 VPR 这类产品已经实现了移动式观测。

目前，浮游藻类监测系统主要依靠显微成像和流式影像术技术。流式影像技术（flow cytometer and microscope，FlowCAM）是由美国 Fluid Imaging Technology 公司 2004 年研发的一项监测浮游生物的新方法，主要用于各种水体中的有机和无机悬浮体（包括浮游动物、浮游植物、细胞、藻类及其他微粒）的检测。该方法将流式细胞术、显微成像术和水下图像处理技术结合在一起，整个系统由流体系统、光学检测系统和信号处理系统组成。系统可连续获取高分辨率的现场浮游生物图像和多种光信号，快速地区分生物体和非生物体，使用图像处理软件将现场采集的图像与数据库中的图像进行比对，实时判别浮游藻类的种类，进而获得海洋中生物量的统计信息。流式影像技术的原理由图 9-17 表示。含有浮游藻类的水样经过鞘液等加处理后通过流通池，水体中的颗粒物体（如浮游藻类）按顺序逐一通过流通池。因此，成像系统通过显微物镜能够准确采集到经过流通池的每个浮游藻的数字图像。系统配有 LED 闪光灯为数字图像的采集提供光源。同时，采用激光器对流通池内的藻进行荧光激发和检测。FlowCAM 可快速、大量地采集图像，但对浮游植物种类的鉴别能力有限，大部分种类鉴定工作还依赖人工完成。FlowCAM 是最早实现藻类图像自动采集的装置，其主要用于实验室样品分析。

欧盟于 1998 年启动了浮游藻类图像识别的研究项目 DiCANN（Culverhouse et al.，2002）。2006 年，英国科学家在 DiCANN 系统基础之上开发了用于原位藻类监测的有害藻华浮标型检测装置（HAB 浮标）（Culverhouse et al.，2006），该装置可检测鳍藻属、角藻属和夜光藻等有害海藻类。整个系统由近红外光源、流动室、成像装置和计算机组成。藻类图像由 DiCANN 系统进行分类及鉴定。该装置通过无线网络与控制基站进行通信，最大通信距离可达到 5km。在进行原位监测作业时可将其固定到橡皮艇或 10m 内的海底。HAB 浮标在 40min 内可采集水样 250ml，水样分析处理时间为 40min。与 HAB 浮游相似的还有荷兰CytoBuoy 公司的在线监测型浮游植物流式细胞仪等系列产品。

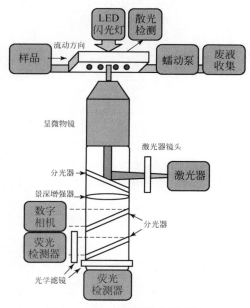

图 9-17　流式影像技术原理图

Imaging FlowCytobot（IFCB）是美国伍兹霍尔海洋研究所于 2006 年研制的基于图像和荧光分析对有害浮游藻类进行原位监测的装置（Sosik and Olson，2007）。该装置利用流式细胞仪技术在流动室对样品进行成像。IFCB 鉴别浮游细胞的准确性高，能够达到属级的自动分类。IFCB 能够识别大小为 $10 \sim 150 \mu m$ 的个体藻类图像，同时还能测量每张图像的叶绿素荧光，主要针对赤潮藻类腰鞭毛藻进行监测。IFCB 于 2006 年起被布置在位于墨西哥湾的观测站，每小时检测一次海水中的藻类信息。这些信息（藻类个体图像、大小等）通过有线网络上传到互联网服务器中，世界各地的用户都可以通过访问伍兹霍尔实验室的主页查看藻类的实时数据（图 9-18）。

我国科研机构在浮游生物监测技术方面也开展大量研究。厦门大学研制了结合流式细胞术快速监测和数字化成像技术实现了对浮游植物粒径谱的测量系统（戴君伟等，2006）。

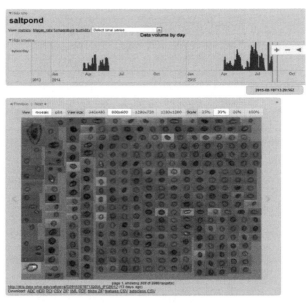

图 9-18　IFCB 藻类在线监测系统的互联网界面

采用由流式系统和高速 CCD 成像系统构成，通过蠕动泵来控制海水样品的流速，实现对赤潮生物图像的实时采集。中国国家海洋技术中心建立了一套水下全自动显微成像仪，主要针对 0 ~ 100μm 的微小颗粒（浮游生物、泥沙等）进行浓度监测（于翔等，2009）。

## 9.3.3　浮游植物图像的自动识别技术

对浮游藻类的图像分析于 20 世纪 80 年代提出，最早利用显微镜从海水样品中采集浮游藻类的图像，在实验室内进行成像分析。采用流式影像术检测浮游生物的方法最早于 1998 年应用于图像采集和浮游生物的快速计数，并实现了海洋浮游生物的粒径分析，检测的粒径范围为 20 ~ 200μm，但受硬件条件限制，不能采集高质量的图像。从那时起，研究人员从图像的获取、图像快速识别算法的研究和光信号的使用等方面进行了深入探讨与研究，并进行了有效的应用。

欧洲共同体研究项目 DiCANN 的研究人员利用人工神经网络系统对 4 个甲藻类属内的 23 种腰鞭毛虫的显微镜影像进行自动识别。该课题采用离散傅里叶变换、二价统计量、SOBEL 算子、直方图和 GABOR 小波变换算法进行被检测对象形状及表面纹理灰度特征的提取，利用神经网络对所提取的综合特征进行学习训练，取得了与人工识别接近的结果，准确率可达 84%（Culverhouse et al.，2002）。Wilkinson 等（2000）提取了硅藻的形状学曲率特征和轮廓特征，并采用决策树和最近邻分类器（KNN）进行分类性能比较，准确率达到 92%，但是该方法所研究的目标对象仅限于实验室人工培养的硅藻，并且识别种类过于单一。Jalba 等（2004）提出一种硅藻图像自动分类的方法。该方法能够识别 20 ~

260μm 的硅藻。同年，厦门大学用显微镜扫描系统获取海洋硅藻图像，开展了对硅藻显微图像的自动分析和识别的研究（高亚辉等，2006）。研究人员采用几何形状特征、Zernike矩特征、基于灰度共生矩阵的纹理特征和基于 SVM 分类器，对藻类的识别率达到了71.3%～84.4%。近几年，中国海洋大学针对赤潮藻类识别技术做了许多工作。研究人员利用自动阈值等方法分割显微图像中的藻类个体，对藻类个体形态特征进行测量和统计特征的提取（姬光荣等，2010），还尝试使用 Haar 小波描述藻类的纹理特征，并结合支持向量机实现藻类的自动分类，对 24 个种的有害赤潮藻类显微图像的正确识别率为 72%。

随着模式识别技术的迅速发展，使得藻类图像自动识别的性能有了极大的提高。美国伍兹霍尔海洋研究所在 IFCB 藻类成像技术的基础上，成功实现了对有害浮游藻类的种类鉴定（Sosik et al.，2007）。该方法融合多种图像处理及分析技术，采用几何特征、纹理特征、不变矩和灰度共生矩阵等特征描述算法对藻类图像进行量化分析，生成一个具有210 个元素的特征向量。采用支持向量机作为分类算法，经过训练构建了能够识别 22 个种类的浮游藻类自动鉴别系统。该方法对 22 个类别藻类的平均识别率为 88%，并已经应用于海洋环境的自动监测工作。Mosleh 等（2012）报道了利用基于神经网络和主成分分析的方法对藻类图像进行分类。该研究对硅门藻、绿门藻和蓝细菌进行了分类测试，识别率达到 93%。

浮游藻类的自动鉴别具有广泛的应用前景。目前，浮游藻类的自动采集及成像技术取得了很大的发展，技术趋于成熟，但价格较高。藻类图像的自动识别是当前研究的热点，目前自动鉴别技术已经能达到属级别的鉴定精度，种级别的精准鉴定还有待于该技术进一步发展。浮游藻类有成千上万种，要实现大规模的藻种识别还需要发展更前沿的人工智能技术。这些先进的智能技术将推动生物监测技术及仪器的快速发展和不断更新，能够更高效、快捷地监测水体的污染，为我们提供一个安全、健康的水生态环境。

## 9.4　基于行为的环境总毒素的分析方法

### 9.4.1　水生生物的行为数据分析

在受到环境变化等外在因素的刺激时，水生生物行为强度的变化呈现一定的规律性。即在一定浓度的污染物干扰下，行为强度的变化与时间成相关性；而在一定的暴露时间下，其行为强度与污染物浓度成相关性。行为数据分析的目标就是从监测数据寻找规律，检测水生生物的异常行为，评价水体中的污染状况或潜在的风险。

水生生物行为的原始数据是其运动的轨迹，根据这些运动我们无法直接判断水体的状况。需要对这些数据进行加工处理和深入的量化分析，才能将行为数据的特征及其所表示的意义直观地反馈给用户和研究人员。因此，在数据处理和分析的过程中，需要分析水生生物行为变化的机理和控制因素，结合毒理学因素初步判断水中污染物的污染程度；建立相关的环境和生物个体校正程序，减低误警率；提高生物监测系统对污染物的定性和定量判断的准确度等（黄毅，2010）。同时，还要考虑如何降低环境、个体因素的干扰，考虑综合因素的毒性效应，从而准确实现水质的在线监测。

## 9.4.2　数学及计算分析方法的研究

在线行为监测系统产生了大量的行为数据，这些数据难以处理和合理解释。因此，科研人员及工程技术人员针对各种行为数据的计算和分析方法开展了大量研究工作，来阐述行为变化的结构特性。这些分析方法包括：信号处理方法（如排列熵）、分形维度、傅里叶变换、小波变换以及最近发展起来的机器学习技术，如多层感知器神经网络、自组织神经网络及隐马尔可夫模型等。

### 9.4.2.1　排列熵

排列熵是度量时间序列复杂性的一种方法，是用来描述复杂时序系统内在特性的最新方法。排列熵能够快速、有效地反映系统的特征，描述一个系统所有输出状态的概率分布。排列熵在行为学研究中被用来分析果蝇暴露在化学毒素中的应激响应变化，有效地分析了具有复杂的时空特性的行为数据。对于通过可视化行为监测系统采集的水生生物行为数据，排列熵能够准确地监测水生生物的行为变化。

设一维时间序列 $\{y_t\}$ $t=1,2,\cdots,T$ 是在时间 $t$ 上的位置信息；$m$ 是用户给定的连续采样点的数量；水生生物的行为模式由 $\pi$ 表示。因此，排列熵 $H(m)$ 通过式（9-3）计算：

$$H(m) = - \sum p(\pi)\lg p(\pi) \tag{9-3}$$

这里，求和运算包含了全部 $m$ 阶的排列。$\pi$ 表示在时间序列上的 $m$ 阶排列；$p(\pi)$ 是行为模式 $\pi$ 的相对频率。经过归一化的排列熵 $H_p$ 定义为

$$H_p = H_p(m)/\lg(m!) \tag{9-4}$$

式中，$H_p$ 的最大值为 1，最小值为 0。排列熵 $H_p$ 的大小表征时间序列的随机程度，值越小说明该时间序列越规则；反之，该时间序列越具有随机性。当 $H_p=1$ 时，表示所有的排列具有相同的概率，即行为数据是均匀分布的。而 $H_p=0$ 则表示时间序列很规则。在排列熵算法的基础上也可以发展出诸多使用熵值的对时间序列进行异常检测的算法。

### 9.4.2.2　分形维数

分形维数是表示离散几何位数的一个连续的模拟量，提供了一个离散空间范围中与尺度无关的度量。对于一个量化的值，分形维度减小了其空间和时间的复杂性和不均匀性。在行为分析中，分形维度是测量随机寻径行为弯曲性的方法，该方法具有广泛的应用前景。例如，动物觅食或需找栖息地的移动路线就可以通过分形维数测量。二维空间中的分形维数的取值范围从 1 到 2。分形维数为 1 时表示其运动轨迹是有曲线构成的，而分形维数等于 2 时表示运动是沿着锯齿形的摆动路线进行的。在行为监测中，对于同一时间段内的运动坐标变化可通过盒子计数法来求得相应的分形维数：

$$N(r) = (1/r)^D, \quad D = \lg N/\lg(1/r) \tag{9-5}$$

式中，$N(r)$ 表示落在盒子 $r \times r$ 中的坐标点的总数，$N(r)$ 和 $r$ 在双对数图中呈线性关系。在水质监测应用中，分形维数被用来比较化学药品处理前和处理后个体样本的运动变化。分形维数用于分析鱼的三维运动数据，对经过次氯酸钠（NaClO）处理前和处理后斑马鱼的运动速率和游动行为进行了量化学习（Nimkerdphol and Nakagawa，2008）。

### 9.4.2.3 傅里叶变换

傅里叶变换是将时空域上的实变复值函数转换成一个新的频域函数，傅里叶变换也支持反向变换。行为学中，动物的二维运动轨迹是用图像上的坐标点 $x$ 和 $y$ 表示的，因此，运动轨迹 $X(x_1, y_1)$ 可以利用二维的傅里叶快速变换进行处理：

$$X(m, n) = \sum_{x_1=0}^{X_{1}-1} \sum_{y_1=0}^{Y_{1}-1} x(x_1, y_1) e^{-j\left(\frac{2\pi}{x_1}\right) mx_1} e^{-j\left(\frac{2\pi}{x_1}\right) my_1} \tag{9-6}$$

式中，$m = 0, 1, \cdots, M-1$；$n = 0, 1, \cdots, N-1$；$X(m, n)$ 表示傅里叶变换在频域的幅值；$X_1$ 和 $Y_1$ 是二维图像在频域上的大小；$j$ 表示虚部。运动轨迹是结合时间域在 $x$-$y$ 坐标轴上表示二维空间变量，利用二维的傅里叶变换可以得到频域上具有空间不变性的运动模式。而时域上的特征模式可以描述具体的、量化的行为信息，利用这些信息能够实现自动运动模式检测。通过傅里叶变换能够有效地去除行为数据中的噪声，可连续识别行为运动的变化。Park 等（2005）利用二维快速傅里叶变换分析了二嗪农处理前后的青鳉鱼的行为变化数据。该研究采用数字图像处理系统采集青鳉鱼的二维运动坐标，将这些二维坐标数据进行傅里叶变换并分析其行为特征。与观测原始的运动轨迹相比，傅里叶变换可以更有效地揭示青鳉鱼对化学毒素的行为差别。

### 9.4.2.4 小波变换

小波变换是已经被广泛应用于检测和量化时序数据的周期性波动，小波变换可以计算这些数据的恒定周期、振幅和相位，适用于检测短暂的周期性波动，将一个函数或连续的时间信号分成为不同尺度上的分量。小波变换的计算公式如下：

$$W(j, k) = \sum_{j} \sum_{k} x(k) w^{-j/2} \psi(2^{-j}n - k) \tag{9-7}$$

式中，$\psi(t)$ 为一个时间函数，称为小波母函数；$j$ 为尺度因子；$x(k)$ 表示原始的输入信号；$n$ 为一个无量纲量；而 $W(j, k)$ 为经过离散小波变换后的信号。在水质监测研究中，小波变换被用来识别一定压力条件下斑马贻贝的活跃度（Przymus et al.，2011）。利用小波变换还可以从大量的数据中提取重要的信息变量，对原始数据做降维处理，消除冗余，然后再将这些降维后的变量作为神经网络的输入变量进行进一步的模式分析。

### 9.4.2.5 机器学习方法

多层感知器网络是一种广泛用于数据预测和模式识别的神经网络类型。多层感知器网络至少包含三层：输入层、输出层和隐含层。隐含层可以是一个或多个。每层都包含不同数量的神经元节点，各层之间都是相连接的，连接的强度取决于各个节点的权值。输入数据从输入层、隐含层到输出层逐层传递和计算，由输出层将计算结果输出。输入和输出层节点的数量取决于输入和输出变量的数量。而隐含层中的节点个数可以根据用户经验进行任意设定。

在训练阶段，多层感知器网络比较输出值与期望值的差，通过不断修改节点权值将输出误差最小化。对于给定的模式，所有节点的错误总和 $Err_p$ 的计算公式如下：

$$Err_p = f\left(\frac{1}{2}\sum_k (d_{p,k} - o_{p,k})\right), \quad o_{p,k} = f\left(\sum_j z_{p,j} w_{kj}\right), \quad z_{p,j} = f\left(\sum_i x_{p,i} v_{ki}\right) \qquad (9\text{-}8)$$

式中，$d_{p,k}$ 和 $o_{p,k}$ 分别为节点 $k$ 上的预期结果和实际计算的结果；$z_{p,j}$ 为隐含层的输出值；$v_{ji}$ 为输入层节点 $i$ 与隐含层节点 $j$ 之间的连接强度；$w_{kj}$ 为隐含层节点 $j$ 和输出层节点 $k$ 之间的连接强度；$x_{p,j}$ 为输入层节点 $i$ 对应的输入值。

多层感知器网络在水生生物行为变化的检测中已取得很好的效果，该方法能有效地识别青鳉鱼和摇蚊对毒性的感应。多层感知器网络可以有效地分析青鳉鱼暴露在含铜水体中的行为变化（Ji et al., 2006）。该研究从青鳉鱼运动轨迹数据中分析了很多运动参数，如速度、$x$–$y$ 坐标、停止次数、停止时长、转身率和迂回运动等。

自组织神经网络是一种非监督式的神经网络。我们将得到的各种行为特征作为网络的输入数据，如速度、加速度、停止次数等。自组织神经网络的输出层的每个节点 $j$ 都与输入层的所有节点 $i$ 互相连接，它们之间的连接权值为 $w_{ij}(t)$。网络初始化时，用很小的随机数给这些权值赋值。网络的训练时迭代进行的，输出层的每个节点计算其权值与输入值的和，不断地调整 $w_{ij}(t)$。当网络达到稳定时，每一邻域的所有节点对某种输入具有类似的输出，这些聚类的概率分布与输入模式的概率分布相接近。自组织神经网络被广泛用于研究果蝇、青鳉鱼等的行为反应（Chon, 2011）。

除此以外，隐马尔可夫模型也能够准确地预测及分析生物行为数据。隐马尔可夫模型是马尔可夫链的一种，它的状态不能直接观察到，但能通过观测向量序列观察到，每个观测向量都是通过某些概率密度分布表现为各种状态，每一个观测向量是由一个具有相应概率密度分布的状态序列产生。隐马尔可夫模型描述了隐含过程的统计特征，如从运动数据中识别生物行为。隐马尔可夫模型比传统的时序分析能够更深入地解释生物行为数据。传统的时序分析只能提取或预测可观测的数据，相比之下，隐马尔可夫模型能够推测指示生物最可能的潜在状态。换句话说，如果从实验中能够得到对应的事件（可观测行为）和状态（行为模式），隐马尔可夫模型能够计算出各个状态之间的转换概率矩阵以及一个状态序列，还有通过发射概率矩阵表示的事件—状态关系。通过实验证明，隐马尔可夫模型能够准确地表述果蝇等多种生物的行为模式（Liu et al., 2011）。

如上所述，信号处理、统计学模型以及机器学习方法都在行为数据分析和预测的研究中体现出其自身特点，能够有效地描述生物的异常行为。生物行为的数据含有丰富的信息，在水质监测研究中，尚无统一的标准来描述或量化行为与水质预警的关系。基于水生生物行为数据的水质监测还需要不断探索和创新，更加深入和准确地反映行为数据与环境信息的各种联系。

# 参 考 文 献

戴君伟，王博亮，谢杰镇，等 . 2006. 海洋赤潮生物图像实时采集系统 . 高技术通信，16 （12）：1316-1320.

高亚辉，杨军霞，骆巧琦，等 . 2006. 海洋浮游植物自动分析和识别技术 . 厦门大学学报：自然科学版，45 （z2）：40-45.

黄毅 . 2010. 基于斑马鱼行为变化的水质预警研究 . 西安：西安建筑科技大学博士学位论文 .

姬光荣，乔小燕，郑海永，等 . 2010. 基于骨架的角毛藻显微图像特征提取 . 中国海洋大学学报：自然科学版，40 （11）：129-133.

任宗明，饶凯锋，王子健 . 2008. 水质安全在线生物预警技术及研究进展 . 供水技术，2 （1）：5-7.

王春香，李媛媛，徐顺清 . 2010. 生物监测及其在环境监测中的应用 . 生态毒理学报，05 （5）：628-638.

于翔，宋家驹，于连生 . 2009. 水下全自动显微成像仪 . 海洋技术，28 （4）：14-16.

Barry M J. 2012. Application of a novel open-source program for measuring the effects of toxicants on the swimming behavior of large groups of unmarked fish. Chemosphere，86 （9）：938-944.

Branson K，Robie A A，Bender J，et al. 2009. High-throughput ethomics in large groups of Drosophila. Nature Methods，6 （6）：451-457.

Chon T S. 2011. Self-organizing maps applied to ecological sciences. Ecological Informatics，6 （1）：50-61.

Culverhouse P F，Herry V，Ellis R，et al. 2002. Dinoflagellate Categorisation by artificial neural network，Sea Technology，43 （12）：39-46.

Culverhouse P F，Williams R，Benfield M，et al. 2006. Automatic image analysis of plankton：Future perspectives. Marine Ecology Progress Series，312：297-309.

Delcourt J，Denoël M，Ylieff M，et al. 2013. Video multitracking of fish behaviour：A synthesis and future perspectives. Fish and Fisheries，14 （2）：186-204.

Jalba A C，Wilkinson M H，Roerdink J B. 2004. Automatic segmentation of diatom images for classification. Microscopy Research and Technique，65 （1-2）：72-85.

Ji C W，Lee S H，Kwak I S，et al. 2006. Computational analysis of movement behaviors of medaka （Oryzias latipes） after the treatments of copper by using fractal dimension and artificial neural networks. Environmental Toxicology，10：93-107.

Kato S，Nakagawa T，Ohkawa M，et al. 2004. A computer image processing system for quantification of zebrafish behavior. Journal of Neuroscience Methods，134 （1）：1-7.

Kato S，Tamada K，Shimada Y，et al. 1996. A quantification of goldfish behavior by an image processing system. Behavioural Brain Research，80 （1）：51-55.

Liu Y，Lee S H，Chon T S. 2011. Analysis of behavioral changes of zebrafish （Daniorerio） in response to formaldehyde using Self-organizing map and a hidden Markov model. Ecological Modelling，222 （14）：2191-2201.

Liu Y，Li H，Chen Y Q. 2012. Automatic Tracking of a Large Number of Moving Targets in 3d. Berlin：Springer Berlin Heidelberg.

Mosleh M A，Manssor H，Malek S，et al. 2012. A preliminary study on automated freshwater algae recognition and classification system. BMC Bioinformatics，13 （17）：1.

Nimkerdphol K，Nakagawa，M. 2008. Effect of sodium hypochlorite on zebrafish swimming behavior estimated by fractal dimension analysis. Journal of Bioscience and Bioengineering，105 （5）：486-492.

Noldus L P, Spink A J, Tegelenbosch R A. 2001. Etho Vision: a versatile video tracking system for automation of behavioral experiments. Behavior Research Methods, Instruments, & Computers, 33 (3): 398-414.

Park Y S, Chung N I, Choi, K H, et al. 2005. Computational characterization of behavioral response of medaka (Oryzias latipes) treated with diazinon. Aquatic Toxicology, 71 (3): 215-228.

Przymus P, Rykaczewski K, Wiśniewski R. 2011. Application of wavelets and kernel methods to detection and extraction of behaviours of freshwater mussels//Arnett K P, Sandnes F E, Chung K, et al. Future Generation Information Technology. Berlin: Springer Berlin Heidelberg: 43-54.

Pérez-Escudero A, Vicente-Page J, Hinz R C, et al. 2014. Id Tracker: tracking individuals in a group by automatic identification of unmarked animals. Nature Methods, 11 (7): 743-748.

Sosik H M, Olson R J. 2007. Automated taxonomic classification of phytoplankton sampled with imaging-in-flow cytometry. Limnology Oceanography Methods, 5: 204-216.

Spitzen J, Spoor C W, Grieco F, et al. 2013. A 3D analysis of flight behavior of Anopheles gambiae sensu stricto malaria mosquitoes in response to human odor and heat. PloS One, 8 (5): e62995.

Straw A D, Branson K, Neumann T R, et al. 2011. Multi-camera real-time three-dimensional tracking of multiple flying animals. Journal of The Royal Society Interface, 8 (56): 395-409.

Wilkinson M H F, Roerdink J B T M, Droop S, et al. 2000. Diatom contour analysis using morphological curvature scale spaces. Proceedings 15th International Conference on Pattern Recognition, 3: 652-655.

Xia C, Chon T S, Liu Y. 2016. Posture tracking of multiple individual fish for behavioral monitoring with visual sensors. Ecological Informatics, 36: 190-198.

Xia C, Li Y, Lee J M. 2014. A visual measurement of fish locomotion based on deformable models. 7th International Conference on Intelligent Robotics and Applications, Guangzhou, PEOPLES R CHINA. Springer International Publishing: 110-116.

# 第10章　新兴污染监测

随着环境分析技术的不断发展以及人们健康意识的逐渐增强，越来越多种类的痕量污染物在环境中被检出。其中有一大类污染物尤其引起人们关注，它们或在环境中新发现，或早前已经认识但最近才引起关注，并对人体健康和生态环境具有危害，被称为新兴污染物（emerging contaminants，ECs）。新兴污染物种类繁多，根据其来源和性质的不同，可将其分为药品和个人护理用品（pharmaceuticals and personal care products，PPCPs）、内分泌干扰物（endocrine disrupting chemicals，EDCs）、抗生素抗性基因（antibiotic resistance genes，ARGs）、纳米颗粒（nanoparticles，NPs）以及其他一些化学品。由于我国尚缺乏环境新兴污染物监测方面的书籍，因此，本章结合国内外最新研究和文献综述以及最新发展形势，选择典型新兴污染物，对其在环境中的来源与归趋、污染状况、危害以及分析方法进行介绍。

部分环境新兴污染物也属于有机污染物，但相对于第6章有机污染分析监测，本章将选择药品和个人护理用品中研究最多的抗生素类污染物作为典型新兴有机污染物进行介绍，不再对内分泌干扰物等其他一些新兴有机污染物进行讲述。同时，虽然抗生素抗性基因的环境行为及分析方法与抗生素显著不同，但由于其相关性，本章将抗生素与抗生素抗性基因放在同一小节进行介绍。纳米科技作为一个较新的领域，近年来蓬勃发展，已应用到我们生活的方方面面。然而，纳米颗粒进入环境后所引起的纳米污染也被称为"看不见的子弹"，正逐渐引起关注。本书将站在环境视角在10.2节为大家介绍这一大类特殊污染物。鉴于整个国际能源战略向核能的倾斜，核电站越来越多，也越建越大。近年来，自然灾害等原因造成的核泄漏事故频繁发生，由于核燃料元素半衰期较长，污染范围广，辐射危害较大，因此，开展相关的应急监测和处理十分关键。这些内容将在10.3节放射性污染分析监测部分进行介绍。虽然复合污染的概念已提出很久，而且复合污染问题也日趋严重，但相关的研究开展仍较少。为引起大家足够的重视，本章将在10.4节对其进行介绍。

## 10.1　抗生素和抗性基因污染监测

### 10.1.1　抗生素概述

#### 10.1.1.1　分类与使用

抗生素是指由微生物、植物和动物在其生命活动过程中所产生的，或是人工合成的，能在低浓度下有选择地抑制或影响其他生物功能的物质（Kemper，2008）。1940 年，Florey 和 Chain 首次将青霉素用于临床而取得了惊人的效果。随后，抗生素作为广谱抗菌药物，大量应用于人和动物感染性疾病的治疗，或添加在饲料中作为饲料添加剂促进动物的生长发育（Kümmerer，2009）。抗生素自被发现以来，在控制人类和动物感染性疾病方面发挥了巨大的作用，已拯救了无数的生命，被誉为 20 世纪最重要的医学发现之一（苏建强等，2013）。在世界范围，已有越来越多的抗生素被人工合成，并被授权用于医疗。截至 2003 年，已有约 250 种抗生素登记用于医用和兽用。其中，主要种类的抗生素见表 10-1。

**表 10-1　主要的人类及动物用途抗生素**

| 种类 | 典型抗生素 | 使用范围 | 种类 | 典型抗生素 | 使用范围 |
|---|---|---|---|---|---|
| 氨基糖苷类 | 阿泊拉霉素 | 仅有猪 | 头孢菌素 | 头孢喹诺 | 牛、猪 |
| | 庆大霉素 | 所有动物、人 | 喹诺酮类 | 环丙沙星 | 人类 |
| | 卡那霉素 | 猪、狗、牛、马 | | 恩诺沙星 | 所有动物 |
| | 新霉素 | 所有动物 | | 马波沙星 | 所有动物 |
| | 西索米星 | 仅人类 | | 氟甲喹 | 人类 |
| | 大观霉素 | 猪、牛、家禽、羊 | | 氧氟沙星 | 人类 |
| β-内酰胺：青霉素类 | 阿莫西林 | 所有动物 | 林可酰胺类抗生素 | 克林霉素 | 狗、人类 |
| | 氨苄西林 | 所有动物 | | 林可霉素 | 猪、猫、狗、牛 |
| | 阿洛西林 | 人类 | 大环内酯类 | 阿奇霉素 | 人类 |
| | 苄基青霉素 | 所有动物 | | 克拉霉素 | 人类 |
| | 氯洒西林 | 牛 | | 红霉素 | 人类、牛、鸡 |
| | 双氯西林 | 牛 | | 罗红霉素 | 人类 |
| | 氟氯西林 | 人类 | | 螺旋霉素 | 所有动物 |
| | 甲氧西林 | 人类 | | 泰乐菌素 | 仅动物 |
| | 美洛西林 | 人类 | | 万古霉素 | 人类 |
| | 萘夫西林 | 人类 | 磺胺类 | 对氨基苯磺酰胺 | 人类 |
| | 苯唑西林 | 牛 | | 磺胺间二甲氧嘧啶 | 牛、猪、鸡 |
| | 哌拉西林 | 人类 | | 磺胺二甲嘧啶 | 牛、羊、鸡 |
| | 青霉素 V | 人类 | | 磺胺甲噁唑 | 人类 |
| | 青霉素 G | 人类 | | 磺胺吡啶 | 猪 |
| 头孢菌素 | 头孢氨苄 | 狗 | | 磺胺噻唑 | 人类 |
| | 头孢噻吩 | 人类 | 甲氧苄胺嘧啶 | | 与磺胺类结合使用 |
| | 头孢唑啉 | 人类 | 四环素类 | 金霉素 | 牛、猪 |
| | 头孢噻呋 | 牛、猪 | | 多西环素 | 人类、猫、狗 |
| | 头孢噻肟 | 人类 | | 土霉素 | 人类、牛、羊、猪 |
| | 头孢替安 | 人类 | | 四环素 | 人类、马、羊、猪 |

资料来源：Kemper，2008。

抗生素分子结构比较复杂，在不同的 pH 条件下，抗生素可以呈中性、阳离子、阴离子或两性离子状态。因此，它们的吸附行为、光化学活性、抗性活性和毒性都会随 pH 的变化而不同。即使具有相同的分子式，其结构功能也会不同。以环丙沙星为例，如图 10-1 所示，它既具有碱性官能团，又具有酸性官能团。酸性解离常数分别为 6.16 和 8.63。在等电点（pH=7.4），环丙沙星带有等量的正电荷和负电荷，整体呈现中性。

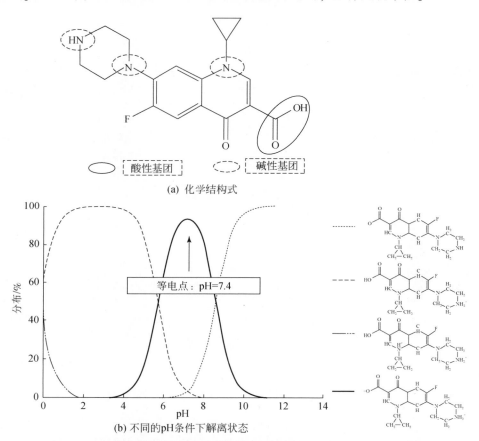

图 10-1　环丙沙星结构式及不同 pH 条件下解离状态（Kümmerer，2009）

据估计，2006 年全世界抗生素的总产量为 17.2 万 t（Luo et al.，2010）。而目前，我国抗生素每年的产量约 21 万 t，人均使用量是美国的十倍（Luo et al.，2010）。我国药物处方中抗生素占 70%（Richardson et al.，2005），大约 75%~80% 的季节性流感病人会服用抗生素（Heddini et al.，2009）。同时，由于抗生素可以预防及治疗动植物感染及促进动植物生长，因此，动物饲料中添加抗生素已成常态。每年用于畜牧农场的抗生素量约 97 000t，占总量的 46%，且很多人用抗生素被用于畜牧业（Heddini et al.，2009）。由于长期缺乏有效的管理，抗生素存在非常严重的滥用情况。

### 10.1.1.2 来源与归趋

虽然有一些 $\beta$-内酰胺类、氨基糖苷类等抗生素具有天然来源，但由于检测限等的限制，目前仍缺少天然抗生素存在水平的相关数据。因此，本书将着重关注人工生产的抗生素。人类对其的大量生产使用导致大量的抗生素进入环境中（Boxall et al.，2012），如图 10-2 所示。

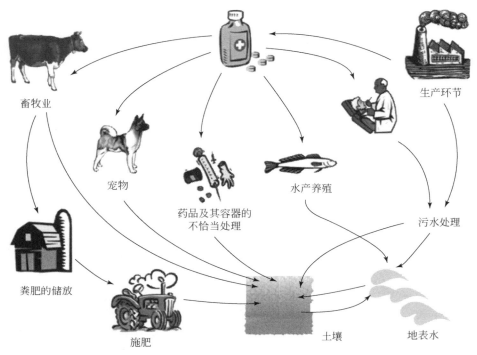

图 10-2　抗生素等药品进入环境中的主要途径（Boxall et al.，2012）

1）在生产环节，生产过程中的不合格产品会以固废形式丢弃或者填埋处理，可导致抗生素进入土壤、地表水和地下水环境中。而生产过程中的废水一般很少针对抗生素进行特别处理，大多直接排入污水处理厂，甚至未经处理直接排入地下水、河流、海洋等水体中。目前的污水处理过程对抗生素类药物基本不能去除或者去除率很低，它们会经过污水处理厂的出水进入到水体或土壤环境中。

2）摄入人体或动物体内的抗生素大多不能被充分吸收和代谢，而通过排泄物的形式排出体外，进入污水处理系统。另外，未用的或者过期的含抗生素的药物被当垃圾丢弃或者直接冲入下水道，最终进入土壤、水体中。

3）抗生素被广泛用于畜牧业中，用于治疗动物的疾病或作为增长剂添加到饲料中，而牲畜的排泄物一般会作为粪肥施入土壤中，直接污染土壤。而且，利用污泥施肥也会造成土壤的污染。

4）抗生素可随污水处理厂出水直接排进地表水体中，也可通过灌溉随地表水和污水处理厂出水进入土壤中,而土壤中的抗生素会通过地表径流、渗透进入地表水或者地下水中。

### 10.1.1.3　在环境中的存在分布

近年来,世界各地研究人员对环境中抗生素的存在水平展开了广泛调查。作为一个抗生素消费大国,我国环境中抗生素污染比较严重。统计发现(Hughes et al.,2012),全球淡水生态系统中抗生素检出浓度中间值高达 8135ng/L。

目前在我国关于抗生素的调查研究主要集中于经济较发达的珠三角地区、京津冀地区(Gao et al.,2012)及东部沿海城市(Sun et al.,2014)。一般污水中抗生素的浓度可达几到十几 μg/L 级别(Minh et al.,2009),而畜禽养殖场废水中抗生素浓度可达几十到几百 μg/L 级别(Wei et al.,2011)。不同城市污水处理厂中抗生素的组成具有差异。例如,在香港的污水处理厂中,头孢氨苄是主要成分;而在深圳污水处理厂中,头孢噻肟是主要成分(Gulkowska et al.,2008)。这主要是由于抗生素的消费使用具有地域差异,造成它们在环境中的检出也具有地域差异。另外,通过对污水处理厂中抗生素的存在情况进行调查,可以估算抗生素排放到环境中的通量。Xu 等估算了广州和香港四家污水处理厂中不同种类抗生素每天排放到环境中的通量为 0.5~828g(Xu et al.,2007)。Richardson 等通过计算指出香港七家污水处理厂每天排放到维多利亚港湾的抗生素总量达约 14.4kg(Minh et al.,2009)。

由于河水的稀释作用,排放到地表水体中的抗生素浓度一般在 μg/L 级别以下,特别是海水,抗生素的浓度在海水的巨大稀释作用下会显著降低。目前对海洋中抗生素的调查研究主要集中于海湾。我国海湾中调查较多的抗生素为磺胺类和喹诺酮类,部分抗生素的检出浓度见表 10-2。如表 10-2 所示,磺胺间二甲氧嘧啶、磺胺甲嘧啶和恩诺沙星由于低于检出限或者未检测的原因,它们在海水中的存在浓度数据较少;磺胺甲恶唑、磺胺嘧啶、磺胺二甲嘧啶和氧氟沙星在海水中均有不同程度的检出,且呈现较大的地域差异。每个海湾的污染程度不同,而且主要的检出抗生素也不同。相比而言,在渤海辽东湾和莱州湾、黄海胶州湾和烟台湾以及北部湾,磺胺甲恶唑是检出浓度较高的抗生素;在九龙江入海口,检出浓度较高的抗生素是磺胺二甲嘧啶;而对于渤海湾和维多利亚湾,氧氟沙星是检出浓度较高的抗生素,特别是渤海湾,其检出浓度竟然高达 5100ng/L。即使对于同一个海湾,由于采样站点和采样时间的不同,其浓度也会有差异。Coyne 等调查了包含氧氟沙星和红霉素在内的 9 种抗生素在维多利亚湾的存在情况,发现抗生素的浓度均低于40ng/L,而且大部分目标物的浓度低于定量限。而 Richardson 等调查发现 $\beta$-内酰胺类抗生素在维多利亚港湾广泛存在,氧氟沙星和红霉素的浓度可高达 1.14μg/L 和 1.73μg/L,相比之下,甲氧苄胺嘧啶和磺胺甲恶唑检出率和检出浓度均较低。海洋沉积物中抗生素的调查研究报道较少,已有的报道主要集中在二十多年前,并且主要关注海水养殖区域。结果显示,用于水产养殖的抗生素在海水养殖区域下面的沉积物中广泛存在(Coyne et al.,1994)。

表 10-2　一些磺胺类和喹诺酮类抗生素药物在我国海湾水体中的存在水平　（单位：ng/L）

| 区域 | 磺胺甲恶唑 | 磺胺嘧啶 | 磺胺间二甲氧嘧啶 | 磺胺甲嘧啶 | 恩诺沙星 | 磺胺二甲嘧啶 | 氧氟沙星 | 参考文献 |
|---|---|---|---|---|---|---|---|---|
| 渤海辽东湾 | 4.3～76.9 | ND～9.1 | ND | ND | NA | ND～1.1 | NA | Jia et al.，2011 |
| 渤海莱州湾 | 1.5～82 | ND～0.4 | NA | NA | ND～7.6 | ND～1.5 | ND～6.5 | Zhang et al.，2012 |
| 渤海湾 | ND～140 | ND～41 | NA | NA | NA | ND～130 | ND～5100 | Zou et al.，2011 |
| 黄海胶州湾和烟台湾 | <1.2～50.4 | ND～0.2 | NA | NA | NA | ND～0.4 | NA | Zhang et al.，2013 |
| 九龙江入海口 | ND～2.8 | ND～7.3 | ND | ND | ND～3.0 | ND～15.8 | ND～5.4 | Lv et al.，2014 |
| 维多利亚湾 | 0.6～47.5 | NA | NA | NA | NA | ND～8.6 | 8.1～1140 | Minh et al.，2009 |
| | ND | ND | NA | NA | NA | NA | ND～16 | Xu et al.，2007 |
| 北部湾 | ND～10.4 | ND～3.4 | NA | NA | NA | ND～3.4 | NA | Zheng et al.，2012 |
| 淡水中中间值浓度* | 83.0 | 62.6 | 9.7 | NA | 5754.0 | 146.1 | 628.6 | Hughes et al.，2012 |

注：ND 为未检测出；NA 为未检测；＊表示此数据是指世界已有报道的淡水中抗生素浓度的中间值。

值得注意的是以上的研究仅局限于海湾表层水中某几种抗生素的调查，将来的研究需要针对更多种类的抗生素展开调查。另外，对于海底沉积物中抗生素的研究也亟须开展。

### 10.1.1.4　在水体生物中的存在分布

关于抗生素在淡水和海水生物体中的研究并不多，而且由于污水处理厂出水通常排放进淡水生态系统中，所以人们对淡水生物的关注比海洋生物高。表 10-3 是 Huerta 等（2012）

表 10-3　水生生物中抗生素的浓度　（单位：ng/g 干重）

| 水生生物 | 部位 | 目标物 | 浓度 | 国家 |
|---|---|---|---|---|
| 鱼 | 肉 | 林可霉素、甲氧苄胺嘧啶、磺胺甲恶唑、泰乐菌素、红霉素 | ND | 美国 |
| | | 红霉素 A | ND～87 | 西班牙 |
| | | 磺胺类、四环素类、青霉素类和酰胺醇类等 11 种抗生素 | 能检出，但低于定量限 | 西班牙 |
| | | 氟喹诺酮 | ND | 斯洛文尼亚 |
| | | 氟甲砜霉素 | 0.6～3.4 | 西班牙 |
| | | 四环素 | 2.1～152 | 西班牙 |
| 甲壳纲动物 | 匀浆 | 喹诺酮类 | ND | 德国 |
| 软体动物 | 匀浆 | 喹诺酮类、磺胺类和大环内酯类 | ND～1575 | 中国 |

注：ND 为未检出。

资料来源：Huerta et al.，2012。

汇总的 2005 ~ 2012 年关于已有的水生生物体内抗生素残留的数据报道。如表 10-3 所示,大部分研究主要集中在欧洲,高达 87ng/g 的红霉素 A 和 152.2ng/g 的四环素在西班牙的鱼肉中被检出。在我国渤海湾,Li 等调查了喹诺酮类、磺胺类和大环内酯类抗生素在软体动物匀浆中的残留情况,发现喹诺酮类浓度最高,远远高于磺胺类和大环内酯类抗生素浓度,其中诺氟沙星、环丙沙星、氟罗沙星、氧氟沙星和沙氟沙星检出浓度最高,平均浓度均大于 10ng/g,检出率均高于 75%;相比之下,磺胺嘧啶、磺胺二甲氧嘧啶、磺胺二甲嘧啶、交沙霉素和罗红霉素的平均检出浓度均低于 0.2ng/g,检出频率均低于 40% (Li et al.,2012)。

上述研究大都局限于鱼肉组织和匀浆,有研究报道其他组织如脑部和肝脏中被检测出高浓度的药物残留 (Brooks et al.,2005)。每种化合物在各个组织中的残留水平不一样,因此,在做生物体中药物富集的研究过程中首先需要考虑最有可能受伤的器官;其次,还需要考虑药物的代谢产物的影响,因为它们具有相同或者更高的富集能力。另外,目前对水生无脊椎动物体内的抗生素残留与富集的研究较少。一般来说,生物体生命周期、生殖特点、饲养方式和栖息习惯都会在很大程度上影响生物体对污染物的敏感度 (Baird and Van den Brink,2007;Rubach et al.,2011)。由于鱼在水环境中到处可见,人们认为其更易受污染物的毒害,也更容易富集污染物,故研究比较多。然而,其他生物如无脊椎动物和藻类在水生生态系统营养和能量的自然流动中也起到了关键的作用,也可以作为指示环境变化的重要物种。因此,在研究生物体内药物残留时也应该将它们考虑在内。

### 10.1.1.5 危害

抗生素对人类健康的危害已被大量报道。比较熟知的就是 $\beta$-内酰胺等抗生素会引起过敏反应等副作用,庆大霉素等一些抗生素会引起肾中毒,四环素会影响牙齿的成长等。由于抗生素的抗菌作用,服用它们可能对肠道等内脏产生不利影响。

抗生素进入到水环境后,由于其抑菌作用,可能对水环境中的生物体以及整个生态系统的平衡产生影响。在实际污水处理系统中,抗生素可能会通过改变微生物群落结构而影响整个污水处理效果 (Kümmerer et al.,2000)。在淡水生态系统中,投加于渔产养殖处理池和沉积物中相当浓度的抗生素即可干扰系统中的微生物硝化过程 (Klaver and Matthews,1994)。不同的藻类对抗生素的敏感度不同,蓝藻等有些藻类对很多抗生素均比较敏感 (Boxall et al.,2004)。由于藻类是水生生态系统食物链的基础,藻类群落即便很小的减少也会影响整个系统的平衡。抗生素也会影响到水生生物的孵化率、繁殖与行为 (Wollenberger et al.,2000)。

一般研究得到的抗生素对细菌和微藻的毒性数据比在高营养条件下低 2 ~ 3 个数量级 (Lanzky and Halting-Sørensen,1997;Halling-Sørensen,2000)。这种敏感度差异很可能是由代谢潜力和吸收动力学的不同决定的 (Brain et al.,2004)。抗生素对高等水生生物的影响也有报道,但大部分研究所采用的浓度值没有基于实际环境。除了上面介绍的这些危害,人们对抗生素的最大担忧是大量使用和排放引起抗生素耐药菌的大量出现和传播,将威胁人和生物的健康。具体将在 10.1.2 小节中进行详细介绍。

目前关于抗生素的毒性研究存在一些问题。一方面，首先需要注意的是目前牵扯到细菌的所有测试均存在不足，如所选择的纯的菌株并不能确定是最敏感的或者最重要的菌株，或者混合菌中某一重要生物体的影响可能会被其他受很少影响或者不受影响的生物体掩盖掉，从而影响实验结果；另一方面，在研究抗生素对细菌的影响方面，目前所采用的急性毒性测试并不是一种合适的方法。对于抗生素来说，很多研究显示慢性暴露比急性测试更加关键（Froehner et al. , 2000；Kümmerer，2004）。

### 10.1.1.6 作用机理

如图 10-3 所示，目前为止，抗生素的作用机制主要有以下几种类型：①干扰细胞壁的形成。青霉素、头孢菌素、杆菌肽和万古霉素等对细菌细胞壁合成具有抑制作用，从而使细菌变形导致其破裂和死亡。由于哺乳动物的细胞没有细胞壁，因此不受这些药物的影响。②改变细胞膜的通透性。多肽类抗生素如多黏菌素、短杆菌素等具有表面活性剂的作用，能降低细菌细胞膜的表面张力，改变膜的通透性，甚至破坏膜的结构，结果使氨基酸、单糖、核苷酸等物质外漏，影响细胞正常代谢，导致细菌死亡。③抑制核酸的合成。抑制核酸的合成包括抑制脱氧核糖核酸（deoxyribonucleic acid，DNA）的合成及复制、抑制核糖核酸（ribonucleic acid，RNA）转录及合成。例如，放线菌素、丝裂霉素等能和 DNA 结合，使 DNA 失去模板的功能，从而抑制它的复制和转录；利福霉素等能通过与 RNA 聚合酶结合，使 RNA 失去模板的功能，从而抑制转录反应。④抑制蛋白质的合成。抗生素抑制蛋白质的合成主要指其抑制蛋白质合成的几个主要环节，如吲哚霉素能抑制蛋白质合成的起始，氯霉素能通过抑制酰基转移反应，使翻译提前终止。⑤干扰细菌的能量代谢。抗霉素、寡霉素等有些抗生素可以作用于细菌的能量代谢系统，特别是氧化磷酸化反应。

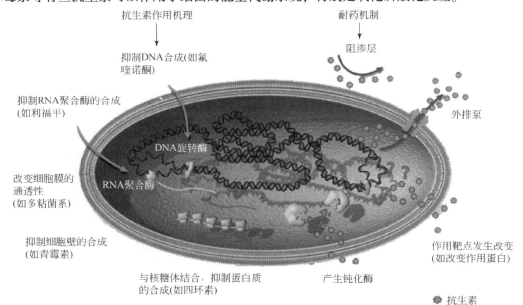

图 10-3　抗生素的作用机制（左）以及细菌对抗生素的耐药机制（右）（Mulvey and Simor, 2009）

## 10.1.2　抗性基因概述

抗生素除了自身所引起的化学药物污染外，它的使用也会导致大量具有耐药性的细菌出现。这些抗性细菌在数量、多样性以及抗性强度上都显著增加，许多菌株具有多重耐药性，甚至引发了能耐受大多数抗生素的"超级细菌"的出现。2011年德国爆发的"毒黄瓜"事件，就是由肠出血性大肠杆菌引起的，该菌株是一种新型高传染性有毒菌株，携带氨基糖苷类、大环内酯类和磺胺类等抗生素的耐药基因，导致抗生素治疗无效，短期内大范围蔓延，导致3000人感染，33人死亡，至少470人出现肾衰竭并发症。

近年来，虽然新型抗生素的发现和开发速度放缓，但抗生素抗性基因（antibiotic resistance genes，ARGs）却快速出现和扩散。人们逐渐意识到抗生素抗性基因在环境中的持久性残留、传播和扩散比抗生素本身的危害还要大，世界卫生组织已将抗生素抗性基因作为21世纪威胁人类健康最大的挑战之一。2006年，Pruden等首次提出将抗生素抗性基因作为一种新兴的环境污染物（Pruden et al.，2006）。一般来说，细菌可以通过垂直基因转移和水平基因转移获得抗性基因，而抗性基因的水平转移使其能够从非致病菌转移给致病菌（Ansari et al.，2008），对人类健康甚至整个社会经济造成严重威胁。值得注意的是，抗性基因的广泛传播对环境微生物群落结构甚至对整个自然进化产生的影响也是不可低估的，然而目前对这方面的关注仍然很少（Alonso et al.，2001）。

### 10.1.2.1　耐药菌

许多抗生素是由微生物、植物和动物在其生命过程中产生的，是天然产物；相应地，抗生素抗性基因也是天然存在的。有些微生物具有固有的微生物抗性（intrinsic resistance），如所有的链球菌都天然地具有对氨基糖苷类抗生素的抗性，以及不允许氨基糖苷类抗生素渗透至核糖体的作用位点上的作用（Mulvey et al.，2009）。然而，由于人类大量使用抗生素造成的抗生素污染，导致环境选择压力的增强，增加了细菌产生耐药性的概率。当长期接受抗生素或其他抗性化学药剂时，本来敏感的细菌多数被杀灭，而少数菌株可通过基因突变、基因转移等方式产生耐药性，并大量繁殖（图10-4）。这种耐药性也

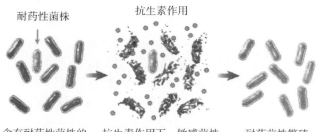

图 10-4　抗生素选择压力对细菌种群的影响（Mulvey and Simor，2009）

称为获得性耐药性。这也是目前认为微生物产生耐药性的主要原因。微生物也可以通过基因突变、基因转移等方式获得 ARGs。

### 10.1.2.2 耐药机制

与抗生素作用机理对应，细菌耐药机理主要有以下几种。

**（1）使抗生素分解或失去活性**

细菌产生一种或多种水解酶或钝化酶来水解或修饰进入细菌内的抗生素使之失去生物活性。例如，$\beta$-内酰胺酶可水解具有 $\beta$-内酰胺环的抗生素，破坏其生物活性，从而使细菌具有耐药性。细菌对广谱头孢菌素的抗性也跟 $\beta$-内酰胺酶的产生有关（Bradford，2001）；细菌产生的钝化酶（磷酸转移酶、核酸转移酶、乙酰转移酶）可催化某些基团结合到抗生素的 OH 基或 $NH_2$ 基上，使其不易与细菌体内的核蛋白体结合，从而引起耐药性。

**（2）使抗生素作用的靶点发生改变**

抗生素作用的靶位（如核酸和核蛋白）由于发生突变或被细菌产生的某种酶修饰而使抗菌药物无法发挥作用。微生物对链霉素、红霉素、利福霉素等抗生素产生耐药性与抗生素对细胞的原始作用位点改变有关，这些作用点受染色体或质粒基因的控制。当基因变异时，作用位点改变，抗生素不能与其结合，微生物就表现为耐药性。例如，链霉素的原始作用点为细菌细胞内核糖体 30S 亚基上的 S12 蛋白，当耐药菌由于染色体上 *Str* 基因突变，S12 蛋白的构型改变时，链霉素就不能与之结合而使细菌产生耐药性。细菌对包括 $\beta$-内酰胺类、糖肽类和喹诺酮类等在内的各类抗生素的耐药性均是这种机理的作用，如青霉素结合蛋白（PBPs）具有酶活性，在细菌生长繁殖过程中起重要作用。PBPs 的改变会导致特殊的耐药性，包括甲氧西林耐药金黄色葡萄球菌（MRSA）和青霉素耐药肺炎链球菌（PRB）等（Katayama et al.，2000），由此可以使细菌对药物敏感。而细菌对氟喹诺酮类（环丙沙里、左氧氟沙星等）的抗性则是由于修饰抗生素原本能够抑制的 DNA 促旋酶蛋白的结构，使抗生素失去结合位点而产生的（Jacoby，2005）。

**（3）改变细胞特性**

细菌可以通过细胞壁的障碍或细胞膜通透性的改变，使抗生素无法进入细胞内部的作用靶位，从而发挥抗菌作用。在抗生素选择压力下，细菌会改变外膜孔蛋白的组成或数量而降低其通透性，减少抗生素进入细菌内的量，产生耐药性。这种膜通透性的改变主要包括膜孔蛋白缺失、脂质双层改变、多向性突变及特异性膜通道突变等多种情况。细菌对四环素耐药主要是由于所带的耐药质粒可诱导产生三种新的蛋白，阻塞了细胞壁水孔，使药物无法进入；铜绿假单胞菌及其他革兰阴性细菌对 $\beta$-内酰胺药物的抗性，就是细胞特性改变从而阻止了 $\beta$-内酰胺药物接近细胞内的药物的作用位点（Livermore，2001）。

**（4）抗生素主动外排机制**

除了阻止抗生素进入胞内外，一些细菌能够通过主动转运机制，将已进入胞内的药物泵至胞外。在革兰阴性与革兰阳性细菌中皆有发现此种流出泵功能。部分细菌对四环素、大环内酯等抗生素的多重抗性可以用此种机理解释。

**（5）细菌的其他耐药机制**

细菌还可通过增加对抗菌药物拮抗物的产量而产生耐药，如某些对 $\beta$-内酰胺类抗生素耐药的细菌能大量分泌自溶抑制因子，从而降低细菌的自溶性。因此，其耐药性表现为细菌虽不对 $\beta$-内酰胺类抗生素耐药，但在有 $\beta$-内酰胺类抗生素的环境中仍然不被杀死，而只有将抗生素浓度提高时才被杀死。

此外，药物靶位的过度表达这种耐药机理，在过去的几年基本没有引起人们的注意，仅在分枝杆菌属的临床分离菌中发现基因复制和启动子突变并被认为与此有关。当然，就某个细菌的耐药性而言，其耐药性的产生机制可能极为复杂。在许多病原菌中并非唯一的耐药机制存在，可能是以上数个耐药机制的同时存在，形成致病菌耐药性的复杂网络结构。

### 10.1.2.3 抗性基因的获得与转移

抗性基因的获得主要机制包括基因突变和外源基因获得。最近的研究证明一些细菌会通过提高它们的突变频率以应对某一抗生素的出现（Cirz et al.，2006）。因此，可以说抗生素在抗性的进化中扮演着一个核心的作用（Heinemann，1999）。抗生素的亚致死浓度可引起无数基因效应，包括调整基因转录等（Goh et al.，2002）。例如，当将鼠伤寒沙门氏菌暴露于亚致死浓度的利福平或红霉素中时，大约5%的基因启动子活性被调整（Goh et al.，2002）。

基因转移是指基因或DNA片段在不同生物个体之间的传递，包括横向和纵向两个方向。纵向传递即通过繁殖进行的亲代和子代的基因传递。基因横向传递即水平基因转移（horizontal gene transfer，HGT），是指在差异生物个体之间，或单个细胞内部细胞器之间所进行的遗传物质的交流。HGT被认为是导致耐药性细菌增多的最主要的原因（Barlow，2009）。当耐药质粒等基因转移单位产生后，可以通过HGT方式，有效地在细菌群体中或不同细菌群体间传播（Zhang et al.，2009），使更多的微生物产生对该抗生素的抗性。HGT打破了遗传物质只在亲缘之间传递的界限，使基因流动的可能性变得更为复杂。HGT包括以下几种形式：①转化。转化是指受体细胞通过一定处理后，接受外源DNA而获得新的遗传表型。当环境中存在含有ARGs进入敏感菌体发生基因重组，可以使得敏感菌株获得特ARGs。②转导。细菌个体的DNA由细菌病毒（噬菌体）转移到另一细菌个体当中。许多细菌可以通过转导作用传递遗传物质，包括脱硫弧菌、埃希氏菌、假单胞菌、红球菌、红细菌、沙门氏菌、葡萄球菌和黄色杆菌等。③细菌结合作用。当细菌通过菌毛相互接触时，质粒DNA从一个细菌细胞转移至另一细菌细胞。

值得注意的是，直到近几年，人们才认识到移动基因元件（mobilome）在抗性基因传播和发展以及使菌群快速适应强选择压力中起到了重要作用（Barlow，2009）。移动基因组是质粒、病毒、转座子和结合子等移动元件的统称。通常，抗性基因与移动基因组关联在一起，可以通过移动基因组在不同门的细菌之间进行转移。原则上当有合适的转移工具时，任意源的抗性基因均可被获得。然而，实际过程中，基因流动受生态结构的影响，具有相似生态位的物种从相似的基因池中获得基因（Wellington et al.，2013）。抗性基因易与转座子和整合子等移动基因组关联，获得抗性基因的转座元件和整合子反过来与遗传接合转移系统联在一起，进一步增大了基因的移动性。而通过促进基因流动，移动基因组正直接影响着全球生态过程。

质粒是最初在水环境中发现的微生物可移动元件，污水处理厂被认为是质粒移动的重要场所。已经从污水处理厂的活性污泥当中获得了多种质粒，它们对氨基糖苷、喹诺酮、红霉素以及多重药物都表现出抗性。Schlüter 等（2007）总结了从污水处理厂获得的 Inc P-1 质粒的基因元件和功能。这些自我传播的质粒能够转移到广泛的宿主中并进行复制，而且对临床相关的几乎所有类型的抗生素都有抗性。

在可移动元件中，转座子和整合子在环境 ARGs 的水平转移中也扮演了重要的作用。转座子是一类在细菌的染色体、质粒或噬菌体之间自行移动的遗传成分，是基因组中一段特异的具有转位特性的独立的 DNA 序列。它经常在基因组或者质粒上随机跳跃到另一个位置，产生新的或多重抗性基因（Naas，2007）。整合子是一种基因片段，自身不能移动，但可以捕获和整合外源性基因，使之转变为功能性基因的表达单位。整合子可以通过转座子和结合质粒进行传输。已有报道证明，在动物养殖或水产养殖区域（Moura et al.，2007）、污水处理厂（Taviani et al.，2008）、地表水（Poppe et al.，2006）以及沉积物（Dalsgaard et al.，2000）中经常检测到携带各种 ARGs 的转座子和整合子。

### 10.1.2.4 抗性基因种类

近 60 年来抗生素在人、动物和农业上的大量使用对细菌群落产生了很大的影响，引发了各种耐药机制，而这些耐药机制从基因水平上来说是受 ARGs 控制的。与抗生素等其他污染物不同的是，抗性基因通常是在生物体和环境中产生的，因此，我们对抗性基因种类的认识依赖于已有的研究发现。目前已有几百种 ARGs 在各种环境中被检出（Zhang et al.，2009）。

1）四环素类抗性基因。目前至少有 38 种不同的四环素抗性基因（tet）和 3 种土霉素抗性基因（otr）。其中，有 23 种基因编码外排蛋白（主动外排机制），11 种基因编码核糖体保护蛋白（修饰抗生素作用的靶点的机制），3 种基因编码钝化酶，另外 1 个基因的抗性机制依然未知。这些基因中，超过 22 种 tet 或者 otr 基因在水环境中的细菌中被检测出。环境中发现的大部分 tet 基因编码转运蛋白，通过转运蛋白将抗生素排除菌体外，使菌体内的抗生素浓度降低至不影响其正常功能。外排基因 tetA、tetB、tetC、tetD 和 tetE 在污水处理厂活性污泥、养鱼塘、地表水和猪场稳定塘等各种环境介质中频繁被检出。最近，编码核糖体保护蛋白的四环素抗性基因 tetM、tetO、tetS、tetQ 和 tetW 在污水处理系统、医院或畜禽养殖废水，甚至在天然水环境中也有检出。

虽然很多 tet 基因位于不能移动的质粒或者染色体上的不完整的转座子上，但是一些编码转运蛋白（tetA、tetB、tetC、tetE、tetH、tetY、tetZ 和 tet33）和核糖体保护蛋白（tetM 和 tetO）的基因仍然有很广泛的宿主范围，并且已经在革兰氏阳性和革兰氏阴性菌的几个不同菌属中均有发现。最近，有研究人员在从养鱼塘中分离到的一株气单胞菌的可水平转移的大质粒上发现了 tetE，该基因已被证实可以通过种间转移进入大肠杆菌体内。

tetA、tetD 和 tetM 可以通过土霉素抗性质粒从环境微生物中水平转移至从鸡、猪和人体内分离到的大肠杆菌体内。这也说明四环素类抗性基因具有很大的潜在环境危害。

2）氨基糖苷类抗性基因。与上面讲述的四环素抗性机制不同，对于氨基糖苷类抗生素，最主要的抗性机制是通过酶的修饰让此类抗生素直接失活。目前发现的已有 50 余种修饰酶，根据它们对氨基糖苷类抗生素的生化作用不同，将其分为 3 组，分别为 3 种类型基因（aac、aph 和 ant）编码的乙酰基转移酶类、磷酸转移酶类和核苷酸转移酶类（腺苷酰基转移酶）。已经有不同的氨基糖苷类抗生素修饰酶被报道存在于从病人或临床环境中分离到的大范围的菌种。aac、aph 和 ant 基因广泛存在于各种属中，包括从受污染的或者天然水环境中分离得到的气单胞菌属（Aeromonas）、埃希氏杆菌属（Escherichia）、沙门氏菌属（Salmonella）、弧菌属（Vibrio）和李斯特菌属（Listeria）。编码氨基糖苷-3-N-乙酰转移酶的 aacC1、aacC2、aacC3 和 aacC1 基因在污水处理厂中的菌群或者分离的菌中经常被检出，编码腺苷酰基转移酶的 2 个基因（aadA1 和 aadA2）在从世界各地水产养殖区域、河水、污水处理厂和城市地表水分离到的菌中频繁被检出。其他如编码磷酸转移酶的对新霉素和链丝菌素表现抗性的基因 nptII 和 strAB 在加拿大和印度的河水中也被检出。

3）大环内酯、林可霉素、链阳霉素、氯霉素和万古霉素类抗生素抗性基因。大环内酯、林可霉素和链阳霉素这三类抗生素虽然结构不相关，但由于一些大环内酯类抗生素抗性基因对其他一类甚至两类抗生素也呈现抗性，所以研究人员经常同时研究微生物对三类抗生素的抗性。目前总计有 60 多种基因被证实对这三类抗生素的至少一类呈现抗性，包括与核糖体 RNA 甲基化、主动外排和让抗生素失活机制有关的基因。其中，主要抗性机制是由 erm 基因编码的核糖体 RNA 甲基化酶的修饰作用，核糖体 RNA 甲基化酶将腺嘌呤残基甲基化，阻止了这三类抗生素与核糖体蛋白结合。由于 erm 基因经常从质粒和转座子等可移动元件上得到，或者与这些可移动元件有关，所以它们很容易从一个宿主转移到另一个宿主。

有研究从畜禽养殖废水中分离到的肠球菌属中和畜禽粪便的环境 DNA 中检测到 erm 基因。其中，有 6 中 erm 基因（ermA、ermB、ermC、ermF、ermT 和 ermX）在畜禽养殖区域的样品中被定量。在大环内酯类抗生素抗性基因中，ermB 被认为是目前环境微生物，特别是在肠球菌属和链球菌属的细菌中最普遍存在的基因。

对于氯霉素和氟甲砜霉素类抗生素的抗性机制包括由 cat 基因编码的氯霉素乙酰转移酶、由 cml 编码的选择性转运蛋白和适用于多种药物的转运蛋白。在已知的氯霉素抗性基因中，cat 和 cml 基因的一些类型被认为是来源于环境。万古霉素抗性首先是在肠球菌属中出现，最近，在金黄色酿脓葡萄球菌中也发现万古霉素抗性现象。目前，已经知道的有 6 种万古霉素抗性基因（van），其中 vanA 和 vanB 在水环境中是最主要的万古霉素抗性基因。

4）磺胺类和甲氧苄胺嘧啶类抗生素抗性基因。磺胺类抗生素和甲氧苄胺嘧啶分别作用于二氢蝶酸合成酶和二氢叶酸还原酶，而这两种酶均参与叶酸的生物合成过程，关系到胸腺嘧啶的生成和微生物的生长。对磺胺类和甲氧氨苄嘧啶类抗生素抗性通常是由位于二氢蝶酸合成酶基因（sul）和二氢叶酸还原酶基因（dfr）上高度保守区域的突变引起的。

目前已报道的对磺胺类抗生素的抗性大多数是由于 *sul* 基因的改变或者可移动元件的修饰引起；而对甲氧苄胺嘧啶最普遍的抗性机制是表达出抗甲氧苄胺嘧啶的二氢叶酸还原酶，以代替对甲氧苄胺嘧啶敏感的二氢叶酸还原酶，其中抗甲氧苄胺嘧啶的二氢叶酸还原酶是由质粒、转座子或基因盒天然携带的基因编码的。目前已有 4 种 *sul* 基因（*sul* I 、*sul* II 、*sul* III 和 *sul*A）在环境中被发现。除了养牛场的粪便、水产养殖区域的沉积物和水体，较干净的河水和海水中也有检测到 *sul* I 和 *sul* II 基因。*sul* I 基因作为 1 类整合子，可以在种内和种间进行水平转移和传播。而对于 *dfr* 基因，目前已经证实有超过 25 种，分为两大类，即 *dfr*A 和 *dfr*B。*dfr*A 基因在污水处理厂、水产养殖系统和河水等环境的菌株中很常见。*dfr*A1 是位于两类整合子上的静态抗性基因之一，*dfr* 基因盒在各种整合子区域频繁被发现，也经常是环境菌株中唯一存在的基因盒。

5）*β*- 内酰胺类抗生素抗性基因。*β*- 内酰胺类抗生素是使用最广泛的一类抗生素，由于此类抗生素毒性较低，广泛应用于各种感染疾病，因此，针对该类抗生素的抗性对人的威胁较大。*β*- 内酰胺类抗生素抗性机制包括使抗生素作用不到目标酶、目标酶的修饰以及通过 *β*- 内酰胺酶使抗生素直接失活。在革兰阴性菌中，主要的抗性机制是通过 *β*- 内酰胺酶将 *β*- 内酰胺类抗生素的环断裂，使其失活。目前已有数百种抗性基因（*bla*）能够编码超过 400 种不同的 *β*- 内酰胺酶，对包括青霉素在内的 *β*- 内酰胺类抗生素普遍具有抗性。

各种 *bla* 基因在养牛场、水产养殖区域、污水处理厂和地表水等环境的菌株中被检测到，这些菌株大都属于气单胞菌属（*Aeromonas*）、埃希氏杆菌属（*Escherichia*）、沙门氏菌属（*Salmonella*）和弧菌属（*Vibrio*）等环境致病菌。从污水处理厂得到的含有 *bla* 基因的质粒频频被发现与转座子和整合子关联在一起，经常同时携带包括编码核苷酸转移酶的 *aad* 基因、编码氯霉素转运蛋白的 *aml* 基因以及编码氯霉素乙酰转移酶的 *cat* 基因在内的其他抗性基因。

以上这些受抗性基因污染的环境可能会进一步成为抗生素抗性基因的储存库，同时抗性基因的水平转移也增大了多重耐药性的发生以及传播的几率，进而威胁人类及其他生物的健康。

## 10.1.3 抗生素检测方法

由于抗生素在环境中多以低剂量存在，且国内外制定的水产品中抗生素最大残留量大多在 μg/L 至 mg/L 级，因此需要研究开发灵敏、快速、准确、高通量的分析方法对环境水样和水产品中抗生素进行检测和监控。

### 10.1.3.1 样品前处理方法

由于环境水样和水产品中的抗生素环境基质复杂，且存在浓度低，往往需要对样品进行浓缩、净化等预处理，使目标物可以被更好、更明晰地检测和分析。这一样品前处理过程占总工作量和成本的 60%~80%。

**（1）水样前处理方法**

目前环境水样中抗生素检测分析的前处理方法主要有固相萃取（solid phase extraction,

SPE）、固相微萃取（solid phase micro-extraction，SPME）和液相萃取（liquid liquid extraction，LLE）。

固相萃取技术以液相色谱分离机制为基础，采用选择性吸附和选择性洗脱的方式对样品进行富集、分离和纯化（程雪梅，2002），具有快速、重现性好、有机溶剂用量少、易大批处理等优点，是目前抗生素检测分析中样品前处理的主流技术。目前抗生素分析中常用的固相萃取柱有 $C_{18}$、亲水-疏水平衡柱（HLB）、离子交换柱以及混合相固相萃取柱。固相萃取可配大容量采样器和快速浓缩干燥装置，批量处理样品，并可与色谱联用进行在线监测。

固相微萃取是一种利用装有涂层的熔融石英纤维作为固定相来富集目标物的萃取技术，将采样、萃取、浓缩、进样集于一体，无需使用有机溶剂，便于携带，可以对样品进行现场采集和富集，易于自动化。但是，由于纤维容量小，适用的极性范围窄，并且需要逐个优化每个目标物的平衡条件，不适于多种类抗生素的同时分析预处理。

液液萃取，是在液体混合物中加入与其不相混溶的溶剂，利用目标物在两种溶剂中的溶解度差异事项分离或提取的目的。然而，由于大部分抗生素水溶性强，萃取效率低，操作费时费力，在抗生素残留分析中很少使用。

**（2）水产品样品前处理方法**

水生生物可以通过从被抗生素污染的水体中富集吸收药物，导致体内多种抗生素的存在。水产品中抗生素的萃取往往采用极性有机溶剂或缓冲溶液，利用均质、超声辅助萃取、微波辅助萃取和加压溶剂萃取等方式。已有报道的萃取溶剂或溶液包含甲醇（Berrada et al.，2008）、乙腈（杨方等，2008）、三氯乙酸（含盐酸羟胺）水溶液（Li et al.，2006）、含 $EDTANa_2$ 的柠檬酸水溶液（Romero-González et al.，2007）等。

由于共萃的杂质较多，极性溶剂萃取后往往需要进行进一步净化。净化方式主要采用固相萃取法，根据目标分析物、溶剂及吸附剂的不同选择正相、反相、离子交换或者混合模式的硅胶或者聚合物吸附剂（Companyó et al.，2009）。

### 10.1.3.2　仪器检测方法

目前，常用的抗生素检测方法有色谱法、酶免疫分析法、色谱-质谱联用法。

**（1）色谱法**

最开始研究人员使用配有荧光检测器或紫外检测器的液相色谱对抗生素进行检测。相比于紫外检测器，荧光检测器的选择性更好。因此，很多研究利用抗生素如氟喹诺酮类本身的荧光特性或者加上荧光衍生化试剂的方法，使用荧光检测器进行检测。

**（2）酶免疫分析法**

酶免疫分析法是把抗原抗体反应的特异性与酶对底物的高效催化作用结合起来，根据酶作用底物后显色情况以及反应前后颜色变化进行定量分析，灵敏度可达 ng 水平，其检测方法简便、灵敏度高、特异性强，在快速筛选性检测中占主流地位。该方法已用于氯霉素、四环素和磺胺类等抗生素的测定。然而，该法易受基底干扰，不适于多种类抗生素的同时检测。而且由于假阳性和假阴性偏多，必须借助质谱法进行确证分析。

**(3) 色谱–质谱联用法**

由于大部分抗生素极性较强、相对分子质量较大、难以气化，LC-MS 较 GC-MS 具有绝对优势，已成为主流检测技术被广泛应用。其中，LC-MS/MS 技术以其高灵敏度、高选择性等优势，成功用于多种抗生素的同时检测分析。

## 10.1.4　抗性基因污染监测

为了挖掘环境中抗生素抗性基因，人们先后采用不同方法对其进行探究。常见的抗性基因检测方法包括基于细菌培养的方法以及分子生物技术法。由于可培养的微生物仅占自然界微生物群落的 1%，而且我们对微生物的最适生长温度、pH、氧、营养成分等不了解，造成环境中许多微生物难以用平板培养。因此，用基于细菌培养的方法评价抗性一般会低估微生物的种类。不过利用培养的方法研究耐药菌株仍是必要的手段。

随着分子生物学的发展，分子生物学技术可以解析环境中的微生物，包括不可培养的微生物。因此现代分子技术是目前检测环境中 ARGs 的主流手段。其主要包括普通和多重聚合酶链式反应（PCR）、实时荧光定量 PCR、高通量荧光定量 PCR、DNA 杂交、功能宏基因组学和宏基因组学测序等多种分子生物学手段。

### 10.1.4.1　基于细菌培养的方法

细菌耐药性的传统研究方法主要是基于微生物的细菌培养法，通过抗性表型评价其抗性。最为传统的方法是最小抑制浓度药敏试验。药敏试验是根据美国临床实验室标准化委员会推荐的 K-B 琼脂法进行。最常用的药敏试验是纸片法，将浸有一定浓度的抗生素滤纸片贴在涂满待测菌株的琼脂平板上，待纸片周围出现抑菌环时，测定抑菌环直径，根据直径大小来评估细菌对抗生素的抗性。目前，均采用其方法评价细菌对抗生素抗性的强弱（Anderson et al.，2008）。

通过鉴定耐药微生物的种属类型，可以了解宿主的特征。目前常用的细菌鉴定方法是将 16S rRNA 细菌鉴定法和 Biolog 法结合，细菌 DNA 经 PCR 扩增后，通过 16S rRNA 基因测序来鉴定细菌的属，再通过 Biolog 法确定细菌的种。另外，近年来，质谱技术也被用来进行菌种鉴定。通过测定 DNA 片段的碎片特征，可以快速对纯菌及复杂环境样品中的 16S rRNA 基因片段进行鉴定分析（Carrette et al.，2003）。

### 10.1.4.2　普通和多重 PCR

**(1) DNA 提取**

DNA 的提取是 PCR 技术的前提，其方法主要有抽提法和直接溶解法。前者是指先从环境中分离微生物，再提取其 DNA。该方法不但费时，而且由于 DNA 吸附在介质中导致损失率比较大。目前使用最多的是试剂盒法提取微生物 DNA，操作便捷。其原理是：在特定溶液环境下（高盐、低 pH），使核酸吸附在固相介质上，经洗涤去除杂质后，通过纯水或 TE 缓冲液溶解 DNA，使 DNA 释放到溶液中。

**（2）普通 PCR**

普通 PCR 技术是 1985 年由美国的莫里森发明的，并获得了 1993 年的诺贝尔化学奖。PCR 技术是指在 DNA 聚合酶催化作用下，以母链 DNA 为模板，以特定引物为延伸起点，通过变性、退火、延伸等步骤，在体外复制出与母链模板 DNA 互补的子链 DNA 的过程。PCR 技术是一项 DNA 体外合成放大技术，能快速特异地在体外扩增任何目的 DNA，可用于基因分离克隆、序列分析、基因表达调控、基因多态性研究等许多方面。

如图 10-5 所示，PCR 技术原理是在高温 DNA 聚合酶、模板 DNA、引物、$Mg^{2+}$、dNTP 存在及特定离子强度下，通过高温解链、低温模板引物复性、中温延伸反应，如此循环 30～40 次，从低拷贝模板获得高拷贝产物的过程。PCR 技术以其简便、快速、灵敏、特异的特点，能将目的基因扩增放大几百万倍，目前已在抗生素抗性基因研究中得到了广泛应用。

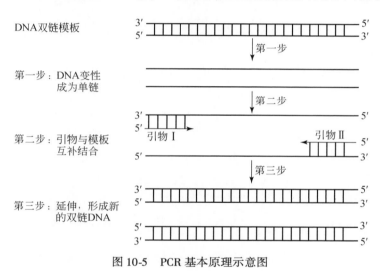

图 10-5　PCR 基本原理示意图

**（3）多重 PCR**

为了节省时间和提高效率，人们发明了多重 PCR。其原理是：在同一个 PCR 反应体系中，加入多对引物，同时扩增一份 DNA 样本中几个不同靶区域的 DNA 片断。尽管由于不同引物间可能会相互干扰等不利因素，多重 PCR 可能会出现假阴性，但是其仍然是可以同时检测环境中不同 ARGs 的一种快速、简便的方法。

### 10.1.4.3　实时荧光定量

由于 PCR 技术本身的局限性，不能做到准确定量，随着荧光能量传递技术的发展，人们发明了实时荧光定量 PCR 技术，实现了从定性到定量的飞跃，为研究环境中 ARGs 提供了技术支持。

**（1）原理**

荧光定量 PCR 技术是在普通 PCR 反应体系中加入荧光基团，通过检测荧光信号实时监测 PCR 扩增反应每一个循环扩增产物量的变化。检测到的荧光信号的强度与 PCR 反应产物的量呈正相关，最后利用标准曲线对未知核酸模板进行精确定量。

PCR 反应过程中产生的拷贝数是呈指数方式增加的，随着反应循环数的增加，最终反应不再以指数方式生成模板，产物增长的速度逐渐减缓，最后进入平台期。在传统的 PCR 中，常用凝胶电泳分离并用荧光染色来检测 PCR 反应的最终扩增产物，因此用此终点法对产物定量存在不可靠之处。在荧光定量 PCR 中，对整个 PCR 反应扩增过程进行了实时监测和连续分析，随着反应时间的进行，监测到的荧光信号的变化可以绘制成一条 S 形曲线。如图 10-6 所示，在 PCR 反应早期，产生荧光的水平不能与背景明显区别，而后荧光的产生进入指数期、线性期和最终的平台期。

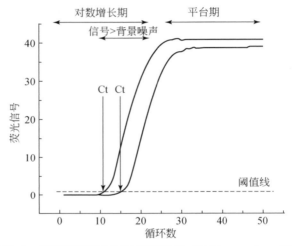

图 10-6　实时荧光定量 PCR 响应曲线（Kubista et al.，2006）

由于各种因素的影响，即使是重复试验，各种条件基本一致，最后得到的 DNA 拷贝数也是完全不一样，波动较大。在这种情况下，就不能采用终点定量，可以在 PCR 反应处于指数期的某一点上来检测产物的量，并且由此来推断模板最初的含量。为了便于对所检测样本进行比较，在实时荧光定量 PCR 反应的指数期，首先需设定一定荧光信号的阈值（threshold），以 PCR 反应的前 15 个循环荧光信号作为荧光本底信号（background），荧光阈值的缺省设置是 3～15 个循环的荧光信号的标准偏差的 10 倍。如果检测到荧光信号超过阈值被认为是真正的信号，它可用于定义样本的阈值循环数（Ct）。Ct 值的含义是：每个反应管内的荧光信号达到设定的阈值时所经历的循环数。研究表明，每个模板的 Ct 值与该模板的起始拷贝数的对数存在线性关系。起始拷贝数越多，Ct 值越小。利用已知起始拷贝数的标准品可绘出标准曲线，因此只要获得未知样品的 Ct 值，即可从标准曲线上计算出该样品的起始拷贝数。

**（2）常用的实时荧光定量 PCR 方法**

实时荧光定量 PCR 中所用的荧光化合物广义上可分为荧光染料和特异性荧光探针两大类，染料如 SYBR Green Ⅰ 和 SYBR Gold 是利用与双链小沟结合发光的理化特征指示扩增产物的增加；特异性探针如 Taqman 探针、分子信标和双杂交探针等，建立在荧光能量共振转移原理（fluorescence resonance energy transfer，FRET）基础上，利用与靶序列特异杂交的探针来指示扩增产物的增加。探针法由于增加了探针的识别步骤，特异性高；染料法则简便易行，成本低。

FRET 原理是指两个荧光发色基团在足够靠近时，它们之间由于偶极与偶极的相互作用，且某个荧光基团的发射谱与另一个荧光基团的吸收光谱重叠，激发光的能量能够以非发光的形式在两者之间转移。如果这两个基团一个是荧光基团，另外一个是荧光猝灭基团，当它们距离邻近至一定范围时，就会发生荧光能量转移，猝灭基团会吸收荧光基团光子能量，从而使其发不出荧光；荧光基团一旦与猝灭基团分开，猝灭作用即消失。因此，可以利用 FRET，选择合适的荧光基团和猝灭基团对核酸探针或引物进行标记，利用核酸杂交和核酸水解所致荧光基团和猝灭基团结合或分开的原理，建立各种实时荧光 PCR 方法。

1）荧光染料。荧光染料法是根据在 PCR 反应体系中，加入过量荧光染料，荧光染料特异性地掺入 DNA 双链后，发射荧光信号；而不掺入链中的染料分子不会发射任何荧光信号，从而保证荧光信号的增加与产物的增加完全同步，如图 10-7（a）所示。荧光染料检测只能简单地反映反应体系中总的核酸量，是一种非特异性的检测方法。可与双链 DNA 结合的嵌入型荧光染料，主要有溴化乙啶、SYBR Green Ⅰ 和 SYBR Gold 等。在核酸的实时检测方面有很多优点，且价格较低，灵敏度较高。但是，由于可以与所有的双链相结合，因此假阳性高，非特异性强，并且不能进行多重荧光定量反应。如果对扩增产物进行熔点曲线分析，并优化 PCR 反应条件可以部分消除非特异产物的影响。

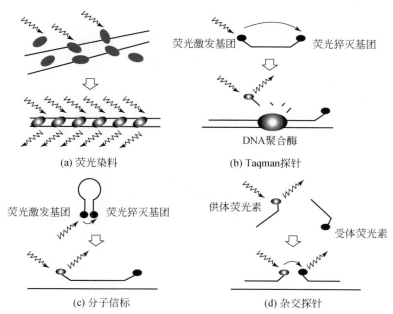

(a) 荧光染料

(b) Taqman探针

(c) 分子信标

(d) 杂交探针

图 10-7　主要荧光化合物定量 PCR 的基本原理（Kubista et al.，2006）

2）水解探针。Taqman 探针和 Taqman-MGB 探针是典型的水解探针。PCR 扩增时在加入一对引物的同时加入一个特异性的荧光探针，如图 10-7（b）所示，该探针为一寡核苷酸，其 5′-端标记荧光基团，3′-端标记猝灭基团，分别与目标序列上游引物和下游引物之间的序列配对。当完整的探针与目标序列配对时，荧光基团发射的荧光因与 3′-端的猝灭基团接近而被猝灭。在进行延伸反应时，聚合酶的 5′-3′外切酶活性将探针切断，使得荧光基团与猝灭基团分离而发射荧光。一分子的产物生成伴随着一分子的荧光信号的产生，随着扩增循环数的增加，释放出来的荧光基团不断积累。因此，水解探针检测的是积累荧光，荧光强度与扩增产物的数量呈正比关系。

3）分子信标是一种在靶 DNA 不存在时形成茎环结构的双标记寡核苷酸探针。如图 10-7（c）所示，环形部分设计为与靶核酸序列互补的探针，茎形部分由探针两端的互补序列的短臂退火形成一发夹结构，两臂的末端分别共价结合一个荧光基团和一个猝灭基团。这种发夹结构，使荧光基团和猝灭基团紧挨，导致荧光能量被吸收，释放为热，而不发出荧光。当探针遇到靶核酸时，因探针的环形部分和靶核酸杂交体比茎杂交体更长、更稳定，迫使茎端的荧光和猝灭基团相互分离，从而产生可被检测到的荧光。分子信标的优点是：①特异性高。靶核酸即使仅含一个错配或缺失也不能使荧光恢复。②荧光背景低。与 Taqman 探针相比，分子信标的突出优点是检测过程中不必将探针和靶杂交体与过量探针分离开，有效解决了猝灭效率问题。其缺点是设计程序比较复杂，成功率低。

4）杂交探针由两条相邻探针组成，其中上游探针的 3′-端标记供体荧光素，下游探针的 5′-端标记受体荧光素。如图 10-7（d）所示，在 PCR 模板退火阶段，两探针同时与扩增产物杂交，形成头尾结合的形式，使供体和受体荧光素距离非常接近，两者产生荧光共振能量转移，使受体荧光基团发出荧光，而当两探针处于游离状态时，则无荧光产生。由于杂交探针是靠近发光，所以检测信号是实时信号，非累积信号。

近年来，有研究学者结合各类型探针的优点，开发了一些新的探针，如 Taqman 分子信标（孔德明等，2003）和荧光标记引物（Nazarenko et al.，2002）等。目前，以 SYBR Green Ⅰ、Taqman、Taqman-MGB、分子信标和杂交探针的应用较多。荧光染料 SYBR Green Ⅰ 主要应用于单重荧光定量 PCR 检测；Taqman、Taqman-MGB 和分子信标具有特异性强、假阳性低、适合多重荧光定量 PCR 等。

### 10.1.4.4　高通量荧光定量 PCR

常用的普通荧光定量 PCR 反应装置为 96 孔板或 384 孔板，由于其通量的限制，只能对环境样品中少数典型的抗性基因进行检测和定量，极大地限制了人类对环境中丰富的抗性基因库的认识（Stoll et al.，2012；Guo et al.，2014）。高通量荧光定量 PCR 大大提升反应通量，可以有效快速地检测环境样品中的各类抗性基因。已有研究采用该方法检测到 149 种抗性基因，基本涵盖所有已知的抗性基因种类（Zhu et al.，2013），高通量荧光定量 PCR 强大的检测能力能够快速及时的探究环境中的抗性基因分布格局，从而为揭示抗性基因的传播规律提供有力的技术支撑。

### 10.1.4.5　功能宏基因组学

上述细菌培养的方法和荧光定量 PCR 都是基于人类已知的抗性基因进行分析鉴定，

而功能宏基因组学技术可以发掘环境中新型抗性基因，该方法是将环境总 DNA 随机打断，将随机片段转化入宿主菌（如大肠杆菌）中并对宿主菌的抗性表型进行检验，最终对有抗性的克隆子进行宏基因组测序从而获取相应抗性基因信息。该方法可以有效地将抗性表型和基因型联系起来，不受已知抗性基因数据库完整度的限制，极大地丰富了人们对抗生素抗性组学的认知，新型抗性基因的高频率出现暗示环境中的抗生素抗性基因种类和丰度都远远超出我们的预料，此外，筛选到的多种新型抗性基因可以预知未来临床上环境中可能出现的抗性类型，为抗生素新药的研制提供理论参考。

### 10.1.4.6　DNA 杂交技术

分子杂交技术是以 DNA 碱基互补配对原理，采用基因组 DNA 探针、cDNA 探针或人工合成的寡核苷酸探针等与待测样品的 DNA 形成杂交分子的过程，该技术被用于检测特定 ARGs 的存在已经将近 30 年，很多方面都得到了改进，特别是在探针设计和合成方面。因此，该技术，特别是 Southern 印迹杂交，经常被用于区分不同的 ARGs，或者鉴定特定的基因是否存在。Southern 杂交和滤膜配对实验证明 *tet* 基因和 1 类整合子可以从土壤菌株中一起转移到大肠杆菌或恶臭假单胞杆菌中。探针按标记的不同可分为放射性标记探针和非放射性标记探针两大类特异性探针。随着很多非放射性标记的系统在进入市场以来，放射性标记已不再被用作标记探针。而作为一种重要的非放射性标记技术，荧光原位杂交（fluorescence in situ hybridization，FISH）已经被成功用于微生物抗性的临床检测。然而，与临床上经常使用 FISH 技术相比，很少有研究报道将 FISH 用于环境样品中 ARGs 的检测。

### 10.1.4.7　宏基因组学测序

也可直接采用 shortgun 测序的方法对环境 DNA 进行分析，后续依赖现有抗生素抗性基因的数据库对序列进行比对鉴定，虽然不具有探究未知抗性基因的功能，但也在很大程度上避免了功能宏基因组方法在克隆偏好和异源表达方面的缺陷，以及 PCR 反应引物的覆盖度和特异性缺陷，可以对不同环境中的抗生素抗性基因及相关的基因转移元件的丰度和多样性进行比较，在很大程度上拓展了抗性基因及转移传播机制的研究（Monier et al.，2011）。

# 10.2　纳米颗粒污染监测

## 10.2.1　概述

### 10.2.1.1　定义与分类

纳米颗粒（nanoparticles，NPs）是指在三维空间中，至少在一个维度上尺寸小于 100nm 的颗粒，它可以是球形的、棒状的、管状的，也可以其他不规则的形貌（Nowack and Bucheli，2007）。如图 10-8 所示，NPs 与胶体的范围有重叠；而在空气中，NPs 与

PM$_{0.1}$的概念是等同的。由于 NPs 具有独特的电学、光学和机械性能，因此被越来越大量地用于电子、生物医药、纺织、化妆品、能源、环境和食品等各种行业。也由于其巨大的潜力，全世界对纳米技术研究和发展的投资逐渐增加。Woodrow Wilson 国际学者中心统计了 2005 年至今每年的纳米技术产品目录，纳米商品的种类呈现逐年增加的趋势。

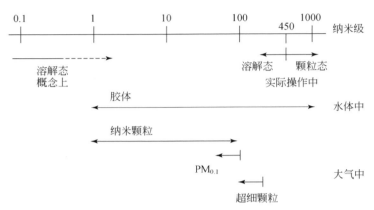

图 10-8　纳米颗粒的大小（Nowack and Bucheli，2007）

纳米材料的大量生产使用也造成了大量 NPs 进入到环境中。根据其来源的不同，可以将环境中的 NPs 分为天然源颗粒和人为源颗粒。而根据其化学成分的不同可以分为含碳颗粒和无机颗粒。自然因素如火山爆发、地表沙漠、宇宙尘埃和微生物活动等是 NPs 的重要天然来源。NPs 的人为源主要来自人类有目的的大量生产制造，以及人为过程如燃烧等无意形成的副产物。其中，由人为源产生的 NPs 又被称为人工纳米粒子（engineered nanoparticles，ENPs）。据估计，目前市场上主要的 ENPs 产量每年可达 27 万 ~ 32 万 t（Keller and Lazareva，2013）。因此，ENPs 成为目前环境 NPs 研究的主要关注点。

### 10.2.1.2　污染状况

相比纳米技术的蓬勃发展，我们对 NPs 在环境中的存在水平依然了解很少。对 NPs 的浓度进行实地监测有助于了解 NPs 在环境中的分布，进而了解它们的环境行为以及生态风险。然而，目前仍然缺乏检测环境中 NPs 的分析技术与方法。在此背景下，Boxall 等在 2007 年首次尝试了通过模拟预测的方法估算 NPs 在环境中的排放量及存在浓度（Boxall et al.，2007），为后续模拟预测提供了理论基础。接着，Mueller 和 Nowack 在 2008 年首次利用物质流分析（material flow analysis，MFA）代替了假定计算，估算了各种环境介质中 NPs 的浓度，对后续的模拟预测研究产生了较大的影响，但该方法没有充分考虑 NPs 在环境中的沉积、降解等迁移转化过程（Mueller and Nowack，2008）。为提高模拟预测的准确度，研究者采用多介质归趋与迁移模型（multimedia fate and transport models）估算 NPs 在环境中的存在浓度与分布。然而，对于绝大部分研究而言，由于没有相应的检测分析方法，很难对模拟预测的结果进行验证。如表 10-4 所示，受到分析方法的限制，实际分析检测的环境介质很局限，并且每次研究的 NPs 比较单一，粒径范围较大，因此，很难将模拟预测和实际分析检测的结果进行分析比较。以 $TiO_2$ 纳米颗粒为例，综合目前模拟预测的结果和分析检测的结果，在地表水中，$TiO_2$ 纳米颗粒的浓度在 ng/L 到 μg/L，差异高达 4 个数量级，实际分析检测的结果偏高，除了时空差异的影响外，其研究针对的粒径范围不同也会造成这种差异的产生。与地表水相比，目前污水处理厂出水中的 $TiO_2$ 纳米颗粒浓度差异较小，多个研究显示其在污水处理厂出水中的浓度约为 5 μg/L；生物污泥中 $TiO_2$ 纳米颗粒的浓度差异可达 5 个数量级。值得注意的是，由于实际分析检测的粒径可高达 0.7 μm，已经远远超过纳米颗粒的范围，因此，实际检测的结果更像总 $TiO_2$ 的浓度，而不是 $TiO_2$ 纳米颗粒。

综上，NPs 模拟预测方法在不断改进，然而，要想达到较高的准确度，需要对环境中 NPs 的迁移转化过程有足够的了解，而这又依赖于实际环境检测分析方法与技术的保障。因此，发展相应的实际环境中 NPs 检测分析方法与技术是人们当前面临的一大基本任务。

### 10.2.1.3 在水环境中的迁移归趋

据估计每年全球大约分别有 8300t 和 66 000t 的人工 NPs 排放到大气和地表水中（Keller and Lazareva，2013），而大气中的 NPs 最终会通过干湿沉降进入土壤和地表水体中。进入到水体中的 NPs 会通过聚集作用、沉积作用、溶解作用、氧化作用、硫化作用等过程进行迁移转化，并最终影响它们的环境行为及生态毒性（Liu et al.，2014）。例如，与单分散的 NPs 相比，聚集态的 NPs 与环境作用的行为和速度均会不同。另外，一些水环境中常见的转化过程对 NPs 的团聚、溶解甚至毒性也会产生较大的影响。NPs 作为一类特殊的污染物，影响其迁移转化的因素很多。与传统污染物不同的是，NPs 的尺寸大小、形状、表面特征以及周围的环境特征均会对其迁移转化过程产生重要的影响。由于 NPs 种类繁多，组成与性质差异很大，因此它们在环境中的迁移转化过程也会存在很大的差别。

对某些 NPs 来说，影响其迁移转化的决定性因子是水的化学性质。已有研究显示，雨水、河水、地下水和海水中不同的离子强度大小和天然有机物含量（NOM）会影响 NPs 的团聚速率、沉降速率以及溶解速率（Garner and Keller，2014）。如表 10-4 所示，NPs 停留时间较长（以周、月计），说明不容易发生团聚。大部分 NPs 在河水和雨水中比较稳定（表 10-4），这主要是由于河水和雨水中含有较高的 NOM，金属以及金属氧化物 NPs 较易吸附到 NOM 上，降低了它们的团聚性能；而除了 $SiO_2$，大部分 NPs 在海水中较易团聚，这主要是由于海水中较高的离子强度提供不了足够的静电稳定性。NPs 的团聚速率进而会影响它们的沉积速率，所以大部分 NPs 在海水中的沉积速率比在其他水体中的要快。然而，由于 NPs 的密度也是影响沉积速率的一个重要的因素，因此，NPs 的组成对其也有一定的影响。NPs 水解作用从本质上来说是受 NPs 表面控制的过程，周围环境的特征如 pH、离子强度、水的硬度、能与 NPs 成分发生作用的有机物质以及硫化物、磷酸盐等无机离子均会对 NPs 的水解作用产生影响，且作用机制比较复杂。例如，较小相对分子质量的腐殖酸对 Ag 颗粒溶解作用影响较小，而较大相对分子质量的腐殖酸会降低颗粒稳定性，使溶解作用加大（Li et al.，2010）。当 Ag 颗粒表面发生氧化或者硫化，会在表面产生包被膜，进而会阻止 NPs 内部金属离子的释放，降低其溶解速率（Levard et al.，2011）。

表 10-4  NPs 在不同种类的水体中的团聚速率

| 停留时间 | 雨水 | 河水 | 地下水 | 海水 |
|---|---|---|---|---|
| 月 | Ag，Au，$CeO_2$，$C_{60}$，$FeO/Fe_2O_3$，MWCNTs，$SiO_2$，$TiO_2$，ZnO | Ag，Au，$CeO_2$，$C_{60}$，$FeO/Fe_2O_3$，MWCNTs，$SiO_2$，$TiO_2$，ZnO | $C_{60}$，MWCNTs，$SiO_2$ | $SiO_2$ |
| 周 | nZVI，SWCNTs | NiO，nZVI，SWCNTs | Au，FeOOH，SWCNTs | CuO，$FeO/Fe_2O_3$ |
| 天 | | $Al_2O_3$ | Ag，$CeO_2$，CuO，NiO，$TiO_2$ | Ag，$C_{60}$，FeOOH，SWCNTs |
| 时 | | | $FeO/Fe_2O_3$，nZVI，ZnO | Au，$CeO_2$，MWCNTs，nZVI，ZnO，$TiO_2$ |

注：nZVI，零价纳米铁；MWCNTs，多壁碳纳米管；SWCNTs，单壁碳纳米管。

资料来源：Garner and Keller，2014。

NPs 的环境转化过程也会影响它们的物理化学性质，进而影响它们的归趋以及毒性。典型的转化过程包括氧化作用和硫化作用。很多金属 NPs 在富氧水体中容易被氧化。例如，零价纳米 Fe 颗粒还原性很强，通过氧化反应，可以转变成磁铁（$Fe_3O_4$）或其他铁氧化物，释放出 $Fe^{2+}$ 和 $Fe^{3+}$ 离子，这些离子可进一步发生反应（Adeleye et al.，2013）。很多学者利用零价纳米 Fe 颗粒的这个性质处理水中的有机污染物（Feitz et al.，2005；Joo and Zhao，2008）。纳米 Ag 颗粒在水环境中也容易被氧化生成 $Ag^+$，而 $Ag^+$ 很容易与 $Cl^-$ 生成 AgCl，当 AgCl 沉淀到沉积物中时，会进一步发生硫化作用生成 $Ag_2S$（Levard et al.，2012）。因此，硫化作用是影响金属和金属氧化物 NPs 转化的一个重要过程，在沉积物或者污水处理厂的低氧化还原条件下，通常会发生硫置换。ZnO 纳米颗粒会通过溶解和再沉淀生成 ZnS（Ma et al.，2013）。除此之外，其他纳米颗粒如 CuO、Fe 和 Pb 等与硫的溶度积（$K_{sp}$）较小，也易发生硫化作用。然而，与有机污染物不同，目前上述 NPs 的大部分研究仅局限于实验室模拟及模型计算，而不是基于环境中 NPs 的分析和检测，这也给科学家提出了新的挑战，亟须发展更合适的 NPs 检测分析方法。另外，大部分研究所用 NPs 浓度在 mg/L 级别，所构建环境比较单一，与实际环境差别较大，因此，未来研究需要在更复杂的实际水环境和更贴近环境浓度的 NPs 条件下开展研究。

### 10.2.1.4  危害

近年来，人们对纳米毒性的关注比较多，在过去的十几年中，关于 NPs 与生物系统相互作用的文章呈现指数增长。环境介质中的 NPs 可通过呼吸系统、消化系统和皮肤组织进入生物体内。NPs 的大小、电荷、表面积、形状等因素会影响 NPs 进入生物体内部（Yah et al.，2012）。大量研究显示，进入生物体内部的纳米颗粒可以在细胞、亚细胞和蛋白等水平上对生物产生影响（Oberdörster et al.，2005；Elder et al.，2007）。虽然有研究报道目前环境中 NPs 的存在水平不至于构成毒性（Garner et al.，2014），但由于目前对 NPs 的存在水平了解不够准确全面，而且大部分毒性数据来自于细胞和小鼠等动物，考虑到 NPs 的毒性也受 NPs 本身及受试生物等很多因素的影响，因此，未来需要开展在更复杂的实际水环境中 NPs 对水生生态的毒性影响研究。

## 10.2.2 纳米污染检测方法

由于 NPs 的数量、质量浓度、表面积、电荷、粒径及其分布、团聚状态、元素组成、结构和形状等很多属性均会影响它们的行为和毒性，因此，当分析环境中的 NPs 时，除了组成与浓度，也需要考虑 NPs 的理化属性及其表面化学性质。表 10-5 汇总了 NPs 主要表征与分析方法。综合来说，大部分方法的检出限比环境浓度高，而且有些方法对样品存在中度到高度的干扰（表 10-6）。

**表 10-5 NPs 主要表征和分析方法汇总**

| 表征参数 | 仪器方法 |
| --- | --- |
| 粒径分级 | 沉淀、离心、微滤、切向流过滤、渗析、体积排阻色谱、毛细管电泳、流体动力色谱、场流分离技术 |
| 粒径大小、分布 | 动态光散射、静态光散射、小角 X 射线散射、激光诱导击穿光谱、X 射线衍射、扫描电子显微镜、透射电子显微镜、原子力显微镜 |
| 表面积 | BET 方法 |
| 组成分析 | 配有 X 射线能谱分析仪的扫描（透射）电子显微镜、X 射线衍射、质谱法、核磁共振 |
| 表面电荷 | ζ电位 |

**表 10-6 NPs 的分析和表征方法特点**

| 方法 | 大小范围/nm | 检出限 * | 单颗粒或颗粒群 | 干扰程度 |
| --- | --- | --- | --- | --- |
| AFM | 0.5 ~ >1000 | ppb ~ ppm | 单颗粒 | 中 |
| BET | 1 ~ >1000 | 干粉 | 颗粒群 | 高 |
| 离心 | 10 ~ >1000 | 依赖于检测方法 | 颗粒群 | 低 |
| 渗析 | 0.5 ~ 100 | 依赖于检测方法 | 颗粒群 | 低 |
| 动态光散射 | 3 ~ >1000 | ppm | 颗粒群 | 最小 |
| 电泳 | 3 ~ >1000 | ppm | 颗粒群 | 最小 |
| EM-EELS/-EDX | 光斑大小：约 1 | ppm | 单颗粒 | 高 |
| ESEM | 40 ~ >1000 | ppb ~ ppm | 单颗粒 | 中 |
| ES-MS | <3 | ppb | 颗粒群 | 中 |
| 场流分离 | 1 ~ 1000 | 依赖于检测方法 | 颗粒群 | 低 |
| 流体动力色谱 | 5 ~ 1200 | 依赖于检测方法 | 颗粒群 | 低 |
| ICP-MS | 依赖于分离方法 | ppt ~ ppb | 颗粒群 | 低–中 |
| 微滤 | 100 ~ >1000 | 依赖于检测方法 | 颗粒群 | 低–中 |

| 方法 | 大小范围/nm | 检出限* | 单颗粒或颗粒群 | 干扰程度 |
|---|---|---|---|---|
| 体积排阻色谱 | 0.5~10 | 依赖于检测方法 | 颗粒群 | 中 |
| SEM | 10~>1000 | ppb~ppm | 单颗粒 | 高 |
| SLS | 50~>1000 | | 颗粒群 | 最小 |
| TEM/HR-TEM | 1~>1000 | ppb~ppm | 单颗粒 | 高 |
| TEM-SAED | 光斑大小: 1nm | | 单颗粒 | 高 |
| 光谱法 | | ppb~ppm | 颗粒群 | 最小 |
| 浊度法 | 50~>1000 | ppb~ppm | 颗粒群 | 最小 |
| 超滤 | 1~30 | 依赖于检测方法 | 颗粒群 | 中 |
| XRD | 0.5~>1000 | 干粉 | 颗粒群 | 高 |

*使用粒径为100nm的NPs估算检出限。

资料来源: Hassellöv et al., 2008。

### 10.2.2.1 样品采集与初步分离

由于NPs自身不稳定的特点,最好的办法是进行原位分析,但目前并没有相应的方法可用于NPs的原位分析检测。我们只能选择在采样到分析的过程中引起最小干扰的方法,如利用电磁辐射探测。值得注意的是,在一定的pH条件下,NPs和采样瓶壁可能的带电情况都需要考虑到。由于环境样品比较复杂,因此经常需要对样品进行初步分离,包括沉淀、离心和过滤。沉淀和离心在去除密度较大的矿物颗粒方面比较高效,其中离心产生的干扰较低。然而由于不同的沉积速率,沉淀的颗粒会把其他较小的颗粒连带沉淀去除。微滤孔径一般大于0.1μm,由于操作简便,是最常见的初步分离技术。由于孔径的静电排斥使孔径小的颗粒移动速率比液体慢,导致膜周围颗粒浓度增大,这也会进一步加大颗粒碰撞和团聚。膜上的团聚或附着颗粒会捕捉NPs及其团聚体,使其堆积在膜表面。当遇到不稳定的NPs时,这个问题会更加严重。因此,当用过滤方法处理样品时,需要特别注意其对NPs的去除以至于改变NPs的粒径分布。

超滤和纳滤所用的膜孔径更小。为了减轻上面所提到的问题,研究人员发明了切向流过滤(cross-flow filtration,CFF)方法。如图10-9所示,切向流过滤是将样品在膜上方循环流动,每次循环中小于孔径的样品组分会通过滤膜,而大于孔径的组分会被带走,有效减缓了膜的分离效率的降低。通过分析初始样品、通过滤膜的样品部分以及未通过滤膜的样品部分中目标物的浓度,可以得知各部分中大于或小于滤膜孔径的目标物的浓度。这种切向流超滤方法可用于处理大体积样品,能够进行粗略的粒径分离,获得大量一定粒径范围的NPs。然而,该方法得到的结果受膜的类型、生产商以及操作条件的影响较大,因此,在实际应用之前应该反复验证与评估。纳滤的膜孔径在1nm以下,可以被用于NPs与溶解性部分的分离。此外,渗析是根据浓度梯度和渗透压的原理进行膜透过的,可以用于NPs与溶解性成分(离子和小分子)的分离,是一种比较温和的方法。

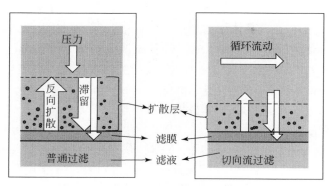

图 10-9　切向流过滤与普通过滤的示意图

## 10.2.2.2　分离技术

色谱技术可用于 NPs 的分离，这些方法快速、灵敏（取决于检测器）。因为不会破坏 NPs 的结构，所以可用于后续的分析。通过与 ICP-MS 等传统分析技术结合，不仅可以对样品中 NPs 进行定量，还可以表征及分析它们的组成。

**（1）体积排阻色谱**

体积排阻色谱（size exclusion chromatography，SEC）是对不同大小颗粒进行分离的常见方法，所用色谱柱是利用多孔凝胶作为固定相，根据颗粒的大小和形状进行分离。尺寸大的颗粒可以渗入到凝胶的大孔内，但进不了小孔，甚至完全被排斥，先流出色谱柱；而尺寸小的颗粒大孔小孔都可以渗进去，最后流出。经过一定时间后，各组分按分子大小得到分离。体积排阻色谱已经成功实现与伏安检测（Song et al.，2004）、ICP-MS（Helfrich et al.，2006）、多角度激光散射（Porsch et al.，2005）等多种检测技术联合，不但可以实现 NPs 的分离，还可以对它们进行表征。该法具有较高的分离效果，但主要的缺点在于样品中的物质可能会与固定相发生相互作用，以及色谱柱有限的粒径分离范围。

**（2）毛细管电泳**

与体积排阻色谱不同，毛细管电泳（capillary electrophoresis，CE）不存在固相相互作用，它是以毛细管为分离通道，以高压直流电场为驱动力的液相分离技术。它根据 NPs 电荷和大小的不同进行分离。Lin 等（2007）用该方法分离了纳米 Au 和 Au/Ag 颗粒，并将毛细管电泳法与二极管阵列（diode array detection，DAD）联合，分析 NPs 的结构。然而，由于该方法不仅仅基于大小进行分离，故而数据分析会更加复杂。此外，流动相间的相互作用也不能排除。

**（3）流体动力色谱**

流体动力色谱（hydrodynamic chromatography，HDC）是基于 NPs 水力半径的不同将 NPs 进行分离，所用色谱柱由无孔珠子填充。待分离体系在高压下从填料柱经过时，由于水动力效应的存在使其流型为层流抛物面型，溶质在这种情况下的分离主要是借助于靠近填料表面的低流速区域所产生的排斥效应，大的溶质分子由于受到的排斥效应大于小溶质分子，更容易远离填料表面而进入高流速区域，因此，大分子溶质先于小分子溶质被洗脱下来。与体积排阻色谱相比，流体动力色谱很大程度降低了固相相互作用发生的风险。体积排阻色谱可分离的粒径范围由柱子孔径分布情况决定，而流体动力色谱根据柱子长度的不同，可适用于 5~1200nm 的 NPs 的分离。已有研究将流体动力色谱与常见的紫外可见光检测器（Williams et al.，2002）、动态光散射（Yegin and Lamprecht，2006）等仪器联合对 NPs 的进行表征。然而，峰的分辨率较差是流体动力色谱一个主要的不足。

**（4）场流分离**

场流分离技术（field-flow fractionation，FFF）最早由 Giddings 博士提出，被认为是用于复杂环境样品中 NPs 分离的一个极具潜力的技术。该技术是在相距很近的上下平板间构成扁平带状流道，宽高比大于 100∶1。如图 10-10 所示，对于这样一种流道，由于厚度很小，载流液流于其中，流速剖面为抛物线形，载流为层流，中心线上速度最大。分离场垂直于流动方向施加，样品组分除了随载流的纵向流动外，在分离场的作用下，还存在垂直于流道的漂移运动，即向流道的一壁面（积聚面）漂移。样品的扩散力起相反作用，当场力与扩散力达到平衡时，组分将处于距积聚面距离一定的位置上。由于不同的组分受分离场影响的不同，将处于距积聚面不同的位置，即不同的组分处于不同的流速层面。因此，那些受分离场影响较强的组分距积聚面较近，流速较小，而那些受分离场作用弱的组分距积聚面较远，流速较大。这种流速的差异导致不同组分通过流道所需时间不同，从而实现样品中不同组分的分离。

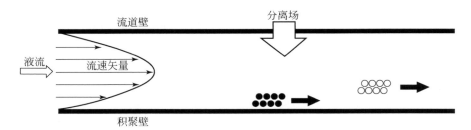

图 10-10 场流分离剖面原理图

场流分离技术将色谱技术与场驱动技术相结合。与色谱技术相似，是一种基于流动的分离方法，典型的场流分离运行过程中，分离载液在流道中连续流动，被分离样本以窄样品带的形式或脉冲液体的形式注入分离流道。但与色谱技术不同的是，该技术不依赖固定相进行分离，它是在外加分离场的作用下开放的流道里进行分离，而这种分离仅与被分离组分自身物理性质有关。根据所加分离场类型的不同，场流分离技术主要分为流场流分离（flow FFF）、电场流分离（electrical FFF）、热场流分离（thermal FFF）和沉降场流分离（sedimentation FFF）等。①流场流分离。其外加力场为垂直于流道方向的横向流，与其他场流装置不同的是，流道上下壁具有渗透能力，样品组分被横流推向半渗透性壁，并被只允许载流通过的膜隔离在积聚墙处。通过外加横向流的作用使不同的组分处于流道中不同的流速层面上，从而实现分离。该方法可以分离低至 1nm 的几乎所有的 NPs，是应用较广泛的一种技术。②热场流分离。主要依靠上下壁面的温差进行驱动，这一温度梯度横穿液流，热扩散使样品组分向积聚面漂移。该方法可用于小到 1μm 以下，大到 20μm 的微粒提取和分离。③电场流分离。被分离组分由于电敏感性的不同，所受电场作用力就不同，当组分所受的电场作用力与扩散力达到平衡时，不同的微粒将处于距积聚壁不同的距离，因此不同的组分在流道中的速度不同，从而完成分离。在该系统中，电场垂直于流道施加，粒子的漂移速度取决于它们的电泳淌度。理论上，凡具有电敏感性的微粒都可利用电场流分离技术分离。电场通过控制粒子团到通道上下面的距离，来控制粒子在通道中的平均速度。一般来说，具有高电泳活力的粒子会更靠近积聚面。然而，电场流分离过程存在双电层效应，系统有效电场强度损失巨大。④沉降场流分离。其外加场可以是重力即重力场流分离，也可以是离心力即离心力场流分离或称沉降场分离。重力场流分离是一种最简单的场流分离技术，但理论还需完善。与重力场流分离技术相比，沉降场分离技术结构相对复杂，外力场变化范围较大且易控制。

场流分离仪器可以与电子显微镜、多角度激光散射仪和 ICP-MS 等仪器联合（Baalousha et al.，2005；Kammer et al.，2005），对分离的颗粒进行观察和分析。场流分离技术已用于 SiO$_2$、金属、金属氧化物、炭黑等很多 NPs 的分析。然而，目前该技术还有一些不足，包括膜或积聚壁的相互作用、流道中持续地重新平衡、某些情况下需要预浓缩、平衡过程中样品附加浓度的出现及流道中团聚概率的增加（Hassellov et al.，2007）。

Stegeman 等（1994）比较了热场流分离、流体动力色谱和体积排阻色谱对高分子聚合物的粒析效果，指出理论上热流场分离技术由于具有较高的选择性，分离效果应该最好；而体积排阻色谱对于小分子物质分离最快。整体上，相比于体积排阻色谱，热流场分离技术和流体动力色谱有更广的粒径适用范围，而体积排阻色谱分离效率更高。从对样品的干扰程度来看，体积排阻色谱干扰程度更高（表 10-6）。

### 10.2.2.3　光散射技术

光散射方法是常见的测量颗粒大小的方法。光散射法基于光的散射原理，当光束入射到颗粒上时将向空间四周散射，光的各个散射参数则与颗粒粒径密切相关。可以用于确定颗粒粒径的散射参数有：散射光强、散射光能的空间分布、透射光强度相对于入射光的衰减、散射光的偏振度等。通过测量这些与颗粒粒径密切相关的散射参数及其组合，可以得到粒径大小和分布，这也构成了光散射式测粒仪种类的多样性。但其工作原理基本一致，来自光源的光束照射到含有待测颗粒的某一空间（测量区），在光与颗粒的相互作用下产生光的散射。与颗粒粒径相关的散射光信号由光电检测器接收并转换成电信号，经放大器放大后由接口送入计算机进行处理，即可从中得到颗粒大小及分布的信息。所使用的光源可以是白炽灯、激光和 X 射线，目前在 NPs 表征方面应用比较多的是激光。

1）动态光散射（dynamic light scattering，DLS），又称准弹性光散射，广泛采用的是光子相关光谱（photon correlation spectroscopy，PCS）理论。在液体中做布朗运动的颗粒受到入射光照射的时候，其散射光相对于入射光会发生微小的频移，即多普勒频移。粒子大运动慢，反之，则越快，通过研究散射光在某一固定空间位置上散射光强随时间的变化即可获取溶液中待测颗粒的粒径大小或流体力学半径。动态光散射测得的是颗粒的平均值

（表 10-5）。具体测定原理是激光照射到样品池的溶液中，在做布朗运动的颗粒受到光的照射后会向各个方向发出散射光。散射光在某一角度由光电倍增管接收并经过对信号进行放大甄别后传输入数据处理系统，运算后即可得到待测溶液中颗粒的粒径分布。因此，该方法对研究 NPs 的团聚行为很有用处。该方法的优势包括（Ledin et al.，1994）：操作简单、快速；有商品化的仪器且自动化程度高；对样品的干扰较小（表 10-7）。不足在于对获得的数据分析较难，特别是多种粒径组成的多分散体系（Filella et al.，1997）。

2）静态光散射（static light scattering，SLS），也称多角度光散射，靠测定角度依赖性的光散射获取颗粒的粒径和形状信息，它是建立在 Mie 理论基础上的，通过 Mie 散射形成光强与角度的函数。但与动态光散射相似，在对含有多种粒径组成的多分散体系分析方面，该方法有一定的局限性。有研究将静态光散射仪与粒径分离方法如场流分离、体积排阻色谱等联合，很好地解决了上述问题，可以得到各个大小的 NPs 的分布（Kammer et al.，2005）。

3）浊度法（turbidity），测量的是颗粒的非散射光信号。由于颗粒的散射作用，透射光的强度将小于入射光的强度，是一种测量颗粒浓度的方法。光源可以是激光或单色光。由于其衰减程度与颗粒粒径大小有关，且颗粒与悬浮介质的折射系数存在差异，因此，在定量分析中，该方法应针对粒径范围较窄的颗粒进行测量，需要校准。对于分散的 NPs，浊度法灵敏度较低。目前已有研究将浊度法应用到色谱法中作为检测 NPs 浓度的一个检测器（Kammer et al.，2005）。

### 10.2.2.4 显微镜及相关技术

显微技术可以提供 NPs 的图像信息，以及元素组成、结构等信息。不同于前面讲的光散射技术，所有的显微技术都是针对单个颗粒的（表 10-6），因此，这类方法可提供很多其他方法不能提供的有用信息。由于 NPs 尺寸很小，不在光学显微镜的范围内。所以目前用得最多的是电子和扫描探针显微镜。通过使用扫描电子显微镜、透射电子显微镜和原子力显微镜，不但可以观察到 NPs 本身，也可以得到其团聚、扩散和吸附等状态，以及粒径、结构和形状等信息。对于电子显微镜，可以与 X 射线能谱分析仪（energy dispersive X-ray spectroscopy，EDS）等光谱分析仪器联合对样品的元素组成进行分析。

1）扫描电子显微镜（scanning electron microscopy，SEM）通常由电子光学系统、真空系统、电子信息收集、处理和显示系统、电源系统等几部分组成。其原理是利用电子枪发出热电子束，在 0.5~30kV 的加速电压下，经过电磁透镜所组成的电子光学系统，电子束会聚形成一个直径小于 100Å 的高能电子束，并在样品表面聚焦。末级透镜上边装有扫描线圈，在它的作用下，电子束在样品表面扫描。高能电子束与样品物质相互作用产生二次电子、背散射电子、X 射线等信号。这些信号与样品表面的形貌、组成以及物理化学性质等因素有关，通过不同的接收器接收处理，即得到反映样品形貌的扫描电子显微镜图以及样品元素等信息。电子束打到样品上一点时，在荧光屏上就有亮点与之对应，其亮度与激发后的电子能量成正比，扫描电子显微镜是采用逐点成像的图像分解法进行的，由于样品表面的几何形状、化学成分和电位分布等存在的差异，使电子束从样品表面扫描各部位激发出来的电信号也不同，从而产生信息反差。于是，在显像管荧光屏上形成反映样品表面形貌或元素分布的扫描电子图像。如图 10-11 所示，左边上下两个分别为 ZnO 纳米颗粒和 $TiO_2$ 纳米颗粒的扫描电子显微镜图像。目前，X 射线能谱分析仪已成为扫描电子显微镜的一个基本附件，它捕获高能电子束与被观察样品相互作用产生 X 射线，并进行处理及分析，从而能获得样品成分的定性、半定量，甚至定量结果。

图 10-11　分散在蒸馏水中的两种 NPs 的三种显微镜图像（Tiede et al.，2008）

注：第一排为 ZnO 纳米颗粒，第二排为 $TiO_2$ 纳米颗粒，从左到右依次为扫描电子显微镜图像、原子力显微镜图像和透射电子显微镜图像。

　　由于扫描电子显微镜的样品室和检测室均为高真空，样品需要干燥和导电处理，这个过程中的颗粒形态会发生变化。为解决这个问题，人们研制出环境扫描电子显微镜（environmental scanning electron microscopy，ESEM）。其将样室槽与检测室分开，因此，样品可以在各种压力和湿度下检测。颗粒上的残留的水可以作为电导体，因此，样品不需要进行电镀。虽然由于二次电子与水蒸气分子的作用，分辨率会降低，但该方法对样品的干扰程度很低（Doucet et al.，2005）。

　　2）透射电子显微镜。透射电子显微镜（transmission electron microscopy，TEM）由照明系统、成像系统、显像和记录系统、真空系统和供电系统组成，其是利用电子枪发射的平行高能电子束在高真空条件下穿过一片非常薄的样品，没有被吸收的电子会被聚焦到成像探测器上，经聚焦放大而形成图像。如图 10-11 所示，右边上下两个分别为 ZnO 纳米颗粒和 $TiO_2$ 纳米颗粒的透射电子显微镜图像。对于纳米颗粒而言，电子束的吸收是由颗粒中元素的电子密度及颗粒的厚度决定的。对于仅含有轻元素的有机颗粒，需要浸染上重金属才能成像。高分辨率的透射电子显微镜具有亚纳米级的分辨率，可在原子尺度直接观察材料的微结构。所以，虽然其操作比较耗时，但已被用于检测 NPs 的形貌（Suzuki et al.，2002）。

然而，高分辨透射电子显微镜的不足在于所得图像的衬度随着成像条件（如物镜的欠焦量、样品厚度）的变化会出现衬度反转，同时像点的分布规律也会变化。所以，图像中的点与样品中原子的真实位置并非一一对应。扫描透射电子显微镜（scanning transmission electron microscope，STEM）是一种结合了扫描电子显微镜的特点的透射电子显微镜，不同于一般的平行电子束透射电子显微成像，它是利用会聚电子束在样品上扫描形成的。在扫描每一个点的同时，对应于每一扫描位置的环形探测器把接收到的信号转换为电流强度，因此，样品上扫描的每一点与所产生的像点一一对应。

3）原子力显微镜。原子力显微镜（atomic force microscopy，AFM）属于扫描探针显微镜的一种，主要由激光系统、微悬臂系统、光电检测系统、数据处理系统、电子控制系统和计算机控制系统等组成。它是利用一根非常细小的探针置于最接近固体样品表面上，根据检测样品表面与探针之间的作用力（原子力）来高倍率地观察样品表面形貌。探针被固定在一根有弹性的对微弱力极敏感的微悬臂的末端，探针在样品表面扫描时，通过控制针尖与样品表面之间距离的不同，使扫描过程中每一点上探针和样品之间的作用力保持恒定，这样扫描探针在每一点上的垂直距离被记录，从而得到样品表面的三维形貌图像。如图 10-11 所示，中间上下两个分别为 ZnO 纳米颗粒和 $TiO_2$ 纳米颗粒的原子力显微镜图像。尽管原子力显微镜不能提供样品的元素分析，但其样品制备比较简单，可在自然状态下对样品直接进行成像，得到样品的三维图像，同时，通过测量样品表面的硬度、粗糙度、磁场力、电场力、温度分布和材料表面组成等样品的物理特性，提供不同样品的成分信息。因此，原子力显微镜已经成为 NPs 表征的最常见方法之一，也已有大量应用（Lead et al.，2005；Viguié et al.，2007）。

## 10.2.2.5　光谱分析及表征技术

除了前面讲到的光散射技术，还有很多光谱分析技术可用于 NPs 的分析表征。

### （1）小角 X 射线散射

当 X 射线照射到试样上时，如果试样内部存在纳米尺度的电子密度不均匀区，则会在入射光束周围的小角度范围内出现散射射线，这种现象称为小角射线散射（small angle X-ray scattering，SAXS）。其实质是利用散射体和周围介质电子云密度的差异，获得样品的粒径、聚集情况、界面结构等结构信息。它是一种非破坏性的分析方法，与透射电子显微镜相比，几乎不需特殊样品制备，操作方便，因而成为研究纳米材料结构的重要手段。但该方法的不足在于其样品厚度会对散射产生较大的影响，厚度增大使得散射强度减弱并可能发生多重散射。

### （2）激光诱导击穿光谱技术

激光诱导击穿光谱（laser-induced breakdown detection，LIBD）测量的基础是等离子体光谱，将一束高能量短脉冲的激光束聚焦到待检测的样品上，进而产生高温、高密度并且由自由电子、离子和原子组成的激光等离子体，通过对该等离子体辐射光谱进行分析得到样品的元素成分和浓度的分析技术。虽然该方法重复性差，受基体效应影响较大，但由于其操作简单，能够检测元素周期表上绝大部分的元素，具有较高的灵敏度，被认为是一种可用于 NPs 表征的比较有前景的技术（Tiede et al. , 2008）。

**（3）X 射线衍射**

X 射线衍射（X-ray diffraction，XRD）常用于晶态纳米材料的表征。当 X 射线照射到晶体时，在某些方向上产生强 X 射线衍射，衍射线的方位和强度与晶体结构密切相关。每种晶体所产生的衍射花样反映出该晶体内部的原子分配规律，因此，可以根据 XRD 谱图中特征衍射峰的位置确定样品中的物相。虽然与原子发射光谱等元素分析仪器相比，X 射线衍射灵敏度较低，但它仍可实现主要元素成分分析。另外，通过衍射峰的半高宽 $B$ 和衍射角 $\theta$，通过谢乐公式即可得到晶体的粒径 $D$。

$$D = K\lambda / (B\cos\theta) \tag{10-1}$$

式中，$K$ 为谢乐常数，取值为 0.89；$\lambda$ 为 X 射线波长，取值为 0.154 056nm。由于 X 射线衍射仅针对晶体颗粒，所以其适用范围有限，且对环境样品的干扰程度也较高（表 10-7）。

**（4）X 射线能谱分析**

X 射线能谱分析（energy dispersive X-ray spectrometer，EDS）的具体原理为当高能电子进入样品后，受到样品原子的非弹性散射，将其能量传递给原子而使其中某个内壳层的电子被电离，并脱离该原子，内壳层上出现一个空位，原子处于不稳定的高能激发态。一系列外层电子向内壳层空位跃迁，释放出多余的能量，产生特征 X 射线。X 射线是一种量子或光子组成的粒子流，具有能量。其能量与样品中的化学组成有关，利用硅锂或硅漂移探测器检测特征 X 射线的能量，通过脉冲处理器转换为 X 射线能谱图，根据特征 X 射线及其能量进行定性和定量分析。该方法对重元素的灵敏度较好，是 NPs 的元素组成分析的重要方法，常与电子显微镜联合对 NPs 进行表征，图 10-12 是将扫描电子显微镜与 X 射线能谱分析结合的一个例子。

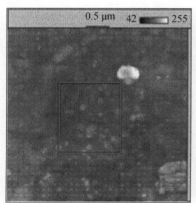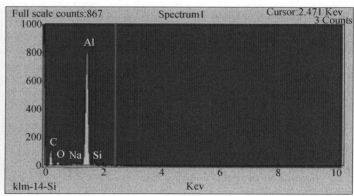

图 10-12　利用 SEM-EDS 对含 Al 纳米颗粒进行元素分析（Yang et al. , 2004）

**（5）核磁共振**

核磁共振（nuclear magnetic resonance，NMR）一般由磁体、谱仪、探头和计算机组成。当核磁矩不为零的原子核处在一个静磁场中时，由于受该磁场的作用，以一定的频率 $\nu$ 绕磁场运动。同时，原子核在该磁场中发生了能级分裂，处在两种能级状态。如果我们另外再在垂直方向上加一个小的交变磁场，频率为 $f$，那么当 $f=\nu$ 时，就会发生共振现象。结果，低能态的原子核吸收交变磁场的能量，跃迁到高能态，这就是核磁共振。经过射频接收器转化，在记录仪上读出共振信号。通过所得的共振谱线进行定性分析，由共振峰的面积进行定量分析。核磁共振技术可以提供丰富的结构信息，具有其他方法所不能比拟的优势，已成为结构分析的重要手段。Carter 等（2005）采用核磁共振技术对合成的硅纳米颗粒进行了表征，如图 10-13 所示。

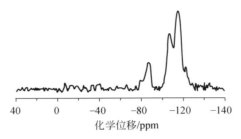

图 10-13　硅纳米颗粒的固态 $^{29}$Si NMR 谱（Carter et al.，2005）

**（6）其他光谱技术**

其他光谱技术如紫外–可见分析、红外分析、拉曼光谱和 X 射线光谱等作为样品成分分析的重要方法，虽然目前尚未有应用于海洋中 NPs 检测的相关报道，但依然有重要的应用前景。

## 10.2.2.6　质谱分析技术

质谱技术由于具有高灵敏度、高精确度等特点，被广泛用于环境中痕量无机和有机污染物的定性和定量分析。质谱仪主要由离子源、质量分析器和检测器组成。电感耦合等离子体质谱（ICP-MS）主要用于金属元素的分析，本书 5.1.6 节中已对其做详细介绍。电感耦合等离子体质谱与场流分离技术联用（FFF-ICP-MS）不仅可实现 NPs 的粒级分离，而且可以对各粒级的 NPs 进行元素分析，有较大的应用前景（Baalousha et al.，2006；Bolea et al.，2006）。

在传统质谱技术的基础上发展的单颗粒质谱（single particle mass spectrometry，SPMS）可实现粒径和化学组成的同时分析，目前主要用于气溶胶粒子研究。常见的单粒子质谱仪由进样系统、粒径测量系统及单粒子化学组成分析系统组成。常用的进样系统包括喷嘴、空气动力学透镜和动态聚焦系统三种，均是根据空气动力学原理将粒子形成紧凑的单粒子束。其中，喷嘴是最早的一种进样方式，一般为中空的锥形结构，出口为一段毛细管，在较大的进出口压差下，气溶胶粒子通过喷嘴后发生绝热超声膨胀，受周围气体分子的碰撞加速，形成高速运动的气溶胶粒子束，通过改变出口处毛细管的长度和内径，可以改变有效传输的粒径范围。然而，该进样方法的传输效率随粒径减小而降低，对亚微米及以下的粒子的传输效率较低。与喷嘴相比较，空气动力学透镜的传输效率更高，也是采用较多的一种进样系统。空气动力学透镜是由一系列中心口径逐渐减小的环形薄片组成，出口为毛细管。不同内径的环形薄片可以有效传输不同粒径的粒子，多个环形薄片组合可以将一定粒径范围内的粒子有效聚焦，形成紧凑的气溶胶粒子束。动态聚焦系统通过连续改变进样薄壁孔上方限流孔的流速，从而连续改变薄壁孔的操作压力，将一定粒径的粒子引入质谱。然而，该方法在一个操作条件下只能传输一种粒径的粒子，不能同时对多分散的气溶胶粒子进行分析。通过粒径测量系统得到粒子的空气动力学粒径，从粒径测量系统出来的气溶胶粒子束进入化学组分分析系统，粒子被电离源解吸、电离，产生离子由检测器检测，得到单粒子的化学组成。单粒子质谱中常用的电离源是激光，另外还有电子轰击电离、场致电离等，以及近年来发展的一些软电离技术如基质辅助激光解吸电离等。软电离技术的采用使得单粒子质谱的定量成为可能。单粒子质谱中常用的检测器有飞行时间质谱、四级杆质谱和离子肼质谱。Lee 等（2005）成功利用激光电离时间飞行单粒子质谱对多分散 NPs 进行了分析。

### 10.2.2.7　比表面积测定

1938 年，勃鲁瑙尔（Brunauer）、爱默特（Emmett）和泰勒（Teller）在 Langmuir 吸附理论的基础上建立了 BET 多分子层吸附理论，推导得 BET 方程如下：

$$\frac{p}{V^a(p^*-p)} = \frac{1}{V_m^a c} + \frac{c-1}{V_m^a c}\frac{p}{p^*} \tag{10-2}$$

式中，$p$ 为吸附质的吸附平衡压力；$p^*$ 为吸附质在吸附温度时的饱和蒸汽压；$V^a$ 为平衡压力为 $p$ 时吸附质的吸附量；$V_m^a$ 为吸附剂表面铺满单分子层时的吸附量（或单层饱和吸附量）；$c$ 为与吸附能力相关的常数。

通过实验可以测量一系列的 $p$ 和 $V^a$，继而可以算出，由计算出固体吸附剂的比表面积 $a_s$：

$$a_s = \frac{V_m^a L}{22\ 400 m} S \tag{10-3}$$

式中，$S$ 为一个吸附质分子的截面积；$m$ 为固体吸附剂的质量；$L$ 为阿伏伽德罗常数；22 400 为标准状况下 1mol 气体的体积（ml）。

BET 法采用具有较大吸附热和对绝大多数纳米材料惰性的氮气、氩气或氪气作为吸附质，该法准确度高、重现性好、操作简单，是最普遍的比表面积测定方法。

### 10.2.2.8　表面电荷

NPs 的表面电荷影响其在环境中的行为和归趋。由于很难对表面电荷进行直接测定，常用 ζ 电位来衡量其表面电荷性质。分散粒子越小，ζ 电位绝对值越高，体系越稳定；反之，ζ 电位越接近于 0，粒子越倾向于凝聚。电泳法是常用的 ζ 电位测定方法。动态光散射仪根据电泳光散射原理得到 NPs 的电泳淌度，进而通过 Smoluchowski 等公式计算出其 ζ 电位（江桂斌等，2015）。

## 10.2.3　纳米检测方法展望

由 10.2.2 节所述，很多检测方法和技术可用于 NPs 的表征与分析。然而，目前这些检测方法和技术大都局限在对合成 NPs 的表征，对环境中 NPs 的分析表征也主要集中在空气气溶胶方面，很少有研究对海洋中的 NPs 进行分析表征。由于很多 NPs 不稳定，理想的分析技术应该可以对环境中的 NPs 实现原位监测，而目前的检测技术还远远达不到这一点。另外，NPs 需要表征的参数较多，而很多分析技术提供的信息有限，且对样品干扰很大，甚至具有破坏性，很难再对 NPs 的其他参数进行分析。因此，在新技术产生之前，将已有的技术联合使用是一大趋势。另外，对样品干扰程度较低的表征技术以及粒径分级之后的进一步分析也是今后的关注点。

# 10.3　放射性污染分析监测

## 10.3.1　概述

### 10.3.1.1　定义

放射性物质是指原子核能够自发地放出看不见、摸不着的射线的物质。放射性衰变是指放射性同位素的原子核自发地放出射线而转变成另一种新原子核，或转变成另一种状态的过程，通常有 α、β、γ 衰变三种形式（奚旦立等，2004）。

**（1）α 衰变**

α 衰变是不稳定重核自发放出 $^4$He 核（α 粒子）的过程。α 粒子质量大，速度小，穿透能力小，照射物质时易使其原子、分子发生电离或激发。

**（2）β 衰变**

β 衰变是放射性核素放射 β 粒子即快速电子的过程，它是原子核内质子和中子发生互变的结果。有 β$^+$ 衰变、β$^-$ 衰变和电子俘获三种类型。β 射线的电子速度比 α 射线高 10 倍以上，穿透能力较强，与物质作用时可使其原子电离。

**（3）γ 衰变**

γ 衰变是原子核从较高能级跃迁到较低能级而放射电磁辐射的过程。α、β 衰变后常常伴随 γ 衰变。γ 射线是一种波长很短的电磁波，穿透能力极强。

放射性活度是指处于特定能态的放射性核素每秒中发生衰变的次数（s$^{-1}$），用符号 Bq 表示，$1Bq = 1s^{-1}$。海水中的放射性核素浓度单位常用 Bq/L 或 Bq/m$^3$ 表示，海洋沉积物和生物中的放射性核素含量一般用 Bq/g 或 Bq/kg 表示。

### 10.3.1.2　来源与分类

人类使用核能已有半个多世纪的历史。在能源短缺及人类对能源需求不断增加的形势下，核能以其技术成熟、能源效率高、经济实惠等优势得到各国的青睐，被认为是保证能源安全和应对气候变化的不错选择。随着核能的不断开发和核技术的广泛应用，海洋中的放射性污染问题日益突出。特别是 2011 年 3 月，日本近海地震海啸引发的福岛核电站事故造成大量的放射性物质进入海洋，再一次向人们敲响了警钟。

根据其来源的不同，可以将海洋中的放射性物质分为天然放射性核素和人工放射性核素。其中，天然放射性来源由三部分组成，包括三大天然放射系、宇宙射线与大气元素或其他物质作用的产物以及单独存在于海洋中并且有稳定同位素的长寿命核素（蒋江波等，2009）。

**（1）三大天然放射系核素**

三大天然放射系包括钍系（母体是$^{232}_{90}$Th）、铀系（母体是$^{238}_{92}$U）和锕-铀系（母体是$^{235}_{92}$U），主要通过 α 衰变、β⁻衰变和 γ 衰变而形成，最后均是稳定的 Pb 核素。它们在海水和沉积物中的存在浓度分别为 $10^{-6}\sim10^{-32}$g/L 和 $10^{-6}\sim10^{-29}$g/g。

**（2）宇生放射性核素**

该类核素包括$^3$H、$^7$Be、$^{10}$Be、$^{14}$C、$^{26}$Al 和$^{32}$Si 等，它们通过干湿沉降进入海水，并呈现表层水中的含量比底层高。

**（3）单独存在于海洋中的长寿命核素**

该类核素的显著特点是半衰期很长，包括$^{40}$K、$^{87}$Rb 等 20 多种长寿命核素，在海水中的浓度在 $10^{-12}\sim10^{-4}$g/L。

**（4）人工放射性核素**

海洋中的人工放射性核素是海洋放射性污染的根源。主要来源于核武器爆炸、核动力舰艇活动、核电厂、中低水平放射性废物的排放以及医学和科学研究造成的污染（唐森铭和商照荣，2009）。

### 10.3.1.3 污染状况

人们对海洋中长寿命天然放射系核素的研究比较深入，厦门大学刘广山教授在《同位素海洋学》中已做详细介绍（刘广山，2010）。天然放射系核素整体上含量较稳定，对海洋及人类影响不大。海洋中不同人工放射性核素含量水平差异较大，其中，$^{90}$Sr、$^{137}$Cs 和$^{129}$I 是主要的人工放射性核素并作为海洋核污染的主要指标，也是目前文献报道较多的人工放射性核素。由于大洋循环周期较长，放射性核素的浓度会呈现时空变化。从全球范围看来，北半球海洋中的放射性污染比南半球严重，特别是北极地区的放射性污染问题已成一个全球性议题。核设施排放和核事故的影响会造成局部海域核污染情况显著上升。2011 年日本福岛核事故后，排污点附近放射性核素浓度在 1 个月后达到高峰，而且持续 3 个月后依然很高，$^{137}$Cs 的含量比 2010 年高 10 000 倍（Buesseler et al.，2011）。核试验使全球表层海水中的$^{129}$I 丰度提高 1 个数量级，而且北大西洋和欧洲边缘海的水平更高（Raisbeck et al.，1995；刘广山，2012）。目前对海洋沉积物中放射性核素的研究主要集中在近海沉积物，$^{137}$Cs 和$^{90}$Sr 的比活度在 1 ~ 10Bq/kg 量级或更低（Fuller et al.，1999；刘广山等，2008），而$^{129}$I/$^{127}$I 的丰度比值可达 $10^{-10}$ 量级（Oktay et al.，2000）。

### 10.3.1.4 在海洋中的迁移转化

由于核能的发展，海洋核污染的潜在风险不断增加。进入海洋的放射性核素以溶解态或颗粒态形式存在，可随海流在水平或垂直方向上发生迁移扩散，同时也可通过生物摄食或渗透等方式进入食物链，在食物链之间迁移和累积。通过了解放射性核素在海洋中的迁移转化过程，可以建立定量模型，模拟分析和预测海洋中放射性核素的含量。陈家军等（2003）充分考虑了 $^{137}$Cs 在海水与表层沉积物界面之间的沉降、扩散、弥散、吸附和解吸等作用，结合水质模型构建了 $^{137}$Cs 在海水、沉积物体系中的准三维迁移模型，模拟分析和预测了底质中不同深度 $^{137}$Cs 的活度。

### 10.3.1.5 危害

化学污染和纳米污染的毒性均可通过在自然环境中的迁移转化过程得到改变甚至降低，但对于放射性污染来说，自然条件无法改变其毒性。放射性核素对生物体具有化学毒性和辐射毒性两方面的危害：一方面，放射性核素在生物体体内发生生理化学反应，从而生成对人体有害的化学物质；另一方面，放射性核素不断发射放射线，对机体的组织、系统等产生长久的辐射危害。核污染造成的灾难性后果屡见不鲜，第二次世界大战中，受原子弹爆炸大量放射性物质的影响，日本长崎 50km 外的几十个劫后余生者变成了没有生育能力、形象怪异、智力低下的"昆虫人"；切尔诺贝利核电站发生核泄漏后，受污染的俄罗斯地区成年人的癌症发病率比一般水平高出 20%~30%，儿童的癌症发病率则高出50%。人类利用海洋巨大的稀释作用，而将各种潜在核污染设施或核废料建在海边或者放置在深海，必将对海洋生物甚至人类的生命安全带来隐患。

## 10.3.2 放射性污染检测方法

目前，对放射性核素的检测技术主要分为放射性测量和质谱两类。其中，放射性测量主要根据核素发射的 α 射线、β 射线或 γ 射线特征对核素进行定性和定量分析，不同种类的射线用不同的仪器进行测量。α、γ 放射出的粒子和光子都是单能的，可以利用能谱学进行检测；而 β 衰变粒子的能量是连续的，通常测量总计数。综合已有文献，海洋中一些放射性核素的常用检测分析方法见表 10-7。下面讨论将围绕表 10-7 中涉及的检测方法展开，更多详细资料可参阅其他专著。

表 10-7 海水中放射性核素的常见分析方法

| 放射性核素 | 半衰期 | 衰变类型及产物 | 样品体积/L | 检测方法 |
|---|---|---|---|---|
| $^{238}$U | $4.468\times10^9$ 年 | α, $^{234}$Th | <1 | MC-ICP-MS/TIMS |
| $^{235}$U | $7.038\times10^9$ 年 | α, $^{234}$Th | <1 | MC-ICP-MS/TIMS |
| $^{234}$U | $2.455\times10^5$ 年 | α, $^{230}$Th | <1 | MC-ICP-MS/TIMS |
| $^{231}$Pa | $3.276\times10^4$ 年 | α, $^{227}$Ac | 10~20 | MC-ICP-MS/TIMS |
| $^{234}$Th | 24.1 天 | β, $^{234}$Pa | 2~5 | β 计数法 |
| | | | $10^2\sim10^3$ | γ 能谱法 |
| $^{232}$Th | $1.405\times10^{12}$ 年 | α, $^{228}$Ra | 1 | MC-ICP-MS/TIMS |

续表

| 放射性核素 | 半衰期 | 衰变类型及产物 | 样品体积/L | 检测方法 |
|---|---|---|---|---|
| $^{230}$Th | $7.538 \times 10^4$ 年 | $\alpha$, $^{226}$Ra | 10~20 | MC-ICP-MS/TIMS |
| $^{228}$Th | 1.913 年 | $\alpha$, $^{224}$Ra | $10^2 \sim 10^3$ | $\alpha$ 能谱法 |
| $^{227}$Th | 18.7 天 | $\alpha$, $^{223}$Ra | $10^2 \sim 10^3$ | $\alpha$ 能谱法 |
| $^{228}$Ra | 5.78 年 | $\beta$, $^{228}$Ac | $10^2 \sim 10^3$ | $\gamma$ 能谱法 |
| $^{226}$Ra | 1603 年 | $\alpha$, $^{222}$Rn | 20~100 | $\gamma$ 能谱法 |
| $^{210}$Pb | 22.2 年 | $\beta$, $^{210}$Bi | 20 | $\alpha$ 能谱法 |
| $^{210}$Bi | 5.01 天 | $\beta$, $^{210}$Po | 20 | $\beta$ 计数法 |
| $^{210}$Po | 138.4 天 | $\alpha$, $^{206}$Pb | 20 | $\alpha$ 能谱法 |

### 10.3.2.1 样品采集与处理

由于海水中放射性核素的含量较低,因此,通常需要预浓缩处理。一般的水样采样量需要几十升甚至几个立方米。海洋沉积物和海洋生物需要 100~1000g(刘广山,2012)。具体采样量通常取决于检测方法。相比于 $\alpha$ 能谱法和 $\beta$ 计数法,$\gamma$ 能谱法需要的样品量较大,但对应的样品预处理过程较简单。沉积物样品需要干燥和过筛处理,而生物样品还需要灰化处理。对于大体积的海水,采回来的水样需要过滤和预浓缩处理。过滤后的溶解态放射性核素可通过与金属氧化物或硫化物共沉淀、离子交换、溶剂萃取、蒸发和吸附等方法进行富集。

很多学者采用一种在线采集处理系统对海水进行原位采集处理,如图 10-14 所示。该方法可以在原位萃取放射性核素后将水留下,且可实现各种深度海水中颗粒相和溶解相的同时收集,效率较高。

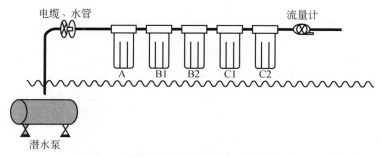

图 10-14　海水在线采集处理系统(毕倩倩和杜金洲,2015)

注:A 柱子用于截留悬浮颗粒物;B1、B2 和 C1、C2 柱子分别填充 $MnO_2$ 和 $Cu_2Fe$(CN)或其他材料,
目的是将水中的放射性核素萃取出来。

### 10.3.2.2 $\alpha$ 能谱法

放射性核素发生 $\alpha$ 衰变时会产生 $\alpha$ 射线,而不同核素衰变产生 $\alpha$ 射线的能量是不同

的，通过α能谱测量，可实现对放射性核素的定性和定量分析。α能谱测量的主要探测器为半导体探测器，其原理是利用α射线的电离特性产生电子空穴对，电子空穴对在电压作用下分别向两个电极移动，并输出信号。α射线能量不同，电离得到的电子空穴对数量也不同，因此输出信号不同。由于α射线的射程很短，测定时必须保持α射线能量损耗具有一致性，所以需要对样品进行一系列化学分离和纯化处理。但该方法具有相对较高的探测效率和灵敏度，所需水样体积较小，已在海洋中广泛用于测定$^{210}$Po和$^{210}$Pb等放射性核素（表10-7）。

### 10.3.2.3 γ能谱法

与带电粒子不同，γ射线光子是不带电的，通过物质时不能直接使物质产生电离或激发。γ射线的探测主要依赖于使γ射线光子大部分或全部能量传递给吸收物质中的一个电子，入射γ射线在探测器中有适当的相互作用概率产生一个或更多的快电子，继而被探测器检测，产生电信号。根据探测器的不同，常用的γ谱仪主要有闪烁γ谱仪和半导体γ谱仪。

γ能谱法能快速、有效地同时检测多种核素，且不需要进行复杂的样品分离纯化处理，因而被广泛应用。对于$^{137}$Cs等一些放射性核素，γ能谱测量技术是一种常用的分析方法（表10-7）。但由于γ能谱仪灵敏度较低，要求采样量较大。

### 10.3.2.4 β计数法

β射线探测器测定β射线的原理是利用入射粒子与探测介质发生作用，从而实现光能转化。根据探测介质的不同，β射线探测器主要有气体探测器、固体探测器和液体探测器三类。一般情况下，只有发射γ射线分支比较少的放射性核素和纯β放射性核素才选择应用β射线探测器进行分析。

β计数法灵敏度较高，所需样品量较少，已被用于海水中$^{234}$Th的检测（表10-7）。然而，由于β射线跃迁过程释放的能量是连续的，测定之前需要对样品进行分离纯化。

### 10.3.2.5 质谱法

随着质谱技术的发展，越来越多的研究学者选择用质谱仪测量长寿命放射性核素。如表10-7所示，多接收电感耦合等离子体质谱（multiple-collector inductively coupled plasma mass spectrometry，MC-ICP/MS）、热电离质谱（thermal ionization mass spectrometry，TIMS）、加速器质谱（accelerator mass spectrometry，AMS）等质谱技术被很多研究学者用于海洋中放射性核素的测定。

**（1）多接收电感耦合等离子体质谱（MC-ICP/MS）**

多接收电感耦合等离子体质谱是相对于普通的单接收电感耦合等离子体质谱仪而言的，它的接收系统一般配有多个法拉第杯、离子计数器和Daly检测器，可对同一元素的不同同位素同时进行接收，极大地提高了同位素丰度测量的精密度。近年来，与其有关的研究报告和文章越来越多，被认为是最有发展潜力的同位素分析仪器。

**（2）热电离质谱（TIMS）**

热电离质谱是基于经分离纯化的样品在Re、Ta、Pt等高熔点的金属带表面上，通过高温加热产生热致电离，引入质谱仪进行分析。样品电离可分单带、双带和三带等方法。在单带电离中，加热带表面温度很高，使样品蒸发电离。双带电离是热电离质谱的常用方法，两个金属带相对放置，目标物在蒸发带上蒸发出来后，在另外一个热金属带的表面被加热电离。热电离质谱主要用于同位素的分析，在同位素高精度高准确度分析方法中一直具有领先的地位。

**（3）加速器质谱（AMS）**

加速器质谱是基于加速器和离子探测器的一种高能同位素质谱。与传统质谱仪不同的是，传统质谱仪只将离子加速到数千电子伏，而加速器质谱可将离子加速到数兆电子伏或更高的能量，继而可排除分子本底和通量异位素本底的干扰。该方法具有灵敏度高、样品用量少、用时短等优点。随着技术的不断发展，加速器质谱所能测量的核素也越来越多，在国际核分析领域中发挥着越来越重要的作用。

## 10.3.3　海洋放射性检测展望

随着核能利用和核技术开发进入高速发展时期，海洋放射性污染问题更加严峻。采用现场采样、实验室测定耗时耗力，而且核事故泄漏时很多放射性核素寿命较短。因此，加快建设海洋放射性检测预警体系成为重中之重。浮标技术可实现核电站邻近海域放射性水平自动检测，在目前的海洋放射性监测网系统中，海洋放射性探测装置也大都设计为浮标式投放到海中进行测量。然而，这种技术对远离岸边的海域实施起来难度较大。走航式海洋放射性测量系统可以作为船载设备在远离海岸的深海区域进行现场测量，是未来发展的方向。

# 10.4　复合污染分析监测

## 10.4.1　概述

### 10.4.1.1　定义及分类

随着人类社会的发展，越来越多的污染物通过不同的途径进入环境并在环境中共存，过去对于单一污染物作用机制的研究已经无法解释很多环境效应。1939 年，Bliss 最早提出拮抗作用、独立作用、加和作用和协同作用这些术语（Bliss，1939），是复合污染（combined pollution）概念的最初表述。这之后一直到 20 世纪 80 年代，人们把复合污染称为交互效应（interactive effect）。不同的研究者对复合污染的定义存在一定的差别。在总结国内外研究的基础上，何勇田和熊先哲在 1994 年明确提出，复合污染是指两种或两种以上不同种类不同性质的污染物，或同种污染物的不同来源，或两种及两种以上不同类型的污染在同一环境中同时存在所形成的环境污染现象（何勇田和熊先哲，1994）。1995 年，周启星对这一概念上进行了扩展，指出复合污染应该同时具备三个基本条件，即一种以上的化学污染物同时或先后进入同一环境介质或生态系统同一分室、化学污染物之间或化学污染物与生物体之间发生交互作用、经历物理化学等过程（周启星，1995）。2002 年，复合污染定义为多元素或多种化学品即多种污染物对同一介质（土壤、水、大气、生物）的同时污染（陈怀满和郑春荣，2002）。最近，复合污染的定义又有所延伸，它可以将复合污染定义在不同的介质之中，如土壤–大气复合污染、土壤–水复合污染等。

根据污染物的类型，可将复合污染分为：①无机复合污染。包括重金属与重金属或非重金属之间的复合污染。②无机–有机复合污染。例如，重金属与农药等有机物之间的复合污染。③有机复合污染。由两种或两种以上有机物所形成的复合污染。④污染物与病原微生物构成的复合污染。例如，污泥施肥会产生重金属–有机污染物–病原微生物的复合污染。

### 10.4.1.2 研究现状

目前，对复合污染的研究主要集中于复合污染的毒性效应和机理的研究。

**（1）毒性效应**

现有研究对复合污染物的毒性效应描述较多，本节注重讨论海洋中复合污染的毒性效应的研究进展。在海洋中，重金属多以有效态的离子存在，不同的重金属离子组合具有不同的毒性效应。$Cd^{2+}$ 与 $Zn^{2+}$ 在斑马鱼中的联合毒性主要为协同作用（修瑞琴和许永香，1998），而高浓度的 $Cu^{2+}$ 对 $Cd^{2+}$ 在大型藻中的生物积累表现出抑制作用（Andrade et al.，2006）。由于海洋有机污染物越来越多，对海洋中多种有机物的复合污染研究也在逐步展开。有机污染物的毒性大小与复污染物种类和浓度相关（Lange and Thomulka，1998）。丙溴磷农药和多环芳烃单体蒽对微藻的联合毒性呈现协同作用（王悠和唐学玺，2000）。无机–有机复合污染毒性效应也是海洋复合污染研究的重点，其中对多环芳烃和重金属的复合污染研究较为深入。多环芳烃和重金属都是环境中的微量持久性污染物，往往同时或先后的进入海洋，并经常被同时被检测到。多数研究发现重金属与多环芳烃具有协同作用。例如，Cd 与多环芳烃单体（BaP）同时暴露也会增加海洋鱼类的死亡率（Van den Hurk et al.，2000）。

**（2）机理**

复合污染的毒性效应的机理主要有以下 5 个方面（郑振华等，2001）：①竞争结合位点。理化性质相似的污染物在生态介质、代谢系统和细胞表面结合位点发生竞争，从而影响这些污染物的共存。竞争的结果在很大程度上取决于参与竞争的各污染物的种类、浓度比和各自的吸附特性。②影响酶的活性。对海洋生物酶活性的影响，是目前海洋环境中复合污染毒性效应广泛研究的内容。例如，砷、汞、苯酚的联合作用对鱼类肝、肾脏脂酶的活性有显著影响（朱毅和张瑞涛，2001）。③干扰生物大分子的结构和功能。有毒化学物质通过抑制生物大分子的合成与代谢，干扰基因的扩增和表达，对 DNA 造成损伤或使之断裂，并影响其修复。例如，Hg 对微生物的毒性机理在于抑制其蛋白质和核酸的合成，Cd 则是通过使 DNA 链断裂而致突变（王保军和杨惠芳，1996）。④改变细胞结构与功能。复合污染物可以引起各种生物膜在结构和功能上的扰动，从而改变其透性及主动和被动转运能力。例如，Cu 可改变原生质膜中可溶性部分的渗滤性，而造成细胞膜的损伤，使得重金属更易进入（Stewart and Malley，1999）。⑤干扰正常生理过程。污染物间的相互作用还会影响生物体对特定化合物的转移、转化、代谢等生理过程。例如，Zn 可以通过抑制鱼鳃对 Cd 的吸收而抑制 Cd 在鱼体中蓄积（Kargın and Çoğun，1999）。

## 10.4.2 复合污染的检测技术及展望

最为常见的复合污染物检测技术是针对复合污染物的类型，对各种污染物分类分析。具体的分析方法已经在前面的章节做了详细的介绍，这里不再赘述。虽然传统的检测技术相当精确，但是对于多种污染物共存的体系，利用传统的方法分析往往耗时耗力。例如，海洋生态系统中，因其污染物的多样性和污染的普遍性，传统方法的缺点就更加的凸显。建立一种新型的快速而准确的检测复合污染的方法迫在眉睫。

已有研究通过利用复合污染的生态毒效推断复合污染的污染水平，即不关注污染物的种类和浓度，而是通过检测介质对模式生物的毒性来判断其污染水平及环境的健康水平。Gao 等（2010）通过研究多种重金属的复合污染对土壤酶活性和微生物群落结构的影响，提出利用随机扩增多态 DNA 分析结合生态剂量模型可以有效地反映出土壤的复合污染程度和安全水平。Kosmehl 等（2012）通过对斑马鱼转录组的变化进行分析，探寻其与河流沉积物中污染物的关联。也有一些学者利用重组基因酵母菌测量环境样品的雌激素活性，进而得到环境中内分泌干扰物质的存在水平（Yu and Chu，2009；陈月华等，2010）。另外，Wang 等（2011）发现可以利用金鱼体内的某些生物转化酶作为生物指标反映环境有机氯农药的污染程度。然而，这些研究主要集中于土壤和陆地水体，对海洋水体的关注较少。

以上这些方法为未来对复合污染的检测提供了一种崭新的思路。当然，传统技术的发展与整合也会有效提升复合污染的检测。而且，随着探测技术和信息传输技术发展，多探头的原位检测仪器可能是未来复合污染检测的新方向。总体来说，复合污染检测技术的发展必将是环境领域的又一研究热点。

### 参 考 文 献

毕倩倩，杜金洲．2015．海洋环境中放射性分析及其应用．核化学与放射化学，37（4）：193-206.

陈怀满，郑春荣．2002．复合污染与交互作用研究——农业环境保护中研究的热点与难点．农业环境保护，21（2）：192-192.

陈家军，张俊丽，李源新，等．2003．大亚湾沉积物中 137Cs 纵向迁移研究．环境科学学报，23（4）：436-440.

陈月华，高洁，马梅，等．2010．北京市污水厂污泥中的内分泌干扰效应物质．生态毒理学报，5（2）：215-221.

程雪梅．2002．色谱分析样品前处理技术——固相萃取法．热带农业工程，（1）：14-16.

何勇田，熊先哲．1994．复合污染研究进展．环境科学，15（6）：79-83.

江桂斌，全燮，刘景富，等．2015．环境纳米科学与技术．北京：科学出版社．

蒋江波，唐谋生，张立柱．2009．港口环境放射性污染监测与防治．北京：化学工业出版社．

孔德明，古珑，沈含熙，等．2003．TaqMan-分子灯标：一种新型的荧光基因检测探针．化学学报，

61（5）：755-759.

刘广山，李冬梅，易勇，等 . 2008. 胶州湾沉积物的放射性核素含量分布与沉积速率 . 地球学报，29（6）：769-777.

刘广山 . 2010. 同位素海洋学 . 郑州：郑州大学出版社 .

刘广山 . 2012. 海洋放射性监测技术——现在与未来 . 核化学与放射化学，34（2）：65-73.

苏建强，黄福义，朱永官 . 2013. 环境抗生素抗性基因研究进展 . 生物多样性，21（4）：481-487.

唐森铭，商照荣 . 2009. 近海辐射环境与生物多样性保护 . 核安全，（2）：1-10.

王保军，杨惠芳 . 1996. 微生物与重金属的相互作用 . 重庆环境科学，18（1）：35-38.

王悠，唐学玺 . 2000. 蒽与有机磷农药对海洋微藻的联合毒性 . 海洋科学，24（4）：5-7.

奚旦立，孙裕生，刘秀英 . 2004. 环境检测 . 北京：高等教育出版社 .

修瑞琴，许永香 . 1998. 砷与镉，锌离子对斑马鱼的联合毒性实验 . 中国环境科学，18（4）：349-352.

杨方，庞国芳，刘正才等 . 2008. 液相色谱–串联质谱法检测水产品中 15 种喹诺酮类药物残留量 . 分析试验室，27（12）：27-33.

郑振华，周培疆，吴振斌 . 2001. 复合污染研究的新进展 . 应用生态学报，12（3）：469-473.

周启星 . 1995. 复合污染生态学 . 北京：中国环境科学出版社 .

朱毅，张瑞涛 . 2001. 砷、铜、苯酚对鲤鱼（Cyprinus carpio linn.）的联合毒性研究 . 应用与环境生物学报，7（3）：262-266.

Adeleye A S, Keller A A, Miller R J, et al. 2013. Persistence of commercial nanoscaled zero-valent iron（nZVI）and by-products. Journal of Nanoparticle Research, 15（1）：1-18.

Alonso A, Sanchez P, Martinez J L. 2001. Environmental selection of antibiotic resistance genes. Environmental Microbiology, 3（1）：1-9.

Anderson J F, Parrish T D, Akhtar M, et al. 2008. Antibiotic resistance of enterococci in American bison（Bison bison）from a nature preserve compared to that of enterococci in pastured cattle. Applied and Environmental Microbiology, 74（6）：1726-1730.

Andrade S, Medina M H, Moffett J W, et al. 2006. Cadmium-copper antagonism in seaweeds inhabiting coastal areas affected by copper mine waste disposals. Environmental Science & Technology, 40（14）：4382-4387.

Ansari M, Grohmann E, Malik A. 2008. Conjugative plasmids in multi-resistant bacterial isolates from Indian soil. Journal of Applied Microbiology, 104（6）：1774-1781.

Auerbach E A, Seyfried E E, McMahon K D. 2007. Tetracycline resistance genes in activated sludge wastewater treatment plants. Water Research, 41（5）：1143-1151.

Baalousha M, Kammer F V D, Motelica-Heino M, et al. 2005. Natural sample fractionation by FlFFF-MALLS-TEM：Sample stabilization, preparation, pre-concentration and fractionation. Journal of Chromatography A, 1093（1）：156-166.

Baalousha M, Kammer F V D, Motelica-Heino M, et al. 2006. Size-based speciation of natural colloidal particles by flow field flow fractionation, inductively coupled plasma-mass spectroscopy, and transmission electron microscopy/X-ray energy dispersive spectroscopy：Colloids-trace element interaction. Environmental Science & Technology, 40（7）：2156-2162.

Baird D J, Van den Brink P J. 2007. Using biological traits to predict species sensitivity to toxic substances. Ecotoxicology and Environmental Safety, 67（2）：296-301.

Barlow M. 2009. Horizontal Gene Transfer. Berlin：Springer.

Bliss C. 1939. The toxicity of poisons applied jointly. Annals of Applied Biology, 26（3）：585-615.

Bolea E, Gorriz M, Bouby M, et al. 2006. Multielement characterization of metal-humic substances complexation by size exclusion chromatography, asymmetrical flow field-flow fractionation, ultrafiltration and inductively coupled plasma-mass spectrometry detection: A comparative approach. Journal of Chromatography A, 1129 (2): 236-246.

Boxall A B, Chaudhry Q, Sinclair C, et al. (2007). Current and Future Predicted Environmental Exposure to Engineered Nanoparticles. Sand Hutton: Central Science Laboratory.

Boxall A, Fogg L, Blackwell P, et al. 2004. Veterinary medicines in the environment. Reviews of Environmental Contamination and Toxicology. 180 (180): 1-91.

Boxall A, Rudd M A, Brooks B W, et al. 2012. Pharmaceuticals and personal care products in the environment: what are the big questions? Environmental Health Perspectives, 120 (9): 1221-1229.

Bradford P A. 2001. Extended-spectrum β-lactamases in the 21st century: Characterization, epidemiology, and detection of this important resistance threat. Clinical Microbiology Reviews, 14 (4): 933-951.

Brain R A, Johnson D J, Richards S M, et al. 2004. Microcosm evaluation of the effects of an eight pharmaceutical mixture to the aquaticmacrophytes Lemna gibba and Myriophyllumsibiricum. Aquatic Toxicology, 70 (1): 23-40.

Brooks B W, Chambliss C K, Stanley J K, et al. 2005. Determination of select antidepressants in fish from an effluent-dominated stream. Environmental Toxicology and Chemistry, 24 (2): 464-469.

Buesseler K, Aoyama M, Fukasawa M. 2011. Impacts of the Fukushima nuclear power plants on marine radioactivity. Environmental Science & Technology, 45 (23): 9931-9935.

Carrette O, Demalte I, Scherl A, et al. 2003. A panel of cerebrospinal fluid potential biomarkers for the diagnosis of Alzheimer's disease. Proteomics, 3 (8): 1486-1494.

Carter R, Harley S, Power P, et al. 2005. Use of NMR spectroscopy in the synthesis and characterization of air- and water-stable silicon nanoparticles from porous silicon. Chemistry of Materials, 17 (11): 2932-2939.

Cirz R T, O'Neill B M, Hammond J A, et al. 2006. Defining the Pseudomonas aeruginosa SOS response and its role in the global response to the antibiotic ciprofloxacin. Journal of Bacteriology, 188 (20): 7101-7110.

Companyó R, Granados M, Guiteras J, et al. 2009. Antibiotics in food: Legislation and validation of analytical methodologies. Analytical and Bioanalytical Chemistry, 395 (4): 877-891.

Coyne R, Hiney M, O'Connor B, et al. 1994. Concentration and persistence of oxytetracycline in sediments under a marine salmon farm. Aquaculture, 123 (1): 31-42.

Dalsgaard A, Forslund A, Serichantalergs O, et al. 2000. Distribution and content of class 1 integrons in different Vibrio cholerae O-serotype strains isolated in Thailand. Antimicrobial Agents and Chemotherapy, 44 (5): 1315-1321.

Doucet F J, Lead J R, Maguire L, et al. 2005. Visualisation of natural aquatic colloids and particles-a comparison of conventional high vacuum and environmental scanning electron microscopy. Journal of Environmental Monitoring, 7 (2): 115-121.

Elder A, Yang H, Gwiazda R, et al. 2007. Testing nanomaterials of unknown toxicity: An example based on platinum nanoparticles of different shapes. Advanced Materials, 19 (20): 3124-3129.

Farré M, Pérez S, Gajda-Schrantz K, et al. 2010. First determination of C60 and C70 fullerenes and N-methylfulleropyrrolidine C60 on the suspended material of wastewater effluents by liquid chromatography hybrid quadrupole linear ion trap tandem mass spectrometry. Journal of Hydrology, 383 (1): 44-51.

Feitz A J, Joo S H, Guan J, et al. 2005. Oxidative transformation of contaminants using colloidal zero-valent iron.

Colloids and Surfaces A: Physicochemical and Engineering Aspects, 265 (1): 88-94.

Filella M, Zhang J, Newman M E, et al. 1997. Analytical applications of photon correlation spectroscopy for size distribution measurements of natural colloidal suspensions: capabilities and limitations. Colloids and Surfaces A: Physicochemical and Engineering Aspects, 120 (1): 27-46.

Froehner K, Backhaus T, Grimme L. 2000. Bioassays with Vibrio fischeri for the assessment of delayed toxicity. Chemosphere, 40 (8): 821-828.

Fuller C, VanGeen A, Baskaran M, et al. 1999. Sediment chronology in San Francisco Bay, California, defined by $^{210}$Pb, $^{234}$Th, $^{137}$Cs, and $^{239,240}$Pu. Marine Chemistry, 64 (1): 7-27.

Gao L, Shi Y, Li W, et al. 2012. Occurrence of antibiotics in eight sewage treatment plants in Beijing, China. Chemosphere, 86 (6): 665-671.

Gao Y, Zhou P, Mao L, et al. 2010. Assessment of effects of heavy metals combined pollution on soil enzyme activities and microbial community structure: Modified ecological dose-response model and PCR-RAPD. Environmental Earth Sciences, 60 (3): 603-612.

Garner K L, Keller A A. 2014. Emerging patterns for engineered nanomaterials in the environment: A review of fate and toxicity studies. Journal of Nanoparticle Research, 16 (8): 1-28.

Goh E B, Yim G, Tsui W, et al. 2002. Transcriptional modulation of bacterial gene expression by subinhibitory concentrations of antibiotics. Proceedings of the National Academy of Sciences, 99 (26): 17025-17030.

Gottschalk F, Ort C, Scholz R, et al. 2011. Engineered nanomaterials in rivers-Exposure scenarios for Switzerland at high spatial and temporal resolution. Environmental Pollution, 159 (12): 3439-3445.

Gulkowska A, Leung H W, So M K, et al. 2008. Removal of antibiotics from wastewater by sewage treatment facilities in Hong Kong and Shenzhen, China. Water Research, 42 (1): 395-403.

Guo X, Li J, Yang F, et al. 2014. Prevalence of sulfonamide and tetracycline resistance genes in drinking water treatment plants in the Yangtze River Delta, China. Science of the Total Environment, 493: 626-631.

Halling-Sørensen B. 2000. Algal toxicity of antibacterial agents used in intensive farming. Chemosphere, 40 (7): 731-739.

Hassellöv M, Readman J, Ranville J, et al. 2008. Nanoparticle analysis and characterization methodologies in environmental risk assessment of engineered nanoparticles. Ecotoxicology, 17 (5): 344-361.

Hassellov M, Kammer F V D, Beckett R. 2007. Characterisation of aquatic Colloids and macromolecules by field-flow fractionation. IUPAC Series on Analytical and Physical Chemistry of Environmental Systems, 10: 223.

Heddini A, Cars O, Qiang S, et al. 2009. Antibiotic resistance in China—a major future challenge. The Lancet, 373 (9657): 30.

Heinemann J A. 1999. How antibiotics cause antibiotic resistance. Drug Discovery Today, 4 (2): 72-79.

Helfrich A, Brüchert W, Bettmer J. 2006. Size characterisation of Au nanoparticles by ICP-MS coupling techniques. Journal of Analytical Atomic Spectrometry, 21 (4): 431-434.

Hendren C O, Badireddy A R, Casman E, et al. 2013. Modeling nanomaterial fate in wastewater treatment: Monte Carlo simulation of silver nanoparticles (nano-Ag). Science of the Total Environment, 449: 418-425.

Huerta B, Rodríguez-Mozaz S, Barceló D. 2012. Pharmaceuticals in biota in the aquatic environment: analytical methods and environmental implications. Analytical and Bioanalytical Chemistry, 404 (9): 2611-2624.

Hughes S R, Kay P, Brown L E. 2012. Global synthesis and critical evaluation of pharmaceutical data sets collected from river systems. Environmental Science & Technology, 47 (2): 661-677.

Jacoby G A. 2005. Mechanisms of resistance toquinolones. Clinical Infectious Diseases, 41 (Supplement 2):

S120-S126.

Jia A, Hu J, Wu X, et al. 2011. Occurrence and source apportionment of sulfonamides and their metabolites in Liaodorg Bay and the adjacent Liao River basin, North China. Environmental Toxicology and Chemistry, 30 (6): 1252-1260.

Johnson A C, Bowes M J, Crossley A, et al. 2011. An assessment of the fate, behaviour and environmental risk associated with sunscreen $TiO_2$ nanoparticles in UK field scenarios. Science of the Total Environment, 409 (13): 2503-2510.

Joo S H, Zhao D. 2008. Destruction of lindane and atrazine using stabilized iron nanoparticles under aerobic and anaerobic conditions: Effects of catalyst and stabilizer. Chemosphere, 70 (3): 418-425.

Kammer F V D, Baborowski M, Friese K. 2005. Application of HPLC fluorescence detector as a nephelometric turbidity detector following field-flow fractionation to analyse size distributions of environmental colloids. Journal of Chromatography A, 1100: 81-89.

Kammer F V D, Baborowski M, Friese K. 2005. Field-flow fractionation coupled to multi-angle laser light scattering detectors: Applicability and analytical benefits for the analysis of environmental colloids. Analytica Chimica Acta, 552 (1-2): 166-174.

Kargın F, Çoğun H. 1999. Metal interactions during accumulation and elimination of zinc and cadmium in tissues of the freshwater fish Tilapia nilotica. Bulletin of Environmental Contamination and Toxicology, 63 (4): 511-519.

Katayama Y, Ito T, Hiramatsu K. 2000. A new class of genetic element, staphylococcus cassette chromosome mec, encodes methicillin resistance in Staphylococcus aureus. Antimicrobial Agents and Chemotherapy, 44 (6): 1549-1555.

Keller A A, Lazareva A. 2013. Predicted releases of engineered nanomaterials: From global to regional to local. Environmental Science & Technology Letters, 1 (1): 65-70.

Kemper N. 2008. Veterinary antibiotics in the aquatic and terrestrial environment. Ecological Indicators, 8 (1): 1-13.

Khosravi K, Hoque M E, Dimock B, et al. 2012. A novel approach for determining total titanium from titanium dioxide nanoparticles suspended in water and biosolids by digestion with ammonium persulfate. Analytica Chimica Acta, 713: 86-91.

Kiser M, Westerhoff P, Benn T, et al. 2009. Titanium nanomaterial removal and release from wastewater treatment plants. Environmental Science & Technology, 43 (17): 6757-6763.

Klaver A L, Matthews R A. 1994. Effects of oxytetracycline on nitrification in a model aquatic system. Aquaculture, 123 (3): 237-247.

Koelmans A, Nowack B, Wiesner M. 2009. Comparison of manufactured and black carbon nanoparticle concentrations in aquatic sediments. Environmental Pollution, 157 (4): 1110-1116.

Kosmehl T, Otte J C, Yang L, et al. 2012. A combined DNA-microarray and mechanism-specific toxicity approach with zebrafish embryos to investigate the pollution of river sediments. Reproductive Toxicology, 33 (2): 245-253.

Kubista M, Andrade J M, Bengtsson M, et al. 2006. The real-time polymerase chain reaction. Molecular Aspects of Medicine, 27 (2): 95-125.

Kümmerer K, Al-Ahmad A, Mersch-Sundermann V. 2000. Biodegradability of some antibiotics, elimination of the genotoxicity and affection of wastewater bacteria in a simple test. Chemosphere, 40 (7): 701-710.

Kümmerer K. 2004. Resistance in the environment. Journal of Antimicrobial Chemotherapy, 54 (2): 311-320.

Kümmerer K. 2009. Antibiotics in the aquatic environment: A review part Ⅰ. Chemosphere, 75 (4): 417-434.

Lange J, Thomulka K. 1998. Evaluation of mixture toxicity for nitrobenzene and trinitrobenzene at various equitoxic concentrations using the Vibrio harveyi bioluminescence toxicity test. Fresenius Environmental Bulletin, 7 (7): 444-451.

Lanzky P, Halting-Sørensen B. 1997. The toxic effect of the antibiotic metronidazole on aquatic organisms. Chemosphere, 35 (11): 2553-2561.

Lead J, Muirhead D, Gibson C. 2005. Characterization of freshwater natural aquatic colloids by atomic force microscopy (AFM). Environmental Science & Technology, 39 (18): 6930-6936.

Ledin A, Karlsson S, Düker A, et al. 1994. Measurements in situ of concentration and size distribution of colloidal matter in deep groundwaters by photon correlation spectroscopy. Water Research, 28 (7): 1539-1545.

Lee D, Park K, Zachariah M. 2005. Determination of the size distribution of polydisperse nanoparticles with single-particle mass spectrometry: The role of ion kinetic energy. Aerosol Science and Technology, 39 (2): 162-169.

Levard C, Hotze E M, Lowry G V, et al. 2012. Environmental transformations of silver nanoparticles: impact on stability and toxicity. Environmental Science & Technology, 46 (13): 6900-6914.

Levard C, Reinsch B C, Michel F M, et al. 2011. Sulfidation processes of PVP-coated silver nanoparticles in aqueous solution: impact on dissolution rate. Environmental Science & Technology, 45 (12): 5260-5266.

Li H, Kijak P J, Turnipseed S B, et al. 2006. Analysis of veterinary drug residues in shrimp: a multi-class method by liquid chromatography-quadrupole ion trap mass spectrometry. Journal of Chromatography B, 836 (1): 22-38.

Li Z, Greden K, Alvarez P J, et al. 2010. Adsorbed polymer and NOM limits adhesion and toxicity of nano scale zerovalent iron to E. coli. Environmental Science & Technology, 44 (9): 3462-3467.

Lin K H, Chu T C, Liu F K. 2007. On-line enhancement and separation of nanoparticles using capillary electrophoresis. Journal of Chromatography A, 1161 (1): 314-321.

Livermore D M. 2001. Of Pseudomonas, porins, pumps and carbapenems. Journal of Antimicrobial Chemotherapy, 47 (3): 247-250.

Luo Y, Mao D, Rysz M, et al. 2010. Trends in antibiotic resistance genes occurrence in the Haihe River, China. Environmental Science & Technology, 44 (19): 7220-7225.

Lv M, Sun Q, Hu A, et al. 2014. Pharmaceuticals and personal care products in a mesoscale subtropical watershed and their application as sewage markers. Journal of Hazardous Materials, 280: 696-705.

Ma R, Levard C m, Michel F M, et al. 2013. Sulfidation mechanism for zinc oxide nanoparticles and the effect of sulfidation on their solubility. Environmental Science & Technology, 47 (6): 2527-2534.

Majedi S M, Lee H K, Kelly B C. 2012. Chemometric analytical approach for the cloud point extraction and inductively coupled plasma mass spectrometric determination of zinc oxide nanoparticles in water samples. Analytical Chemistry, 84 (15): 6546-6552.

Minh T B, Leung H W, Loi I H, et al. 2009. Antibiotics in the Hong Kong metropolitan area: Ubiquitous distribution and fate in Victoria Harbour. Marine Pollution Bulletin, 58 (7): 1052-1062.

Mitrano D M, Lesher E K, Bednar A, et al. 2012. Detecting nanoparticulate silver using single-particle inductively coupled plasma-mass spectrometry. Environmental Toxicology and Chemistry, 31 (1): 115-121.

Monier J M, Demanèche S, Delmont T O, et al. 2011. Metagenomic exploration of antibiotic resistance in soil. Current Opinion in Microbiology, 14 (3): 229-235.

Moura A, Henriques I, Ribeiro R, et al. 2007. Prevalence and characterization of integrons from bacteria isolated from a slaughterhouse wastewater treatment plant. Journal of Antimicrobial Chemotherapy, 60 (6): 1243-1250.

Mueller N C, Nowack B. 2008. Exposure modeling of engineered nanoparticles in the environment. Environmental Science & Technology, 42 (12): 4447-4453.

Mulvey M R, Simor A E. 2009. Antimicrobial resistance in hospitals: How concerned should we be? Canadian Medical Association Journal, 180 (4): 408-415.

Naas T. 2007. S2 Insertion sequences, transposons and repeated elements. International Journal of Antimicrobial Agents, 29 (Suppl 2): S1.

Nazarenko I, Lowe B, Darfler M, et al. 2002. Multiplex quantitative PCR using self-quenched primers labeled with a single fluorophore. Nucleic Acids Research, 30 (9): e37.

Neal C, Jarvie H, Rowland P, et al. 2011. Titanium in UK rural, agricultural and urban/industrial rivers: Geogenic and anthropogenic colloidal/sub-colloidal sources and the significance of within-river retention. Science of the Total Environment, 409 (10): 1843-1853.

Nowack B, Bucheli T D. 2007. Occurrence, behavior and effects of nanoparticles in the environment. Environmental Pollution, 150 (1): 5-22.

Oberdörster G, Oberdörster E, Oberdörster J. 2005. Nanotoxicology: An emerging discipline evolving from studies of ultrafine particles. Environtal Health Perspectives, 113: 823-839.

Oktay S, Santschi P, Moran J, et al. 2000. The 129Iodine bomb pulse recorded in Mississippi River Delta sediments: Results from isotopes of I, Pu, Cs, Pb, and C. Geochimica et Cosmochimica Acta, 64 (6): 989-996.

O'Brien N, Cummins E. 2010. Nano-scale pollutants: Fate in Irish surface and drinking water regulatory systems. Human and Ecological Risk Assessment, 16 (4): 847-872.

Park B, Donaldson K, Duffin R, et al. 2008. Hazard and risk assessment of ananoparticulate cerium oxide-based diesel fuel additive: A case study. Inhalation Toxicology, 20 (6): 547-566.

Poppe C, Martin L, Muckle A, et al. 2006. Characterization of antimicrobial resistance of Salmonella Newport isolated from animals, the environment, and animal food products in Canada. Canadian Journal of Veterinary Research, 70 (2): 105-114.

Porsch B, Welinder A, Körner A, et al. 2005. Distribution analysis of ultra-high molecular mass poly (ethylene oxide) containing silica particles by size-exclusion chromatography with dual light-scattering and refractometric detection. Journal of Chromatography A, 1068 (2): 249-260.

Pruden A, Pei R, Storteboom H, et al. 2006. Antibiotic resistance genes as emerging contaminants: Studies in northern Colorado. Environmental Science & Technology, 40 (23): 7445-7450.

Raisbeck G, Yiou F, Zhou Z, et al. 1995. 129I from nuclear fuel reprocessing facilities at Sellafield (UK) and La Hague (France), potential as an oceanographie tracer. Journal of Marine Systems, 6 (5): 561-570.

Richardson B J, Lam P K, Martin M. 2005. Emerging chemicals of concern: Pharmaceuticals and personal care products (PPCPs) in Asia, with particular reference to Southern China. Marine Pollution Bulletin, 50 (9): 913-920.

Romero-González R, López-Martínez J, Gómez-Milán E, et al. 2007. Simultaneous determination of selected veterinary antibiotics in gilthead seabream (Sparus Aurata) by liquid chromatography-mass spectrometry.

Journal of Chromatography B, 857 (1): 142-148.

Rubach M N, Ashauer R, Buchwalter D B, et al. 2011. Framework for traits-based assessment in ecotoxicology. IntegratedEnvironmental Assessment and Management, 7 (2): 172-186.

Sanchís J, Berrojalbiz N, Caballero G, et al. 2011. Occurrence of aerosol-bound fullerenes in the Mediterranean Sea atmosphere. Environmental Science & Technology, 46 (3): 1335-1343.

Schlüter A, Szczepanowski R, Pühler A, et al. 2007. Genomics of IncP-1 antibiotic resistance plasmids isolated from wastewater treatment plants provides evidence for a widely accessible drug resistance gene pool. FEMS Microbiology Reviews, 31 (4): 449-477.

Song Y, Heien M L, Jimenez V, et al. 2004. Voltammetric detection of metal nanoparticles separated by liquid chromatography. Analytical Chemistry, 76 (17): 4911-4919.

Stegeman G, van Asten A C, Kraak J C, et al. 1994. Comparison of resolving power and separation time in thermal field-flow fractionation, hydrodynamic chromatography, and size-exclusion chromatography. Analytical Chemistry, 66 (7): 1147-1160.

Stewart A R, Malley D F. 1999. Effect of metal mixture (Cu, Zn, Pb, and Ni) on cadmium partitioning in littoral sediments and its accumulation by the freshwater macrophyteEriocaulonseptangulare. Environmental Toxicology and Chemistry, 18 (3): 436-447.

Stoll C, Sidhu J P S, Tiehm A, et al. 2012. Prevalence of Clinically Relevant Antibiotic Resistance Genes in Surface Water Samples Collected from Germany and Australia. Environmental Science & Technology, 46 (17): 9716-9726.

Sun Q, Lv M, Hu A, et al. 2014. Seasonal variation in the occurrence and removal of pharmaceuticals and personal care products in a wastewater treatment plant in Xiamen, China. Journal of Hazardous Materials, 277: 69-75.

Suzuki Y, Kelly S D, Kemner K M, et al. 2002. Radionuclide contamination: Nanometre-size products of uranium bioreduction. Nature, 419 (6903): 134-134.

Taviani E, Ceccarelli D, Lazaro N, et al. 2008. Environmental *Vibrio* spp., isolated in Mozambique, contain a polymorphic group of integrative conjugative elements and class 1 integrons. FEMS Microbiology Ecology, 64 (1): 45-54.

Thomulka K W, McGee D J, Lange J H. 1993. Detection of biohazardous materials in water by measuring bioluminescence reduction with the marine organism *Vibrio harveyi*. Journal of Environmental Science & Health Part A, 28 (9): 2153-2166.

Tiede K, Boxall A B, Tear S P, et al. 2008. Detection and characterization of engineered nanoparticles in food and the environment. Food Additives and Contaminants, 25 (7): 795-821.

Tiede K, Westerhoff P, Hansen S F, et al. 2012. Review of the Risks Posed to Drinking Water by Man-Made Nanoparticels. York: FERA, UK.

Van den Hurk P, Faisal M, Roberts Jr M. 2000. Interactive effects of cadmium and benzo [a] pyrene on metallothionein induction in mummichog (Fundulus heteroclitus). Marine Environmental Research, 50 (1): 83-87.

Vance M E, Kuiken T, Vejerano E P, et al. 2015. Nanotechnology in the real world: Redeveloping the nanomaterial consumer products inventory. Beilstein Journal of Nanotechnology, 6 (1): 1769-1780.

Viguié J R, Sukmanowski J, Nölting B, et al. 2007. Study of agglomeration of alumina nanoparticles by atomic force microscopy (AFM) and photon correlation spectroscopy (PCS). Colloids and Surfaces A: Physicochemical and Engineering Aspects, 302 (1): 269-275.

Wang C, Lu G, Peifang W, et al. 2011. Assessment of environmental pollution of Taihu Lake by combining active biomonitoring and integrated biomarker response. Environmental Science & Technology, 45 (8): 3746-3752.

Wei R, Ge F, Huang S, et al. 2011. Occurrence of veterinary antibiotics in animal wastewater and surface water around farms in Jiangsu Province, China. Chemosphere, 82 (10): 1408-1414.

Wellington E M, Boxall A B, Cross P, et al. 2013. The role of the natural environment in the emergence of antibiotic resistance in Gram-negative bacteria. The Lancet infectious diseases, 13 (2): 155-165.

Westerhoff P, Song G, Hristovski K, et al. 2011. Occurrence and removal of titanium at full scale wastewater treatment plants: Implications for $TiO_2$ nanomaterials. Journal of Environmental Monitoring, 13 (5): 1195-1203.

Williams A, Varela E, Meehan E, et al. 2002. Characterisation of nanoparticulate systems by hydrodynamic chromatography. International Journal of Pharmaceutics, 242 (1): 295-299.

Wollenberger L, Halling-Sørensen B, Kusk K O. 2000. Acute and chronic toxicity of veterinary antibiotics to Daphnia magna. Chemosphere, 40 (7): 723-730.

Xu W, Zhang G, Li X, et al. 2007. Occurrence and elimination of antibiotics at four sewage treatment plants in the Pearl River Delta (PRD), South China. Water Research, 41 (19): 4526-4534.

Xu W H, Zhang G, Zou S C, et al. 2007. Determination of selected antibiotics in the Victoria Harbour and the Pearl River, South China using high-performance liquid chromatography-electrospray ionization tandem mass spectrometry. Environmental Pollution, 145 (3): 672-679.

Yah C S, Simate G S, Iyuke S E. 2012. Nanoparticles toxicity and their routes of exposures. Pakistan Journal of Pharmaceutical Sciences, 25 (2): 477-491.

Yang Y, Lan J, Li X. 2004. Study on bulk aluminum matrix nano-composite fabricated by ultrasonic dispersion of nano-sized SiC particles in molten aluminum alloy. Materials Science and Engineering: A, 380 (1): 378-383.

Yegin B A, Lamprecht A. 2006. Lipid nanocapsule size analysis by hydrodynamic chromatography and photon correlation spectroscopy. International Journal of Pharmaceutics, 320 (1): 165-170.

Yu C P, Chu K H. 2009. Occurrence of pharmaceuticals and personal care products along the West Prong Little Pigeon River in east Tennessee, USA. Chemosphere, 75 (10): 1281-1286.

Zou S, Xu W, Zhang R, et al. 2011. Occurrence and distribution of antibiotics in coastal water of the Bohai Bay, China: Impacts of river discharge and aquaculture altivities. Environmental Pollution, 159 (10): 2913-2920.

Zhang R, Tang J, Li J, et al. 2013. Occurrence and risks of antibiotics in the coastal aquatic environment of the Yellow Sea, North China. Science of The Total Environment, 450-451: 197-204.

Zheng Q, Zhang R, Wang Y, et al. 2012. Occurrence and distribution of antibiotics in the Beibu Gulf, China: Impouts of River discherge and aquaculture altivities. Marine Environmental Research, 78: 26-33.

Zhang R, Zhang G, Zheng Q, et al. 2012. Occurrence and risks of antibiotics in the Laizhou Bay, China: Impacts of river discharge. Ecotoxicology and Environmental Safety, 80: 208-215.

Zhang X X, Zhang T, Fang H H. 2009. Antibiotic resistance genes in water environment. Applied Microbiology and Biotechnology, 82 (3): 397-414.

Zhang Y, Chen Y, Westerhoff P, et al. 2008. Stability of commercial metal oxide nanoparticles in water. Water Research, 42 (8): 2204-2212.

Zhu Y G, Johnson T A, Su J Q, et al. 2013. Diverse and abundant antibiotic resistance genes in Chinese swine farms. Proceedings of the National Academy of Sciences, 110 (9): 3435-3440.

第五部分

海洋环境立体监测系统

# 第 11 章　海洋环境立体监测系统

　　海洋环境问题是伴随着人类开发利用海洋而产生的。条条江河汇大海，研究表明陆源污染是海洋的主要污染源，污染物质进入海洋以后，经过物理过程（扩散、稀释）、化学过程（氧化、还原）、生物过程（降解等）的作用，一部分或全部被海水吸收、沉降、稀释或转化，海洋环境又会恢复到原来的状况。但海水的自净能力是有限度的，如果污染物质的浓度和数量超出了环境的自净和容纳能力，便会使海洋环境遭到污染。

　　海洋监测与治理是海洋环境保护的重要内容，而海洋环境监测是海洋环境保护的"哨兵"和"耳目"，是关系到海洋环境保护事业健康发展的前提和基础，是防止和消除海洋环境污染、减少损害的重要手段。随着海洋科学研究、海洋环境保护、海洋灾害预防应急、海洋权益维护、海洋经济等领域的快速发展，对海洋环境监测和调查技术的要求越来越高。

　　环境问题往往是多参数的综合作用结果，海洋在全球气候变化中起着重要作用，海洋时空变化的复杂和剧烈，已经不可能依靠原来船基或者岸基的观测，而只有长时序的连续观测才能认识和掌握环境变化的过程及其迁移规律。因此，现代海洋环境监测已进入多参数综合性和定点、连续、长时序监测的时代，海洋环境立体监测系统应运而生。

　　目前，各沿海国家都在积极发展现代海洋监测高新技术，从空间、水面、水下对海洋进行立体监测，加强海洋预报预警、海洋信息服务领域的海洋高新技术的建设。美国、加拿大、日本、俄罗斯等海洋强国，不断强化和更新本国管辖海域的海洋环境监测和信息服务系统，不断推出海洋监测高技术产品。中国、印度等发展中国家也在积极地应用和发展海洋监测高新技术，加强海洋立体监测系统的建设，维护国家安全和权益。

　　从区域范围来分，海洋环境监测系统可分为区域性、国家性和全球性海洋环境立体监测系统三种类型。区域性是指对某一特定海域或某行政区管辖的海域进行监测；国家性是指国家所管辖的海域、由不同区域海域组成的监测系统；全球性是指在国际海洋组织的组织下由各海洋国家参加的全海域观测或监测计划与系统。

　　目前，海洋环境立体监测系统主要包括：卫星/航空遥感系统、岸基台站自动观测系统、生态环境观测站，锚系资料浮标系统、潜标系统、海床基多参数自动监测系统、水下多参数水质监测系统，船基海洋环境监测系统等。这些小系统往往又可集成为一个区域或海区性的大系统，实现对区域或海区环境的多参数、长时序综合观测。

　　本章节的部分内容在 1.4 节海洋环境监测的发展中已有所提及，但本章专门针对立体监测系统的概念、组成、各监测平台的技术状况进行介绍，因此，本着系统性、完整性的原则未对 1.4 节及前面个别章节的少数重复的内容进行删减。

# 11.1　海洋环境立体监测系统概念

海洋对于人类来说一直都是神秘又引人向往的，从数百年前的航海家哥伦布到现代的海洋科研工作者，人类对海洋的探索从未停止过。从沿岸到大洋，从浅海到深海，人们对海洋的认识逐步拓展，海洋强大又富饶的一面逐渐展现在我们面前。随着卫星遥感技术和深海探测技术的出现与发展，人类对海洋的探索到达了前所未有的深度，加之传感技术和无线数据传输网络的进步，现代海洋监测已进入一个立体化监测的时代。人们甚至可以足不出户，只通过点击鼠标，便可以直接、立体地观察海洋，获得海洋信息与数据。

海洋环境立体监测是指针对海洋权益维护、海洋防灾减灾、海洋生态保护、海洋资源开发、海上工程与航运、海洋现象研究及海上国防建设等对海洋环境监测数据和海洋监视信息的总体需求，结合新型智能化海洋环境要素多平台传感与数据获取技术、多平台遥感与监视技术、移动目标探测与识别技术、数据通信与链路技术等，建立天基（卫星、太空站）、空基（巡航飞机、无人机）、海岸/海岛基（海洋监测站、雷达、监测车）、海面及水下（船舶、浮标、潜标）、海床基（海底监测站、水下水声探测阵、潜器）等多位一体，涵盖近岸至远海、海底至海空的海洋环境立体监测监视系统，对区域海洋实施同步、实时、长期、连续的监测和监视，并向相关单位提供多媒体信息服务。

# 11.2　海洋环境立体监测系统基本组成

海洋环境立体监测系统国际上称为集成的海洋观测系统，其核心是以遥感卫星组成的天基海洋环境监测平台，以海洋巡航飞机、有人/无人航空遥感飞机组成的空基海洋环境监测平台，以固定海洋环境监测站和高频/地波雷达站组成的岸基海洋环境监测平台，以浮标、潜标、漂流浮标、水下移动潜标、船舶等组成的海基海洋环境监测平台，以水下固定监测站、水下水声探测阵等组成的海底海洋环境监测平台等构成的多平台、长时序的海洋环境立体监测系统（罗续业等，2006）。海洋环境立体监测系统是对特定海域实施海天一体化的立体监测，并提供多媒体的信息服务，对经济发展、科学研究、军事应用等都有重大价值。

海洋环境立体监测系统包括自动监测终端、数据集成与传输系统、数据处理系统和客户终端系统四部分组成。其中，自动监测终端是指布设在天基、空基、岸基、海面及水下和海床基的监测设备，用以对海洋环境各要素进行监测和监视；数据集成与传输系统是利用有线（包括公共电话网、交换网等）、无线（包括卫星通信、短波/超短波通信等）和数据存储媒体转存等方式将现场自动监测终端所获取的海洋环境监测数据快速、准确地传输到数据处理系统；数据处理系统是指对数据传输系统接收到的数据进行整理和处理，建立数据库，转化成可供相关人员直接使用的数据或可视化多媒体资料；客户终端系统是将监测数据整合形成直接面向相关人员（客户）的信息服务平台。通过这四部分的有机结合，可以将区域海洋信息实时、立体地呈现在相关人员面前，能够大幅提高人们认识海洋、保护海洋、探索海洋和利用海洋的效率。系统组成与海洋立体监测布局分别如图 11-1 和图 11-2 所示（霍馨，2006）。

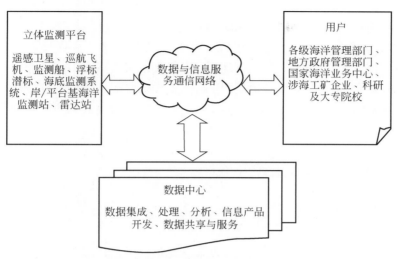

图 11-1　海洋环境立体监测系统组成（罗续业等，2006）

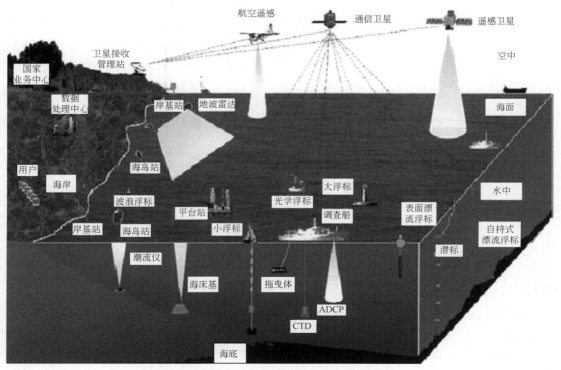

图 11-2　海洋环境立体监测系统布局示意图（霍馨，2006）
注：ADCP，声学多普勒流速剖面仪；CTD，温盐深仪。

# 11.3 海洋立体监测平台建设及集成技术

海洋环境监测技术的发展已进入立体化监测时代，20 世纪 80 年代以来，海洋监测呈现"多元化、立体化、实时化"的发展趋势。如 11.2 节所述，海洋环境自动监测终端根据其所在位置的差异，可分为天基、空基、岸基、海面及水下和海床基等多种类型，具体包括卫星遥感、机载遥感、近岸自动观测平台、海洋监测船、海洋浮标、潜标、海底移动监测平台等。这些监测终端需要实现自动定位、监测数据的自动采集、自动发送数据等功能，从而实现海洋环境的全方位立体监测。

## 11.3.1 天基海洋环境监测平台

### 11.3.1.1 卫星遥感监测技术

随着海洋环境监测体系的不断完善，海洋观测进入了立体化观测时代。微波遥感、重要生态过程与生态区遥感遥测、海洋航空遥感监测等技术作为海洋观测重要手段被各个国家所重视。海洋卫星是海洋环境与灾害监测数据的重要获取手段，在海洋防灾减灾和科学研究中发挥着巨大作用。在获取海洋环境数据的多种手段中，卫星遥感以其独特的能力和优势，在海洋观测中越来越受到重视。

1960 年美国发射了第一颗气象卫星 TIROS-1，其热红外图像中包含了无云海区丰富的海面温度信息，海洋学家们从热红外图像中发现了海洋中尺度涡旋的宏伟影像，改变了海洋学家对大洋环流结构的传统认识，这一发现被公认为 20 世纪 70 年代海洋科学最重大的进展之一，从此卫星遥感成为海洋监测和海洋认知的重要工具。1978 年美国发射了世界第一颗海洋卫星 Seasat-A，它标志着海洋监测进入空间遥感时代。人们通过卫星数据的积累，对海洋环境的认识和海洋灾害的监测能力有了质的飞跃。

卫星遥感是以人造地球卫星作为遥感平台，利用荷载对地球进行光学和电子观测，不接触地物目标，用遥感器获取地物目标的电磁波信息，经处理和分析后，揭示地物目标属性及其变化规律的科学技术。卫星遥感具有宏观大尺度、快速、同步和高频度动态观测等突出优点，与传统的常规手段相结合，可以对海洋和近海环境进行全面观测。特别是利用海洋水色遥感可以探测海洋水色环境有关的参数，如叶绿素、悬浮物、黄色物质、污染物等。与常规海洋监测手段相比，卫星遥感具有许多独特的优势（杨保华，2011）：①限制条件少。卫星所处位置高远，不受地理、天气和人为条件的限制，可以覆盖偏远、环境恶劣的海区，以及由于政治、军事原因不能直接进入调查的海区。②大面积同步。传统方式很难进行大面积同步观测。卫星遥感可以同步观测几千至几万平方千米，对海洋灾害监测、资源普查、大面积测绘制图极为有利。③时效性突出。卫星遥感可以在几天之内或者周期性地对同一海区进行重复观测，监视大洋环流、海面温度场变化、鱼群迁移、污染物飘逸等情况，持续跟踪海洋要素的动态变化。④综合优势强。卫星遥感能同时进行海面风场、高度场、温度场、浪场、重力场、大洋环流等相互作用和能量收支情况的综合观测，数据获取效率高。

一般来说，遥感卫星都可以观测海洋要素（图像、温度等数据）。例如，美国"雨云"气象卫星（Nimbus）中，Nimbus-7 卫星上搭载的"海岸带水色扫描仪"（CZCS）用于测量海洋和海岸带水色、叶绿素浓度、沉积物分布等。美国民用极轨气象卫星（NOAA）搭载的"微波辐射计"用于海冰的监测。日本地球资源卫星（JERS）上装载的合成孔径雷达（L-SAR）用于海岸以及溢油的监测，高分辨率相机用于获取海洋资源信息。日本地球观测卫星（ADEOS）搭载的微波辐射计（AMSR），用于海面温度、风速和海冰分布的观测。欧洲"气象业务"卫星（Metop）搭载高分辨率辐射计和散射计，用于获取海面温度、海面风场与海冰信息。我国"风云一号"极轨气象卫星 FY-1A 和 FY-1B分别配置了多通道可见光/红外扫描辐射计（MVISR 与 VHRSR），首次自主获得了我国海区较高质量的叶绿素浓度和悬浮泥沙浓度的分布图。

但由于海洋环境和动力要素观测的特殊性，常规遥感卫星所获数据很难达到理想的海洋应用效果，需专门的海洋卫星来满足海洋监测的特殊需求（杨保华，2011）：①观测要素特殊。海洋水色遥感探测信号强度弱，一般只有陆地的 1/6～1/4；针对海表温度、盐度、风速等海洋动力观测要素，微波辐射计要使用较低的微波频率，分辨率的要求较高；海面风场探测需要微波散射计支持；海表高度、有效波高需要微波高度计或激光高度计支持。②观测精度要求高。海洋水色遥感要求信噪比大于 500，可观测谱段带宽较窄，在谱段窄的情况下实现如此高的信噪比难度很大。针对海洋动力遥感，一般需要厘米级的定轨精度要求，远高于其他卫星米级的要求。③海面动态变化剧烈。海洋总是处在动态变化中，特别是灾害发生时，变化情况更为剧烈，数小时之类海面状况就可能发生翻天覆地的变化。因此海洋观测的时间观测分辨率至少要达到 1 天的目标。考虑到云的影响，还应进行上、下午星组网观测。④连续性观测。海洋占全球面积的 2/3 以上，要实现海洋全覆盖观测，需要卫星载荷进行连续遥感。

### 11.3.1.2　海洋卫星简介

随着 1978 年第一颗海洋卫星（Seasat-A）的发射，海洋卫星开始向系统的专业化道路发展。按照海洋卫星观测的特殊功能要求，海洋卫星分为海洋水色卫星、海洋动力环境卫星、海洋地形卫星和海洋环境综合卫星。海洋卫星通过搭载各类遥感器来探测海洋环境信息，达到海洋监测的不同目的。

从太空监测海洋已成为世界各国探索海洋的重要方式。目前，全球共有海洋卫星或具备海洋探测功能的对地卫星 50 余颗。美国、欧洲、日本和印度等国家已经建立了比较成熟和完善的海洋卫星系统。我国目前已发射两颗海洋水色卫星和一颗海洋动力环境卫星，初步建立了我国海洋卫星水色和海洋动力环境卫星监测系统。

**（1）海洋水色卫星**

海洋水色卫星是指专门为进行海洋光学遥感而发射的卫星，其主要用途是监测海洋水色要素，实现海水叶绿素浓度、海表温度、可溶有机物、悬浮泥沙浓度及海水光学衰减系数的遥感，用于监测气候异常变化、海洋环境变化和全球碳循环的研究等。

需配置的荷载为：①可见光/红外扫描辐射计；②中分辨率成像光谱仪；③CCD 相机。对于卫星的要求是：①太阳同步近圆形轨道；②高度 750～960km，倾角 98.2°～99°；③运行周期 99～101min；④星下点分辨率 250～1000km（石汉青和王毅，2009）。

国外海洋水色卫星的典型卫星为：EOS（美国）、Envisat-1（欧洲）、MOS-1（日本）（赵华昌和李刚，1988）、SeaStar（美国）、ADEOS（日本）、OceanSat-1/2（印度）等。其中，美国在 1997 年发射的 SeaStar 是仅载有"宽视场水色扫描仪（SeaWiFS）"的水色卫星。

我国第一颗海洋水色卫星（HY-1A）在 2002 年 5 月发射，实现了我国海洋零卫星的突破。该卫星由中国空间技术研究院自行研制，重量为 368kg，使用寿命为 2 年，2004 年4 月因故障停止运行。该卫星荷载了海洋水色扫描仪和海岸带成像仪，获取了中国近海及全球重点海域叶绿素浓度、海表温度、悬浮物泥沙含量、可溶有机物及海冰等要素，属于海洋水色探测的试验业务卫星。2007 年 4 月，第二颗海洋水色卫星（HY-1B）发射成功，其观测能力和探测精度进一步提高，并将海洋重复观测时间从 3 天缩短到 1 天。在轨运行7 年多，实现了卫星由试验型向业务服务型的过渡（白照广等，2008）。

**（2）海洋动力环境卫星**

海洋动力环境卫星的主要用途是探测海面风速和风向、表面海流和平均波高等动力参数；测量涌浪、内波、降雨、海流边界、海冰位置及性质、大块浮冰的运动速度；估计风速、水蒸气、降水率、海水表面温度和盐度、海冰覆盖量等；监测大洋涡旋、上升流等；监测海岸带水下地形以及污染过程等。

需配置的荷载为：①雷达高度计；②微波辐射计；③合成孔径雷达；④微波散射计；⑤红外辐射计。对于卫星的要求是：①太阳同步极轨轨道；②高度 770～800km；③全球覆盖周期 1～2 天。

我国首颗海洋动力环境探测卫星（HY-2）于 2011 年 8 月发射成功，现仍在轨运行。卫星主要荷载有：雷达高度计、微波散射计、扫描辐射计、校正辐射计、激光测距反射器、全球定位系统、精密跟踪系统。其主要使命是：观测全球海洋动力环境参数，包括海表温度、海面风场、高度场、浪场、海流、海上风暴、潮汐、海洋动力场、大洋环流等重要的海洋动力环境参数。

**（3）海洋地形卫星**

海洋地形卫星的主要用途是获取海面高度、冰盖高度、有效波高、海面地形、粗糙度等参数；由测得的海洋动力高度反演大洋环流、赤道流、大洋潮汐、海浪、海表面风等动力参数信息；获取海洋重力场、冰面拓扑、大地水准面等信息。

需配置的荷载为：①雷达高度计；②微波辐射计；③合成孔径雷达。对于卫星的要求是：①太阳同步极轨轨道；②全球覆盖周期 1～2 天；③提高合成孔径雷达的时效性。

达到的最高性能指标为：分辨率 1～1000m，多频多极化，可变入射角，多工作模式。

海洋地形卫星具有代表性的是美国的 Geosat 系列、美国与法国联合发射的 Topex/Poseidon 系列卫星。海洋地形卫星在地球物理、海洋大中尺度动力过程等学科研究上的科学价值，以及在海洋灾害预报和海底油气资源勘探开发方面的价值是显而易见的。同时，它在军事方面，如提供重力场数据对导弹武器发射等也有重要价值。

**（4）海洋环境综合卫星**

美国、日本、法国、欧洲空间局等相继发射了一系列大型海洋卫星。这些卫星一般搭载有光学传感器（水色扫描仪 MOS、CZCS、ATSR/M 等）、主动式微波传感器（高度计 RA、散射计、SAR 等）和被动式微波传感器（SMMR、MSR、MSU 等）多种海洋遥感有效载荷，可提供全天候海况实时资料，如海表温度、海面风场、有效波高、流场、海面地形、海冰等多项海洋要素。

我国计划于 2019 年发射 HY-3 系列（海洋环境综合监测卫星系列）。有效载荷为：成像光谱仪、合成孔径雷达、微波散射计、雷达高度计、多频扫描辐射计。HY-3 系列相对于 HY-1 和 HY-2 系列是综合监视监测卫星，可获取时间同步的海洋水动力环境的信息，在每天运行时间上与前两系列卫星错开，时间上互补，HY-3 卫星同时配置针对海洋特点的多频段、多极化、多分辨率的合成孔径雷达，实现对海洋环境的动态监测。同时，2012 年9 月，国家海洋局国家卫星海洋应用中心表示，2020 年前我国将总计发射 8 颗海洋系列卫星，形成对国家全部管辖海域乃至全球海洋水色环境和动力环境遥感监测的能力，同时加强对黄岩岛、钓鱼岛以及西沙、中沙和南沙群岛全部岛屿附近海域的监测。

### 11.3.1.3 海洋卫星主要荷载

卫星传感器能够测量在各个不同波段的海面反射、散射或自发辐射的电磁波能量，通过对携带信息的电磁波能量的分析，人们可以反演某些海洋物理量。随着卫星遥感技术的不断提高，传感器的遥感精度也随之提高，其丰富的海洋观测数据不但超过了百余年来船舶与浮标数据的总和，并且其精度目前正在接近、甚至超过现场观测数据的精度。按照卫星有效荷载的类别及用途，部分海洋观测卫星所搭载的主要传感器型号见表 11-1。

**表 11-1　海洋观测卫星所搭载的传感器及用途**

| 类别 | 海洋卫星 | 国别/机构 | 星载传感器 | 主要用途 |
|---|---|---|---|---|
| 水色仪 | Nimbus-7 | 美国 | CZCS | 探测叶绿素、悬浮泥沙、可溶有机物、海表温度、污染、海冰、海流 |
| | ADEOS-Ⅰ、ADEOS-Ⅱ | 日本 | OCTS | |
| | IRS-P4 | 印度 | OCM（Mishra et al.，2008） | |
| | SeaStar | 美国 | SeaWiFS | |
| | HY-1 | 中国 | COCTS | |
| 可见光/红外扫描辐射计 | MOS-1A、MOS-1B | 日本 | VTIR | |
| | Okean-O | 俄罗斯 | MSU-S、MSU-M | |
| | ADEOS-Ⅰ、ADEOS-Ⅱ | 日本 | AVNIR① | |
| | ALOS | | | |

① 参见 http：//en. alos-pasco. com/。

续表

| 类别 | 海洋卫星 | 国别/机构 | 星载传感器 | 主要用途 |
|---|---|---|---|---|
| 可见光/红外扫描辐射计 | ERS-1、ERS-2 | 欧洲空间局 | ATSR | 探测叶绿素、悬浮泥沙、可溶有机物、海表温度、污染、海冰、海流 |
| | NOAA、GOES | 美国 | AVHRR | |
| | METOP | 欧洲 | | |
| | FY-1A | 中国 | MVISR | |
| | FY-1B | 中国 | VHRSR | |
| 中分辨率成像光谱仪 | TERRA | 美国/日本/加拿大 | MODIS（Ignatov et al.，2005） | |
| | AQUA | 美国/巴西/日本 | | |
| | Envisat-1 | 欧洲空间局 | MERIS | |
| | FY-3 | 中国 | CMODIS | |
| CCD 相关 | HY-1 | 中国 | 4 波段 CCD 相机 | |
| | CBERS-01、CBERS-02 | 中国/巴西 | 5 波段 CCD 相机（郭建宁等，2005） | |
| 雷达高度计 | Geosat、GFO-1 | 美国 | RA | 探测海面高度、有效波高、海面风速、海洋重力场、冰面拓扑大地水准面、潮汐洋流、大气水汽 |
| | ERS-1、ERS-2 | 欧洲空间局 | ALT | |
| | NPOSS | 美国 | | |
| | Topex | 美国/法国 | Poseidon-1[1] | |
| | Jason-1、Jason-2 | 美国/法国 | Poseidon-2 | |
| | Envisat | 欧洲空间局 | Envisat-1[2] | |
| | ICESat | 美国 | ICESat（Zwally et al.，2008；杨帆等，2011） | |
| 微波辐射计 | Okean-O | 俄罗斯 | SMMR | |
| | GOES | 美国 | | |
| | NOAA | 美国 | | |
| | MOS-1A、MOS-1B | 日本 | MSR | |
| | DMSP | 美国 | SSM/I | |
| | Envisat-1 | 欧洲空间局 | MMR | |
| | ADEOS-Ⅰ、ADEOS-Ⅱ | 日本 | AMSR | |
| | AQUA | 美国/巴西/日本 | AMSR-E | |
| | Topex | 美国/法国 | TMR | |
| | Jason-1 | 美国/法国 | JMR | |
| | Jason-2 | 美国/法国 | AMR | |

---

① 参见 http：//en. wikipedia. org/wiki/TOPEX/Poseidon。

② 参见 http：//www. esa. int/Our_Activities/Observing_the_Earth/Envisat。

续表

| 类别 | 海洋卫星 | 国别/机构 | 星载传感器 | 主要用途 |
|---|---|---|---|---|
| 合成孔径雷达 | Okean-O | 俄罗斯 | SAR（Chao et al.，2006；Romeiser，2014） | 探测海面高度、有效波高、波向及波谱、海面风速、风向、海洋重力场、冰面拓扑、大地水准面、洋流海表温度、海流潮汐、内波、岸带水下地形、污染 |
| | ROCSAT-1 | 中国 | | |
| | Radarsat-1、Radarsat-2 | 加拿大 | | |
| | ERS-1、ERS-2 | 欧洲空间局 | AMI-SAR | |
| | JERS-1 | 日本 | L-SAR（张柏，1994） | |
| | Envisat-1 | 欧洲空间局 | ASAR（吴业炜等，2010） | |
| | ALOS | 日本 | ALSAR | |
| 微波散射计 | ERS-1、ERS-2 | 欧洲空间局 | AMI-Wind | |
| | ADEOS-I | 日本 | NSCAT | |
| | QuikSCAT | 美国 | SeaWinds[1] | |
| | ADEOS-II | 日本 | | |

① 参见 http：//science. nasa. gov/missions/quikscat/。

**（1）海洋水色扫描仪（OCS）**

海洋水色扫描仪（ocean color scanner，OCS）主要用于监测海洋生物初级生产力、海洋环境污染及其他与海色有关的海洋现象。主要探测要素是叶绿素、悬浮泥沙、海温；次要探测要素是污染物质、海面油膜、富营养、热污染、海冰冰情、气溶胶分布等。水色仪安装在卫星的载荷舱，开口朝向地球，扫描镜的转轴与卫星的飞行方向一致。当扫描镜转动时，借助于卫星绕地球运行，扫描镜以固定的瞬时视场进行穿越飞行轨迹的扫描，获取地球的二维景象（冯旗等，2003）。

**（2）可见光红外扫描辐射计（VIRR）**

可见光红外扫描辐射计（visible and infra red radiometer，VIRR）由多个光谱通道组成，其中可见通道有很高的探测灵敏度，红外通道对云和下垫面有良好的区分。可见光红外扫描辐射计的主要任务是通过对地扫描方式获取地球的可见光、红外二维影像信息，主要用途是监测全球云量，判识云的高度、类型和相态，探测地表温度和海洋表面温度，监测植被生长状况和类型，监测高温火点、洪水等自然灾害，识别地表海面积雪覆盖，探测底层水汽含量和海洋水色等。

**（3）中分辨率成像光谱仪（MODIS）**

中分辨率成像光谱仪（moderate-resolution imaging spectroradiometer，MODIS）沿用传统的成像辐射计的思想，由横向扫描镜、光收集器件、一组线性探测器阵列和位于 4 个焦平面上的光谱干涉滤色镜组成。这种光学设计可为地学应用提供 0.4～14.5μm 的 36 个离散波段的图像，星下点空间分辨率可为 250m、500m 或 1000m，视场宽度为 2330km。MODIS 每两天可连续提供地球上任何地方白天反射图像和白天/昼夜的发光光谱图像数据，包括对地球陆地、海洋和大气观测的可见光和红外波谱数据。每个 MODIS 仪器的设计工作寿命为 5 年。MODIS 是一个真正多学科综合的仪器，可以对高优先级的大气（云及其相关性质）、海洋（洋面温度和叶绿素）及地表特征（土地覆盖变化、地表温度、植被特性）进行全面、一致的同步观测。

**（4）微波辐射计（MR）**

微波辐射计（microwave radiometer，MR）是一款被动式地基微波遥感设备，可全天候、全天时工作，主要用于中小尺度天气现象，可作为高度计和散射计测量数据的大气修正，测量海面风、海温和海冰，MOS、DMSP、Topex/Poseidon、Envisat、ADEOS 上都搭载有微波辐射计。微波辐射计还可用于海面溢油图像的精确绘制，可测量油膜厚度、估算油膜总量，与红外扫描仪图像一并显示，给人们易辨认的溢油厚度图。

**（5）合成孔径雷达（SAR）**

雷达技术是微波遥感的一个方面，是风场、海浪、海流等海洋环境要素观测的一个重要手段。由于雷达利用电磁波进行观测，所以相比传统的观测仪器设备，投入资金相对较少，不容易受人为因素的破坏。而且，采用不同的电磁波波段可以避免受天气因素的干扰，因此可以实现全天候观测。根据设备搭载的观测平台不同，雷达技术主要应用在星载和机载平台、海基平台和岸基平台等几个方面。星载和机载平台所用的雷达主要是合成孔径雷达（synthetic aperture radar，SAR）和星载雷达高度计（radar altimeter，RA）。

合成孔径雷达（SAR）是应用最广泛的星载和机载主动遥感设备，是监测海冰、海浪、内波、浅海地形和溢油污染等的首选仪器，可以实现大面积海浪、海冰、风场、内波、海底地形、台风和中尺度涡等方面的观测。SAR 工作在微波波段，电磁波可以直接穿透云层，并且不受可见光的影响，在黑夜和恶劣天气条件下也能正常工作，因此可以对海面进行连续观测。其中，星载 SAR 主要用于大尺度观测，不能提供实时观测数据；机载SAR 较灵活，可以实现近岸的特定海域观测，且不受回访周期等因素的限制（Martin，2014）。SAR 采用合成孔径原理，雷达能够沿其运动路径形成一个相当大的虚拟孔径，使其具有相当高的分辨力（可达几十米到几米量级）。因而 SAR 图像可以清晰地反映出海面10m 以上量级海洋现象的空间结构。同时，因为其搭载平台是卫星或飞机，其观测范围很大（如欧洲 ERS-1 可以获得 100km×100km 的大幅影像），这是海上平台或岸基平台所无法比拟的。

用于海洋观测的 SAR 卫星主要有：美国 Seasat 卫星、欧洲 ERS-1/ERS-2、Envisat 卫星（ScanSAR）和加拿大 Radarsat-1/Radarsat-2 卫星（ASAR）等（王静等，2012）。2011 年 1 ~ 3 月，国家卫星海洋应用中心利用加拿大 Radarsat-2 的 SAR 数据结合 HY-2B 和 MODIS 卫星数据实现了对春季冰情的遥感监测通报，为海上工程、港口航道通行提供了重要的保障。

**（6）雷达高度计（RA）**

雷达高度计（RA）是一种垂直下视非成像雷达，其工作原理是以海面作为遥测靶，向海面发射一束电磁波（窄脉冲序列）（郭伟和张俊荣，1999），记录返回信号从海面的返回时间、功率和波形，在海洋观测中主要用于测量海面高度、海面动力特征和冰川学应用，如海洋重力场、海洋风场、波浪、海面高度异常、冰川边界及厚度等。

美国科学家在 20 世纪 60 年代中期提出利用窄脉冲雷达从卫星轨道高度上测量海平面变化的设想。1973 年研制出雷达高度计样机并在美国太空实验室（Skylab）上进行了概念验证性实验。结果表明，其测高精度达到了 1 ~ 2m 的水平。1975 ~ 1978 年，美国将一 Ku

波段（13.9GHZ）雷达高度计装载在 Geos-3 卫星上，进行了长达 3 年的实验，测高精度达到了 50cm。此后，Seasat（美国，1978 年）、Geosat（美国，1985 年）、ERS-1（欧洲空间局，1991 年）、Topex/Poseidon（美国/法国，1992 年）、ERS-2（欧洲空间局，1995 年）、Jason-1（美国/法国，2001 年）、Cryosat-2（欧洲空间局，2010 年）（Tonboe et al.，2010）等专业海洋卫星上都搭载了 RA。我国 2011 年 8 月发射的 HY-2 海洋动力环境卫星上也搭载了 RA。目前测量精度由最初的米级已提高到了厘米级。

**（7）微波散射计（MS）**

微波散射计（microwave scatterometer，MS）是一种非成像雷达传感器，属于主动雷达系统，利用不同风速下海面粗糙度对雷达后向散射系数的不同响应及多角度观测间接地反演海表风场信息，此外散射计也可用于土壤水反演、植被覆盖和海冰变化监测。微波散射计是唯一被证明可以用来同时探测风速和风向的卫星传感器系统，散射计全天候、全天时、高覆盖度的观测能力，使其在获取海面风场信息方面发挥着重要作用，所获取的风场信息广泛应用于海洋环境数值预报、海洋灾害监测、海-气相互作用、气象预报、气候研究等领域。近二十年的持续观测又使得散射计数据可作为其他高分辨率传感器（如合成孔径雷达）数据的辅助，在长时间尺度上应用于植被、土壤水、海冰等领域的变化监测。

## 11.3.2  空基海洋环境监测平台

### 11.3.2.1  航空遥感监测技术

航空遥感（aerial remote sensing）又称机载遥感，是指利用各种飞机、飞艇、无人机等作为传感器运载工具在空中进行的遥感技术，是由遥感平台、传感器、对地定位导航系统、数据记录、数据传输与通信以及遥感图像的快速解译和分析等一系列技术组成的综合性的技术系统。与卫星遥感一样，航空遥感也具有宏观大尺度、快速、同步和高频度动态观测等突出优点。同时，航空遥感还具有机动灵活、空间分辨率高、便于海、空同步监测等优势，对于周期短、尺度小的海洋常规监测（如港湾、锚地、航道和海上石油勘探区等小范围污染监测）及应急监测（如赤潮、溢油等），航空遥感具有不可取代的优势。

按照飞行平台的不同，航空遥感可分为无人飞行器航空遥感和有人航空遥感两种。

1）无人航空遥感系统是无人机与遥感技术的结合，是具有 GPS 导航、自动测姿测速、远程数控及监测的无人机低空摄影系统。系统以无人驾驶飞行器为飞行平台，以高分辨率数字遥感设备为机载传感器，以获取低空高分辨率遥感数据为应用目标。主要飞行平台包括无人飞艇、无人机和高空热气球等。目前重量轻、体积小、性能高的一系列航空遥感设备的研制成功，以及无人机技术的快速发展，使无人机与一系列遥感设备相集成，拥有高机动性、高时效性、高分辨率、低成本等优点，成为了航空遥感中的一支新生力量（张永年，2013）。同时，无人飞艇作为航空遥感平台因其独特的优势得到了越来越广泛的应用。无人飞艇较之无人驾驶固定翼飞机的突出优点是可以飞得更低（低至离地 100m）、更慢（慢至每秒 10m 之内）、更灵活（完全无需机场），因此可以安全快捷地获取高清影像，实现高精度测量（崔营营，2011）。目前，我国已有中国测绘科学研究院、武汉大学、北京航空航天大学等多家科研机构研制出小型无人飞艇遥感系统（杨燕初和王生，2006）。

2）有人航空遥感平台具有载荷量大、影像分辨率高、数据获取速度快、资料回收方便等特点。有人航空遥感平台可根据实际需要选择多种型号的飞机，其所搭载的传感器不受荷载量和体积的限制。目前有人航空遥感方式主要有航空摄影、多波段摄影、红外与彩色红外摄影、侧视雷达等成像遥感方式，也可进行地物波谱探测、激光测高、探视雷达等非成像遥感探测。

瑞典、美国等发达国家在海洋航空遥感监测技术上注重高空间分辨率、高光谱分辨率、高时间分辨率和全天候、全频段的研究，充分利用了紫外、可见光、近红外、短波红外、热红外、多光谱扫描、微波、雷达和激光等手段，研制成功多种用于海洋监测的机载传感器，建立了适用于不同监测对象的监视监测系统和信息处理系统。例如，瑞典的海洋污染监视监测系统、澳大利亚和瑞典的机载激光雷达系统、美国海岸警备队的 AIREYE（空中慧眼）等（Scepan et al.，1986；Smith，1992；宋铭航，1997）。中国的海洋航空遥感始于 20 世纪 70 年代，主要力量集中在国家海洋局。80 年代末，国家海洋局为适应海洋监测工作的需要，从瑞典购置了 SLAR、IR/UV Scanner、MWR 和航空摄像照相机以及与这些传感器相匹配的具有实时图像处理功能的中央控制系统，建立了业务化运行系统。几十年来，中国海监飞机一直在渤海、黄海、东海和南海进行监视监测飞行（马毅，2003）。在国家"十五"期间 863 项目支持下，我国建立了国内首套以海洋环境与灾害快速监测为目标的海洋航空遥感多传感器集成与应用系统（IAMSMA），飞机搭载与集成了成像光谱仪、微波辐射计、微波散射计和激光雷达等传感器，并开展了 IAMSMA 系统业务化能力示范试验（蒋旭惠等，2007），标志着海洋航空遥感正在向模块化和集成化方向发展。

### 11.3.2.2 航空遥感在海洋监测中的应用

1969 年，美国用航空遥感对加利福尼亚附近的海洋油膜及其扩散进行了跟踪测量。1974 年，美国建立了航空油膜污染监视系统。挪威监测海上溢油历史久远，挪威污染控制管理局通过部署一架双涡轮螺旋桨飞机对海事进行监测效果明显。瑞典海岸警备队配备 3 架固定机翼飞机对海上进行求助、环境监测、渔业活动监视等，取得了很多研究成果，积累了处理经验。加拿大海岸警卫队在太平洋多发溢油水域部署了多架螺旋桨飞机，主要用于探测海洋污染。中国海监总队也配备专门飞机用于海洋监测与应急监视。2008 年，中国海监B-3843飞机执行巡航任务时，发现条带状绿色漂浮物——浒苔，在随后的浒苔灾害监测中，综合利用以机载多光谱扫描仪、高光谱成像仪、可见光成像仪、红外成像仪和 GPS 为主要传感器，辅助以数码录像机、数码相机等手段对浒苔灾害进行航空遥感监测，提供可见光、高光谱、红外航空影像图、录像、数码相片等监测数据，充分发挥了航空遥感的灾害应急预警及监控作用。

航空遥感技术还可与其他技术联用用于科学研究，如 Pasqualin 等（1999）将航空遥感技术、摄影测量和地理信息系统（geographic information system，GIS）技术联用，用于法国科西嘉岛 St-Florent 海湾海草空间分布的首次评估（Pasqualini et al.，1999）。

## 11.3.3 岸基海洋环境监测平台

岸基海洋环境监测平台主要由岸基海洋环境监测台站和岸基高频地波雷达站组成。岸基海洋环境监测平台主要用于对近岸污染和生态环境的监测，自动化程度高，可实现实时、长期、连续、定点监测。地波雷达站主要用于监测海面风场、浪场、流场等信息，由于其探测距离远、面积大而具有广泛的应用前景。岸基海洋环境监测平台较灵活，可以根据不同的需要在不同的平台上组合成不同的监测系统。

### 11.3.3.1 岸基海洋监测台站

岸基海洋监测台站是指建在沿海、岛屿、海上平台或其他海上建筑物等所设立的固定式的海洋观测平台。岸基海洋监测台站是岸基对海观测技术基础之一，是海洋环境近海观测网的主要组成部分。由于岸基海洋监测台站为近岸固定平台，因此相对于浮标等近岸观测平台，岸基平台在使用环境、安装布放、系统供电、数据传输、维护管理等方面更具优势，具有良好的可扩充性和可维护性，可以实现长期、稳定地提供监测资料。

岸基海洋监测台站系统可以适应各种类型海洋监测站水文气象监测的不同要求，可对沿岸海域的水文气象环境进行观测，或对环境质量进行监测。测量内容目前可包括风速、风向、气压、pH、电导率/盐度、温度、溶解氧、浊度/悬浮物、叶绿素、化学需氧量、重金属等。

海洋环境的现场观测实质上就是对发生在海洋中的各种过程以一定的时空间隔进行数据采样，以便获取对海洋变化过程进行解析、统计或其他描述性研究的基础数据。台站系统要以满足海洋观测资料的基本要求来确定其基本构成模式与技术性能。通常岸基台站系统硬件由测量传感器、数据采集传感器、数据传输设备和系统电源等部分组成。其基本构成如图 11-3 所示。

测量传感器的功能是将待测海洋环境的各种物理、化学变化转换为电信号，是实现海洋自动测量的基础，可根据开展的自动监测项目，配置相应的测量传感器。数据采集处理器是台站自动监测系统的核心，其主要功能是完成整个系统的硬件组合和工作过程的管理控制，一般会适当留有备用通道，以便增加新的监测项目。数据传输设备在设计上一般应同时具备无线电通信、电话通信和卫星通信三种通信方式来完成数据传输，也可根据需要选择其中一种或两种。电源是保证系统工作的首要条件，台站地处位置较偏，供电往往不稳定，为保证系统不间断运行，台站应采用交流电、蓄电池和太阳能电池三种或两种系统结合的方式进行供电。

台站系统具有按《海滨观测规范》（GB/T 14914—2006）的要求对气象要素进行自动采集和处理的功能，具体要求见表 11-2。其他观测参数的测量时次、持续时间、数据采集频率等按照实际需求进行设定。

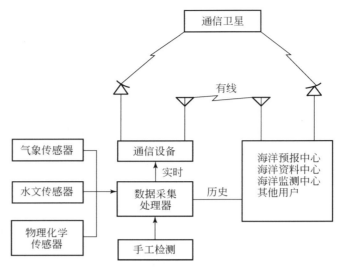

图 11-3　台站系统基本构成框图（康寿岭，1995）

**表 11-2　海洋监测站综合自动监测仪数据采集和处理功能要求**

| 测量参数 | 测量时次 | 每次测量持续时间 | 每次测量采样次数 | 每次采样持续时间 | 数据处理结果 |
|---|---|---|---|---|---|
| 潮汐 | 全天连续测量 1440 次 | 1min | 20 次 | 瞬时 | 潮高时间系列值（间隔 1min）；整点数据（整点前 1min 平均潮高）；每日高/低潮潮高及对应潮时 |
| 表层水温 | 02、08、14、20 时 | 1min | 20 次 | 瞬时 | 定时平均表层水温 |
| 表层盐度 | 02、08、14、20 时 | 1min | 20 次 | 瞬时 | 定时平均表层盐度 |
| 风速 | 全天连续测量 28 800 次 | 3s | 1 次 | 3s | 整点数据（整点前 10min 平均风速和平均风向）；日最大平均风速（滑动平均）和相应的平均风向及其出现时间；日极大风速（测量时间 3s）和相应风向及其出现时间；风速 ≥17m/s 的起止时间 |
| 风向 | | | | 瞬时 | |
| 气温 | 全天连续测量 1440 次 | 1min | 20 次 | 瞬时 | 整点数据（整点前 1min 平均气温）；日最高和最低气温 |
| 气压 | 全天连续测量 1440 次 | 1min | 20 次 | 瞬时 | 整点数据（整点前 1min 本站平均气压）；日最高和最低气压；发报时换算为海平面气压 |
| 相对湿度 | 全天连续测量 1440 次 | 1min | 20 次 | 瞬时 | 整点数据（前 1min 平均相对湿度）；日最小相对湿度 |

## 11.3.3.2　岸基高频地波雷达技术

岸基高频地波雷达（high frequency radar，HFR）作为一种海洋遥感的重要手段，已有三十多年的历史。它是大范围观测近岸海域海冰、海面风场、海浪场、海流场等海面环境参数的主要监测手段, 具有超视距、大范围、全天候以及低成本等优点。高频地波雷达海面环境探测的主要任务是建立海洋高频雷达环境网络, 对海面风场、海浪场、海流场进行高效精确的监测。HFR 通常安装在近岸接近水的位置, 其测量范围最大能覆盖离岸400km, 是在海洋观测尺度上唯一能够和卫星观测相媲美的。

在海洋观测中, 高频地波雷达利用海洋表面对高频电磁波的一阶散射和二阶散射机制, 可以从雷达回波多普勒谱中提取风场、浪场、流场等海况信息 (黄为民和吴世才, 1999), 实现对海洋环境大范围、高精度和全天候的实时监测。例如, HFR 测量海流的工作原理为: 天线将波长为 $\lambda$ 的电磁波射向海面, 根据 Bragg 共振原理, 接收机接收由波长为 $\lambda/2$ 的波浪产生的后向散射回波信号。如果不存在海流, 则回波信号的一阶 Bragg 频谱的 Doppler 频移为定值; 如果存在海流, 则回波信号会产生进一步频移, 根据这一频移的大小和方向可以推断出海流的大小和方向, 进一步根据二阶 Bragg 频谱的定向性质推断出海浪的方向频谱参数 (Harlan et al., 2010)。HFR 的类型见表 11-3 (王静等, 2009)。

表 11-3　HFR 的类型

| HFR 类型 | 试用场所 | 离岸最大观测范围/km | 水平分辨力/km | 允许误差/ (cm/s) | 时间分辨力/h |
|---|---|---|---|---|---|
| 高分辨率 HFR | 港口、海湾 | 15 ~ 25 | 0.5 | 海流± (2 ~ 12)<br>潮流± (2 ~ 4) | 1 |
| 标准 HFR | 海滨、海湾 | 30 ~ 40 | 1 ~ 2 | 海流± (2 ~ 12)<br>潮流± (2 ~ 4) | 1 |
| 标准 HFR | 海滨、海湾 | 60 ~ 90 | 1.5 ~ 3 | 海流± (2 ~ 12)<br>潮流± (2 ~ 4) | 1 |
| 大尺度 HFR | 海滨 | 170 ~ 400 | 6 | 海流± (5 ~ 12)<br>潮流± (5 ~ 6) | 1 |

高频地波雷达系统主要由天线和馈线 (发射天线和接收天线)、发射分机、信号分机和终端分机 (终端计算机和终端软件) 4 个基本组成部分, 如图 11-4 所示。高频地波雷达系统成对使用是一种普遍的应用方式, 其目的是为了获得关于海洋环境目标运动特性的即时矢量探测结果。成对使用时需要一个中心站, 它承担两个雷达站探测数据的汇集和合成处理功能, 也能够对雷达站进行远程监测和控制。中心站与雷达站之间采用专网或宽带互联网进行数据通信 (周涛等, 2009)。

高频地波雷达系统主要有两种天线阵列体制: 阵列式和紧凑便携式。前者阵长几十米到数百米, 如德国的 WERA、英国的 OSCR 和我国的 OSMAR 阵列式系统, 后者如美国的SeaSonde 系统 (Liu et al., 2010)。两者都可以实现海流的探测, 紧凑便携式最大的优点是对阵地的要求低、安装成本低、适应性强。阵列式雷达在探测精度、空间分辨率和时间分辨率上更具优势, 且可以提供大面积风场和浪场的探测信息, 这是紧凑便携式雷达所无法超越的。中国科学院烟台海岸带研究所在 2012 年引入两套德国的 WERA 系统, 属于阵列式地波雷达, 在海洋观测研究上发挥了积极的作用, 安装效果如图 11-5 所示。图 11-6为紧凑便携式 SeaSonde 系统应用示意图。

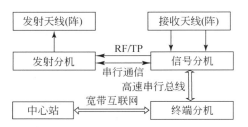

图 11-4　典型高频地波雷达系统组成（周涛等，2009）

图 11-5　德国的 WERA 天线阵

(a)发射天线　　　　　(b)接收天线

图 11-6　紧凑便携式 SeaSonde 系统（Liu et al.，2010）

　　高频地波雷达起初应用于军事中，利用短波（3～30MHz）在导电海洋表面绕射传播衰减小的特点，采用垂直极化天线辐射电波，能超视距探测海平面视线以下出现的舰船、飞机、冰山和导弹等运动目标，作用距离可达300km以上。由于其独特的性能优势及应用前景，许多临海国家竞相研制、购置和部署地波雷达，以抵御可能的战争威胁并满足海洋开发与研究的需要。英国1985年开发的商品化OSCR地波超视距雷达成功地进行了45km内洋流的测量（Wyatt et al.，1994）。美国20世纪80年代初推出的CODAR系统探测距离为 60km，且实现了商品化；1999 年，CODAR 公司推出了 SeaSonde 系统，探测距离可达 190km。加拿大在 1991 年研制出了 HF-GWR 多用途雷达，探测距离可达 400km（Khan et al.，1994）。德国 20 世纪 90 年代在引进早期 CODAR 系统的基础上开发出了 WERA 地波超视距雷达，探测距离可达 200km，时间分辨率为 10min，且具有很高的空间分辨率（最小 250m），使得该雷达成为海洋科学研究和海洋环境观测预报系统的有效工具（Gurgel et al.，2003）。我国自行研制的 200km 中程高频地波雷达 OSMAR2000 已在我国舟山海域和台湾海峡开展应用（罗续业等，2006）。2008 年南京船舶雷达研究所自主研制成功了 OS081H 数字化高频地波雷达，其主要功能是海洋环境探测，可兼顾目标探测，实际海态探测距离达到近 400km，探测覆盖面积达到 120 000km$^2$（周涛等，2009；王曙曜等，2014）。表 11-4 对国内外典型高频地波雷达的性能进行了比较（时玉彬等，2002；国家海洋局第一海洋研究所，2010）。

地波雷达工作在短波段，而短波段是高频通信、广播和各类大气、天电噪声等比较集中的频段，同时在高频段中低端，电离层干扰是严重影响雷达探测性能的主要干扰。目前国内外已开展了大量关于抗电离层干扰的研究，由于电离层形态及其变化的复杂性，尚无有效的能适应各种情况的抗电离层干扰技术。通过雷达实时选频系统选择干净频率、应用噪声抑制和抗干扰技术可以在一定程度上缓解这一问题。另外，采用多频率雷达探测也是一种手段。

## 11.3.4　海基海洋环境监测平台

### 11.3.4.1　多功能海洋监测浮标技术

多功能海洋环境监测浮标是海洋监测网中最普遍采用的测量平台之一，它主要用于海洋环境定点监测。浮标可以实现无人值守的全天候、全天时长期连续定点观测，可以观测的参数包括风速、风向、气温、气压、相对湿度、表层水温、表层盐度、温度剖面、盐度剖面、深度、波高、波周期、波向、流速剖面、流向剖面、溶解氧、pH、氧化还原电位、浊度、叶绿素、雨量、辐射等参数，在研究海洋和大气的相互作用及全球气候变化、预报全球性和地区性海洋灾害、海洋污染监测、卫星遥感数据真实性校验，以及作为平台用于水声通信和水下 GPS 定位等方面发挥了重要作用。

多功能海洋环境监测浮标系统是一个复杂的系统，涉及结构设计、数据通信、传感器技术、能源电力技术、自动控制等多个领域，是多学科的综合与交叉。系统分为浮标体、系留系统、传感器、数据采集系统、供电系统、安全报警系统、通信系统、接收系统（岸站）等几部分，通过搭载不同类型的传感器，可以完成对气象、海洋动力环境、水文和水质参数的长期、连续、自动监测，通过通信系统将不同的测量要素实时地传输到岸站数据接收系统（祝翔宇和冯辉强，2012）。系统组成框图如图 11-7 所示。

表 11-4 国内外高频地波雷达性能比较

| 雷达系统 | 研制年份 | 天线系统 | 工作频率/MHz | 发射功率 | 探测范围/km | 距离分辨率/km | 方位分辨率 | 可移动性 | 功能 |
|---|---|---|---|---|---|---|---|---|---|
| 英国 OSCR | 1985 | 发：垂直八木波束，宽100°数线5°，收：16元线阵，16波数，波数宽5° | 27 | 峰值：2kW 平均：20W | 40 | 1.2 | 5°（天线波数宽） | 可移 | 探测风浪流 |
| 日本 HF-OR | 1989 | 10元线阵收发共用，12波束，束宽15° | 24.5 | 峰值：200W 平均：100W | 100 | 1.5 | ±7.5°（天线波数宽） | 可移 | 探测风浪流 |
| 加拿大 HF-GWR | 1991 | 发：高40m 对数周期天线，波束宽120°，收：40元阵长880m 相控阵 | 5~30 | 峰值：10kW 平均：1kW | 20~400 | 0.4 | 2.5°~6°（天线波数宽） | 固定 | 探测低速移动目标为主，也可探测海况 |
| 德国 WERA | 1996 | 发：4元线阵，收：8~16元线阵 | 3~30 | 50W | 10~200 | 0.25~2 | ±2°±9°（天线波数宽） | 固定 | 探测海流、海浪和风向 |
| 美国 SEASONDE | 1999 | 发：5m鞭天线，收：单极子/交叉环 | 12~14 24~27 47~50 | 峰值：100W 平均：50W | 60 | 0.3~3 | 2°，5°，10°（MUSIC算法） | 紧凑便携式 | 测流精度：±7.0cm/s 测向精度：±10° 局部给出浪高 |
| 中国 OSMAR2000 | 2000 | 8元线阵，阵长120m，波束宽15° | 6~9 | 峰值：200W 平均：100W | 10~200 | 2.5，5 | 2°，5°（MUSIC算法） | 可移 | 以风浪流为主，也可探测海面低速移动目标 |
| 中国 OSMAR2003 | 2003 | 发：三元八木，收：40m八元非线性 | 7~8 | 峰值：200W 平均：100W | 200 | 2.5，5 | 2°，5°（MUSIC算法）40°（DBF） | 可移 | 探测风浪流 |
| 中国 OS081H | 2008 | 发：三元八木，收：24元双排阵 | 10.75 | 200W | 400 | 5 | 10°（DBF算法） | 固定 | 探测风浪流，兼顾目标探测 |

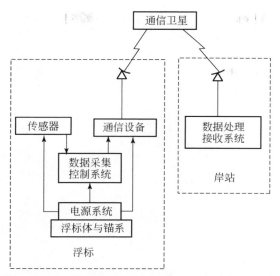

图 11-7　浮标系统组成框图（祝翔宇和冯辉强，2012）

　　数据采集控制器是浮标的核心部分，主要完成数据采集、处理、存储、传输和过程控制，其稳定可靠性能直接关系到整个系统的可靠运行。数据采集控制系统主要采用模块化、高可靠性、低功耗微处理机作为数据采集控制的核心，各传感器在控制指令下开展自动、长期、连续监测数据的采集，如美国 Campbell Scientific Instrument 公司的 CR10X 型测试与控制系统。浮标上装有大容量存储卡或存储硬盘，可将各测量项目采集的数据进行快速存储。浮标的数据传输系统主要采用无线通信方式，目前应用较多的有 GMS、CDMA 和 GPRS 通信方式、Inmarsat-C 海事卫星、铱星卫星、北斗卫星、短波、超短波等，采用单一或组合通信方式将浮标观测的数据传输到岸站接收系统。其中，北斗卫星通信是我国独有的。

　　岸站系统由岸站计算机、数据服务器、卫星通信机和电源等专业的数据接收处理设备，完成传输数据的接收、处理和存储。按照通信方式可分为两类：一类是短波通信接收岸站，接收短波通信机发来的信息；另一类是卫星通信接收岸站。

　　浮标体由塔架、标体（仪器舱、浮力舱）、配重组成，其组成与布放如图 11-8 所示。考虑到牢固耐用和减轻自身重力，浮体材料多采用复合型材料，如造船钢（3C）、PVC、铝合金、超强离子聚合胶、玻璃钢等，且除设备舱外其他舱室均填充浮力材料（赵聪蛟和周燕，2013）。塔架通常采用普通钢（A3）、不锈钢、铝合金等材质，上面安装气象传感器、警示灯、GPS 定位仪、雷达反射器、太阳能电池板等。为避免浮体及设备受外力冲击而损坏，除在塔架上安装警示灯和雷达反射器外，一般在浮体最大直径外围及塔架周围设置防撞橡胶圈。浮标体建设方面，我国的技术已与国外产品无明显差距。除了采用专门设计的浮标体搭载，还可选择灵活的平台搭建方式，如可借助渔民漂浮房来搭建海洋监测系统。

　　海洋监测浮标按照应用形式可以分为通用型和专用型浮标。通用型浮标是指传感器种类多、测量参数多、功能齐全，能够对海洋水文、气象、生态等参数进行监测的综合性浮

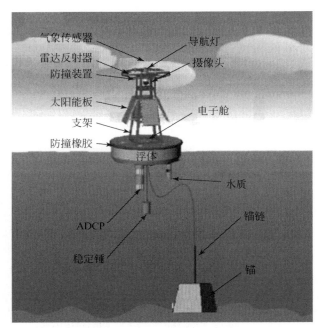

图 11-8　浮标体组成与布放示意图（祝翔宇和冯辉强，2012）

标。国外通用型海洋监测浮标始于 20 世纪 20 年代，目前已形成功能多样的产品系列，并将此技术拓展到了深远海。我国从 1965 年开始研制通用型海洋监测浮标，现已基本掌握了关键核心技术，取得了丰硕的成果，总体达到了国际先进水平（王军成，1998）。专用型浮标是指针对某一种或者某几种海洋环境参数进行观测的浮标。针对特定的应用需求，国内外已经研制了多种专用浮标系统，如海洋剖面浮标（Fowler et al.，1997；Morrison et al.，2000；刘素花等，2011；Kolding and Sagstad，2013；杜亮，2014）、海上风剖面浮标（王考等，2009）、海啸浮标（Tang et al.，2009）、波浪浮标（De Vries and Datawell，2007；毛祖松，2007）、光学浮标（Brown et al.，2007；杨跃忠等，2009；Organelli et al.，2013）、海冰浮标（郭井学等，2011）、海气通量浮标（Graber et al.，2000；黄艳松，2011）、海洋酸化观测浮标（王波等，2014）、海洋放射性监测浮标（Tsabaris and Ballas，2005）等。此外，还有一些其他用途的浮标，如导航浮标、声呐浮标和通信浮标等。

海洋监测浮标按照标体大小可分为大型浮标、中型浮标、小微浮标。大型浮标直径通常大于或等于 10m，造价高、容量大、寿命长，适合长时间定点监测。中型浮标直径通常为 1~5m，造价较低，运输布放和维护方便，适用于近岸水文气象或短期专题监测。小微浮标直径通常在 1m 以下，成本低、体积小、重量轻，便于快速布放回收，或一次性抛弃式监测（赵聪蛟和周燕，2013）。

海洋监测浮标已经有几十年的历史，随着计算机、通信、太阳能等技术的发展，许多技术已经成熟，各国均有成熟的商品化的产品，并已得到较为广泛的应用。随着浮标技术的不断发展，不但延续了对浮标体的优化、系统的改进等，同时新材料的应用、锚泊形式的改良、浮标监测网的完善也是国内外发展的重点。目前我国在海洋浮标监测技术方面也已取得了丰硕的成果，但与国外海洋技术大国相比还存在较大差距，主要体现在搭载的仪器设备的性能、测量精度和工作可靠性等方面。目前，大部分参数的传感器都依赖进口，虽然水质、气象、营养盐传感器也有国内产品，但相关技术参数与国际先进水平相比还存在一定差距。

### 11.3.4.2 表面漂流浮标监测技术

表面漂流浮标是依照海洋调查、环境监测、天气预报和科学实验的需要而逐步发展起来的一种小型海洋资料浮标，它在海面自由漂流，观测功能几乎不受海况影响，是一种随流漂移、利用卫星系统定位、具有数据实时传输功能的海洋观测仪器。此类浮标具有体积小、重量轻、便于投放、不易遭破坏、不受人为限制等特点，具有自动连续采集海洋水文气象数据、自动定位和传输数据的功能，具有全天候使用和全过程监测能力，可以弥补卫星遥感、雷达探测、飞机或舰船搜寻等常规探测方法受到天气条件限制的局限，适用于不同海况条件下的海洋表面动力学观测、大面积海域环境因素（水温、盐度等）调查、海–气相互作用研究、突发性环境污染定位示踪。按照不同的使用目的可连续在海上工作几个月甚至几年。

表面漂流浮标布放后随被测海流自由漂移，同时连续不停地采集已设定的各项测量参数。它依靠固定的卫星通信系统定位并将观测到的各种数据传输到地面接收站经计算机处理后提供给用户。漂流浮标对那些缺乏数据海域的水文气象分析和预测非常重要，对海流走向、流径的大尺度测量、海流数值及其变化量的分布以及大洋环流研究起着更为重要作用。在国外，早在 20 世纪 80 年代它们就已广泛应用。我国此类浮标设计参见海洋行业标准《表层漂流浮标》（HY/T 071—2003）中的规定。

表面漂流浮标在结构上具有极好的气密性，充分保证其内部电源、控制电路等关键部件与海水隔绝。传统表层漂流浮标主要由标体及水帆装置两部分组成。标体绝大部分采用球形或椭球形标体，直径通常在 1m 以下，具有很好的随波性。浮标底部装有测温头，顶部安装浸没传感器，有测温及对标体姿态实行监测的功能。筒型水帆浸没在欲测流层。其工作原理是：在被测海流作用下，水帆拖动标体在大海自由漂流。该浮标一般一次性使用，不回收。浮标系统及在水中的状态如图 11-9 所示。

表面漂流浮标的布放只需人力在船上进行，抓住缆绳将标体放入水中，然后连同缆绳将水帆抛下。水帆下沉后可将缆绳拉直，系统呈展开状（图 11-9），它包括：①浮标体，由壳体及密封在其内部的电子仪器、传感器和电池组成。漂流浮标的电子仪器由发射天线、水温传感器和电源等组成。②水帆部分，包括缆绳、连接索具和水帆。水帆是漂流浮标的重要部件、系统漂移的动力。没有发射或接收不到信息的浮标均不可使用。

溢油跟踪浮标与波浪浮标都是较为典型的表面漂流浮标。溢油跟踪漂流浮标由卫星收发器、GPS、坚固外壳、温度传感器、溢油传感器和磁性开关组成。浮标一旦被激活，它会通过卫星发送信息，信息包含其 GPS 经纬位置、水温、速度、航向以及电池状态等。浮标中的溢油传感器能对其所在水域进行监控，一旦感知溢油险情，该装置可以及时准确地

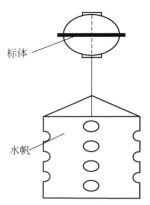

图 11-9　海表面漂流浮标

向指挥中心发出报警信息，并传递险情位置坐标。同时，溢油跟踪浮标可跟踪溢油油膜的漂移运动，其所在位置即溢油油膜漂移的位置，溢油跟踪浮标内定位系统将位置信息传送到监控中心，控制中心可实时了解溢油油膜所处位置、漂移速度、运动轨迹和方向等信息。波浪浮标可测量波高、波向和表层水温。当前代表波浪观测最高水平的浮标是美国的1056 型机器改良型 1156 型波浪跟踪浮标、荷兰 Datawell 公司的波浪骑士浮标、加拿大AXYS 的波浪浮标。我国中国科学院南海海洋研究所、中国海洋大学、山东省科学院海洋仪器仪表研究所等单位都对波浪浮标进行了深入的研究和探索，并已实现产业化生产，如SBZ3 型球形测波浮标、SZF 型椭球形波浪浮标、OSB 系列波浪浮标。

　　浮标功耗较低，一套电池可在标准配置下连续工作 12 个月到 30 个月不等。但随着监测强度的加强，仅仅依靠电池进行供电已不能满足监测需求。目前有学者采用波浪能发电来给浮标供电（沈璐等，2014）。在浮标内部安装特定结构的直线振动发电机，利用海洋中普遍存在的波浪能进行发电，随着浮标的随波逐流而不断产生电能，进而通过电能后处理电路将其储存在可充电电池中，实现浮标供电系统的电能自补给。

### 11.3.4.3　拖曳式多参数剖面测量系统

　　走航式拖曳式多参数剖面测量系统（moving vessel profiler，MVP）是一种集成程度和自动化程度都较高的海洋调查设备。它能实现不同深度多剖面的海洋要素的同步观测，并获得高水平空间分辨率的数据资料，成为海洋监测中必不可少的一种先进的监测技术，具有高时效、低成本和同步性好等的突出特点。我国在 2013 年制定了海洋行业标准《拖曳式多参数剖面测量系统》（HY-T 158—2013）。

　　拖曳测量系统归纳起来，有两种工作方式：一种是保持定深工作，早在 1930 年，学者 Alister Hardy 发展了一种固定深度的拖曳系统 CPR（continuous phytoplankton recorder）用于水体参数的收集。此种方式只适用于固定深度的操作，没有剖面结构的数据信息。另一种是工作深度可控，其运动轨迹与工作方式如图 11-10 所示（易杏甫等，2004），此种方式由于具有测量剖面的优点，成为近几十年来重点发展的拖曳体，其改变了海洋监测技术中传统的站位测量模式，充分利用船舶的航行过程，以智能拖体的波浪式轨迹运动和搭载不同种类的传感器，对海洋剖面实施快速、高效和实时的多参数同步测量。不管是定深拖曳方式还是深度可控拖曳方式，其工作深度信息的反馈都是由拖曳体上的压力传感器提供。由于航行过程中需要克服拖缆产生的流体阻力，因此，一般来说正常航速下最大工作水深在500m之内，最大拖曳速度在20kn左右。

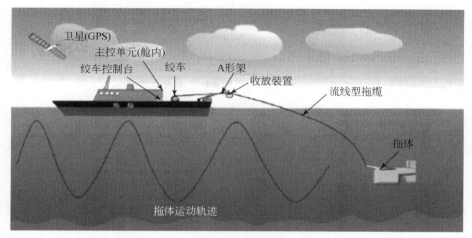

图11-10　拖曳式多参数剖面测量系统（易杏甫等，2004）

　　拖曳体都具有可控翼，拖曳船上的操作者可以通过一定的控制方式实施对拖曳体的轨迹与姿势控制来达到执行不同水下探测任务的目的。目前商业化的拖曳系统有以下几类：第一类是拖曳体与母船的电信连接和机械连接都通过拖缆，母船上有主控计算机，所有数据实时通过拖缆传输。此种工作方式的优点是实时操控强，有利于通过数据捕捉动力现象的快速变化，而且在浅水区为避免触底提供了较好的反馈时间。这类拖曳体包括加拿大的 Batfish、丹麦的 Scanfish 和英国的 Seasoar 等。第二类是自容控制方式，其拖缆无需专门的电缆，普通钢缆即可。拖曳体通过预先设置的最大工作深度、最小工作深度和采样时间间隔自动工作。此类工作方式使用方便，缺点是缺乏实时监控，其代表是英国的 Aquashuttle。第三类是拖曳体的深度变化通过绞车的收放拖缆进行，此类拖曳体对绞车控制性能要求高，代表是加拿大的 MVP，其自由落体式的工作方式避免了拖缆的导流套安装（王岩峰，2006）。

　　较以往的剖面站点分层测量方式，拖曳系统具有更好的传感器扩充功能，可以根据需求搭载不同组合的传感器。目前在拖拽系统上搭载的常用传感器包括 CTD、溶解氧传感器、叶绿素荧光计、浊度计、水下光学辐射测量设备等常规海洋调查设备，同时可根据需要搭载具有特定要求的传感器，如用于测量垂直剖面流的声学多普勒流速剖面仪（ADCP）（Kaneko et al.，1993）、用于研究海气界面物质交换的二氧化碳传感器（Koterayama et al.，2000）、用于探测鱼群的双频声学设备（Dalen et al.，2003）等。这些功能各异的传感器组合应用，拓宽了海洋内部要素的监测范围，细化了海洋要素中小尺度变化特征，如用于锋面和上层海洋动力过程的结构观测（Pollard，1986）、近岸的混合过程中湍流观测、浮游生物的动态分布观测（Huntley et al.，1995）、海水中叶绿素和悬浮物质分布（夏达英等，1999）等。拖曳式多参数剖面测量系统已被成功应用于多个国际大洋调查计划中，如热带海洋与全球大气计划（TOGA）、世界大洋环流实验（WOCE）、全球海洋生态系统动力学研究计划（GLOBEC）和全球海洋通量联合研究计划（GOFS）等。

## 11.3.5 海底海洋环境监测平台

随着世界范围内对海洋资源的开发利用、海洋灾害的监测与预防、海洋环保护等工作的重视，海底成为继近岸观测、海面观测、空中遥测遥感之后海洋科学的第四个观测平台，海底观测系统正逐步成为海洋技术领域的研究热点。与传统观测方式相比，海底观测平台具有原位、长期连续、不受海况和天气影响的技术优势。

### 11.3.5.1 海床基自动监测技术

海床基海洋环境自动监测系统（简称海床基监测系统）是获取水下长期综合观测资料的重要技术手段，具有长时间自动观测、隐蔽性好等特点，主要用于对所在海域的海底环境进行定点、长期、连续、综合的自动监测。系统监测对象包括水位、海流剖面、海底温度、盐度等环境要素，并可根据实际需要在系统上增加其他测量仪器或传感器来扩展系统的监测对象。系统可配置声学调制解调器，将水下监测数据以水声通信的方式传送到水面浮标系统，再由浮标系统通过卫星通信或无线通信转发到陆地基站，实现监测数据的实时传输。

基于海床基平台布放的水深，可将海床基划分为两种，即浅海型（水深小于200m）和深海型（水深大于200m）。浅海海床基通常搭载少量的传感器、结构设计简单、尺寸较少、重量较轻，可划分为一般型和防拖网型。防拖网海床基是浅海海床基发展的主要方向，其针对浅海渔业拖网、流网等网具设计，防止网具将海床基拖动，避免对仪器设备安全和数据质量产生较大影响。此类海床基多为棱台设计和曲面设计。棱台设计的防拖网罩便于加工生产，美国伍兹霍尔海洋研究所、美国国家海洋和大气管理局、MSI公司、Flotec公司等机构生产的防拖网海床基多以多边形为主，我国国家海洋技术中心研制的浅海（100m）型海床基也为梯台形状设计。基于曲面设计的防拖网罩具有低轮廓、对局部流场影响小的特点。防拖网海床基除了进行了防拖网罩的设计外，还需要适当增加平台重量，保证其抗拖拉能力。深海型海床基搭载传感器较多，材料坚固，可抗高压。由于布放深度较大，通常不需要防拖网功能。

以我国国家海洋技术中心研制的浅海海床基为例，海床基组成如图11-11所示（齐尔麦等，2011），其系统由水下工作平台、系统设备及测量仪器构成。

水下工作平台采用框架式组合结构设计，其外形呈封闭的梯台状且表面无易挂钩的结构部件，主要由浮体、仪器舱、配重基座、绳舱和释放机构组成。结构布局总体上分成上下两部分，由释放机构连接。上部为仪器舱，安装多种传感器和设备，其顶部安装浮体；下部为配重支撑架，配置重物。当释放机构执行释放动作后，仪器舱（安装各种仪器设备）在浮体带动下上浮水面，供水面船只回收，配重基座相当于一个锚块，使上浮部分不会随流漂走，可通过高强度绳索一并回收。为了更好地满足在恶劣的海洋环境下长期工作

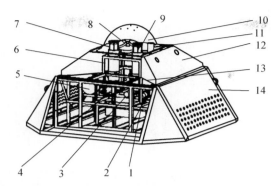

图 11-11　海床基观测系统结构示意图（齐尔麦等，2011）
注：1，绳索；2，定时释放器；3，温盐仪；4，压力式波潮仪；5，电池仓（2个）；6，仪器舱；7，声通信机；
8，声学多普勒流速剖面仪（ADP）；9，声学应答释放器；10，透声罩；11，安全报警器；12，浮体（4块）；
13，中央控制机；14，配重基座。

的要求，系统整体结构上采取防拖网设计、防掩埋设计等一系列环境适应性设计措施。海床基布放时可将系统吊放至全部没入水中，然后脱钩使其自由下落。由于结构设计保证了系统的重心在下，浮心在上，使系统布放下降海底时不会倾倒和翻滚。

作为一种离岸工作的坐底式观测系统，无法如水面浮标那样利用太阳能进行能量补充，如果通过海底电缆从陆地向水下系统供电，则成本较高且在很多情况下难以实现。目前常用的能源供给方式是系统自身配备足够的储能电池并进行合理的用电管理，以达到在水下长期工作的目的。此外，还可采用有缆接浮体的方式进行供电。

海床基监测系统数据实时传输链路由测量仪器、中央控制机、声通信机、浮标数据接收模块、卫星通信模块、地面接收站构成，其工作示意图如图 11-12 所示。由于在海洋环境中，水声通信是最适宜于远距离无缆数据传输的方式。因此，在整个传输链路中，水声通信是沟通水下和水面系统的关键技术。

为提高海床基回收可靠性，系统一般配备两套释放器：一套为声学应答释放系统，在正常回收时使用；一套为定时释放器，为备用释放手段。二者均可对释放机构进行控制。系统回收时，在水面船只上通过声学应答释放器水上机发出释放指令（或定时释放器设定时刻到达时），声学应答释放器水下机收到指令后，控制释放机执行脱钩动作，使仪器舱在浮体带动下上浮水面。系统内预存高强度绳索，其两端分别连接到仪器舱和配重底座。在将仪器舱回收后，通过仪器舱和配重支撑架之间连接的绳索将配重支撑架一并回收。对于深海型海床基，由于深海复杂的物理环境背景，一些深海型海床基并不能通过释放装置回收，而必须借助机器下潜方式进行回收。

海床基的安全保障系统设计上通常包含三方面，即防海水腐蚀、防生物附着和防泥沙淤积。防海水腐蚀目前除合理设计金属构件、合理选择材料外，还常采用以下几种方法：采用厚浆型重防式涂料；对重点部位进行耐腐蚀材料包套；根据电化学腐蚀原理，采用阳极牺牲法等。防海洋生物附着的最经济有效的措施依旧是选用合适的防污涂料。海床基抗泥沙淤积方面设计通常有打桩或支腿、底部侧面开孔、提高释放装置三种方式（胡展铭等，2014）。

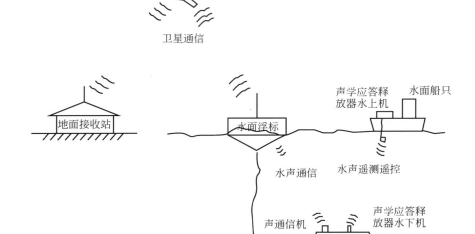

图 11-12　海床基监测系统工作示意图（齐尔麦等，2011）

## 11.3.5.2　潜标监测技术

　　海洋潜标系统又称水下浮标系统，是海洋环境观测的重要设备之一，是海洋环境立体监测系统的重要组成部分。海洋潜标系统是系泊于海面以下的可通过释放装置回收的单点锚定绷紧型海洋水下环境要素探测系统，主要配置声学多普勒海流剖面测量仪、声学海流计、自容式温盐深测量仪及海洋环境噪声剖面测量仪等，用于水下温度、盐度、海流、噪声等海洋环境要素长期、定点、连续、多参数剖面监测，并可根据测量任务的不同，在系统上挂接不同类型和数量的自容式仪器，获取不同参数资料。

　　海洋潜标系统具有观测时间长、隐蔽、测量不易受海面气象条件影响等优点，20 世纪 70 年代以来就得到了广泛的应用。90 年代以来，随着海洋科学研究、海洋综合利用和国防事业发展的需要，我国对海洋环境监测的力度不断加强，对海洋水下环境监测仪器设备的需求日益增加，海洋潜标系统也逐渐得到了较广泛的应用。在我国应用的海洋潜标系统中，配套厂商较多，既有国产仪器设备，也有进口仪器设备。不同厂商生产的仪器设备性能不同、零部件的材料不同，对连接方式的要求也不同。因此，在设计中应当特别注意系统的仪器设备选择和结构配置，以保证系统可靠性和测量精度的要求。特别是每次布放的海洋潜标系统的站位、布放深度、环境条件、仪器测量层次等都随监测任务的不同而变化，因此潜标系统不可能是一种固定的系留结构形式，也就是说对每套潜标系统都必须进行设计。潜标系统的设计必须考虑布放环境条件、所选仪器性能、连接结构和布放回收等要素。

　　海洋潜标系统一般由水下部分和水上机组成。水下部分一般由主浮体（标体）、测量仪器、浮子、锚、声学释放器等组成。通常，主浮体布放在海面下 100m 左右或更深的水层中，避免了海表面的扰动，锚将整个系统固定在海底某一选定的位置上。在主浮体与锚之间的系留绳索上，根据不同的需要，挂放多层自动测量仪器和浮子，在系留绳索与锚的连接处安装声学释放器（毛祖松，2001）。水下部分如图 11-13 所示。

图 11-13　潜标系统示意图①

　　每套浮标系统并联使用两套规格性能相同的声学应答释放器，作为系统回收组成件。声学应答释放器工作深度和甲板单元声学指令作用距离应满足最大使用海深要求，自带电源满足水下工作时间不小于 365 天。

　　潜标系统的布放，可以考虑两种基本的布放方式：一种先布放主浮体，最后布放锚；另一种先布放锚，最后布放主浮体。前者称为"标锚法"，后者称"锚标法"。"标锚法"是先用船上的主吊杆或绞车将主浮体缓缓放入水中，随后将系留缆、所需挂接的测量仪器按要求依次放出。在放出过程中，布设船要缓慢地前进使系留缆维持一定的张力，使布放的部分在船尾展开。当全部系留部件放完后，船停下来，迅速将锚链和锚块连接好，将锚抛入水中。此类布放方式所需设备简单，操作技术容易掌握，受气象条件影响小，但定位不精确。"锚标法"是借助系留索通过吊杆或绞车把锚吊入水中。为了便于增接布放的部件，需要通过一个或几个滑轮，造成一个张力松弛状态。当全部预定部件布放完成后，才把主浮体接上，并通过释放器或其他辅助方法把主浮体放入水中。此法定位准确，系留索扭结的可能性小，但易受船只起伏时的动负荷冲击，操作难度大。

---

　　① 参见 http：//www. hydrowise. com. cn/products_ detail/productId=121. html。

回收包括对资料、记录仪器及一些附属设备的回收。其程序大体为"标锚法"的逆过程。回收船靠近潜标系统，并用声学发射机发出声释放指令信号，使声学应答释放器把锚与系统的其他部分切断，系统的其余部分借助主浮体与辅助浮升部件的浮力浮出水面。回收部件全部用淡水冲洗干净。近年来，随着高新技术的发展和海洋环境监测的需要，潜标技术向着综合化、智能化方向发展。数据传输（借助水面浮标）由单一的存储读取方式向卫星传输、无线电通信和储存取读多种方式发展，增加了数据的可靠性和实时性。

### 11.3.5.3　水下航行器监测技术

水下航行器的种类很多，按照是否载人可分为载人水下航行器（HOV）和无人水下航行器（UUV）。其中，无人水下航行器又可分为无人遥控潜水器（ROV）、自主水下航行器（AUV）以及无人水下滑翔机（AUG）。上述各航行器的关系如图 11-14 所示。

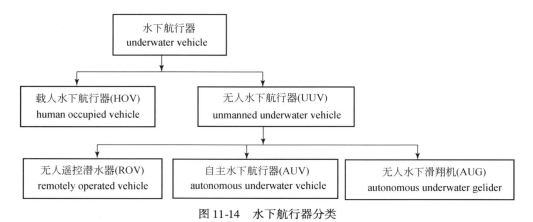

图 11-14　水下航行器分类

潜水器是一项系统性的复杂工程，涉及流体、结构、材料、机械、计算机控制、水声、通信、强弱电等多门学科，其研发水平能够体现一个国家的综合技术实力。载人水下航行器配有生命保障系统，允许载有人员下潜到水中。人在载人水下航行器里面可以更为直观地观察海底世界，更为精确地操控各类观测和采样等水下复杂作业。由于安全及生命支持的需要，载人水下航行器体积庞大，造价昂贵，例如美国"阿尔文"号（Alvin）的造价为 1 亿美元，仅租费就 2.5 万 ~3 万美元/d，且工作环境受限，不适用于海洋长时间、大范围的考察监测任务。相对而言，无人水下航行器具有体积小、造价省、环境适应力强、活动范围广等诸多优势，得到了越来越多的应用和发展。

无人遥控潜水器在母船上通过主缆和系缆进行操作，主缆为无人遥控潜水器提供动力、遥控、信息交换和安全保障。人的参与使得无人遥控潜水器可以完成复杂的水下任务，但由于电缆的长度有限，且很容易缠绕、断裂，从而减小了无人遥控潜水器的工作范围。自主水下航行器在工作工程中不需要系缆，降低了对工作平台的要求，使工作范围扩大了很多。但由于自主水下航行器通常采用螺旋桨推进方式，因此能耗大、航程短。无人水下滑翔机通过浮力驱动来实现滑翔运动，没有滑翔浆或推进器等动力装置，因此续航能力更强，工作范围进一步扩大。各无人水下航行器的航程和操纵性能如图 11-15 所示。

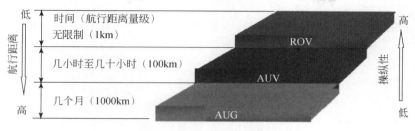

图 11-15　无人水下航行器性能比较

### （1）载人水下航行器监测技术

载人水下航行器（HOV）可以携带海洋科学家、工程技术人员进入海底现场，直接进行观察、分析、评估、操作机械手实现高效作业，能够充分发挥操作员的主观能动作用。但由于其设计复杂、造价昂贵，因此，载人水下航行器发展较为缓慢。目前全世界投入使用的各类载人水下航行器约 90 艘，其中下潜深度超过 1000m 的仅有 12 艘，越深的潜水器数量越少，目前拥有 6000m 以上深度载人水下航行器的国家包括中国、美国、日本、法国和俄罗斯。早在 1960 年，美国的"迪里雅斯特"号潜艇搭载科学家，首次成功下潜到世界大洋中最深海沟——马里亚纳海沟，最大潜水深度为 10 916m，但该深潜艇不能在水下进行操作和科学研究，达到深度以后马上就上浮。1966 年，"阿尔文"号（Alvin）载人水下航行器与 CURV 遥控潜水器相互配合把西班牙 Palamres 沉没的一枚氢弹从 856m 的水深处成功打捞上岸而轰动全世界。Alvin 由美国海军 1964 年研发成功，至今已下潜 5000 多次，是当今世界上下潜次数最多的载人水下航行器，搭载近 10 000 名人员至海底进行过各类考察和作业。法国 1985 年研制成的"鹦鹉螺"号载人水下航行器最大下潜深度可达 6000m，累计下潜了 1500 多次，完成过多金属结核区域、深海海底生态等调查，以及沉船、有害废料等搜索任务。俄罗斯是目前世界上拥有载人水下航行器最多的国家，比较著名的是 1987 年建成的"和平一号"和"和平二号"两艘潜水器，最大下潜深度为 6000m，带有 12 套监测深海环境参数和海底地貌设备，它们最大的特点是能源比较充足，可以在水下停留 17～20h。日本 1989 年建成的下潜深度为 6500m 的"深海 6500"载人水下航行器，水下作业时间为 8h，曾下潜到 6527m 深的海底，并已对 6500m 深的海洋斜坡和大断层进行了调查，并对地震、海啸等进行了研究，迄今已下潜了 1000 多次。中国是继美、法、俄、日之后世界上第五个掌握载人深潜技术的国家。"蛟龙"号载人深潜器是我国首台自主设计、自主集成研制的作业型深海载人水下航行器，2002 年建造完成，设计最大下潜深度为 7000m，也是目前世界上下潜能力最深的作业型载人水下航行器。近底自动航行和悬停定位、高速水声通信、充油银锌蓄电池容量被誉为"蛟龙"号载人深潜器的三大技术突破。目前"蛟龙"号载人深潜器已完成热液取样、生物采集、海底布放等多项深海科考项目。各国典型深海载人水下航行器如图 11-16 所示。

(a)美国"阿尔文"号HOV　　　　　　　　(b)法国"鹦鹉螺"号HOV

(c)日本"深海6500"HOV　　　　　　　　(d)中国"蛟龙"号HOV

图 11-16　典型深海载人水下航行器（范士波，2013）

### （2）无人遥控潜水器监测技术

无人遥控潜水器（ROV）由潜水器、脐带缆线、水面操控台三个主要部分组成。ROV作业系统包括机械手和作业工具，通常作业型 ROV 的前端都装有两个机械手，分工合作。潜水器和母船之间通过电缆进行连接，电缆提供其工作需要的能源及两者之间的双向控制信号的传输。由于母船的能源供给，使得 ROV 的动力系统可以支持较长时间的工作，且可适应恶劣的海况。由于人的介入，通过电缆对 ROV 进行控制，因此可完成较复杂的任务。ROV 在军事和民用方面都有广泛的应用，在科研方面，主要用于水下考古、海洋考察及海底监测等；民用方面主要用于石油、电站、渔业养殖及海上救助等；军用方面主要为搜寻水下危险设施及打捞试验丢失的武器等。在深海海底观测组网的实施中，ROV 已成为进行水下设备布放、安装、连接、维护等作业不可或缺的技术装备（Barnes et al.，2011）。ROV 在 20 世纪 50 年代开始研制，起初限于技术不成熟等原因没有得到广泛的研究和关注。自从 CURV 遥控潜水器与 Alvin 载人水下航行器于 800 多米的海底打捞出氢弹以后，水下机器人受到了广泛的关注。到了 70 年代中期以后，由于海洋石油、天然气的开采需要，ROV 得以迅速发展（杜兵，2012）。由于其技术要求相对简单，因此 ROV 技术到 80年代早期已经基本成熟。1953 年，几个美国人把摄像机密封起来送到海底，将人的视觉延伸到海底，世界上第一台浮游式遥控潜水器"Poodle"诞生（范士波，2013）。1960 年后，美国研制成功 CURV 系列 ROV，最大下潜时长为 100h，平均时长为 21h。2002 年第二代 Jason

ROV 下潜可达 6500m（Bingham et al.，2006）。加拿大 ISE 公司研发的 Hysub 系列 ROV，下潜深度由 365m 延伸至 6000m。ISE 公司为广州海洋地质调查局研发的"海狮"号 ROV，最大可下潜 4000m。日本海洋研究中心研发的"海沟"号 ROV 系统，于 1995 年成功下潜至 10 970m 的马里亚纳海沟，在当时创造了潜水器的最大下潜纪录（Barry and Hashimoto，2009）。在美国、英国等发达国家，ROV 已经成为一个成熟产业，目前已有超过 100 家的 ROV 制造和服务商。各国典型深海潜水器如图 11-17 所示。

(a)美国CURV ROV

(c)中国"海狮"号ROV

(d)日本"海沟"号ROV

图 11-17　典型无人遥控潜水器（范士波，2013）

　　上述水下机器人一般在 50kg 左右，体积庞大，无法深入狭小的狭缝，且不适合于海岸带、河流、湖泊的水下考察。而 Mini-ROV 作为 ROV 成员的一员，由于其控制灵活、操作携带方便，更适合浅海考察，受到了各行各业的欢迎。

　　美国 VideoRay 公司研制的 Pro 3 E 型 ROV，水下耐压 150m，时速可达 1m/s。荷兰 SEASCAPE 公司研制了 Mini-150、Mini-300、Mini-600 系列 ROV，耐压分别为 70m、120m、200m。Pro 3 E 型 ROV 和 Mini-150 系列 ROV 均有 2 个水平推进器和 1 个垂直推进器。美国 JW Fishers 公司的 Sealine 2 ROV 和美国 SEABOTIEX 公司的 LBV150-4 ROV 均配置 2 个水平推进器、1 个垂直推进器和 1 个侧推推进器，分别可下潜 200m 和 150m（姜迁里，2013）。几款代表性的 Mini-ROV 实物图如图 11-18 所示。

　　我国在这方面的研究起步较晚，且研究机构较少。1985 年才研制出第一艘 ROV——

(a)荷兰Mini-150ROV                 (b)美国Pro 3 E型 ROV

(c)美国Sealine2 ROV                (d)美国LBV150-4 ROV

图 11-18 　几款 Mini-ROV 实物图 （姜迁里，2013）

"海人一号"，由中国科学院沈阳自动化研究所、上海交通大学等多个研究机构联合开发，通过零浮力缆为 ROV 供电，水下耐压达 200m，开创了我国 ROV 研究的先河。目前已能够研发制造多种类型的 ROV 系统，且部分已在海洋石油开采、海军部门得到了应用（高延增，2010）。但商业化商品基本处于空白，主要研发机构有：中国科学院沈阳自动化研究所、上海交通大学、哈尔滨工业大学、中国海洋大学等。目前中国研发的 ROV 与国外产品相比，在下潜同样深度的条件下，我国 ROV 的重量及总装机功率普遍高于国外产品。

**（3）自主水下航行器监测技术**

自主水下航行器（AUV）又称自治水下机器人，是一种无缆式水下机器人，它自带能源，依靠自身的自治能力来管理和控制自己以完成所赋予的使命。相比 ROV，AUV 具有活动范围不受电缆限制、活动范围大、作业时间长、机动性和隐蔽性好等优点（封锡盛，2000）。在科研领域，已广泛应用于海底地形地貌勘察、海洋资源调查、水文参数测量和生物考察等；在民用领域，可用于铺设管线、海底考察、数据收集、钻井支援、海底施工，水下设备维护与维修等；在军用领域则可用于侦察、布雷、扫雷、援潜和救生等。

AUV 的研究始于 20 世纪 60 年代早期，1963 年美国华盛顿大学研制成功 SPURV（self-propelled underwater research vehicle），用于海洋水文调查，标志着 AUV 时代的开始。伴随着开发海洋的热潮，人们逐渐对 AUV 产生了兴趣，如紧接着研制出的苏联的 SKAT、日本的 OSR-V、美国的 EAVE EAST、法国的 EPAULARD 等（马伟锋和胡震，2008），但由于当时技术不成熟，所研制的 AUV 体积大、效率低、造价高，因此当时仍多用 ROV 进行水下作业。80 年代，计算机技术、微电子技术、人工智能技术及小型化导航设备的发展，推动了 AUV 技术的提高，AUV 的数量也急剧增加。90 年代，AUV 技术开始走向成熟，成为能够完成任务的可操作系统。据研究，80 年代末，世界上水下航行器的总台数不到 20 艘，而到 90 年代末，总台数达到了 70 艘，到 2007 年末，已经增加到了 400 多艘（王晓鸣，2009）。美国一直主导着 AUV 的发展方向，世界有半数的 AUV 是由美国研发的。

目前全世界已有 50 多种不同类型的科研或商业用途的 AUV，下面简单列举几种：1991～1992 年，美国麻省理工学院（MIT）开发的 Odyssey，可在 6000m 深度下以 5kn 的速度持续航行 1000km，美国伍兹霍尔海洋研究所（WHOI）研制的 Autonomous Benthic Explorer（ABE）速度和航程较小，但一次续航能力可达数月；1998 年，WHOI 与 Hydroid 公司研制了远程海洋环境监测仪（Remote Environmental Monitoring Unit，REMUS），用于海洋探查及监测，其中世界上最著名的微小型水下机器人 REMUS-100，重量仅 36kg，被频繁地应用于反水雷任务中（王刚，2013）；世界最大的水下航行器 LSV Ⅱ Cutthroat 也由美国研制，其排水量为 205t，长度为 33.8m（Ulmer，2013）；2003 年，日本开发的 R2D4 AUV，用于深海热液探测，最大下潜深度达到了 4000m，续航时间为 12h；英国国家海洋地理中心开发的 AUTOSUB，是一种用于海流、温度等海洋科学研究的 AUV（Blidberg，2001）；挪威研制的 HUGIN1000 和 HUGIN3000 工作深度分别为 600m 和 3000m（Wernli，2002；Hagen et al.，2008）；丹麦研制的 MARIDAN150 型和 MARIDAN600 型 AUV，已实现产业化。部分研制的 AUV 如图 11-19 所示。20 世纪后，AUV 逐渐进入商品化阶段。

1994 年，我国第一艘 AUV 由中国科学院沈阳自动化研究所、中国船舶重工集团公司第 702 研究所、上海交通大学和哈尔滨工程大学等多家单位合作研制成功，名为"探索者"号，设计工作深度为 1000m，续航能力 6h，巡航速度为 2kn，已成功进行了海试试验（Ditang et al.，1992）。同期，与美国合作开发了金鱼系列 AUV，用于生物考察与水产养殖。与俄罗斯联合开发了 CR-01 型 AUV，其目标工作水深为 6000m，使我国具有了深海探测的能力，已应用于太平洋底多金属结核的调查中（杜兵，2012），同时搜集到了大量海底图像和地形剖面数据。其改进型 CR-02 型 AUV（王晓鸣，2009），控制性能更高，可以在深海山区复杂地形中爬坡、避障，进行微地貌测量，在多项考察和海试中的表现已经达到世界前列（李一平和燕奎臣，2003）。此外在 863 计划的支持下，我国对 AUV 的研究加大了力度，目前已有多家研究机构进行 AUV 的相关研发工作，如中国科学院沈阳自动化研究所、中国船舶科学研究中心、中国科学院声学研究所、国家海洋技术中心、上海交通大学、哈尔滨工业大学、天津大学、中国海洋大学等。

AUV 通常要自带能源在水下工作，因此其续航能力、航速和负载能力都会受到能源的限制。当 AUV 完成某一任务后，通常需要回收到支撑平台，以便补充能源、回放数据和下载新的使命任务，这就需要专门针对回收技术与对接技术进行一定的讨论。通常 AUV 的回收有两种方式：第一种在水面上用母船起吊回收，该作业方式受风浪影响较大，主要用于大型 AUV 回收；第二种采用浮船坞型和升降平台进行水下对接回收作业，虽然避免了风浪的影响，但在活动范围上仍受到较大限制。自 20 世纪 90 年代至今，西方各国逐渐采用潜艇驮带回收和鱼雷发射管回收等水下回收方式，其优点是续航能力强，不受空间限制。

不同的回收方式需要不同的对接技术。20 世纪 90 年代，许多科学家开始研究 AUV 的

(a) 美国Odyssey AUV

(b) 美国ABE AUV

(c) 美国REMUS AUV

(d) 美国LSV Ⅱ Cutthroat AUV

(e) 日本R2D4 AUV

(f) 英国AUTOSUB AUV

(g) 挪威HUGIN1000 AUV

(h) 丹麦MARIDAN AUV

图 11-19　部分国外研制 AUV（Wood，2009；王晓鸣，2009）

水下对接技术，科学家根据 AUV 所具有的不同特点和对接目标，设计出了多种水下对接系统，从 AUV 的形体和对接目标的角度，大致分为三类对接方式（燕奎臣和吴利红，2007）：第一类是以绳索、杆类为对接目标的对接方式，此类对接方式需要在 AUV 上安装捕捉绳索、杆类目标的对接机构，具有代表性的是美国伍兹霍尔海洋研究所与麻省理工学院联合研制的 Odyssey II B AUV 水下对接系统，如图 11-20 (a) 所示，V 形剪用来捕获与对接基站相连的对接杆，弹簧触发机构用来锁定对接杆，这类对接方式可使 AUV 在距离对接目标 1m 之外就能捕获到对接杆，实现与对接目标的全方位对接，受海洋环境的干扰相对较小；第二类是以圆锥导向罩和笼箱类为对接目标的对接方式，此类对接方式结构设计上相对简单一些，但要求需对接的 AUV 具有较好的操纵性和运动控制能力，受各种异性海流的影响较大，具有代表性的是 Remus 水下对接系统，如图 11-20 (b) 所示，对接目标由两部分组成，即采用圆锥导向罩和对接管的结构，在圆锥导向罩的上方布置有声学设备，用于对接过程中对接目标和 AUV 的互动搜索，提高了 AUV 成功对接的概率；第三类是以水中平台为对接目标的落座式对接方式，此类对接方式适用于 AUV 和水中平台或海底平台相对接，对接成功率较高，具有代表性的是日本川崎重工业株式会社的 Marine-bird AUV 水下对接系统，如图 11-20 (c) 所示，AUV 和水下平台的对接采用"飞机降落着地"的原理，在水声引导下，AUV 从远方调整姿态，对准水下平台缓慢下降，通过 AUV 腹下的两个捕捉臂捕捉对接平台上 V 字形定位装置，然后进行艏向和侧向调整并着落于对接平台上，再通过 AUV 和对接平台上的锁定机构实现 AUV 的最终定位。我国目前对捕捉臂对接方式和落座式对接方式研究较多，哈尔滨工程大学设计的水下对接系统采用 4 个捕获臂捕获潜艇的裙口目标；中国科学院沈阳自动化研究所等设计的"探索者"号 AUV 水下对接系统采用落座平台式的对接方式，水下平台具有自动定向和自动定深功能，AUV 通过水声引导和光学对准的方式落座在水下对接回收平台上。

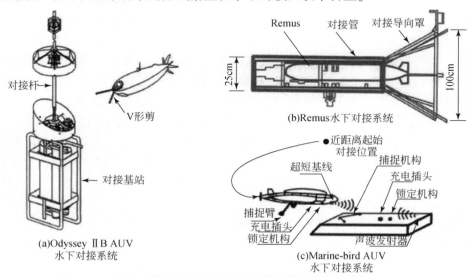

图 11-20　AUV 三类水下对接方式示意图（燕奎臣和吴利红，2007）

为了在能源一定的情况下增加 AUV 的工作时间，美国海军研究生学院首先提出了 AUV 着陆的概念（Healey and Good，1992），即 AUV 到达指定海域后降落到海底，停止螺旋桨转动进入睡眠模式，只保持监测传感器工作，这有效地延长了 AUV 在水下的工作时间。其工作过程如图 11-21 所示（杜兵，2012）。此类 AUV 有：美国海军研究生学院研制成功的 NPS AUV（Healey and Good，1992；Marco and Healey，2001）、亚特兰大大学研制的 Ocean Explorer Ⅱ型 AUV（Glegg et al.，2001）、日本东京大学研制的着陆型 AUV（Sangekar et al.，2010）、我国天津大学与国家海洋技术中心研制的 AUV-VBS（侯巍，2006）。

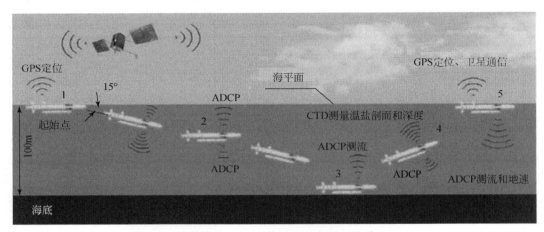

图 11-21　着陆式 AUV 工作过程示意图（杜兵，2012）

注：1，下潜起始点；2，下潜过程点；3，下潜最低点；4，上浮过程点；5，上浮终点。

水下导航与空中导航相比，具有环境复杂、信息源少、隐蔽性要求高、难度大等特点。水下航行器导航技术可分为传统和非传统的导航技术：传统的导航技术包括船位推算法、惯性导航系统、水声通信和组合导航系统；非传统的技术包括地形跟踪、地球物理学、磁力线定位。未来导航技术的发展将会是多种导航方法进行组合，即多种传感器进行测量，然后利用数据融合的方法对测量数据融合后进行导航，从而提高了导航的精度和准确性。因此，对于 AUV 导航系统来说，有两个关键的领域，即传感器数据的综合和导航传感器技术的进展。目前各研究机构及制造商都在努力开发新的传感器，在惯性导航系统的制造商们追求先进的陀螺及加速仪技术的同时，速度声呐的生产厂商努力研制综合多普勒速度声呐及相关速度记录仪。此外，非传统性导航技术也在迅速发展，如海底地形匹配、地形跟踪及引力导航，其目标是利用宏导航与微导航发展一种深海测量地形匹配技术。除上述几个方面外，AUV 的关键技术还涉及传感器技术、图像处理、视频图像的水声传输、位置偏差的修正方法等。

水声通信是目前实现水中远距离数据传输的唯一方法。AUV 与浮标或与其他 AUV 之间的通信主要依赖水声通信，其传输速度为 1.5km/s，远小于陆地上 30km/s 的无线电通信速度。

**（4）水下滑翔机（AUG）监测技术**

水下滑翔机（AUG）是无人水下航行器的一种，是一种无外挂推进装置的系统，航行速度不如螺旋桨推进的 AUV，但它由于自身净浮力提供驱动力，具有制造成本低、能耗小、噪声小、航行时间长、探测范围广、可重复利用、投放回收方便等优势，适于大范围、长时间、不间断海底立体监测，使得海洋探测和科研监测的范围从时间和空间上得到了拓展。

水下滑翔机是一种无动力装置，它通过浮力驱动机构调节有囊体积以改变自身浮力从而实现沉浮运行，通过姿态控制机构（如沿主轴移动重物块、尾舵）调整重力和浮心的相对位置而改变俯仰角、旋转角，而在上浮和下沉过程中，机翼所受的浮力又推动水下滑翔机的向前运动。水下滑翔机从海洋表面滑翔到指定深度，在上一个滑翔任务完成后再次浮出水面，"滑翔" 路线类似 "锯齿状"，滑翔过程中可以测定海水的温度、盐度、海流、叶绿素、海底深度等数据，返回海水表面时，水下滑翔机借助 GPS 导航和卫星天线双向无线信号通信，实现远程控制和测量数据的实时传输（李健等，2012；杜加友，2006）（图 11-22），水下滑翔机基于不同的监测目的可以搭载各种不同的传感器或仪器设备。

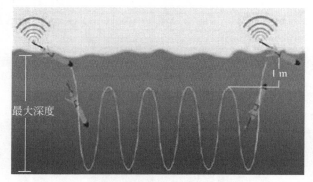

图 11-22　水下滑翔机应用示意图（李健等，2012）

与其他水下机器人相比，水下滑翔机要小很多（一般在 50kg 左右），运动速度约为 0.5kn，同时由于采用浮力驱动方式航行，因此可以在长达数百公里的航程内进行长达数月的航行，这是其他水下动力平台（AUV、ROV 等）所望尘莫及的。与基于科考船的拖曳式多参数剖面测量相比，水下滑翔机的使用更节约监测成本，扩展了监测范围（陈力萍，2014）。同时，水下滑翔机增加了水平运动控制，与 Argo 浮标相比，摆脱了海域的范围限制。

水下滑翔机的概念最早于 1989 年由美国伍兹霍尔海洋研究所的海洋学家 Henry Stommel 正式提出，其发展道路一直由美国引领。20 世纪 90 年代，美国已研发成功三种水下滑翔机：①1990～1998 年 Webb 研究室实验室研制了 Slocum 水下滑翔机（包含电驱动型和温差能型两类）（Graver，2005；Schofield et al.，2007），如图 11-23 所示，两款水下滑翔机在外形设计和总体尺寸上基本相同，只是温差能型水下滑翔机在外部流线型壳体上增加了两根用于热机工作的管子；②1999 年美国 Scripps 海洋研究所和伍兹霍尔海洋研究所研制了 Spray 水下滑翔机（Bachmayer et al.，2004），如图 11-24（a）所示，Spray 采用循环往复式泵，更具水动力外形，比 Slocum 少 50% 阻力，最大下潜深度为 1500m（Sherman et al.，2001）；③1999 年华盛顿大学应用物理实验室研制了 Seaglider 水下滑翔机（Eriksen et al.，2001），如图 11-25（a）所示，下潜深度为 1000m。进入 21 世纪后，美国 Webb 研发公司 2003 年研制成功 Discus 水下滑翔机，具有水下滑翔和坐底测量功能；2006 年研发成功的 Deepglider 水下滑翔机，如图 11-25（b）所示，与 Seaglider 水下滑翔机几乎一样，但其外壳采用热固性树脂和碳素纤维，下潜深度设计为 6000m（Osse and Eriksen，2007），但在实际测试时，其最大下潜深度为 2713m，且仅在海中滑翔 39 天。2009 年，由美国罗格斯大学研制而成的一艘名为 Scarlet Knight 的水下滑翔机，充电一次就成功地横渡了大西洋，前后只花了 7 个月。

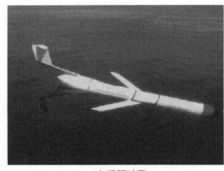

(a)电子驱动型        (b)温差能驱动型

图 11-23　Slocum 水下滑翔机（Schofield et al.，2007）

(a)Spray 水下滑翔机        (b)Sea Wing 水下滑翔机

图 11-24　Spray 水下滑翔机和 Sea Wing 水下滑翔机（Bachmayer et al.，2004；Yu et al.，2011）

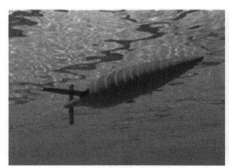

(a)Seaglider 水下滑翔机        (b)Deepglider 水下滑翔机

图 11-25　Seaglider 水下滑翔机和 Deepglider 水下滑翔机（Eriksen et al.，2001；Osse and Eriksen，2007）

除美国之外，早在 1992 年，日本东京大学成功研发 ALBAC 浮标，它的外形极像水下滑翔机，但它没有浮力驱动系统，一次只能完成一个剖面滑翔运动，最大下潜深度为 300m。2013 年，日本科学家研制出一款名为 SORA 的太阳能水下滑翔机，其装备非常轻巧，能在海面下潜伏几个月，然后在海面待几天充电，接着潜回到海下，因此从理论上而言，它可以无限期地在海下工作（Arima et al.，2011；Tonai and Arima，2013）。2012 年法国 ACSA 滑翔机公司推出了 Sea Explorer 流线型无翼水下滑翔机，其速度为 1kn，且此款滑翔机没有机翼，被渔网缠住的危险大大减少，另外，其有效载重舱被设计成很多可更换的模块，可以装载各种各样的设备。新西兰 Otago 大学电子研究实验室 2007 年开始水下滑翔机 Under DOG 的研制，其设计工作深度为 5000m（陈力萍，2014）。

国内对水下滑翔机的研究虽然起步较晚，但到目前为止也取得了比较显著的进展。由中国科学院沈阳自动化研究所研制的 Sea Wing 水下滑翔机，如图 11-24（b）所示，其身长 2m，最大下潜深度可到 1200m，采用锂电池供电、GPS 导航、铱星通信，搭载 CTD 传感器（Yu et al.，2011）。2011 年 7 月，Sea Wing 水下滑翔机搭乘"科学一号"科考船，参加了国家自然科学基金西太平洋共享航次，成功进行了海洋实验。国家海洋技术中心与天津大学于 2003 年开始进行温差能驱动的水下滑翔机样机研发，并于 2005 年 8 月在中国千岛湖顺利完成湖试试验，工作深度为 100m。中国船舶重工集团第 710 研究所、第 702 研究所也是我国开展水下滑翔机研究工作的单位之一，第 702 研究所从 2004 年就开始成立了专门的创新研究团队，对水下滑翔机技术进行理论分析、设计计算和实用化探索。目前已研制出"QianShao""USE-1""海翔一号"三台水下滑翔机，其最大下潜深度为 500m，搭载 CTD 传感器、叶绿素传感器和溶解氧传感器，2013 年"海翔一号"完成了湖试试验（温浩然等，2015）。2014 年 3 月，中国海洋大学与中国科学院声学研究所合作研制的声学滑翔机样机、中国科学院沈阳自动化研究所研制的电能深海滑翔机样机、天津大学研制的电能混合滑翔机及温差能滑翔机、华中科技大学研制的喷水推进型深海滑翔机共同承载福建海洋研究所研制的"延平 2 号"在南海北部海域进行了海试（陈力萍，2014）。

随着小型滑翔机的逐渐成熟以及对监测功能需求、航程的扩展，水下滑翔机进入试应用和多架滑翔机协同运作的阶段，且有逐渐向大型化发展的趋势，如 ANT littoral 滑翔机、XRay 滑翔机、Tethys 滑翔机都属于大型滑翔机。2003 年美国研制的 ANT littoral 滑翔机，最大下潜深度可达 200m，搭载了 CTD 传感器、高度计及声学传感器，航行速度为 1.03m/s，可持续工作 30 天。2006 年美国 Scripps 海洋研究所海船物理实验室和华盛顿大学的应用物理实验室研制成功 XRay 滑翔机，是目前世界最大的水下滑翔机，其携带了多种传感器（Stephen，2009；陈力萍，2014）。由加拿大蒙特利海洋研究所研制的 Tethys 水下滑翔机航速为 0.5～1.0m/s，最大航程约为 1000km，作为生物学过程实验的采样和测量平台搭载了定位仪和水质采样器，可持续工作 3 天。

国内外水下滑翔机参数见表 11-5。

表 11-5　国内外水下滑翔机参数比较

| 参数 | Slocum | Spray | Seaglider | Deepglider | Sea Wing | XRay |
|---|---|---|---|---|---|---|
| 总长/m | 2.15 | 2 | 1.8 | 1.8 | 2 | 1.68 |
| 直径/cm | 21 | 20 | 30 | 30 | 22 | 610（翼展宽度） |
| 质量/kg | 52 | 51 | 52 | 62 | 65 | 850 |
| 负载能力/kg | 5 | 3.5 | 4 | — | — | — |
| 驱动方式 | 电驱动和温差能驱动两种 | 电驱动 | 电驱动 | 电驱动 | 电驱动 | 电驱动 |
| 电池类型 | 碱性电池 | 锂电池 | 锂电池 | 锂电池 | 锂电池 | — |
| 通信 | 铱星或近距离微波通信 | 铱星 | 铱星 | 铱星 | 铱星 | — |
| 最大航速/(cm/s) | 35 | 25 | 25 | 25 | — | 50~150 |
| 最大潜深/m | 200 | 1500 | 1000 | 6000 | 1200 | 365 |
| 续航范围/km | 500 | 7000 | 4600 | 8500 | 最小500 | 1200~1500 |
| 续航时间/天 | 20 | 330 | 200 | 39天后失踪 | — | 180 |
| 搭载 | CTD | CTD | CTD | CTD | CTD | 国防传感器 |

近年来各国对水下滑翔机的研究多样化，机体线形、整机尺寸、驱动能源、导航方式等都多样化并存发展。根据驱动原理的不同，除了传统的电能驱动型水下滑翔机，目前温差能驱动型、波浪能驱动型、混合驱动型、太阳能驱动型等也被广泛研究。其中，电能驱动型采用高压循环泵和外置水囊的配合实现驱动（Davis et al.，1992），设计相对简单，技术相对成熟，应用最多。温差能驱动型水下滑翔机在外部壳体上增加用于热机工作的管子，利用大洋主温跃层铅直方向的温度梯度获取能量，因此续航时间长于电驱动型。波浪能驱动型水下滑翔机由水上浮筒和水下翼状面板组成，能将海水的上下波动转化成向前的推动力，可实现更长时间、更远距离的航行。混合驱动型水下滑翔机综合传统 AUG 和 AUV 的优点，当长距离航行或需隐蔽时采用滑翔模式，需快速机动或较高定位时采用 AUV 模式。太阳能驱动型水下滑翔机无需自带能源，可在海面下潜伏几个月，再回到海面充电几天，接着下潜到海下，从理论上讲，可无限期工作。随着海洋资源开发逐步从陆地转向资源丰富的海洋，水下滑翔机技术在这种转变中扮演着重要的角色。从目前来看，水下滑翔机的发展趋势为模块化设计、低功耗技术的突破、多传感器的搭载，并最终向深海型发展。随着各种关键技术的不断突破，水下滑翔机在海洋开发中将起到越来越大的作用与应用前景。

**（5）水下航行器的发展趋势**

美国是最早进行海洋研究和开发的国家。当前，世界各国都高度重视发展海洋科技，美、日、英、法、德等国家都制定了长远的海洋发展规划，深海装备技术也日臻成熟。目前，随着通信技术、导航技术、人工智能、新能源、新材料等技术领域的迅猛发展，国际上水下航行器的开发研究正朝着综合技术、体系化方向发展，未来发展趋势主要体现在以下几个方面。

1）向智能化方向发展。在控制和信息处理系统中，逐渐提高图像识别、人工智能、信息处理、精密导航定位等技术及大容量库存系统，将使水下航行器向智能化、精准化方向发展。

2）向混合式方向发展。未来出现的不只是标准的 ROV、AOV 或 AUG，将会是集多功能于一身的混合的 ROV/AOU 或 AUV/AUG 的合体机器人。两栖机器人、海底爬行机器人、仿生水下机器人等各式各样新型水下机器人将逐渐走进人们的视野。目前在混合机器人的研发方面已取得了一定的进展。由美国伍兹霍尔海洋研究所设计的混合型遥控潜水器（HROV），名为"海神"号（Nereus），其结合了 AUV 与 ROV 的功能，采用 AUV 进行常规监测，一旦发现感兴趣的目标，便变为遥控 ROV 模式，实现近距离摄像和取样。Nereus HROV 于 2009 年 5 月完成了对太平洋马里亚纳海沟的极深挑战，成功下潜至 11 000m 深处（Bowen et al.，2004）。2010 年 8 月，由中国科学院沈阳自动化所主持研制的北极 ARV（集 AUV 和 ROV 技术特点于一身的新型水下航行器）首次从人工开凿的冰洞中下放、回收，成功实现了在高纬度冰下的自主导航和自主航行，获取了大量科学数据（李硕等，2011）。目前，佛罗里达理工学院正在研制一款混合动力的水下滑翔机（AUV-Powered Glider），即兼具 AUV 动力装置的水下滑翔机，此款水下滑翔机既可采用动力航行，也可采用滑翔模式无动力航行，其设计工作水深为 6000m，最优航行速度为 2kn（Stephen，2009）。天津大学开发了一种混合式水下航行器，其将传统的 AUV 与滑翔器功能相结合，该航行器既可通过艉部的螺旋桨驱动航行，也可通过艏部的浮力调节装置改变浮力实现沉浮，即充分利用了 AUV 机动性高以及滑翔器续航时间长的优点，其工作水深为 500m，已完成了湖试试验。

3）向低功耗技术发展。水下航行器的体积有限，限制了所能携带的电池，除此之外，水下航行器的工作环境复杂，更换电池极为不便，因此降低功耗对水下航行器具有重要的意义。已有科学家开展了此项工作，并取得了一定的进展。如美国与俄罗斯合作联合开发的太阳能 AUV（Blidberg，2001；Crimmins et al.，2005），其最终目的是要开发一艘具有超过一年续航能力的太阳能 AUV。日本也研制了 SORA 太阳能水下滑翔机（Arima et al.，2011；Tonai and Arima，2013）。

4）向多航行器协作系统发展。随着水下机器人应用的增多及深海探测考察任务的细化和深入，将会出现多个或多类水下航行器的系统作业，共同完成复杂的任务。例如，2003 年 8 月 Fiorelli 等在蒙特利海湾进行了多个 AUV 相互协作的研究演示实验（Fiorelli et al.，2004）。

5）向远航程、深海型发展。随着要求考察范围的逐渐扩大，要求水下航行器可进行远程作业，使其活动范围达到几千米甚至万米级。目前各国都在向深海型航行器方向发展，以求掌握深海的制动权。

6）向多传感器方向发展。水下航行器的设计是为了采集特定水域的水文资料，要完成这一任务需要搭载不同类型的传感器。随着低功耗等技术的突破，未来水下航行器的负载能力将会逐渐增大。

### 11.3.5.4　Argo 浮标监测技术

自持式、自治式剖面观测漂流浮标 Argo 是一种长期、连续地进行不定点温、盐、深剖面测量的海洋仪器。浮标在水中自由漂流，按预定的程序自动上升、下降和数据采集，通过卫星发送测量数据。Argo 浮标是一种海洋观测平台，首先应用于 Argo 全球海洋实时观测网计划，因此而得名（详见 12.2 节）。Argo 浮标最大的优点是一旦布放，它将持续自动运行而无需人为维护直至电源耗尽，多数 Argo 浮标的工作期限会超过 2 年。

众所周知，任何物体在水中实现沉、浮运动通常有三种途径：一是改变物体的体积而重量保持不变；二是改变物体的重量而体积不变；三是增加或减少对物体所施加的外力（郑君杰等，2012）。Argo 浮标的设计则采用了第一种途径，即浮标在水中沉浮是依靠改变其内部体积来实现的。根据这一原理设计的浮标，主要由可变体积的水密耐压壳体、机芯、液压驱动装置、传感器、控制/数据采集/存储电路板、数据传输终端和电源等部分组成，其内部解剖示意图如图 11-26 所示。

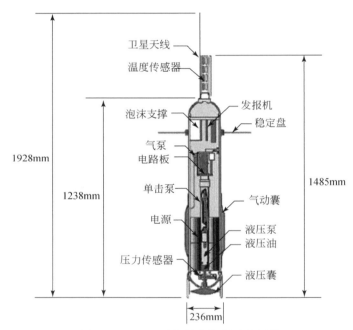

图 11-26　Argo 浮标结构解剖示意图①

浮标的沉浮功能主要依靠液压驱动系统来实现。液压系统则由单冲程泵、皮囊、压力传感器和高压管路等部件组成，皮囊（图 11-26 中的液压囊）装在浮标体的外部，有管路与液压系统相连。当泵体内的油注入皮囊后会使皮囊体积增大，致使浮标的浮力逐渐增大而上升。反之，柱塞泵将皮囊里的油抽回，皮囊体积缩小，浮标浮力随之减小，直至重力大于浮力，浮标体逐渐下沉。若在浮标的控制微机中输入按预定动作要求编写的程序，则控制微机会根据压力传感器测量的深度参数控制下潜深度、水下停留时间、上浮、剖面参

① 参见 http：//wenku. baidu. com/link? url = n0uEIov4NvCdbkUITnTrUy0Wvr3TLhNQtylRTu9GiikjGjo9TtO4 Tbmi7i_3uiBgkggic-D1O0qq5FB3xDcVnmhot8PaCbUn4eSKK3Y1Cxe。

数测量、水面停留和数据传输以及再次下潜等工作环节，从而实现浮标的自动沉浮、测量和数据传输等功能。Argo浮标设计成圆柱状以保证其有很强的抗冲击能力可直接投入水中而无需采取减速措施。

当浮标被布放在海洋中的某个区域后，根据上述工作原理，它会自动潜入 2000m 深处或设定深度的等密度层上，随深层海流保持中性漂浮，到达预定时间（约 10 天）后，它又会自动上浮，并在上升过程中利用自身携带的各种传感器进行连续剖面测量。当浮标到达海面后，通过定位，与数据传输卫星系统自动将测量数据传送到卫星地面接收站，经信号转换处理后发送给数据接收站。浮标在海面的停留时间需 6~12h，当全部测量数据传输完毕后，浮标会再次自动下沉到预定深度，重新开始下一个循环过程，如图 11-27 所示（Wilson，2000）。

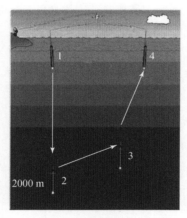

图 11-27 Argo 浮标的测量过程（Wilson，2000）

注：1，表面停留，约 1h；2，预定深度，浮标 10~14 天；3，自动上浮，并进行连续剖面测量；
4，到达海面，停留 6~12h，再次下潜。

Argo 浮标的布放十分简单，只要浮标通过测试程序，证明浮标处于良好的工作状态，无需专业人员在场即可在海上布放。浮标布放的方式有多种多样，可以利用飞机空投，适用于在一些偏远的海区布放浮标，也可以用商船或其他科研船只布放。当然，利用专业调查船布放会使浮标工作更具有可靠性，观测资料会更有说服力。因为在用专业调查船布放浮标时，可以利用船载温盐深仪和高精度实验室盐度计等对浮标观测资料进行现场比较和校正。

我国在 2004 年 11 月 8 日实验的 Argo 浮标潜入的深度已达到 1900m，历时两年的浮标研究工作，在下潜深度、上浮水面、剖面测量、数据处理、卫星传递数据等功能上已经达到国际 Argo 组织的要求（余立中等，2005）。2008 年年底，全球累计在海洋中布放了6000 多个 Argo 浮标（王世明和吴爱平，2010）。据全球 Argo 信息中心（AIC，法国）统计，截至 2015 年 4 月，全球共投放了 10 384 个浮标，中国共投放了浮标 157 个。

# 11.4　数据与信息服务系统建设

海洋环境立体监测系统是将海洋监测终端所获得的数据集成起来，统一管理，分布处理，然后将数据和产品等信息提供给广大用户群的综合性系统（罗续业等，2006）。数据与信息服务系统是海洋环境立体监测系统最重要的子系统之一，其目的在于集成整合由海洋环境立体监测网络的各类监测设备获取的海洋环境信息以及各种海洋专题应用信息系统，为决策者、海洋管理人员及公众用户提供全方位、多层次的海洋信息服务。

数据与信息服务系统建设是一项庞大、复杂的信息化系统工程。通过多种观测、调查等手段获取的大量宝贵的海洋数据，需要进一步整合处理，从中提取所需要的信息，以满足数字化再现，预现海底、水体、海面及海岛海岸带等海洋自然要素、自然现象及其变化过程的应用需求（王晓民等，2008）。从数据处理流程角度分析，数据与信息服务系统由数据获取、数据处理、增值信息服务组成，如图 11-28 所示（杨忠华，2013）。数据处理和信息服务系统的目的是实现集成与共享宝贵的海洋信息与产品，充分利用信息资源，整合相关的技术方法与信息应用，满足用户的信息需求。

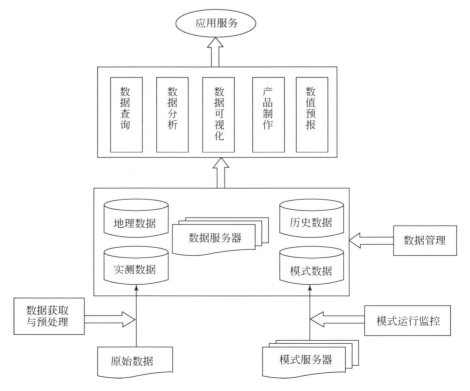

图 11-28　数据与信息服务系统结构图（杨忠华，2013）

　　数据与信息服务系统可以分为两个层次，即数据处理模块提供基本的信息与产品及其共享服务，以及在此基础上进一步进行信息处理形成的个性化可定制的增值信息服务。数据获取模块通过立体监测和综合调查等手段，利用先进的空间、海面和水下探测技术，综合应用遥感与现场观测等多种方法（杜云艳等，2003；池天河等，2004），进行多平台立体观测，获取了大量宝贵的海洋数据，为数据处理模块提供丰富的数据源，为最终用户提供有价值的数据。数据处理模块以立体监测和综合调查等手段获取的数据源为基础，采用多种数据处理方法进行数据分析，形成相应的数据信息产品，为下游的增值信息服务模块及最终用户提供基本的信息与产品共享服务。增值信息服务模块以数据处理模块生成的地理空间信息与海洋基本信息产品为基础，根据最终用户的应用需求，进一步进行预报、模拟、评价、可视化等信息处理，整合相关的技术方法与信息，充分利用宝贵的海洋信息资源，为管理用户和公众用户提供个性化可定制的增值信息服务。

　　国际海洋组织和各沿海国家对海洋环境监测与资源的探查、应用服务技术的发展非常重视，他们根据实际的需要对海洋环境和资源进行全天候、全方位的调查和动态监测，建立相应的数据与信息服务系统（宋坤，2009）。早在 20 世纪 80 年代末期，挪威的OCEANOR 公司就推出了 SEAWATCH 海洋环境监测和信息系统。该系统包括数据监测浮标系统和陆上数据处理中心，其中监测浮标要素涉及海洋水文、海洋气象等各个方面，有一个高效的海洋环境数据库，通过卫星通信将数据采集、数据处理、数据预报、数据分发集成为一体（Malone，2003），系统在数据处理以及产品制作方面具有较强的能力。另外，它的陆上数据处理中心包括数据存储、分析和显示功能，基本上覆盖了海洋环境资料处理分析和预报的主要方面。20 世纪末，在联合国教育、科学及文化组织海事委员会、世界气象组织、联合国环境规划署等联合发起组织的全球海洋观测系统的框架下，各海洋国家积极发展和建设本国的海洋监测系统，对海洋数据集成与应用服务开展了大量研究工作（汪洋等，2003）。如由 Torill 等共同努力开发的海洋信息原型系统（MIS），该系统在海洋环境实时监测数据、数值模式数据、卫星遥感数据等多源异构数据的融合方面取得了很大进步；美国蒙特利湾生物研究协会（MBARI）在分析航线数、海洋生物数据、海洋化学数据、海洋物理数据、NOAA/AVHRR 卫星数据、ROV 数据和部分实验室采样数据的基础上，基于 ArcInfo 平台开发了"蒙特利湾海洋地理信息系统"，该系统实现了数据输入、数据输出、图形显示和分析等功能（陈加兵，2002）。美国国家海洋和大气管理局共同制订的综合海洋观测系统（IOOS）是多学科研究的成果，包括监测子系统、数据通信子系统和应用服务子系统，提高了人们对海洋数据进行采集、传输和使用的能力（汪洋等，2003）。IOOS 满足了不同涉海或受海洋影响的社会各个阶层的需要，同时，2007 年 10 月，美国国家海洋和大气管理局又发布了《IOOS 2008～2014 年战略规划报告》，目的是为了更好地凝练海洋环境监测的目标，加强 NOAA 对美国 IOOS 计划的支持。

　　相比国外，我国虽然在研究海洋数据集成与信息服务方面起步较晚，但发展较快，取得了许多成果。20 世纪 90 年代初，陈述彭院士提出了建立全球海洋数据库的构想，极力倡导研究和开发海岸与海洋地理信息系统（陈述彭和钟耳顺，1998）。随后国家将海岸与海洋地理信息系统的研究纳入了"九五"期间的重点科技攻关计划。"上海海洋环境立体监测与信息服务系统"就是该期间的重要研究成果,该系统的海洋环境立体监测系统由卫星遥感地面接收处理站、海岸/平台海洋站、高频地波雷达站和其他监测设备组成,数据处理则位于上海海洋环境监测中心。该系统能够对上海示范区域内的海洋气象、水文、生态/污染等各种环境要素进行实时、连续、长期的采集、传输、分析、处理等操作,制作出满足人们对示范海区的防灾、减灾及海洋环境评价应用服务需要的信息产品。总而言之,该系统在数据的实时通信、基础数据库的开发与应用、海洋动力环境数值模式、海洋卫星数据反演和信息产品应用服务方面取得了不错的研究成果。"十五"期间,国家863计划又设立了"台湾海峡及毗邻海域海洋动力环境立体实时监测系统"重大项目,该项目是"九五"期间海洋环境监测集成系统研究的延续,充分继承和发展了"九五"期间海洋环境监测系统技术成果,依托福建示范区海洋环境监测业务体系,重点解决了数据实时采集、数据传输、数据处理、数据库、信息产品服务、共享应用服务等系统集成技术,严格按照标准化、网络化和模块化的设计原则,建成了福建示范区海洋环境立体实时监测系统,基本实现了台湾海峡及其毗邻海域的海洋环境立体监测、海洋数据的通信与管理、海洋数据的处理与信息产品的分发、数据共享和信息的应用服务等,该系统在实际应用中得到了初步示范检验与验证(池天河等,2004)。

随着"数字海洋"战略的提出,海洋研究理论和技术日臻完善。结合先进的网格信息技术开发海洋数据与信息服务系统,建设海洋立体监测的数据与信息服务系统,能够提高对海洋资源的开发能力、海洋环境的保护能力及灾害性海洋环境的预测预报能力,可以促进海洋科学事业研究的迅速发展,也是海洋事业和海洋监测技术发展的趋势。

## 11.4.1　数据通信与管理

利用 Internet 网络通信标准和系列技术,构建海洋环境立体监测系统的数据与信息服务网络,实现对海洋环境立体观测系统输出的监测数据及状态信息的接收、集成、规范化存储管理和实时传输(Kojima et al.,2008;Madria et al.,2008)。实时或准实时数据获取:获取监测体系中海岸/平台基海洋监测站,短、中、远程雷达站,近海定点监测,锚系浮标、海床基、潜标,船载海洋环境移动监测等系统现场监测实时或准实时数据。监测设备存储数据获取:通过数据存储介质回放和处理,获取各现场监测系统存储的原始数据。国家海洋业务中心指导性数据获取:接收国家海洋业务中心指导性数据,获取收集示范区内交通、水利、军事等部门在该区域实施的海洋动力和生态环境监测各类数据。规范管理:实现对集成的海洋环境监测数据、监测设备存储数据、指导性数据、可利用资源的规范化存储管理。数据与信息服务系统的数据通信网络包括两部分:一是现场监测设备与数据中心之间的数据通信、卫星/航空遥感应用系统与数据中心之间的数据通信;二是数据中心与信息产品用户之间的信息服务通信。根据现场监测系统的环境条件和不同的信息产品服务,系统对不同的对象和站点采用不同的通信方式,图 11-29 为数据与信息服务网络组成结构图。

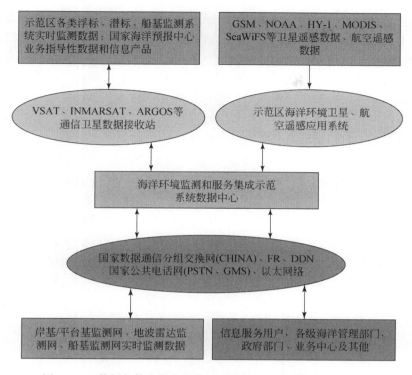

图 11-29　数据与信息服务网络组成结构图（罗绩业等，2006）

1）卫星通信。数据处理中心设 Inmarsat-c、FY、Argos 接收设备，实现各类浮标、潜标等与数据处理中心之间的实时或准实时数据传输。

2）公共电话交换网（PSTN/GSM）。用于具有公共电话网连接能力的现场监测系统的数据传输、信息传真、语音和用户登录查询服务，完成海洋监测站、船载监测系统、地波雷达站与数据中心进行数据通信。

3）国家数据通信网（ChinaPAC/DDN/FR）。用于数据中心与国家海洋业务中心、地方政府及国际互联网络（Internet）之间的数据交换和信息产品服务，为系统之间数据共享与信息服务提供数据通信。数据传输速率不小于 64kb/s。

4）甚小口径卫星终端（VSAT）。建立 VSAT 双向通信设备，完成数据中心与国家海洋环境预报中心之间的数据传输。接收 GTS 信息和与示范区海洋环境预报相关的国内外网络信息。数据传输速率不小于 32kb/s。

5）以太网络与光缆数据通信。与地方政务网络、业务网络、地区数据中心的数据与信息共享。数据传输速率不小于 10Mb/s。

按照各海洋监测及管理部门的职责，海洋环境立体监测系统数据的管理应采用多层次分级集中管理的方式，建立数据与信息服务系统多层次分级管理构架，如图 11-30 所示。将海洋环境立体监测系统分为四个等级，即国家监测中心、海区监测中心、地方监测中心、监测点。每级都关注相关的网络信息，并将本级的数据转发给上面各级信息系统，由上级管理系统实现对下级的远程监控，以确保整个监控范围内的监测系统的数据稳定可靠运行。①监测点是数据管理构架的最底层，该层主要涉及海洋环境立体监测系统中海洋环境立体观测子系统的相关状态信息。对于天基、空基、海面及水下、海床基等观测平台，主要管理数据采集、处理与传输和各个监控设备运行状态。②地方监测中心的主要职责是对所辖地区内的海洋环境监测数据进行管理，利用监测工作的经验进行初步的审核后将传输至上级监测中心，以确保传输数据的可靠性。地方监测中心涉及海洋环境立体监测系统中的数据通信与管理子系统，主要完成各类海洋环境监测数据的收集、集成与上传。它是海洋环境观测子系统与信息处理与应用子系统之间的纽带，也是整个海洋环境立体监测系统的中枢。③海区监测中心主要对海区内的监测数据的处理、质量控制、信息产品的制作、建立监测数据库及产品信息库，并向上级监测中心提供相应的数据及信息产品。海区监测中心涉及海洋环境立体监测系统中的数据通信与管理子系统和信息处理与应用子系统，主要实现监测数据的处理、分析、进行产品制作建立监测数据库和产品信息库，为海洋领域的其他应用提供信息产品。④国家监测中心是具有海洋权益维护、防灾减灾、生态保护、资源开发、辅助决策等职责的职能部门。国家监测中心主要根据历史资料和相关海洋知识实现对海洋监测数据、实测产品、信息产品等资源的进一步的处理、分析，为海洋其他领域的应用提供信息支持。国家监测中心涉及数据通信与管理子系统、信息处理与应用子系统及综合信息、预警预报、辅助决策等其他应用系统。

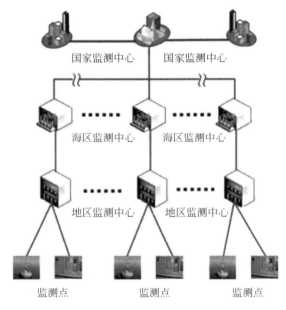

图 11-30　多层次分级管理构架

　　海洋环境立体监测系统数据的多层次分级集中管理将各类监测数据和信息产品在各级数据架构下集中进行处理，通过网络操作系统和数据库操作系统进行统一调度，实现数据发送/接收、处理、信息产品开发/服务等任务的分布处理和信息资源共享，提高监测发布的实时性，为海洋灾害的智能预警的应急处理提供实时准确的信息，为各级政府综合管理、维护海洋权益、合理开发利用海洋资源、保护海洋环境等重大决策和长远规划提供及时、准确、可靠的科学依据。

## 11.4.2 数据处理与信息服务

构建数据与信息服务系统需要建设对应的数据处理中心，这个中心一般应选择靠近监测点的区域内，如果被监测区域较大，还可以设置二级数据中心，以提高数据运算、传输的可靠性和减少投资费用。数据处理中心由数据集成平台、数据处理与信息产品开发平台、数据共享与信息服务平台和支撑网络组成，完成数据传输与信息服务网络管理、控制及数据获取，数据处理、分析、管理及数据库存储，信息产品制作及管理，数据共享与信息服务。数据处理中心组成结构如图 11-31 所示。

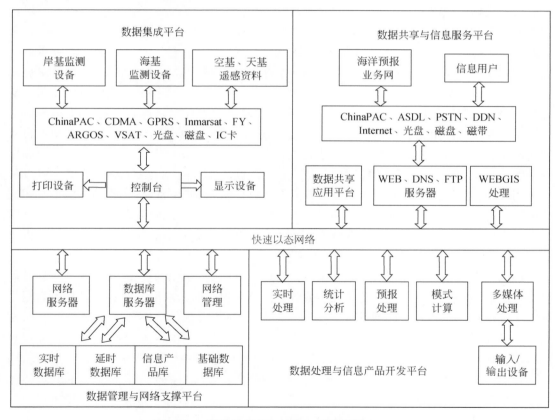

图 11-31 数据处理中心结构（罗续业等，2006）

1）数据集成平台是由监控工作站、通信控制机、Inmarst 终端、异步 MODEM、打印设备及其应用软件组成，主要负责数据传输、管理、控制，获取现场实时、准实时数据及设备存储数据回放处理。

2）数据处理与信息产品开发平台是由实时处理、统计分析及输入/输出设备等工作站和应用软件组成，主要负责监测数据处理、模式运算及信息产品加工制作以及图形信息输入、处理、输出和数据备份。

3）数据共享与信息服务平台是由 WEB、DNS、FTP 服务器、空间服务器、信息管理工作站等设备和应用软件组成，将各种海洋监测数据进行标准化处理，并可视化给相应级的用户的通用展现平台。通过服务平台可以实现准确而及时地预报海洋信息，并按照涉海用户的需要从数据共享模块获取相关数据，如海温、海浪、风暴潮等实时数据，为政府部门、沿海预报区台和省市台、海洋业务中心、海洋工程部门、科研及大专院校提供监测数据共享和信息服务。

4）数据管理与网络支撑平台是由网络交换与路由设备、网络服务器、数据库服务器、应用服务器、模拟和数据通信调制设备及其系统软件组成的高速局域网络系统，负责各平台的集成和协调管理，提供监测资料的网络传输、管理、文件及输入与输出服务。

海洋数据信息服务平台多采用基于 Web Service 技术的系统集成技术，Web Service 的主要目标是实现跨平台的互操作性。为了达到这一目标，Web Service 完全基于 XML（可扩展标记语言）、XSD（XML Schema Definition）等独立于平台、独立于软件供应商的标准，是创建可互操作的、分布式应用程序的新平台。系统中通过 Web Service 接口实现用户登录、GIS 查询和海洋环境数据查询联动等功能。Web Service 技术的使用可以让用户从客户端获取参数，从服务器得到结果并返回，在客户端进行结果解析，通过 Web Service 这一中间媒介，屏蔽了服务器端，用户无论直接调用所需 Web Service 还是将它加入自己的应用系统，无论远程服务器系统升级与否，只要 Web Service 接口不变，调用就不必做任何改变，从而保证了系统的稳定。这是一种新的面向服务的应用集成解决方案，可以解决不同应用监测系统间的通信问题，能够方便地进行动态集成，对不同监测系统定义相应的接口，提高集成系统的服务质量和对涉海用户的访问速度。此外，在安全性方面，可以加入用户认证、防火墙、加密等网络安全技术，为将来建立海洋信息查询的门户网站提供数据和技术基础（Kontogiannis et al.，2002）。

运用先进的数据处理和信息服务技术，针对系统数据集成模块获取的海洋生态环境监测实时、准实时、历史、业务指导及示范区其他可利用数据，采用成熟的海洋环境数据处理方法及模式，完成监测数据处理、分析、质量控制及信息产品制作、监测数据数码转换、质量控制、数据分类等标准化、规范化处理，形成相互关联的四维时空数据，并建立分布式、面向对象、面向 Internet 动态管理实时、延时数据库。完成实测、统计分析、同化融合、环境评价、海洋工程服务等信息产品的制作，实现监测数据和信息产品的网络化管理，提供规范化浏览、查询、分发、下载、打印等共享和服务（陈传彬等，2006）。

海洋环境立体监测系统数据是开发海洋、建设海洋、管理海洋的重要基础。海洋信息服务已经在海洋管理、生产、科研和国防建设等多个方面发挥巨大作用。科学的海洋管理要以及时、海量的海洋信息作为基础。科学的、准确的、翔实的海洋数据信息，是实现科学管海的重要依据。通过实现海洋信息化管理，建立全面、详细的海洋信息元数据库，可以为海域使用管理、海洋环境保护和海洋资源管理工作提供有效的决策辅助工具，从而实现海洋管理的科学化、规范化。

# 参 考 文 献

白照广，李一凡，杨文涛．2008．中国海洋卫星技术成就与展望．航天器工程，17（4）：17-23．

陈传彬，陈崇成，樊明辉，等．2006．海洋动力环境立体监测数据共享服务系统的设计及实现．海洋科学，30（2）：53-58．

陈加兵．2002．罗源湾海洋环境信息系统设计及其水环境评价．福州：福建师范大学硕士学位论文．

陈力萍．2014．水下滑翔机运动建模与滑翔控制研究．青岛：中国海洋大学硕士学位论文．

陈述彭，钟耳顺．1998．中国地理信息系统发展透视．地球信息科学学报，（z1）：42-45．

池天河，张新，王钦敏，等．2004．台湾海峡海洋动力环境立体监测信息服务系统．华南理工大学学报：自然科学版，32（4）：19-22．

崔营营．2011．面向多传感器航空遥感监测系统数据处理方法研究．北京：首都师范大学硕士学位论文．

杜兵．2012．着陆式 AUV 动力学行为与控制策略研究．天津：天津大学博士学位论文．

杜加友．2006．水下滑翔机本体及调节机构研究．杭州：浙江大学硕士学位论文．

杜亮．2014．深海垂直剖面实时监测系统的设计与实现．现代电子技术，37（1）：107-109．

杜云艳，杨晓梅，王敬贵．2003．中国海岸带及近海多源数据空间组合和运行的基础研究．海洋学报，25（5）：38-48．

范士波．2013．深海作业型 ROV 水动力试验及运动控制技术研究．上海：上海交通大学硕士学位论文．

封锡盛．2000．从有缆遥控水下机器人到自治水下机器人．中国工程科学，2（12）：29-33．

冯旗，张恕明，郑列华，等．2003．中国海洋一号卫星水色扫描仪设计与在轨性能评估．航天器工程，（3）：47-55．

高延增．2010．超小型水下机器人关键性能提升技术研究．广州：华南理工大学博士学位论文．

郭建宁，于晋，曾涌，等．2005．CBERS-01/02 卫星 CCD 图像相对辐射校正研究．中国科学：E 辑，35（B12）：11-25．

郭井学，孙波，李群，等．2011．极地海冰浮标的现状与应用综述．极地研究，23（2）：149-57．

郭伟，张俊荣．1999．星载雷达高度计系统设计及测高精度分析．遥感学报，3（1）：23-30．

国家海洋局第一海洋研究所．2010．高频地波超视距雷达介绍．http：//www.doc88.com/p-1166880774863.html.［2016-4-5］．

侯巍．2006．具有着陆坐底功能的水下自航行器系统控制与试验研究．天津：天津大学博士学位论文．

胡展铭，史文奇，陈伟斌，等．2014．海底观测平台——海床基结构设计研究进展．海洋技术，33（6）：123-130．

黄为民，吴世才．1999．高频地波雷达探测海面动力学参数的研究．电讯技术，39（6）：12-16．

黄艳松．2011．基于浮标观测资料的海气通量计算方法研究．北京：中国科学院海洋研究所博士学位论文．

霍馨．2006．海洋环境监测和信息系统规范化设计．天津：天津大学硕士学位论文．

姜迁里．2013．浅水 mini-ROV 系统研发．青岛：中国海洋大学硕士学位论文．

蒋旭惠，陈性义，赖祖龙，等．2007．海洋航空遥感多传感器应用系统集成．测绘工程，16（1）：47-50．

康寿岭．1995．海洋台站自动观测系统．海洋技术，14（3）：69-75．

李健，陈荣裕，王盛安，等．2012．国际海洋观测技术发展趋势与中国深海台站建设实践．热带海洋学报，31（2）：123-133．

李硕，曾俊宝，王越超．2011．自治/遥控水下机器人北极冰下导航．机器人，33（4）：509-512．

李一平，燕奎臣．2003．"CR-02"自治水下机器人在定点调查中的应用．机器人，25（4）：359-362．

刘素花，龚德俊，徐永平，等．2011．海洋剖面要素测量系统波浪驱动自治的实现方法．仪器仪表学报，32（3）：603-609．

罗绍业，周智海，曹东，等．2006．海洋环境立体监测系统的设计方法．海洋通报，25（4）：69-77．

马伟锋，胡震．2008．AUV 的研究现状与发展趋势．火力与指挥控制，33（6）：10-13．

马毅．2003．赤潮航空高光谱遥感探测技术研究．青岛：中国科学院海洋研究所博士学位论文．

毛祖松．2001．海洋潜标技术的应用与发展．海洋测绘，（4）：57-58．

毛祖松．2007．我国近海波浪浮标的历史、现状与发展．海洋技术，26（2）：23-27．

齐尔麦，张毅，常延年．2011．海床基海洋环境自动监测系统的研究．海洋技术，30（2）：84-87．

沈璐，张晶莹，申芳芳．2014．海洋表层漂流浮标自发电系统研究．吉林建筑大学学报，31（2）：92-94．

石汉青，王毅．2009．海洋卫星研究进展．遥感技术与应用，24（3）：274-283．

时玉彬，杨子杰，陈泽宗，等．2002．海洋环境监测高频地波雷达的研究现状与发展趋势．电讯技术，42（3）：128-133．

宋坤．2009．海洋环境监测系统运行综合保障技术研究与实现．天津：天津大学硕士学位论文．

宋铭航．1997．瑞典航空海洋环境监测系统．海洋技术，1（16）：57-92．

汪洋，詹易生，曹东．2003．美国海洋监测集成系统项目 IOOS 介绍．海洋技术，22（4）：114-116．

王刚．2013．基于多传感器的 AUV 控制系统．哈尔滨：哈尔滨工程大学硕士学位论文．

王静，唐军武，张锁平．2012．雷达技术在海洋观测系统中的应用．气象水文海洋仪器，29（2）：59-64．

王军成．1998．国内外海洋资料浮标技术现状与发展．海洋技术，17（1）：9-15．

王考，陶俊勇，陈循．2009．气动式振动台振动信号低频能量改善研究．振动与冲击，28（2）：137-140．

王世明，吴爱平．2010．液压技术在 ARGO 浮标中的应用．流体传动与控制，（1）：50-53．

王曙曜，楚晓亮，徐坤，等．2014．OS081H 高频地波雷达系统海面风向反演实验研究．电子与信息学报，36（6）：1400-1405．

王晓民，张新，池天河．2008．"数字海洋"的数据处理与应用模式研究．计算机应用，28（S1）：358-359．

王晓鸣．2009．混合驱动水下自航行器动力学行为与控制策略研究．天津：天津大学博士学位论文．

王岩峰．2006．拖曳式多参数剖面测量系统的总体设计、功能评价及应用．北京：中国科学院研究生院博士学位论文．

温浩然，魏纳新，刘飞．2015．水下滑翔机的研究现状与面临的挑战．船舶工程，（1）：1-6．

吴业炜，张洪群，韩家玮，等．2010．ENVISAT-1ASAR 成像系统的设计和实现．遥感信息，（1）：48-52．

夏达英，王振先，朱儒弟，等．1999．用于海洋探测的多参数拖曳荧光计系统．海洋工程，17（1）：98-105．

燕奎臣，吴利红．2007．AUV 水下对接关键技术研究．机器人，29（3）：267-273．

杨保华．2011．构建中国海洋卫星体系提升海洋环境与灾害监测能．中国空间科学技术，31（5）：1-8．

杨帆，温家洪，Wang W L．2011．ICESat 与 ICESat-2 应用进展与展望．极地研究，23（2）：138-148．

杨燕初，王生．2006．无人飞艇的研究进展及技术特点．第二届中国航空学会青年科技论坛文集，河南，洛阳．

杨跃忠，孙兆华，曹文熙，等．2009．海洋光学浮标的设计及应用试验．光谱学与光谱分析，29（2）：565-569．

杨忠华．2013．南海海洋数据集成与应用服务系统的设计与实现．青岛：中国海洋大学硕士学位论文．

易杏甫，曹海林，顾海东．2004．用于海洋多参数剖面测量的拖曳系统．舰船科学技术，26（4）：34-37．

余立中，张少永，商红梅，等．2005．我国 Argo 浮标的设计与研究．海洋技术，24（2）：121-129．

张柏 . 1994. 日本地球资源卫星（JERS-1）的初期效果 . 遥感信息，（3）：32-33.

张永年 . 2013. 无人机低空遥感海洋监测应用探讨 . 测绘与空间地理信息，36（8）：143-5.

赵聪蛟，周燕 . 2013. 国内海洋浮标监测系统研究概况 . 海洋开发与管理，30（11）：13-18.

赵华昌，李刚 . 1988. 日本的海洋卫星（MOS-1）简介 . 海洋通报，7（1）：122-126.

郑君杰，刘志华，刘凤，等 . 2012. 基于水下三维传感器网络的海洋环境立体监测系统关键技术研究 . 海洋技术，31（4）：1-4.

周涛，孔庆国，钱一婧，等 . 2009. 高频地波雷达技术及其发展趋势 . 雷达与对抗，4：1-5.

祝翔宇，冯辉强 . 2012. 海洋环境立体监测技术 . 中国环境管理，3：43-45.

Arima M, Okashima T, Yamada T. 2011. Development of a solar-powered underwater glider. Underwater Technology, 1-5.

Bachmayer R, Leonard N E, Graver J, et al. 2004. Underwater gliders: Recent developments and future applications. International Symposium on Underwater Technology, 195-200.

Barnes C R, Best M M R, Johnson F R, et al. 2011. Challenges, benefits and opportunities in operating cabled ocean observatories: Perspectives from NEPTUNE Canada. Underwater Technology, 38（1）：1-7.

Barry J P, Hashimoto J. 2009. Revisiting the challenger deep using the ROV Kaiko. Marine Technology Society Journal, 43（5）：77-78.

Bingham B, Mindell D, Wilcox T, et al. 2006. Integrating precision relative positioning into JASON/MEDEA ROV operations. Marine Technology Society Journal, 40（1）：87-96.

Blidberg D R. 2001. The development of autonomous underwater vehicles（AUV）：A brief summary. IEEE Icra, 17（5）：209-212.

Bowen A D, Yoerger D R, Whitcomb L L, et al. 2004. Exploring the deepest depths: Preliminary design of a novel light-tethered hybrid ROV for global science in extreme environments. Marine Technology Society Journal, 38（2）：92-101.

Brown S W, Flora S J, Feinholz M E, et al. 2007. The marine optical buoy（MOBY）radiometric calibration and uncertainty budget for ocean color satellite sensor vicarious calibration. Remote Sensing, 6744（13）：67441M-12.

Chao C K, Su S Y, Yeh H C. 2006. Global distributions of ion temperature observed by ROCSAT-1 satellite in the evening sector. Advances in Space Research, 37：879-884.

Crimmins D, Deacutis C, Hinchey E, et al. 2005. Use of a long endurance solar powered autonomous under water vehicle（SAUV II）to measure dissolved oxygen concentrations in Greenwich Bay, Rhode Island, U. S. A. Oceans, （2）：896-901.

Dalen J, Nedreaas K, Pedersen R. 2003. A comparative acoustic-abundance estimation of pelagic redfish（Sebastesmentella）from hull-mounted and deep-towed acoustic systems. Ices Journal of Marine Science, 60（3）：472-479.

Davis R E, Webb D C, Regier L A, et al. 1992. The autonomous lagrangian circulation explorer（ALACE）. Journal of Atmospheric and Oceanic Technology, 9（3）：264-285.

De Vries J J, Datawell B V. 2007. Designing a GPS-based mini wave buoy. International Ocean Systems, 11（3）：20-23.

Ditang W, Shouquan K, Yulin G, et al. 1992. A launch and recovery system for an autonomous underwater vehicle Explorer. Symposium on Autonomous Underwater Vehicle Technology, 279-281.

Eriksen C C, Osse T J, Light R D, et al. 2001. Seaglider: A long-range autonomous underwater vehicle for oceanographic research. IEEE Journal of Oceanic Engineering, 26（4）：424-436.

Fiorelli E, Leonard N E, Bhatta P, et al. Multi-AUV control and adaptive sampling in Monterey Bay. IEEE Journal of Oceanic Engineering, 31 (4): 134-147.

Fowler G, Hamilton J M, Beanlands B D et al. 1997. A wave powered profiler for long term monitoring. Oceans, 1: 225-228.

Glegg S A L, Olivieri M P, Coulson R K, et al. 2001. A passive sonar system based on an autonomous underwater vehicle. IEEE Journal of Oceanic Engineering, 26 (4): 700-710.

Graber H C, Terray E A, Donelan M A, et al. 2000. ASIS-a new air-sea interaction spar buoy: Design and performance at sea. Journal of Atmospheric and Oceanic Technology, 17 (5): 707-720.

Graver, Grady J. 2005. Underwater gliders: Dynamics, control and design. Journal of Fluids Engineering, 127 (3): 523-528.

Gurgel K W, Essen H H, Schlick T. 2003. HF surface wave radar for oceanography-a review of activities in Germany. International Radar Conference, 700-705.

Hagen P E, Størkersen N, Marthinsen BE, et al. 2008. Rapid environmental assessment with autonomous underwater vehicles—Examples from HUGIN operations. Journal of Marine Systems, 69 (1-2): 137-145.

Harlan J, Terrill E, Hazard L, et al. 2010. The integrated ocean observing system high-frequency radar network: Status and local, regional, and national applications. Marine Technology Society Journal, 44 (6): 122-132.

Healey A J, Good M. 1992. The NPS AUVII autonomous underwater vehicle testbed: Design and experimental verification. Naval Engineers Journal, 104 (3): 191-202.

Huntley M F, Zhou M, Nordhausen W. 1995. Mesoscale distribution of zooplankton in the California Current in late spring, observed by Optical Plankton Counter. Journal of Marine Research, 53 (4): 647-674.

Ignatov A, Minnis P, Loeb N, et al. 2005. Two MODIS aerosol products over ocean on the Terra and Aqua CERES SSF datasets. Journal of the Atmospheric Sciences, 62 (4): 1008-1031.

Kaneko A, Gohda N, Koterayama W, et al. 1993. Towed ADCP fish with Depth and Roll controllable wings and its application to the Kuroshio observation. Journal of Oceanography, 49 (49): 383-395.

Khan R, Gamberg B, Power D, et al. 1994. Target detection and tracking with a high frequency ground wave radar. IEEE Journal of Oceanic Engineering, 19 (4): 540-548.

Kojima T, Ohtani S, Ohashi T. 2008. A manufacturing XML schema definition and its application to adata management system on the shop floor. Robotics and Computer-Integrated Manufacturing, 24 (4): 545-552.

Kolding M S, Sagstad B. 2013. Cable-free automatic profiling buoy. Sea Technology, 54 (2): 10-12.

Kontogiannis K, Smith D, O'Brien L. 2002. On the role of services in enterprise application integration. Software Technology and Engineering Practice, 103-113.

Koterayama W, Yamaguchi S, Yokobiki T, et al. 2000. Space-continuous measurements on ocean current and chemical properties with the intelligent towed vehicle "Flying Fish". IEEE Journal of Oceanic Engineering, 25 (1): 130-138.

Liu Y, Weisberg R H, Merz C R, et al. 2010. HF radar performance in a low-energy environment: CODAR SeaSonde experience on the West Florida Shelf. Journal of Atmospheric and Oceanic Technology, 27 (10): 1689-1710.

Madria S, Passi K, Bhowmick S. 2008. An XML Schema integration and query mechanism system. Data and Knowledge Engineering, 65 (2): 266-303.

Malone T C. 2003. The coastal module of the Global Ocean Observing System (GOOS): An assessment of current capabilities to detect change. Marine Policy, 27 (4): 295-302.

Marco D B, Healey A J. 2001. Command, control, and navigation experimental results with the NPS ARIES AUV. IEEE Journal of Oceanic Engineering, 26 (4): 466-476.

Martin S. 2004. An introduction to ocean remote sensing. Cambridge: Cambridge University Press.

Mishra A K, Dadhwal V K, Dutt C B S. 2008. Analysis of marine aerosol optical depth retrieved from IRS-P4 OCM sensor and comparison with the aerosol derived from SeaWiFS and MODIS sensor. Journal of Earth System Science, 117 (1): 361-373.

Morrison A T, Billings J D, Doherty K W. 2000. The McLane moored profiler: An autonomous plat form for oceanographic measurements. Oceans, 1: 353-358.

Organelli E, Bricaud A, Antoine D, et al. 2013. Multivariate approach for the retrieval of phytoplankton size structure from measured light absorption spectra in the Mediterranean Sea (BOUSSOLE site). Applied Optics, 52 (11): 2257-2273.

Osse T J, Eriksen C C. 2007. The deepglider: A full ocean depth glider for oceanographic research. Oceans, 1-12.

Pollard R. 1986. Frontal surveys with a towed profiling conductivity /temperature/depth measurement package (SeaSoar). Nature, 323 (6087): 433-435.

Romeiser R. 2015. Ocean Applications of Interferometric SAR. New York: Springer.

Sangekar M N, Thornton B, Nakatani T, et al. 2010. Development of a landing algorithm for autonomous underwater vehicles using laser profiling. Oceans, 1-7.

Scepan J, Estes J E, Carlson R M. 1986. Remote sensing for detection of oil in the marine environment: An evaluation of the United States coast guard 'Aireye' surveillance system. Science of the Total Environment, 56 (86): 287-293.

Schofield O, Kohut J, Aragon D, et al. 2007. Slocum gliders: Robust and ready. Journal of Field Robotics, 24 (6): 473-485.

Sherman J, Davis R E, Owens W B, et al. 2001. The autonomous underwater glider "Spray". IEEE Journal of Oceanic Engineering, 26 (4): 437-446.

Smith B T. 1992. U. S. Coast Guard Aireye remote sensing system: The system-its uses-future upgrades. Digital Avionics Systems Conference, 51-56.

Tang L, Titov VV, Chamberlin C D. 2009. Development, testing, and applications of site-specific tsunami inundation models for real-time forecasting. Journal of Geophysical Research Atmospheres, 114 (C12): 43-47.

Tonai H, Arima M. 2013. Design of an ocean-going solar-powered underwater glider. European Journal of Inorganic Chemistry, 2006: 4879-4887.

Tonboe R T, Pedersen L T, Haas C. 2010. Simulation of the CryoSat-2 satellite radar altimeter sea ice thickness retrieval uncertainty. Canadian Journal of Remote Sensing, 36 (1): 55-67.

Tsabaris C, Ballas D. 2005. On line gamma-ray spectrometry at open sea. Applied Radiation and Isotopes, 62 (1): 83-89.

Ulmer K M. 2013. Autonomoustransient ocean event monitoring (ATOEM). Journal of Unmanned System Technology, 1: 73-77.

Wernli R L. 2002. AUVs-a technology whose time has come. International Symposium on Underwater Technology, 309-314.

Wilson S. 2000. Launching the Argo Armada. Oceanus, 42 (1): 17-19.

Wyatt L R, Isaac F E, Sova M G, et al. 1994. Recent work in HF radar measurement of ocean waves. Oceans,

1: 1/475-1/80.

Yu J C, Zhang A Q, Jin W M, et al. 2011. Development and experiments of the sea-wing underwater glider. China Ocean Engineering, 25 (4): 721-736.

Zwally H J, Yi D, Kwok R, et al. 2008. ICESat measurements of sea ice freeboard and estimates of sea ice thickness in the Weddell Sea. Journal of Geophysical Research Atmospheres, 113 (C2): 228-236.

Pasqnalini V, Pergent- Martini C, Pergent G. 1999. Environment impact identification along the corsican coast (Mediterranean Sea) using image processing. Aquatic Botany, 65 (1-4): 311-320.

Stephen. 2009. Autonomous underwater gliders. In Tech, 47 (5): 84-96.

# 第 12 章　国内外海洋立体监测系统介绍

国际海洋观测的目标是构建覆盖全球的立体观测系统。海洋观测体系所支持的技术已发展成为包括卫星遥感、浮标阵列、海洋水文/气象观测站、水下剖面、海底观测网络和科学考察船的全球化观测网络，提供全球实时或准实时的基础信息和产品服务。全球海洋观测系统（GOOS）从空间、空中、岸基平台、水面、水下等多平台综合对海洋各个区域进行立体观测，全球海洋实时观测网（Argo）则建立了一个实时、高分辨率的全球海洋中、上层监测系统。除了上述全球化海洋观测系统计划外，区域性海洋观测系统被广泛应用并得到不断完善。世界各国在关键海区建立起了多参数、长期、立体、实时监测网（详见 1.4 节表 1-6），可有效、连续地获取和传递海洋长时间序列综合参数，为各国的海洋生态、环境研究、监测预警、生物资源观察研究等海洋学提供数据资料。从观测区域来分，大致分为海岸带/近海海洋观测网和深远海海洋观测网。本章重点介绍具有代表性的全球海洋观测系统、全球海洋实时观测网、美国近海海洋观测实验室（Coastal Ocean Observation Lab，COOL）和加拿大"海王星"海底观测网（NEPTUNE-Canada）。

## 12.1　全球海洋观测系统（GOOS）计划

全球海洋观测系统是联合国教育、科学及文化组织政府间海洋学委员会、世界气象组织等发起的一项为全面长期探索海洋的运动规律及其内在变化机制，以期长期监测海洋的计划。这个系统是在一系列国际性或区域性监测基础上扩大的，将从空间、空中、岸基平台、水面、水下等多平台综合对海洋各个区域进行立体观测（Nowlin and Malone，2003；麻常雷和高艳波，2006），以获取大洋、沿海和陆架海区的海洋数据，掌握全球海洋状况，并将处理后的数据和成果向所有国家和地区开放。

20 世纪 80 年代，科学家们发现已在进行或即将开展的监测研究计划大都是几年或十几年的短期性计划，远远满足不了掌握全球海洋变异的时效要求，于是在 1989 年，联合国教育、科学及文化组织政府间海洋学委员会（IOC）提出了建立 GOOS 的设想。1990 年召开的第二次世界气候大会上，也提出了建立 GOOS 的建议。

政府间海洋学委员会提出建立 GOOS 系统的设想，主要是基于以下理由：①全球人口剧增，陆地资源日趋匮乏，人类的生存与发展将越来越依赖于海洋。为海洋开发利用活动提供及时、准确、可靠的观测预报服务，已成为世界沿海各国面临的一项紧迫任务。②海洋对气候有着重要影响。全球气候变暖和海平面上升等全球环境问题正威胁着人类的未来。要了解、认识和预测这些变化，必须依靠全球合作来获取各种时空尺度的海洋资料。③海洋污染不断加剧，海洋环境质量日益下降。为了有效地保护海洋环境，需要全球采取统一的方法和技术，协同一致地开展海洋环境监测。④由于过度开发等原因，鱼类等海洋生物资源日趋枯竭。开展全球性的海洋生物资源监测，是实现生物资源可持续发展的前提。⑤由于各沿海国家的海洋观测和监测工作大都是孤立分散进行的，因此国与国之间的观测活动缺乏一致性，时空方面没有连贯性，现场观测与卫星遥感之间不协调，需要通过实施全球性观测计划来最大限度地统一和协调各国各类观测活动，提高观测服务效率。⑥科学技术的发展，使业务化的全球海洋观测服务系统的建立成为可能。

1992年在巴西召开的全球环境与发展会议上制定的"21世纪议程"正式把实施GOOS计划列为实现海洋可持续发展战略的一项措施。1993年政府间海洋学委员会第17届大会正式通过决议，决定成立政府间全球海洋观测系统委员会，将GOOS计划正式列入日程。1994年4月在澳大利亚召开首次政府间全球观测系统会议，正式启动了这项宏伟计划，计划将GOOS分三阶段实施。

第一阶段为计划制订，从1990~1997年，主要是进行评估和可行性探讨。第二阶段从1997~2007年，主要进行试点，重点是总结已进行的一些国际性专题计划，如海-气相互作用、环流试验、通量研究计划等，检验其计划实施的有效性，总结经验，为实施GOOS打下坚定基础，并进一步制订实施永久性GOOS的计划。第三阶段从2007年开始，正式进入永久性GOOS实施阶段。

GOOS计划的目标是：①为人类有效、安全、合理地利用和保护海洋环境及资源，为气候预报和海洋管理等提供海洋资料和信息，尤其是提供那些仅仅依靠一个国家和单独的观测系统无法获得的资料和信息；②建立一个资料管理和资料共享的国际协调机制。

GOOS由五个模块组成：气候监测、评价与预测，海洋生物资源监测与评价，海岸带环境及其变化监测，海洋健康评价与预测，海洋水文气象服务（阎季惠和李景光，1999）。

**（1）气候监测、评价与预测**

此模块是GOOS的重要组成部分，旨在监测和评价海洋中决定气候可变性的物理、生物地球化学过程及其对季度尺度乃至数十年尺度的气候变化的影响。

**（2）海洋生物资源监测与评价**

监测用以描述海洋生态系统不同时空尺度的变化情况。为评价和预测环境变化对生物资源的丰度与生产力的影响提供依据。

**（3）海岸带环境与资源及其变化监测**

开展物理、化学、生物和地质等方面的观测与监测，掌握和了解近海区及其各种环境与资源的变化，以便合理开发利用和保护这一地区的资源与环境。

**（4）海洋健康评价与预测**

监测全球和区域尺度的海洋污染情况并预测发展趋势，评价海洋、尤其是近海和陆架区的健康状况。

**（5）海洋水文气象服务**

加强海洋水文气象资料的收集与分析，改进短中期海洋水文气象预报服务，增强对严重气象灾害和海洋灾害的预报预警能力，保障各种海洋活动的安全，减轻自然灾害造成的损失。

为满足五大模块要求应观测如下要素：①上层海洋监测计划，确定热量和淡水、海平面、二氧化碳含量、海-气通量和浮游生物时空分布；②以适当时间和空间间隔进行系统地深海测量，以确定大洋环流、物理和化学特征、瞬时示踪物和二氧化碳状况；③使用卫星观测海表面温度、风和地形测量、降水、海冰、叶绿素。概括起来，GOOS 主要进行现场观测、卫星观测、数值模拟、卫星数据传输、数据管理和收集、国际合作和监督、发展设计工作。

根据 GOOS 计划确定的原则，GOOS 应以现有各国的观测服务系统为基础。同时要依靠和利用国际上一些有关的系统和国际科研计划，其中包括（阎季惠和李景光，1999）以下几种。

1）全球海洋综合服务系统（Integrated Global Ocean Services System，IGOSS）。主要包括随机船和浮标系统及其资料交换系统。

2）国际海洋资料与信息交换系统（International Oceanographic Data And Information Exchange，IODE）。

3）全球海平面观测系统（Global Level of Sea Surface，GLOSS）。目前全球共 308 个验潮站参加此系统的观测。

4）资料浮标系统（Data Buoy Cooperation Panel，DBCP）。包括锚定浮标和漂流浮标。

5）海洋污染监测计划（Marine Pollution Monitoring，MARPOLMON）。其中包括联合国环境规划署和联合国教育、科学及文化组织、政府间海洋学委员会组织的区域性海洋污染监测计划，主要监测污染物的来源、种类和污染程度。

6）生物资源海洋科学计划（Ocean Sciencein Relation to Living Resources，OSLR）。其中包括有害藻华计划（Harmful Algal Bloom，HAB）和全球海洋生态系统动力学计划（Global Ocean Ecosystem Dynamics，GLOBEC）。

7）沿海地区试验监测计划（Coastal Pilot Monitoring Activities，CPMA）。包括由联合国环境规划署、联合国教育、科学及文化组织政府间海洋学委员会和世界气象组织组织的一系列沿海和近海地区与气候变化有关的现象的监测，如珊瑚礁生态系统监测、海平面变化及其影响监测、浮游生物群落结构监测、红树林群落监测等。

8）全球海洋环境污染调查计划（Global Investigation of Pollution in the Marine Environment，GIPME）。包括海洋污染研究、基线调查、方法与标准的研究与互校、海洋污染监测系统的研究与建立。典型的计划有国际贻贝监测计划。

9）海洋污染科学专家组计划（Group of Experts on Scientific Aspects of Marine Pollution，GESAMP）。当前的重点工作是评价人为因素造成的有害污染物进入海洋的情况。

10）联合国环境规划署区域性海洋计划（United Nations Environment Programm's Regional Sea Program）。此计划的目的是开展海洋环境质量评价，分析环境恶化原因，加强对海岸带地区的管理。

11）全球气候研究计划（World Climate Research Program，WCRP）。

12）国际地圈生物圈计划（International Geosphere-Biosphere Program，IGBP）。

13）海洋气候声学测温计划（Acoustic Thermometry Of Ocean Climate，ATOC）。

14）地球观测委员会有关计划（Committee on Earth Observation Satellites，CEOS）。

这些系统和各国已有的基础设施构成了 GOOS 计划的基础。

GOOS 的建设可为世界各国带来明显的经济、社会和环境效益。目前联合国有 129 个成员国为沿海国，31 个成员国为内陆国，这些沿海国家和部分内陆国都十分重视海洋经济活动，据估计海洋经济产值占所有国民生产总产值的 5% 左右。GOOS 的设立可提高预报准确率，增强防灾减灾的能力，如果每年可减少 1% 的损失，实际收益就远高于对该系统的投资。实际上有些效益绝非用金钱或在短时期内能充分体现出来，如对气候异常的了解和准确预报往往需要几十年甚至更长时间后才能体现出其效益；如大气的温室效应，已使地球表面平均温度比 20 世纪增高了 1～2℃（汪兆椿，1994）。在 2006 年公布的《气候变化经济学报告》中显示，如果我们继续现在的生活方式，到 2100 年全球将有 50% 的地区气温上升可能会超过 4℃。同时，英国《卫报》表示，气温如果这样持续升高就会打乱全球数百万人的生活，甚至是全球的生态平衡，最终导致全球发生大规模的迁移和冲突，这种变化是通过 100 多年积累的历史资料分析出来的。由于海洋表面的增温也影响到深层海水的稳定，这将导致一系列科学上的重要问题的出现，其科学价值是不可估量的。可见，GOOS 是人类生活、生产活动所迫切需要的，更是人类探索海洋科学、深入开发利用海洋资源、维持赖以生存的地球各种平衡发展关系而至关重要的。

# 12.2　全球海洋实时观测网（Argo）

全球海洋实时观测网建设是由美国、日本等国家的大气、海洋科学家于 1998 年推出的一项大型海洋观测计划，旨在发展成一个覆盖全球海洋的剖面浮标网络，测量从海表面到 1000～2000m 深度的温度和盐度，建立一个实时、高分辨率的全球海洋中、上层监测系统，以提高气候预报的精度，有效防御全球日益严重的气候灾害（如飓风、龙卷风、冰暴、洪水和干旱等）给人类带来的威胁。

Argo 计划是以深海为对象的观测计划，是 GOOS 计划中的一个重要组成部分。Argo 是一个以剖面浮标为手段的海洋观测业务系统，它所取得的数据可供世界各国使用[①]。

Argo 计划用 3～5 年时间（2000～2004 年）在全球大洋中每隔 3 个经纬度布放一个卫星跟踪浮标，总计为 3000 个，组成一个庞大的全球海洋实时观测网。2000 年 6～10 月，澳大利亚和美国已率先在东印度洋（9 个）和东太平洋（12 个）布放了 21 个 Argo 浮标，从而正式拉开了全球海洋实时观测网建设的序幕。2001 年 10 月中国正式加入全球海洋实时观测网。

2000～2007 年，包括中国在内的 23 个国家和国际组织在全球海洋中累计布放了 5000 多个 Argo 浮标，其中中国布放数量排名第 10 位。截至 2007 年 10 月，在全球海洋上正常工作的 Argo 剖面浮标已经达到 3006 个，至此，国际 Argo 计划提出的由 3000 个浮标组成的全球海洋实时观测网，历时 7 年全面建成。这一系统的建立，首次实现了人类长期自动和

---

① 可参见 http：//www. argo. ucsd. edu/index. html。

连续获取大范围深海海况的梦想。截至 2018 年 4 月，全球海洋中处于工作状态的 Argo 剖面浮标有 3787 个。

全球海洋实时观测网所利用的 Argo 浮标的设计寿命为 4~5 年，最大测量深度为 2000m，每隔 10 天发送一组剖面实时观测资料，通过分布在全球大洋中的 3000 多个 Argo 浮标，每年可获得多达 10 万个剖面（0~2000m 水深）的测量资料（温度、盐度和海流）。

国际 Argo 科学组织的有关专家指出，全球海洋实时观测网除了可以提供大量的原始观测数据，还可以为人类带来以下几个方面的收获。

1）为建立新一代全球海洋和大气耦合模型的初始化条件、数据同化和动力一致性检验提供了一个前所未有的巨大数据库。

2）首次实现理论化的实时全球海洋预报。

3）建立一个精确的随深度变化的温度、盐度月平均全球气候数据库。

4）建立一个时间序列的数据库，其中包括热量和淡水储存以及中层水团和温跃层水体的温盐结构、体积等信息。

5）为由表层热量和淡水交换所建立的大气模型提供大尺度约束条件。

6）完成对大尺度海洋环流平均状态和变化的描述，其中包括对大洋内部水体、热量及淡水输送等的描述。

7）确定温度、盐度年际变化的主要形式及演变过程。例如，通过对海-气耦合模型的分析，找出全球海洋中存在的其他类似厄尔尼诺事件的现象以及它们对改进季节-年际气候预报的影响。

8）提供全球海面的绝对高度图，其精度在一年或更长的时间尺度内可以达到 2cm，从而使杰森高度计资料与阿尔戈资料在研究较大空间和时间尺度的问题上结合得更好。

9）通过确定海面高度变化同海面以下温度、盐度变化的关系，有效解译用卫星高度计所观测的海面高度异常（SSH）。

10）直接解译海面高度异常。通过对降水与蒸发差、冷热差、热量和淡水对流以及由风力驱动的水体重新分配的研究，了解厄尔尼诺（EI Niño）所造成的全球海面变化。

全球海洋实时观测网实施以来，已经成为科学家获取大洋内部数据的最大来源，其作用和价值也已经在海洋、天气等众多学科和领域中得到体现。Argo 资料正被世界气候变化预测计划和全球海洋资料同化实验等应用于海洋环流模式中，并对全球海洋进行详细的分析和预报。各国的海洋业务中心和气候中心也正在应用 Argo 资料进行气候和气象预报等，同时，Argo 资料还被用于海事安全、海上交通、渔业管理和近海工业以及国防事务等各个领域。Argo 资料的应用提高了对全球温室效应引起的海平面上升的估算和预报精度，对改进季节性气候预报和加深对飓（台）风活动的认识起着关键性作用。

## 12.3 美国近海海洋观测实验室（COOL）

美国 Rutgers 大学的近海海洋观测实验室（COOL）是世界上为数不多的近海海洋观测

与海洋科学研究机构。COOL 成立于 1992 年，当时称为海洋遥感实验室（marine remote sensing lab），隶属于 Rutgers 大学海洋与近海科学学院。最初的设备主要是卫星接收系统，仅限于卫星遥感海洋应用研究。后来，伍兹霍尔海洋研究所与新泽西大学的教授提出了将 Internet 与现场水下观测站相结合的设想，并得到 NOAA 和相关机构的支持，于是世界上第一个近海长期生态观测站 LEO-15（long-term ecosystem observatory-15）于 1996 年建成，而海洋遥感实验室变成近海海洋观测实验室（coastal ocean observation lab，COOL），主要适用于近海和海岸带区的海洋观测与研究。

最初的观测海域仅有 3km×3km，研究重点是沉积物流动和风暴潮。1998～2001 年开展了生态观测，观测海域扩大到 30km×30km，主要观测仪器设备有高频地波雷达、卫星、远程环境监测装置等，开发了环境现报/预报数字模型，研究重点是近海上升流、水体缺氧情况。从 2000 年起，新泽西近海观测系统建立后，覆盖海域达 300km×300km，增加了滑翔器观测，研究重点为大陆架区域的生物化学。COOL 的现场观测除了配置雷达站、气象站外，还配有野外工作站，并设置了控制中心。

COOL 由三大部分组成：一是近海局域海洋立体观测系统，二是数据接收、处理和存储系统，三是数据应用和数据产品的开发与服务系统。岸基实验室与水下现场观测系统之间用光缆/电缆连接。缆线支持水下台站与岸基站的双向、实时、高宽带的数据交换（包括视频）。观测系统建设的主要目的是近海海洋科学研究和数据产品的开发与服务。

**（1）水下现场定点观测**

长期生态观测站（LEO-15）是一个真正意义上的近岸观测技术与方法的大型试验基床，其目的是建立一个长期近岸生态观测系统。LEO-15 位于美国新泽西州外海的内大陆架上。观测站有两个节点，彼此相距 1.5km，通过 9.6km 的光/电缆与岸基设备相连，以输送电力和数据。光/电缆在海床上的埋设深度为 2m。每个节点建立了双向通信和视频连接，通过网络可以获得水下环境的实时观测数据。所测量的环境要素有：压力、海流、温度、电导率、溶解氧等，使用的仪器设备主要有：CTD 剖面仪、ADCP、水质仪、光学后向散射仪、全景摄像机、宽带水听器、辐射计、透明度仪、声学跟踪系统、声学后向散射仪、ROV、远程环境监测装置等。

**（2）滑翔机编队观测**

COOL 的科学家们计划未来将多台滑翔器组成编队，使滑翔器能基于预先收集到的物理和光学数据调整它们的当前航行计划，在近海区域实现连续巡航观测。这一设想一旦实现，就可以一天 24h 不间断地用滑翔器编队收集数据，而不需要一个科学家连续不断地监视滑翔器的运动及其信息，因而有能力监测和跟踪类似赤潮、涡流等海洋事件的形成和消散过程，并改进我们对近岸区生态系统动力性质的理解，便于从某些征兆中对某些海洋事件提供早期诊断。

**（3）岸基海洋动力环境观测雷达**

COOL 在新泽西沿岸布设了由多台高频地波雷达组成的雷达观测系统，这是美国东部海岸唯一的业务化海洋动力环境观测雷达系统，由 4 台雷达组成中程高频地波雷达系统，测量范围为离岸 100km。还有一个标准型短程高频地波雷达观测系统，由两台雷达组成，监测 LEO-15 的某一研究区域，分辨率较高，测量范围为离岸 20km。COOL 还采用波浪浮标，分别以 1km、3km 和 6km 的尺度，对标准型和中程、远程地波雷达数据进行校验。

**（4）卫星遥感观测**

在海洋与海岸科学学院大楼楼顶，安装着 SeaSpace 公司的 L 波段和 x 波段卫星地面接收站，目前接收和处理 4 个卫星遥感的海洋信息，包括：美国 NOAA 卫星的海洋表面温度、叶绿素浓度、后向散射光合吸收光数据，印度 OCM-1 卫星的叶绿素数据，中国 FY1-D 的水色数据。

20 世纪 80 年代以来，许多国家着手建立的近岸海洋立体观测系统主要由岸基水文气象站、地波雷达、海上浮标、潜标以及遥感卫星等多种平台组成。到目前为止，随着各种先进的传感器和观测仪器的使用，国际先进区域观测系统均已成熟，形成了"实时观测—模式模拟—数据同化—业务应用"的完整链接。例如，为了掌握爱尔兰近岸海洋、气候对环境和人类活动的影响，英国在爱尔兰海区域建立了多元化观测网，为公众提供实时和模拟相结合的数据及产品。

# 12.4　加拿大"海王星"海底观测网

加拿大"海王星"海底观测网（NEPTUNE-Canada）是世界首个深海海底大型联网观测站，位于东太平洋的胡安·德富卡板块最北部。它以板块构造运动、海底下的流体、海洋生物与气候、深海生态系统观测为科学目标，通过海底光缆连接安装在海底的仪器设备，进行实时、连续的观测，并通过光电缆将观测信息传回陆地实验室。

2009 年 12 月 8 日，NEPTUNE-Canada 正式启用，"NEPTUNE"全名为"North East Pacific Timeseries Undersea Networked Experiment"，直译是"东北太平洋时间序列海底联网试验"，简称"海王星"。NEPTUNE-Canada（图 12-1）由 800km 的海底光电缆相连的各种仪器，将东太平洋这块海区的深海物理、化学、生物、地质等的实时观测信息，源源不断地传回陆地实验室，并通过互联网传给世界各国的终端（李建如和许惠平，2011）。

NEPTUNE 原来由美国和加拿大两国科学家共同设计、研讨，北段在加拿大海岸外由加拿大建设，南段在美国海岸外由美国建设。但最终只有 NEPTUNE-Canada 建设完成，在该领域走在了世界的最前端。NEPTUNE-Canada 于 2007 年铺设缆线，2008 年安装设备，2009 年投入使用，它的建成是海洋科学里程碑式的进展，它的建设过程为世界其他地区类似的海底监测系统提供了宝贵经验。

在 NEPTUNE-Canada 设定的 25 年观测里，能为科学家提供海洋突发事件和长时间序列研究的海量数据，应用于广泛的研究领域，包括海底的火山活动、地震和海啸、矿产和烃类、碳水化合物、海气交换与气候变化、海洋的温室气体循环、海洋生态系统、海洋生产力的长期变化、海洋哺乳动物和鱼类资源、环境污染以及有毒水华等。简单说来主要研究五大方面（李建如和许惠平，2011）。

**（1）板块构造运动**

胡安·德富卡板块的东边，从温哥华岛到加利福尼亚北部，是胡安·德富卡板块插到

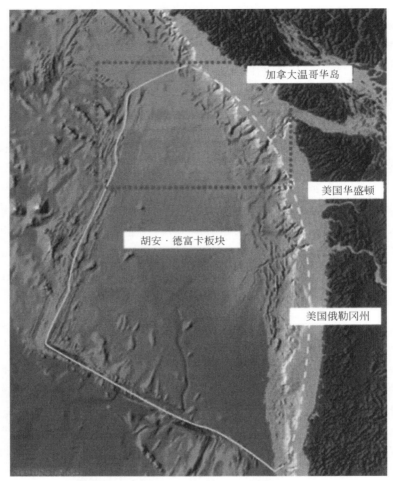

图 12-1　胡安·德富卡板块地理位置图（李建如和许惠平，2011）

注：白线为胡安·德富卡板块，黑线为 NEPTUNE-Canada 区域。

北美大陆之下的 Cascadia 俯冲带（图 12-2）。1700 年 1 月 26 日这个俯冲带曾发生 9 级地震，其引发的海啸一直从加拿大影响到日本。这种大地震和大海啸未来随时可能发生。观测网设置了地震仪和海啸预警装置。板块的西边有胡安·德富卡洋中脊，是岩浆和地震活动频繁的地区。

**（2）海底下的流体**

Cascadia 俯冲带内发生着复杂的流体和生命活动，形成了天然气水合物。水合物中的甲烷从海底渗漏，形成独特的细菌席和大型蛤类生物群，都是观测研究的对象。西边洋中脊区，由于洋底扩张和岩浆活动，是观测海底热液活动以及对海水影响的理想地带。

**（3）海洋生物与气候**

温哥华岛的西南岸外，是上升流造成生物特别繁茂的海区，在太平洋鲑鱼等重要经济鱼类生命环节中起着关键作用，这里对于陆坡和陆架转折区的长期水柱观测，将能揭示气

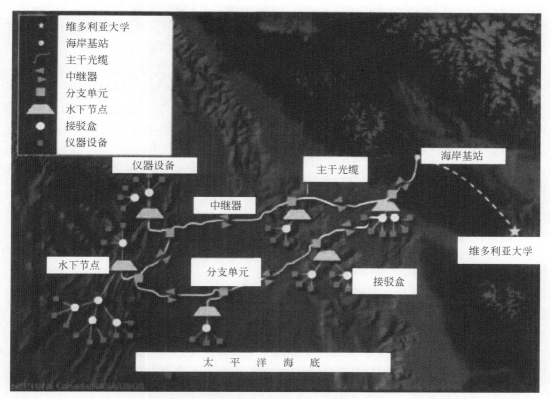

图 12-2　NEPTUNE-Canada 海底观测网的缆线图、海底节点及陆地实验室（李建如和许惠平，2011）

候变化的反应及其对生物变化的影响。

**（4）深海生态系统**

海底观测将能研究深海海底和水层中的生物群落、能量和营养物质的循环途径、生态系统的演变，以及生物对于大风暴、太平洋年代际振荡等事件的响应。研究胡安·德富卡洋中脊上热液支撑的海底特殊生态系统对探索生命起源有重大意义。

**（5）技术创新与数据管理**

海底观测系统的运行维护，必然带来一系列的技术新挑战，如水下设备的生物淤积和腐蚀。不断产生的海量数据，更是面临着如何管理和服务的问题，包括从图像识别到可视化的种种命题。

在上述基础上，NEPTUNE-Canada 的具体科学命题有：板块动力学、气候和温室气体循环、海洋生产力、海洋哺乳类和鱼类资源、非再生海洋资源、突发事件和灾害。

围绕深海前沿的科学目标，NEPTUNE-Canada 设计和布设了独特的组网结构实施观测，观测范围为水下 17～2660m。整套观测系统以 800km 海底光纤电缆为主干，电缆从温哥华岛西岸出发，穿过大陆架进入深海平原，向外延伸到大洋中脊的扩张中心，最终形成一个回路，用以传输高达 10kV、60kW 的能量和 10GB/s 的大量数据；电缆按环形回路铺设，能量和数据可以双向传输，大大增加了传输的安全性。整套观测网络现有 5 个海底节点，分别为 Folger Passage、Barkley Canyon、Endeavour、ODP889、ODP 1027，计划新增 1 个节点——Middle Valley。NEPTUNE-Canada 海底观测网的缆线图、海底节点及陆地实验室如图 12-2 所示（李建如和许惠平，2011）。通过海底节点，可以将电缆传输来的高压电进行降压，提供给水下接驳盒（junction box）使用，并对接驳盒进行实时控制和数据传输。每个节点周围可连有数个接驳盒。水下接驳盒则通过分支光电缆与观测仪器和传感器相连。整个系统现有 100 多个仪器和传感器连接在这些水下接驳盒之上，进行连续的水下观测，并实时将观测数据传向陆上实验室和互联网。不仅如此，节点还可以通过电磁耦合给水下机器人（ROV/AUV）提供定位，补给能量，实现长时间作业。

每个水下节点海床基可搭载 100 多个仪器和传感器，底座长约 5m，重约 13t，仅框架外壳就达到了 6.5t，可以保护内部的仪器设备不受渔船拖网等的损伤，需专门的调查船布放回收。

在 5 个海底节点中，Folger Passage 节点最浅，水深不超过 100m，位于大陆边缘，靠近 Barkley 海湾，观测的重点是生产力的控制因素，评价各类海洋过程对鱼类等海洋生物的影响。其次是 Barkley Canyon 节点，水深为 650m，目的是研究陆架、陆坡系统的营养状况和海底峡谷沉积物搬运，同时还对天然气水合物的活动情况进行监测。Endeavour 节点位于胡安·德富卡板块和太平洋板块交界的洋中脊，水深为 2310m，这里是新洋壳形成的地方，是观测海底火山和地震的绝佳场所。另外 2 个站都是大洋钻探的井位所在，ODP 889 节点位于大陆坡中部，水深为 1260m，有丰富的天然气水合物，主要观测地震和地质滑坡对天然气水合物分布的影响。ODP 1027 节点位于胡安·德富卡板块中部，水深为 2660m，这里在 ODP 钻孔安有 CORK 装置，用来观测海底之下数百米内地壳的温度和压力变化以及对地震、热液对流和板块拉张的响应。

如上所述，NEPTUNE-Canada 观测网由主干缆线分叉及连接的 5 个节点组成，每个节点连接一个或几个接驳盒，再由接驳盒直接与观测仪器和传感器相连。

所有节点都自带一套标准仪器，包括地震仪、压力仪等。通过接驳盒连接的仪器则各种各样。

NEPTUNE-Canada 是一个开放系统。除了节点自带的标准仪器外，没有其他仪器。它的主要目的是通过提供光电缆这一基础设施，吸引并协调全世界科研单位来安装各自的仪器。采得的数据在网上向全世界供应。从开始运行以来，数百个水下传感器实时或者近乎实时地向陆地实验室传输观测数据和图像，并保存在专门设立的"数据管理和保存系统"，同时，在实验室通过网络进行观测数据的传输和管理，以及水下观测仪器的控制。目前，平均每天有 900 个原始观测数据文件从海底传回，经过压缩后，大约有 50GB 的数据保存在维多利亚大学，同时，所有的数据在萨斯喀彻温大学进行安全备份。

NEPTUNE-Canada 自运行以来不断发挥其业务职能，如在海啸的监测与研究方面，海底压力记录仪作为海啸监测传感器，已探测到成百上千次的海底地震和不计其数的海啸。2010 年 2 月智利和 2011 年 3 月日本发生地震时引发的海啸相关数据均已被高精度实时海啸监测系统成功捕获。除此之外，NEPTUNE-Canada 在天然气水合物、海底沉积物、海底热液、深海生物等方面也取得了大量有价值的科学依据（李彦等，2013）。

# 参 考 文 献

李建如，许惠平. 2011. 加拿大"海王星"海底观测网. 地球科学进展，26（6）：656-661.

李彦，MoranK，Pirenne B. 2013. 加拿大"海王星"海底观测网络系统. 海洋技术，32（4）：72-75.

麻常雷，高艳波. 2006. 多系统集成的全球地球观测系统与全球海洋观测系统. 海洋技术，25（3）：41-44.

汪兆椿. 1994. 全球海洋观测系统的缘由. 海洋预报，11（3）：38-41.

阎季惠，李景光. 1999. 全球海洋观测系统及我们的对策初探. 海洋技术，18（3）：14-21.

Nowlin Jr W D，Malone T C. 2003. Research and GOOS. Marine Technology Society Journal，37（3）：42-46.

第六部分

海洋环境业务化分析监测

# 第13章 | 我国海洋生态环境的业务化监测

## 13.1 我国海洋环境业务化监测概述

### 13.1.1 海洋环境业务化监测历史沿革

海洋环境业务化监测的主要目的是为全面掌握我国管辖海域的环境状况及变化趋势，科学、客观地评价海洋环境质量，实现对环境质量与趋势清楚、对主要的污染源清楚、对潜在环境风险清楚。我国海洋环境业务化监测的历史要追溯到 20 世纪 70 年代，经过多年的发展，我国的海洋生态环境监测工作从监测机构网络体系建设到监测工作业务化内容上都有了翻天覆地的变化，已经成为我国环境监测体系中的重要组成部分，在我国海洋环境保护管理工作中起到了举足轻重的作用。

#### 13.1.1.1 海洋环境监测机构沿革

《海洋环境保护法》规定"国家海洋行政主管部门负责海洋环境的监督管理，组织海洋环境的调查、监测、监视、评价和科学研究，负责全国防治海洋工程建设项目和海洋倾倒废弃物对海洋污染损害的环境保护工作"①。

我国的海洋生态环境监测工作的主要负责机构为国家海洋局。国家海洋局于 1964 年成立，作为国务院机构的国家海洋局当时由海军代管，后成为国务院下设的统筹规划管理全国海洋工作的政府职能部门，是国务院直属机构。1998 年 3 月 10 日九届全国人大一次会议通过的《关于国务院机构改革的决定》，将国家海洋局作为国土资源部的部管国家局，它是国土资源部管理的监督管理海域使用、海洋环境保护、依法维护海洋权益及组织海洋科技研究的行政机构。

根据国务院"新三定方案"赋予国家海洋局新职责，其海洋生态环境监测工作主要体现在第六条机构职责上，"承担保护海洋环境的责任。按国家统一要求，会同有关部门组织拟订海洋环境保护与整治规划、标准、规范，拟订污染物排海标准和总量控制制度。组织、管理中国海洋环境的调查、监测、监视和评价，发布海洋专项环境信息，监督陆源污染物排海、海洋生物多样性和海洋生态环境保护，监督管理海洋自然保护区和特别保护区"。

---

① 《海洋环境保护法》于 2000 年 4 月 1 日实施。

　　《海洋环境保护法》和国务院"三定方案"在确立了海洋环境监测重要法律地位的同时，也明确了国家海洋局是组织实施海洋环境监测的职能部门。与此同时国家海洋局《关于进一步加强海洋环境监测评价工作的意见》（国海环字〔2009〕163 号）建立分级责任制，规定"沿海地方各级海洋行政主管部门应代表当地政府，承担本行政区近岸海域海洋环境监测评价工作的责任，定期评价并发布本行政区近岸海域环境信息"。

　　国家海洋局从 20 世纪 60 年代开始，采取自建的方式，陆续在沿海地区设立了海区环境监测中心、海洋环境监测中心站（简称"中心站"）及海洋环境监测站（简称"海洋站"），开展水文气象观测及海洋环境污染监测工作，至今国家海洋环境监测体系已建成"海洋站—中心站—海区环境监测中心—国家海洋环境监测中心"的四级海洋环境监测体系。随着海洋环境监测工作越来越受到关注，21 世纪初，各沿海省市政府通过自建或与国家海洋局共建的方式建设了省级中心和地（市）海洋环境监测机构。

　　目前全国海洋生态环境监测机构总数达 235 个，其中，国家海洋局所属监测机构 94 个，包括 1 个国家监测中心、3 个海区监测中心、17 个中心站和 73 个海洋站；沿海地方政府所属监测机构 141 个，包括 16 个省级监测中心，44 个地市级监测机构和 81 个县级监测机构。国家和地方各级监测机构的人员总数达约 4400 人。

### 13.1.1.2　我国海洋环境业务化监测沿革

　　1953 年，山东青岛小麦岛成立了我国第一个波浪和潮汐观测站。1959 年开始，中央气象局在沿海布设了 119 个水文气象观测站。1964 年，国家海洋局成立，海洋水文气象工作由气象局移交海洋局。海洋站建立初期的主要目的是开展近岸水文气象观测及验潮工作，而这一工作作为海洋站的特色工作一直延续到了现在，工作方式也从最初的人工观测发展到了现在的全自动观测，这项基础工作积攒的历史资料为我国的海洋经济发展做出了巨大的贡献。

　　在海洋环境监测工作方面，20 世纪 70 年代以来，我国的海洋环境监测任务主要以污染调查为主。1972 年起我国先后对渤海、黄海、东海和南海进行污染调查，初步查明了我国海洋污染的总体状况。海洋环境问题引起了社会各界重视，1978 年 8 月我国成立了"渤黄海海区环境污染监测网"，并于同年 10 月首次对我国的渤海、黄海进行水质、底质 30 多个项目的例行监测，揭开了我国海洋环境监测的序幕，图 13-1 为历史海洋环境监测工作图片。

　　在全国海洋污染调查的基础上，1984 年组建了"全国海洋污染监测网"（即全国海洋环境监测网）。从此，我国近岸、近海水域的水文、水质监测转入常规监测业务。该网共设海上测点 232 个，覆盖约 150 万 km² 海域（姜华荣等，2003）。

　　从 1978 年第一次海洋污染监测，到 1984 年"全国海洋环境监测网"的成立，是我国海洋环境监测的起步阶段。从监测的组织办法到工作方案，从监测的时间频率到海区介质，从方法技术到评价模式，基本上是摸索起步时期。"全国海洋环境监测网"的成立以及相应开展的海洋环境监测工作，使我国的海洋环境监测工作进入一个新的阶段。"全国海洋环境监测网"使我国海洋环境监测工作形成一个整体。按照统一的工作方案、统一的

图 13-1　历史海洋环境监测工作图片

技术要求，在规定的时间内对全国四大海域进行监测，使监测数据资料的可信性和可比性增加，为总体评价全国海域的环境状况提供必要方便条件。同时，由于"全国海洋环境监测网"各成员单位的努力，每年按时开展监测工作，不但积累了我国近海环境资料，而且对我国近海海域污染状况的整体认识也逐渐深化。

在 1982 年，全国人民代表大会常务委员会通过了第一部涉及海洋管理的法规《海洋环境保护法》，并在 1999 年进行了修订，在该法修订之前，承担业务化监测的机构主要以国家中心、海区中心、中心站为主，修订的《海洋环境保护法》出台后，进一步明确地方政府对近岸海域监督管理责任，2005 年之后，地方海洋环境监测机构相继建立，各沿海省、市及部分县建立了海洋环境监测机构，逐步承担了本行政区海洋环境监测任务，局属单位主要承担了近岸海域的部分专项监测任务和近岸海域以外以及公海海域的监测任务。

据统计，近年围绕三个"清楚"（对海洋环境现状及发展趋势清楚、对主要的入海污染源清楚、对潜在的环境风险清楚）以及海洋生态环境保护管理需求，组织实施海洋生态环境质量状况、海洋生态、海洋环境监管、公益服务和环境风险五大类监测任务，年均布设监测站位 1 万余个,获取数据超过 200 余万个。同时,依托西太平洋核辐射监测和大洋、极地考察航次逐步拓展了监测范围和领域。

纵观这五十余年来,我国的海洋生态环境监测工作的开展,监测业务内容整体逐年变化,从最初的水质污染调查到现在的沉积物质量、生物多样性、赤潮监测,自然保护区、生态保护区域海洋生态调查和生物监测、海洋倾倒区、海水浴场、陆源排污口及邻近海域监督监测、盐渍化、海洋垃圾、海洋大气、海洋工程等等,内容越来越丰富并具有针对性,越来越能够为管理海洋、保护海洋做决策提供强有力的数据支持。

近年来,国家海洋局新组建了全国海洋环境立体监测网。该网是利用由卫星、飞机、船舶、浮标(包括锚定浮、ARGO 浮标、漂流浮标)、岸基监测站、平台、志愿船等手段构成的海洋环境立体监测系统,任务是对我国管辖的全部海域实行监测监视。该体系在近岸、近海和远海监测区域以及主要海洋功能区,全面开展海洋环境质量和海洋生态监测,并对海洋赤潮、风暴潮、海上巨浪、海冰以及海上溢油等海洋环境问题进行监测和监视。随着海洋高新技术的不断发展,未来的宇航船和深潜探测技术也将成为全国海洋环境监测网的组成部分,应用于海洋环境监测活动之中。

## 13.1.2 海洋环境业务化监测的特点及分类

### 13.1.2.1 海洋环境业务化监测的释义

在《海洋环境保护法》中海洋环境监测的释义是指间断或连续地测定海洋环境中污染物的性质和浓度,观察、分析其变化及对海洋环境影响的过程。其基本目的是全面、及时、准确掌握人类活动对海洋环境影响的水平、效应及趋势。海洋环境监测工作者承担着为海洋环境管理提供信息服务的任务(国家海洋局人事劳动教育司,1988)。

根据其目的、对象和手段等,海洋环境监测也是指在一定的(设计好的)时间和空间范围内,使用统一的、可比的采样和检测手段,间断或不间断地测定海洋环境中污染物或其他要素的含量和浓度,观测分析其变化和对环境影响过程的工作,以阐明其时空分布、变化规律以及与人类活动的关系的全过程,是开发利用海洋资源、保护海洋生态环境、促进海洋经济可持续健康发展的重要基础性工作。简单地说,就是用科学的方法检测代表海洋环境质量及其发展变化趋势的各种数据的全过程。

海洋环境业务化监测是国家为全面掌握我国管辖海域的环境状况及变化趋势,按照海洋环境监测要求,将监测工作细化分类,部署到每年固定的时间和空间范围,依托国家、海区、省(自治区、直辖市)、市、县构成的五级海洋环境监测网络体系开展各项业务,以实现不同的海洋环境监测目标。

### 13.1.2.2 海洋环境业务化监测的特点

海洋环境业务化监测的本质特点体现在以下四个方面。

一是监测的目的是了解不同尺度海洋要素的状况及其在时间、空间的分布、变化规律。

二是监测的对象，包括海洋上与人类及与社会生活有关系的各类海洋环境与资源要素对象，不仅包括水文气象和海洋污染范围内的项目，还包括站点和区域相对固定的海洋环境、资源和权益的全部自然、非自然构成要素。

三是监测的站点或区域是相对固定的，这一点也是监测作业方式上的特定素质。

四是测量的方法、技术、质量等必须是执行统一的、有效的规范和标准制度。

### 13.1.2.3 海洋环境业务化监测的分类

海洋环境业务化监测主要依托监测船只、海滨台站、浮标及航空遥测等手段开展，具体分类可按性质、对象、目的进行划分。

**（1）按其性质划分**

1）研究性监测。此类监测系统较为复杂，需要一定技术专长的人员参加操作，并对监测结果作系统综合的分析。调查的第一步是确定污染物，通过监测弄清污染物从排放源排出至受体的迁移变化趋势和规律。当监测资料表明存在环境问题时，则必须研究确定污染物对人体、生物和景观生态的危害程度和性质。

2）监视性监测。监视性监测又称例行监测，它包括污染源控制排放监测和污染趋势监测。在排污口和预定海域，进行定期定点测定污染物含量，用以提供评定控制排放的资料和提供评价环境状况、变化趋势以及环境改善所取得的进展等。

3）应急监测。在此类监测中，采用流动监测、航空监测、遥感遥测等手段，对意外发生的高浓度污染进行短期集中监测，及时发布警报，采取紧急措施，控制污染范围，尽可能减少损失，以防止事故扩大，如事故性海面溢油应急监测和突发性赤潮监测等。

**（2）按对象划分**

1）海洋环境监测。海洋环境监测包括海洋污染监测和海洋环境要素监测。海洋污染监测包括近岸海域污染监测、污染源监测、海洋倾废区监测、海洋油污染监测、自然保护区监测等。海洋环境要素监测包括对海洋水文气象要素、生物要素、化学要素、地质要素的监测。

2）海洋资源监测。海洋资源包括可再生和不可再生资源。海洋资源监测包括水产资源、矿产资源、旅游资源、港口交通、动力能源、盐业和化学等资源的监测与调查。

3）权益监测。为维护海洋权益，在共有海域进行的生物资源再生产及以水产品质量、生态环境以及危害对象为主的海洋监测。

**（3）按目的划分**

根据业务监测工作的目的，按照监测介质来分，可分成水质监测、生物监测、沉积物监测和大气监测；按监测要素来分，可分成常规项目监测、有机和无机污染物监测；按海区的地理区位来分，可分成远海监测、近海监测等。

## 13.1.3 海洋环境业务化监测的目的

随着当今社会的发展，我们不得不面对这五点问题：一是社会经济发展对海洋产生了严重的影响；二是海洋受到的影响直接或间接地影响人类；三是对过去发展遗留在海洋上问题的认识；四是对现在发展正在延续的问题的识别；五是对未来发展可能出现的问题的预测。因此开展海洋环境业务化监测，我们要掌握其原则，明白监测要起到的作用及其重大意义。

### 13.1.3.1 海洋环境业务化监测的原则

在海洋环境业务化监测工作中，由于受人力、物力、财力和监测手段等条件的限制，应根据需要和可能，运用系统理论的观点和方法，寻求优化的监测方案，要坚持以下原则（国家海洋局人事劳动教育司，1988）。

**（1）监测对象的选择原则**

当前，海洋环境业务化监测不可能全面布局，均衡发展，根据需要和可能，在选择监测对象时应从以下几个方面考虑。

1）环境监测。在调查基础上，根据污染物质的特性（如自然性、扩散性、活性、毒性、持久性、生物可降解性、生物积累性），选择那些毒性大、持久性强、生物富集性高、危害严重、影响范围大的污染物，对潜在性危害大的污染物也不可忽视。

2）海洋资源监测与调查。海洋中的生物资源、海底非生物资源（矿石、石油、油气、砂和砾石、煤炭、重矿物等）、港口交通资源、风景旅游资源、动力能源、盐业和化学资源等，已经成为社会物质生产的对象和生活的重要领域。海洋以其辽阔和丰富的资源蕴藏量，客观地决定了它与人类继续发展的关系，海洋资源是未来社会的希望所在。

3）海洋权益监测。随着《联合国海洋法公约》的实施，围绕着 200n mile① 专属经济区或渔区海洋权利的斗争会越来越激烈，为保护国家的海洋资源不受侵犯，为维护共有海域的生态健康和生物资源再生产而进行的以权益、危害对象为主的海洋监测，已受到党和政府的重视，并已纳入海洋监测的基本工作内容。

**（2）优先监测的原则**

1）迫切性监测原则。为保持海洋监测的系统性和完整性，无论是环境监测、资源监测，还是权益监测，都应分轻重缓急、因地制宜、实事求是地整体设计，分步实施，滚动发展。根据情况变化和海洋管理反馈的信息，随时调整、修改和补充。把海洋管理、海洋开发利用和公益服务放在第一位，把兼顾海洋研究和资料积累需求的监测放在第二位。

2）重点监测优先。近岸和有争议的海区是我国海洋监测的重点。在近岸区，应突出河口、重点海湾、大中城市和工业部门近海域，以及重要的海洋功能区和开发区的监测。在近海区，监测的重点应在石油开发区、重要渔场、海洋倾废区和主要的海上运输线附近。在权益监测上，重点是以海域划界有争议的海域为主。

3）多介质、多功能一体化的监测体系优先。建立以水质监测为主体的控制性监测机制，以底质监测为主要内容的趋势性监测机制，以生物监测为骨架的效应监测机制和以危害为主要对象的权益监测机制，从而形成兼顾管理多种需求及多功能一体化的监测体系。

---

① 1mile=1.609 344km。

4）污染监测优先。在经济飞速发展的过程中，新合成的化学品每年大量地投入生产，并最终部分流入海洋。因此，必须探明有哪些优先监测的污染物，其分布状况、出现频率及含量如何，确定新污染物名单，研究和发展优先监测污染物的监测方法，待方法成熟和条件许可时列为优先监测污染物。一般说来，监测因子具有广泛代表性的项目，可考虑优先监测。

### 13.1.3.2  海洋环境业务化监测的目的

海洋环境业务化监测是让人们了解海洋，认识海洋，研究进而对其环境进行评价、预测、管理、保护和治理的根本途径和手段，为经济社会发展服务提供科学依据。可以说，海洋环境业务化监测是海洋环境保护的"哨兵"，是海洋资开发的"耳目"，是海洋环境管理监督的"先导"，是海洋环境灾害预警的"信号"，是维护国家海洋权益的体现和举措（朱庆林等，2011）。

海洋环境业务化监测基本任务包括以下六点。

1）掌握主要污染物的入海量和我国管辖海域环境质量状况的中尺度、长期变化趋势，判断海洋质量是否符合国家标准。

2）检验海洋环境保护政策与防治措施的区域性效果，反馈宏观管理信息，评价防治措施的效果。

3）监控可能发生的主要环境与生态问题，为早期警报提供依据。

4）研究、验证污染物输移、扩散模式，预测新增污染源和二次污染对海洋环境的影响，为制定环境管理规划提供科学依据。

5）维护国家权益，有针对性地进行海洋权益监测，为边界划分、保护海洋资源、维护海洋健康提供资料。

6）开展海洋资源监测，为保护人类健康、维护生态平衡和合理开发利用海洋资源，使之永续利用。

海洋环境业务化监测的目的具体表现在以下三个方面。

第一，及时、准确地反映海洋环境质量信息，是确定海洋环境管理目标、进行海洋环境决策的重要依据，信息的获取要依靠监测，否则就难以实现科学的目标管理。海洋环境监测的基本特点是能重复监测环境的现象，如果把多年的监测资料进行比较，就能预测出海区环境条件的长期变化趋势，如果缺乏历史海洋环境条件的资料，就难以科学地预测环境质量的变化规律。海洋环境监测开创的早期监测工作，将有利于和未来资料的相互比较。如果没有监测的资料，海洋管理部门将无法预测海洋环境质量变化趋势，也就无法确定海洋环境管理目标，无法真正做出有效的海洋环境决策。

第二，海洋环境保护管理制度的贯彻执行要依靠环境监测，也就是说只有依靠环境监测获取海洋环境质量的数据才能判断是否真正贯彻已经制定的海洋环境保护管理措施，否则制度和措施将流于形式。

第三，评价海洋环境管理和陆源污染治理效果必须依靠海洋环境监测，监测为政府及有关部门决策服务、污染防治规划提供参考信息，否则将很难提高科学管理的水平。例如，海洋渔业资源动态的调查，尤其是鱼类、数量的变化情况，作为监测必须掌握好该海域海洋渔业资源的基本状况及变动趋势、各类作业渔船生产情况、主要经济种类、渔获率及生物学参数，加强对渔业资源增值放流效果检验监测，为环境影响评价及编制海洋生态环境质量公报提供基础数据。

海洋环境监测作为海洋环境科学的一个重要组成部分，开展业务化监测工作既是各级政府及其海洋行政主管部门强化环境规划、协调、监督和管理的重要程序，又是国家制定发展海洋战略、方针、政策和海洋开发规划，并实施海洋工作宏观管理、协调发展的重要措施。所以，对于海洋环境业务化监测，它具有为海洋环境科学管理提供技术支撑、技术监督和技术服务的重要功能。坚持"监测工作是一种政府行为"的原则，不仅在海洋综合管理特别是海洋环境保护工作中充分体现出来，同时，在维护国家海洋权益，加强海洋资源合理开发，实施科技兴海等方面，都具有举足轻重的地位和作用。

# 13.2　我国海洋环境业务化监测工作方案

## 13.2.1　业务化监测工作方案的编制

为全面掌握我国管辖海域的环境状况及变化趋势，科学、客观地评价海洋环境质量，实现对环境质量与趋势清楚、对主要的污染源清楚、对潜在环境风险清楚，我国每年都会开展任务多样的海洋环境监测工作，以实现不同的海洋环境监测目标。

根据目前海洋环境监测体系，我国海洋生态环境业务化监测工作方案主要是先由国家层面产生《全国海洋生态环境监测工作任务》，一般印发在新的监测年伊始，然后各海区以此为依据结合海区实际情况编制"各海区海洋生态环境监测工作方案"，主要由海区中心、海区中心站、海洋站等机构承担开展。各海区相关省（自治区、直辖市）依据国家方案及海区方案，按照省（自治区、直辖市）政府的要求编制各省（自治区、直辖市）海洋生态环境监测工作方案，由各省级监测中心及市县监测机构承担开展。

本章节内容主要依据近年来全国海洋生态环境监测工作方案编写。

## 13.2.2　指导思想及总体目标

海洋生态环境监测工作要以贯彻党的十八大和十八届三中全会精神，全面落实全国海洋工作会议总体部署，以推进海洋生态文明制度建设、构建海洋生态文明新格局为主线，紧紧围绕各级政府的管理需求及社会公众关注的海洋环境热点问题开展；要发挥国家和地方海洋环境监测机构两支队伍的支撑作用，做到统筹协调、优势互补，不断深化完善海洋生态环境监测与评价业务体系；全面提升我国海洋环境监测评价业务水平和监督管理效能，服务于海洋生态红线制、海域工程区域限批、海洋资源环境承载力监测预警、陆海统筹的生态保护修复、海陆联动的污染防治、海洋生态赔偿与补偿等制度的建立和完善，推动我国海洋生态环境保护工作再上新台阶。

依据《海洋环境保护法》，坚持海洋生态环境监测为经济建设、社会发展，紧紧围绕海洋生态文明建设，全面贯彻落实《国家海洋局关于进一步加强海洋生态环境监测质量管理的意见》（国海发〔2014〕15号）和全国海洋生态环境监测工作视频会议精神，积极推进基层海洋站监测能力建设和业务化监测工作的开展，继续做好海洋生态环境监测、海洋环境监管监测、公益服务监测、海洋生态环境风险监测，加强国控点海水环境、沉积物质量和生物多样性监测，加强陆源入海污染物在线监测和海洋环境放射性监测，在2014年试点工作的基础上，进一步深化推进海洋资源环境承载能力监测评估工作，强化近岸海域海洋环境质量信息通报，进一步完善海洋环境监测与评价体系，提高监测质量和监测效能，为海洋环境保护管理提供科学依据。具体目标如下：①开展海洋生态环境监测，全面掌握海洋生态环境状况，履行海洋生态环境监测评价职责；②开展海洋环境监管监测，掌握海洋石油开发、重大海洋工程和倾倒区对海洋生态环境的影响，履行海洋环境监管职责；③开展公益服务监测，掌握海洋环境质量对公众用海活动的影响状况，为保障人民身体健康和生命安全提供服务；④开展海洋环境风险监测，掌握重点海域的主要环境风险，为沿海各级政府开展环境风险监督管理和应急管理提供技术支撑；⑤开展海洋资源环境承载能力试点监测，为海洋资源环境承载力监测预警机制的建立奠定基础；⑥开展基层海洋站能力建设，增强海洋站专业人员技术水平，提升海区海洋环境监测和应急监测能力。

## 13.2.3　业务化监测工作内容

从20世纪80年代正式开展海水质量监测开始，随着业务化监测能力的不断增强和监测范围的不断扩大，监测项目也逐年增加，先后增加了对海洋倾倒区、海水浴场、入海排污口的监测。发展至今，业务化监测任务已经有了十余项具体监测内容，包括海水监测、生物多样性监测、生态监控区、重点地区湿地、海洋沉积物、二氧化碳、大气污染物沉降通量监测、海洋倾废监测、海洋石油勘探开发区监测、陆源入海排污口及其邻近海域环境监测、江河入海污染物总量监测、海洋溢油应急监视监测、危险化学品污染、海洋放射性环境监测、海域赤潮监视监测预警、海域绿潮监视监测预警、水母灾害应急监测、自然岸线保有率、溢油事故跟踪监测、海洋资源环境承载能力试点监测以及海洋工程建设项目监测。

具体各业务化监测任务的主要目的如下。

开展海水质量监测，目的在于掌握海域不同尺度物理化学要素的时空分布特征及分布规律，掌握海水温度、盐度分布及变化，掌握海水中各要素污染、要素分布、污染程度及变化状况，评估评价海洋环境现状及变化趋势，诊断存在的环境污染问题。

开展水动力参数监测，进一步掌握黄渤海水动力变化规律，提供动力环境数据，满足沿海经济社会快速发展对海洋环境保护提出的要求。

开展海洋遥感监测旨在于掌握海区表层海温、透明度、悬浮物、叶绿素a四大要素的大范围空间分布状态，弥补船载监测的时空频率不足。开展海水表观光学参数测量，为以上四种监测要素遥感反演模型优化提供数据支持。

开展典型生态系统生物多样性监测、海洋保护区生物多样性监测和近岸及近岸以外海域生物多样性监测，掌握北海区海洋生物种类组成、分布、数量及变化状况，了解北海区海洋生物多样性状况。

开展黄河口生态监控区监测，目的在于掌握监控区内的环境变化趋势，进一步认识黄河水入海量、海洋资源开发对黄河口湿地和海洋生态系统的影响程度，为合理保护、管理和开发利用黄河口湿地资源与海洋资源服务。

开展滨海湿地试点调查，目的在于掌握湿地面积、分布、动植物及土壤状况，了解湿地的破坏和受威胁状况，为海洋环境保护管理部门实施管理行动提供依据。

开展海洋沉积物监测，旨在掌握北海区管辖海域沉积物类型和现状，了解污染物质在海洋沉积物中的分布、污染程度及变化状况，评价海洋沉积物质量现状、诊断存在的环境污染问题。

开展二氧化碳监测，旨在掌握海–气界面二氧化碳交换通量，了解海洋环境主要调控因子对二氧化碳分压的影响。

开展海洋大气监测，掌握大气源沉降入海的干湿沉降污染物的种类、数量以及各种污染（指标）物的浓度时空分布状况，掌握大气来源污染物的结构种类、污染特征，掌握监测海域大气干湿沉降中污染物浓度的季节变化、人类活动对大气污染物的直接或间接影响和大气污染物沉降通量的时空分布以及近岸海洋生态响应状况，特别是对重要海洋功能区的影响情况，满足污染源清楚的要求。

开展海洋倾倒区及其邻近海域监测，以掌握倾倒物组成成分及其在倾倒海域的迁移扩散过程，了解倾倒区及其邻近海域生态环境和渔业资源变化情况，评估倾倒活动的生态环境影响及其潜在风险。

开展油气开发区海域现场监测，旨在掌握油气开发活动排海物质排放状况、油气区环境质量状况及邻近海域环境状况，评价油气开发活动的环境影响及其潜在风险。

开展海洋工程建设项目海洋环境影响监测，旨在掌握建设项目施工期和运营期污染物排海状况及对海洋环境的影响，对海洋（涉海）工程的影响预测进行验证。

开展陆源入海排污口监督性监测，旨在掌握陆源入海排污口排放入海的污水量、污染物的种类和数量以及各种污染（指标）物的浓度状况，满足污染源清楚的要求；掌握陆源入海排污口对海域的有机污染物、重金属等有毒有害物质的输入状况；掌握陆源污染物排海的污染效应，以及对近岸海洋生态损害的状况与程度，特别是对重要海洋功能区的影响情况，为监督陆源污染物排海提供技术支撑。

开展黄河入海污染物监测旨在了解黄河污染源分布及污染物入海状况，掌握黄河入海污染物的种类、入海量及变化趋势，满足污染源和污染物清楚的要求，为污染物总量控制和实现海洋环境保护监督管理提供依据。

开展危险化学品污染监测，发生危险化学品泄漏排海事故后，掌握危险化学品在海洋环境中的残留和漂移变化情况，了解化学品污染对周边海域海水水质、沉积物、海洋生物以及生态系统和周边海洋功能区的影响。

开展水母应急监测，及时准确地提供水母灾害的种类、数量、范围等信息，及时发布水母灾害监测预警信息，减少水母暴发带来的损失。

开展渤海自然岸线保有率监测，针对渤海自然岸线日趋减少的现实，利用卫星遥感手段，开展渤海自然岸线保有率监测，能够为控制沿海地区海洋开发活动、维持现有自然岸线提供科学依据。

开展溢油应急监测，掌握溢油事故在海洋环境中的残留状况，掌握溢油事故对周边海域海水水质、沉积物、生物体质量以及生态系统的中长期影响。

下面以 2016 年全国海洋生态环境监测工作为列，具体细化各监测内容如下。

### 13.2.3.1 海洋环境质量监测

**（1）海水**

掌握管辖海域海水中各主要污染要素分布、污染程度及变化状况。

工作内容：开展我国管辖海域海水水质监测，加密国控水质站位，优化调整水质监测频率，提升海湾和功能区的站位覆盖率；推进水质遥感监测；掌握污染严重河口海湾海域的水交换能力。

监测时间及频率：近岸海域监测频率为 4 次/a，分别在 2 月（3 月）、5 月、8 月和10 月（11 月）开展。国家海洋局各分局所辖海区近岸以外海域海水监测频率调整为 2 次/a，其中 8 月必测，2 月（3 月）、5 月和 10 月（11 月）逐年监测，3 年实现 4 个季节全覆盖，2016 年选择在 5 月开展监测。南海中南部海域水质监测 1 次/2a；国家海洋局各分局所属重点海洋站水质监测至少 1 次/月；遥感监测时段为全年，遥感生物–光学现场监测可搭载水质监测实施；水动力监测选取季节代表性月份实施，1 次/a，4 年完成 4 个季节代表性月份监测，每 5 年进行一次综合评估。

监测站位：2016 年共设置 1311 个国控水质站位，其中对 162 个国控水质站位开展高频监测。沿海地方设立与国控站位不相重复的本行政区监测站位，原则上数量不低于本行政区内国控站位数量，提升海湾水质监测站位覆盖率，并确保每个沿海县所辖海域均有站位布设①。

组织实施：沿海各省、自治区、直辖市及计划单列市海洋厅（局）开展本行政区近岸海域海水监测。国家海洋局各分局负责所辖海区国控水质站位（包括海洋站高频监测国控站位）的水质监测和遥感监测。国家海洋局各分局分别选取所辖海区 1 个重点河口或海湾开展水交换能力试点监测，监测中心在普兰店湾进行水交换能力试点监测。

**（2）海洋沉积物**

掌握我国管辖海域沉积物类型和现状，了解污染物质在海洋沉积物中的分布、污染程度及变化状况。

工作内容：2016 年对辽河口、海河口、黄河口、长江口、九龙江口和珠江口（沉积速率大于 1cm/a 的河口区）沉积物类型及沉积物中石油类、有机污染物、重金属等要素实

---

① 详见 2016 年北海分局海洋生态环境监测实施方案。

施监测。

监测时间及频率：沉积速率高的河口区监测频率为 1 次/a，于 8 月实施；其他海域监测频率为 1 次/2a，在奇数年监测，于 8 月实施。

组织实施：沿海各省、自治区、直辖市及计划单列市海洋厅（局）开展本行政区近岸海域沉积物监测，依据海洋功能区划和功能区管理工作需求，优化本行政区近岸沉积物监测站位。国家海洋局各分局负责所辖海区国控沉积物站位监测。

**（3）二氧化碳**

掌握我国管辖海域海–气界面二氧化碳交换通量，了解海洋环境主要调控因子对二氧化碳分压的影响。

工作内容：利用岸岛基站（大连圆岛、闽东三沙、珠江口大万山、博鳌和西沙）、船舶等手段，开展海–气二氧化碳交换通量监测。利用现有各类浮标，搭载二氧化碳监测传感器，开展二氧化碳通量监测工作。在渤海试点开展海洋碳循环、海洋酸化和海–气甲烷交换通量监测。

监测时间及频率：岸岛基站监测频率不低于 1 次/2 月；走航监测为 4 个航次/2a，与断面监测同步实施，2016 年执行 2 月和 8 月航次；浮标实施全年连续监测。

组织实施：国家海洋局各分局负责所辖海区海–气二氧化碳交换通量监测，并各选择不少于两个浮标搭载二氧化碳监测传感器，开展二氧化碳通量监测工作；监测中心负责大连圆岛岸岛基站及渤海碳循环、海洋酸化和海–气甲烷交换通量试点监测。

**（4）海洋大气**

掌握我国重点海域大气污染物沉降状况，重点关注渤海大气污染物沉降通量的空间分布。

工作内容：对 16 个海洋大气监测站（老虎滩、圆岛、大黑石、盘锦、葫芦岛、营口、秦皇岛、塘沽、东营、蓬莱、北隍城岛、小麦岛、嵊山、连云港、北礵、大万山）实施大气污染物沉降监测。

监测时间及频率：干沉降监测频率为 4 次/a，每次连续监测 1 个月；湿沉降逢降水必采，如果站点条件有限，至少在干沉降采样月份开展同步湿沉降采样。

组织实施：国家海洋局各分局负责所辖海区的海洋大气监测；监测中心负责老虎滩、大黑石、圆岛海洋大气监测。

### 13.2.3.2　海洋生态状况监测

**（1）海洋生物多样性**

掌握我国管辖海域海洋生物种类和数量及其分布、变化状况。

工作内容：对管辖海域实施生态系统的生物多样性监测，结合生态监控区及海洋自然/特别保护区监测开展工作。监测要素为能够反映管辖海域生物多样性、生态监控区监控对象、保护区保护对象及重要经济物种现状的基本要素。

监测时间及频率：近岸海域海洋生物多样性监测频率为 2 次/a，于 5 月和 8 月实施；近岸以外海域监测频率为 1 次/a，于 8 月实施。

组织实施：沿海各省、自治区、直辖市及计划单列市海洋厅（局）负责本行政区近岸海域海洋生物多样性监测。国家海洋局各分局负责所辖海区国控海洋生物多样性站位的监测，并选取辽河口、鸭绿江口、黄河口、长江口、珠江口、渤海湾、莱州湾、胶州湾、杭州湾、乐清湾、闽东沿岸、大亚湾、北部湾 13 个区域开展游泳动物监测。

**（2）典型海洋生态系统**

掌握我国管辖海域生态监控区生态系统健康状况，掌握滨海湿地水鸟和栖息地变化状况。

工作内容：对 21 个生态监控区开展生态系统健康监测。以我国重要滨海湿地为重点监测区域，开展滨海湿地水鸟栖息地监测，掌握水鸟的种类、数量、分布，栖息地类型和面积、植被种类、数量和分布，潮间带底栖生物资源种类、数量和分布。

监测时间及频率：生态监控区监测频率为 1 次/a，于 8 月实施，其中长江以北生态监控区鱼卵仔鱼监测于 5 月实施。滨海湿地水鸟监测应根据鸟类迁徙和栖息地实际情况确定监测频率。水鸟栖息地面积和类型监测应选取近两年夏季低潮时的遥感影像资料为调查底图，栖息地生物资源监测时间一般以 5~10 月为宜。

组织实施：沿海各省、自治区、直辖市及计划单列市海洋厅（局）负责本行政区生态监控区监测。国家海洋局北海分局负责黄河口生态监控区监测，国家海洋局东海分局负责长江口生态监控区监测，国家海洋局南海分局负责珠江口和大亚湾生态监控区监测，国家海洋环境监测中心负责长兴岛生态监控区监测。沿海各省、自治区、直辖市及计划单列市海洋厅（局）负责本行政区的重要滨海湿地监测工作。国家海洋环境监测中心负责辽宁双台子河口滨海湿地监测，国家海洋局北海分局负责山东黄河口滨海湿地监测，国家海洋局东海分局负责上海崇明东滩滨海湿地监测，国家海洋局南海分局负责广西北仑河口滨海湿地监测。

**（3）海洋生态综合监测示范**

逐年开展典型河口、海湾、海岛等海洋生态系统的海洋生态综合监测示范，探索以生态系统为基础的海洋生态综合监测模式，为典型海洋生态系统的生态保护与修复、生态风险预警、生态灾害评估等工作提供基础信息和技术支撑。

工作内容：2016 年在鸭绿江口开展典型跨界河口的海洋生态综合监测示范。

监测时间及频率：频率为 1 次/a，于 8 月实施，其中鱼卵、仔稚鱼监测于 5 月实施。

组织实施：国家海洋环境监测中心负责鸭绿江口海洋生态综合监测示范。

**（4）海洋自然/特别保护区**

掌握海洋自然/特别保护区主要保护对象的现状、分布区域、变化及其主要影响因素。

工作内容：重点开展各类保护区保护对象监测以及保护对象影响因素监测，影响因素主要监测保护区内人类开发活动；依据功能区要求开展水质监测；试点开展保护对象及其影响因素的在线视频监测。

监测时间及频率：监测频率不少于 1 次/a，根据保护对象的特点开展相对应的监测，特别是海洋生物物种类保护区。根据不同类型保护区的实际情况确定具体时间，鼓励增加监测频率。遇突发事件应增加监测频率。

组织实施：沿海各省、自治区、直辖市及计划单列市海洋厅（局）。

### 13.2.3.3　海洋环境监管监测

**（1）陆源污染物排海**

1）入海江河。掌握江河入海主要污染物的种类、入海量及变化趋势。

工作内容：对入海江河主要污染物含量、入海量实施监测；继续推进入海江河在线监测。

监测时间及频率：多年平均径流量在 50 亿 m³ 以上的河流，监测频率不少于 6 次/a；多年平均径流量为 5 亿~50 亿 m³ 的河流，监测频率不少于 4 次/a；多年平均径流量小于 5 亿 m³ 的河流，监测频率不少于 3 次/a。在线监测时间为全年。

组织实施：沿海各省、自治区、直辖市及计划单列市海洋厅（局）负责本行政区主要入海江河监测；国家海洋局北海分局、国家海洋局东海分局、国家海洋局南海分局分别负责黄河、长江、珠江监测。国家海洋环境监测中心负责辽河口水质在线试点监测。

2）陆源入海排污口及邻近海域。掌握我国主要陆源入海排污口排污状况以及对邻近海域海洋环境的影响，为监督陆源污染物排海提供技术支撑。

工作内容：①2014~2015 年已经开展陆源入海排污口普查工作的地区，根据 2015 年陆源入海排污口普查成果，按照入海排污口的污水入海量、污染物超标程度及对邻近海域的影响等因素，确定实施重点监测、一般监测和统计监测的入海排污口名单，未开展普查工作的地区继续开展陆源入海排污口普查；②对重点监测和一般监测的入海排污口开展排污状况监测，并对重点监测的排污口邻近海域海洋环境质量状况开展监测；③依据重点入海排污口邻近海域的水动力条件和排污口污水对邻近海域的影响范围，优化调整重点排污口邻近海域的站位布设；④切实履行对陆源排污监督的职责，各分局在每个省至少选取 1 个陆源入海污染问题严重的排污口或排污区域，开展监督性监测。

监测时间及频率：重点监测和一般监测的入海排污口排污状况监测频率为 6 次/a，分别在 3 月、5 月、7 月、8 月、10 月和 11 月实施；监督性监测的排污口实施在线监测，未开展在线监测的监测频率不少于 1 次/月（冬季北方海域监测频率根据天气情况适当调整）。重点监测的入海排污口邻近海域监测 2 次/a，分别在 5 月、8 月实施。

组织实施：沿海各省、自治区、直辖市及计划单列市海洋厅（局）负责本行政区入海排污口及邻近海域监测，国家海洋局各分局负责所辖海区入海排污口的监督性监测。

3）海洋垃圾。掌握我国管辖海域海洋垃圾的种类、数量和来源以及对海洋生态环境的影响。

工作内容：3 年内沿海各省、自治区、直辖市及计划单列市完成覆盖管辖海域的海洋垃圾监测。2016 年，开展辖区海滩状况初步调查，选取滨海休闲娱乐区、农渔业区等海滩开展监测，监测海滩数量不少于主要海滩总数的1/3；海面漂浮垃圾监测断面至少覆盖1/3 的管辖岸线，根据管理需求选取港湾、河口等海域开展海面漂浮垃圾重点监测；根据实际情况开展海底垃圾监测。

监测时间及频率：监测频率为每年 1 次，每年 9~10 月实施，河口区邻近海域宜于丰水期监测。可适当增加监测频率。

组织实施：沿海各省、自治区、直辖市及计划单列市海洋厅（局）负责本行政区近岸海域海洋垃圾监测。

**（2）海洋倾倒区**

掌握倾倒物组成成分及其在倾倒海域的迁移扩散过程，了解倾倒区及其邻近海域生态环境变化情况，评估倾倒活动的生态环境影响及潜在风险。

工作内容：对 2016 年正在使用的海洋倾倒区实施全覆盖调查与监测。开展现场监测前应对各倾倒区的动态基础信息予以调查，并据此综合确定监测范围、站位布设和监测内容，设计针对性的监测方案，实施监测。

监测时间和频率：基础信息调查频率与监测频率保持一致，在每次监测前实施。根据倾倒活动强度和频率以及该倾倒区的用户数量、倾倒物的来源和种类以及周围敏感目标的情况确定监测时间及频率。水质监测方面，一般不少于 2 次/a，倾倒量小且使用时间不超过 3 个月的倾倒区不少于 1 次/a。水深地形、底栖生物、沉积物质量监测不少于 1 次/a。对于出现环境状况不符合倾倒区环保要求，且无法判明其与倾倒相关性的，应增加监测频率。

组织实施：国家海洋局各分局负责管辖海域海洋倾倒区的调查与监测，并汇总所辖海域本年度倾倒相关的管理数据。

**（3）海洋石油勘探开发区**

掌握各海区油气开发区油气开发活动排海物质排放状况、油气区环境质量状况及邻近海域环境状况，评价油气开发活动的环境影响及其潜在风险，及时发现海洋石油勘探开发溢油事故。

工作内容：对所有油气区的基础数据和排污数据进行调查；采用卫星（SAR）遥感监测与现场监测相结合的手段对 2016 年在生产的油气开发区实施全覆盖监测。

监测时间及频率：油气区基础指标调查于监测方案设计前开展；排污指标调查在每次监测前实施，调查频率与监测频率一致。北海区遥感监测重点监控区域为渤海，南海区重点监控区域为珠江口、大亚湾、北部湾、海南岛南面海域，监控频率为 1 次/48h。全部海洋油气开发区的海水质量监测频率至少 1 次/a，沉积物和生态环境监测频率至少 1 次/2a；根据油气平台所处生产阶段和所调查的排污数据，对生产水排海量大的，上年不符合"维持现状"功能区环境保护要求的，应加大监测频率。

组织实施：国家海洋局各分局负责所辖海区油气开发区的监测与调查，并汇总管辖海域本年度油气区的相关管理数据。国家海洋环境监测中心负责组织制定卫星（SAR）遥感监测技术规范，提供技术指导。

**（4）海洋工程建设项目**

掌握建设项目施工期和运营期污染物排海状况及对海洋环境的影响，掌握开发活动对海域环境质量、环境敏感区及保护目标（根据具体工程确定，如产卵场、索饵场、增养殖区、典型生态系统等）、其他海洋功能区的影响。

工作内容：调查海洋（涉海）工程建设项目基础指标和排污指标，了解海洋（涉海）工程运营对区域水动力条件、流场的影响，工程自身造成的海岸线形态改变对周边生态环境的影响；工程在施工期和运营期对周边海域海水、沉积物、海洋生物种类和密度的影响，重点关注各类海洋（涉海）工程产生的特征污染物对生态环境的影响。国家海洋局北海分局重点开展大规模集约围填海开发活动对海洋环境影响，国家海洋局东海分局重点开展东海大桥海上风电及运营核电厂温排水对海洋环境影响，国家海洋局南海分局重点开展港珠澳大桥建设项目、珠江口海砂开采对海洋环境影响。

组织实施：国家海洋局各分局组织开展国管项目监测与调查，沿海地方各级海洋主管部门按审批权限对核准工程开展监测与调查。

### 13.2.3.4 海洋公益服务监测

**（1）海水浴场**

掌握海水浴场海洋环境状况，保障沿海社会公众娱乐休闲活动及人体安全健康。

工作内容：选取公众活动较多的海水浴场实施监测，通过各类媒体及时发布信息产品，开展信息实时发布。

监测时间及频率：在浴场活动较密集的时期开展监测，水质要素监测频率根据浴场的优先级别确定，"高优先级"的海水浴场水质监测频率为 2 次/周，"中优先级"的海水浴场水质监测频率为 1 次/周，"低优先级"的海水浴场水质监测频率为 1～2 次/月；赤潮、漂浮物和危险生物等要素每天开展监测，水文气象要素的监测时间为每天 08 时和 14 时。对于人体健康存在潜在风险的要素，应加密监测。对水质连续不佳的海水浴场，可开展周边污染源监测和浴场水质的成因分析。

组织实施：沿海各省、自治区、直辖市及计划单列市海洋厅（局）负责本行政区近岸海域海水浴场海洋环境监测。

**（2）滨海旅游度假区**

掌握滨海旅游度假区海洋环境状况，保障沿海社会公众娱乐休闲活动及人体安全健康。

工作内容：选取公众活动较多的滨海旅游度假区实施监测，通过各类媒体及时发布信息产品，开展信息实时发布。

监测时间及频率：在滨海旅游活动较密集时期开展监测，"优先监测"的滨海旅游度假区水质监测频率为 1 次/周（化学需氧量监测频率为 1 次/月），其他滨海旅游度假区可适当降低水质监测频率；危险生物、赤潮、漂浮物等要素每天监测；景观参数和沙滩地质要素监测频率为 1 次/a；水文气象要素监测时间为每天 08 时和 14 时。对于人体健康存在潜在风险的要素，应加密监测。

组织实施：沿海各省、自治区、直辖市及计划单列市海洋厅（局）负责本行政区近岸海域滨海旅游度假区海洋环境监测。

**（3）海水增养殖区**

监测目的：掌握我国海水增养殖区环境质量现状和变化趋势，关注海水增养殖活动带来的环境影响及增养殖区可持续利用风险。

工作内容：选取所辖海域内部分具代表性增养殖模式、种类及养殖密度、规模较大的

20 个海水增养殖区实施重点监测。除重点监测增养殖区外，各省市可根据区域特征选择 2~3 个增养殖区进行一般监测。准确统计实施监测的海水增养殖区增养殖状况。

监测时间及频率：根据增养殖种类的主要养殖时段及影响养殖区环境的突发性事件情况，确定监测时间；重点监测增养殖区水质监测频率不少于 4 次/a，沉积物及贝类生物质量参数监测频率不少于 1 次/a。鼓励增加监测频率，对养殖密度高、养殖规模较大以及周边环境污染风险较高的增养殖区实施加密监测。一般监测增养殖区水质监测时间及频率由组织实施单位自行设置，沉积物及贝类生物质量参数监测频率不少于 1 次/a。

组织实施：沿海各省、自治区、直辖市及计划单列市海洋厅（局）负责本行政区近岸海域增养殖区环境监测。

**（4）北戴河海域海洋环境监测预警保障**

围绕北戴河海域环境综合整治工作，做好海洋环境监测预警保障工作，及时掌握、科学评价北戴河及周边海域环境状况，切实维护海洋生态健康，保障北戴河浴场环境安全。

工作内容：严密监控北戴河及周边海域环境状况，对浴场、排污口、入海江河、增养殖区等关键海域实施重点监测，监测各类污染物质入海排放状况，重点关注溢油、危险化学品、海洋垃圾等对人体有毒有害的污染物质及赤潮（水母）等有害生物分布情况。建立高效的信息公共发布机制，通过各类公共媒体及时发布北戴河海洋环境监测预警信息，暑期继续实施北戴河海域海洋环境信息日报制度。

监测时间及频率：根据北戴河海域环境综合整治及浴场环境保障工作需求确定具体监测时间及频率。

组织实施：河北省海洋局负责北戴河及周边近岸海域海洋环境监测预警工作。国家海洋局北海分局负责开展北戴河近岸以外海域海洋环境监测预警工作，为北戴河海域监测预警提供技术支持。

### 13.2.3.5 海洋生态环境风险监测

**（1）海洋生态环境灾害及风险监测预警**

1）海洋溢油。掌握海洋溢油在海洋环境中的残留和漂移变化情况，了解海洋溢油对周边海域海水水质、沉积物、海洋生物及生态系统和周边海洋功能区的中长期影响。

工作内容：各分局、沿海省市海洋主管部门按照《海洋石油勘探开发溢油应急响应执行程序》组织实施突发海洋溢油事件应急监测，及时发布信息。各分局、沿海省市海洋主管部门适时组织开展海洋溢油应急演练。

监测时间及频率：根据溢油量的大小及影响程度、范围，确定具体时间及频率。海洋溢油应急演练次数不少于 1 次/a。

组织实施：沿海省级海洋主管部门负责本行政区近岸海域海洋溢油应急响应及演练工作。

国家海洋局各分局负责所辖海区海洋石油勘探开发溢油污染和地方责任海域外溢油事故应急监测、溢油检验鉴定、卫星航空遥感监视监测及应急演练工作。

2）危险化学品污染。发生危险化学品泄漏排海事故后，掌握其在海洋环境中的残留和漂移变化情况，了解其对周边海域海水、沉积物、海洋生物及生态系统和周边海洋功能区的影响。结合海水水质监测，在重点河口和海湾、敏感海洋功能区、沿海化工园区等近岸海域，开展危险化学品本底调查。

工作内容：对化学品污染海域及邻近海域海水、沉积物、海洋生物状况及变化开展跟踪监测，并对附近功能区实施监测，掌握化学品排海对周边海域使用功能的影响。2016 年 8 月结合国控站位海水水质监测，开展 333 个站位的氰化物和多环芳烃本底调查。

监测时间及频率：根据化学品排海量大小及影响程度、范围，确定具体时间及频率。危险化学品污染应急演练不少于 1 次／a。氰化物和多环芳烃本底调查于 8 月开展。

组织实施：沿海各省、自治区、直辖市及计划单列市海洋厅（局）负责本行政区近岸海域化学品污染监测评估及应急演练工作。国家海洋局各分局负责所辖海区近岸以外海域危险化学品污染监测评估及应急演练工作。各分局负责所辖海区国控水质站位的氰化物和多环芳烃监测。

3）西太平洋海洋放射性监测预警。掌握日本福岛核泄漏事故对西太平洋及我国管辖海域的影响。

工作内容：按照《西太平洋海洋环境监测预警体系建设中长期规划纲要（2012－2020）》有关要求，开展西太平洋海洋环境监测预警体系建设工作，在日本以东的西太平洋公共海域（A 区）、台湾岛东北部海域（B 区）、吕宋海峡海域（B 区）、黄海南部及东海东部（C 区）各实施 2 个监测预警航次，共计 8 个航次。同时，结合国控站点监测工作，开展日本福岛核泄漏事故对我国管辖海域影响的放射性监测工作。工作内容详见具体技术要求。

监测时间及频率：西太平洋海洋放射性监测预警时间频率详见具体技术要求。

组织实施：国家海洋局各分局、国家海洋局第三海洋研究所负责开展西太平洋海洋放射性监测预警工作，国家海洋局第三海洋研究所、国家海洋局环境监测中心、国家海洋信息中心、国家海洋局技术中心、国家海洋局第一海洋研究所负责相关技术支持工作。

4）我国核设施周边海域海洋放射性监测。了解沿海核电站周边海域放射环境基本状况及潜在风险，掌握核电开发活动对周边海域海洋环境的影响。

工作内容：对沿海在建及运行核电设施周边海域的海水、沉积物及生物体基本状况和放射性要素实施监测。

监测时间及频率：海水监测频率为 1 次／a，沉积物、生物监测频率为 1 次／2a（奇数年开展）。

组织实施：沿海各省、自治区、直辖市及计划单列市海洋厅（局）承担本行政区内核电站及邻近海域放射性状况监测任务，在当地核应急协调委的组织下，负责近岸海域核泄漏海洋环境影响监测与评价；地方不具备监测能力，可委托国家海洋局各分局开展监测。

5）赤潮（绿潮）灾害。掌握我国管辖海域赤潮（绿潮）灾害发生状况和赤潮监控区赤潮灾害发生风险，及时发现赤潮（绿潮）灾害，为赤潮（绿潮）应急监测和灾害防治提供基本信息。

工作内容：开展管辖海域赤潮（绿潮）灾害监测，并开展赤潮监控区监测工作。国家海洋环境监测中心根据地方需求，开展赤潮（绿潮）卫星遥感监测，为赤潮（绿潮）灾害监测预警提供技术服务。

在应急状态下，按《赤潮灾害应急预案》要求，开展赤潮（绿潮）灾害应急监测，及时发布赤潮（绿潮）监测预警信息产品。

监测时间及频率：赤潮（绿潮）灾害监测：有毒赤潮每周监测 2 ~ 4 次，无毒赤潮（绿潮）每周监测 1 ~ 2 次；

赤潮监控区海洋环境监测频率为 2 次/月；养殖生物、沉积物监测频率为 1 次/a；养殖生物贝毒监测频率为 2 次/a。具体时间由各单位研究确定，鼓励增加监测频率；对于近年来赤潮发生频率明显减少的监控区，海洋环境监测频率可调整为 1 次/月。

组织实施：沿海各省、自治区、直辖市及计划单列市海洋厅（局）负责本行政区近岸海域赤潮（绿潮）灾害应急监测和赤潮监控区监测工作，国家海洋局各分局负责所辖海区赤潮（绿潮）灾害应急监测工作。

6）海水入侵和土壤盐渍化。掌握滨海地区海水入侵和土壤盐渍化现状、成因和环境风险，为海水入侵和土壤盐渍化灾害的防治提供基础信息。

工作内容：依据近几年滨海地区海水入侵和土壤盐渍化的监测结果，选取对工农业生产和居民生活用水已产生影响的海水入侵和土壤盐渍化较严重的区域，开展海水入侵和土壤盐渍化监测。

监测时间及频率：监测频率为 1 次/a，于枯水期实施，鼓励增加监测频率。

组织实施：沿海各省、自治区、直辖市及计划单列市海洋厅（局）负责辖区内海水入侵和土壤盐渍化监测工作。

7）重点岸段海岸侵蚀。掌握我国沿海重点岸段海岸侵蚀现状、变化状况、成因和环境风险，为海岸侵蚀灾害的防治提供基础信息。

工作内容：选取具有代表性的砂质岸段和淤泥质岸段，监测岸段要保持连续性。国家海洋局各分局和国家海洋环境监测中心各选择 2 个岸段，岸段监测长度不小于 5km。

监测时间及频率：监测频率为 1 次/a，具体时间由国家海洋局各分局研究确定，但应保证每年同一时间监测，鼓励增加监测频率。

组织实施：国家海洋局各分局负责所辖海区重点岸段海岸侵蚀监测工作，国家海洋环境监测中心负责辽宁省营口市盖州岸段和辽宁省葫芦岛市绥中岸段监测。

**（2）重大海洋污染事件跟踪监测**

1）蓬莱 19-3 溢油事故跟踪监测。掌握蓬莱 19-3 平台溢油在海洋环境中的残留情况，掌握溢油事故对周边海域海水、沉积物、生物体质量及生态系统的中长期影响。

工作内容：对溢油海域及邻近海域海水、沉积物、海洋生物状况及变化开展跟踪监测，掌握溢油事故对周边海域使用功能的影响。

监测时间及频率：监测频率为 1 次/a，具体时间由各单位研究确定。

组织实施：国家海洋局北海分局负责组织辽宁省、河北省、天津市、山东省、大连市海洋厅（局）实施。

2）大连油污染事件跟踪监测。掌握油污染对周边海域海水、沉积物、生物体质量及生态系统的中长期影响。

工作内容：对油污染海域及邻近海域海水、沉积物、海洋生物状况及变化开展跟踪监测，并对油污染事件附近的重点海水增养殖区、自然保护区、海水浴场和滨海旅游度假区实施监测，掌握溢油对周边海域使用功能的影响。

监测时间及频率：监测频率为 1 次/a，具体时间由各单位研究确定。

组织实施：国家海洋局北海分局负责组织辽宁省、大连市海洋厅（局）及国家海洋环境监测中心实施。

### 13.2.3.6　海洋环境在线监测

在 2015 年在线监测系统建设及示范应用的基础上，推进近岸海域、海湾、重要河口、主要入海江河、重点排污口的在线监测。

组织实施：沿海各省、自治区、直辖市及计划单列市海洋厅（局）结合所辖海域海洋环保工作需求，组织开展本行政区内的海水水质和入海污染源在线监测；国家海洋局各分局分别负责各海区海水水质和入海污染源在线监测，重点开展京津冀、珠三角、长三角海域的水质在线监测和重点排污口的在线监督性监测。具体方案另行印发。

### 13.2.3.7　海洋资源环境承载能力监测预警

在 2015 年海洋资源环境承载能力监测预警试点工作的基础上，开展沿海县级行政区域海洋资源环境承载能力监测预警与评估工作。

工作内容：以沿海县级行政区域所辖海域为评价单元，开展区域海洋资源要素、生态环境要素、社会经济要素等综合调查，开展海洋资源环境承载能力评估。

组织实施：沿海各省、自治区、直辖市及计划单列市海洋厅（局）组织开展本行政区内的海洋资源环境承载能力监测评估，国家海洋环境监测中心负责提供技术支持。具体技术路线和评估方法另行印发。

# 13.3　海洋环境业务化监测的流程

## 13.3.1　业务化监测调查工作

在业务化监测调查之前首先要制定好业务化监测实施方案及外业任务书，内容涉及调查的目的和任务、调查海区、调查的内容、站位的布设、调查的日期和方法、信息资料的提供形式、人员分工及经费估算等。

### 13.3.1.1　方案及任务书的设计

1）监测工作开展前尽可能地收集该海区已有的资料，如过去调查的计划和报告、历史观测资料、有关的论文、文献和档案等。根据收集到的资料，了解调查海域的环境特征、各海洋要素的分布规律和季节变化规律（潮汐、潮流、波浪、温盐的基本特征和变化规律、层化特征、锋面特征等）、前人研究的深入程度、新老任务的相关程度等，以便在这个基础上设计出经济、合理且又科学的实施方案（侍茂崇等，2008）。

2）在实施方案的基础上制订详细的外业任务书，它主要包括任务名称、航次时间、海区、站位布设（图、表）、项目、层次、航行路线、任务分工、物品详单及经费估算等。根据物理现象的时空特征和要解决的科学问题，确定监测的调查项目，布设站位并估算调查时间。监测断面的设置原则是尽量使监测断面沿变化最大方向（垂直于等深线）。一个好的外业任务书可以用最少人力、物力获得最大海洋信息量。

3）海洋外业调查的方式有大面站、断面、连续、锚系浮标、潜标、追踪浮标等。根据调查任务确定好调查方式，如果是单船调查，要说明大面和定点调查的站位和时间，如果是多船调查，要说明各船的任务、位置和同步的起始监测时间等。

4）确定调查船只及其主要设备。例如，所需绞车的数量、绞车的负重、绞车的位置、起吊设备、声学测深系统、实验室、天气监测系统、渔业调查拖网等。

5）海洋调查仪器的准备和测试。根据出海调查任务选定科学的调查仪器，并对各种仪器进行测试，保证仪器准确有效。如果仪器出现故障，要及时进行维修和检测，保证出海的顺利进行。在确保仪器无误后，对出海监测人员进行仪器的使用、维护和保养培训，避免在调查过程中因仪器操作不当而阻碍调查的顺利进行。

6）做好调查中各种监测手段的配合。先进的三维立体监测体系为海洋调查提供了丰富的手段。船舶测量、浮标监测、台站监测、潜标监测、卫星监测等互相补充。如果调查用到多种监测手段，在监测要素、监测时间和监测地点等要素上要做好各种监测手段的有机结合。

7）经费预算。科学的经费预算能保证用最小的资金完成调查任务，同时它是顺利执行调查方案的重要条件。经费预算包括合作费用、燃油动力费用、仪器购买或调试费用、出海人员补助费用、出海物资购买费用等。

### 13.3.1.2 调查航次前准备

**（1）仪器**

按任务要求，选用符合《海洋调查规范》要求的仪器和设备。出航前必须进行全面的检测和调试，使其处于良好工作状态。仪器的使用水深范围和测量范围必须满足测量海区的水深变化和所测量要素的变化范围，同时必须满足对监测要素及其计算参数的准确度和时空变化要求。选用的仪器必须适用所采用的承载工具和监测方式，仪器的记录方式应便于资料的处理和加工。调查仪器必须经过国家法定计量单位进行鉴定。

根据调查大纲的要求列出所有仪器、设备及其附属消耗品。考虑海上调查的意外性，对于容易损坏或丢失的仪器设备必须有足够的备用，以免因此而造成调查任务的失败。经过检查校正后的仪器设备，根据使用要求进行安装固定。同时注意检查以下方面：①绞车安装是否牢固，收放速度是否正常；②仪器在水中的水密性是否良好，各种仪器在水中是否正常工作；③通信设备是否正常，各调查船之间的联系是否通畅；④清点所有仪器设备是否齐全；⑤调查结束后对所有仪器设备进行维护和保养；⑥所有入水仪器都应用淡水冲洗干净后晾干保存；⑦对绞车等设备要涂抹黄油后保存。

**（2）调查人员**

根据调查任务，确定出海人员，并根据任务要求进行合理分工，列出详细名单。对出海调查人员进行知识培训。外业首席要在出海之前选定时间对所有出海人员讲解所调查海区及所要调查海洋要素的基本特征。出海调查人员的技能培训，包括仪器的使用、安装、调试、维护和保养，通信工具的使用。为了保证人身安全，要进行安全教育，学会各种逃生方法。为保证海上调查任务的有序进行，对出海调查人员进行工作的协调和配合培训。同时要进行监测方法和填写报表方面的培训。严格出海纪律。好的出海纪律是保证人身安全、仪器安全和资料安全的前提。保证出海期间无饮食意外和其他人身意外发生。调查人员应做好所有出海期间的调查报表，并购买好相应的仪器消耗品，如电池等。

**（3）调查船只**

选用适合的船只，检查船上所有设备是否齐全、安全，包括动力系统、通信系统、救生系统、供电系统和生活设施，如发现不符合要求的地方责令其迅速整改。确认船只处于良好备用状态后，与船主签订船舶租赁协议，明确其责任和义务，并告知出发的详细地点和行程安排。

**（4）天气查询**

确定好出海日期后，通过各种手段查获调查日期的天气情况。如果天气的确不适合进行出海调查，要及时确定新的调查日期，并及时通知所有出海相关人员，尤其是船主，避免发生不愉快的事件。

**（5）后勤保障工作**

1）保险：对所有出海人员发放救生设备，并对所有人购买人身保险。

2）劳保用品：食品、休息条件、工作服、手套、雨衣、棉衣、防滑防冻鞋、相关药品等。

3）保证必要的消耗品备用。

### 13.3.1.3 海上调查作业

确保人员安全、仪器安全和数据安全。仪器操作要小心仔细，并做好防震、防水。

**（1）分工**

根据调查要素进行分工，并根据调查时间进行分班制度。如调查时间为白天，可实行两班制，如调查时间为昼夜，可实行三班或四班制。所有调查人员要严格执行分工和分班制度。

**（2）值班**

值班人员必须按时交接班，不得迟到、早退。不得擅离岗位，不得做与工作无关的其他事情。如接班人员因其他事情不能接班，原值班人员要坚持工作，保证测量工作的连续性。交班前，交班人员应将全部记录、仪器和工具整理好，并交代清楚。同时向接班人员交代监测中发现的特殊情况和仪器设备中的问题。接班后，值班人员除完成值班任务后，应检查上一班的全部工作,发现疑问或漏洞及时向原值班人询问,予以补充或改正。

**(3) 监测与记录**

工作人员应严格按照监测方法进行监测和记录,记录内容除测量数据外,还应包括监测站位、监测时间、水深、天气现象、工作情况等,同时填写好工作日志。记录要及时、准确、有效。记录结束后要进行校正,确认无误后进行签字。如因特殊原因无法获取所测数据时,应备注表明原因。所记录材料必须妥善保存,防止遗失或掉入水中。在调查结束后,所有监测记录要上交出海负责人,负责人进行检查和确认后再安排专门人员进行数据处理和分析。

### 13.3.1.4 调查采样及保存

**(1) 采样方法**

常规的采样方法包括了化学类水质样品采样、表层石油水样采集、微生物样品的采集、生物样品采集、沉积物样品采集以及潮间带生物样品采集。2002 年至 2007 年 4 月,采用《海洋监测规范》(GB 17378—2007)和《海洋调查规范》(GB/T 12763—2007)规定的采样方法;2007 年 5 月至今,业务化监测工作基本采用《海洋监测规范》和《海洋调查规范》规定的采样方法(表 13-1),具体如下。

1)化学类水质样品采样方法。根据监测要求和水深的不同,水质样品分为表层水质样品和多层次水质样品。从采样方式上主要分为常规水质样品和石油类样品。常规水质样品一般通过采水器采样,采样顺序依次为:溶解氧、化学需氧量、盐度、重金属、营养盐。样品采集完毕后需要根据规范要求加入固定剂,贴好标签,装箱保存。采样方法主要为有机玻璃采水器法。

该采水器由有机玻璃材料制成,底部加有配载,多用于采集海洋、湖泊、江河的表层水样,可采集常规分析的水样,特别适用于重金属痕量分析采样。在河口和排污口调查中广泛应用。采样时,将采水器系在绳索上,沉入水中,在这个过程中,采样器保持敞开。当提拉绳索时,受水流作用,采水器上下卡盖自动关闭,完成指定层次采样。

**表 13-1 水质采样层次** [《海洋监测规范》(GB 17378—2007)]

| 水深范围/m | 标准层次 | 底层与相邻标准层最小距离/m |
|---|---|---|
| 小于 10 | 表层 | — |
| 10 ~ 25 | 表层,底层 | — |
| 25 ~ 50 | 表层,10,底层 | — |
| 50 ~ 100 | 表层,10,50,底层 | 5 |
| 100 以上 | 表层,10,50,以下水层酌情加层,底层 | 10 |

注:表层系–海面以下 0.1 ~ 1m;底层–对河口及港湾海域最好取离海底 2m 的水层,深海或大风浪时可酌情增大离底层的距离。

2)表层石油类水样采集方法。采集石油类水质样品不能用常规的采水器,必须使用抛式采水器采样,采样时,将样品瓶装入不锈钢底座中,挂到浮球上,插好插销,避开排污口,抛入海中,通过拽拉绳索拔出插销,让样品瓶自行罐装,从而能够准确采集水面以下 0.5m 深度的石油类水样。

3）微生物样品的采集方法。将清洗干净的样品瓶用牛皮纸包好用细绳系紧。在瓶颈处拴一长细绳，仪器经高温高压灭菌处理。采样时将瓶盖连同牛皮纸一同取下，避免人体接触采样瓶。拽住细绳的一端，将采样瓶放至水面采样，采完后盖盖，用牛皮纸扎紧，冷藏保存。

4）生物样品采样方法。生物样品主要包括：叶绿素 a 样品、浮游植物样品、浮游动物样品、底栖生物样品。①水样采集方法：用水质采水器采集水样，采样方法同水质采样方法。主要用于叶绿素 a 分析和赤潮发生时赤潮生物的鉴定和计数。②浮游生物拖网采样方法：用浅水 I（大型浮游动物）、II（中小型浮游动物）、III 型网（浮游植物）自海底按照一定的速度垂直拖至表面采集水体中的浮游生物。整个流程为：下网—起网—冲网—样品收集—加固定剂。③底栖生物采样方法：主要利用绞车和采泥器从海底抓取一定厚度和面积的沉积物，通过过筛和分拣，挑出其中的底栖生物进行数量计数和种类鉴定。所用采泥器主要有抓斗式和箱式采泥器。

5）沉积物采样方法。

第一，表层沉积物。利用绞车和各类采泥器从海底抓取一定深度的底泥，采泥器类型主要有：①抓斗式采泥器。适用于采集海洋、河流、湖泊、水产养殖场等水底表层泥样，具有底质样品比较完整、全不锈钢的特点，已在全国海洋污染调查和监测中广泛使用。②箱式采泥器。适用于采集海洋、河流、湖泊、水产养殖场等水底表层泥样，具有泥样无扰动、底质样品比较完整、全不锈钢的特点，已在全国海洋底栖生物定量调查和监测中广泛使用。

第二，柱状样。柱状采样器可以采集垂直断面沉积物样品。如果采集到的样品本身不具有机械强度，那么从采泥器上取下样器时应小心保持泥样纵向的完整性。

柱状样的采集操作步骤如下：①首先要检查柱状采样器各部件是否安全牢固。②先进行表层采样，了解沉积物性质，若为砂砾沉积物，就不进行重力取样。③确定进行重力采样后，慢速开动绞车，将采泥器慢慢放入水中，待取样管在水中稳定后，常速下至离海面 3～5m 处，再全速降至海底，立即停车。④慢速提升采样器，离底后快速提至水面，再行慢速。停车后，用铁钩钩住管身，转入舱内，平卧于甲板上。⑤小心将取样管上部积水倒出，丈量取样管打入深度。再用通条将样柱缓缓挤出，顺序放在接样板上进行处理和描述。若样柱长度不足或样管斜插入海底，均应重采。⑥柱样挤出后，清洗取样管内外，放置稳妥，待用。

6）潮间带生物采样方法。用滩涂定量采样器：规格为 25cm×25cm×30cm 的不锈钢采样器。配套工具是平头铁锹、样品筛。取样时用臂力或者脚力将取样器插入滩涂内，观察框内表面可见的生物及数量，然后用铁锹取出框内样品，放入筛筐筛洗，进行种类鉴定和计数。

**（2）样品的保存**

海水样品采样站位的确定及时空频率的选择、采样设施、采样瓶的洗涤与保存、现场采样操作、样品的储存与运输等要求执行《海洋监测规范 第 3 部分：样品采集，贮存和运输》的规定。各测项及其分析方法所需水样体积和保存方法见表 13-2。

表13-2 水样采样体积和保存

| 编号 | 测项及方法 | 采样器材质 | 水样现场预处理 | 水样用量/ml | 储存用容器 P | 储存用容器 G | 保存温度/℃ | 保存时间 | 备注 |
|------|-----------|-----------|---------------|------------|---|---|-----------|---------|------|
| 5 | 汞 | | | | | | | | |
| 5.1 | 原子荧光法 | 玻璃 | 加 $H_2SO_4$ 至 pH<2 | 100 | | + | | 13d | (1) |
| 5.2 | 冷原子吸收分光光度法 | | | 100 | | | | | |
| 5.3 | 金捕集冷原子吸收光度法 | | | 200 | | | | | |
| 6 | 铜 | | | | | | | | |
| 6.1 | 无火焰原子吸收分光光度法 | 玻璃或塑料 | 过滤加 $NHO_3$ 至 pH<2 | 200 | + | + | | 90d | (1) |
| 6.2 | 阳极溶出伏安法 | | | 100 | | | | | |
| 6.3 | 火焰原子吸收分光光度法 | | | 100 | | | | | |
| 7 | 铅 | | | | | | | | |
| 7.1 | 无火焰原子吸收分光光度法 | 玻璃或塑料 | 过滤加 $HNO_3$ 至 pH<2 | 200 | + | + | | 90d | (1) |
| 7.2 | 阳极溶出伏安法 | | | 100 | | | | | |
| 7.3 | 火焰原子吸收分光光度法 | | | 400 | | | | | |
| 8 | 镉 | | | | | | | | |
| 8.1 | 无火焰原子吸收分光光度法 | 玻璃或塑料 | 过滤加 $HNO_3$ 至 pH<2 | 200 | + | + | | 90d | (1) |
| 8.2 | 阳极溶出伏安法 | | | 100 | | | | | |
| 8.3 | 火焰原子吸收分光光度法 | | | 400 | | | | | |
| 9 | 锌 | | | | | | | | |
| 9.1 | 火焰原子吸收分光光度法 | 玻璃或塑料 | 过滤加 $HNO_3$ 至 pH<2 | 100 | + | + | | 90d | (1) |
| 9.2 | 阳极溶出伏安法 | | | 100 | | | | | |
| 10 | 总铬 | | | | | | | | |
| 10.1 | 无火焰原子吸收分光光度法 | 玻璃或塑料 | 过滤加 $H_2SO_4$ 至 pH<2 | 100 | + | + | 4 | 20d | (1) |
| 10.2 | 二苯碳酰二肼分光光度法 | | | 1000 | | | | | |
| 11 | 砷 | | | | | | | | |
| 11.1 | 原子荧光法 | 玻璃或塑料 | 过滤加 $H_2SO_4$ 至 pH<2 | 200 | + | + | | 90d | (1) |
| 11.2 | 砷化氢-硝酸银分光光度法 | | | 200 | | | | | |
| 11.3 | 氢化物发生原子吸收分光光度法 | | | 100 | | | | | |
| 11.4 | 催化极谱法 | | | 100 | | | | | |

续表

| 编号 | 测项及方法 | 采样器材质 | 水样现场预处理 | 水样用量/ml | 储存用容器 P | 储存用容器 G | 保存温度/℃ | 保存时间 | 备注 |
|------|-----------|-----------|--------------|-----------|------|------|---------|---------|------|
| 12 | 硒 | 玻璃或塑料 | | | | | | | |
| 12.1 | 荧光分光光度法 | | 过滤加 HNO₃ 至 pH<2 | 100 | + | | | 90d | (1) |
| 12.2 | 二氨基联苯胺分光光度法 | | | 500 | | + | | | |
| 12.3 | 催化极谱法 | | | 100 | | | | | |
| 13 | 油类 | 玻璃 | | | | | | | |
| 13.1 | 荧光分光光度法 | | 现场萃取 | 500 | | + | 4 | 10d | (1) |
| 13.2 | 紫外分光光度法 | | | 500 | | | | | |
| 13.3 | 重量法 | | | 500 | | | | | |
| 14 | 六六六，DDTs | 玻璃 | | | | | | | |
| | 气相色谱法 | | 现场萃取 | 500 | | + | 4 | 10d | (1) |
| 15 | 多氯联苯 | 玻璃 | | | | | | | |
| | 气相色谱法 | | 现场萃取 | 2 000 | | + | 4 | 10d | (1) |
| 16 | 狄氏剂 | 玻璃 | | | | | | | |
| | 气相色谱法 | | 现场萃取 | 2 000 | | + | 4 | 10d | (1) |
| 17 | 活性硅酸盐 | 塑料 | | | | | | | |
| 17.1 | 硅钼黄法 | | 过滤 | 100 | | + | 4 | 3d | (加 0.2% 三氯甲烷可保存 24h) |
| 17.2 | 硅钼蓝法 | | | 100 | | | | | |
| 18 | 硫化物 | 玻璃 | | | | | | | |
| 18.1 | 亚甲基蓝分光光度法 | | 每升水样加 1ml 乙酸锌溶液（50g/L） | 2000 | | + | | 24h | (1) |
| 18.2 | 离子选择电极法 | | | 200 | | | | | |
| 19 | 挥发性酚 | 玻璃 | | | | | | | |
| 19.1 | 4-氨基安替比林分光光度法 | | 加 H₂PO₄ 至 pH<4，加 2g/L 硫酸铜 | 200 | | + | 4 | 24h | (1) |
| 20 | 氰化物 | 玻璃 | | | | | | | |
| 20.1 | 异烟酸-吡唑啉酮法 | | 加 NaOH 至 pH=12～13 | 500 | | + | 4 | 24h | (1) |
| 20.2 | 吡啶-巴比土酸分光光度法 | | | 500 | | | | | |

续表

| 编号 | 测项及方法 | 采样器材质 | 水样现场预处理 | 水样用量/ml | 储存用容器 P | 储存用容器 G | 保存温度/℃ | 保存时间 | 备注 |
|---|---|---|---|---|---|---|---|---|---|
| 21 | 阴离子洗涤剂 亚甲基蓝分光光度法 | 玻璃 | | 100 | | + | | 24h | (1) |
| 22 | 嗅和味 感官法 | 玻璃 | | | | + | | 现场测定 | (1) |
| 23 | pH-pH 计法 | 玻璃或塑料 | | 50 | + | + | | 现场测定 | (2h) 加 $HgCl_2$ 可1天 |
| 24 | 悬浮物 重量法 | 玻璃或塑料 | 现场过滤 | 50~5000 | + | + | | 现场测定 | (1) |
| 25 | 氯化物 银量滴定法 | 玻璃或塑料 | | 100 | + | + | | 30d | (3d) |
| 26 | 盐度 | | | | | | | | |
| 26.1 | 盐度计法 | 玻璃或塑料 | | 250 | + | + | | 90d | (1) |
| 26.2 | 温盐深仪 (CTD) 法 | | | | | | | 现场测定 | |
| 27 | 浑浊度 | | | | | | | | |
| 27.1 | 浊度计法 | 玻璃或塑料 | | 100 | + | + | | 24h | 若加 0.5% $HgCl_2$ 可保存 22 天 |
| 27.2 | 目视比浊法 | | | 100 | | | | | |
| 27.3 | 分光光度法 | | | 100 | | | | | |
| 28 | 溶解氧 碘量法 | 玻璃 | 加 1ml $MnCl_2$ 和 1ml 碱性碘化钾 | 50~250 | | + | | 现场测定 | (1) |
| 29 | 化学需氧量 - 碱性高锰酸钾法 | 玻璃或塑料 | | 100 | + | + | | 现场测定 | (1) |
| 30 | 生化需氧量 | | | | | | | | |
| 30.1 | 五日培养法 (BOD₅) | 玻璃 | | 300 | | + | 4 | 6h | 冷冻可保存 48h |
| 30.2 | 两日培养法 (BOD₂) | | | 300 | | | | | |

| 编号 | 测项及方法 | 采样器材质 | 水样现场预处理 | 水样用量/ml | 储存用容器 P | 储存用容器 G | 保存温度/℃ | 保存时间 | 备注 |
|---|---|---|---|---|---|---|---|---|---|
| 31 | 总有机碳 | | | 50 | | | | | |
| 31.1 | 总有机碳仪器法 | 有机玻璃 | | | | + | | 立即测定 | (1) |
| 31.2 | 过硫酸钾氧化法 | | | 50 | | | | | |
| 32 | 无机氮 | | | | | | | | *0.2% CHCl₃ 可保存24h；-20℃冷冻可保存7天* |
| 33 | 氨 | | | | | | | | |
| 33.1 | 靛酚蓝分光光度法 | 玻璃或塑料 | 过滤 | 100 | + | + | | 3h | (1) |
| 33.2 | 次溴酸盐氧化法 | | | 100 | | | | | |
| 34 | NO₂⁻ 萘乙二胺分光光度法 | 玻璃或塑料 | 过滤 | 100 | + | + | | 3h | (1) |
| 35 | NO₃⁻ | | | | | | | | |
| 35.1 | 镉柱还原法 | 玻璃或塑料 | 过滤 | 100 | + | + | | 3h | (1) |
| 35.2 | 锌镉还原法 | | | | | | | | |
| 36 | 无机磷 | | 过滤 | | | | | | *0.2% CHCl₃ 可保存24h* |
| 36.1 | 磷钼蓝分光光度法 | 玻璃或塑料 | | 100 | + | + | | 立即测定 | |
| 36.2 | 磷钼蓝-萃取分光光度法 | | | 250 | | | | | |
| 37 | 总磷 过硫酸钾氧化法 | 玻璃或塑料 | 过滤 | 100 | + | + | | 3h | (30d) |
| 38 | 总氮 过硫酸钾氧化法 | 玻璃或塑料 | 过滤 | 100 | + | + | | 3h | (30d) |
| 39 | 镍 无火焰原子吸收分光光度法 | 玻璃或塑料 | 过滤加HNO₃至pH<2 | 100 | + | + | | 90d | (30d) |

注：（1）指过滤，指用0.45μm纤维滤膜过滤；P为聚乙烯塑料瓶；G为硬质玻璃瓶；水样用量指一次分析所用样品体积；采样量应乘以重复测定的次数；表中斜体字体是《海洋调查规范》之保存规定，供参考。

### 13.3.1.5　外业调查现场数据分析与处理

对出海调查获取的监测数据根据相关规范进行整理、分析与计算。分析计算的方法必须合理有效（侍茂崇等，2008）。

1）数据预处理。对监测数据中明显不合理的要进行物理剔除。在进行物理剔除时要通过反复的论证，切忌盲目。

2）所有电子仪器监测数据要进行校验，以保证数据的准确性。如CTD要用采回的水样测盐度来校验。

3）数据预处理后，根据科研要求对各物理量进行统计分析。画出各要素剖面图、断面图和时空分布图，并分析其基本特征。

### 13.3.1.6　调查航次报告

调查航次报告是指现场监测后记录整个监测过程及对所得结果初步分析而形成的一个书面报告，它包括调查目的、调查计划、参加人员、使用仪器、实际执行过程、获得的数据以及初步结论等部分。撰写调查报告的一个根本目的是为以后利用这些数据时提供真实翔实的背景情况，因此调查报告应当尽量详细，特别是监测过程中的细节要仔细记录。而监测结果，如数据、电子文件的列表也要详尽记录，有可能的话要将数据本身在单独的附录中全部列出。调查报告要及时撰写，以免遗忘监测的过程。

## 13.3.2　业务化监测实验分析工作

### 13.3.2.1　业务化监测采用的分析方法

海洋环境监测工作开展初期，业务化监测机构均采用国家海洋局于1979年实施的《海洋污染调查暂行规范》（简称1979年规范）及1991年颁布的《海洋监测规范》（简称1991年规范），开展简单的化学项目的分析化验。1998年《海洋监测规范》上升为国家标准，国标号为GB 17378—1998（简称1998年规范）；2007年国家海洋局对其进行了修订，于2008年5月正式颁布《海洋监测规范》（GB 17378—2007）（简称2007年规范）。目前，各业务化监测机构对所承担的海洋环境监测项目基本采用《海洋监测规范》（GB 17378—2007）规定的方法进行实验室分析化验，对于《海洋监测规范》中没有涉及的检测项目采用国家环境保护部、农业部等颁布的检测方法；对于国内无相关检测方法的项目，引入国外环境保护机构的检测方法。具体各项目分析方法及历史分析方法见表13-3～表13-7。

**表13-3　海水监测各项目分析方法变化情况**

| 序号 | 项目 | 分析方法 | 引用标准 |
|---|---|---|---|
| 1 | 化学耗氧量 | 碱性高锰酸钾法 | 1979年规范 |
|  |  | 碱性高锰酸钾法 | 1998年规范 |
|  |  | 碱性高锰酸钾法 | 2007年规范 |
|  |  | 重铬酸盐法 | GB/T 11914—1989 |

续表

| 序号 | 项目 | 分析方法 | 引用标准 |
|---|---|---|---|
| 2 | 生化需氧量 | 五日培养法 | 1979 年规范 |
| | | 五日培养法 | 1998 年规范 |
| | | 五日培养法 | 2007 年规范 |
| | | 稀释与接种法 | HJ505—2009 |
| 3 | 总汞 | 冷原子吸收法 | 1979 年规范 |
| | | 冷原子吸收分光光度法 | 1991 年规范 |
| | | 原子荧光法 | 1998 年规范 |
| | | 原子荧光法 | 2007 年规范 |
| 4 | 铜 | 阳极溶出伏安法 | 1979 年规范 |
| | | 无火焰原子吸收分光光度法<br>阳极溶出伏安法 | 1998 年规范 |
| | | 无火焰原子吸收分光光度法 | 2007 年规范 |
| | | 原子吸收分光光谱法 | GB/T 7475—1987 |
| 5 | 铅 | 阳极溶出伏安法 | 1979 年规范 |
| | | 无火焰原子吸收分光光度法<br>阳极溶出伏安法 | 1998 年规范 |
| | | 无火焰原子吸收分光光度法<br>阳极溶出伏安法 | 2007 年规范 |
| | | 原子吸收分光光谱法 | GB/T 7475—1987 |
| 6 | 镉 | 阳极溶出伏安法 | 1979 年规范 |
| | | 无火焰原子吸收分光光度法<br>阳极溶出伏安法 | 1998 年规范 |
| | | 无火焰原子吸收分光光度法 | 2007 年规范 |
| | | 原子吸收分光光谱法 | GB/T 7475—1987 |
| 7 | 锌 | 阳极溶出伏安法 | 1979 年规范 |
| | | 火焰原子吸收分光光度法<br>阳极溶出伏安法 | 1998 年规范 |
| | | 火焰原子吸收分光光度法 | 2007 年规范 |
| | | 原子吸收分光光谱法 | GB/T 7475-1987 |
| 8 | 总铬 | 无火焰原子吸收分光光度法 | 1998 年规范 |
| | | 无火焰原子吸收分光光度法 | 2007 年规范 |
| | | 高锰酸钾氧化-二苯碳酰二肼分光光度法 | GB/T 7466—1987 |
| 9 | 砷 | 氢化物发生原子吸收分光光度法 | 1998 年规范 |
| | | 原子荧光法 | 2007 年规范 |

续表

| 序号 | 项目 | 分析方法 | 引用标准 |
|---|---|---|---|
| 10 | 氰化物 | 异烟酸-吡唑啉酮分光光度法 | 2007 年规范 |
| | | 滴定法和分光光度法 | HJ 484—2009 |
| 11 | 硫化物 | 亚甲基蓝分光光度法 | 1998 年规范 |
| | | 亚甲基蓝分光光度法 | 2007 年规范 |
| | | 亚甲基蓝分光光度法 | GB/T 16489—1996 |
| 12 | 油类 | 紫外分光光度法 | 1979 年规范 |
| | | 紫外分光光度法 | 1998 年规范 |
| | | 紫外分光光度法 | 2007 年规范 |
| | | 红外光度法 | GB/T 16488—1996 |
| 13 | 有机氯农药 | 气相色谱法 | GB/T 7492—1987 |
| 14 | 大肠菌群 | 发酵法 | 1979 年规范 |
| | | 发酵法 | 1998 年规范 |
| | | 发酵法 | 2007 年规范 |
| 15 | 粪大肠菌群 | 发酵法 | 1998 年规范 |
| | | 发酵法 | 2007 年规范 |
| 16 | 多氯联苯 | 气相色谱法 | 2007 年规范 |
| 17 | 活性硅酸盐 | 硅钼黄法 | 1998 年规范 |
| | | 硅钼黄法 | 2007 年规范 |
| 18 | 挥发性酚 | 4-氨基安替比林分光光度法 | 1998 年规范 |
| | | 4-氨基安替比林分光光度法 | 2007 年规范 |
| 19 | pH | pH 计法 | 1998 年规范 |
| | | pH 计法 | 2007 年规范 |
| 20 | 悬浮物 | 重量法 | 1998 年规范 |
| | | 重量法 | 2007 年规范 |
| 21 | 氯化物 | 硝酸银滴定法 | GB/T 11896—1989 |
| 22 | 盐度 | 盐度计法 | 1998 年规范 |
| | | 盐度计法 | 2007 年规范 |
| 23 | 混浊度 | 浊度计法 | 1998 年规范 |
| | | 浊度计法 | 2007 年规范 |
| 24 | 溶解氧 | 碘量法 | 1998 年规范 |
| | | 碘量法 | 2007 年规范 |
| | | 电化学探头法 | HJ 506—2009 |
| 25 | 总有机碳 | 过硫酸钾氧化法 | 1998 年规范 |
| | | 过硫酸钾氧化法 | 2007 年规范 |

续表

| 序号 | 项目 | | 分析方法 | 引用标准 |
|---|---|---|---|---|
| 26 | 无机氮 | 氨 | 靛酚蓝分光光度法<br>次溴酸盐氧化法 | 1998 年规范 |
| | | | 次溴酸盐氧化法 | 2007 年规范 |
| | | | 纳氏试剂分光光度法 | HJ 535—2009 |
| | | $NO_2^-$ | 萘乙二胺分光光度法 | 1998 年规范 |
| | | | 萘乙二胺分光光度法 | 2007 年规范 |
| | | | 分光光度法 | GB/T 7493—1987 |
| | | $NO_3^-$ | 镉柱还原法 | 1998 年规范 |
| | | | 锌–镉还原法 | 2007 年规范 |
| | | | 酚二磺酸分光光度法 | GB/T 7480—1987 |
| 27 | 无机磷 | | 磷钼蓝分光光度法 | 1998 年规范 |
| | | | 磷钼蓝分光光度法 | 2007 年规范 |
| 28 | 铁 | | 火焰原子吸收分光光度法 | HY/T069—2005 |
| | | | 火焰原子吸收分光光度法 | GB/T 11911—1989 |
| 29 | 锰 | | 火焰原子吸收分光光度法 | HY/T069—2005 |
| | | | 火焰原子吸收分光光度法 | GB/T 11911—1989 |
| 30 | 有机磷农药 | | 气相色谱法 | GB/T 14552—2003 |
| 31 | 总磷 | | 钼酸铵分光光度法 | GB 11893—1989 |
| | | | 过硫酸钾氧化法 | 2007 年规范 |
| 32 | 总氮 | | 碱性过硫酸钾消解紫外分光光度法 | GB 11894—1989 |
| | | | 过硫酸钾氧化法 | 2007 年规范 |
| 33 | 邻苯二甲酸酯 | | 气相色谱法 | U. S. EPA 8061A—1996 |
| 34 | 六价铬 | | 二苯碳酰二肼分光光度法 | GB/T 7467—1987 |
| 35 | 氯化物 | | 硝酸银滴定法 | GB/T 11896—1989 |
| 36 | 弧菌 | | 平板计数法 | 2007 年规范 |
| 37 | 细菌总数 | | 平板计数法 | 2007 年规范 |
| 38 | DDTs | | 气相色谱法 | 2007 年规范 |
| 39 | 六六六 | | 气相色谱法 | 2007 年规范 |
| 40 | 多氯联苯 | | 气相色谱法 | 2007 年规范 |

表 13-4  海洋沉积物监测各项目分析方法变化情况

| 序号 | 项目 | 分析方法 | 引用标准 |
|---|---|---|---|
| 1 | 总汞 | 冷原子吸收分光光度法 | 1991 年规范 |
| | | 原子荧光法 | 2007 年规范 |

续表

| 序号 | 项目 | 分析方法 | 引用标准 |
|---|---|---|---|
| 2 | 铜 | 二乙氨基二硫代甲酸钠分光光度法 | 1979 年规范 |
| | | 无火焰原子吸收分光光度法 | 1998 年规范 |
| | | 无火焰原子吸收分光光度法 | 2007 年规范 |
| 3 | 铅 | 双硫腙分光光度法 | 1979 年规范 |
| | | 无火焰原子吸收分光光度法 | 1998 年规范 |
| | | 无火焰原子吸收分光光度法 | 2007 年规范 |
| 4 | 镉 | 阳极溶出伏安法 | 1979 年规范 |
| | | 无火焰原子吸收分光光度法<br>阳极溶出伏安法 | 1998 年规范 |
| | | 无火焰原子吸收分光光度法 | 2007 年规范 |
| 5 | 锌 | 双硫腙分光光度法 | 1979 年规范 |
| | | 火焰原子吸收分光光度法<br>双硫腙分光光度法 | 1998 年规范 |
| | | 火焰原子吸收分光光度法 | 2007 年规范 |
| 6 | 铬 | 无火焰原子吸收分光光度法 | 1998 年规范 |
| | | 无火焰原子吸收分光光度法 | 2007 年规范 |
| 7 | 砷 | 氢化物–原子吸收分光光度法 | 1998 年规范 |
| | | 原子荧光法 | 2007 年规范 |
| 8 | 硫化物 | 碘量法 | 1979 年规范 |
| | | 碘量法 | 1998 年规范 |
| | | 碘量法 | 2007 年规范 |
| 9 | 油类 | 紫外分光光度法 | 1979 年规范 |
| | | 紫外分光光度法 | 1998 年规范 |
| | | 紫外分光光度法 | 2007 年规范 |
| 10 | 有机氯农药（六六六、DDTs） | 气相色谱法 | 2007 年规范 |
| 11 | 氧化还原电位 | 电位法 | 1979 年规范 |
| | | 电位计法 | 1998 年规范 |
| | | 电位计法 | 2007 年规范 |
| 12 | 有机碳 | 重铬酸钾氧化–还原滴定法 | 1998 年规范 |
| | | 重铬酸钾氧化–还原滴定法 | 2007 年规范 |
| 13 | 粪大肠菌群 | 发酵法 | 2007 年规范 |
| 14 | 大肠菌群 | 发酵法 | 2007 年规范 |
| 15 | 细菌总数 | 平板计数法 | 2007 年规范 |

| 序号 | 项目 | 分析方法 | 引用标准 |
|---|---|---|---|
| 16 | 弧菌 | 平板计数法 | 2007 年规范 |
| 17 | DDTs | 气相色谱法 | 2007 年规范 |
| 18 | 六六六 | 气相色谱法 | 2007 年规范 |
| 19 | 多氯联苯 | 气相色谱法 | 2007 年规范 |
| 20 | 有机氯农药 | 毛细管气相色谱测定法 | 2007 年规范 |
| 21 | 有机磷农药 | 气相色谱法 | GB/T 14552—2003 |
| 22 | 邻苯二甲酸酯 | 气相色谱法 | U. S. EPA 8061A—1996 |
| 23 | 水基钻井液和水基钻井液钻屑含油量 | 《海洋石油勘探开发污染物排放浓度限值》 | GB 4914—2008 |

**表 13-5　生物体（有害物质残留量）监测各项目分析方法变化情况**

| 序号 | 项目 | 分析方法 | 引用标准 |
|---|---|---|---|
| 1 | 总汞 | 冷原子吸收法 | 1979 年规范 |
|  |  | 冷原子吸收分光光度法 | 1991 年规范 |
|  |  | 原子荧光法 | 2007 年规范 |
| 2 | 铜 | 二乙氨基二硫代甲酸钠分光光度法 | 1979 年规范 |
|  |  | 无火焰原子吸收分光光度法 | 1998 年规范 |
|  |  | 无火焰原子吸收分光光度法 | 2007 年规范 |
| 3 | 铅 | 无火焰原子吸收分光光度法 | 1998 年规范 |
|  |  | 无火焰原子吸收分光光度法 | 2007 年规范 |
| 4 | 镉 | 无火焰原子吸收分光光度法 | 1998 年规范 |
|  |  | 无火焰原子吸收分光光度法 | 2007 年规范 |
| 5 | 锌 | 双硫腙分光光度法 | 1979 年规范 |
|  |  | 火焰原子吸收分光光度法 | 1998 年规范 |
|  |  | 火焰原子吸收分光光度法 | 2007 年规范 |
|  | 铬 | 二苯碳酰二肼分光光度法<br>无火焰原子吸收分光光度法 | 1998 年规范 |
|  |  | 无火焰原子吸收分光光度法<br>二苯碳酰二肼分光光度法 | 2007 年规范 |
| 6 | 砷 | 砷钼酸-结晶紫分光光度法<br>氢化物原子吸收分光光度法<br>催化极谱法 | 1998 年规范 |
|  |  | 原子荧光法 | 2007 年规范 |

续表

| 序号 | 项目 | 分析方法 | 引用标准 |
|---|---|---|---|
| 7 | 有机氯农药(六六六、DDTs) | 气相色谱法 | 2007 年规范 |
| 8 | 石油烃 | 荧光分光光度法 | 1998 年规范 |
|   |   | 荧光分光光度法 | 2007 年规范 |
| 9 | 多氯联苯 | 气相色谱法 | 2007 年规范 |
| 10 | 粪大肠菌群 | 发酵法 | 2007 年规范 |
| 11 | 大肠菌群 | 发酵法 | 2007 年规范 |
| 12 | 细菌总数 | 平板计数法 | 2007 年规范 |
| 13 | 弧菌 | 平板计数法 | 2007 年规范 |

**表 13-6　海洋生物监测各项目分析方法变化情况**

| 序号 | 项目 | 分析方法 | 引用标准 |
|---|---|---|---|
| 1 | 叶绿素 a | 分光光度法 | 1998 年规范 |
|   |   | 分光光度法 | 2007 年规范 |
| 2 | 浮游植物 | 直接计数法、浓缩计数法 | 1998 年规范 |
|   |   | 直接计数法、浓缩计数法 | 2007 年规范 |
| 3 | 浮游动物 | 直接计数法 | 1998 年规范 |
|   |   | 直接计数法 | 2007 年规范 |
| 4 | 底栖生物 | 直接计数法 | 1998 年规范 |
|   |   | 直接计数法 | 2007 年规范 |
| 5 | 生物毒性试验 | 96h 换水式生物毒性试验 | GB/T 18420.2—2009 |
| 6 | 赤潮毒素(贝毒、PSP) | 小白鼠生物检测法 | 2007 年规范 |
| 7 | 赤潮毒素(贝毒、DSP) | 小白鼠生物检测法 | HY/T 069—2005 |

**表 13-7　海洋大气监测各项目分析方法变化情况**

| 序号 | 项目 | 分析方法 | 引用标准 |
|---|---|---|---|
| 1 | 总悬浮颗粒物 | 重量法 | 《海洋大气监测技术规程》 |
|   |   | 重量法 | GB/T 15432—1995 |
| 2 | 铜 | 无火焰原子吸收分光光度法 | 《海洋大气监测技术规程》 |
| 3 | 铅 | 无火焰原子吸收分光光度法 | 《海洋大气监测技术规程》 |
| 4 | 镉 | 无火焰原子吸收分光光度法 | 《海洋大气监测技术规程》 |
| 5 | 锌 | 无火焰原子吸收分光光度法 | 《海洋大气监测技术规程》 |
| 6 | $NO_3^-$ | 锌–镉还原法 | 《海洋大气监测技术规程》 |
|   |   | 锌–镉还原法 | GB/T 13580.8—1992 |
| 7 | $NO_2^-$ | $N$-(1-萘基)-乙二胺光度法 | GB/T 13580.7—1992 |
|   |   | $N$-(1-萘基)-乙二胺光度法 | 《海洋大气监测技术规程》 |

### 13.3.2.2 业务化监测常规要素分析方法介绍

**(1) 溶解氧（碘量滴定法）**

溶解在海水中的氧气。

1）基本原理。当水样加入氯化锰和碱性碘化钾试剂后，生成的氢氧化锰被水中溶解氧氧化生成 MnO（OH）$_2$ 褐色沉淀。加硫酸酸化后，沉淀溶解。用硫代硫酸钠标准溶液滴定析出的碘，换算溶解氧含量。

2）采样方法如下。

第一，采样瓶：棕色磨口硬质玻璃瓶，瓶塞为斜平底。样瓶容积约 120cm$^3$，事先经准确测定容积至 0.1cm$^3$。

第二，每层取两瓶水样。

第三，取水样时，将乳胶管的一端接上玻璃管，另一端套在采水器的出水口，放出少量水冲洗水样瓶两次。将玻璃管插到取样瓶底部，慢慢注入水样，待水样装满并溢出约为瓶子体积的 1/2 时，将玻璃管慢慢抽出立即用自动加液器（管尖靠近液面）依次注入 1.0cm$^3$ 氯化锰溶液和 1.0cm$^3$ 碱性碘化钾溶液。塞紧瓶塞并用手抓住瓶塞和瓶底，将瓶缓慢地上下颠倒 20 次，浸泡在水中，允许存放 24h。采用碘量法滴定。

3）技术指标如下。

测定范围：5.3 ~ 1.0×10$^3$μmol/dm$^3$。

检测下限：5.3μmol/dm$^3$。

精密度：含量低于 160μmol/dm$^3$ 时，标准偏差为 ±2.8μmol/dm$^3$；含量大于或等于 550μmol/dm$^3$ 时，标准偏差为 ±4.0μmol/dm$^3$。

**(2) pH**

海水中氢离子活度的负对数，即 pH = −lg［$\alpha_{H^+}$］。

1）基本原理。海水的 pH 是根据测定玻璃-甘汞电极对的电动势而得。将海水水样的 pH 与标准溶液的 pH 和该电池电动势的关系定义为

$$pH_X = pH_S + （E_S − E_X）/（2.3026RT/F）$$

当玻璃-甘汞电极对插入标准缓冲溶液时，令

$$A = pH_S + \frac{E_S}{2.3026RT/F}$$

当玻璃-甘汞电极对插入水样时，则

$$pH_X = A − \frac{E_X}{2.3026RT/F}$$

在同一温度下，分别测定同一电极对在标准缓冲溶液和水样中的电动势，则水样的 pH 为

$$pH_X = pH_S + \frac{E_S − E_X}{2.3026RT/F}$$

式中，pH$_X$ 为水样的 pH；pH$_S$ 为标准缓冲溶液的 pH；$E_X$ 为玻璃-甘汞电极对插入水样中的

电动势（mV）；$E_S$ 为玻璃–甘汞电极对插入标准缓冲溶液中的电动势（mV）；$R$ 为气体常数；$F$ 为法拉第常数；$T$ 为热力学温度（K）。

2）采样。具体如下。

第一，水样瓶为容积 $50cm^3$ 的双层盖聚乙烯瓶。

第二，装取方法。用少量水样冲洗水样瓶两次后，慢慢地将瓶充满，立即盖紧瓶塞，置于室内，待水样温度接近室温时进行测定。如果加入 1 滴氯化汞溶液 $[\rho(HgCl_2) = 250g/cm^3]$ 固定，盖好瓶盖，混合均匀，允许保存 24h。

3）技术指标。准确度为 ±0.02pH，精密度为 ±0.01pH。

**（3）活性硅酸盐测定（硅钼黄法）**

$SiO_3^{2-}$-Si，能被硅质生物摄取的溶解态正硅酸盐和它的二聚物。

1）方法原理。水样中的活性硅酸盐与钼酸铵–硫酸混合试剂反应，生成黄色化合物（硅钼黄），于 380nm 波长测定吸光值。

2）技术指标。具体如下。精密度：硅酸盐浓度为 0.56mg/L 时，相对标准偏差为 1.93%；硅酸盐浓度为 2.8mg/L 时，相对标准偏差为 0.6%；重复性相对标准偏差为 1.70%。准确度：硅酸盐浓度 0.56mg/L 时，相对误差为 2.17%；硅酸盐浓度为 2.8mg/L 时，相对误差为 3.03%。

**（4）活性磷酸盐测定（磷钼蓝分光光度法）**

$PO_4^{3-}$-P，能被浮游植物摄取的正磷酸盐。

1）方法原理。在酸性介质中，活性磷酸盐与钼酸铵反应生成磷钼黄，用抗坏血酸还原为磷钼蓝后，于 882nm 波长测定吸光值。

2）技术指标。具体如下。测定范围：$0.02 \sim 4.80\mu mol/dm^3$。检测下限：$0.02\mu mol/dm^3$。准确度：浓度为 $0.20\mu mol/dm^3$ 时，相对误差为 ±10%；浓度为 $2.0\mu mol/dm^3$ 时，相对误差为 ±3.5%。精密度：浓度为 $0.20\mu mol/dm^3$ 时，相对标准偏差为 ±10%；浓度为 $2.0\mu mol/dm^3$ 时，相对标准偏差为 ±3.0%。

**（5）$NO_2^-$测定（重氮–偶氮法）**

$NO_2^-$-N，能被浮游植物摄取的 $NO_2^-$。

1）方法原理。在酸性（pH=2）条件下，水样中的 $NO_2^-$ 与对氨基苯磺酰胺进行重氮化反应，反应产物与 1-萘替乙二胺二盐酸盐作用，生成深红色偶氮染料，于 543nm 波长处进行分光光度测定。

2）技术指标。具体如下。测定范围：$0.02 \sim 4.00\mu mol/dm^3$。检测下限：$0.02\mu mol/dm^3$。准确度：浓度为 $0.5\mu mol/dm^3$ 时，相对误差为 ±5.0%；浓度为 $1.00\mu mol/dm^3$ 时，相对误差为 ±3.0%。精密度：浓度为 $0.3\mu mol/dm^3$ 时，相对标准偏差为 ±5.0%；浓度为 $1.00\mu mol/dm^3$ 时，相对标准偏差为 ±2.0%。

**（6）$NO_3^-$测定（锌镉还原法）**

$NO_3^-$-N，能被浮游植物摄取的 $NO_3^-$。

1）方法原理。用镀镉的锌片将水样中的 $NO_3^-$ 定量地还原为 $NO_2^-$，水样中的总 $NO_2^-$ 再用重氮-偶氮法测定，然后对原有的 $NO_2^-$ 进行校正，计算 $NO_3^-$ 含量。

2）技术指标。具体如下。测定范围：$0.05 \sim 16.0\mu mol/dm^3$。检测下限：$0.05\mu mol/dm^3$。准确度：浓度为 $2.0\mu mol/dm^3$ 时，相对误差为 $\pm 7.0\%$；浓度为 $10.0\mu mol/dm^3$ 时，相对误差为 $\pm 4.0\%$。密度：浓度为 $5.0\mu mol/dm^3$ 时，相对标准偏差为 $\pm 4.0\%$；浓度为 $10.0\mu mol/dm^3$ 时，相对标准偏差为 $\pm 3.0\%$。

**（7）铵盐测定（次溴酸钠氧化法）**

$NH_4^+$-N，能被浮游植物摄取的铵盐。

1）方法原理。在碱性条件下，次溴酸钠将海水中的铵定量氧化为 $NO_2^-$，用重氮-偶氮法测定生成 $NO_2^-$ 和水样中原有的 $NO_2^-$，然后，对水样中原有的 $NO_2^-$ 进行校正，计算铵氮的浓度。

2）技术指标。具体如下。测定范围：$0.03 \sim 8.00\mu mol/dm^3$。检测下限：$0.03\mu mol/dm^3$。准确度：浓度为 $1.00\mu mol/dm^3$ 时，相对误差为 $\pm 7.0\%$；浓度为 $7.0\mu mol/dm^3$ 时，相对误差为 $\pm 4.0\%$。精密度：浓度为 $1.00\mu mol/dm^3$ 时，相对标准偏差为 $\pm 7.0\%$；浓度为 $7.0\mu mol/dm^3$ 时，相对标准偏差为 $\pm 3.0\%$。

**（8）悬浮物（重量法）**

采用 Niskin 采水器采集，样品现场采用事前经过称重的 $0.45\mu m$ 醋酸纤维滤膜过滤，低温烘干（50℃），带回陆地实验室使用万分之一或十万分之一分析天平称量留在滤膜上的悬浮物质的重量，计算水中的悬浮物质浓度。

**（9）化学需氧量（碱性高锰酸钾法）**

用玻璃或金属器皿，至少采 100ml 水样，用碱性高锰酸钾法来测量。其基本原理为：在碱性加热条件下，用已知量并且是过量的高锰酸钾，氧化海水中的需氧物质。然后在硫酸酸性条件下，用碘化钾还原过量的高锰酸钾和二氧化锰，所生成的游离碘用硫代硫酸钠标准溶液滴定。

**（10）生化需氧量 $BOD_5$（五日培养法）**

1）基本方法为五日培养法。其基本原理为：水体中有机物在微生物的生物化学过程中，消耗水中溶解氧。用碘量法测定培养前后的溶解氧含量之差，即为生物需氧量。培养五天的为五天需氧量（$BOD_5$）。水中有机质越多，生物降解需氧量也越多。一般水中溶解氧有限，因此必须用溶解氧饱和的蒸馏水稀释，为提高测定准确度，培养后减少的溶解氧要求占培养前的溶解氧的 $40\% \sim 70\%$ 为宜。

2）采水样。

第一，对未受污染水体可直接用玻璃或金属器皿采样（不少于 300ml），采样后应在 6h 内分析。若不能，则应放入在 4℃ 或 4℃ 以下冷藏器内保存，但不得超过 24h。直接测定当天水样和经过 5 天培养后水样中溶解氧的差值，即为五日生化需氧量。

第二，对已经污染的水域，必须用稀释水稀释后再进行培养和测定。

**（11）总磷测定（过硫酸钾氧化法）**

TP-P，海水中溶解态和颗粒态的有机磷和无机磷化合物的总和。

1）方法原理。海水样品在酸性和 $110 \sim 120℃$ 条件下，用过硫酸钾氧化，有机磷化合物被转化为无机磷酸盐，无机聚合态磷水解为正磷酸盐。消化过程产生的游离氯，以抗坏血酸还原。消化后水样中的正磷酸盐与钼酸铵形成磷钼黄。在酒石酸氧锑钾存在条件下，磷钼黄被抗坏血酸还原为磷钼蓝，于 882nm 波长处进行分光光度测定。

2）技术指标。具体如下。测定范围：$0.09 \sim 6.4 \mu mol/dm^3$。检测下限：$0.09 \mu mol/dm^3$。准确度：以甘油磷酸钠（$C_3H_7NaO_6P \cdot 5\ 1/2H_2O$）为标准加入物，其方法回收率为 98%～100%；以六偏磷酸钠 [$(NaPO_3)_6$] 为标准加入物，该方法回收率为 93%～98%。精密度：总磷浓度为 $1 \sim 6.4 \mu mol/dm^3$ 时，相对标准偏差为 ±5%。

**（12）总氮测定（过硫酸钾氧化法）**

TN-N，海水中溶解态和颗粒态的有机氮和无机氮化合物的总和。

1）方法原理。包括氨氮、$NO_2^-$ 氮、$NO_3^-$ 氮的总和。采用过硫酸钾氧化法测定。海水样品在碱性和 $110 \sim 120℃$ 条件下，用过硫酸钾氧化，有机氮化合物被转化为硝酸氮。同时，水中的亚硝酸氮、铵态氮也定量地被氧化为硝酸氮。硝酸氮经还原为 $NO_2^-$ 后与对氨基苯磺酰胺进行重氮化反应，反应产物再与 1-萘替乙二胺二盐酸盐作用，生成深红色偶氮染料，于 543nm 波长处进行分光光度测定。

2）技术指标。具体如下。测定范围：$3.78 \sim 32.0 \mu mol/dm^3$。检测下限：$3.78 \mu mol/dm^3$。准确度：以标准有机氮物（日本化学会制）、甘氨酸为有机氮标准加入物进行回收实验，其方法回收率为 94%～101%。精密度：浓度为 $20 \mu mol/dm^3$ 时，相对标准偏差为 ±5%。

**（13）石油类（紫外分光光度法）**

水体中油类的芳烃组分，在紫外光区有特征吸收，其吸收强度与芳烃含量成正比。水样经正己烷萃取后，以油标准作为参比，于波长 225nm 处进行紫外分光光度测定。

具体参数见表 13-8。

**表 13-8  业务化监测常规参数有效数字要求**（参考）

| 水质（单位） | 有效数字位数 | 沉积物 | 有效数字位数 | 生物体 | 有效数字位数 | 水文气象（单位） | 有效数字位数 |
|---|---|---|---|---|---|---|---|
| 盐度 | 3 | 总汞（$10^{-6}$） | 3 | 石油烃（$10^{-6}$） | 3 | 水深（m） | 保留 1 位小数 |
| DO（mg/L） | 2 | 铜（$10^{-6}$） | 3 | 总汞（$10^{-6}$） | 3 | 层次（m） | 保留 1 位小数 |
| pH | 3 | 铅（$10^{-6}$） | 3 | 砷（$10^{-6}$） | 3 | 水温（℃） | 保留 1～2 位小数 |
| COD（mg/L） | 3 | 镉（$10^{-6}$） | 3 | 铅（$10^{-6}$） | 3 | 透明度（m） | 保留 1 位小数 |
| 磷酸盐（μg/L） | 3 | 砷（$10^{-6}$） | 3 | 镉（$10^{-6}$） | 3 | 水色（级） | 整数 |
| $NO_2^-$（μg/L） | 3 | 油类（$10^{-6}$） | 3 | 六六六（$10^{-9}$） | 3 | 风速（m/s） | 保留 1 位小数 |
| $NO_3^-$（μg/L） | 3 | 有机碳（%） | 3 | DDTs（$10^{-9}$） | 3 | 风向（°） | 整数 |
| 铵盐（μg/L） | 3 | 硫化物（$10^{-6}$） | 3 | PCBs（$10^{-9}$） | 3 | 海况（级） | 整数 |
| 油类（μg/L） | 3 | 六六六（$10^{-9}$） | 3 | | | 经纬度 | 整数 |
| 总汞（μg/L） | 3 | DDTs（$10^{-9}$） | 3 | | | | |
| 铜（μg/L） | 3 | PCBs（$10^{-9}$） | 3 | | | | |
| 铅（μg/L） | 3 | | | | | | |

| 水质（单位） | 有效数字位数 | 沉积物 | 有效数字位数 | 生物体 | 有效数字位数 | 水文气象（单位） | 有效数字位数 |
|---|---|---|---|---|---|---|---|
| 镉（$\mu g/L$） | 3 | | | | | | |
| 砷（$\mu g/L$） | 3 | | | | | | |
| 悬浮物（$mg/L$） | 1 | | | | | | |
| 叶绿素 a（$\mu g/L$） | 3 | | | | | | |

# 13.4 海洋环境业务化监测全过程质量控制

近十年是我国海洋环境监测与评价工作快速发展时期，承担国家海洋环境监测与评价任务的监测机构由 20 世纪 80 年代直属国家海洋局的 18 家单位迅速增加到现在包括国家、省（自治区、直辖市）、市、县四级 200 多家监测机构。监测方式、监测频率、监测内容等也发生了巨大的变化，现在能够做到对中国近岸和近海海域实行全方位、高频率的立体监测。每年产生大量监测数据为海洋管理、海洋决策提供了重要依据，因此高质量的海洋监测数据的获得至关重要。随之而来的是海洋环境监测的质量保证与质量控制工作的地位日益凸显。但是在实际工作中，由于基层工作人员水平和经验的差异，容易造成数据的偏差。要解决这类问题，需要加强质量保证与质量控制进行预防与纠正。

质量保证是整个监测分析和测试过程的全面质量管理（布站—采样—储存—运输—分析—数据处理—评价），质量控制是质量保证的一部分，是为控制监测过程的质量和测量装置的性能，使其达到预定的质量要求而采取的方法、技术和措施。通过质量控制，可以保证监测数据的准确性、精密性、完整性、代表性和可比性（姜华荣等，2003）。

## 13.4.1 样品采集前的准备工作

样品的采集是全部分析技术的基础，要求在样品采集前做好充分的准备工作，主要包括以下几个方面。

### 13.4.1.1 采样器及样品容器收集

**（1）海水采样器**

采样器材质应符合《海洋监测规范 第 3 部分：样品采集、贮存与运输》和《海洋监测规范 第 4 部分：海水分析》的相关要求。

营养盐、重金属、pH、溶解氧（DO）、化学需氧量（COD）、盐度、叶绿素 a、石油类、持久性有机污染物（主要包括有机氯农药、多氯联苯、多环芳烃和酞酸酯类等）应选用 GO-FLO 球阀采水器、QCC9-1 表层油类分析采水器等类型采水器。

绞车缆绳一般采用不锈钢材质缆绳，有条件的可用聚乙烯包裹的不锈钢缆绳。

**（2）沉积物采样器**

沉积物采样器通常用强度高、腐蚀性强的钢材制成，有掘式（抓式）、箱式和管式采泥器等类型。掘式（抓式）采泥器适用于采集面积较大的表层沉积物样品，箱式采样器适用于采集面积较大和一定深度的沉积物样品，管式采泥器适用于采集柱状沉积物样品。

**（3）生物采样器**

生物采样器主要包括采用绞车、电缆、不锈钢刀或铲、拖网。重金属样品的生物体解剖、分割工具包括聚乙烯镊、玻璃刀、石英刀，有机物样品的生物体解剖、分割工具主要为不锈钢解剖刀。

### 13.4.1.2 采样器及样品容器清洗

**（1）水样容器及洗涤**

1）DO采用专用棕色斜磨口细口玻璃瓶；硅酸盐、$NO_3^-$、$NO_2^-$、铵盐、重金属（总汞除外）、pH、盐度等选用聚乙烯或聚苯乙烯材质的塑料瓶。磷酸盐不宜选用玻璃容器，总汞样品须用硬质（硼硅）玻璃容器，叶绿素a样品须用棕色玻璃瓶，油类样品须用棕色细口玻璃瓶。

2）容器盖（含内衬垫）依次用洗涤剂清洗1次，自来水冲洗2次，去离子水漂洗3次，重蒸馏二氯甲烷（或丙酮）冲洗1次，晾干；磷酸盐样品须用非磷洗涤剂清洗，硅酸盐、$NO_3^-$、$NO_2^-$、铵盐、重金属、Hg的样品瓶均须用1+6稀盐酸浸泡。不同测项样品容器还可根据测项要求采用其他洗涤方法。例如，超声波洗涤法、高压灭菌洗涤法、高纯试剂淋洗法等。其中，超声波洗涤法较为常用，如将样品容器内装满水置于超声波容器中超声30min，然后用去离子水或纯水冲洗；用于测试总氮和总磷的消化罐在使用后可将消化罐用自来水冲洗3次后装满纯水，置于高压灭菌锅中高压消煮30min，自然冷却至压力为零后取出，用纯水反复冲洗即可。COD采样瓶可直接用浓硫酸淋洗，但必须注意操作安全性；用新瓶盛营养盐样品，用前须用适当浓度的营养盐海水充满后存放数天，清洁后使用。

**（2）沉积物容器及其洗涤**

采样前，应提前清洗样品容器，洗涤干净后用铝箔纸包好，放入洁净的采样箱内，备用；尽量使用新购置的铝箔和聚乙烯袋或聚苯乙烯袋盛装样品；铝箔纸用二氯甲烷（色谱纯）浸泡24h，晾干，备用；盛无机物样品的玻璃容器，依次用硝酸溶液（1+2）浸泡2~3d，去离子水清洗干净，晾干，备用；盛有机物样品的玻璃容器，依次用盐酸溶液（1+3）浸泡24h，蒸馏水洗涤，350℃下烘4h，二氯甲烷（色谱纯）洗涤，晾干，备用；其他玻璃器皿和器具，依次用盐酸溶液（1+3）浸泡24h，蒸馏水洗涤，晾干，备用。

**（3）生物样容器及洗涤**

用于持久性有机污染物分析的生物样品储存在预先洗净的玻璃容器中，容器和衬盖用洗涤剂清洗，用自来水冲洗，再用二氯甲烷浸泡，最后用去离子水漂洗；用于重金属分析的生物样品储存在聚乙烯袋或玻璃容器中，容器和衬盖用洗涤剂清洗，用自来水冲洗，再用稀酸浸泡，最后用去离子水漂洗；工作台面用25%乙醇或丙酮清洗；去除外部组织的器具应与解剖用的器具分开。

### 13.4.1.3　采样器空白、样品容器空白测定

采样前，应分别对水质、沉积物和生物采样器及每个测项所用的样品容器进行采样器空白和样品容器空白检验。特别是新购置的采样器和样品容器，清洗后务必进行空白检验。

采样器空白：用纯水注入或流经该采样器后作为一个样品，按各监测参数规定的方法测定其含量。

样品容器空白：按5%~10%的比例随机抽取洗涤后的样品容器，装入纯水并浸泡一定时间，按照样品分析方法测定纯水中目标化合物的含量。

若采样器空白和样品容器空白测试结果大于检出限时，应重新清洗采样器和对应测项的样品容器，必要时可更换，直至测试合格。

### 13.4.1.4　仪器校准

采样前，应对现场测试用的仪器设备，如 GPS、CTD 测定温度、盐度、深度、pH、DO 传感器等仪器设备在实验室内进行校准，校准合格后方能携带上船开展现场监测。

### 13.4.1.5　采样器及样品容器包装

采样前后，采样器（包括缆绳等）以及样品容器均应存放在洁净的采样箱内，严防沾污。

## 13.4.2　样品采集过程的质量控制

采用先进的仪器设备和分析技术固然重要，但样品的采集则是全部分析技术的基础。实践证明，海洋环境监测工作中采样过程产生的误差比分析误差要大得多，为了减少误差来源，保证数据质量，可采取以下措施。

**（1）水质样品的采集**

1）采样应在船头进行，逆风逆流取样，特别要避开船上的冷却水排水口。

2）采样器不能直接接触船体任何部位，裸手不能接触采样器排水口，一定要养成戴一次性手套的习惯，采水器内的水样先放掉一部分后再取样，采水器用前用蒸馏水浸洗。

3）采样深度的选择是采样的重要部分。要特别注意避开微表层采集表层水样，也不要在被悬浮沉积物富集的底层水附近采集底层水样，不能用水桶等直接开口的采样器材采样。

4）采样时应避免剧烈搅动水体，如发现底层水浑浊，应停止采样；当水体表面漂浮杂质时，应防止其进入采样器，否则重新采样。

5）采集多层次深水水域的样品，按从浅到深的顺序采集。

6）因采水器容积有限不能一次完成时，可进行多次采样，将各次采集的水样集装在大容器中，分样前应充分摇匀。混匀样品的方法不适于溶解氧、BOD、油类、细菌学指

标、硫化物及其他有特殊要求的项目。

7）测溶解氧、BOD、pH 等项目的水样，采样时需充满，避免残留空气对测项的干扰；其他测项，装水样至少留出容器体积的 10% 的空间，以便样品分析前充分摇匀。

8）分样时，样品瓶要清洗两到三遍，油类样品除外。

9）每台采样器每次至少采集两个现场空白，当采样任务持续两天或以上时，每天至少应采集两个现场空白样。

10）现场质控样应占样品总量的 10%~20%，一般每批样品至少采两组平行样，每批样品至少带一个加标样，分析结果应控制在允许误差范围内。

11）现场质控样的采集、固定、保存运输等与样品同等处理。

12）每一个站位的样品采集完毕后，根据采样记录重新校对一遍，防止记录错误。

**（2）沉积物样品的采集**

1）采取有代表性的样品。由于沉积物样品的非均匀性，采样中的不确定度通常超过分析中的不确定度。为使沉积物样品具有代表性，在同一采样点周围应采样 2~3 次，将各次采集的样品混合均匀分装。

2）采样前，要把采样器冲洗干净。

3）采样时，如海流速度大可加重采样器铅鱼，保证在采样点准确位置上采样。尽可能避免搅动水体和沉积物，特别是在浅海区。

4）取样时，应防止采样装置、大气尘埃带来的沾污和已采集的样品之间的交叉沾污；

5）取样后，将样品瓶（容器）尽快存放在清洁的样品箱内，切勿与船体或其他污染源直接接触，有条件的可冷藏保存。

6）沉积物表层样品的采集深度不得小于 5cm，否则应重新采样。如沉积物很硬，可在同一采样点周围采样 2~3 次。

7）采样器提升时，如发现沉积物流失过多或因泥质太软而从采样器耳盖等处溢出，采沉积物因底质障碍物使斗壳锁合不稳、不紧密或壳口处夹有卵石和其他杂物时均应重采。

8）沉积物样品采集后，用白色塑料盘和小木勺接样，剔除砾石、木屑、杂草及贝壳等动植物残体，搅拌均匀后装入瓶或袋中。

9）用于无机分析的样品用塑料袋（瓶）包装，供有机分析的样品应置于棕色磨口玻璃瓶中，瓶盖内应衬垫洁净铝箔或聚四氟乙烯薄膜。

10）由采样器中取样须使用非金属器具，避免取已接触采样器内壁的沉积物。

11）沉积物样品采集时可通过现场采集沉积物平行双样进行质量控制，平行样应占样品总量的 10% 以上，当样品总数小于或等于 10 个时，可只采集 1 个现场平行样。

12）为考察沉积物样品的均匀性和代表性，可在同一采样站位重复采样 2~3 次，并分别取样，测定，最后以均值报出测试数据。

13）质控样应置于相同的样品容器中，且与样品在同样条件下储存、运输、测定。

**（3）生物样品的采集**

1）防止采样工具、绞车、缆绳上的油污、发动机废气、灰尘或冷却用水的沾污。

2）应在受控环境最好的超净间进行生物体样品的剖割和取分样，痕量金属分析的样品最好用石英、聚四氟乙烯、聚丙烯或聚乙烯制成的容器。

3）样品应用铝箔包封，置于防渗塑料袋中，立即冻结用于有机污染物的测定。

4）盛装剖割组织的容器，预先用洗涤剂清洗，可用酸浸洗，用自来水漂洗两次，再用蒸馏水洗，然后用丙酮、高纯度二氯甲烷漂洗。

5）采样过程不允许吸烟，处理生物样品要戴清洁的手套。

6）测有机化合物的生物样品最好用玻璃或聚碳酸酯容器，分析汞的生物样品须储存于玻璃容器中，容器的大小应与样品相匹配，要限制样品转移到另一容器的时间。

7）构成采样工具的材料不应干扰分析；如分析痕量金属元素，应避免使用不锈钢刀，可由非污染材料取代。

8）现场平行样占样品总量的 5%~10%，每个航次（或每批样品）至少采 1 个平行样。

9）现场平行样的测试结果应控制在允许误差范围内。

**（4）大气样品的采集**

1）干沉降样品的采集。

第一，采样用的滤膜架、滤膜夹要清洗干净，以免对样品造成污染。第一次使用前需用 10%（$V/V$）的盐酸或硝酸溶液浸泡 24h，用自来水洗至中性，再用去离子水冲洗多次，测量其电导率（EC），EC 值小于 0.15mS/m 即为合格。晾干后备用。

第二，安装滤膜应在实验室内进行。戴好聚乙烯手套，禁止裸手触及膜面，用干净的镊子进行安装，将装好滤膜后的采样头放入聚乙烯袋中密封，然后送至监测点使用。

第三，严格防止局地环境对样品的影响，随时观察并记录监测点状况（监测点周围是否有异常，是否有新增的局地污染源等）。

第四，使用经检定合格的采样器，尽量减少流量计、风向、气温、气压、计时器等运行误差的影响，采样器应定期校准。

第五，大气悬浮颗粒物样品采集后，应尽快密封、低温保存。

第六，大流量大气总悬浮颗粒物采样器的采样头不能出现漏气现象，采样过程样品滤膜的痕迹线不能出现模糊。

第七，样品采样、保存、运输的空白实验。每季度均做两个现场空白样品以检验样品的管理情况。做法如下：取编好号的膜放入采样器中，但不开机，然后与其他样品进行同样处理，对其化学成分进行分析。空白样品的测试可以定量地评估这种污染的种类的大小。如果现场空白样品与膜本底浓度存在显著差异，所有的样品浓度均应扣除现场空白样品均值。

2）湿沉降样品采集。

第一，每周检查降水自动采样器运转是否正常。

第二，每周清洁采样设备，并由专人负责检查各监测点的采样器，包括接雨（雪）器、样品容器、管道等。检查方法：用 200ml 已测 EC 值（$\lambda_1$）的去离子水清洗接雨（雪）器、样品容器、管道等，然后再测其清洗液的 EC 值（$\lambda_2$）。要求（$\lambda_2 - \lambda_1$）/$\lambda_1 < 50\%$；同时检查去离子水质量，要求 EC 值小于 0.15mS/m。

第三，样品量根据接雨（雪）器的口径换算成降雨量，将降雨（雪）量的计算值与雨（雪）量计的测量值进行比较，计算值应在测量值的 80%～120%。

第四，pH 和电导率的定期校准和检查依照《降雨自动监测仪技术要求及检测方法》（HJ/T 175—2005）执行。

第五，手动采样时应确保降雨（雪）前及时放置接雨（雪）装置，雨（雪）停后及时取出雨（雪）样，以防干沉降对降雨（雪）样品的影响。

第六，样品瓶在第一次使用前需用 10%（V/V）盐酸或硝酸溶液浸泡 24h，用自来水洗至中性，再用去离子水（EC 值在 25℃时应小于 0.15mS/m）冲洗多次，若 EC 值小于 0.15mS/m，即为合格。将样品瓶倒置晾干后盖好，保存在清洁的橱柜内。

第七，每季度均做 2 个空白样品以检验样品采集、保存、运输的管理情况。方法如下：使用去离子水人工模拟降水，与样品进行同步处理（放入冰箱、同步运输等），同时进行离子组分的分析，其分析结果应与分析去离子水相同。否则，应检查采样设备（采样口、管道、接样器皿是否清洗干净、去离子水是否合格、样品瓶的清洗是否达到要求、样品瓶盖是否严密等。

第八，为保持样品的化学稳定性，应尽量减少运输时间，并保证样品在运输过程中处于冷冻状态。样品运送过程中，应避免样品溢出和污染。样品采集后应在 3 个月内分析测定完毕。

**（5）样品采集中的质量控制方法**

1）现场空白样所用纯水，用洁净的专用容器，由采样质控人员带到现场，运输过程应注意防止沾染。现场空白使用每台采样设备一天不得少于一个。在采样现场以纯水作为样品，按测定项目的采样方法和要求，与样品相同条件下装瓶、保存、运输，直至送交实验室分析。通过将现场空白与室内空白测定结果相对照，掌握采样过程中操作步骤和环境条件对样品质量影响的状况。现场空白样测定结果应该小于该项目分析方法的最低检出限，与实验室空白比较无显著差异。

2）现场平行样指在同等条件下，采集平行密码双样送实验室分析，其测定结果可反映采样与实验室测定精密度，实验室精密度受控时，主要反映采样过程精密度变化状况。现场平行样占样品总量的 10% 以上，一般每批样品至少采集两组平行样，对水质中非均相物质或分布不均匀的污染物，样品灌装时摇动采样器，使样品保持均匀。

3）现场加标样或质控样。现场加标样是取一组现场平行样，将实验室配制的一定浓度的被测物质的标准溶液，等量加入到其中一份已知体积的水样中，另一份不加标。现场加标或质控样的数量，一般控制在样品总量的 10% 左右，但每批样品不少于 2 个。将测定结果与实验室加标样对比掌握测定对象在采样、运输过程中准确变化状况。

## 13.4.3 样品的储存与运输的质量控制

### （1）样品的储存

海洋监测的关键环节包括取得有代表性的样品和避免样品在采样和分析时间间隔内发

生变化。样品采集之后，不管过滤与否，为使样品不失其代表性，应尽早分析。不能立即分析的样品，需要妥善保存。储存环境条件应根据样品的性质和组成，选择适当的保存剂，有效的储存程序和技术。

1）水样的储存方法主要有冷藏法、充满容器法和化学法。

2）固定剂 $HgCl_2$ 的主要作用是细菌抑制剂，用于各种形式的氮、磷的固定。

3）固定剂 $HNO_3$ 的主要作用是防止沉淀、调 pH、氧化剂，用于多种金属、硬度和硒的固定。

4）固定剂 $H_2SO_4$ 的主要作用是细菌抑制剂、与有机酸碱形成盐、调 pH，用于有机水样（COD、TOC、油、油脂）、氨和胺类、汞、铬、砷、挥发性酚、硅的固定。

5）固定剂 HCl 的主要作用是调 pH、抑制细菌，用于碳、挥发性有机物的固定。

6）固定剂 NaOH 的主要作用是与挥发性化合物形成盐，用于氰化物、有机酸、酚类的固定。

7）冷冻的方法主要作用是细菌抑制、减慢化学反应速率，用于酸度、碱度、有机物、BOD、色度、嗅、有机磷、有机氮、生物体的固定。

8）沉积物样品的储存。可用硼硅玻璃和聚乙烯袋储存沉积物样品，最常用的方法是干燥储存。

9）生物样品的储存。玻璃和塑料容器均可存放生物样品，具体要求按监测规范执行。

**（2）样品的运输**

1）样品运输前必须逐件与样品登记表、样品标签和采样记录进行核对，核对无误后分类装箱。

2）塑料容器要拧紧内外盖，贴好密封带。

3）玻璃瓶要塞紧磨口塞。

4）样品包装要严密，装运中能耐颠簸。

5）用隔板隔开玻璃容器，填满装运箱的空隙，使容器固定牢靠。加箱盖前要垫好塑料膜，上面放泡沫塑料或干净的纸条，使样品盖能适度压住样品箱。

6）细菌和溶解氧样品需用泡沫塑料等软物填充包装箱，以免振动和曝气并冷藏运输。

7）样品最好分项目分装，固定剂与样品分箱装运。

8）样品运输必要时有专人押送，样品运至实验室时，送样人和收样人必须在样品登记表上签字，以示负责并便于追踪。

# 13.4.4　实验室分析质量控制

**（1）实验室用水**

通常，在配制各种标准水样、试剂时使用最多的溶剂是水，因此水的纯度在整个制备过程中占有十分重要的地位。尤其在配制痕量元素标准水样或试剂时，水的纯度显得更为重要。

1）测定重金属用水。一般用二次去离子水或亚沸蒸馏水，尽可能用前配制。

2）测定营养盐用水。用刚煮沸的蒸馏水即可，如果有特殊要求，如测定氨氮时，使用无氨水，也必须现用现蒸。

**（2）实验室质量控制方法**

1）实验室分析测定质量控制方法。具体包括：①空白样；②平行样；③质控样或加标样；④质控图；⑤针对重金属和铵盐测定，还要有一些特殊的质控要求。一是要进行试剂空白检查，铵盐测值受环境影响波动较大，只有试剂空白较低，才有可能正确测定。海水中的重金属含量较低，属于痕量测定，测定时的试剂空白检查尤为重要，如测定汞时，硝酸、硫酸、盐酸溶液的纯度非常重要，不同厂家的酸带来的影响不同，为了准确测定，只有进行试剂空白试验，找出最全适的酸，才能进行下一步测定。二是进行标准物质和仪器设备的期间核查。仪器设备的稳定运行，标准物质的核值准确，是进行准确测定的必要条件。三是保证所有试剂在有效期内使用。做实验时要查看试剂配制的日期，防止试剂过期，需要现配现用的试剂，要严格按照规范配制使用。四是样品测定完毕要按照程序留样保存，以备再测。

2）实验室管理质量控制。要求如下：①按照标准操作程序规范操作。标准操作程序是按规范方法操作的途径和步骤，为实验室内测定数据的可比性提供了基础，规范了分析人员的操作行为。②按周期检定仪器，认真维护仪器。仪器设备是海洋环境监测准确检测项目的必备要素。对于这些仪器，除了按要求进行检定外，还需进行必要的日常维护保养，以减少沾污和记忆效应，提高分析的准确度和灵敏度。③按时认真填写仪器使用记录、工作记录。仪器使用记录是表明一台仪器使用状况的记录，通过使用记录，就可以溯源追索何人何时使用过仪器，以及当时的仪器状况如何。工作记录虽然不作为原始记录，但是作为我们实验最原始的凭证，可以作为后来工作者的参考。④开展监测质量活动月或技术竞赛。尽管现代仪器日益复杂，但是技术人员的技术判别、经验、技巧和专业水平对于操作仪器的能力可以起到十分重要的作用。通过开展这些活动，可以大大提高技术人员的技术水平和检测能力，稳定提高监测质量。

**（3）数据处理**

海洋监测一个重要特点就是通过从海洋环境中抽取部分样品进行测量，来推断、评价海洋环境特征。样品测定过程中，误差是难免的，所有定量分析的结果，都必然带有不确定度，关于如何处理所得数据及判断其可靠性，数据统计方法就是处理监测数据的一种科学方法。

1）对监测数据进行有效性检验。实验室提交分析报告之前，应按实验室质量控制要求，对监测数据进行全面检查，并根据《海洋监测规范》中"离群数据的统计检验"的规定，剔除失控数据。对平行样品的分析数据要按规定的相对误差容许范围进行检查，舍弃不平行的数据。

2）有效数字修约。按照《海洋监测规范》中"有效数字和数字修约"规定进行修约。

3）异常值的舍取。在一组监测分析数据中，由于实验条件和实验方法的变化，或在实验操作中的过失，或产生于计算、记录中的失误，有时个别数据与正常数据有显著性差别，此类数据称为离群数据。如果此类数据是在技术上存在异常和过失误差，一旦发现即可舍去，如无显著的技术原因，又未发现过失，则要按统计程序进行检验，决定取舍。

**（4）数据计算及报表填写**

1）在工作曲线或计算机打印数据的取数，必须经第二人校对。

2）使用计算机计算数据时，首先由同行科技人员认真检查输入数据和软件系统。分步计算时，也必须以第二人对计算公式、方法、步骤和使用数据进行严格审查和复算。

3）分析记录表、报表必须采用统一的标准格式。

4）所有数据的计算、报表的填写要经过校对、审核才能上报。

**（5）资料审核归档**

所有资料经过三级审核，审核过程中要重点注意监测站位、监测项目有无遗漏，监测数据是否有明显偏离该区域特征值的现象，内控值测定是否在不确定度范围内等，当没有出现错误或经改正后，所有监测资料按照国家档案法和本单位档案管理规定，将档案材料系统整理编目，经审查签字，交由档案人管理人员验收后保存。

海洋环境监测与评价工作的有效开展，监测数据的准确可靠，离不开监测人员的技术水平，更离不开合理的质量保证工作。只有加强管理，开展切实有效的质量保证与质量控制工作，保障监测数据的准确可靠，才能为海洋管理、海洋决策提供技术支撑，从而为中国的海洋事业发展做出贡献。

# 13.5 我国海洋环境业务化监测网络体系建设

## 13.5.1 我国海洋环境业务化监测网络体系现状

海洋环境监测体系分为监测能力体系和监测站位体系。监测能力体系主要包括监测机构、监测船舶、在线监测设备、视频监测设备及卫星、航空遥感等硬件能力；监测站位体系主要是围绕生态环境状况、污染源监管、公益服务及海洋环境灾害及突发事件应急等任务布设监测断面及站位。这两大体系全面支撑了我国管辖海域生态环境保护与管理的总体需求，又对海洋污染严重区、重要海洋生态功能区、海上开发活动密集区、海洋生态环境灾害高风险区等实施了重点监测，基本形成了重点突出，覆盖全面，功能不断完善的工作格局，基本能够满足国家和地方各级海洋部门履行海洋生态环境保护与管理职责的需求。

### 13.5.1.1 监测能力体系现状

**（1）监测机构**

目前全国海洋生态环境监测机构总数达235个，其中国家海洋局所属监测机构94个，包括1个国家监测中心、3个海区监测中心、17个中心站和73个海洋站；沿海地方政府所属监测机构141个，包括16个省级监测中心，44个地市级和81个县级监测机构。国家和地方各级监测机构的人员总数约 4400 人。

**（2）监测船舶**

主要依托中国海监船舶及租用民用船舶开展监测工作。国家海洋局目前实际可用于海洋环境监测任务的海监船舶共 6 艘，同时正在建造 12 艘 500 吨级监测船舶。

**（3）在线监测设备**

各级海洋部门共建有海洋生态环境在线监测设备 120 套。其中，沿海地方 82 套，局属单位 38 套。

**（4）视频监视设备**

68 个国家级海洋保护区中，已有 34 个建设视频监控系统，覆盖率达到 50%，共投放使用 133 套视频摄像头，其中 48 套接入海域专网。332 个海洋石油生产平台中，11 个石油平台已建立了视频监控系统。全国共安装 489 台倾废记录仪，倾废船视频覆盖率 100%。

**（5）卫星遥感监测设备**

综合应用美国 MODIS、加拿大 RADARSAT-2、意大利 COSMO 以及我国"高分一号""资源三号""海洋一号"等卫星，国家和海区业务中心已具备了一定的遥感资料的接收和处理分析能力。

### 13.5.1.2 监测站位体系现状

围绕"三清楚"（对海洋环境现状及发展趋势清楚、对主要的入海污染源清楚、对潜在的环境风险清楚）及海洋生态环境保护管理需求，组织实施海洋生态环境质量状况、海洋生态、海洋环境监管、公益服务和环境风险五大类监测任务，年均布设监测站位 1 万余个，获取数据超过 200 余万个。同时，依托西太平洋核辐射监测和大洋、极地考察航次逐步拓展监测范围和领域。

## 13.5.2 业务化监测网络体系发展需求及总体思路

### 13.5.2.1 发展需求

近年来党中央、国务院提出了"建设海洋强国"的重大战略部署，印发了《关于推进生态文明建设意见》《水污染防治行动计划》《生态环境监测网络建设方案》等系列文件。随着海洋生态系统为基础的综合管理深入推进，国家海洋环境实时在线监控系统、"蓝色海湾"综合整治、"南红北柳"生态修复、全球立体观测监测系统、"智慧海洋"等重大工程逐步实施，海洋生态环境监测面临新的战略机遇和重大挑战。

**（1）海洋污染防治和环境监管的新要求**

加强以近岸海域为重点的立体动态监测，以精细化、动态化的监测结果作为决策依据，同时，贯彻落实新一轮海洋功能区划制度，严格监管海洋开发活动，也要求进一步强化对海洋功能区和工程用海区的全覆盖、全过程监督性监测。

**（2）海洋生态保护与整治修复的新需求**

生态监测从生物物种向生态系统整体状况和服务功能进行转变，生态监测的内容、代表性、技术手段等方面都要随之优化和调整。海洋生态红线制度、海洋生态补偿和损害赔偿制度、海洋生态文明建设示范区等制度和管理措施的落实，以及各类重大生态修复整治工程项目实施效果评估，需要以专项监测为保障。

**（3）海洋生态环境风险防范的新挑战**

当前海洋生态环境风险处于高位态势，各类海洋环境灾害和突发事件呈现出突发、频发、危害加大等特点。要求监测工作从事故后被动应急向风险主动管控和预警转变，需要进一步强化风险区划、前期预警、实时监测等内容，并积极引入各类先进手段，确保应急工作快速、高效、安全。

**（4）海洋权益维护和战略拓展的新形势**

我国东海、南海中南部等海域权益维护工作进入新的阶段，对关键岛礁及周边海域生态环境实施监测是保障区域生态环境安全并彰显我国主权的重要行动。同时，进一步深化拓展西太平洋、印度洋和两极地区生态环境监测，是实施"海上丝绸之路"国家战略的重要保障。

**（5）社会民生的新期待**

《国家海洋局海洋生态文明建设实施方案》提出建设美丽海洋的总体目标，海洋生态环境监测布局要进一步细化落实"水清、岸绿、滩净、湾美、物丰"的具体要求，强化海洋生态环境适宜性、公众用海健康安全风险等监测内容，提高监测工作和信息服务的时效性，切实保障公众环境知情权和用海健康安全。

### 13.5.2.2 总体思路

立足"十三五"海洋环保及生态文明建设工作需求，展望"十四五"时期发展前景，适当超前部署相关能力。以国家战略需求为牵引、重大环境问题为导向，分区分类梳理监测工作重点方向，明确相应机构力量布局及各类监测能力建设。各级机构统筹观监测业务，在建设上根据相关职能分工开展建设。积极推进四个转变：监测主体由国家投入为主向国家、地方、行业投入相结合的转变；监测方式由走航监测为主向实时立体监测转变；监测目标由质量现状监测向质量现状与预测预警功能兼备转变；监测网络由独立分散向信息化、集约化、系统化转变。

### 13.5.2.3 基本原则

**（1）需求导向、测管协同**

以海洋综合管理和可持续发展战略需求为牵引，分区分类规划岸基、近岸和近海海域、大洋极地、南海岛礁等监测业务。实现监测与排污监督、开发监管、产业调控、风险预警、督察监察和环保执法等的协同联动。

**（2）科学设计，合理布局**

充分考虑海洋监测站发展现状，充分利用国家、地方、行业监测资源，科学设计、合理调整布局，完善现有监测机构网络，推进高新技术应用，多手段结合，完善立体监测布局。

**（3）全面覆盖、突出重点**

全面覆盖近岸、近海、大洋与极地，重点关注重点区域环境质量、生态系统、环境风险、陆源排污和海洋开发活动等精细化、动态化监测监控能力。

**（4）统筹兼顾、一站多能**

综合考虑海洋观测预报、海洋防灾减灾和海洋生态环境保护业务需求和能力现状，统筹兼顾我局海洋观测监测基础能力，对观测监测体系未来发展统筹布局，避免重复建设，提升海洋监测综合业务效能。

### 13.5.2.4 发展目标

监测工作上形成以国家为主体、地方为辅助、行业为补充的业务布局；空间上形成以近岸为重点，向近海大洋逐次推进，并向极地拓展的空间格局；手段上形成以岸基监测、走航监测、在线监控、遥感监测等多方式相结合，高新技术手段广泛应用、各手段互联互通的能力格局。最终形成监测一片海、国家地方行业一盘棋、立体监测一张网、数据信息监控一幅图的海洋生态环境监测新局面。

**参 考 文 献**

国家海洋局人事劳动教育司.1988.海洋环境保护与监测.北京：海洋出版社.

姜华荣，刘玉新，王珠丽.2003.国内海洋环境监测网现状与发展.海洋技术，22（2）：72-73.

史建刚.2010.海洋环境保护概论.东营：中国石油大学出版社.

侍茂崇，高郭平，鲍献文.2008.海洋调查方法导论.青岛：中国海洋大学出版社.

朱庆林，郭佩芳，张越美.2011.海洋环境保护.青岛：中国海洋大学出版社.

# 结　语

## 展望与挑战

# 第 14 章　　海洋环境分析监测展望与挑战

　　海洋环境分析监测技术涉及多个领域的多个学科，其发展与海洋科学、环境科学、分析化学、生物科学、遥感科学、信息技术等的发展密切相关。随着分析探测技术的不断发展，越来越多的技术被用于海洋环境分析监测领域，海洋科学逐渐从调查、观测为主的海洋单一因子调查检测，向多因子、多参数实时监测和机理探索的多元化、深层次方向发展。海洋环境分析监测技术的发展基本上可以概括为四个阶段：20 世纪 70 年代前——海洋生物化学调查阶段；70 年代——海洋调查和污染分析阶段；80 年代——海洋监测多方向发展阶段；90 年代至今——全球海洋立体监测和数据共享阶段。具体的发展阶段和每阶段的主要技术如图 14-1 所示。

　　海洋生物化学调查阶段：20 世纪 70 年代以前，人们对海洋环境的研究主要集中在海洋水文、气象、生物和一些简单参数的调查，研究较多的是海洋生物和生态调查；实验室内的分析方法以显色法为主，一些显色法检测海洋环境参数的机理目前仍在沿用，如分光光度法分析海水中营养盐、重金属等研究，基本上都是在 70 年代以前完成的，在后期发展中，配合更精密的检测设备，被逐渐改进或发展出更为简便、精准的检测方法。

　　海洋调查和污染分析阶段：20 世纪 70～80 年代，逐渐开始针对海洋生物体内的重金属、有机污染物、赤潮毒素等进行检测方法的研究和实际样品的处理、检测。并且在 70 年代后期，1978 年美国国家航空和宇宙航行局成功发射第一颗海洋卫星 "Seasat-A"，成为海洋观测进入空间遥感时代的主要标志，是海洋环境监测进入遥感时代的里程碑。海洋传感器技术也在此期间发展，但具体应用仅限于海洋水文气象的传感，如海水电导率、水文、水压、水深、波浪、潮流等。海洋锚钉浮标和漂浮浮标开始出现，但仍未用于海洋环境监测。

　　海洋监测多方向发展阶段：20 世纪 80～90 年代，发射了 "GeoSat"（美国）和 "MOS-1A"（日本）两颗海洋卫星，遥感技术在此期间快速发展，相继发展出用于海洋水文、气象监测的多种声学模型、遥感模型和遥感图像分析方法；成像技术、声学、电化学技术也在海洋环境分析监测中开始研究和应用，激光和光纤技术的突破让光学和光谱学开始快速发展，光学传感器和光学探针开始研究用于海洋监测，并且开始有专用于海洋环境分析监测的仪器仪表的研发和应用。此外，一些实验室方法，如高效液相色谱法、薄层色谱法、原子吸收/发射光谱法、质谱等开始广泛应用于海洋污染物和一些常规参数的分析检测中。

　　全球海洋立体监测和数据共享阶段：20 世纪 90 年代后，海洋生物调查研究在海洋环境监测中所占比例大幅减少，海洋环境监测观测技术得到了飞速发展，进入快速发展阶段。在此期间相继发射了 "ERS-1"（欧洲空间局）"Okean-O"（俄罗斯）等近 10 颗海洋卫星，卫星和航空机载大功率光谱仪器对海洋水文、气象和突发污染事件的遥感监测及

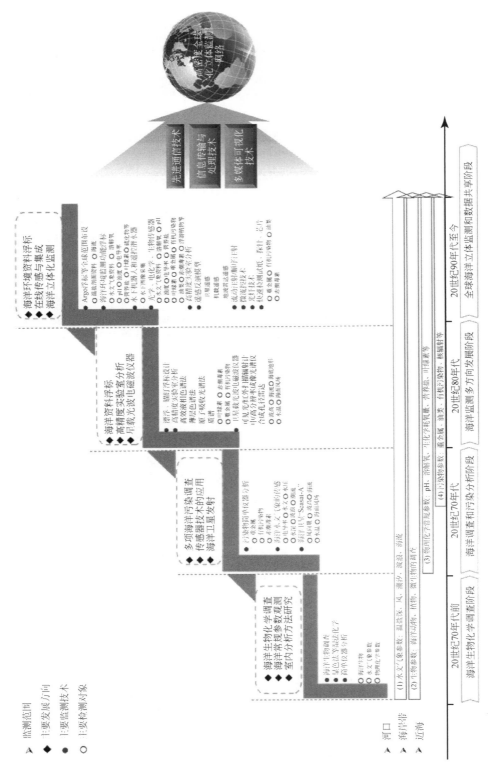

图 14-1 海洋环境分析监测技术的发展历程和主要分析技术与研究方向

反演模型等得到了很好的研究，地波雷达和船载雷达遥感技术也快速发展。海洋工程学、海洋地质学、海洋大气科学等快速发展，海洋科学开始进入机理性深入研究阶段，各种高精度的分析仪器（HPLC、ICP-MS、HPLC-MS、GC-MS 等）和生物分析仪器开始广泛用于海洋科学的分析研究。不同类型的光学传感器开始应用于海水的在线监测，一些生物检测方法、电化学方法、电化学传感器、流动注射、固相萃取和在线分离技术也开始应用于海水分析中，相继出现了多种针对重金属、营养盐等的在线监测系统和仪器。海洋环境监测正在从单点监测向监测网络方向发展。单点监测海洋只能够获得局部的、时空不连续的海洋数据，对海洋环境的变化规律的认识不够全面，难以深入，而由海洋水文气象浮标、潜标、岸站等多种海洋监测平台组成的海洋环境监测网，能实时、连续、长期地获取所监测海区海洋环境信息，为认识海洋变化规律，提高对海洋环境和气候变化的预测能力，提供实测数据支撑；自动化控制的水下机器人和无缆遥控潜水器等开始应用于海洋资源的探测。

进入 21 世纪，海洋环境分析监测和观测领域仍旧保持指数增长状态，研究重点基本与 20 世纪末期保持一致，成像系统、图像鉴定系统和可视化传感器等开始应用于海洋环境的监测中，雷达、遥感信号处理和海底传感节点的研究有了进一步发展。海水在线处理技术和海洋监测仪器设备的开发与防腐、防附着技术共同发展，但相对于淡水环境的监测仍有一定差距。现在美国、欧盟等正在进行全球海洋环境监测系统的布设，通过"实时观测—模式模拟—数据同化—业务应用"形成一个完整链条，通过互联网为科研、经济以及军事应用提供信息服务，号召世界各国建立沿海海洋观测系统，并进行全球联网，如全球海洋观测系统、国际海洋资料与情报交换系统等，我国目前也已经参与了这些全球性的海洋观测计划。

总体来说，海洋环境分析的大部分技术都是跟随淡水分析发展起来的，特别是一些海洋污染物的分析监测技术，一些新型的光分析技术、成像技术、仪器分析、纳米探针等相对于淡水分析监测具有一定的滞后性，这与海洋特殊的水文气象条件有关，另外研究地理位置也限制了很多学者对海洋的探索。但是陆地上污染物最终大部分会汇聚于海洋，随着污染物的积累，已经超出了海洋，特别是河口、海岸带的自净能力，对于海洋环境的监测已经迫在眉睫，并且需要海洋监测从环境监测向生态监测预警发展，借助完善的海洋监测系统，能够对突发性的海洋环境灾害（海洋溢油、赤潮/绿潮等）及海洋复合污染进行预警。除了对海洋污染进行监测外，海洋环境的常规观测、海洋生物资源调查对全球气候的变化和海洋资源的探索也十分重要。

如图 14-2 所示，在空间区域上，本书重点关注了河口、海岸带以及近海海洋，是和国家海洋经济密切关联的区域，其核心的问题是环境监测和生态预警；海洋科学的未来发展应该更加关注深海和远海，其主要的核心问题是环境监测、资源开发和其他战略需求。深远海分析探测需要和近海海洋环境的分析监测技术有密切的关联性。随着深海取样/保存技术、耐高压传感器技术、水声通信/探测技术、载人/无人深潜技术等的发展以及深海数据节点的布设和传输技术的建立，海洋环境监测已经逐渐由近海向深远海发展。深远海的海洋环境常规参数对于全球气候变化的研究和预报具有重要意义，同时深远海蕴藏着陆地上无法比拟的药用生物资源、油气资源、矿产资源等，并且深海空间资源的利用和深海通信的发展对于任何国家来说都有巨大的战略意义。

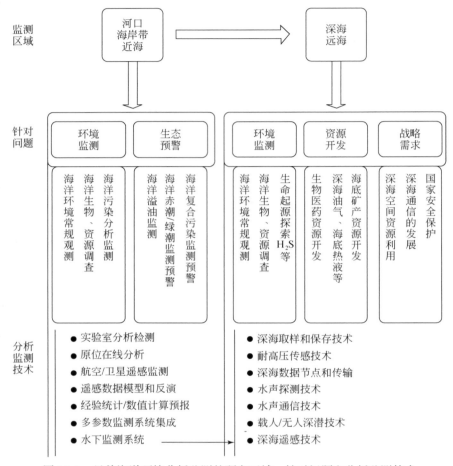

图 14-2　目前海洋环境分析监测的研究区域、针对问题和分析监测技术

针对目前海洋环境分析监测技术的发展阶段和未来的发展方向，总结了如下问题，需要在未来的研究发展过程中逐一解决。

1）海洋复合污染的监测与预警的不断加大；

2）海洋赤潮、溢油等环境灾害的监测与预警；

3）海洋环境长时序自动观测传感器和仪器的开发；

4）海洋污染长时序自动监测传感器和仪器的开发；

5）海洋高腐蚀性、高压、高生物附着对监测仪器的挑战；

6）海洋监测传感器的微小型化；

7）多参数、多功能传感器集成；

8）海洋环境与污染监测的多功能浮标的研发与布设；

9）海洋数据传输、通信技术及通信安全的研究；

10）海洋遥感光波、电磁波仪器开发；

11）遥感数据反演模型精确度和规范性的提高；

12）覆盖全国海岸带的海洋环境立体监测网的建设；

13）深海高保真取样技术的研发；

14）水声探测技术的发展；

15）深远海数据传输节点和数据传输网络的建设；

16）海底资源探测和安全网络的建设；

17）水下定位、通信与自主测量；

18）建立海洋技术装备标准化体系；

19）数据共享平台与网络的建设；

······

随着陆地资源的日渐减少，海洋资源的开发利用将会成为未来科技发展的主要发展方向之一，海洋环境监测技术的发展，不仅能够为保护海洋环境、预警预报海洋灾害提供重要支持，同时对海洋资源的开发利用具有重要支撑作用，其发展也势必与海洋资源开发的步调相一致，从近海向深海发展。目前针对深海海洋环境的监测仍有很多技术壁垒，这需要多学科共同协作，也需要人们将更多的人力、物力、财力投向广阔的海洋。

# 索　引